NOUVEAUX ÉLÉMENTS

D'HISTOIRE NATURELLE,

CONTENANT

LA ZOOLOGIE, LA BOTANIQUE, LA MINÉRALOGIE ET LA GÉOLOGIE

PAR A. SALACROUX,

DOCTEUR EN MÉDECINE DE LA FACULTÉ DE PARIS,
PROFESSEUR D'HISTOIRE NATURELLE ET SUPPLÉANT AGRÉGÉ DE SAINT-LOUIS,
MEMBRE DE LA SOCIÉTÉ DES SCIENCES NATURELLES DE PARIS.

AVEC 58 PLANCHES GRAVÉES SUR ACIER, ET REPRÉSENTANT
PRÈS DE 450 FIGURES.

TOME SECOND.

CONTENANT LA FIN DE LA ZOOLOGIE, LA BOTANIQUE, LA MINÉRALOGIE
ET LA GÉOLOGIE.

PARIS,

GERMER BAILLIÈRE LIBRAIRE-ÉDITEUR,

RUE DE L'ÉCOLE DE MÉDECINE, N° 17.

LIBRAIRIE CLASSIQUE DE POILLEUX,

QUAI DES GRANDS-AUGUSTINS, N° 57.

MONTPELLIER, CASTEL ET SÉVALLE.	LONDRES, J.-B. BAILLIÈRE, 219, Regent-street.
LEIPZIG, MICHELSEN, BROCKHAUS ET AVENARIUS.	LYON, SAVY JEUNE, 49, QUAI DES CÉLESTINS.

1839.

NOUVEAUX ÉLÉMENTS

D'HISTOIRE NATURELLE.

LIBRAIRIE DE GERMER BAILLIERE.

TRAITÉ DE GÉOMÉTRIE ÉLÉMENTAIRE à l'usage des
collèges et des écoles normales primaires, par B. AMIOT,
agrégé de l'université, professeur de mathématiques au collège royal de Rouen, 1 vol. in-8° avec fig., 1839. 3 fr. 50 c.

MANUEL COMPLET DU BACCALAURÉAT ÈS-SCIENCES
PHYSIQUES et MATHÉMATIQUES, rédigé d'après le pro-
gramme de l'université, et contenant l'arithmétique, la géométrie, l'algèbre, la géométrie rectiligne, la statique, la
physique, la chimie, l'histoire naturelle, la botanique, la
minéralogie, la géologie; par A. AIMÉ, docteur ès-sciences,
ancien élève de l'école normale, et par A. BOUCHARDAT,
docteur en médecine et agrégé de la Faculté de médecine de
Paris, pharmacien en chef de l'Hôtel-Dieu de Paris, 1 vol.
grand in-8° de 750 pag. avec fig., 1838. 6 f.

COURS DE CHIMIE ÉLÉMENTAIRE, avec les applications
aux arts et à la médecine, par A. BOUCHARDAT, docteur en
médecine et agrégé de la Faculté de médecine de Paris,
pharmacien en chef de l'Hôtel-Dieu de Paris, 2 vol. in-8°
avec figures. 9 fr.

ÉLÉMENTS DE PHYSIQUE à l'usage des élèves de philosophie,
par C.-C. PERSON, docteur en médecine, agrégé de l'Université, agrégé de la Faculté de médecine de Paris, professeur
de physique de la ville et du collège royal de Rouen, 1836,
1839, 2 forts vol. in-8° avec un grand nombre de fig. 10 fr.

SIMON (de Metz). Nouveau traité d'hygiène de la jeunesse,
suivi des maladies les plus fréquentes à cet age. Paris, 1835,
1 vol. in-8°. 3 fr. 50 c.

SPURZHEIM. Essai philosophique sur la nature morale et in-
tellectuelle de l'homme. Paris, 1820, 1 vol. in-8°. 4 fr. 50 c.

SPURZHEIM. Essai sur les principes élémentaires de l'éducation. Paris, 1822, 1 vol. in-8°. 3 fr. 50 c.

BUCKLAND. La Géologie et la Minéralogie considérées dans
leurs rapports avec la Théologie naturelle : trad. de l'anglais
par M. JOLY, 1838, in-8°. 2 fr. 50 c.

NOUVEAUX ÉLÉMENTS
D'HISTOIRE NATURELLE,

CONTENANT

LA ZOOLOGIE, LA BOTANIQUE, LA MINÉRALOGIE
ET LA GÉOLOGIE.

PAR A. SALACROUX,

DOCTEUR EN MÉDECINE DE LA FACULTÉ DE PARIS,
PROFESSEUR D'HISTOIRE NATURELLE AU COLLÉGE ROYAL DE SAINT-LOUIS,
MEMBRE DE LA SOCIÉTÉ DES SCIENCES NATURELLES DE FRANCE.

AVEC 48 PLANCHES GRAVÉES SUR ACIER, ET REPRÉSENTANT
PRÈS DE 450 FIGURES.

TOME SECOND.

PARIS,
GERMER BAILLIÈRE LIBRAIRE-ÉDITEUR,
RUE DE L'ÉCOLE DE MÉDECINE, Nº 17.
LIBRAIRIE CLASSIQUE DE POILLEUX,
QUAI DES GRANDS-AUGUSTINS, Nº 57.

MONTPELLIER, CASTEL ET SÉVALLE.	LONDRES, J.-B. BAILLIÈRE, 219, Regent street.
LEIPZIG, MICHELSEN, BROCKHAUS ET AVENARIUS.	LYON, SAVY JEUNE, 49, QUAI DES CÉLESTINS.

1839.

NOUVEAUX ÉLÉMENTS

D'HISTOIRE NATURELLE.

Deuxième embranchement.

ANIMAUX ARTICULES.

Trois caractères bien tranchés distinguent les animaux de cet embranchement ; le défaut de squelette intérieur, la conformation de leur enveloppe cutanée et la disposition de leur système nerveux. Leur peau se compose d'une suite d'anneaux ou *articles* plus ou moins marqués et réunis ensemble par une membrane intermédiaire flexible, qui leur laisse ordinairement une certaine mobilité ; et leur système nerveux consiste en un petit *cerveau* situé sur l'œsophage, et en une double série de masses nerveuses ou ganglions, placés de chaque côté du tronc au-dessous de leur canal alimentaire (pl. 1, *fig.* 3 et 4).

Chaque anneau se compose de deux *arceaux*, l'un supérieur ou *dorsal*, l'autre inférieur ou *sternal*. C'est au point de réunion de ces deux parties que sont placés les membres, qui sont tantôt inférieurs, tantôt supérieurs. Chaque arceau est composé à son tour de quatre pièces ; deux médianes, toujours soudées en une seule, appelée *tergum* dans l'arceau supérieur et *sternum* dans l'inférieur ; et deux latérales plus généralement distinctes, qu'on nomme *épimères* dans le premier et *épisternum* dans le second. Mais il faut observer à l'égard des différentes pièces qui forment chaque anneau ou segment du corps des animaux articulés, qu'elles sont très-rarement bien distinctes ; ordinairement la plupart d'entre elles se soudent de diverses manières, de sorte qu'elles sont très-souvent fort difficiles à distinguer : dans ce cas, ce n'est que par analogie que l'on en admet l'existence.

Quoique ces animaux n'aient point de squelette intérieur *articulé*, leur forme n'est pas moins rigoureusement déterminée que celle des vertébrés : la nature solide et ordinairement cornée des anneaux qui constituent leur enveloppe extérieure, remplace jusqu'à un certain point le système osseux des animaux de l'embranchement qui précède, soit pour protéger les organes essentiels à la vie, soit pour favoriser les mouvements. Leur corps est constamment symétrique et très-généralement allongé ; mais, de même que dans l'embranchement des vertébrés, sa longueur est toujours en raison inverse du développement des membres. Ainsi les *annelides* ou vers, qui en manquent ou n'en ont que d'imparfaits, ont la forme allongée des serpents, tandis que les insectes qui ont des pattes pour la marche, la nage ou le saut, et des ailes pour le vol, nous offrent un corps court ou ovale, et quelquefois complètement arrondi. Dans tous les cas, le corps des *articulés* présente une *tête* bien facile à reconnaître à la présence d'une bouche, de deux ou plusieurs yeux, et de divers appendices que les naturalistes appellent *antennes* et qu'on désigne vulgairement sous le nom de *cornes*; un *tronc* composé d'un nombre variable d'anneaux quelquefois uniformes, mais ordinairement assez différents pour qu'on puisse y distinguer une poitrine ou *thorax* en avant et un *abdomen* en arrière ; et enfin des *membres* articulés dont le nombre varie, mais est au moins de six et le plus souvent de dix. Aussi les *articulés* ne le cèdent à aucun animal pour la précision et pour la variété des mouvements ; ils peuvent marcher, sauter, grimper, nager, voler, ramper, et par conséquent ils présentent dans la structure de leurs organes locomoteurs, la même diversité que nous avons remarquée dans les animaux du premier embranchement. Ainsi, nous trouverons leurs membres terminés en pointes aiguës pour grimper, élargis en rames pour nager, déployés en ailes pour voler, etc. ; les espèces qui rampent sont les seules qui soient quelquefois entièrement dépourvues d'appendices locomoteurs.

Observons cependant une différence bien essentielle dans la disposition des membres des articulés, comparés à ceux des vertébrés. Chez ces derniers, les parties solides qui entrent dans un membre sont intérieures et se trouvent recouvertes par les muscles qui doivent les mouvoir ; dans les animaux *articulés*, c'est le contraire ; ce sont les parties dures ou cornées qui sont extérieures et qui enveloppent et protègent leurs muscles.

Il est évident d'après cela que les *articulés* doivent avoir le sens et surtout la vue assez développés ; aussi trouvons-nous des yeux dans l'immense majorité des espèces de cet embranchement ; seulement ces organes, au lieu d'être mobiles comme dans la plupart des animaux du premier embranchement, sont le plus souvent privés de toute mobilité ; mais ce défaut est compensé soit par la multiplicité des yeux, comme chez les araignées, soit par la mobilité du support sur lequel ils sont implantés, comme dans les crabes et les écrevisses, soit enfin par la multitude innombrable de cornées dont ils sont pourvus, comme dans les insectes, qui de plus en ont assez fréquemment cinq. Quant aux autres sens, il est hors de doute qu'ils existent dans la plupart des *articulés* ; mais le siège n'en est pas universellement reconnu. Le *toucher* et le *goût* résident nécessairement, le premier à la surface de tout le corps, le second dans la bouche à l'entrée du canal digestif, peut-être dans les *palpes*, appendices articulés, adhérents à la lèvre inférieure ; mais il paraît que ni l'un ni l'autre de ces sens n'a aucune délicatesse. L'*odorat* est placé par la plupart des physiologistes dans les antennes, c'est-à-dire, dans ces appendices articulés et mobiles que les animaux portent de chaque côté de la tête, et qui jouissent en effet d'une grande sensibilité. Pour l'*ouïe*, elle semble avoir son siège dans une petite fossette située à la base de chaque antenne.

La fonction de nutrition présente plusieurs particularités remarquables dans les animaux dont nous parlons. Leur *digestion*, il est vrai, est assez analogue à celle des vertébrés : la principale différence qu'elle nous offre, consiste dans la forme des organes buccaux et du foie. Les *articulés* en effet n'ont jamais de mâchoires transversales ; ces organes, lorsqu'ils existent, sont toujours latéraux et plus nombreux que dans les animaux du premier embranchement. Le plus souvent on en compte quatre, deux antérieurs appelés *mandibules* et deux postérieurs nommés *mâchoires* ; de plus, on y trouve sur la ligne médiane deux appendices qui, pour la position mais non pour les usages, correspondent aux lèvres des animaux supérieurs ; ce sont le *labre* ou lèvre supérieure et la *languette* ou lèvre inférieure. Quant au foie, il consiste en un nombre variable de conduits ou vaisseaux borgnes, qui s'ouvrent dans l'intestin et y versent le fluide biliaire. Tous les autres organes digestifs des *articulés* sont presque semblables à ceux des vertébrés; ils ont le plus souvent des glandes salivaires, un œsophage court, un estomac quelquefois simple, mais plus souvent divisé en plusieurs poches séparées; leur intestin a une longueur proportionnée au régime végétal ou carnassier de l'animal, et se divise en intestin grêle et en cœcum, dont le dernier s'ouvre dans un cloaque comme chez les oiseaux, les reptiles, etc. Leur *circulation* n'est pas aussi parfaite; leur sang est peu riche en globules, très-aqueux, rarement coloré en rouge; rarement aussi ils ont un cœur pour donner l'impulsion à ce fluide, et des vaisseaux pour le porter aux organes et pour l'en ramener. Mais cette particularité tient à la nature même de leur respiration. Cette fonction s'opérant chez la plupart d'entre eux par le moyen de *trachées* ou vaisseaux qui portent l'air dans toutes les parties du corps, leur rend inutile la présence des organes circulatoires, dont la fonction est de porter aux diverses parties du corps, le sang qui a respiré soit dans les branchies, soit dans les poumons, et de ramener à ces derniers celui qui est à l'état veineux.

L'étude des animaux *articulés* est pour le moins aussi intéressante pour l'homme que celle des vertébrés, et si le résultat de cette étude n'est pas aussi fertile en applications immédiates à nos besoins, du moins elle nous procure des jouissances plus douces, et n'offre pas les mêmes difficultés que celle des animaux précédents. Mais il ne faudrait pas croire que la connaissance de ces êtres soit entièrement stérile même sous le rapport des applications qu'on en peut faire aux arts et à l'économie domestique. Sans parler des *sangsues*, dont l'usage est si fréquent en médecine, de la *cochenille*, qui fournit à la teinture une si précieuse couleur, du *ver à soie*, auquel nous devons nos plus belles étoffes, quels services ne retirerions-nous pas de la connaissance des habitudes de cette foule d'insectes qui rongent nos meubles et nos bois de constructions, qui dévorent les grains et les farines destinés à notre nourriture, qui détruisent nos récoltes avant leur maturité, qui réduisent en poussière les chênes de nos forêts? Leur étude n'est donc pas un simple amusement sans utilité; elle peut, si elle est bien dirigée, amener des résultats avantageux à l'amélioration de notre bien être.

L'embranchement des *articulés* est sans contredit le plus nombreux de la zoologie : nous le diviserons en deux sections, dont l'une comprend ceux de ces animaux qui respirent par des branchies , et dont l'autre renferme les espèces à respiration aérienne.

Les premiers seraient très-faciles à distinguer , si leurs branchies étaient apparentes , ou si du moins leur présence était annoncée par quelque caractère extérieur. Mais d'un côté il arrive souvent que ces organes prennent la forme d'un appendice locomoteur dont ils remplissent aussi la fonction; d'un autre côté il n'est pas rare qu'ils rentrent dans l'intérieur du corps, sans laisser à l'extérieur aucune trace appréciable. Cette conformation des branchies semblerait donc devoir rendre impossible la distinction des articulés branchifères, si l'on n'avait pas d'autres moyens de les reconnaître. Mais il est un caractère extérieur qui, pour être négatif, n'en est pas moins tranché; c'est le défaut de *stigmates* ou d'orifices trachéens , qu'on trouve constamment dans les espèces de la seconde section. Jamais en effet on ne voit sur les côtés de l'abdomen de ces animaux ces ouvertures à lèvres mobiles, qui dans les *articulés* à respiration aérienne, sont destinées à livrer passage à l'air nécessaire à la respiration. A ce caractère, il faut ajouter que leur peau est tantôt molle et muqueuse comme dans les annélides, tantôt encroûtée d'une matière calcaire qui lui donne une grande solidité, comme dans les écrevisses; tandis que les *trachéozoaires* ou articulés à respiration trachéenne, ont l'enveloppe cutanée d'une consistance coriace ou cornée, mais presque jamais molle ni calcaire. Joignez à cela que les *articulés à branchies*, vivent à-peu-près exclusivement de matières animales , qu'ils se tiennent constamment dans l'eau ou dans des endroits assez humides pour leur fournir le fluide nécessaire à la respiration, ou du moins pour empêcher les vaisseaux des branchies de s'oblitérer par la dessication que déterminerait un air privé de toute espèced'humidité, et qu'enfin tous ont un cœur et des vaisseaux sanguins, qui manquent à-peu-près constamment aux *trachéozoaires*.

On divise cette section en deux petites classes : 1° les *annelides*, qui ont le corps allongé , muqueux et vermiforme , et qui manquent complétement de membres , ou n'ont que des soies raides et inarticulées pour leur en tenir lieu.

2° Les *crustacés* qui ont la peau solide, cornée ou calcaire et les membres articulés le plus souvent au nombre de dix ou de quatorze et quelquefois de plus de cent.

La seconde section des articulés comprend tous les *trachéozoaires*, c'est-à-dire, les animaux qui respirent par des *trachées*. Ces organes sont des tubes élastiques formés d'une lame ou d'un fil roulé en spirale ou en tire-bouchon, à-peu-près comme les élastiques d'une bretelle. Ces tubes, qui s'ouvrent à la surface extérieure par un orifice appelé *stigmate*, sont ramifiés à l'infini dans toutes les parties du corps de l'animal ; et comme leur cavité intérieure est constamment béante, à cause de la nature élastique de la lame qui en forme les parois, il s'ensuit que l'air la traverse continuellement et va se mettre en contact avec tous les organes intérieurs de l'animal. Il résulte de là que le sang veineux est artérialisé à mesure qu'il perd ses qualités nutritives, sans avoir besoin de se rendre à un organe spécial (des branchies ou des poumons) pour y subir l'action de l'air : de là l'inutilité du cœur et des vaisseaux sanguins, dont ces *articulés* sont en effet presque toujours dépourvus.

A ce caractère anatomique important, il faut ajouter que les *trachéozoaires* n'ont jamais la peau muqueuse ni calcaire, et que leurs membres sont constamment articulés, quoique en nombre variable. De plus, ces appendices ont tous à-peu-près la même conformation : ils sont formés d'une *hanche* qui s'articule ordinairement avec le tronc ; d'une petite pièce appelée *trochanter*, d'une *cuisse* qui vient ensuite, d'une *jambe* qui est généralement la partie la plus développée du membre, enfin d'un *tarse* qui est lui-même composé de plusieurs pièces ou *articles*, dont le dernier est armé d'un ou de deux ongles ou *crochets*.

Les habitudes des animaux de cette section sont presque toujours terrestres ; et si quelques espèces vivent dans l'eau, elles n'y peuvent rester que peu de temps sans revenir à la surface de l'eau pour respirer, à moins toutefois qu'elles n'aient l'instinct, ce qui a lieu quelquefois, de se faire au sein de l'élément liquide, une atmosphère aériforme, au milieu de laquelle elles peuvent rester tant que l'oxigène n'en a pas été entièrement consommé. Dans ce cas, en effet, elles peuvent demeurer sous l'eau pendant un temps d'autant plus long, que la provision d'air qu'elles auront faite sera plus considérable.

On divise les *trachéozoaires* en trois classes : 1° les *arachnides*, qui ont huit pattes, le plus souvent six ou huit yeux et qui manquent constamment d'ailes et d'antennes. 2° Les *my-*

riapodes, qui ont le corps allongé, les pattes au nombre de vingt-quatre au moins, la tête munie de deux antennes et qui sont dépourvus d'ailes comme les précédents. 3° Les *insectes*, qui ont des antennes, six pattes et le plus souvent une ou deux paires d'ailes.

Par conséquent la totalité des animaux articulés doit être divisée en cinq classes : les *annelides*, les *crustacés*, les *arachnides*, les *myriapodes* et les *insectes*.

1° Les *annelides* n'ont jamais de membres articulés et sont recouverts d'une peau molle et muqueuse ; ils ont presque tous le sang rouge, un ou plusieurs cœurs, des organes particuliers pour la respiration et pour la circulation (le *ver de terre*, la *sangsue*).

2° Les *crustacés* ont toujours des membres articulés, le plus souvent au nombre de cinq ou de sept paires, dont chacune correspond à un des anneaux du tronc; ils ont aussi un cœur et des vaisseaux pour la circulation, ainsi que des branchies pour la respiration ; leur peau plus ou moins encroûtée de matières dures, et leur tête garnie d'antennes (le *crabe*, l'*écrevisse*, le *cloporte*).

3° Les *arachnides* ont toujours quatre paires de membres, des yeux nombreux, et le plus souvent en même nombre que les pattes ; ils offrent, de chaque côté du corps, des ouvertures appelées *stigmates*, qui sont les orifices des *trachées*, de ces vaisseaux élastiques destinés à porter l'air dans les diverses parties du corps ; leur tête ne porte jamais d'antennes (l'*araignée*, le *scorpion*, la *mite*).

4° Les *myriapodes* se distinguent au grand nombre de leurs pattes, qui est au moins de douze paires et va quelquefois à plus de cent ; du reste ils respirent, comme les précédents, par des trachées, mais ils n'ont pas de véritable circulation, (les *scolopendres*, les *jules*).

5° Les *insectes* n'ont jamais que trois paires de pattes ; leur corps se divise en quatre parties bien distinctes : la *tête*, sur laquelle on remarque les yeux, la bouche et les antennes ; le *thorax*, auquel s'attachent les pattes, ainsi que les ailes quand elles existent ; l'*abdomen*, qui renferme les organes de la digestion et sur les côtés duquel sont placés les stigmates ; enfin les *membres*, qui se divisent ordinairement en pattes et en ailes. Du reste ils ont le même mode de respiration et de circulation que les myriapodes, (la *puce*, le *hanneton*, le *papillon*, la *mouche*).

HELMINTHOLOGIE

OU

HISTOIRE NATURELLE DES ANNELIDES.

Les *annelides* seront toujours faciles à distinguer, parmi les animaux articulés, à la mollesse de leur enveloppe extérieure, à leur circulation complète, et surtout au défaut de membres articulés.

Ce sont en effet les seuls animaux de cet embranchement qui nous offrent ces caractères. Ce n'est pas cependant qu'ils aient tous une peau absolument molle, et qu'ils manquent complétement d'appendices locomoteurs. Quelques espèces exsudent à leur surface une matière calcaire analogue à la coquille des mollusques ; d'autres se forment une espèce de fourreau, en agglutinant autour de leur corps, des grains de sable et des débris de coquillages ; presque tous, ou du moins la grande majorité, ont sur chaque anneau de leur tronc des soies raides et brillantes, qui leur servent de membres pour se déplacer.

Mais, outre que l'existence de ces membres n'est point constante, ces organes ne sont jamais pourvus de ces articulations qui, par leur flexibilité, donnent tant de variété et de souplesse aux mouvements des autres animaux de leur embranchement. Quant à la substance calcaire et aux débris pierreux dont leur peau se garnit, il est évident qu'ils n'en font pas partie intégrante, moins encore que dans les mollusques, puisque dans ces derniers des muscles s'y attachent, tandis que dans les *annelides* le tube est entièrement libre ; aussi peuvent-ils le quitter quelquefois sans compromettre leur existence, tandis qu'il n'est pas un seul mollusque qui puisse abandonner sa coquille sans périr.

La forme des *annelides* est généralement allongée ; les espèces seules dont les soies locomotrices sont très-développées sont plus ovales que les autres. Leur tête n'est jamais séparée

du tronc par un étranglement particulier ; ils manquent par
conséquent de cou ; mais ce qui fera toujours reconnaître cette
partie, c'est la présence constante de la bouche, et le plus souvent celle de deux ou d'un plus grand nombre d'yeux, et de
deux tentacules ou antennes. La bouche se compose tantôt d'une
trompe pour sucer, tantôt de mâchoires pour couper ou pour
broyer ; dans quelques cas, c'est un simple orifice sans trompe
ni mâchoires.

Le *régime* des annelides est toujours subordonné à la conformation de la bouche : avec une trompe ils sucent le sang des
autres animaux ; avec des mâchoires ils broient toutes sortes de
matières, telles que vers, poissons, crustacés, etc. ; dépourvus de
l'une et des autres, ils sont réduits à puiser dans l'eau et dans
le sable, les débris des substances organiques qui s'y trouvent
en suspension. Dans tous les cas, ils sont exclusivement carnassiers. Leur canal intestinal est court, et se porte presque
directement de la bouche, qui est placée sur le premier anneau
du corps, à l'anus qui en occupe le dernier.

La plupart de ces animaux ont le *sang* rouge, quoique moins
foncé que celui des vertébrés ; mais leur *circulation* est peu
connue, excepté chez les sangsues. Celles-ci ont quatre vaisseaux : un dorsal, un abdominal et deux latéraux, qui communiquent tous ensemble par le moyen de tubes transverses ; du
reste, on n'est pas d'accord sur la manière dont le mouvement
du sang s'y opère. M. Audouin regarde les branches latérales
comme faisant l'office du cœur droit, et les médianes comme
correspondant au cœur gauche.

La *respiration* des annelides est aquatique ; et leurs branchies sont tantôt extérieures et situées sur les côtés du corps,
tantôt intérieures et analogues à des sacs pulmonaires. Dans le
premier cas, elles se montrent sous la forme de filaments, de
houppes ou de panaches ramifiés, et souvent remarquables par
leurs belles couleurs.

Le *système nerveux* de ces articulés ne présente rien de remarquable, si ce n'est une grande ressemblance dans la forme
des ganglions de chaque anneau. Leurs *sens* sont très-imparfaits ; ils n'ont point d'appareil spécial pour l'ouïe, ni pour
l'odorat. Un certain nombre ont des yeux ou des points oculaires, dont la destination n'est pas toujours certaine.

Les *mouvements* des annelides sont très-bornés ; ils ne peuvent
que nager ou ramper. Leurs organes locomoteurs consistent
tantôt en deux *ventouses*, l'une antérieure et l'autre posté-

rieure, tantôt en une double série de *soies* raides placées de chaque côté du corps, tantôt, enfin, en un certain nombre de *pieds* terminés par des *rames*, des *crochets*, des *acicules* ou piquants propres à favoriser les mouvements ou à protéger l'animal.

La *génération* des annélides est ovipare, et la plupart de ceux dont on a observé la ponte enveloppent leurs œufs dans une espèce de cocon ; d'autres au contraire les pondent isolés.

Tous les animaux de cette classe, à l'exception des lombrics ou vers de terre, se tiennent habituellement dans l'eau. L'été, ils jouissent d'une assez grande activité et s'agitent vivement dans ce liquide ou dans la vase, pour découvrir leur proie ou chercher leur nourriture ; l'hiver, au contraire, ils se cachent dans la terre et tombent dans l'engourdissement.

La classification des *annélides* est fondée sur la présence ou l'absence des branchies, des soies et du tube calcaire dans lequel leur corps se trouve renfermé. D'après cela, on divise ces animaux en trois ordres : les *tubicoles*, les *dorsibranches* et les *abranches*.

1° Les *tubicoles* habitent un tube tantôt calcaire, tantôt simplement membraneux, ont les branchies sur la partie antérieure du corps, et les soies locomotrices un peu derrière ces organes. Ils sont tous sédentaires.

2° Les *dorsibranches* ont le corps nu, les branchies sur le dos ou sur les côtés, et les soies disposées tout le long du corps ou sur la plus grande partie de son étendue. Ils errent librement dans le sein des eaux.

3° Les *abranches* n'ont pas de branchies apparentes et leurs soies sont très-courtes et souvent nulles. Ils se tiennent dans la vase ou dans la terre, et se meuvent par les ondulations de leur corps.

Ier *Ordre.* — TUBICOLES (pl. XXX).

Les annélides de cet ordre sont faciles à reconnaître en ce qu'elles ont les branchies extérieures attachées à la tête ou à la partie antérieure du corps, et ce dernier renfermé dans un tube le plus souvent calcaire, au-delà duquel leurs branchies forment une espèce de bouquet, ce qui leur a fait donner le nom vulgaire de *pinceaux de mer* (*fig.* 1, 2, 3, 4). Ce tube est tantôt produit par l'exsudation d'une matière inorganique, semblable à celle qui donne naissance à la coquille des mollusques (*fig.* 2), et tantôt formé par l'agglutination de grains de sable, de fragments de coquille et de parcelles de pierres, réunis ensemble par une espèce de viscosité que l'animal secrète (*fig.* 4).

Ces vers sont essentiellement sédentaires, leurs tubes étant presque toujours fixés aux corps marins ou enfouis dans le sable et dans les fentes de rochers ; et quoiqu'ils puissent quitter leur demeure calcaire, puisqu'ils n'ont contracté aucune adhérence avec elle, leur organisation n'étant pas favorable à l'exécution des mouvements, ils sont obligés de s'y tenir renfermés pendant toute leur vie. Les seuls mouvements qu'ils puissent exécuter, se bornent à faire saillir leur corps plus ou moins au-delà de l'orifice du tube, ou à l'y ramener quand il en est sorti. A cet effet, leurs pieds sont munis de soies crochues, au moyen desquelles l'animal se cramponne au bord de l'orifice tubulaire.

On divise cet ordre en trois familles, les *serpuliés*, les *maldaniés* et les *téléthusés.*

Ire Famille. — SERPULIÉS.

Cette famille se distingue des deux suivantes principalement par la forme et la position de ses branchies ; ces organes, toujours compliqués, sont placés sur la partie antérieure du corps, où ils forment des panaches ou des houppes de couleurs variées et le plus souvent éclatantes, et c'est surtout aux espèces qu'elle comprend que s'applique le nom vulgaire de *pinceaux de mer.* Les segments dont leur corps se compose ne sont pas tous semblables, ce qui a porté M. de Blainville à donner à ces annélides le nom d'*anomomères* ou d'*hétérocrïtiens.* Leurs pieds diffèrent comme les segments auxquels ils sont attachés ; ceux de devant sont transformés en branchies, et ceux du milieu sont munis de crochets. Leur tête ne présente pour tous appendices que deux lèvres ordinairement pourvues de deux longs tentacules, au moyen desquels l'animal attire à lui et saisit sa nourriture.

Nous citerons de ce groupe les genres *serpule*, *térébelle* et *amphitrite.*

Les SERPULES (*serpula*) (*fig.* 1 et 2) constituent un genre nombreux et remarquable par la solidité de leur tube calcaire et surtout par la beauté de leurs branchies. Celles-ci forment à l'entrée du tuyau un joli panache paré des couleurs les plus

vives et les plus agréables, le rouge, le bleu et le violet. Aussi
rien n'est-il beau à voir comme des *serpules*, lorsque, se trouvant réunies plusieurs ensemble, elles épanouissent bien leurs
panaches variés ; mais il faut, pour jouir de ce spectacle, que
la mer soit calme et que ces animaux n'aient rien à craindre. Ils
sortent alors de leur demeure pour tâcher de se procurer des
aliments, et restent dans cet état tant que rien ne les inquiète.
Mais dès que les mouvements de l'eau viennent leur annoncer
quelque danger réel ou imaginaire, ils rentrent subitement
dans leur tube, dont ils ont soin de bien fermer l'entrée avec
un opercule (*c*), et y demeurent cachés jusqu'à ce que le calme
soit rétabli et le péril passé. Ce qui distingue ce genre du suivant, c'est la forme de ses pieds, dont les antérieurs sont munis de soies simples et de crochets, le défaut de tentacules labiaux, et la diversité des anneaux, dont les antérieurs constituent une espèce de thorax (*a*, *a*, *a*, *a*).

On trouve plusieurs espèces de serpules dans nos mers, où
elles se tiennent à de grandes profondeurs ; telles sont la S.
commune ou *boyau de mer* et la S. *vermiculaire*.

Les TÉRÉBELLES (*terebella*) (*fig.* 3 et 4) ont, comme les
serpules, les branchies situées à la tête ; mais ces organes, au
lieu de former de chaque côté une espèce d'éventail, ressemblent à de petits rameaux branchus (*b*, *b*, *b*), situés à la partie
supérieure du corps ; de plus, leur extrémité antérieure est
garnie de tentacules nombreux disposés circulairement, et
analogues à ceux qui entourent la bouche des céphalopodes.
D'ailleurs leur tube (*fig.* 4) n'est point uni et homogène comme
celui des précédents, mais raboteux et composé de matériaux
disparates, réunis par un ciment agglutinatif, et leurs rames
ventrales ne sont munies que de soies à crochets.

Les *térébelles* habitent en grand nombre les côtes de toutes
les mers ; l'Océan et la Méditerranée en nourrissent plusieurs
espèces, que l'on confondait autrefois sous le nom de T. *con-
chilega* ou *ramasse-coquilles*.

Les AMPHITRITES (*amphitrite*) vivent dans des tubes
comme les précédents ; mais ces tubes, au lieu d'être durs et
calcaires, sont simplement membraneux, comme du parchemin. Quelquefois seulement, pour leur donner plus de solidité,
l'animal y incruste à l'extérieur, et de distance en distance,
quelques grains de sable, des débris de coquilles et autres ma-

tières analogues. Leurs branchies forment autour de leur tête
des rangées en peignes ou en couronne, et leur servent non-
seulement comme organes respiratoires, mais encore comme
instruments de défense, de reptation et de préhension ; car ils
les emploient également à repousser leurs ennemis, à saisir
leur proie, à se mouvoir dans leur tube et à ramasser les matériaux dont ils garnissent ce dernier. Du reste, ces branchies
sont aussi belles que chez les serpules, et offrent des couleurs
aussi riches et aussi variées.

Nous en avons plusieurs espèces dans nos mers, entre autres
l'A. *des huîtres*, qu'on a ainsi nommée parce qu'elle se fixe
principalement sur la coquille de ces mollusques, et nuit, dit-
on, beaucoup à leur propagation.

IIe *Famille*. — MALDANIES.

Cette famille ne comprend qu'un seul genre, celui des CLY-
MÈNES (*clymene*) qui se rapprochent des amphitrites par la
nature membraneuse de leur tube qui est pareillement incrusté
de grains de sables et de fragments de coquilles. Mais elles se
distinguent de tous les autres tubicoles, par le défaut de
branchies panachées et de tentacules labiaux. Leur corps est
grêle, cylindrique et composé d'un petit nombre de segments,
dont le premier et le dernier servent d'opercule, lorsque l'animal veut s'enfermer dans son tube. Le postérieur a la forme
d'un entonnoir dentelé sur les bords, tandis que l'antérieur ne
diffère des autres, que parce qu'on y trouve les deux lèvres qui
constituent la bouche, laquelle est plutôt inférieure qu'antérieure.

IIIe *Famille*. — TÉLÉTHUSES.

Cette famille, de même que la précédente, ne se compose
que d'un seul genre, celui des *arénicoles*.

Les ARÉNICOLES (*arenicola*) (fig. 5) forment un genre
curieux, en ce que, habitant comme les amphitrites un tube
membraneux, elles ont cependant leurs branchies vers le milieu
du dos. Leur bouche consiste en une seule lèvre circulaire garnie de tubercules très-courts, et ressemble un peu à la trompe
que nous offriront les annélides de l'ordre suivant.

La seule espèce connue de ce genre est l'*arénicole des pêcheurs* ou *lombric de mer*. C'est un ver de six à dix pouces de

long qui, ainsi que l'indique son nom, vit au milieu des sables, dans les trous profonds qu'il y pratique. Il est très-remarquable par la beauté et par la disposition de ses branchies, qui changent continuellement de nuances et passent sans cesse du rouge au jaune, du jaune au gris, etc.; phénomène qui dépend de l'arrivée du sang dans ces organes, où le contact de l'air le modifie et le fait changer de couleur. Cette annelide est très-commune sur tous les rivages sablonneux de nos mers, et est fort recherchée pour faire des appâts pour la pêche des merlans et des maquereaux; elle fait même l'objet d'un commerce assez étendu. On va la déterrer dans sa retraite, qui a quelquefois près de deux pieds de profondeur; mais son habitation est toujours facile à reconnaître, par le petit tas de terre qui se trouve à son ouverture, à-peu-près comme à celle du lombric terrestre.

IIe *Ordre.* — DORSIBRANCHES (pl. XXX).

Cet ordre, le plus nombreux de la classe, comprend les espèces dont les branchies régnient tout le long du corps et surtout à sa partie supérieure. Par conséquent, ces animaux ne doivent pas vivre dans des tubes solides, ou du moins ils ne peuvent y faire leur demeure habituelle.

Ils sont en effet libres, et nagent au sein des eaux avec une agilité qui leur a fait donner le nom d'*annelides errantes.* A cet effet ils sont pourvus de soies grandes et bien développées (*fig.* 6), qui leur servent de nageoires, et leur permettent de se mouvoir à leur gré pour chercher leur nourriture. Mais comme leur humeur vagabonde et le défaut de tube solide les expose à de fréquents dangers, la nature leur a donné, outre la vitesse des mouvements, des armes défensives dont ils se servent avec beaucoup d'adresse contre leurs ennemis; ce sont des soies raides, saillantes, placées de chaque côté de leur corps, et tout-à-fait différentes de celle de la locomotion; elles portent le nom d'*acicules.* Et, pour qu'elles ne perdent pas leur acuité pendant la marche de l'animal, celui-ci peut les faire rentrer à volonté dans l'intérieur de son corps, au moyen de muscles dont elles sont garnies à leur base; aussi sont-elles si aiguës, qu'elles percent la peau des plus grands animaux, sans en excepter celle de l'homme.

L'organisation extérieure des *dorsibranches* semble indiquer que ces animaux sont destinés à vivre au sein des eaux; quelques-uns d'entre eux sont en effet pélagiens, et ne se rencontrent qu'à de grandes distances des côtes. Cependant la plupart des espèces sont littorales, et se tiennent près du rivage, où elles se cachent sous les pierres ou parmi les zoophytes et les plantes marines ; quelques-unes même s'enfouissent dans le sable, ou même dans des tubes solides. Ces dernières ressemblent par conséquent aux annelides de l'ordre précédent ; mais, outre qu'elles ne contractent aucune adhérence avec cette habitation accidentelle et qu'elles peuvent la quitter sans inconvénient, pour aller chercher au loin leur nourriture, leurs pieds ne sont jamais munis, comme ceux des espèces tubicoles, de ces soies crochues au moyen desquelles les annelides du premier ordre peuvent s'enfoncer dans leur tube ou en sortir à leur gré.

Les *dorsibranches* sont les annelides les mieux organisés ; leur forme est svelte et allongée, rarement ovale ou aplatie. Ils ont tous une *tête* bien distincte avec des *yeux*, des *antennes*, et une cavité qu'on prendrait au premier abord pour leur bouche, mais qui n'est en réalité que le fourreau destiné à loger la trompe de l'animal.

Leur nourriture se compose principalement de mollusques, de zoophytes ou d'autres annelides qu'ils poursuivent quelquefois et atteignent à la nage, mais que le plus souvent ils attrapent, en se mettant en embuscade parmi les thalassiophytes ou dans les fentes des rochers.

L'ordre des *dorsibranches* se divise en cinq familles, qui tirent leur nom du principal genre qu'elles renferment ; ce sont les *aphrodisiens*, les *amphinomiens*, les *euniciens*, les *néréidiens* et les *ariciens*.

Iᵉ Famille. — APHRODISIENS.

Cette famille s'éloigne des quatre autres, et se rapproche de l'ordre précédent par la forme des anneaux qui composent son tronc ; ces anneaux sont dissemblables, et se montrent alternativement pourvus ou privés d'organes respiratoires. Leur corps, au lieu d'être grêle et vermiforme comme la plupart des annelides, est ordinairement ovale et déprimé ; et leur dos, loin d'être couvert d'une peau semblable à celle des autres parties du corps, est revêtu de grandes écailles membraneuses qu'on a comparées aux ailes coriaces des coléoptères, et auxquelles on donne, d'après cette assimilation, le nom d'élytres. Ces organes singuliers paraissent destinés à servir à la respiration, et, à l'époque de la reproduction, à protéger les œufs.

Cette famille a été divisée en plusieurs genres, dont le principal est celui des *aphrodites*.

Les APHRODITES (*aphrodita*) ont en général une forme différente de celle des autres annélides. Leur corps, au lieu d'être allongé comme celui des vers de terre, et du plus grand nombre des animaux de la même classe, est court, aplati et plus ou moins ovale. Leurs mâchoires sont rudimentaires et cartilagineuses, et leur tête porte trois antennes.

Les espèces de ce genre sont toutes pourvues d'organes locomoteurs, dont les uns sont aigus et leur servent à ramper, tandis que les autres, étant aplatis en forme de nageoires, leur rendent la natation facile et leur donnent une grande agilité. On les trouve dans la mer sous les pierres, où la plupart d'entre elles se roulent en boule. Nous en avons une sur nos côtes, l'*aphrodite hérissée*, qu'on nomme vulgairement *souris* ou *taupe de mer*. C'est un des plus jolis animaux marins de nos climats ; les couleurs de ses soies brillent de l'éclat de l'or, et prennent toutes les teintes de l'iris.

IIe *Famille.* — AMPHINOMIENS.

Cette petite famille se distingue de la précédente en ce qu'elle a tous les segments du corps semblables, et pourvus de pieds et de branchies, et des suivants par la forme des organes respiratoires, qui sont ramifiés ou frangés. Leur corps est épais et souvent ovalaire ; leur tête est peu saillante, et presque cachée dans l'espace que laissent entre elles leurs deux premières pattes qui se dirigent en avant ; leur trompe buccale est dépourvue de tentacules ; leurs yeux sont au nombre de deux ou de quatre, et leurs antennes sont le plus souvent au nombre de cinq.

Ces animaux paraissent être tous pélagiens ; ils vivent dans les mers méridionales, et la plupart dans l'Océan équatorial ; mais on n'en connaît pas les mœurs.

On en compte trois genres : les *amphinomes*, qui ont cinq antennes et deux rames distinctes à chaque pied ; les *euphrosynes* qui ont également les pieds birèmes, mais qui n'ont qu'une seule antenne ; enfin les *busiris*, qui ont cinq antennes et les pieds unirèmes.

IIIe *Famille.* — EUNICIENS.

Ces annelides établissent, pour ainsi dire, le passage des amphinomes aux néréides ; comme ces dernières, elles ont le corps allongé, linéaire, et formé d'un nombre considérable d'anneaux tous semblables, et munis chacun d'une paire de pieds et de branchies. Comme les amphinomes, elles ont ces derniers organes bien développés, mais seulement pectinés. A ces deux caractères, il faut ajouter la structure de la bouche, qui se compose de sept à neuf mâchoires cornées. Leur tête est toujours bien visible et saillante ; elles n'ont que deux yeux, ou en manquent complètement.

Le principal genre de cette famille est celui des EUNICES (*eunice*), qui renferme les plus grandes annelides que l'on connaisse. Il en est dont la longueur est de plus de quatre pieds. Ce qui caractérise ce genre, c'est le développement des branchies qui sont pectinées. Leur corps est légèrement déprimé, et présente, près de l'extrémité inférieure, un léger renflement ; leur tête porte cinq antennes.

On connaît un grand nombre d'espèces de ce groupe, dont la plus remarquable est l'*eunice géante*, qui habite les mers de l'Ile-de-France. Nous trouvons sur nos côtes l'*eunice sanguinolente*, qui est très-commune dans l'Océan, et l'*eunice hermite*, qui vit dans un tube, comme les annelides tubicoles.

IVe *Famille.* — NÉRÉIDIENS.

Linné donnait le nom de néréides à toutes les annelides, dont le corps long et régulièrement segmenté, se terminait en avant par une tête bien distincte. Ce genre comprenait par conséquent presque tous les dorsibranches. Depuis l'apparition du *systema naturæ*, le nombre des espèces auxquelles cette caractéristique est applicable s'est tellement augmenté, qu'on a dû former aux dépens de ce genre plusieurs genres et même plusieurs familles, dont celle des *néréidiens* est restée la plus importante. Le corps de ces animaux, toujours grêle, vermiforme et plus ou moins cylindrique, diminue insensiblement de diamètre, depuis la tête jusqu'à l'extrémité anale. Les anneaux de leur corps sont tous égaux, et munis d'appendices locomoteurs presque semblables ; leur tête est pourvue d'yeux, d'antennes et d'une trompe très-saillante.

Quant à leurs habitudes, la plupart vivent sous les pierres, et produisent, par tous les pores de leur peau, une matière visqueuse, qui y fait adhérer les grains de sable et les petits corps solides qui sont à leur portée, et qui, par leur réunion, donnent naissance à des tubes analogues à ceux des annélides tubicoles.

Cette famille est assez nombreuse, et comprend environ six genres, dont le principal est celui des *néréides*.

Les NÉRÉIDES (*nereis*) (*fig.* 6) ont beaucoup de rapports avec les lombrics par leur conformation extérieure ; elles ont le corps long, grêle, et cylindrique ou légèrement aplati ; mais leurs anneaux et leurs soies locomotrices sont plus apparents, ce qui leur a fait donner le nom de *scolopendres de mer*. Elles ont d'ailleurs la tête plus distincte et munie de quatre ou cinq antennes ; mais ce qui les distingue le mieux de tous les autres genres de la même famille, c'est la conformation de leurs pieds qui sont birèmes, et celle de leur trompe qui est armée de deux mâchoires.

Ces annélides sont toutes marines et se tiennent tantôt sous les pierres, tantôt dans les creux des rochers. Quelques espèces se cachent dans la vase ou se fixent sur les pierres, et se forment de petites cavités qu'elles tapissent d'un enduit gluant. Mais différentes en cela des tubicoles, elles peuvent en sortir quand bon leur semble, sans aucun inconvénient. Elles s'y retirent seulement, lorsque quelque danger les menace ou qu'elles se tiennent aux aguets pour attendre leur proie. Dans ce dernier cas, elles se contractent fortement dans l'intérieur de leur retraite, et si quelque animal se présente à leur portée, elles se détendent subitement et le saisissent avec leurs tentacules.

Toutes les *néréides* sont recherchées pour la pêche ; on les prend à la marée basse en détournant les pierres sous lesquelles elles se cachent.

Ve Famille. — ARICIENS.

Les *ariciens* sont analogues aux espèces des deux familles précédentes, par leur corps allongé et linéaire, par l'uniformité de leurs divisions annulaires, ainsi que par leurs organes locomoteurs ; mais ils s'en distinguent par la brièveté de leur trompe et de leurs tentacules, par le défaut de mâchoires et

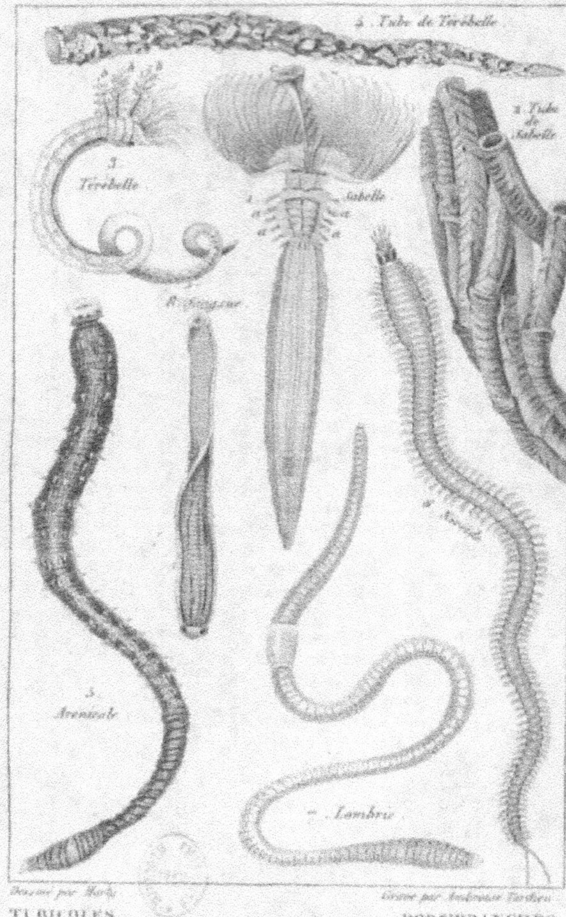

Dessiné par Huet. Gravé par Ambroise Tardieu.

TUBICOLES. Pl. XXX. DORSIBRANCHES.

d'yeux, et par la conformation générale de leur corps, qui se termine en avant par une portion rétrécie.

Le principal genre de cette famille est celui des ARICIES (*aricia*) qui ont deux sortes de pieds. Dans les uns la rame ventrale est longue, garnie de petites dentelures ; dans les autres elle consiste en un tubercule muni d'une soie terminée par un mamelon charnu. On ne sait rien sur les mœurs de ces annelides ; mais la forme de leurs pieds fait présumer qu'elles vivent dans l'intérieur de tubes solides, et que la nage doit leur être plus facile que la marche.

IIIe *Ordre*.—ABRANCHES.

A prendre le nom d'*abranches* dans une acception rigoureuse, il ne pourrait s'appliquer qu'à des animaux dépourvus de branchies, et ne conviendrait pas aux annelides de cet ordre, dont les unes ont certainement des branchies intérieures, quoiqu'on ne leur en ait pas distingué jusqu'ici ; peut-être serait-il mieux de remplacer ce nom par celui d'*endobranches*, que M. Duméril a donné à ces animaux et qui signifie *branchies intérieures*.

Quoi qu'il en soit, on reconnaîtra toujours ces annelides à l'absence ou à la position intérieure de leurs organes respiratoires, ainsi qu'à la difficulté de distinguer leur *tête* du reste de leur corps ; car on ne trouve sur cette partie ni yeux, ni antennes; on la confondrait même avec leur queue, si la présence de la bouche ne fournissait un moyen sûr de la reconnaître ; encore ce caractère ne doit pas être examiné à la légère, si l'on ne veut pas se tromper. Certaines annelides de cette famille présentent à la partie postérieure de leur corps une espèce de ventouse, que l'on pourrait prendre au premier abord pour la bouche.

Une autre particularité de structure qui sépare les *abranches* des deux ordres précédents, c'est le défaut de pieds. Chez les dorsibranches et les tubicoles, on trouve toujours, outre les soies variées qui servent à la locomotion, des pédicules charnus qui en forment la base, et leur donnent une grande mobilité ; ici au contraire nous ne trouvons jamais ce pédicule. D'ailleurs leurs soies sont aussi moins nombreuses et plus courtes ; quelquefois même elles manquent totalement.

On pourrait croire, d'après cette disposition, que les *abranches* doivent être dépourvus de la faculté locomotrice; mais , bien loin qu'il en soit ainsi, leurs mouvements sont au contraire assez agiles, du moins dans les espèces aquatiques. Au moyen des ondulations de leur corps flexible, ils sillonnent l'eau avec rapidité, quand il s'agit d'atteindre une proie ou d'échapper à un danger. Malgré cela tous les *abranches* sont sujets, pendant les temps froids, sinon à une véritable hivernation, du moins à un état d'inactivité, qui ressemble beaucoup à un engourdissement ; car ils passent tout l'hiver cachés dans la terre ou dans la vase, à une profondeur considérable.

Cet ordre peu nombreux se divise néanmoins en deux familles ; les *lombricinés* et les *hirudinés*.

Ire *Famille.* — LOMBRICINÉS.

Les *lombricinés* ou *annelides terricoles* se reconnaissent en ce qu'ils ont tous leurs segments uniformes, dépourvus de pieds et simplement munis de quelques soies courtes destinées à faciliter les mouvements de l'animal. Leur organisation est plus simple que celle des annelides précédentes ; ils n'ont pas de tête distincte, et manquent d'yeux, d'antennes, de mâchoires et de branchies apparentes. Aussi peut-on diviser leur corps en fragments très-petits sans produire leur mort ; bien plus, il arrive souvent que chacun des tronçons résultant de la division, reproduit un animal semblable au tout dont il a été séparé.

Les *lombricinés* qui ont pour type le *lombric* ou *ver de terre*, vivent tous enfouis dans la terre humide, dans la vase ou dans le fumier, au sein desquels ils creusent des galeries, soit pour s'y mettre à l'abri du danger, soit pour chercher les débris de matières animales qui s'y trouvent contenues.

Cette famille comprend trois genres principaux les *thalassemes*, les *lombrics* et les *naides*.

Les THALASSÈMES (*thalassema*) ont le corps mou, cylindrique, obtus en arrière et aminci en avant ; leurs soies sont disposées circulairement à leur extrémité postérieure, à l'exception de deux qui sont en forme de crochet, et qui sont placées près de la tête ; et leur bouche petite est percée au-dessous d'un tentacule en forme de cuilleron.

Ces annelides vivent sur les plages sablonneuses, enfoncées dans le sable, la tête en bas, la queue en haut ; le trou qui leur sert de retraite est entouré, comme celui des lombrics, de ces masses vermiculaires de matières terreuses, que l'animal rejette par l'anus. Ces animaux, se nourrissant comme les vers de terre, des substances animales contenues dans la vase ou dans le sable, avalent en même temps qu'elles, une grande quantité de débris indigestibles: et ce sont ces débris qui, moulés par le canal intestinal du *thalassème*, constituent les petits amas dont nous parlons. Les pêcheurs examinent avec soin les lieux où se cachent ces annelides, dont les poissons sont très-friands, et qui par conséquent sont excellents pour la pêche à la ligne. On a remarqué que souvent la tempête en enlève de grandes quantités de leurs demeures souterraines pour les entraîner dans la mer.

On ne connaît que deux espèces de ce genre, l'une et l'autre longues d'environ deux pouces, communes sur les côtes de l'océan, où elles sont fréquemment employées comme appât. Ce sont le T. *échiure* et le T. *de Neptune* qui peut-être ne sont que des différences d'âge.

Les LOMBRICS (*lombricus*) (*fig.* 7), qu'on nomme vulgairement *vers de terre*, parce qu'ils y font leur séjour habituel, tandis que toutes les autres annelides sont plus ou moins aquatiques, ont deux caractères qui empêcheront toujours de les confondre avec aucun autre animal de leur classe : des soies non rétractiles de chaque côté du corps, et une bouche placée sous une lèvre saillante et dépourvue de tentacules. On peut y ajouter la brièveté des soies qui garnissent les anneaux de leur corps et le défaut de branchies, si toutefois il est vrai, comme le prétendent certains naturalistes, que ces animaux respirent par toutes les parties de leur enveloppe extérieure.

La manière de vivre de l'espèce commune de ce genre est généralement connue ; elle se tient habituellement au sein des terres humides et grasses, et surtout dans le fumier très-avancé, où elle pullule à foison. Elle ne se montre à la surface du sol qu'après la pluie, quand elle est sûre de trouver la terre humectée. Elle choisit de préférence ces endroits, d'abord parce qu'elle a plus de facilité à y creuser son habitation, et ensuite parce qu'elle y trouve en abondance les débris de matières animales dont elle fait sa principale nourriture. Pour se procurer plus aisément sa subsistance, cet animal fouille continuellement la terre à l'aide de sa mâchoire supérieure, et en rejette les déblais au dehors sous la forme de cordons entortillés, qui annoncent toujours sa présence à ceux qui le cherchent. Au reste il n'est pas difficile à trouver ; outre qu'il se montre fré-

quemment de lui-même à la surface du sol, lorsque le temps
est favorable, on est toujours sûr de le faire sortir de sa retraite,
en enfonçant un pieu dans la terre et en lui imprimant de
fortes secousses. Il paraît que le bruit ou le mouvement
l'effraie ou le gêne, en lui faisant craindre l'approche de quelque taupe, sa mortelle ennemie, ou en resserrant trop le
terrain.

Les NAIDES (*nais*) ressemblent aux lombrics, par la disposition de leurs soies qui ne sont point rétractiles; mais elles en
diffèrent par la position de leur bouche qui est exactement ter-
minale, au lieu d'être placée sous une lèvre saillante : leurs
anneaux sont aussi moins marqués et leur corps est plus allongé.

Ces annélides vivent constamment dans les eaux douces,
courantes ou stagnantes, se plaisent surtout au fond de l'eau et
se cachent souvent dans la vase et dans la terre molle, qui la
borde ou qui lui sert de lit. Elles ne laissent guère sortir de
leur trou, que la partie antérieure de leur corps qu'elles balan-
cent sans cesse au milieu du liquide, ou qu'elles laissent flotter
à son gré. Il paraît qu'elles se nourrissent de petits animaux et
notamment de crustacés microscopiques qu'elles avalent tout
entiers : car on trouve souvent leur intestin rempli de daphnies
encore vivantes qu'elles ont prises à la nage. On ignore le mode
de reproduction des *naïdes*; mais il est probable qu'elles sont
hermaphrodites comme les lombrics, mais qu'elles ont cependant besoin d'accouplement pour être fécondées. On peut aussi
les multiplier par scission ou en divisant leur corps en plusieurs
parties, qui deviennent chacune un animal complet.

On connaît plusieurs espèces de ce genre, dont les principales sont la N. *vermiculaire*, la N. *serpentine* et la N. *filiforme*.
La première n'a pas plus de deux ou trois lignes de long, la
seconde en a près de dix, et la troisième a de cinq à dix pouces.
Les deux premières se trouvent dans toutes les mers, et la troisième sur les côtes de l'océan.

IIe Famille. — HIRUDINÉS.

Cette famille est une des plus naturelles de l'helminthologie;
les annélides qu'elle comprend sont des animaux dont le corps,
en général oblong et déprimé, est complètement dépourvu
de pieds et de soies locomotrices, et porte à chaque extrémité
une cavité dilatable et préhensile, qui fait les fonctions de

ventouse et produit la succion ; ce qui a fait donner à ces articulés le nom d'*annelides suceuses* et de *sangsues*. Leur bouche, située au fond de la cavité antérieure, ne présente ni trompe, ni tentacules ; mais elle est armée de plusieurs pièces cornées et dentelées qui font l'office de mâchoires, tandis que celle de derrière est uniquement propre à s'attacher aux corps solides, et ne sert qu'à la locomotion.

Le corps des *hirudinés* toujours divisé en un nombre très-considérable de segments, est un peu plus mince en avant qu'en arrière : mais cette différence est assez peu marquée, pour que le vulgaire ne distingue pas ordinairement la tête de la queue : cependant quand on y fait bien attention, la première présente, outre la bouche et un rétrécissement plus ou moins marqué, un certain nombre de petits points noirs, que l'on regarde comme des yeux, quoique leurs usages ne soient rien moins que constatés. D'ailleurs on trouve au-dessus de la ventouse postérieure, l'orifice inférieur du canal intestinal, qui ne saurait se trouver sur celle de devant.

La fonction de relation de ces annelides est très-bornée ; le goût et le toucher sont probablement les seuls sens dont elles jouissent ; cependant leurs mouvements sont assez agiles ; elles nagent facilement au moyen des ondulations de leur corps, dont la mollesse et la contractilité presque universelles se prêtent à toutes les flexions possibles, tandis que leurs ventouses leur servent à ramper soit en avant, soit en arrière, selon qu'elles prennent leur point d'appui sur l'antérieure ou sur la postérieure.

Nous avons exposé ce qu'on sait sur la circulation des *hirudinés* ; quant à leurs organes respiratoires, ils consistent, pour quelques anatomistes, en un certain nombre de poches latérales qui s'ouvrent de chaque côté du corps, tandis que d'autres prétendent qu'ils manquent entièrement, et que la peau en remplit les fonctions : ce qu'il y a de certain, c'est que ces animaux ont besoin de respirer assez fréquemment, et périssent dans une eau qu'on n'a pas soin de renouveler de temps en temps. La nourriture des *hirudinés* est animale, quoique certains observateurs aient prétendu qu'ils pouvaient aussi se nourrir de substances végétales. Les uns sont parasites et vivent aux dépens du sang ou des humeurs qu'ils extraient du corps d'autres animaux ; d'autres au contraire avalent des animalcules tout entiers ou déchirent les cadavres des êtres animés que l'eau roule dans son sein. Dans tous la digestion est fort lente ; car on a conservé pendant plusieurs années des individus de cette famille, sans leur donner aucune espèce de nourriture, autre que les molécules qui pouvaient se trouver en dissolution dans l'eau, qu'on renouvelait de temps à autre.

La génération des annelides suceuses est ovipare ; elles pondent une quinzaine d'œufs qu'elles enveloppent dans un cocon ovoïde ; ils éclosent dans l'espace d'environ vingt-cinq jours, et les petits qui en proviennent sont couleur de chair, et ont environ, trois centimètres de longueur.

On divise cette famille en deux genres, les *albiones* et les *sangsues*.

Les ALBIONES (*albione*) ou *sangsues de poissons*, se reconnaissent en ce qu'elles ont la ventouse antérieure séparée du reste du corps par un étranglement bien marqué ; elles n'ont jamais de points oculiformes ; elles sont toutes parasites et vivent sur les poissons ; telle est l'*albione* ou *sangsue épineuse*.

Les SANGSUES (*hirudo*) (*fig.* 8) se distinguent généralement des autres hirudinés, par la forme de leur tête qui se confond avec le reste du tronc ; elles ont toutes des points oculaires, et vivent dans l'eau douce, où elles se nourrissent de toutes sortes de matières animales.

Les *sangsues*, quoique très-voraces et carnassières, supportent très-facilement le jeûne. Sans parler de l'abstinence qu'elles endurent l'hiver, pendant qu'elles restent enfoncées dans la vase, on en a vu vivre des années entières sans prendre d'autre nourriture que les parcelles des matières organiques tenues en dissolution dans l'eau qu'on leur donnait ; et tout le monde sait que ceux de ces animaux qu'on emploie à faire des saignées sur les malades, ne veulent reprendre qu'après un très-long jeûne.

Ces annelides se trouvent en abondance dans presque toutes les eaux dormantes, et se rendent même souvent incommodes en s'attachant aux bestiaux qui vont boire dans les mares qu'elles habitent.

On compte un assez grand nombre d'espèces de ce genre, entre autres la *sangsue médicinale*, la *sangsue de cheval*, etc.;

CARCINOLOGIE,

ou

HISTOIRE NATURELLE DES CRUSTACÉS.

Les *crustacés* étaient autrefois compris dans la classe des insectes, auxquels ils ressemblent par les anneaux et par la nature coriace de leur enveloppe extérieure, ainsi que par leurs membres articulés; mais ils diffèrent essentiellement de ces animaux par leur respiration branchiale et par leur circulation, à laquelle concourent un cœur, des artères et des veines. De plus, le nombre des pattes est toujours plus considérable chez les *crustacés* que chez les véritables insectes; tandis que ceux-ci n'en ont que trois paires, les premiers en ont au moins cinq de chaque côté du corps et souvent un plus grand nombre. La peau des articulés dont nous parlons est d'ailleurs beaucoup plus solide que celle des insectes; elle tient le milieu, pour la dureté, entre la coquille calcaire des mollusques et l'enveloppe membraneuse des vers, des chenilles, etc., et c'est pour cela que les Grecs avaient donné aux *crustacés* le nom de *malacostracés*, qui signifie animaux à *coquille molle*.

La nature de cette enveloppe inflexible s'opposerait au développement de l'animal qui en est couvert, si celui-ci n'avait la faculté d'en changer; aussi tous les *crustacés* sont-ils sujets à une mue périodique, comme les ophidiens. Ils se débarrassent de leur peau, devenue trop petite pour contenir leur corps, et la remplacent par une autre d'une dimension appropriée à leur taille. Et comme au moment où ils sont ainsi dépouillés, ils se trouvent exposés à devenir la proie des plus petits animaux qui les rencontreraient, ils ont d'abord soin de chercher une retraite inaccessible à leurs ennemis et abondamment pourvue de substances nécessaires à leur subsistance; ensuite la nature, afin d'abréger pour eux cette époque critique, a préparé dans l'intérieur de leur estomac une provision de matière calcaire prête à être mise en œuvre, et à s'infiltrer dans les pores de la nouvelle peau. De cette manière, celle-ci acquiert en peu de temps une dureté convenable, et permet à l'animal de sortir plus promptement de sa retraite. Deux ou trois jours lui suffisent souvent pour que la peau parvienne à sa dureté naturelle.

Du reste, le corps des *crustacés* se divise, comme celui des insectes, en quatre parties distinctes ; la *tête*, le *thorax*, l'*abdomen* et les *membres*.

La première, qui est souvent soudée avec le thorax, est cependant toujours facile à distinguer à la présence de deux ou quatre antennes articulées et très-mobiles, à ses deux yeux, qui sont tantôt saillants et tantôt enchâssés dans le test, enfin à sa bouche, qui est le plus souvent formée d'un grand nombre de mâchoires, et rarement terminée en suçoir.

Le *thorax* se confond assez souvent soit avec la tête, soit avec l'abdomen. Dans le premier cas, il n'est formé supérieurement que d'une seule pièce appelée *carapace*, comme dans les crabes, les écrevisses ; les anneaux ne sont alors marqués qu'à la partie inférieure du corps, et chacun d'eux porte une paire de membres. Dans le second cas, le *thorax* se compose d'autant d'anneaux qu'il y a de paires de pattes, et la tête est toujours distincte du reste du corps.

L'*abdomen* ou ventre est cette partie que l'on désigne vulgairement sous le nom de queue. Dans certains crustacés, il acquiert un volume considérable, et se trouve garni de chaque côté de petits appendices que l'on appelle *fausses pattes* (les *homards*, les *langoustes*) ; chez d'autres, il est tellement réduit qu'il est impossible de le distinguer du thorax : les *crabes*, par exemple. Dans tous les cas, il contient la terminaison des organes de la digestion.

Les *pattes*, avons-nous dit, sont toujours articulées et en grand nombre. Ce nombre est généralement de quatorze ; seulement il arrive quelquefois, comme dans les écrevisses, que les premières paires sont tellement refoulées vers la tête, qu'elles font partie de la bouche, et prennent le nom de *pieds-mâchoires* ; alors il n'y en a que dix qui servent à la locomotion. D'autrefois, au contraire, ou en compte plus de soixante paires.

La forme des pattes est très-variable et influe considérablement sur l'espèce de mouvements propres à chaque espèce. Le plus souvent, les premières sont en *pince* et font les fonctions d'une véritable main, tandis que les dernières sont transformées en nageoires. Mais, d'un côté, on en trouve quelquefois un bien

plus grand nombre organisées, soit pour la préhension, soit
pour la nage, et, d'un autre côté, certaines espèces ont tous les
membres uniquement propres à la marche.

Dans tous les cas, elles se composent des mêmes pièces que
celles des insectes : d'une *hanche*, d'un *trochanter*, d'une
cuisse, d'une *jambe*, et d'un *tarse* formé de deux articles.

L'organisation intérieure des *crustacés* est celle des articulés
en général, à part les modifications suivantes. Leur *système
nerveux* consiste en une double série de ganglions, dont chaque anneau contient ordinairement une paire ; mais il arrive
souvent que tous ceux du thorax se rapprochent, et se soudent
même ensemble pour ne former qu'une seule masse. La même
chose arrive, quoique plus rarement, pour ceux de l'abdomen.
Leurs *sens* sont plus complets que ceux des autres articulés ; ils
ont constamment deux yeux tantôt sessiles, tantôt pédiculés, et
presque toujours bien apparents ; l'ouïe réside dans une fossette située à la base des antennes externes ; l'odorat est placé,
selon certains anatomistes, dans une petite fossette voisine de la
précédente, et, selon d'autres, dans quelques-uns des articles
des antennes de la première paire d'antennes. Quant au goût et
au toucher, le premier a pour siège toute la cavité buccale, et
surtout la partie qui avoisine l'œsophage ; le second réside dans
toute la peau qui est peu sensible, excepté celle des antennes.

Les principaux *mouvements* des crustacés sont la marche sur
un plan solide, et la nage au sein des eaux. Aucun d'eux n'a
d'ailes et ne jouit de la faculté de voler. Leur agilité est en
général peu considérable.

Le régime de ces animaux est toujours carnassier ; leur
canal intestinal est court, et se porte directement de la bouche
à l'anus. Leur *bouche* présente dans sa structure trois modifications principales ; les uns n'ont à l'orifice antérieur du tube digestif aucun appendice particulier, et y introduisent les aliments
au moyen de leurs pattes, qui servent en même temps à leur
broiement et à leur déglutition. Les autres ont une espèce de
trompe, au centre de laquelle se meuvent deux stylets ou lancettes, destinées à percer la peau des êtres dont l'animal se nourrit : toutes ces espèces sont parasites. Mais, dans la majorité des
crustacés, la bouche présente une organisation plus compliquée ; elle est bordée en avant et en arrière par deux appendices, l'un antérieur et supérieur appelé *labre*, l'autre inférieur
ou postérieur nomme *lèvre* ou *languette*. Sur les côtés de l'o-
rifice, on trouve le plus souvent trois paires d'appendices ; les

deux antérieurs ou *mandibules* sont solides et propres à broyer les aliments ; les quatre appendices suivants constituent les *mâchoires*, qui paraissent destinées à contenir les aliments pendant la mastication, et à les empêcher de s'échapper d'entre les mandibules. Outre ces pièces qu'on trouve dans presque tous les crustacés broyeurs, la plupart d'entre ces derniers en présentent deux ou trois autres paires, qu'on appelle *pieds-mâchoires* ou *mâchoires auxiliaires*, parce qu'elles peuvent servir indistinctement à la locomotion ou à la mastication.

Le tube digestif est généralement peu compliqué chez ces animaux ; cependant l'estomac est souvent garni à l'intérieur de pièces calcaires analogues à des dents, qui sont destinées à compléter le broiement de la nourriture ; le foie est vésiculeux et ordinairement de couleur jaune ; l'anus est placé sous le dernier anneau de l'abdomen.

La *circulation* des crustacés s'opère dans un système complet d'artères et de veines ; leur cœur est simple et correspond au cœur gauche des animaux à sang chaud, c'est-à-dire qu'il envoie le sang artériel aux diverses parties du corps ; le cœur droit est remplacé chez eux par des espèces de poches latérales ou *sinus*, qui font passer aux branchies le sang veineux qu'ils ont reçu des organes.

La *respiration* est branchiale chez tous les crustacés, mais la forme et la position de l'organe respiratoire varient considérablement. Tantôt ce sont des cellules membraneuses, dont toute la surface est tapissée par les vaisseaux capillaires résultant de la division du *vaisseau afférent* ou artère branchiale ; tantôt ce sont des cylindres creux également couverts d'un réseau d'artérioles ou de veinules. Ici ce sont des panaches ramifiés qui flottent librement au milieu du fluide ambiant ; là ce sont des lamelles rhomboïdales, empilées les unes sur les autres et renfermées dans une cavité spéciale. Quant à la position des branchies, le plus souvent elles font partie des appendices locomoteurs, dont elles ne sont que certaines parties modifiées ; quelquefois cependant elles constituent un organe spécial et distinct, placé dans une cavité latérale du thorax.

Les *crustacés* se multiplient par des *œufs* ; la femelle les dépose quelquefois dans l'eau, où ils éclosent sous l'influence de l'humidité ; mais dans certaines espèces, on trouve sous la queue une poche particulière, dans laquelle ils demeurent jusqu'à leur éclosion. Tout le monde sait qu'à certaines époques on a trouvé des œufs sous la queue des écrevisses que l'on mange ;

il paraît même que leur chair est alors moins saine que dans les autres saisons.

Les habitudes des *crustacés* sont généralement aquatiques ; il n'y en a qu'un très-petit nombre de terrestres ; mais les uns vivent dans les eaux salées, et les autres dans les eaux douces, soit courantes, soit dormantes, et il paraît que tous sont très-difficiles sur le choix de leur habitation ; car il est presque impossible d'habituer ceux qui vivent dans un endroit à séjourner dans un autre, quoique celui-ci ne diffère pas sensiblement de celui qu'ils habitaient précédemment.

On connaît un assez grand nombre de *crustacés*, que l'on divise en six ordres.

1° Les uns ont la bouche broyeuse, le test dur et calcaire, une carapace ou *cephalathorax*, dix pieds articulés et ambulatoires, deux yeux bien distincts et supportés par un pédicule mobile, les branchies renfermées dans une cavité latérale du thorax, etc. ; ce sont les *décapodes* (les écrevisses, les crabes).

2° D'autres ont pareillement le test calcaire, les yeux pédonculés et la bouche broyeuse, mais la partie antérieure de leur corps a deux boucliers, leurs branchies sont placées à la base des fausses pattes, et ils ont toujours plus de dix pattes ambulatoires ; ce sont les *stomatapodes* (squilles).

3° D'autres ont le test et les pieds des précédents, mais leurs yeux, qui sont parfaitement distincts, sont *sessiles*, c'est-à-dire placés à fleur de tête ; on les appelle *hédriophthalmes*, mot grec qui veut dire *yeux sessiles* (les crevettes, les cloportes).

4° D'autres ont la bouche propre à broyer, le test généralement mince et corné, les pattes natatoires et aplaties à leur extrémité, et le plus souvent un seul œil, ou, quand ils en ont deux, ils ont plus de vingt pattes ; ce sont les *branchiopodes*, animaux bizarres et souvent microscopiques.

5° Ceux du cinquième ordre, remarquables par leur forme singulière, se distinguent en ce qu'ils n'ont aucun appendice buccal particulier, leurs pattes ambulatoires leur en tiennent lieu ; on les appelle *xiphosures*.

6° Enfin les espèces du sixième ordre sont toutes parasites et ont la bouche impropre à opérer le broiement de substances solides ; chez eux les pièces maxillaires et labiales sont remplacées par un suçoir uniquement propre à pomper les substances liquides : ce sont les *siphonostomes*.

1er Ordre. — DÉCAPODES.

Les crustacés de ce premier ordre se distinguent des suivants non-seulement par le pédicule mobile qui supporte leurs yeux, mais encore par plusieurs autres caractères importants. Seuls de tous les animaux de leur classe, ils ont la partie supérieure du corps couverte d'une véritable carapace, qui ne laisse libre que la queue; seuls aussi ils ont cinq paires de pieds, dont une ou plusieurs sont terminées en *pinces*, ou garnies d'un doigt mobile qui leur sert pour saisir leur proie. Les muscles qui mettent ce doigt en mouvement sont tellement vigoureux, qu'on a vu des homards et des crabes de grande taille, saisir avec leur pince une chèvre par la patte et l'entraîner malgré sa résistance. Et il est d'autant plus difficile de leur arracher ce qu'ils tiennent, que leur doigt est armé à son bord intérieur de dents saillantes, qui s'enfoncent dans des rainures analogues du doigt fixe.

Leur tête est constamment soudée avec le thorax; leurs antennes sont au nombre de quatre; leur bouche se compose d'un labre, de deux mandibules, de deux mâchoires et de trois paires de pieds-mâchoires.

Leur organisation intérieure n'est pas moins caractéristique: leur estomac a ses parois soutenues par une espèce de charpente cartilagineuse et armée de dents calcaires très-robustes; leur foie est volumineux et formé par la réunion d'un grand nombre de cæcums roulés sur eux-mêmes et comme pelotonés; leur cœur, de forme carrée, donne naissance en avant à trois artères (l'*ophthalmique* et deux *antennaires*) et en dessous à trois autres (les *deux hépatiques* et la *sternale*); leurs branchies sont renfermées sous le rebord de la carapace, au-dessus de la base des pattes; leur système nerveux ne consiste qu'en deux masses, le cerveau placé au-dessus de l'œsophage et le ganglion thoracique, qui est formé par l'agglomération de tous les autres.

Tous les *décapodes* sont voraces et cruels; doués pour la plupart d'une force musculaire considérable, munis d'une pince robuste, pourvus de mâchoires fortement armées et d'un estomac garni de parties dures et tranchantes, ils ont des appétits carnassiers et les moyens de les satisfaire. Unissant la ruse à la violence, tantôt ils attendent leur proie dans des retraites qu'ils trouvent au milieu des rochers, tantôt ils la poursuivent à la nage ou à la course et la terrassent de vive force,

La disposition de leurs yeux, qu'ils peuvent faire saillir ou retirer dans une gaine, à cause de la mobilité de leur pédicule, leur permet de distinguer leurs victimes de loin, en même temps qu'elle les rend moins vulnérables dans les combats qu'ils peuvent avoir à soutenir contre les animaux dont ils font leur nourriture.

On partage cet ordre, le plus nombreux de la classe, en deux familles : les *brachyures* ou crabes et les *macroures* ou écrevisses.

Ire Famille. — BRACHYURES (pl. XXXI).

On reconnaît aisément les crustacés de cette famille (*fig.* 1) à la brièveté de leur queue, toujours dépourvue de nageoires à son extrémité et constamment reployée, dans l'état de repos, dans une fossette placée sous le thorax. Leur carapace, généralement aplatie et aussi large que longue, recouvre tous les organes digestifs, circulatoires et respiratoires, qui en soulèvent la face supérieure partiellement, et y établissent des circonscriptions ou régions, dont chacune est destinée à loger un organe particulier. Ces régions sont au nombre de sept : trois médianes, la *stomacale* en avant, la *cordiale* au milieu et l'*intestinale* en arrière. Des quatre latérales, les deux antérieures sont les *hépatiques* et les postérieures les *branchiales*.

La tête de ces crustacés est recouverte par le *front* ou *rostre*, c'est-à-dire par le prolongement antérieur de la carapace. Leurs *antennes* sont peu développées et peuvent ordinairement se reployer dans une cavité placée à leur base. Leur troisième paire de *pieds-mâchoires* offre dans son article basal, un appendice destiné à faciliter l'entrée et la sortie de l'eau dans la cavité branchiale ; leur première paire de pattes est constamment didactyle ou en pince et préhensile ; les quatre autres ne présentent jamais cette particularité, elles ne sont propres qu'à la marche ou à la nage.

Tous ces animaux vivent dans la mer et se tiennent en général à peu de distance des côtes, probablement parce qu'ils y trouvent en abondance les mollusques et les cadavres dont ils se nourrissent principalement. Mais quoique essentiellement aquatiques par la nature de leurs organes respiratoires, ils peuvent rester sur la terre pendant un temps considérable. Leurs branchies, qui sont toujours placées dans une cavité formée par le bord latéral de la carapace, conservent d'autant plus facilement l'humidité, qu'elles sont presque entièrement garanties du contact de l'air atmosphérique.

Aussi courageux que voraces, ces animaux se livrent fréquemment entre eux des combats sanglants, pour la possession de quelque lambeau de chair corrompue. Dans ces batailles, toujours opiniâtres, mais rarement mortelles, ils s'arrachent souvent des pattes et même les pinces. Mais ces mutilations sont promptement réparées; après quelques jours de retraite, ils se montrent avec de nouveaux organes, qui remplacent ceux qu'ils avaient perdus. Ils se cachent de même, lorsqu'ils subissent leur *mue*, ce qui arrive tous les ans au printemps.

La chair des *brachyures*, quoique indigeste, est assez bonne à manger. On remarque que leur test prend par la cuisson une belle couleur rouge, phénomène qui est dû à l'infiltration d'un fluide subtil, qui pénètre dans les pores de leurs téguments, à mesure qu'ils sont dilatés par l'effet de la chaleur.

Cette famille ne comprenait autrefois qu'un seul genre; mais depuis quelque temps le nombre d'espèces s'est tellement accru que, pour se reconnaître parmi tant d'êtres différents, il a fallu le subdiviser en plusieurs genres. On en compte plus de cinquante, dont les principaux sont les *portunes*, les *crabes*, les *pinnothères*, les *gécarcins* et les *dromies*.

Les PORTUNES (*portunus*) (*fig.* 4) font partie d'une tribu de cette famille qu'on a appelée *crabes nageurs*, parce que, ayant un certain nombre de leurs pattes terminées en nageoires, ils nagent avec plus de facilité que les autres, et ne craignent pas de s'écarter du rivage et d'affronter la haute mer; on en a trouvé plusieurs fois des individus au milieu de l'Océan qui sépare l'Europe de l'Amérique. Observons toutefois que tous ne sont pas aussi audacieux; il y a à cet égard de grandes différences, qui tiennent au plus ou moins grand nombre des pieds qui sont transformés en nageoires. Les uns ont tous ces appendices ainsi organisés, à l'exception des pinces; on sent qu'ils doivent mieux nager que les autres, qui n'ont que les deux postérieurs propres à la nage. Les *portunes* ou *étrilles* sont dans ce dernier cas; aussi, quoiqu'ils se hasardent quelquefois en pleine mer, ils restent plus communément près des côtes, où les pêcheurs les prennent en grand nombre. On en trouve dans presque toutes les mers; ceux de France passent pour très-délicats, surtout l'*étrille vulgaire*.

Les CRABES (*cancer*) appartiennent à une seconde tribu, qui diffère de la précédente par la forme des pieds, qui se terminent en pointe et jamais en nageoire. Aussi, non-seulement ils nagent moins que les portunes, ils sont aussi, pour ainsi dire, moins aquatiques; car ils sortent fréquemment de l'eau, pour aller sur le rivage chercher les cadavres que la mer rejette de son sein, et autour desquels ils se réunissent comme les corbeaux, les vautours, les goëlands, etc., ce qui devient souvent entre eux le sujet de querelles sanglantes. Mais si les *crabes* nagent mal, ils marchent avec agilité, soit au fond de la mer, soit sur ses rivages; c'est un plaisir de les voir se démener pour courir, lorsqu'ils voient une proie que des rivaux pensent leur disputer.

Cette seconde tribu de brachyures présente, outre le caractère de ses pieds, celui de sa caparace, dont le bord antérieur est arrondi en arc de cercle et le postérieur tronqué, ce qui a fait donner aux espèces qu'elle comprend le nom de *crabes arqués*.

Quoique toutes les mers nourrissent des *crabes* de cette sorte, ils sont beaucoup plus abondants dans les mers intertropicales que dans les tempérées; ils y sont aussi peints de plus vives couleurs et y parviennent à une plus forte taille. Cependant nos côtes en nourrissent aussi de fort grands, et dont la chair est très-estimée; tels sont le *tourteau* ou *crabe poupart*, le *crabe vulgaire*, etc.

C'est à la tribu des *crabes orbiculaires* que se rapportent les PINNOTHÈRES (*pinnothera*); ce sont de petits crustacés dont la caparace est arrondie et dont les pattes sont toutes propres à la marche.

Ils sont tous de très-petite taille et se font remarquer par leurs habitudes. Ils passent la plus grande partie de l'année dans la mer; mais pendant l'automne ils se retirent dans diverses coquilles bivalves, surtout dans les moules et les jambonneaux. D'après l'observation de ce dernier fait, les anciens s'imaginaient qu'ils vivaient en société avec ces mollusques, les avertissaient dans le danger et allaient à la chasse pour eux. Maintenant on attribue à leur présence dans les moules, les accidents qui se manifestent quelquefois, chez les personnes qui ont fait usage de ces mollusques. Il est probable que cette dernière réputation est tout aussi peu fondée que la première, et que les *pinnothères* n'ont pas plus de qualités malfaisantes que d'attachement pour les jambonneaux et les moules. Du reste, on ignore absolument quel peut être le but de ces crustacés, en se mettant ainsi dans l'intérieur des coquilles.

Le mot GÉCARCIN (*gecarcinus*) est d'origine grecque et signifie *crabe terrestre*. Ce genre est compris dans la nombreuse tribu des brachyures qu'on a nommés *quadrilatères*, à cause de la forme de leur caparace; ce qui joint à l'organisation de leurs pieds terminés en pointe, suffit pour les distinguer de tous les autres genres de la même famille.

Ces crustacés sont beaucoup plus terrestres qu'aucun des autres animaux de leur ordre; ils ne craignent pas de se porter à plusieurs lieues de distance de la mer, et vivent long-temps dans des endroits où l'on ne voit pas même d'eau. Mais, malgré ces habitudes, il s'en faut de beaucoup qu'ils puissent s'en passer; ils évitent toujours les lieux secs et arides pour rechercher les marécages; et pour se mettre encore mieux à l'abri de la sécheresse qu'ils redoutent, ils ont soin de se creuser des terriers, dans lesquels ils ont toujours plus de fraîcheur, et où souvent ils plongent presque entièrement dans l'eau. Ils ne sortent guère de cette retraite que pendant la nuit ou par les temps pluvieux, et seulement lorsque le besoin les y contraint. Comme ils sont voraces et carnassiers, ils s'établissent de préférence dans les cimetières, où ils trouvent abondamment de quoi satisfaire leur appétit.

Un des faits les plus curieux de l'histoire de ces animaux c'est le voyage annuel qu'ils font vers les bords de la mer. Réunis en troupes innombrables, ils quittent leur habitation terrestre, et se rendent en ligne droite vers le but de leur voyage. Leur instinct est si sûr que rien ne peut les détourner de leur route; ils traversent les rivières, escaladent les maisons et les rochers, et franchissent tous les obstacles qui tendent à les faire dévier de la ligne droite. Parvenus au terme de leur course, ils y déposent leurs œufs, reviennent sur leurs pas sans s'arrêter, et arrivent dans leurs terriers si maigres et si exténués, qu'il leur faut plusieurs jours pour réparer leurs forces.

Les DROMIES (*dromia*) font partie d'une petite tribu de brachyures qu'on a nommés *notopodes* (pieds sur le dos), parce qu'elles ont les quatre ou les deux derniers pieds attachés au-dessus des autres et presque sur le dos, de manière qu'ils semblent regarder le ciel.

Cette disposition singulière, jointe à un double crochet qui termine ordinairement ces pieds, leur donnent des habitudes différentes de celles des autres crabes. Douées d'une agilité rare parmi les crustacés, agilité qui leur a valu le nom de *dromies*, qui signifie coureuses, elles poursuivent les zoophytes ou les coquillages, pour s'en adapter la dépouille sur le dos, où elles la retiennent au moyen de leurs pattes dorsales. L'*alcyon*, espèce de zoophyte qui ressemble à l'éponge, est une de leurs victimes favorites ; elles en sont presque toujours couvertes, et, chose singulière, malgré l'état de gêne où l'animal doit se trouver, il ne cesse pas de vivre ni de se développer ; de sorte qu'au bout d'un certain temps il forme autour de ces crustacés, une cuirasse d'autant plus solide qu'elle est organisée et vivante.

Les *dromies* sont répandues sur les côtes orientales de l'Océan-Atlantique et sur les côtes septentrionales de l'Afrique ; l'hiver elles se cachent dans le sable, et l'été elles se promènent sur la vase et sur les rochers du fond de la mer. On en compte plusieurs espèces dont les plus connues sont la D. *commune*, qui passe pour venimeuse, et la D. *tête de mort.*

IIᵉ *Famille.* — MACROURES (pl. XXXI).

Le nom de *macroures* a été donné aux crustacés de cette famille, à cause de la longueur de leur queue ou plutôt de leur abdomen, qui fait toujours au-delà du thorax une saillie considérable, et se termine par une nageoire en forme d'éventail ; tels sont le homard et l'écrevisse.

Leur *tête* est unie au thorax comme chez les brachyures ; mais leurs *antennes* sont toujours très-développées ; les internes ne peuvent pas se reployer dans une fossette ; leur *carapace* est presque toujours plus longue que large, et n'a pas ses côtés saillants au-dessous de la base des pattes ; celles-ci sont toujours au nombre de dix, et les premiers se terminent très-généralement en pince didactyle, tandis que les suivantes varient par leur forme comme par leur destination.

Les crustacés de cette famille sont essentiellement nageurs, quelle que soit la conformation de leurs pattes, la disposition de la queue étant suffisante pour leur rendre facile la locomotion dans l'eau. Mais il faut observer que la nageoire frappant le liquide d'arrière en avant, l'animal ne nage qu'à reculons. Du reste, de même que tous les autres crustacés, les *macroures* peuvent marcher au fond de l'eau soit en avant soit sur les côtés.

On divise cette famille comme celle des brachyures, en un grand nombre de genres, qu'on rapporte à différentes tribus. Les plus remarquables sont les *pagures*, les *écrevisses*, les *langoustes* et les *salicoques*.

Quoique les PAGURES (*pagurus*) appartiennent évidemment à la famille des macroures, ils ont la queue plus courte que la plupart des autres animaux qu'elle renferme; cet organe n'est guère plus long que leur carapace, caractère qui, joint à leurs téguments mous, suffit pour les distinguer de tous les autres genres de la même famille.

Rien n'est plus singulier que les mœurs de ces crustacés. Comme leur carapace est trop faible pour les garantir des chocs extérieurs, il faut qu'ils s'approprient la coquille de certains mollusques, dans laquelle ils s'enfoncent presque entièrement, à l'exception de leurs pinces. C'est à cause de l'habitude qu'ils ont de vivre ainsi dans une demeure empruntée, qu'on leur a donné le nom d'*ermites*, de *Diogène*, de *soldats*, parce qu'on les a comparés à un religieux dans sa cellule, un philosophe cynique dans son tonneau, à un factionnaire dans sa guérite.

On ne saurait s'imaginer les peines qu'ont les *pagures* pour se procurer cette habitation protectrice, les efforts qu'ils sont obligés de faire pour s'y établir, les dangers qu'ils ont à courir de la part de leurs ennemis, qui profitent de ce moment de faiblesse pour les attaquer, les combats qu'ils ont à soutenir pour la disputer à ceux de leurs semblables qui veulent s'en emparer à leur détriment. Encore si elle devait leur rester pour toujours, ils pourraient se consoler de la difficulté de l'acquisition par la longueur de la jouissance; mais comme leur corps prend sans cesse de l'accroissement, ils sont obligés de changer tous les ans d'habitation, de recommencer leurs manœuvres, de courir les mêmes dangers.

Ces crustacés sont communs dans nos mers; l'hiver ils se tiennent dans les eaux profondes ou dans les creux des rochers; mais pendant toute la belle saison, ils restent le long des côtes, ou même se promènent sur le rivage. On profite de ce moment pour se procurer ceux dont on a besoin pour la pêche ou pour la consommation; car ils sont bons à manger et font un excellent appât. Ils fournissent aussi une huile qui passe pour calmante dans les affections rhumatismales. Mais souvent, au moment où l'on croit les tenir, ils se laissent rouler dans la mer, et échappent ainsi à la main qui allait les saisir.

Les ECREVISSES (*astacus*) (*fig.* 2) forment le principal genre d'une tribu nombreuse à laquelle on a donné le nom d'*astaciens*. Elles se distinguent des pagures par leur queue deux fois plus longue que leur test, et des autres crustacés à longue queue, par les pinces qui terminent leurs trois premières paires de pattes, ainsi que par la disposition de leurs antennes, qui sont placées sur une ligne droite horizontale.

Les *écrevisses* sont les crustacés les mieux connus et les plus communs de la famille; on en trouve également dans les eaux douces et dans les mers, et toutes les espèces sont recherchées comme aliment, bien que leur chair soit un peu indigeste. Elles ont le naturel si timide que, malgré leur voracité, elles abandonnent leur proie, dès que le moindre bruit vient à les effrayer; aussi les pêcheurs qui leur tendent des pièges sont-ils obligés d'observer un profond silence, s'ils veulent faire une capture abondante. On en prend une très-grande quantité, en plaçant un morceau de viande corrompue au milieu d'un fagot de branches lâchement attachées. Les *écrevisses* s'empêtrent en voulant aller mordre à l'appât, de sorte que, lorsqu'on retire le fagot, il en est presque entièrement couvert.

Ce genre se divise en deux groupes, les Ecrevisses propres qui ont le rostre ou partie saillante de la carapace armée d'une seule dent de chaque côté, comme l'E. *commune*, qu'on trouve dans presque toutes les rivières ou ruisseaux; et les Homards dont le rostre est muni de trois ou quatre dents de chaque côté, et qui ne vivent que dans la mer, comme le H. *vulgaire*, dont la taille va quelquefois jusqu'à un pied et même davantage.

Les LANGOUSTES (*palinurus*) ont les plus grands rapports avec les écrevisses, dont elles ne diffèrent que par le défaut de pinces à toutes leurs pattes, excepté quelquefois à la dernière paire. Elles n'ont aucun de leurs pieds terminés en nageoires, et cependant elles nagent avec assez de facilité, pour se tenir en pleine mer pendant une grande partie de l'année. Leur queue vigoureuse et élargie à son extrémité, remplace les pattes nectoïdes des crabes nageurs, et produit même beaucoup de bruit dans les mouvements que fait l'animal pour nager.

Au printemps les *langoustes* s'approchent des côtes pour y faire leur ponte; leurs œufs, qui sont d'un beau rouge, for-

ment par leur réunion une espèce de tige, à laquelle on donne
le nom de *corail*. La femelle les porte pendant un certain temps
sous sa queue, et les dépose ensuite sur quelque rocher, où ils
ne tardent pas à éclore. C'est à cette époque qu'on pêche ces
crustacés, dont la chair est excellente. Les femelles sont alors
plus recherchées que les mâles, tandis que dans les autres saisons ce sont ces derniers qu'on estime le plus ; cette préférence
est due au goût que les œufs communiquent à leur chair. La
ponte terminée, les *langoustes* regagnent la profondeur des
eaux pour faire leur mue. Dans ce but, elles se retirent dans
les trous des rochers, pour être moins exposées aux regards de
leurs ennemis. Elles se cachent de même pendant l'hiver, afin
de se garantir des atteintes du froid. Ces macroures sont communs dans toutes les mers tempérées ou intertropicales ; ils
sont en général très-grands et ont fréquemment un pied de
long ; dans les pays chauds, on en a même trouvé quelquefois
des individus de près de deux pieds de long, et qui pèsent jusqu'à quinze livres.

On divise ce groupe en deux sous-genres : 1° les SCYLLARES
(*scyllarus*) dont les antennes internes sont larges et foliacées :
tels sont le S. *cursin* ou *cigale de mer*, qu'on trouve dans la
Méditerranée et qui n'a pas plus de trois pouces de long, et le
S. *squammeux*, qui a près de quinze pouces et qui habite la mer
qui baigne l'Ile-de-France. 2° Les LANGOUSTES ont les antennes
de forme ordinaire, c'est-à-dire arrondies et sétacées : telle
est la L. *commune*, qu'on trouve dans la Méditerranée et qui
est l'un des crustacés les plus grands que l'on connaisse.

Les SALICOQUES (*carís*) (*fig.* 3) sont faciles à distinguer
des macroures précédents à la disposition de leurs antennes,
dont les deux moyennes sont ordinairement placées plus haut
que les latérales. Leur corps est arqué, comme bossu, comprimé latéralement, et d'une consistance moindre que dans
la plupart des autres crustacés. Leurs trois premières paires de
pattes ne sont jamais toutes didactyles ou en pince.

Tous ces animaux sont marins et très-bons nageurs. Il n'est
pas rare d'en rencontrer dans les fleuves, à une grande distance de la mer ; mais leur séjour dans cette eau douce n'est que
momentané, et ils ne tardent pas à revenir dans leur habitation favorite. On fait une grande consommation de *salicoques*
dans toutes les parties du monde : on en sale même quelques
espèces, afin de les conserver. Celles de nos côtes qui sont plus-

ralement petites en comparaison de celles des mers méridionales, sont très-renommées sous le nom de *crevettes*; on en pêche beaucoup dans tous nos ports de mer, et l'on en porte souvent dans les marchés de Paris.

On divise ce genre nombreux en plusieurs sous-genres, dont les plus importants sont les *crangons* et les *palémons*, qui se mangent également, mais dont les seconds sont plus recherchés comme aliment. Les premiers ont les antennes insérées sur la même ligne transversale, tandis que chez les seconds, ces appendices sont placés sur deux lignes parallèles.

IIe *Ordre.* — STOMATOPODES.

Cet ordre ne se compose que d'un petit nombre de crustacés, faciles à distinguer des précédents par la conformation de leur tête, qui est séparée du thorax, et par le nombre de leurs pattes qui est constamment de quatorze; seulement les deux premières paires, très-rapprochées de la bouche, peuvent également servir à la manducation et à la locomotion; c'est même d'après la position de ces pieds, que ces animaux ont été appelés *stomatopodes* (pieds à la bouche). Une autre différence qui distingue ces articulés des décapodes, c'est que leurs branchies sont à découvert, et attachées aux fausses pattes qu'ils portent sous la queue ou abdomen. Leurs téguments sont d'ailleurs minces et presque membraneux ou même transparents, ce qui les expose à plus de dangers que les autres crustacés, et les oblige à se tenir plutôt dans la profondeur des eaux que dans le voisinage des côtes; et leurs premières pattes, quoique préhensiles, ne sont jamais didactyles. Du reste, leur forme est allongée comme celle des macroures, et leurs habitudes sont entièrement aquatiques.

Quant à l'organisation intérieure, elle présente plusieurs particularités notables : leurs branchies sont tubuleuses et ramifiées; leur cœur a la forme d'un vaisseau régnant sur toute la longueur du corps et donne naissance par sa partie antérieure aux artères ophthalmique et antennaires; leur estomac a les parois beaucoup moins robustes que celui des décapodes, et n'est presque jamais armé de dents calcaires; enfin leur système nerveux est moins concentré, et ses ganglions longitudinaux sont plus distincts.

On divise cet ordre peu nombreux en deux petites familles, les *unicuirassés* et les *bicuirassés*,

Ire *Famille*. — Unicuirassés.

Ces stomatopodes se reconnaissent d'abord au bouclier unique qui recouvre leur tête et leur thorax, ensuite au développement considérable de leur abdomen, et enfin à la diversité de leurs pattes, dont les deux premières sont propres à la préhension, sans cependant être didactyles, tandis que les six suivantes sont petites, et terminées par une petite pince, et que les six dernières sont grêles, presque linéaires et simplement natatoires. Ajoutez à cela que le corps de ces animaux est étroit et allongé, que leurs pieds-mâchoires sont très-grands, et que leur tête est formée de deux ou trois anneaux plus ou moins distincts.

L'unique genre de cette famille est celui des SQUILLES (*squilla*), dont la carapace s'avance sur la tête de manière à la recouvrir presque entièrement, à l'exception des antennes et des yeux. Leur corps est généralement mince, délié, et rappelle par sa forme voûtée, la tournure des *mantes* dont elles portent le nom en certains pays. On les appelle aussi *prégadious* (*prie-dieu*), parce qu'elles ont l'air de joindre leurs pattes, comme un suppliant qui implore la Divinité.

Ces stomatopodes sont très-communs dans la Méditerranée et dans les autres mers voisines de l'équateur; mais ils sont rares dans l'Océan-Atlantique et surtout dans la mer du Nord. Partout on les recherche comme aliment, et les anciens en faisaient un cas tout particulier. Tout le monde sait l'histoire de ce Romain qui, ayant entendu parler des *squilles* magnifiques qu'on pêchait sur les côtes de la Sicile, fit équiper un vaisseau pour s'assurer du fait; mais ne les ayant pas trouvées supérieures en grosseur à celles qui se pêchaient en Italie, il retourna sur ses pas sans débarquer.

La principale espèce de ce genre est la *S. mante*, qui a de six à sept pouces de long, et qui est assez commune dans la Méditerranée, où l'on en trouve pareillement deux autres espèces plus petites.

IIe *Famille*. — Bicuirassés.

Cette seconde famille ne comprend, comme la précédente, qu'un seul genre important, celui des PHYLLOSOMES (*phyllosoma*), facile à reconnaître à son test divisé en deux parties, dont l'antérieure très-grande recouvre la tête, tandis que la postérieure plus petite répond au thorax et porte les pieds-mâchoires, ainsi que les pattes ordinaires qui sont toutes longues, grêles et uniformes. Leur corps large, membraneux et presque semblable à une feuille, comme l'indique leur nom de *phyllosome* (corps-feuille), se termine postérieurement par une queue ou abdomen court, malgré la nageoire qu'il présente à son extrémité.

On trouve dans nos mers une espèce de ce genre, le *P. de la Méditerranée*, qui a environ quinze lignes de long.

III.e Ordre. — HÉDRIOPHTHALMES.

Ce n'est pas seulement parce qu'ils manquent de ce pédicule mobile et articulé qui supporte les yeux des décapodes et des stomatopodes, que les *hédriophthalmes* se distinguent des crustacés précédents ; leur structure offre plusieurs autres particularités remarquables, qui ne permettent pas de les confondre avec eux. Leur tête est toujours bien distincte du tronc ; leur thorax présente supérieurement, au lieu d'une pièce unique, de cinq à sept anneaux articulés ensemble, de sorte qu'il serait impossible de trouver la ligne de séparation entre cette partie et l'abdomen, sans la présence des pattes qui caractérisent les segments thoraciques et manquent à ceux de l'abdomen. Leurs pieds sont toujours au nombre de quatorze, et ne présentent jamais à leur extrémité ces pinces vigoureuses que nous avons trouvées dans presque tous les crustacés pourvus d'yeux pédiculés. Leurs habitudes sont aussi moins aquatiques, et plusieurs ne vont jamais à l'eau ; l'humidité des lieux où ils s'établissent leur suffit pour la respiration.

Tous les *hédriophthalmes* sont très-féconds ; les femelles portent leurs œufs dans une poche qu'elles ont sous la poitrine, et les y conservent non-seulement jusqu'à leur éclosion, mais encore jusqu'à ce que les petits aient acquis assez de force pour pouvoir se suffire à eux-mêmes.

On divise cet ordre en trois familles, dont les principales sont les *amphipodes* et les *isopodes*.

I.re Famille. — AMPHIPODES (pl. XXXI).

Les *amphipodes* ont encore quelques rapports avec les crustacés que nous avons étudiés jusqu'à présent par la forme gé-

nérale de leur corps, excepté qu'ils n'ont pas de carapace sur le
dos et que leurs premières pattes n'ont, au lieu d'une pince,
qu'un simple crochet ; ils ont de même quatre antennes à la
tête et des palpes aux mandibules. Des vésicules qu'ils portent
à la base de leurs pattes paraissent leur tenir lieu de branchies.
Leurs habitudes sont entièrement aquatiques, et la plupart
d'entre eux nagent et sautent avec beaucoup de facilité, mais
toujours de côté. Quelques-uns se trouvent dans les ruisseaux
et les fontaines, quoique le plus grand nombre habite les eaux
salées.

Tous les crustacés de cette famille offrent de grands rapports dans les espèces qu'elle comprend, non-seulement pour
l'organisation intérieure, mais encore pour la conformation
externe et même dans leur coloration ; les teintes de leur test
sont toujours uniformes, et tirent sur le rouge ou le vert.
Aussi les désigne-t-on vulgairement sous le nom collectif de
crevettes.

On rapporte à cette famille les genres *talitre*, *crevette* et
corophie.

Les TALITRES (*talitrus*) se reconnaissent à leur corps
comprimé latéralement, à la saillie que leur test forme sur ses
côtés, au-dessus de la base des pattes, dont aucune n'est pourvue de pinces, et enfin à la conformation des trois derniers
anneaux de leur abdomen et de leurs appendices, qui forment
un appareil propre au saut.

Ce sont des crustacés dont la taille dépasse rarement huit
lignes et n'atteint jamais un pouce. Cette petite taille, jointe à
leur forme comprimée et à leurs allures sautillantes, leur a fait
donner le nom vulgaire de *puces de mer*. Ils sont très-communs
sur nos côtes, où ils se meuvent avec agilité, soit dans l'eau,
soit sur le rivage, au moyen de l'appareil saltatoire dont la
partie postérieure de leur corps est munie. Cet appareil, agissant comme un ressort qui se débande subitement, les relance
à une assez grande distance, mais toujours de côté. Mais ils ne
se servent pas toujours de cet appareil : quand ils ne sont pas
pressés, ils se traînent presque en rampant sur les rivages sablonneux de la mer. Les *talitres* ont les habitudes très-carnassières : ils s'assemblent en grand nombre autour des cadavres
que les flots rejettent sur les bords de l'océan. Il paraît que la
femelle fait plusieurs pontes par an, et qu'elle emporte partout

non-seulement ses œufs, mais encore ses petits qui demeurent attachés à ses fausses pattes.

La principale espèce de ce genre est le *talitre locusta*, qui est extrêmement commun sur toutes nos côtes sablonneuses.

Les CREVETTES (*gammarus*) (*fig.* 14) ressemblent aux précédents par leur forme comprimée et par l'appareil saltatoire; mais ils en diffèrent par la conformation de leurs quatre premières pattes, qui se terminent en griffe ou en pince.

Ce sont des crustacés encore plus petits que les talitres, dont la taille ne dépasse pas quelques lignes et dont la forme rappelle celle d'une puce; aussi les appelle-t-on vulgairement *puces de mer*, sur la plupart de nos côtes. Elles vivent par conséquent dans l'eau, et le plus souvent dans la mer, où elles sont très-abondantes. Leur corps est tellement comprimé latéralement, qu'elles ne peuvent marcher droites, et qu'elles sont obligées, pour se mouvoir sur la terre, de se coucher sur le côté; mais, quand elles nagent entre deux eaux, elles prennent la position naturelle à tous les autres crustacés.

Nous en avons une espèce très-commune dans les ruisseaux, la *crevette* proprement dite ou *chevrette*.

Les COROPHIES (*corophium*) forment un genre aussi remarquable par leur organisation que par leurs habitudes. Leur corps, presque filiforme, est supporté par des pieds exclusivement ambulatoires, et se termine en avant par deux énormes antennes extrêmement fortes, qui paraissent leur servir comme organes de préhension. Mais le caractère le plus important qui les distingue des deux genres qui précèdent, c'est qu'ils sont dépourvus de l'appareil à ressort qui termine le corps de ces derniers. Aussi ces petits crustacés nagent et marchent dans une position horizontale, et à la manière de la plupart des animaux.

Ces amphipodes, malgré leur petite taille, sont d'une audace surprenante; réunis en troupes nombreuses, ils attaquent des animaux dix et vingt fois plus gros qu'eux; ils font surtout une guerre continuelle aux néréides, aux arénicoles, et aux autres annélides qui vivent comme eux dans la mer; et, chose surprenante, leur opiniâtreté et leur courage finissent presque toujours par triompher de ces ennemis.

Rien n'est curieux à voir comme ces petits crustacés qui, à la marée montante, battent la vase avec leurs longues pattes, et bouleversent tout de fond en comble, pour tâcher de découvrir leur proie cachée. Souvent ils s'introduisent dans les parcs aux huîtres et en dévorent des quantités innombrables. A leur tour, ils ont beaucoup d'ennemis dans les poissons et les oiseaux de rivage ; mais les destructions qui s'en font n'en diminuent pas sensiblement le nombre ; leur fécondité remplace promptement ceux qui ont été dévorés.

IIe *Famille.* — ISOPODES (pl. XXXI).

Le mot *isopodes* qui, en grec, signifie *pieds semblables*, convient parfaitement aux crustacés dont nous parlons, qui ont toutes leurs pattes de même forme, tandis que, dans les familles précédentes, une ou plusieurs paires se distinguent des autres, par la présence d'une pince ou d'un crochet à leur extrémité. A ce caractère se joint le défaut de palpes aux mandibules, la position des lames branchiales sous la queue, le nombre de leurs antennes qui n'est que de deux, et la forme de leur corps qui est aplati horizontalement et composé dans toute sa longueur par des anneaux uniformes.

Parmi ces animaux, les uns sont terrestres et les autres aquatiques ; mais les premiers recherchent les lieux obscurs et humides, où l'atmosphère leur fournit assez d'eau pour que leurs branchies puissent remplir leurs fonctions. Il y a cette différence entre les *isopodes* de terre et ceux d'eau, que les premiers paraissent se nourrir indistinctement de matières végétales ou animales, tandis que les derniers sont exclusivement carnassiers.

On peut réunir tous les animaux de cette famille sous le nom générique de *cloportes*.

Les CLOPORTES (*oniscus*) (*fig.* 5) sont de petits crustacés fort connus de tout le monde, et qui se rencontrent en très-grand nombre dans les caves, le magasins, et en général dans tous les lieux humides et obscurs. Rarement ils se montrent au grand jour. Constamment fixés sur les murs et sur les montants des portes, ils ressemblent, par leur forme arrondie et par leur couleur gris-de-fer, à des têtes de clous enfoncés dans le bois, ce qui leur a fait donner le nom de *cloportes* ou *clous aux portes.*

Leur apathie est telle qu'ils restent immobiles dans cette position pendant plusieurs heures consécutives, et quand ils se meuvent ils ne le font qu'avec lenteur, à moins qu'ils ne soient poursuivis par quelque ennemi ; dans ce cas ils s'agitent beaucoup et courent assez vite.

Ces animaux sont extrêmement voraces; toute nourriture leur est bonne : les fruits qui tombent, les feuilles de certaines plantes, l'écorce des arbres, les insectes, la chair fraîche ou corrompue, tout paraît leur être indifférent. Ils rongent, ils déchirent toutes les substances organiques qui sont à leur portée; dans les cas de disette même ils s'attaquent entre eux, et les plus forts dévorent les plus faibles.

Ce genre comprend deux sous-genres, dont les uns, les *vrais cloportes*, ne se roulent jamais en boule, tandis que les autres, appelés *armadilles*, ont cette faculté et en usent souvent lorsqu'ils se voient pris.

IVe *Ordre*. — BRANCHIOPODES.

Cet ordre comprend un assez grand nombre de crustacés aquatiques, dont la plupart sont répandus par myriades dans nos mares et dans nos étangs, où leur petitesse seule empêche que nous les apercevions; ils sont en effet si petits qu'il faut presque toujours le secours du microscope pour les distinguer. On les reconnaît à leur tête indistincte, à leurs yeux immobiles, rapprochés et quelquefois même confondus ensemble, ce qui leur avait fait donner autrefois le nom commun de *monocles* (œil unique). Leurs pattes postérieures, aplaties en rames légères, servent également à la nage et à la respiration, et leur bouche est formée de deux mandibules sans palpes, d'une ou de deux paires de pieds-mâchoires, d'une lèvre et d'une languette, et se trouve par conséquent propre à broyer.

Ces crustacés sont en général recouverts d'un test en forme de bouclier ou de coquille bivalve, dont le premier rappelle celui des décapodes macroures, et la seconde l'appareil protecteur des mollusques acéphales testacés. Quant à leurs habitudes, ils naissent avec une forme différente de celle de leurs parents, et n'arrivent à celle qui leur est propre, qu'après plusieurs changements ou métamorphoses successives, qu'on a comparées à celles des insectes.

Tous ces animaux sont essentiellement aquatiques et très-communs dans les mares, les petits ruisseaux et même dans les mers. Les eaux même les plus pures en contiennent des myriades que nous avalons souvent sans nous en douter. On conçoit quelle doit être la fragilité et la ténuité des organes d'êtres aussi petits ; mais ce qu'on conçoit plus difficilement, c'est comment ils peuvent se conserver au milieu des causes destructives qui les environnent de tous côtés. D'une part les animaux de toute espèce les engloutissent par milliers dans leur estomac, de l'autre les chaleurs de l'été les privent de l'élément nécessaire à leur existence ; enfin les froids de l'hiver viennent geler l'eau au milieu de laquelle ils pullulent.

Mais d'abord les quantités considérables qui sont détruites par les animaux ne sont rien si on les compare avec la totalité des individus d'une espèce ; en second lieu, lorsque les chaleurs de l'été viennent faire évaporer l'eau des mares et des fossés qu'habitent les *branchiopodes*, ceux-ci ont déjà fait leur ponte, et leurs œufs restent pour l'année suivante. D'ailleurs quelques jours de sécheresse ne suffisent pas pour les faire périr. Il arrive souvent que ces animaux ayant disparu par l'effet du desséchement de leur habitation, des pluies postérieures les font reparaître en aussi grand nombre qu'ils étaient auparavant. Enfin, quant aux froids de l'hiver, ils font périr, il est vrai, tous les *branchiopodes* existants, mais ils n'exercent aucun pouvoir destructeur sur les œufs qu'ils ont laissés dans la vase ; aussi les voyons-nous tous les ans recouvrir les moindres amas d'eau en quantités incalculables.

On divise cet ordre en deux familles, les *lophyropes* et les *phyllopes*.

Iʳᵉ *Famille*. — LOPHYROPES.

Les crustacés de cette famille sont très-faciles à distinguer de ceux de la suivante : leurs pieds sont tout au plus au nombre dix, et ne sont jamais terminés par un tarse foliacé ou lamelliforme, disposition qui s'observe constamment chez les phyllopes, qui tirent même leur nom de cette particularité, car le nom de phyllope est grec et signifie *pied-feuille*.

A ce caractère essentiel on peut ajouter que les *lophyropes* ont la tête confondue avec le thorax, les branchies peu nombreuses, presque toujours un œil unique et sessile, un palpe aux mandibules, les antennes au nombre de quatre, et servant à la locomotion.

Cette famille comprend trois genres principaux, les *cyclopes*, les *cypris* et les *daphnies*.

Les CYCLOPES (*cyclops*) ont le test d'une seule pièce, quatre antennes simples, l'œil unique et les pieds au nombre de dix; leur corps de consistance molle ou même gélatineuse, se compose d'une partie antérieure, le céphalothorax, qu'on peut regarder comme constituant le corps de l'animal, et d'une partie postérieure, l'abdomen, qui ne semble par rapport à la précédente qu'un appendice en forme de queue. Au-dessous et à la base de cette dernière on trouve dans les femelles deux sacs qui servent à contenir et à protéger les œufs; les petits qui sortent de ces derniers n'ont d'abord que quatre pattes et leur corps est arrondi et sans queue; quinze jours ou trois semaines après ils subissent une première mue, et acquièrent une nouvelle paire de pattes, mais ce n'est qu'après deux autres changements de peau, qu'ils parviennent à leur âge adulte et sont propres à la génération.

La manière dont l'accouplement s'opère chez ces branchiopodes est curieuse. Lorsque le mâle aperçoit la femelle, il s'en approche en tapinois et la saisit avec ses antennes supérieures par les pattes de derrière ou par l'extrémité de la queue, ce qui avait fait croire que ces petits animaux ont, comme les araignées, leurs organes générateurs mâles à la tête. Mais ce manège n'est qu'un prélude amoureux, car la copulation se fait chez les *cyclopes* comme chez tous les crustacés, par un organe placé vers le point de jonction du thorax avec l'abdomen.

Quant aux autres habitudes des crustacés dont nous parlons, elles diffèrent peu de celles des autres espèces du même ordre: ils nagent avec beaucoup d'agilité sur le dos en frappant l'eau de leurs pattes, de leurs antennes et surtout de leur queue, et l'on remarque qu'ils se meuvent avec une égale facilité soit en avant soit en arrière, mais toujours par élancements ou par secousses successives. Malgré leur petite taille, ils sont tous carnassiers, et attaquent tous les animaux microscopiques qui pullulent dans l'eau. Mais à défaut de proie vivante, ils se contentent des molécules de matières organiques qui se trouvent suspendues dans le liquide ambiant, et qu'ils savent attirer dans leur bouche en imprimant à leurs petites antennes un mouvement de rotation.

L'une des espèces les plus communes de ce genre est le *cyclope quadricorne* ou *vulgaire* qui a environ deux lignes de long. Le C. *castor* et le C. *staphylin* sont moins répandus, quoiqu'ils ne soient pas rares; ce dernier a été ainsi nommé parce qu'il porte ordinairement la queue relevée *comme les insectes* du genre staphylin.

Les CYPRIS (*cypris*) ont la tête indistincte, le test formé de deux valves réunies par une charnière dorsale, deux antennes longues et terminées par plusieurs filets réunis en manière de pinceaux, et les pieds au nombre de dix seulement.

Le corps de ces petits crustacés est ovale, comprimé latéralement et sans aucune articulation distincte. La queue qu'il offre à sa partie postérieure est repliée sous le thorax et n'est point visible dans l'état ordinaire, bien qu'elle soit terminée par deux filets divisés en trois branches à leur extrémité.

Toutes les habitudes des *cypris* ressemblent à celles des autres branchiopodes; elles sont toutes aquatiques; leur locomotion dans l'eau s'opère principalement par le moyen des filets sétacés qui terminent leur queue et leurs antennes ; on remarque en effet qu'elles étalent et rapprochent alternativement ces organes à chaque mouvement qu'elles exécutent ; elles se servent également de leurs pattes antérieures pour rendre leur déplacement plus facile ; mais malgré ces nombreux organes qui sembleraient devoir être favorables à la natation, ces petits animaux ne peuvent se tenir que dans les eaux stagnantes ou peu rapides , partout ailleurs le courant les entraîne et les prive de la faculté de se diriger : c'est donc dans les mares qu'on les trouve principalement : c'est là qu'elles pullulent par milliers pendant les étés pluvieux. Par les temps secs, lorsque les petits amas d'eau qu'ils fréquentent se dessèchent, elles s'enfoncent dans la vase humide, et s'y conservent vivantes jusqu'à ce que les pluies les remplissent de nouveau.

Les principales espèces de ce genre sont la C. *ornée* , la C. *ovale* , la C. à *test long* , etc.

Les DAPHNIES (*daphnia*) ont l'œil unique et le test bivalve comme les *cypris* ; mais leur tête est bien distincte et leurs antennes sont rameuses; ce qui suffit pour les distinguer de toutes les espèces de la même famille. Ces animaux peuvent être regardés comme les plus petits crustacés, et néanmoins ils ont été étudiés avec tant de soin, qu'il y en a peu dont l'histoire et l'organisation soient mieux connues. Ils abondent dans toutes les mares , dans les fossés qui bordent les chemins , en un mot dans toutes les eaux dormantes. Ils se multiplient avec une telle rapidité que, malgré leur petitesse, il

forment quelquefois à la surface des eaux qu'ils habitent une
couche de plusieurs lignes d'épaisseur ; et comme ils ont en
général une belle couleur rouge, on dirait que l'eau est teinte
de sang, ce qui a pu faire croire à ceux qui ne connaissaient
pas la cause de ce phénomène, à l'existence de pluies de sang.
Mais ce n'est que dans les temps pluvieux que les *daphnies* se
multiplient ainsi ; les longues sécheresses de l'été, qui pompent
ordinairement toute l'eau des mares, mettant leur habitation
à sec, les font périr par millions, et les auraient bientôt entièrement anéantis, si leurs œufs ne conservaient jusqu'à la saison
suivante la faculté de se développer. La manière dont elles se
meuvent en sautant, leur a fait donner le nom de *puces aquatiques.*

On divise ce genre en deux sous-genres : les *polyphèmes* et
les *daphnies propres.*

Les POLYPHÈMES ont un œil très-gros, figurant une tête, et le
corps arrondi ; tel est le P. *des étangs,* qui a environ une demi-
ligne de long.

Les DAPHNIES ont l'œil médiocre, le corps allongé et comprimé : on en connaît un grand nombre d'espèces dont la principale est la D. *puce* ou *perroquet d'eau* que l'on trouve partout
durant la belle saison.

IIe *Famille.* — PHYLLOPES.

Les crustacés de cette seconde famille se distinguent aisément de ceux de la précédente, par le nombre de leurs pieds
qui est au moins de vingt et souvent de soixante et plus, par la
conformation de ces organes dont les articles, lamelleux et
foliacés, sont également propres à servir de nageoires et de
branchies. Leurs yeux sont constamment au nombre de deux
et quelquefois portés sur un pédicule mobile. Quant à leurs habitudes, elles ne diffèrent que peu de celles des lophyropes.

Cette famille comprend deux genres principaux, les *branchipes* et les *apus.*

Les BRANCHIPES (*branchipes*) se reconnaissent à leur
corps mou, allongé et filamenteux, à leurs pattes au nombre
de vingt-deux, à leurs deux yeux pédonculés et distants l'un
de l'autre, à leur tête distincte et à l'absence de toute espèce
de test clypéiforme ou bivalve.

Ce sont ces crustacés qui ont donné leur nom à l'ordre entier des branchipodes; leurs pattes membraneuses et foliacées sont si bien organisées pour l'exercice de la respiration, que le premier observateur qui les a décrits, semble, en leur imposant le nom de *branchipes* (pieds-branchies), avoir oublié leur usage comme appendices locomoteurs, pour ne voir en eux que des organes respiratoires. Mais s'il est certain que ces pattes ne peuvent servir à la locomotion terrestre, il n'est pas moins évident qu'elles sont parfaitement appropriées à la natation, d'autant plus que leurs mouvements dans l'eau sont rendus plus faciles par la forme comprimée de la queue, que ces animaux font agir de droite à gauche comme les poissons; les *branchipes*, en effet, nagent avec agilité sur le dos, et dans ce mode de locomotion, on les voit imprimer à leurs pieds-branchies un mouvement ondulatoire continuel, qui établit un tournant d'eau propre à déplacer l'animal, à faciliter l'acte respiratoire et à attirer dans sa bouche les petits infusoires ou les molécules organiques nécessaires à leur subsistance.

On trouve les *branchipes* dans toutes les mares d'eau douce et trouble, pourvu qu'elle ne soit pas corrompue. Ils se montrent comme par enchantement dans les petits flaques d'eau qui se forment dans les trous de la terre, à la suite des pluies abondantes; leur apparition est le résultat de l'éclosion des œufs qui se trouvaient enfoncés dans la terre, et dont l'humidité et la chaleur viennent ranimer la vie. Quoiqu'on en rencontre dans toutes les saisons, c'est surtout au printemps et en automne qu'ils sont le plus abondants; mais on remarque que les premiers froids les font tous périr; mais en mourant ils laissent une nombreuse postérité pour l'année suivante; car chaque femelle pond de cent à quatre cents œufs, qu'elle lance avec assez de force pour les faire pénétrer dans la vase, où ils se conservent parfaitement intacts jusqu'au retour de la belle saison.

Les deux espèces de ce genre les mieux connues, sont le B. *des étangs*, qui a environ dix lignes et le B. *des marais* qui parvient jusqu'à un pouce et demi.

Les APUS (*apus*) sont faciles à distinguer de tous les autres branchipodes, par le nombre de leurs pieds qui dépasse cent, par le test univalve qui recouvre leur corps comme une espèce de palalure, par leur tête indistincte, par leurs yeux sessiles et par leurs antennes grandes et rameuses, que quelques observateurs regardent comme leur première paire de pattes.

Les *apus* sont de singuliers crustacés aquatiques, qu'on voit dans certains cas se développer instantanément en très-grand nombre dans des mares et dans des amas accidentels d'eau de pluie, où l'on n'en avait jamais vu précédemment. Ce phénomène peut s'expliquer de deux manières: on peut d'abord supposer que les œufs déposés dans la terre ou dans la vase où ils n'avaient pu éclore faute de chaleur, d'humidité ou de quelque autre cause inconnue, se trouvent tout-à-coup dans les conditions favorables à leur développement, et donnent naissance à des myriades d'animaux. En second lieu, on sait positivement que les *apus* se trouvant rassemblés en nombre considérable dans des eaux stagnantes, sont assez souvent enlevés par des vents très-violents et transportés à des distances considérables, où ils tombent sous la forme de pluie, comme nous l'avons vu pour les grenouilles et les crapauds.

Quoi qu'il en soit de ces explications, ces crustacés habitent les fossés, les étangs et toutes les eaux dormantes, en quantité tellement considérable, que la transparence de l'eau en est troublée et que le fond en est entièrement jonché. De même que les branchipes, c'est surtout au printemps et en automne qu'ils sont le plus abondants. Leurs mouvements sont assez agiles; néanmoins ils passent une grande partie de leur temps la tête enfoncée dans la vase et ne montrent que leur queue relevée. Leur nourriture se compose principalement de jeunes têtards; à leur tour ils sont dévorés par les oiseaux qui fréquentent le bord des eaux et notamment par les lavandières.

On ne connaît qu'un petit nombre de ces branchiopodes, qui sont tous d'assez grande taille (environ deux pouces) ; la principale espèce est l'A. *ordinaire*, dont le bouclier se termine postérieurement en une petite épine, et dont la queue offre entre deux filets qui la continuent une petite lame foliacée. l'A. *cancriforme* n'a ni écaille entre les deux filets caudaux ni épine à la partie postérieure de son bouclier.

Ve Ordre. — Xiphosures (pl. XXXI).

Dans la famille précédente, les pattes sont toutes nectoïdes et uniquement propres à la nage ; chez les *xiphosures* ces organes sont de deux sortes. Les antérieurs, au nombre de dix, sont ambulatoires et propres à la préhension, et servent en même temps à la marche et à la mastication, tandis que les postérieurs, au nombre de douze, semblables à ceux des branchiopodes, sont branchiaux et natatoires. Ainsi ces animaux se distinguent de tous ceux qui précèdent et qui suivent, par le défaut d'organes masticateurs spéciaux. D'ailleurs la taille des *xiphosures* est bien plus considérable que celle des espèces précédentes; non-seulement ils ne sont pas microscopiques, mais ils peuvent même passer pour les géants de leur classe, car il est des espèces qui ont jusqu'à deux pieds de long avec une largeur proportionnelle. Leur grandeur est par conséquent suffisante pour les caractériser.

Cet ordre ne comprend qu'un seul genre, celui des *limules.*

Les LIMULES (*limulus*) (*fig.* 6), qu'on appelle plus communément, dans le commerce *crabes des Moluques*, parce que c'est principalement de ces îles que nous les recevons, contrastent avec les daphnies par la grandeur de leur taille, et plus encore peut-être par la bizarrerie de leur structure. Leur forme est tellement singulière, qu'on leur donne en Amérique le nom de *casseroles*; et l'on dit que les sauvages se servent de leur carapace, en guise de vase pour puiser de l'eau; ce que l'on croit sans peine quand on connaît la forme de ces crustacés, dont le test bombé supérieurement et creux à sa partie inférieure a, quand il est renversé, la forme d'un poêlon; et cette ressemblance est d'autant plus frappante, qu'il se termine en arrière par une longue queue.

Ces animaux sont très-communs dans toutes les mers des pays chauds, et partout on les recherche comme aliment; on compare leur chair à celle des meilleurs crustacés. Mais ils ne se laissent pas prendre sans chercher à se venger. Leur queue est garnie de chaque côté de dents aiguës et pénétrantes, qui font des blessures douloureuses; et comme ils peuvent la diriger à-peu-près à leur gré, il est presque impossible de les saisir sans se laisser atteindre. Leurs piqûres sont assez difficiles à guérir, pour qu'on les regarde comme empoisonnées; et c'est dans cette persuasion que les sauvages adaptent la queue de ces crustacés à la pointe de leurs flèches, dans le dessein de faire plus de mal à leurs ennemis.

Quoiqu'on appelle les limules *crabes des Moluques*, ils n'appartiennent pas exclusivement à la mer des Indes; on en trouve également sur les côtes de l'Amérique-Méridionale.

TRILOBITES.

C'est ici le lieu de parler des *trilobites* ou des *entomostracites*, animaux fossiles dont on a trouvé assez de débris dans le sein de la terre, pour que les auteurs aient pu en faire plusieurs genres distincts. Tous ces crustacés ont, de même que les limules, un grand segment antérieur en forme de bouclier, presque demi-circulaire ou en croissant, et à la suite une série de douze à vingt-deux segments transverses, divisés par deux sillons longitudinaux, qui séparent chaque anneau en trois parties ou lobes ; ce qui leur a fait donner le nom de *trilobites*.

Remarquons, à l'égard de ces fossiles, que la place n'en est pas encore déterminée d'une manière absolue. Quoique la grande majorité des zoologistes les mettent à la place que nous leur assignons, il en est quelques-uns qui, se fondant sur l'ignorance où l'on est sur la nature ou même l'existence de leurs pattes, prétendent qu'ils doivent être rangés parmi les mollusques, à côté des oscabrions.

VIe Ordre. — SIPHONOSTOMES.

Cet ordre, le moins nombreux de la classe après celui des xiphosures, comprend tous ces petits crustacés dont la bouche, au lieu d'être armée d'organes propres à broyer des aliments solides, ne peut servir qu'à opérer la succion des matières liquides, qu'ils retirent du corps des animaux sur lesquels ils vivent en parasites. A cet effet, le lèvre et la languette s'allongent excessivement, et se réunissent de manière à constituer un tube destiné à agir comme un suçoir ou une pipette ; les mandibules sont transformées en deux pointes grêles et acérées propres à percer la peau, et les premières pattes sont changées en crochets, dont la fonction est de fixer le crustacé sur le corps des animaux sur lesquels il vit.

La forme des *siphonostomes* n'offre rien de constant ; elle est même le plus souvent bizarre, et ne se rapporte presque en rien à celle des autres crustacés. En général leurs pattes sont peu nombreuses, et jamais elles ne vont au-delà de quatorze ; de plus, elles sont toujours courtes et peu propres à la locomotion ; ce que du reste l'on pourrait aisément présumer, d'après les habitudes parasites qu'on connaît à ces animaux.

Cet ordre se divise en deux familles, les *caligides* et les *lernaéiformes*.

Ire *Famille*. — CALIGIDES.

Les siphonostomes de cette première famille se distinguent des suivants à la présence d'un test ou bouclier ovale ou lunulé (en croissant), qui leur recouvre le corps ou du moins sa partie antérieure ; par conséquent les articulations ou segments de leur tronc ne sont pas distincts supérieurement, ni même inférieurement dans quelques espèces. Cependant en faisant attention à l'origine des pattes, qui s'insèrent comme de coutume par paires sur chaque anneau thoracique, on peut se figurer, sinon apercevoir, la ligne de démarcation qui sépare ces diverses articulations, qui sont au nombre de six, puisqu'on leur compte à tous douze pattes. La première paire de ces appendices est terminée en griffe, et sert à fixer l'animal sur sa victime, et les postérieures sont foliacées et natatoires.

Cette famille se compose de trois genres, dont les plus importants sont les *argules* et les *caliges*.

Le genre ARGULE (*argulus*) ne comprend qu'une seule espèce, *l'argule foliacé*, dont le nom spécifique se tire de la forme aplatie de son corps et du bouclier qui le recouvre. Ce bouclier est tellement grand qu'il cache entièrement la tête et ses appendices, et ne laisse apercevoir sur les côtés que l'extrémité des pattes ; mais sa partie postérieure offre une échancrure assez profonde, qui laisse voir une queue, ou plutôt un abdomen terminé par deux lames et dépourvu de filets. Des six paires de pattes dont ces crustacés sont munis, l'antérieure se termine en ventouse, et la deuxième en crochet ; elles sont évidemment destinées à fixer l'animal sur les poissons et les têtards, sur lesquels ils vivent en parasites. Les quatre paires de pattes postérieures sont semblables et sont garnies de deux soies barbelées, qui peuvent également servir à la respiration ou à la nage. Enfin une dernière particularité qui caractérise les *argules*, ce sont leurs yeux et leurs antennes. Les premiers sont grands, écartés l'un de l'autre, et placés sur la partie antérieure du bouclier ; les secondes sont toujours au nombre de quatre, très-courtes et composées de trois ou quatre articles au plus.

La taille de *l'argule foliacé* est très-petite et ne dépasse jamais trois lignes, et son enveloppe extérieure est tellement transparente, qu'on a pu non-seulement distinguer ses organes intérieurs, mais encore suivre la marche du sang dans les vais-

seaux qui le contiennent. Cependant, malgré sa petitesse et le
peu de force que semble annoncer la transparence de sa peau,
cet animal fait souvent périr les poissons et les têtards; il s'attache à eux avec tant d'acharnement, et les pique si profondément avec son suçoir, qu'il finit par les épuiser et leur donner
la mort. Jusqu'ici on n'a trouvé l'*argule* que dans l'eau douce,
sur les jeunes batraciens, sur les épinoches, les brochets, les
carpes et les truites.

Les CALIGES (*caligus*) sont plus nombreux que les argules,
dont ils diffèrent principalement par le défaut de pattes à ventouse, par leurs antennes au nombre de deux seulement, et
par la saillie que forme au-delà du bouclier la queue ou l'abdomen, qui d'ailleurs est muni à son extrémité de deux filets
aussi longs que le corps entier.

Ces crustacés, qu'on désigne vulgairement sous le nom de
poux de poissons, ont les mêmes habitudes et le même régime
que les précédents; la principale différence qui les distingue,
sous ce rapport, c'est qu'ils vivent toujours dans l'eau salée,
et qu'au lieu de s'attacher aux poissons de rivière, c'est à ceux
de mer qu'ils s'adressent uniquement. De plus, comme ils ont
le suçoir beaucoup moins développé que l'argule, ils ne se
fixent pas indistinctement sur toutes les parties du corps de
leurs victimes, mais seulement aux endroits où la peau tendre
et fine leur permet d'arriver facilement jusqu'aux organes intérieurs, et principalement aux vaisseaux sanguins; c'est pour
cela qu'ils s'attachent de préférence aux aisselles, et surtout
aux branchies. Sous les autres rapports, et notamment sous
celui de la reproduction, leurs habitudes ne sont que très-im-
parfaitement connues.

IIe *Famille.* — LERNÉIFORMES.

Ces crustacés, encore moins nombreux que ceux de la famille
précédente, se reconnaissent sur-le-champ au défaut de ce bouclier ou carapace, qui recouvre constamment la partie antérieure du corps de ces derniers et forme leur céphalothorax; leurs
pattes, dont le nombre ne dépasse jamais dix, sont tellement
courtes qu'elles sont difficiles à distinguer, et peuvent être regardées comme tout-à-fait impropres à la locomotion. Quant à
leurs habitudes, elles ne diffèrent pas de celles des caligides;
les deux seules espèces de cette famille que nous connaissons,

vivent en parasites, l'une sur l'esturgeon, l'autre sur le homard. Chacune d'elles, à cause de la diversité de conformation extérieure, a donné lieu à la formation d'un genre particulier; la première forme le genre *dichélestion*, et la seconde celui des *nicothoé*.

Les DICHÉLESTIONS (*dichelestium*) ont le corps allongé et vermiforme, muni antérieurement de deux paires d'antennes, dont les antérieures sont filiformes, tandis que les postérieures sont terminées en pince didactyle; ce qui leur donne d'autant plus de ressemblance avec des pattes, qu'elles sont placées très-près de la ligne médiane inférieure. Au reste, qu'on les nomme pattes ou antennes, ces organes n'en seront pas moins caractéristiques pour l'animal; aucun crustacé connu ne joint, à un appendice ainsi conformé, une bouche en suçoir et un corps vermiforme.

La seule espèce connue du genre, le *dichélestion de l'esturgeon*, a environ sept lignes de long sur une de large. Il s'attache très-fortement à la peau, au moyen de ses pinces frontales.

Les NICOTHOÉS (*nicothoe*) sont très-remarquables par deux expansions qu'ils portent de chaque côté du corps, et dont l'antérieure est formée par un développement extraordinaire du dernier anneau du thorax, tandis que la postérieure est formée par la poche ovifère de l'animal. Dès lors il est probable que cette dernière n'a qu'une existence momentanée, quoique MM. Audouin et Edwards l'aient trouvée sur tous les individus qu'ils ont observés. Quoi qu'il en soit, le corps de la *nicothoé*, abstraction faite de ces appendices latéraux, se compose de trois parties distinctes : la tête sur laquelle on trouve deux yeux écartés, et deux antennes courtes et sétacées : un thorax formé de quatre segments et servant de soutien à cinq paires de pattes; enfin un abdomen dans lequel on trouve cinq anneaux, qui s'allongent en pointe et se terminent par deux longs poils sétacés. On voit, d'après cela, que ces animaux ont des rapports avec ceux de la famille précédente.

La seule espèce du genre est la *nicothoé du homard*, qui n'a pas plus d'une demi-ligne de long, tandis que sa largeur est de près de trois lignes. Ce petit parasite n'a été trouvé jusqu'ici que sur les branchies du crustacé auquel il doit son nom spécifique.

ARACHNOLOGIE.

OU

HISTOIRE NATURELLE DES ARACHNIDES.

On désigne par le mot *arachnides*, qui signifie *semblable aux araignées*, un groupe d'animaux articulés dans lequel sont compris, non-seulement les espèces que nous appelons ainsi communément, mais encore un assez grand nombre d'autres, qui ont avec elles des rapports plus ou moins directs par leurs habitudes ou par leur organisation.

Il n'y a pas encore long-temps qu'on réunissait les animaux de cette classe à tous les articulés pourvus de membres, sous le nom collectif d'*insectes*; et lors même qu'on eut séparé de ces derniers la classe des crustacés, que la nature de leur respiration en distinguait d'une manière si évidente, on y laissa encore long-temps les *arachnides*, comme n'offrant pas de caractères suffisants pour former une classe particulière. Ce n'est que dans les dernières années qu'on les a définitivement distraits de l'immense groupe des animaux articulés qui constituent la classe des insectes. Cette séparation est d'autant plus rationnelle, que les *arachnides* offrent un caractère aussi important que facile à saisir, dans l'absence de ces appendices mobiles et articulés appelés *antennes*, qu'on observe sur la tête de tous les autres articulés à respiration aérienne. Le reste de leur organisation présente d'ailleurs d'autres particularités caractéristiques. Leur corps ne se compose que de deux parties: l'une antérieure (le *céphalothorax*), formée par la tête et le thorax réunis, sert de soutien aux membres, et l'autre postérieure (l'*abdomen*), généralement plus grande que la précédente, renferme les organes de la nutrition, et présente sur ses côtés les *stigmates* ou orifices des conduits respiratoires. La *peau* qui recouvre ces divers parties, quoique rarement cornée, est cependant assez ferme pour servir de support aux appendices locomoteurs et de point d'appui aux muscles de l'animal. Ils ont presque toujours huit pattes, nombre inférieur à celui qu'on observe chez les crustacés et les myriapodes, et supérieur à celui que nous présentent les véritables insectes ; leurs yeux sont le plus souvent au nombre de huit et ont la cornée ou face antérieure toujours lisse, tandis que les crustacés n'en ont presque jamais plus de deux , et que les insectes ont la cornée de ces organes formée d'une multitude innombrable de facettes. Quant à leur bouche, tantôt elle consiste en une trompe propre à sucer, tantôt elle se compose de quatre pièces, les mandibules et les mâchoires , dont les deux premières se terminent par un crochet mobile, qui sert à l'animal pour saisir et pour déchirer sa proie.

La circulation et la respiration de ces animaux sont remarquables par la diversité des organes auxquels elles sont confiées. Dans les uns on trouve une espèce de poumon , où le sang veineux se rend pour respirer , et d'où il revient au cœur pour être lancé dans toutes les parties du corps : ceux-là ont une *circulation* ; les autres , au contraire , n'en ont pas ; leur respiration s'opérant par le moyen de *trachées* qui portent l'air dans toutes les parties du corps. le sang s'y artérialise à mesure qu'il perd ses propriétés nutritives , et la circulation leur devient inutile , ainsi que les organes qui sont chargés de cette fonction.

Les habitudes des *arachnides* sont très-variables ; les unes sont libres et errent à leur gré ; elles sont toutes carnassières, passent leur vie à chercher leur proie qui consiste en insectes ; les autres vivent en parasites sur d'autres êtres organisés , tantôt sur des animaux dont elles sucent le sang , tantôt sur des plantes dont l'écorce et les insectes qu'elle recèle font la base de leur nourriture. Il est inutile de dire que ces espèces parasites ne mènent jamais la vie errante et vagabonde des premières.

On divise les articulés de cette classe en deux ordres, d'après la manière dont ils respirent, celui des *arachnides pulmonaires* et celui des *trachéennes*.

1° Les *pulmonaires* ont des poumons , un cœur et des vaisseaux ; leurs yeux sont lisses et au nombre de six ou huit.

2° Les *trachéennes* manquent d'organes pour la circulation, et ont des trachées qui s'ouvrent sur les côtés de l'abdomen par des stigmates ; elles n'ont que quatre yeux lisses.

Ier Ordre.—PULMONAIRES.

L'ordre des arachnides *pulmonaires* ne se distingue pas seulement du suivant par la nature de son organe respiratoire, qui est un véritable poumon, mais encore par divers détails de sa structure intérieure et de ses organes extérieurs. Jamais ces animaux n'ont moins de huit pattes même au moment de leur naissance ; leurs yeux sont au moins au nombre de six et le plus souvent de huit , et affectent une disposition différente dans chaque espèce. Leurs mandibules , qui se terminent tantôt en crochet mobile, tantôt en pince préhensile , sont le principal instrument dont l'animal se sert pour donner la mort aux insectes dont il se nourrit ; ce qu'il fait d'autant plus sûrement qu'il existe presque toujours à la base de ces organes une glande qui sécrète une liqueur empoisonnée, et la verse, par le moyen d'un conduit, dans le canal dont l'intérieur de leurs mâchoires est percé, et par suite dans la plaie que fait la pince ou le crochet.

Tous ces animaux sont carnassiers et insectivores ; ils doivent donc avoir la bouche propre à broyer leur nourriture , et par conséquent composée de pièces mobiles. Du reste , quoiqu'ils vivent tous en liberté sans jamais habiter en parasites sur d'autres animaux, et qu'ils errent çà et là au gré de leur caprice pour chercher leur proie, la terrasser et la dévorer, leur genre de vie offre des différences assez marquées, différences qui proviennent de celles de leur organisation, et qu'on a pu, à cause de cela , prendre pour base de leur division en deux familles : les *aranéides* et les *pédipalpes*.

Ire Famille.—ARANÉIDES (pl. XXXI).

Cette famille se compose d'espèces extrêmement semblables par leur forme extérieure, par leur organisation et même par leurs habitudes. Un corps gros, velu , composé d'un petit céphalothorax et d'un énorme abdomen, séparés par un étranglement, et porté sur huit pattes longues et couvertes de poils, leur donne à toutes une apparence désagréable et en quelque sorte hideuse, qui leur attire la haine de beaucoup de personnes, pour lesquelles elles sont en même temps un objet de dégoût et d'horreur. Quelle peut être la cause de l'effroi qu'elles inspirent et de la haine dont on les poursuit ? Ces deux sentiments ont leur source dans un préjugé irréfléchi, qui attribue à leur venin assez de force pour occasioner des accidents graves et même la mort. Mais nous n'avons aux environs de Paris aucun animal de cette famille qui puisse produire de semblables effets ; leur morsure peut faire mourir les mouches, les abeilles et d'autres petits insectes, mais elle ne peut faire aucun mal à l'homme, ou tout au plus elle peut lui causer une douleur analogue à celle que lui cause la piqûre d'un cousin. Mais il n'en est pas de même dans les contrées méridionales ; ces animaux y acquièrent quelquefois une taille considérable, et leur morsure occasione presque toujours un gonflement énorme, et peut même déterminer la mort chez les individus faibles et malsains par tempérament.

Quoi qu'il en soit de ce préjugé, l'organisation des *aranéides* présente plusieurs particularités intéressantes. Leur céphalothorax porte presque toujours huit yeux, très-rarement six seulement, et les appendices buccaux au nombre de six, savoir : un labre saillant en avant, deux mandibules terminées par un onglet mobile et canaliculé, deux mâchoires pourvues de palpes pentamerés (ou de cinq articles), et une lèvre inférieure ou languette, dont la forme varie considérablement selon les genres. Leurs *pattes*, au nombre de huit, sont toujours attachées au céphalothorax et se composent de sept articles, sans compter deux ou trois griffes dont la dernière est constamment armée. Leur abdomen, gros et de forme globuleuse, ne tient à la partie antérieure du corps que par un pédicule ou filet grêle ; au lieu d'être formé de plusieurs anneaux distincts comme celui des autres articulés, il ne présente aucune trace apparente de division. Ce qu'il offre de plus remarquable, outre l'ouverture anale qui est placée à sa partie postérieure, et deux ou quatre stigmates qui communiquent avec les poumons, et qui sont placés à sa partie antérieure et inférieure, ce sont quatre ou six mamelons charnus (les *filières*) situés au-dessous de l'anus et destinés à élaborer la soie, et une *ouverture vulvaire* ou orifice des organes générateurs, placée entre les stigmates et les filières. Assez souvent cette ouverture présente un prolongement plus ou moins considérable (l'*épigyne* ou *pondoir*), qui est destiné à faciliter la ponte.

Si des formes extérieures nous passons aux organes intérieurs, nous trouverons que leur *encéphale* se compose de trois renflements principaux : 1° le *cerveau* logé dans la partie antérieure du céphalothorax, d'où il envoie des filets aux yeux, aux mandibules, aux mâchoires et aux autres parties de la tête ; 2° le *ganglion thoracique* placé derrière le précédent, à la partie postérieure du céphalothorax, d'où part une quantité innombrable de nerfs qui se rendent aux pattes ; 3° enfin le *ganglion abdominal* qui est renfermé dans l'abdomen, et fournit des filets nerveux aux organes respiratoires et générateurs, ainsi qu'aux glandes qui sécrètent la soie.

On sait peu de choses sur les *sens* de ces animaux ; on ne connaît pas le siége de ceux de l'ouïe et de l'odorat. Celui du goût réside probablement dans la bouche, et le toucher a pour organe toute l'enveloppe cutanée, et surtout celle du tarse et des mamelons sétispares, qui reçoivent une très-grande quantité de filets nerveux. Quant à la vue, les organes en sont admirablement disposés pour suppléer à l'imperfection de tous les autres sens. Comme les yeux et la tête sur laquelle ils sont placés ne jouissent d'aucune mobilité, les *aranéides* n'auraient la facilité de porter leur regard sur un objet déterminé qu'en déplaçant la totalité de leur corps, si la nature n'avait compensé cet inconvénient en multipliant les organes de la vision, et en les distribuant de manière que, dans quelque position que l'animal se trouve, il puisse voir tout ce qui se passe autour de lui. Mais les mesures ont été si bien prises à cet égard, qu'il est impossible d'approcher d'une aranéide sans en être aperçu long-temps d'avance. Et ne sait-on pas d'ailleurs avec quelle sagacité ces animaux découvrent et atteignent leur proie ?

Le *canal intestinal* des aranéides est extrêmement court, comme il convenait à des animaux exclusivement carnassiers. Leur bouche, dont nous connaissons les principaux organes, renferme des glandes analogues à celles qui produisent la salive, mais qui en diffèrent en ce que, au lieu de s'ouvrir dans la cavité buccale, elles versent le fluide qu'elles sécrètent dans le canal percé dans l'intérieur de la mandibule, qui elle-même le porte dans la plaie qu'elle fait aux insectes dont ces animaux se nourrissent. Il paraît que cette espèce de salive n'est pas seulement destinée à faciliter la digestion des aliments, mais encore à hâter la mort de l'insecte qui doit les fournir. Le reste du canal digestif offre peu de particularités à noter ; la plus remarquable est la position des vaisseaux biliaires, qui versent leur produit presque à l'extrémité de l'intestin : fait qui du reste s'observe également chez les punaises de la classe des insectes.

On trouve, chez toutes les aranéides, un *cœur* en forme de

vaisseau placé sous le dos ; mais la disposition des autres organes circulatoires est si peu connue, qu'il est encore douteux qu'il y ait chez elles une véritable *circulation*.

Pour la *respiration*, on leur trouve deux sortes d'organes, des poumons logés dans une cavité particulière de l'abdomen, et des trachées qui se ramifient dans toutes les parties du corps. Cette particularité d'organisation pourrait expliquer pourquoi les aranéides n'ont pas de circulation.

La *génération* des aranéides est toujours ovipare ; elles placent leurs œufs, à mesure qu'elles les pondent, dans un *cocon* ou bourse de soie, que la femelle emporte avec elle toutes les fois qu'elle quitte son nid, et qu'elle n'abandonne qu'à la dernière extrémité, c'est-à-dire lorsqu'elle voit sa vie compromise. Relativement à l'appareil de cette fonction, il consiste, pour les *femelles*, en deux ovaires tubuleux, qui débouchent dans une cavité analogue au cloaque des oiseaux et des reptiles, dont elle diffère cependant en ce qu'elle n'est destinée qu'à la génération, tandis que le cloaque sert de réservoir aux excréments et aux urines aussi bien qu'aux œufs. Cette cavité offre souvent une disposition remarquable : elle est divisée en quatre compartiments disposés comme le cœur d'un animal à sang chaud, c'est-à-dire qu'il n'y a point de communication de droite à gauche, tandis qu'il en existe une entre l'antérieur et le postérieur. Il résulte de cette disposition que les *aranéides* peuvent éprouver une véritable superfétation, et faire plusieurs pontes séparées par un assez long intervalle.

Quant à l'appareil du mâle, il ressemble pour la forme à celui des femelles, et consiste en deux tubes plus ou moins longs placés dans l'abdomen. Mais un fait véritablement singulier dans cet organe, c'est qu'il a été jusqu'ici impossible de déterminer positivement quel est l'endroit où il débouche. Certains anatomistes prétendent que c'est vers la partie antérieure et inférieure de l'abdomen, c'est-à-dire à la place qu'occupe l'orifice valvaire des femelles, tandis que les autres affirment n'avoir découvert en ce lieu aucune ouverture perceptible, et que l'orifice extérieur de l'organe générateur réside dans les palpes du mâle. Cette dernière opinion, toute singulière qu'elle est, paraît cependant la plus probable. Jamais, en effet, on n'a vu d'aranéides s'accoupler ventre contre ventre, tandis qu'on a été fréquemment témoin de l'introduction des palpes du mâle dans la vulve de la femelle. Du reste il y a, à notre avis, un motif bien plausible dans cette disposition anormale de l'organe générateur des aranéides. On sait que, dans cet ordre, les mâles sont plus petits que les femelles, et que ces dernières, une fois qu'elles n'ont plus de désirs, se mettent à dévorer celui qui les a satisfaits, s'il n'a la précaution de se retirer à temps. Or, si l'accouplement se faisait à la manière ordinaire, il arriverait fréquemment que la femelle, étant plutôt satisfaite que le mâle, aurait dévoré celui-ci avant qu'il eût le temps de s'éloigner ; tandis que dans le mode extraordinaire dont nous parlons, le moindre mouvement que fait la femelle devient pour le mâle un avertissement de se retirer, ce qu'il a généralement le temps de faire. Quelquefois cependant l'attrait du plaisir le retient trop long-temps ; mais alors malheur à lui ! la féroce femelle le saisit et le dévore sans pitié.

Une des particularités les plus intéressantes de l'histoire des *aranéides*, c'est la propriété qu'elles ont de filer ces toiles, qu'elles tendent partout et jusque dans nos appartements ; ce qui les fait appeler aussi *arachnides fileuses*. Elles doivent cette faculté à un appareil glanduleux placé dans l'abdomen, et produisant une liqueur gluante susceptible de se tirer en longs fils, et de se dessécher dès qu'elle est en contact avec l'air. Cet appareil communique au dehors par les mamelons que nous avons dit être placés à la partie postérieure de l'abdomen. La nature leur a donné cet appareil dans le double but de leur fournir le moyen de s'emparer de leur proie, et de former pour leurs œufs une enveloppe protectrice dans laquelle ils puissent se développer.

Les *mœurs* des aranéides sont extrêmement curieuses : soit qu'elles errent au gré de leur caprice sans se construire d'habitation fixe, soit que, plus sédentaires, elles se fassent une toile au centre de laquelle elles établissent leur demeure, elles méritent également notre intérêt par la sagacité qu'elles déploient pour surprendre leur proie, et excitent notre admiration par l'instinct merveilleux dont elles font preuve dans le choix de l'endroit le plus convenable au but qu'elles se proposent. Mais c'est surtout à l'époque de la reproduction, et au moment qui précède et accompagne l'accouplement, que notre admiration redouble à la vue des précautions que le mâle emploie pour s'approcher de la femelle. Lorsque, pressé par le besoin impérieux de se reproduire, il découvre celle qui peut le satisfaire, il s'en approche lentement, et, après plusieurs hésitations, il se hasarde de la toucher de loin avec l'une de ses pattes de devant ; cette première avance faite, il recule avec précipitation

et se laisse tomber à une certaine distance ; cependant si la femelle ne fait aucun mouvement hostile, le mâle, encouragé,
revient quelques instants après, et recommence à l'agacer,
mais toujours avec précaution. Si ses caresses plaisent à la femelle, elle ne tarde pas à y répondre, en le tâtant à son tour
avec ses pattes. Alors les palpes du mâle se dressent subitement
et comme par ressort ; et devenu plus hardi par un premier
succès, il se hasarde à les rapprocher de l'abdomen de son
amante, et enfin à les introduire rapidement dans la vulve.
Dès ce moment la fécondation est opérée, et le mâle se retire
avec promptitude. Mais si la tâche de ce dernier est finie, celle
de sa compagne ne fait que commencer. Peu de temps après en
effet, son abdomen se gonfle, et le besoin de le débarrasser des
œufs qu'il contient se fait vivement sentir. Elle se met alors à
filer son cocon qu'elle compose de deux couleurs bien distinctes, l'une extérieure, solide et résistante ; l'autre intérieure,
plus moelleuse et comme duvetée. La ponte terminée, la femelle meurt, ou, si elle survit, elle se prépare un abri pour
passer l'hiver. A cet effet, elle cherche un endroit bien caché,
et se file une espèce de manteau dans lequel elle s'enveloppe,
et où elle passe la mauvaise saison dans l'engourdissement.

Nous ne terminerons pas ces généralités sur les *aranéides*,
sans dire quelque chose sur le développement de leurs *œufs*,
que la transparence de leur enveloppe a permis de suivre dans
toutes ses phases. Au moment de la ponte, l'*œuf* de ces animaux est à-peu-près globuleux ou légèrement ovale, et renferme, comme celui des oiseaux, le *germe* ou rudiment de la
jeune aranéide, le *vitellus* ou jaune et l'*albumen* ou blanc.
Ces diverses parties sont d'abord parfaitement distinctes ; mais
lorsque le germe commence à se développer, elles se mêlent
en partie, de manière à former autour de lui comme un point
nuageux qui s'accroît rapidement, et dans lequel on ne tarde
pas à distinguer deux taches séparées par un étranglement. La
première représente la tête avec les organes buccaux, et la seconde le thorax avec ses pattes qui ne sont marquées que par
des lignes transversales plus foncées que le reste du corps. Mais
à mesure que les membres se dessinent mieux, et que la partie abdominale se montre, la tête et le thorax, se rapprochent et
finissent par se réunir ; de sorte que lorsque le moment de l'é-
closion approche, on aperçoit à travers la membrane qui l'enveloppe, la jeune aranéide toute formée et prête à paraître à la
lumière. Ce moment arrivé, la pellicule qui l'entoure se rompt

et l'animal sort de sa prison ; cependant il ne peut pas encore faire usage de ses membres ; mais dès qu'il a subi une première mue, il quitte non-seulement la coque de l'œuf, mais encore le cocon dans lequel il était enfermé. Cette série de changemens qu'éprouvent les *aranéides* durent environ quinze jours, lorsque le temps est favorable ; mais pour peu que la température soit trop basse, le développement du germe est considérablement retardé ; de sorte qu'il n'est pas rare de voir des œufs pondus vers la fin de l'été, demeurer inactifs jusqu'au retour du printemps suivant.

La famille des *aranéides* est extrêmement considérable, et a été divisée en deux tribus, les *théraphoses* et les *araignées*.

Iᵉ *Tribu*. — Théraphoses.

Ces aranéides se reconnaissent en ce qu'elles ont constamment huit yeux, quatre stigmates (deux de chaque côté de l'abdomen), et des mandibules proéminentes articulées horizontalement et mobiles de haut en bas.

Cette tribu renferme les plus grandes espèces de la famille. Les plus grosses ont assez de force pour retenir non-seulement les grands insectes, mais encore les petits oiseaux, et notamment les colibris. Aucune d'elles ne construit sa toile à poste fixe ; toutes errent çà et là dans les champs, cherchant à découvrir des victimes, qu'elles enlacent dans les fils qu'elles se mettent à filer, dès qu'elles les aperçoivent. Quand elles sont repues, elles se retirent dans des trous qu'elles se pratiquent en terre ou dans l'intérieur des troncs d'arbres vermoulus ; ou bien elles se cachent dans de larges feuilles, dont elles rapprochent les bords pour leur donner la forme d'un entonnoir.

Cette tribu, beaucoup moins nombreuse que la suivante, ne comprend qu'un seul genre important, celui des *mygales*.

Les MYGALES (*mygale*) ont les yeux très-rapprochés, les palpes insérés à l'extrémité supérieure des mâchoires, et les jambes antérieures du mâle armées d'une forte épine ou ergot. Leur grande taille, jointe à la longueur et à la force de leurs pattes, leur a fait donner le nom d'*araignées-crabes*, qu'elles portent aux Antilles.

Ce sont de grosses aranéides, qui ne tendent jamais leurs toiles en l'air, mais qui les emploient principalement à tapisser leur nid et à fabriquer leur cocon. Elles s'établissent tantôt dans des troncs d'arbres creux, tantôt sur des feuilles convenablement disposées ; d'autres fois dans des cavités souterraines, qu'elles se creusent elles-mêmes. Quelques espèces se cachent simplement sous les pierres.

Une des espèces du genre les plus remarquables par leur taille est la *mygale avicutaire*, qu'on trouve en Amérique, et qui a été ainsi appelée parce qc'elle est assez forte pour tuer de petits animaux, tels que les colibris et les oiseaux-mouches. En France, nous avons la *mygale mineuze* ou *araignée maçonne*, qu'on a ainsi nommée parce qu'elle a l'habitude de se creuser une galerie souterraine, qu'elle tapisse intérieurement d'une épaisse couche de soie, et dont elle bouche l'entrée avec une porte qu'elle fabrique avec de la terre et des fils. Cette porte est disposée de manière qu'elle se ferme d'elle-même, soit que la *mygale* s'y trouve, soit qu'elle soit absente. Et pour qu'aucun indice ne puisse trahir la présence de l'ouvrière, la surface extérieure de la porte est couverte de terre semblable à celle qui l'environne, de sorte qu'il faut une grande habitude pour la reconnaître, à moins d'avoir vu l'animal y entrer ou en sortir.

Ce sont des espèces de ce genre, qui établissent sur la terre ces nombreuses toiles que l'on rencontre si fréquemment dans les champs et les jardins, parmi les sillons, près des pierres, etc.

IIe *Tribu.* — Araignées.

Cette nombreuse tribu comprend toutes les aranéides qui n'ont que deux stigmates, dont les palpes sont attachés au côté externe des mâchoires, et dont les mandibules articulées verticalement, ne peuvent se mouvoir que de gauche à droite ou réciproquement, et ne sont pas saillantes comme celles des théraphoses.

Les *araignées* ont presque toutes huit yeux; sur une cinquantaine de genres qu'elles renferment, il n'y en a que quatre petites qui en aient six seulement : leur taille est généralement plus petite que celle des précédentes. Quant à leurs habitudes, elles sont toutes carnassières ; mais la manière de vivre, de surprendre leur proie, de tendre leurs filets, etc., varie considérablement, selon les espèces.

Parmi les genres nombreux que nous offre cette tribu, nous citerons les suivants comme les plus remarquables.

Les LYCOSES (*lycosa*) ou *araignées-loups* (*fig.* 9), ont été ainsi appelées à cause de leur voracité ; elles sont généralement de grande taille, et ont par conséquent le moyen de satisfaire leurs appétits carnassiers. Quelques-unes ont plus d'un pouce de long, et le cèdent à peine aux mygales en grosseur. On les reconnaît aisément, en ce qu'elles ont les yeux très-inégaux en grosseur et placés sur trois lignes transversales, dont l'antérieure est formée par quatre de ces organes, et en ce que leurs pattes sont impropres au saut, les antérieures étant notablement plus longues que celles de la seconde et de la troisième paires.

Ces animaux font partie de la tribu des aranéides qu'on a appelées *vagabondes* et *chasseuses*, parce que, au lieu de s'établir à poste fixe en quelque endroit, ils errent au hasard cherchant leur nourriture. Ils se tiennent habituellement à terre, où ils courent avec une vitesse extraordinaire, surtout lorsqu'ils poursuivent leur proie. Quand ils sont repus, ils se retirent dans des trous, qu'ils trouvent tout formés ou qu'ils se creusent eux-mêmes. C'est là qu'ils subissent leur mue et que les femelles font leur ponte. Mais celles-ci ne déposent pas leurs œufs à terre, elles leur font un cocon de soie, sur lequel elles veillent avec une vive sollicitude, et qu'elles emportent toutes les fois qu'elles sont obligées de sortir. Elles ne les abandonnent pas même lorsqu'ils sont éclos ; elles leur fournissent encore long-temps des insectes ou les aident à les prendre, et les défendent contre tous les animaux qui cherchent à leur nuire.

La taille de ces araignées les fait généralement redouter ; la crainte qu'elles inspirent n'est pas dénuée de fondement, car il paraît que dans le Midi leur morsure produit des accidents assez graves, et même la mort, si on n'a pas soin d'y apporter un remède prompt pour en prévenir les effets.

On compte plusieurs espèces de ce genre, entre autres la *tarentule d'Italie*, qui a près d'un pouce de long et qui paraît être celle dont la piqûre a le plus de dangers. Les Italiens pensent que la musique est seule capable de guérir la blessure causée par cette *lycose* ; aussi, dès qu'ils se sentent mordus, ils cherchent un musicien pour se faire jouer une danse animée, qu'ils se mettent à exécuter, jusqu'à ce qu'ils tombent épuisés de sueur et de fatigue ; par là ils sont garantis de tout accident dangereux. Mais ce n'est pas la musique qui les guérit ; ce sont les mouvements auxquels ils se livrent, et les sueurs abondantes qui les accompagnent, qui produisent l'expulsion du venin introduit dans la plaie. On en trouve en France plusieurs espèces plus petites, et qui sont fort communes dans les bois.

Les THOMISES (*thomisus*) (*fig.* 10) se distinguent des autres araignées, par la disposition de leurs huit yeux qui sont placés sur deux lignes en croissant, par la forme de leurs mâchoires qui sont inclinées vers la lèvre et conniventes à leur extrémité, enfin par la proportion de leurs pattes, dont les quatre postérieures sont sensiblement plus courtes que celles de devant, et qui dans le repos sont toutes étendues horizontalement et comme étalées sur les côtés de l'animal.

Ce genre, qui est très-étendu, puisqu'il comprend près de soixante espèces, fait partie de la tribu des *araignées latérigrades*, qui ont été ainsi nommées à cause de la faculté qu'elles ont de marcher dans toutes les directions, en avant, en arrière ou de côté. Cependant il ne faudrait pas croire que ces aranéides jouissent pour cela d'une agilité supérieure à celle des autres animaux de la même famille ; elles sont au contraire très-lentes dans leurs mouvements, et le plus souvent elles se tiennent immobiles sur les feuilles, au milieu desquelles elles se cachent pour mieux tromper leur proie.

Aucun *thomise* ne fait de toile véritable ; mais ils tendent tous dans les environs du lieu où ils ont établi leur retraite, quelques fils isolés qui retiennent pendant quelques instants leur proie, et leur donnent le loisir de la percer de leur crochet venimeux ; et afin qu'elle n'ait pas le temps de se dégager avant leur arrivée, ils ont soin de se tenir aux aguets et d'être toujours prêts à s'élancer sur elle.

Les *thomises* ont tous une grande affection pour leur progéniture. Les femelles enveloppent soigneusement leurs œufs dans un cocon aplati qu'elles emportent partout avec elles, comme les lycoses. Elles restent même avec leurs petits quelque temps après leur naissance, soit pour leur procurer des insectes, soit pour les défendre des dangers qui pourraient les menacer.

On en trouve plusieurs espèces en France, dont la plus commune aux environs de Paris est le T. *crété*, qui se cache dans les feuilles et qui tend autour de lui quelques fils auxquels il se suspend quelquefois. A terre ses mouvements sont lents et embarrassés.

Les CLUBIONES (*clubiona*) (*fig.* 11) ont huit yeux à-peuprès égaux, placés sur deux lignes rapprochées, les pattes

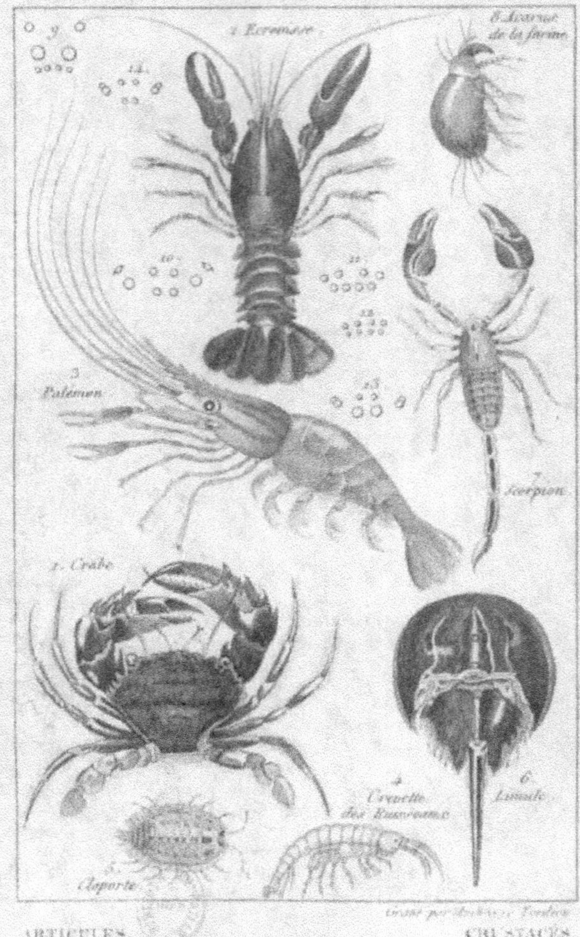

PÉDIOCLES HÉDRIOPHTHALMES et ENTOMOSTRACÉS.
8. Acarus
de la farine.
1. Écrevisse.
3. Palémon.
7. Scorpion.
2. Crabe.
4. Crevette
des Ruisseaux.
6. Limule.
5. Cloporte.
Gravé par Ambroise Tardieu.
ARTICULÉS.
Pl. XXXI.
CRUSTACÉS.

fortes, allongées, propres à une course rapide, et les mâchoires droites et dilatées vers leur extrémité.

Les araignées de ce genre, sans être tout-à-fait sédentaires, ne sont pourtant plus aussi vagabondes que la plupart des espèces précédentes. Comme elles se filent un tube allongé qu'elles placent dans un endroit abrité contre les intempéries de l'atmosphère, caché aux yeux de leurs ennemis et cependant à portée des insectes dont elles font leur proie, elles s'attachent naturellement à leur domicile et s'en écartent le moins qu'elles peuvent. Elles le placent presque toujours dans une feuille roulée, autour de laquelle elles tendent un certain nombre de fils, sans cependant former une véritable toile ; et là, cachées au fond de leur retraite, d'où elles ne laissent saillir que la partie antérieure de leur céphalothorax, elles ont continuellement les yeux aux aguets, pour voir s'il ne leur arrive pas quelque proie. Dès qu'un insecte, empêtré dans le piége agite les soies qui entourent leur demeure, elles sortent subitement de leur cachette, et, le perçant du crochet venimeux de leurs mandibules, elles lui donnent la mort et le dévorent avec une promptitude étonnante. Que si l'insecte est assez fort pour rompre les filets qui le retiennent et cherche à fuir son ennemie, celle-ci s'élance à sa poursuite, non plus en marchant de côté comme le font les thomises et plusieurs autres araignées, mais en courant directement sur lui ; et lorsqu'elle l'a atteint, elle le traite comme elle l'aurait fait, s'il avait été pris dans les fils tendus autour du tube.

Non-seulement les *clubiones* mettent beaucoup de soin à faire leur cocon et à garantir leurs œufs des vicissitudes atmosphériques et de la voracité de leurs ennemis, mais la plupart d'entre elles veillent sur leurs petits après leur naissance, les conservent dans leur nid et leur apprennent à chasser : elles ne les abandonnent entièrement, que lorsqu'ils sont assez forts et assez instruits pour se passer des secours d'autrui.

Ce genre comprend une vingtaine d'espèces, dont les plus communes sont la *clubione soyeuse*, qui vit dans les jardins et cache son nid sous l'écorce des arbres, et la C. *féroce*, qu'on trouve dans les caves et qui place son domicile dans tous les coins retirés. La morsure de cette dernière fait périr très-rapidement ; ce qui lui a fait donner son nom spécifique.

Les TÉGÉNAIRES (*tegenaria*) ou *araignées propres* (fig. 12), ne diffèrent des clubiones, que parce qu'elles ont les quatre yeux antérieures disposés en une ligne arquée en arrière ou formant une ligne courbe. Elles font partie d'une tribu nombreuse d'aranéides qu'on a nommées *sédentaires*, parce qu'elles se construisent des toiles et y demeurent à poste fixe, attendant que quelque insecte vienne s'empêtrer dans ce filet. Pour que leur chasse soit plus abondante, elles ont soin de les tendre dans les coins les plus solitaires, où les animaux dont elles se nourrissent sont en plus grand nombre, et où leurs toiles sont moins sujettes à être détruites. Dans l'endroit le plus obscur de leur demeure, presque toujours dans l'encoignure des murs, elles se fabriquent une espèce de fourreau dans lequel elles se tiennent cachées, ayant l'œil aux aguets et fixé sur toute l'étendue de leur toile. Dès que les mouvements de cette dernière leur annoncent qu'un insecte s'est pris, elles s'élancent tout à coup sur lui, s'il est petit, et le percent de leur crochet venimeux. Si la proie leur paraît assez forte pour pouvoir rompre la toile et s'échapper, elles se hâtent de filer autour d'elle de nouvelles soies et de l'en envelopper plus solidement, afin qu'elle ne puisse pas rompre ses liens; et lorsque leur victime s'est épuisée en efforts inutiles, elles s'en approchent avec précaution pour l'achever. Dans tous les cas, l'araignée se dépêche de la dévorer et d'en rejeter les débris au loin, pour qu'ils n'annoncent pas sa présence aux autres insectes.

Mais, malgré cette précaution et les soins qu'elles mettent à cacher leur artifice, les araignées ne sont pas toujours heureuses; elles sont sujettes à de longues abstinences, et si la nature ne leur avait donné un canal intestinal complaisant, un grand nombre périrait de faim. Mais comme elles peuvent supporter des jeûnes de plusieurs jours, il est rare que durant cet intervalle il ne leur arrive pas quelque bonne aubaine.

Les principales espèces de ce genre nombreux sont l'*araignée domestique* et l'*araignée priece*, qui vivent l'une et l'autre dans l'intérieur de nos appartements.

Les ARGYRONÈTES (*argyroneta*) (*fig.* 14) sont presque entièrement semblables aux tégénaires par toute leur organisation; mais leurs yeux sont autrement disposés: ils sont réunis deux à deux, en avant, en arrière et sur les côtés; et les deux qui forment les paires latérales sont tellement rapprochés, qu'ils semblent se confondre par leurs bords; de plus, ils sont placés sur une petite éminence particulière, tandis que les autres sont situés à fleur de tête.

Cependant, malgré cette similitude d'organisation, les argyronètes diffèrent beaucoup des autres groupes de la même famille par leur genre de vie, et offrent des mœurs extrêmement curieuses et une industrie admirable. Vivant au milieu des eaux et ne pouvant cependant respirer qu'à l'air libre, elles sont obligées de se former, au sein de cet élément, une atmosphère artificielle, où elles trouvent le fluide nécessaire à leur respiration. A cet effet, elles se filent dans l'eau une coque ovale et assez serrée pour qu'elle puisse contenir de l'air. Elles l'assujétissent ensuite à quelque corps plongé dans l'eau, et la placent de manière que l'ouverture dont elle est percée se trouve à la partie inférieure. Après l'avoir ainsi fixée au fond, ces animaux s'élèvent à la surface de l'eau, où ils prennent sous leur ventre une bulle d'air, et la transportent dans la coque, dont elle chasse une certaine quantité d'eau. Ils répètent leurs voyages, jusqu'à ce qu'ils y aient entièrement remplacé l'eau par de l'air atmosphérique. C'est alors qu'ils s'y mettent en embuscade, prêts à saisir les insectes imprudents qui passeront à leur portée. Mais ils ne peuvent rester qu'un certain temps dans cette demeure sans en renouveler l'air. Dès que ce fluide se trouve vicié, ils renversent la coque qui se vide sur-le-champ, et la remplissent de nouveau d'un air pur et respirable.

On ne connaît qu'une seule espèce de ce genre ; c'est l'*argyronète commune* ou *araignée aquatique* qu'on trouve fréquemment dans les eaux stagnantes.

Les EPÉIRES (*épeira*) (*fig.* 13) ont à-peu-près les yeux des précédentes, dont elles se distinguent par un renflement qui termine leurs mâchoires. De plus, leurs filières sont presque coniques, peu saillantes et disposées en rosette ; et des quatre paires de pattes, les deux premières sont les plus longues et la troisième la plus courte.

Les espèces qui composent ce genre sont toutes sédentaires, comme les argyronètes et les tégénaires ; elles forment une toile à mailles régulières et composées de cercles concentriques, croisés par des rayons droits qui partent de son centre. Cette toile est toujours dans une position verticale ou du moins fortement inclinée ; l'*épeire cucurbitine* seule la place horizontalement. La plupart des espèces la suspendent entre deux branches d'arbre, ou dans l'encoignure formée par deux murailles. La position que prend l'animal sur sa toile varie, tantôt il se met au centre dans une position renversée, ayant la tête enbos, tantôt il se cache dans une espèce de nid qu'il se construit à côté avec des feuilles réunies par des fils.

Les *épeires* sont très-nombreuses et très-abondantes dans nos pays. On en compte près de quatre-vingts espèces, dont une dizaine se trouvent aux environs de Paris. La plupart de ces dernières se montrent en automne, et pondent des œufs qui n'éclosent que l'année suivante. Leur cocon est le plus souvent globuleux; mais quelques espèces lui donnent la forme d'une toupie.

Les *épeires* les plus communes en France sont l'E. *diadème*, qu'on trouve dans les jardins, sur les fenêtres et contre les murs; et l'E. *scalaire*, qui s'établit sur le bord des ruisseaux. Parmi les espèces étrangères, il en est de très-grande taille, qui construisent leur toile avec des fils si forts, qu'ils arrêtent les petits oiseaux, et embarrassent même l'homme qui s'y trouve engagé. Telle est l'E. *édule* ou *planipède*, que les habitants de la nouvelle Calédonie mangent à défaut de meilleur aliment, après l'avoir fait griller sur des charbons ardents.

IIe *Famille*. — Pédipalpes (pl. XXXI).

Cette seconde famille est incomparablement moins nombreuse que la précédente, mais elle n'est pas moins facile à reconnaître. Toutes les espèces qu'elle comprend ont le céphalothorax et l'abdomen séparés par un étranglement beaucoup moins marqué; le premier est tout d'une pièce comme celui des aranéides, mais le second est formé de segments très-distincts; leurs téguments, sans avoir la dureté de ceux des crustacés, sont plus solides que ceux des espèces précédentes; ils n'ont jamais de glandes sétipares ni par conséquent de filières abdominales; leurs stigmates sont au moins au nombre de quatre et il y en a quelquefois huit: ils ont six ou huit yeux, deux ou trois de chaque côté en avant, et deux en arrière plus rapprochés de la ligne médiane; leur bouche est armée de *chélicères* ou mandibules à deux doigts, dont l'un est mobile et l'autre fixe; enfin, et c'est là le caractère le plus important, leurs palpes très-développés, se terminent soit en griffe soit en pince et ressemblent à des espèces de bras, ce qui leur a fait donner le nom de *pédipalpes*.

Ces arachnides habitent les contrées méridionales et vivent à terre, où elles courent avec beaucoup d'agilité à la poursuite des insectes; car elles ne sont ni moins redoutables ni moins carnassiers que les araignées. Leur piqûre, comme celle des lycoses et des mygales, passe pour dangereuse et produit ordinairement des accidents fâcheux ; mais toutes les espèces ne sont pas dans ce cas, car il y en a plusieurs qui n'ont pas de glande venimeuse, ni même d'ouverture à l'extrémité de la pince pour conduire le venin, quand il en existerait.

Cette famille ne comprend que deux genres, les *tarentules* et les *scorpions*.

Les TARENTULES (*tarentula*), qu'il ne faut pas confondre avec les lycoses que l'on appelle ainsi dans le midi de l'Europe, se distinguent des scorpions par un léger étranglement qui se remarque entre leur poitrine et leur abdomen, par l'absence de la queue à l'extrémité de ce dernier, et par la forme de leurs palpes qui se terminent en simple griffe et non en pince à deux doigts. Leur forme se rapproche beaucoup de celle des aranéides, en ce que leur abdomen est fortement renflé et ne se prolonge pas postérieurement en forme de queue articulée. Mais les épines qui garnissent les bords de leurs palpes et la forme de leurs tarses antérieurs qui, au lieu d'un onglet, se terminent en fil très-allongé, les distinguent en même temps et des espèces de la famille précédente, et de celle du genre qui suit.

Ce n'est que dans les pays très-chauds de l'Asie et de l'Amérique qu'on rencontre les espèces peu nombreuses de ce genre. La principale est la *tarentule réniforme*.

Les SCORPIONS (*scorpio*) (*fig.* 7) ont le corps long et terminé brusquement par une queue noueuse et munie à son extrémité d'un dard aigu, qui verse dans les plaies qu'il fait une liqueur venimeuse. Leur thorax et leur abdomen sont bien distincts, et sont formés le premier d'une seule pièce large et le second de sept ou huit anneaux.

Ces arachnides habitent les pays chauds des deux continents; elles vivent à terre, se cachent sous les pierres, les troncs d'arbres et recherchent ordinairement les lieux sombres et frais, ou même s'établissent dans l'intérieur des maisons. Elles courent vite, en redressant leur queue en forme d'arc sur le dos; mais lorsqu'elles sont en danger ou qu'elles veulent piquer quelque insecte, elles la dirigent à leur gré contre leur ennemi ou contre leur proie, et s'en servent comme d'une arme offensive ou défensive. C'est ainsi qu'elles détruisent une grande quantité d'araignées, de cloportes, etc.; elles sont aussi très-friandes d'œufs d'insectes. La piqûre de ces animaux est toujours dangereuse; mais les accidents qu'elle détermine sont proportionnés à l'âge et à la taille de celui qui la fait. Les individus âgés et forts sont les plus redoutables, sans que toutefois leur morsure produise la mort, à moins que des circonstances particulières ne favorisent les funestes effets du venin. On neutralise ces effets par le moyen de l'ammoniaque ou alcali volatil, appliqué extérieurement sur la plaie, ou introduit dans les voies digestives dans un véhicule tonique.

Les *scorpions* sont extrêmement voraces et cruels; non-seulement ils détruisent une grande quantité d'insectes de toute sorte; ils s'entre-dévorent mutuellement et n'épargnent pas même leurs petits.

On connaît huit ou dix espèces de ce genre; une seule appartient à l'Europe et se trouve dans le midi de la France; c'est le *scorpion commun*. Elle a environ un pouce de long; sa piqûre n'est pas à beaucoup près aussi dangereuse que celle du *scorpion d'Afrique*, qui est aussi plus grand.

IIe *Ordre.* — TRACHÉENNES.

Ces arachnides diffèrent des précédentes sous plusieurs rapports importants; elles n'ont plus ces poches aériennes qui servent à la respiration. Ces espèces de poumons sont remplacées par des canaux élastiques, appelés *trachées*, qui s'ouvrent au-dehors sur les côtés de l'abdomen par deux trous ou stigmates, et qui portent l'air dans les diverses parties du corps. Par suite de cette disposition, le sang, étant vivifié à mesure qu'il sert à la nutrition des organes et dans ces organes mêmes, n'a pas besoin de vaisseaux pour le faire circuler, ni par conséquent de cœur pour lui donner l'impulsion nécessaire à son mouvement.

Cet ordre, moins nombreux que celui des arachnides pulmonaires, se compose aussi d'espèces plus petites et moins carnassières; les unes vivent dans les substances animales corrompues, telles que le fromage, la graisse; les autres s'attachent aux plantes et se nourrissent soit de larves d'insectes, soit des particules mêmes qu'elles détachent de la plante; quelques-unes sont parasites et se fixent sur le corps d'animaux dont elles sucent les humeurs; un petit nombre seulement sont vagabondes et vivent du produit de leur chasse.

Tous les animaux de ce groupe sont de petite taille, et la

plupart d'entre eux ne peuvent être aperçus qu'avec le secours du microscope, ce qui en rend l'étude d'autant plus difficile, que la distinction des genres et des espèces est souvent fondée sur la conformation de parties très-petites, telles que les mâchoires.

On divise cet ordre en quatre familles, dont les principales sont celles des *faux-scorpions*, des *phalangiens* et des *acarides*.

Ire Famille. — FAUX-SCORPIONS.

Les arachnides de ce groupe ont été appelées *faux-scorpions*, à cause de la ressemblance qu'elles offrent avec celles de la famille précédente ; elles ont, comme les vrais scorpions, des palpes très-développés, et des chélicères terminés par deux doigts dont un seul est mobile. Leur corps et surtout leur abdomen sont composés d'anneaux distincts, au lieu d'être couverts d'une peau uniforme, comme celle de l'abdomen des aranéides. Observons cependant que ces animaux ressemblent par leur forme, plutôt aux tarentules qu'aux véritables scorpions ; leur abdomen est de forme ovale, et s'arrondit insensiblement à son extrémité, au lieu de se terminer par une longue queue articulée. Toute leur peau, celle des membres comme celle du tronc, est couverte de poils, comme dans les araignées ; enfin ils n'ont jamais plus de deux yeux.

Quant à leurs habitudes, elles sont tout-à-fait terrestres, et leur nourriture est entièrement animale. Leurs pinces sont creusées d'un canal qui s'ouvre par deux orifices à leur extrémité, et qui verse dans la plaie qu'elles font un venin dont la violence détermine promptement la mort des insectes, et n'est pas sans danger pour de plus grands animaux, et même, dit-on, pour l'homme ; mais à l'égard de ces derniers, ce fait n'est rien moins que démontré. Les espèces de notre pays sont trop petites, pour pouvoir faire du mal à des animaux d'une grande taille ; et pour celles qui vivent dans les pays étrangers, on a trop peu de données sur leurs habitudes, pour pouvoir affirmer que leur blessure peut déterminer chez eux de graves accidents.

Quoi qu'il en soit, on divise cette famille en deux genres : les *galéodes* et les *pinces*.

Les GALÉODES (*solpuga*) (1) sont faciles à reconnaître par

(1) Dérivé par corruption de *solifuga*, qui fuit le soleil, parce que ces animaux recherchent les ténèbres.

mi toutes les arachnides, à leur thorax séparé de la tête et de l'abdomen par deux étranglements bien sensibles, à leurs chélicères larges et terminées par deux doigts armés de dents aiguës à leur bord interne, enfin à leurs palpes plus longs que leurs pattes antérieures et dépourvus de crochet à leur extrémité, qui est renflée en forme de bouton.

Le corps de ces animaux est oblong, mou et hérissé de longs poils ; leur tête est munie de deux yeux seulement ; leurs pattes antérieures sont dépourvues de crochet à leur extrémité, tandis que les trois dernières paires en ont deux forts aigus au dernier article de chaque tarse. On ignore presque entièrement les habitudes des *galéodes*; comme ils se trouvent dans presque tous les pays chauds de l'Afrique-Méridionale ou des Indes, pays avec lesquels on a peu de relations, on ne connaît que peu de particularités relatives à leurs mœurs : on sait seulement qu'ils recherchent les lieux secs et sablonneux, qu'ils courent avec une vitesse extrême, en redressant leur tête et en avançant leurs chélicères, comme pour montrer à leurs ennemis les moyens de défense qu'ils ont à opposer à leurs attaques. En effet, lorsqu'on cherche à les prendre, ils dirigent leur arme offensive contre la main qui veut les saisir, et la mordent avec force.

Le principale espèce de ce genre est le G. *aranéoïde*, qui vit au cap de Bonne-Espérance, et dont la longueur va jusqu'à dix-huit lignes.

Les PINCES (*chelifer*) sont de très-petites arachnides dont la taille dépasse rarement deux ou trois lignes, et dont le caractère distinctif le plus apparent se tire de leurs palpes dont la longueur surpasse celle du corps entier, et qui se terminent par une pince didactyle.

Ces animaux ressemblent beaucoup à de petits scorpions privés de queue. Leur corps est déprimé et de forme plutôt conique qu'ovale; leur thorax est bien distinct de la tête et de l'abdomen, mais sans en être séparé par aucune espèce d'étranglement : leur tête présente deux ou quatre yeux latéraux, deux chélicères courts et en pince; leur abdomen, composé de onze articles, est plus large en avant qu'en arrière; enfin leurs pattes sont toutes d'égale longueur et se terminent par un tarse dont le dernier article est armé de deux crochets.

Au contraire des galéodes qui recherchent les lieux secs, les *pinces* ne vivent que dans les endroits humides; on les trouve sous les pierres, dans les pots à fleurs des jardins et dans les coins obscurs des appartements. Quelques espèces se cachent dans la poussière, les vieux livres et dans les herbiers. Il paraît qu'ils se nourrissent de mites et de petits insectes appelés *psoques* et plus communément *poux des bois*. Quand on cherche à les prendre, ils fuient avec beaucoup d'agilité pour de si petits animaux, en marchant dans toutes les directions indistinctement, en avant, en arrière ou de côté. Il paraît que la femelle pond une assez grande quantité d'œufs, qu'elle rassemble en petits tas, qu'elle enveloppe dans une espèce de cocon et qu'elle emporte partout avec elle. Mais en ignore la manière dont elle se comporte à l'égard de ses petits.

La principale espèce de ce genre est la *pince commune* ou *cancroïde*, ainsi nommée à cause de la ressemblance qu'elle a avec une crabe. Elle a environ une ligne et demie de long et se trouve en Europe dans les lieux humides et dans les maisons.

IIe *Famille.* — PHALANGIENS.

Cette famille ne comprend qu'un petit nombre de genres, dont le plus remarquable est celui des *faucheurs*, qui en forme le type. Les espèces qu'elle renferme ont le thorax et l'abdomen réunis en une masse globuleuse, recouverte par un épiderme commun. Leur bouche est toujours armée d'une pince à deux doigts, dont l'un est mobile et l'autre fixe, et présente en outre deux palpes allongés et filiformes, avec une, deux ou même trois paires de mâchoires.

La forme des *phalangiens* est connue de tout le monde, même des enfants ; leur corps est arrondi ou ovale ; leurs pattes toujours au nombre de huit, sont très-longues et divisées en quatre parties distinctes (la hanche, la cuisse, la jambe et le tarse) ; leur tête est petite et surmontée de deux yeux ; leur gastrothorax est arrondi et sans aucun appendice à son extrémité. Ces animaux sont très-communs ; on les rencontre partout à la campagne, où ils se promènent sur les murs et sur les plantes. Ils courent très-vite, se cachent sous les pierres et dans les trous, font la guerre aux insectes et se nourrissent de proie.

Cette famille se compose de trois ou quatre petits genres, dont le principal est celui des *faucheurs*.

Les FAUCHEURS (*phalangium*), sont des arachnides remarquables par la longueur démesurée de leurs huit pattes, qui forment un contraste frappant avec la petitesse et la brièveté de leur corps. Celui-ci est presque arrondi comme un pois, et se termine par une tête si peu distincte, qu'il faut y faire attention pour l'apercevoir. Tout le monde connaît ces êtres singuliers qu'on rencontre partout à la campagne ; surtout sur les murs fraîchement crépis et bien exposés au soleil. Il n'est personne qui ne les ait vus, tantôt fixes et immobiles sur leurs pattes et attendant patiemment leur proie, tantôt arpentant le mur ou la terre à grands pas et la cherchant de tous côtés.

Les *faucheurs* sont très-carnassiers, et si féroces qu'ils se battent presque continuellement, et que les plus forts dévorent les plus faibles ; aussi se tiennent-ils toujours sur leurs gardes, et ont-ils soin, pendant qu'ils se reposent au soleil, d'étendre leurs pattes autour d'eux, comme autant de sentinelles vigilantes chargées de les avertir de l'approche de tous les animaux. Ceux-ci sont-ils petits et sans danger pour eux, ils les laissent s'avancer à leur portée et les dévorent. Dans le cas contraire, ils prennent promptement la fuite, laissant souvent une de leurs pattes ; car elles tiennent si peu au corps, que la moindre traction suffit pour les arracher. Une particularité remarquable de ces pattes, c'est qu'elles remuent long-temps après avoir été détachées du tronc.

La principale espèce de ce groupe, est le *faucheur des murailles*, dont le corps a tout au plus deux lignes de long, tandis que ses pattes ont près d'un pouce chacune.

Les SIRONS (*siro*) et les TROGULES (*trogulus*) sont des genres voisins des faucheurs, dont ils diffèrent les premiers, par des chélicères aussi longues que le corps entier, et les seconds, par l'extrémité antérieure du corps qui s'avance en forme de chaperon pour recouvrir les chélicères et les autres parties de la bouche.

IIIe *Famille*. — ACARIDES (pl. XXXI, *fig.* 7).

Sous le nom d'*acarides*, et plus communément de *mites*, on désigne un grand nombre de petits animaux, dont la plupart ne sont visibles qu'au microscope, et qui vivent ordinairement en parasites sur des plantes ou sur des animaux dont, malgré leur petitesse, ils compromettent souvent la santé et même la vie, à cause de leur excessive multiplication ; tandis que d'autres errent en liberté et vivent de tout ce qu'ils rencontrent, de farine, de fromage et de toutes sortes de subsistances végétales ou animales en putréfaction.

Ici nous ne pouvons nous empêcher de faire une réflexion sur la puissance et l'intelligence infinie du créateur. Ces êtres, si petits que notre œil ne peut les apercevoir, sont cependant composés d'une multitude d'organes, dont l'ensemble concourt à l'entretien de leur frêle existence. Tous ces animaux, tout imperceptibles qu'ils sont, ont une tête ; leur tête a une bouche et des yeux ; cette bouche est composée de plusieurs pièces ; ces pièces sont mises en mouvement par des muscles, et ces muscles doivent recevoir des nerfs et des vaisseaux. Et leurs yeux ne doivent-ils pas avoir une cornée pour laisser passer la lumière et un nerf pour en recevoir l'impression ! Quelle doit donc être la ténuité incompréhensible de tant d'organes qui, par leur réunion, forment un tout imperceptible à notre vue !

Et cependant l'homme est parvenu à étudier toutes ses parties, à en déterminer la forme, à s'en servir pour distinguer entre elles des espèces dont on n'avait, il y a peu de temps encore, aucune idée positive. Armé d'un verre grossissant, il a vu, dans la bouche de ces arachnides, tantôt des mandibules terminées en pince ou en crochet, tantôt un suçoir contenant une espèce de lancette pour percer la peau des animaux sur lesquels elles vivent, tantôt enfin un simple orifice sans aucun appendice apparent. Leur corps, qui, lors même qu'il est visible à l'œil nu, ne ressemble qu'à un point mouvant, sans organes locomoteurs visibles, lui a offert non-seulement des membres articulés, mais encore une peau velue et couverte de poils, comme celle des araignées.

Malgré la difficulté que présente l'étude des *acarides*, des naturalistes infatigables sont parvenus à diviser cette famille en une vingtaine de genres, d'après les différences qu'ils présentent dans la conformation de leur bouche, le nombre de leurs membres, etc. Les uns ont toujours huit pattes uniquement propres à la marche (et non à la nage), et leurs mâchoires se terminent en pince ; tels sont les *trombidies* et les *acarus*. Les autres ont aussi huit pieds ambulatoires, mais ils manquent de chélicères, tels sont les *Ixodes*. D'autres ont encore huit pieds, mais à tarses ciliés et propres à la natation ; on les désigne sous le nom d'*hydrachnes*. Les derniers enfin n'ont que six pattes et sont tous parasites : le principal genre de cette section est celui des *leptes*.

Les TROMBIDIES (*trombidium*) ont les chélicères terminées en griffe et armées d'un seul crochet mobile, les palpes saillants et plus longs que la tête, et les yeux au nombre de deux et supportés sur un pédicule fixe.

Malgré leur petite taille qui ne dépasse jamais cinq lignes et qui reste souvent en deçà de deux, ces acarides peuvent passer pour grands, dans une famille dont les individus sont pour la plupart microscopiques. Leur corps, semblable pour la forme à celui des araignées, se compose de deux parties distinctes, l'une antérieure, qui supporte les yeux, l'appareil buccal, et les deux premières paires de pattes, et l'autre postérieure, qui donne attache aux quatre autres pieds, quoiqu'il réponde évidemment à l'abdomen des aranéides ; et comme cette dernière partie est beaucoup plus large en arrière qu'en avant, où elle se confond insensiblement avec la tête, le tronc de ces animaux n'est pas sans rapports de forme avec ce jouet d'enfant qu'on nomme *toupie*; ce qui leur a fait donner leur nom, qui en grec a cette signification. Une autre ressemblance que les *trombidies* ont avec les araignées, c'est la villosité de leur peau, qui est couverte de longs poils sur le tronc et d'un duvet court et fin sur les membres.

On trouve des espèces de ce genre dans toutes les parties du monde ; néanmoins les individus en sont plus communs dans les contrées méridionales que dans les pays froids : ils se tiennent dans les champs, dans les jardins et en général dans tous les endroits secs et exposés au soleil.

Nous en avons en France une espèce, le *trombidie satiné*, d'une ligne et demie de long, qui est fort commun au printemps, aux environs de Paris, où il se fait remarquer par sa couleur de sang et par son abdomen échancré postérieurement. Le *trombidie des teinturiers*, qui est trois ou quatre fois plus grand, mais qui, du reste, est également d'un rouge foncé, est étranger à l'Europe; il n'habite que les pays chauds de l'Afrique et de l'Inde. De même que la cochenille, il fournit une belle teinture rouge, qui lui a fait donner son nom spécifique.

Les ACARUS (*acarus*) (*fig.* 8) diffèrent des trombidies et de tous les autres acarides de leur section, par des chélicères didactyles ou en pince, par des palpes très-courts ou nuls, et enfin par leur peau molle et sans écailles.

Ces petits animaux, plus connus sous le nom de mites et de cirons, sont très-répandus partout : ils pullulent surtout dans les substances végétales ou animales, qui commencent à éprouver un commencement de putréfaction. La farine, les confitures, le fromage, pour peu qu'ils soient avancés, en contiennent des milliers d'individus : ce sont eux aussi qui rendent presque impossible la conservation des objets d'histoire naturelle que l'on recueille avec tant de peine dans les musées publics et dans les cabinets particuliers. Malgré les soins les plus assidus, malgré les préservatifs dont on enduit leur peau, les *acarus* finissent tôt ou tard par s'y mettre et par les réduire en poussière.

Les principales espèces de ce genre sont l'*acarus domestique*, l'*acarus du fromage* et l'*acarus de la gale*. Le premier attaque les collections entomologiques : il a le corps ovale, d'un blanc sale avec deux points bruns, l'un en avant, l'autre en arrière, et quelques poils longs et clair-semés sur le tronc. Le second est tellement petit qu'il est à peine visible à l'œil nu ; il a le corps ovale, l'abdomen transparent et terminé par deux petites soies ; enfin, celui de la gale est de forme presque circulaire, à peine plus long que large : il est couvert de poils rares, et ses pattes sont munies de ventouses en forme d'entonnoir. Il paraît que c'est cet *acarus* qui produit la gale, ou du moins s'il ne la produit pas, il se trouve souvent dans les boutons qui la constituent.

Les BDELLES (*bdella*) ont les mêmes caractères que les acarus, tels que huit pattes, huit yeux distincts, etc. ; mais leur bouche est différente ; au lieu de deux antennes-pinces, ils ont une bouche propre à sucer. A cet effet la languette est transformée en tube, et les mandibules sont changées en deux lancettes, mobiles dans la gaine formée par la languette.

Les arachnides qui composent ce genre ont toutes le corps mou et le plus souvent de couleur rouge ; elles sont vagabondes et se rencontrent dans les lieux humides, sous l'écorce des arbres et au milieu des mousses. On peut diviser ce genre en deux sous-genres, les *bdelles* propres et les *smaridies*.

1° Les BDELLES ont quatre yeux et les pattes postérieures plus longues que celles de devant ; leur suçoir est avancé en forme de bec conique ou en alène : telle est la B. *rouge*, à peine longue d'une demi-ligne, d'un rouge écarlate avec les pieds plus pâles : elle est commune aux environs de Paris. La B. *longirostre* et la B. *sétirostre* appartiennent aussi à l'Europe.

2° Les SMARIDIES (*smaridia*) se distinguent des bdelles, parce qu'elles n'ont que deux yeux et que leurs pattes antérieures sont plus longues que les postérieures ; la plupart des espèces de ce sous-genre sont trop petites pour pouvoir être vues à l'œil nu, et ne peuvent être observés qu'avec le secours du microscope. La principale espèce de ce genre est la *smaridie du sureau*, que l'on trouve communément sur la plante de ce nom.

Les IXODES (*cynorrhæstes*) se distinguent des deux genres précédents, par le défaut de chélicères, qui sont remplacées par deux lames piquantes, et enfermées dans une gaine formée par les palpes et par la languette ; leur bouche est par conséquent un suçoir propre à piquer la peau des corps organisés, et à faire le vide pour attirer les fluides au dehors.

Ces petits acarides ont le corps ovale ou arrondi, très-plat quand ils sont à jeun, et d'une grosseur démesurée quand ils sont repus : leurs pattes, longues et robustes, présentent à leur extrémité deux crochets en pelote, qui leur fournissent un double moyen de s'attacher aux corps les plus polis, comme à ceux qui sont hérissés d'aspérités. Mais cette disposition est peu favorable à la locomotion : aussi les *ixodes* sont-ils lents et lourds dans tous leurs mouvements : ils demeurent presque constamment fixés soit aux branches et aux feuilles des végétaux, soit au corps des mammifères ou des oiseaux. Ils restent sur les plantes quand ils sont repus ; mais aussitôt que la faim les presse, ils se laissent tomber sur le premier animal qui passe à leur portée ; et, s'accrochant à lui avec leurs deux pattes de devant, tandis que les deux autres demeurent étendues, ils lui plongent le suçoir dans la peau, et se mettent à lui sucer le sang. Quelques espèces sont toujours parasites, et pullulent à un tel point, que malgré leur petite taille, elles rendent malade le quadrupède sur lequel elles se sont établies : on a vu même des bœufs et des chevaux périr d'épuisement, par suite de la multiplication excessive de ces acarides.

Les principales espèces de ce genre, sont l'*ixode ricin* et l'*ixode réticulé*. Le premier, qu'on appelle vulgairement la *louvette*, est d'un rouge de sang foncé ; elle se trouve dans tous les bois de l'Europe et s'attache aux chiens. Le second, qui est quatre fois plus grand lorsqu'il est repu, est cendré avec des taches brunes ; il vit sur les bœufs, les moutons, et en général sur tous les animaux domestiques.

Les HYDRACHNES (*hydrachna*) se distinguent de tous les autres acarides par la conformation de leurs pattes, dont les tarses sont garnis de cils, qui les transforment en rames et les rendent propres à la natation ; de plus, leur bouche se termine en suçoir, et leurs palpes en griffe. Leur corps est tantôt ovale et tantôt globuleux, de couleur variable, et quelquefois entièrement diaphane ; leurs pattes, au nombre de huit quand l'animal est adulte, ne sont qu'au nombre de six dans le jeune âge : les deux dernières ne se développent qu'après plusieurs mues.

Le nom d'*hydrachnes* donné aux acarides dont nous parlons, et qui signifie *araignées d'eau*, indique que les habitudes de ces arachnides sont exclusivement aquatiques. Les *hydrachnes*, en effet, ne vivent que dans les eaux tranquilles et stagnantes, où elles sont très-communes au printemps. Elles s'y meuvent avec rapidité, à l'aide de leurs pattes qu'elles tiennent étendues et qu'elles agitent continuellement, comme si elles marchaient sur un plan solide et résistant : différentes en cela de tous les insectes aquatiques qui nagent véritablement, en frappant l'eau à coups de pattes, répétés à des intervalles plus ou moins éloignés.

Le régime des *hydrachnes* est exclusivement carnassier ; elles se nourrissent principalement de ces animalcules qui pullulent avec tant d'abondance au sein de toutes les eaux, et surtout dans celles qui croupissent dans la stagnation. Quelquefois aussi elles s'attaquent à des animaux de plus grande taille, et notamment aux larves des tipules, des cousins, etc., êtres petits sans doute, mais qui peuvent passer pour grands, si on les compare aux acarides dont il s'agit, et dont la longueur atteint rarement trois lignes.

La génération des *hydrachnes* est extrêmement remarquable sous plusieurs rapports. La femelle a ses organes sexuels sous le ventre, comme les araignées ; le mâle, au contraire, a les siens à l'extrémité d'une espèce de queue qui termine son abdomen. Lors donc que les deux sexes veulent se réunir, le mâle se tient tranquille dans l'eau, tandis que la femelle s'élevant verticalement derrière lui, fait pénétrer l'organe mâle dans sa vulve. Ainsi réunis, les deux individus se mettent à nager de tous côtés, jusqu'à ce que le mâle soit fatigué et s'arrête ; mais la femelle ne tarde pas à se remettre en mouvement et force le premier à recommencer sa course, qui dure jusqu'à ce que la fécondation soit opérée. Cela fait, le mâle meurt, et la femelle s'enfonce sous l'eau pour y faire sa ponte.

On trouve dans les environs de Paris plusieurs espèces de ce genre, dont la principale est l'*hydrachne géographique*. Elle a environ trois lignes de long, est noire avec quatre taches et quatre points rouges sur le dos. Dès qu'on la touche, elle fait la morte, et ne se remet en mouvement que lorsqu'elle ne se croit plus observée.

Les LEPTES (*leptis*) forment un genre assez nombreux de très-petits acarides qu'on peut apercevoir à l'œil nu, mais qu'on ne distingue bien qu'à l'aide d'un verre grossissant. Ils diffèrent de tous les genres qui précèdent par le nombre de leurs pattes qui ne dépasse pas six, lors même qu'ils ont pris tout leur développement. Sous ce rapport, ils se confondraient avec les insectes aptères, et notamment avec ceux de l'ordre des parasites, si le défaut de toute espèce d'antennes ne les en éloignait. Quant aux caractères qui distinguent ces petits animaux des autres acarides hexapodes, ils se tirent de la conformation de leur bouche, qui consiste en un suçoir et qui est munie de palpes apparents, et de la forme de son corps qui est ovale et recouvert d'une peau molle.

Toutes les espèces de ce genre sont parasites et vivent sur le corps d'autres animaux, et notamment sur celui de plusieurs sortes d'insectes terrestres ou aquatiques. Mais toutes n'y demeurent pas à poste fixe : il en est plusieurs qui, étant repues, quittent leurs victimes et errent au hasard, jusqu'à ce que la faim se fasse de nouveau sentir. Dans ce cas, elles cherchent un nouvel animal pour satisfaire leur besoin.

L'espèce de ce genre la plus commune aux environs de Paris et dans toute la France, est le *lepte automnal*, ainsi nommé à cause de l'époque de l'année où elle abonde. Elle n'a pas plus d'une demi-ligne de long, et son corps est d'une belle couleur rouge. Ce petit animal se tient sur les plantes peu élevées, et de là s'attache aux habits ; ensuite il s'insinue dans la peau, à la racine des poils, où il occasionne de très-vives démangeaisons ; et, pour qu'on ne puisse pas l'atteindre facilement, il a presque toujours soin de se mettre dans les endroits du corps qui sont serrés, comme sous la jarretière, sous la ceinture, etc. Le meilleur moyen de faire cesser les démangeaisons qu'il détermine, est de se laver avec de l'eau aiguisée avec un peu de vinaigre. Le lepte automnal est très-commun ; dans les campagnes des environs de Paris, on l'appelle *rouget* ; dans la Brie, on l'appelle *aoutin* ; dans la Charente, *vendangeron*, etc.

MYRIAPOLOGIE

OU

HISTOIRE NATURELLE DES MYRIAPODES.

L'homme, quand il aperçoit quelque chose d'extraordinaire, est porté à l'exagérer encore, pour en donner aux autres une plus grande idée. C'est ainsi, que voyant des animaux articulés, pourvus d'un plus grand nombre de pattes que la plupart des autres espèces analogues, il leur a donné le nom de *myriapodes*, de *chilopodes*, de *mille pieds*, etc. ; expressions qui, prises à la lettre, induiraient en erreur celui qui ne serait pas prévenu de l'hyperbole, mais qui, tout exagérées qu'elles sont, ont l'avantage de faire connaître le principal caractère de ces êtres singuliers, qui consiste à avoir les côtés du corps garnis d'une série de membres articulés, dont le nombre est au moins de vingt-quatre et peut aller au-delà de cent.

Si donc la vitesse de la locomotion était proportionnée au nombre des organes qui en sont chargés, les *myriapodes* seraient sans aucun doute les plus agiles de tous les animaux ; mais il s'en faut de beaucoup qu'il en soit ainsi ; et les articulés dont nous parlons, bien loin d'être tous remarquables par leur agilité, ont ordinairement les mouvements lents et embarrassés, et semblent plutôt ramper que marcher. Il n'y a que les espèces où le nombre des pieds est moins considérable qui aient la locomotion facile. A la rigueur, le nombre des pattes suffirait pour caractériser les animaux dont nous parlons, parmi tous les autres articulés ; mais, pour mieux faire connaître leur organisation, nous ajouterons à ce caractère plusieurs autres particularités. Leur corps est allongé ou du moins ovale, constamment dépourvu d'ailes et souvent terminé en arrière par deux appendices en forme de queue, qui ne sont autre chose que deux pattes un peu différentes des autres ; leur tronc n'est jamais divisible en thorax et en abdomen, tous les segments du corps étant absolument semblables , excepté les antérieurs qui composent la tête. Celle-ci présente constamment deux antennes de longueur variable , des yeux dont le nombre et la forme varient selon les espèces, et peuvent même manquer quelquefois; enfin, la bouche qui est composée de deux mandibules biarticulées (formées de deux pièces dont la dernière est mobile sur la précédente), d'une lèvre ou languette munie de palpes et de deux paires de petits pieds qui peuvent servir à la marche ou à la manducation.

Les *myriapodes* sont de tous les animaux de leur embranchement ceux où les anneaux sont les plus marqués et les plus faciles à distinguer ; ces anneaux sont tous à peu-près semblables et presque également visibles sur le dos et sous le ventre ; chacun d'eux supporte une et souvent deux paires de pattes, et présente un stigmate de chaque côté. Cette conformation donne à ces animaux de la ressemblance avec certaines annelides ou même avec de petits serpents , sans que cependant la disposition de leurs téguments permette de les confondre avec des êtres aussi différents par leur organisation intérieure. Certains d'entre eux ont aussi des rapports avec les crustacés de la famille des isopodes, tels que les cloportes ; mais , outre que les *myriapodes* ont les pattes plus nombreuses que ces derniers , on leur trouve de chaque côté du corps les ouvertures des trachées, qui s'opposent à ce qu'ils soient confondus avec eux.

Les animaux articulés de la classe précédente nous ont présenté un phénomène curieux , celui de la *mue* ou changement annuel de peau ; chez les *myriapodes*, ce changement ne se borne plus aux téguments ; il s'étend jusqu'aux parties intérieures ; de sorte que chaque fois qu'ils muent, ils prennent une forme différente de celle qu'ils avaient auparavant. C'est surtout par l'augmentation du nombre des anneaux et des pattes que ces changements se manifestent ; ce ne sont donc plus de simples mues, ce sont de véritables *métamorphoses* , analogues à celles que subissent les insectes. Mais il faut observer que ces transformations ne durent pas toute la vie de l'animal ; il paraît que l'espace de deux ou trois années au plus , lui suffit pour arriver à son état parfait , c'est-à-dire à celui où il n'éprouvera plus de changements de forme ; tandis que chez les espèces où la mue se borne à la peau , ces changements se renouvellent annuellement pendant toute leur vie.

Quant à leurs habitudes , ces articulés sont tous terrestres ; mais ils recherchent les lieux sombres et obscurs , parce que, exposés à l'action de la chaleur et de la lumière, ils périssent en peu de temps par la trop grande sécheresse. Leur nourriture consiste tantôt en insectes, tantôt en débris de matières animales ou végétales en décomposition. Les espèces de cette seconde catégorie, s'enfoncent dans la terre meuble et y creusent dans toutes les directions des galeries pour trouver des aliments. Un des faits les plus curieux de la vie des *myriapodes*, c'est la résistance qu'ils opposent aux causes destructrices : on en a vu des individus vivre sous l'eau pendant deux jours sans respirer ; d'autres, partagés en deux parties, ont conservé le mouvement pendant environ quinze jours. Un autre fait physiologique qui mérite d'être signalé dans la vie de ces animaux, c'est la phosphorescence que nous offre un certain nombre d'entre eux dans quelques circonstances. Il paraît que la lueur qu'ils produisent, naît des organes de la génération ou de ceux qui les environnent.

La classe des *myriapodes* est *très-peu* nombreuse, et ne se composait pour les anciens naturalistes que de deux genres, dont les modernes ont fait deux familles : celle des *chilognathes* et celle des *chilopodes.*

Ire *Famille.* — CHILOGNATHES (pl. XXXII).

Sous le nom de *chilognathes* ou de *iulides*, on réunit un certain nombre d'articulés fort remarquables par leur forme allongée et cylindrique, par leurs antennes filiformes ou en massue, courtes et composées de sept articles seulement, par leur enveloppe généralement cornée et solide, et par le grand nombre d'anneaux qui composent leur corps, et dont la plupart servent de support à deux paires de pattes ; de sorte qu'à longueur égale, ils ont plus de membres qu'aucun autre animal. Mais ces membres, grêles et faibles, bien loin de favoriser leurs mouvements, les rendent au contraire difficiles, en ce que l'animal glissant plutôt qu'il ne marche, se trouve arrêté par la saillie qu'ils font sous le ventre.

La multiplicité des pièces qui forment leur enveloppe extérieure, permet aux *chilognathes* de se rouler en spirale ou en boule ; c'est donc dans cette position qu'on les trouve sous les pierres et dans les trous qu'ils fréquentent habituellement. Ils la prennent aussi, lorsqu'ils se voient attaqués par quelque animal plus fort, dans l'espoir de pouvoir protéger leur tête ; mais c'est une bien faible ressource pour eux : lents dans leurs mouvements, privés d'armes offensives et défensives, autres qu'une liqueur fétide qu'ils répandent dans les moments de danger, par une série de pores qu'ils ont de chaque côté du corps, ils ne peuvent opposer aucune résistance à leurs ennemis ; ils ne pourraient pas même triompher des plus petits animaux. Aussi ne se nourrissent-ils que de substances végétales ou animales en décomposition, et se tiennent-ils continuellement cachés dans leurs retraites, ou s'ils les quittent quelquefois, ce n'est que pour se promener dans des endroits obscurs et humides.

Voici les principaux genres de cette famille :

Les GLOMÉRIDES (*glomeris*) sont faciles à reconnaître à leur corps ovale, crustacé, semblable à celui d'un cloporte, et à la faculté qu'elles ont de se rouler en boule, comme les armadilles.

Le corps de ces animaux, convexe supérieurement et concave en-dessous, est formé par la réunion de douze segments, dont huit seulement portent chacun deux paires de pattes très-courtes ; leur tête, à peine distincte des autres anneaux, porte deux antennes terminées en massue et des yeux disposés en une série linéaire. Tous ces caractères sont, comme on le voit, ceux que nous offrent les cloportes avec lesquels on les confondait autrefois, mais dont il est pourtant facile de les distinguer au nombre de leurs pattes, qui est de trente-deux ou trente-quatre, tandis que les cloportes n'en ont que douze, et aux stigmates qui s'observent sur les côtés de leur corps et qui n'existent jamais chez les crustacés. On trouve les *glomérides* dans les terrains montueux, où ils se cachent sous les pierres, et où on les trouve roulés en boule.

Les principales espèces de ce genre sont la G. *bordée* et la G. *marbrée*, qui sont l'une et l'autre de la taille d'un cloporte ; la première est noire avec le bord postérieur des anneaux jaune ou orangé, et la seconde est d'un brun fauve avec des taches plus claires sur le dos. Elles se trouvent dans toute la France.

Les IULES (*iulus*) (*fig.* 1) ont le corps cylindrique, vermiforme et muni sur les côtés d'un nombre très-considérable de petites pattes (80 et au-delà). Leurs antennes sont les mêmes qu'aux précédents, et leurs yeux sont nombreux et agrégés. Ils offrent de chaque côté du corps une série de pores qui laissent échapper, quand l'animal est poursuivi par quelque ennemi, un liquide de couleur noirâtre et d'une odeur repoussante, qui met quelquefois ce dernier en fuite.

Ces myriapodes fuient la lumière comme les glomérides, et vivent dans les lieux obscurs et en même temps humides, et surtout au milieu des mousses qui croissent aux pieds des arbres. On les trouve aussi quelquefois sous les pierres, roulés en spirale. Leur génération est ovipare ; la femelle pond dans la terre un grand nombre d'œufs, d'où il ne tarde pas à sortir de petits animaux qui n'ont d'abord que six pattes, mais qui à la suite de plusieurs mues successives, en prennent un plus grand nombre et finissent par arriver à leur type normal. La durée de ces changements s'étend, dit-on, à deux années ; ce n'est qu'à cet âge que les *iules* sont en état de se reproduire.

On trouve dans toute la France trois espèces de ce genre ; ce sont l'I. *terrestre*, l'I. *des sables* et l'I. *tacheté*. Le premier a environ un pouce de long, est bleuâtre sur le dos avec du jaune clair ; il se trouve partout, sur les chemins, sur les arbres. L'I. *des sables* est d'un tiers plus grand, et noirâtre avec deux lignes roussâtres tout le long du dos. Il habite les mêmes lieux que le précédent. Enfin l'*iule tacheté* a la même taille que le terrestre, est de couleur jaunâtre avec deux taches rouges sur chaque anneau, qui forment une ligne longitudinale de chaque côté du corps de l'animal. Il est à-peu-près aussi commun que les précédents, dont il se distingue par une forme plus aplatie.

Les POLYDÈMES (*polydesmus*) ressemblent aux iules par leurs antennes en massue, par le nombre de pattes que porte chaque segment, et par leur corps allongé et susceptible de se rouler en spirale ; mais tandis que les anneaux du tronc forment chez ces derniers une ligne droite et continue, ceux des *polydèmes* sont séparés les uns des autres par un étranglement bien marqué, et qui donne à leur corps une forme noueuse, et leur a fait appliquer leur nom qui exprime cette idée (*polydesmos* veut dire beaucoup de nœuds). En outre le tronc de ces derniers est déprimé au lieu d'être arrondi, comme celui des iules ; les pattes, qui sont au moins au nombre de quatre-vingts chez ces derniers, ne dépassent pas soixante-deux dans les autres. Quant aux habitudes, elles n'offrent point de différence dans ces deux genres.

La principale espèce de *polydème* est le P. *aplati*, qui a environ neuf lignes de long. Le mâle a trente paires de pattes et la femelle trente-deux. Il est commun dans toute la France.

Le genre POLYXÈNE (*polyxenus*) ne comprend qu'une seule espèce; petit myriapode qui n'a que douze paires de pieds, placés sur autant de demi-anneaux, et dont le corps se termine par un pinceau blanc en forme de queue. On le trouve dans toute l'Europe, dans les fentes des murs et sous l'écorce des vieux arbres.

IIe *Famille*. — CHILOPODES (pl. XXXII).

Les *chilopodes* ou *scolopendres* ressemblent beaucoup aux iulides par leur forme allongée et leurs pattes nombreuses; mais ils s'en distinguent par leurs anneaux, qui ne soutiennent qu'une paire de pieds chacun, par leurs antennes longues et terminées en pointe et par deux crochets cornés et aigus qui garnissent leur bouche. Ajoutez à cela, que leur corps est déprimé et membraneux plutôt que corné.

Ces caractères, joints à une longueur plus considérable de leurs appendices locomoteurs, leur donnent des habitudes toutes différentes : autant les chilognathes sont lents à la course, autant les *scolopendres* sont agiles; leur vitesse est telle, qu'il est difficile même à l'homme de les attraper, et surtout de les saisir sans en être mordu; aussi n'est-il pas d'insectes qui puissent leur échapper. D'un autre côté, la force de leurs crochets et surtout le venin qu'ils distillent, leur permettent de se défendre avec avantage contre des animaux beaucoup plus gros qu'eux, et de faire leur proie de tous ceux de petite taille ; ils les saisissent avec leurs crochets, et l'effet de leur morsure est si prompt, que leur victime périt sur-le-champ, ce qui est dû au venin subtil que ces organes versent dans la plaie qu'ils ont faite; on prétend même que leur piqûre n'est pas sans danger pour l'homme, du moins celle des grandes espèces; et il est certain que dans les Indes et en Amérique, la plupart des *chilopodes* sont très-redoutés. Ceux que nous avons en France, étant plus petits, sont aussi moins venimeux, et le plus souvent leur morsure n'offre aucun danger.

Cette famille comprend trois petits genres : les *scutigères*, les *lithobies* et les *scolopendres*.

Les SCUTIGÈRES (*scutigera*) ont le dos couvert de huit

plaques cornées, tandis qu'inférieurement ils ont quinze anneaux, à chacun desquels est attachée une paire de pattes. Leurs antennes sont très-longues et *sétacées* (diminuant insensiblement de grosseur), et leurs deux dernières pattes sont beaucoup plus longues que les autres.

Par leur forme et par leur organisation, ces myriapodes font le passage des chilognathes aux chilopodes ; ils ont surtout de grands rapports avec les polydèmes de la famille précédente, dont il est pourtant facile de les distinguer, ainsi que de tous les autres animaux de la même classe, aux boucliers qui recouvrent leur dos, et qui leur ont fait donner leur nom qui signifie *porte-bouclier*.

On connaît environ quatre espèces de ce genre. Nous en avons une en France qui vit dans les appartements, sous les poutres et dans le bois pourri ; on l'appelle communément *scolopendre à vingt-huit pattes*. Elle est d'un jaune roussâtre avec trois bandes longitudinales brunes sur le dos ; sa taille est d'environ vingt lignes. Durant le jour elle se tient immobile dans sa retraite, tandis que la nuit elle se fait remarquer par l'agilité de sa course. Elle se nourrit d'insectes pour lesquels sa blessure paraît venimeuse, tant ils périssent vite, après avoir été percés par les crochets de ses mandibules. C'est probablement à cause de la rapidité avec laquelle a lieu la mort de ces petits animaux, autant qu'à l'agilité et à la brusquerie de ses mouvements, qu'il faut attribuer l'effroi qu'inspire le *scutigère* ; effroi qui du reste est sans fondement, car sa morsure est sans aucun danger pour l'homme.

Les LITHOBIES (*lithobius*) ont un caractère extérieur fort remarquable ; c'est la forme des anneaux de leur tronc, qui supérieurement sont alternativement plus longs et plus courts. Quoique cette particularité pût, à la rigueur, suffire pour empêcher de confondre ces articulés avec les autres de la même famille, nous y ajouterons que leurs pattes sont au nombre de trente, et que leurs mandibules sont dures et cornées, comme celles des scolopendres.

Le nom de *lithobie*, qui veut dire *vivant sous les pierres*, indique un des principaux traits des habitudes de ces myriapodes. On les trouve dans toute l'Europe, dans tous les endroits obscurs et humides, se cachant sous les pierres, dans les mousses et parmi les feuilles mortes. Leur nourriture est la même que celle des scutigères ; et, comme ils font périr les insectes de la même manière, ils partagent avec ces derniers la réprobation dont ils sont l'objet.

Nous n'en avons en France qu'une seule espèce, qui se trouve aussi dans presque toute l'Europe, qui a environ un pouce de long, et qui est d'un roux ferrugineux ou noirâtre.

Les SCOLOPENDRES (*scolopendra*) (*fig.* 2) ont au moins vingt paires de pattes, et les anneaux semblables sur le dos et sous le ventre.

Ce sont, de tous les myriapodes qu'on évite, ceux qu'on redoute le plus, soit parce que leur taille est plus considérable ou leurs mouvements plus agiles, soit parce que leur venin est plus violent et plus actif. Et il faut convenir que la forme de leurs mandibules, qui ressemblent à des tenailles aiguës et qu'ils dirigent de tous côtés avec une rapidité qui rappelle celle du serpent, sont bien faits pour inspirer de l'éloignement pour un animal qui jouit, de temps immémorial, d'une réputation suspecte, quoique certainement on ait exagéré le danger de sa morsure. On peut ajouter d'ailleurs, pour justifier l'effroi que les *scolopendres* inspirent, que, semblables aux serpents par leurs habitudes comme par leur forme, elles fuient la lumière et se cachent dans les lieux humides. Du reste, il ne paraît pas qu'elles fassent périr de gros animaux.

On divise ce genre en deux sous-genres.

1° Les SCOLOPENDRES énormes qui ont quarante-deux pattes, huit yeux bien distincts et dix-sept articles aux antennes.

Nous en avons une espèce en France qui a de six à sept pouces de long, c'est la *scolopendre commune*; la S. *d'Amérique* ou *mordante* est à-peu-près de la même taille; mais, comme elle habite un climat plus chaud, elle est plus dangereuse.

2° Les GÉOPHILES (*geophilus*) ont plus de quarante-deux pattes, et leurs antennes n'ont que quatorze articles; leur corps est aussi proportionnellement plus long et plus étroit, et leurs yeux peu distincts. On en rencontre deux espèces aux environs de Paris, le *géophile électrique* et le *géophile maxillaire*, qu'on rencontre jusque dans l'enceinte de la capitale.

ENTOMOLOGIE

ou

HISTOIRE NATURELLE DES INSECTES.

Le mot *insecte* (formé du latin *intersectus*, entrecoupé) pris dans sa plus grande extension, devrait s'appliquer à tous les animaux articulés, dont le corps présente en effet ces entrecoupures et ces anneaux alternatifs, qui leur avaient fait donner ce nom. Mais indépendamment de l'inconvénient qu'il y aurait à réunir dans une même classe des animaux aussi nombreux, leur organisation intérieure présente des différences assez tranchées, pour autoriser leur séparation ; aussi les naturalistes les plus distingués, s'accordent-ils aujourd'hui généralement à ne regarder comme *insectes* que les animaux articulés, à respiration trachéenne, pourvus d'antennes et de trois paires de membres articulés, et sujets à des métamorphoses.

Malgré la réduction que cette définition opère dans le nombre des *insectes*, dont elle sépare les annélides, les crustacés, les arachnides et les myriapodes, cette classe n'en reste pas moins la plus considérable de la zoologie. Elle forme encore une science si vaste, que la vie de l'homme ne suffit pas pour l'embrasser dans toute son étendue ; mais du moins elle ne renferme que des animaux tout-à-fait semblables par leurs formes extérieures et par leur organisation interne. Leur corps se compose toujours de quatre parties distinctes : la *tête*, sur laquelle se trouvent la bouche, les yeux et les antennes ; le *thorax*, qui sert de support aux membres ; l'*abdomen*, qui contient les organes de la nutrition ; et les *membres*, qui se divisent en pattes au nombre de six, et en ailes, qui cependant n'existent pas toujours. La *tête* peut être regardée comme le premier anneau du corps de l'insecte ; anneau dont l'ouverture antérieure est occupée par les organes buccaux, tandis que la postérieure établit la communication entre cette partie du corps et la cavité du thorax.

Quoique les anatomistes soient parvenus, en décomposant les organes qui forment la *bouche* de tous les insectes, à y découvrir toujours les mêmes éléments essentiels, cette partie n'en présente pas moins deux modifications principales faciles à saisir. Dans les uns, en effet, la bouche est destinée à *broyer*, et se compose de six pièces : deux médianes appelées *lèvres*, et distinguées en lèvre supérieure ou *labre* et en lèvre inférieure, et quatre latérales, dont les supérieures nommées *mandibules* et les inférieures *mâchoires*. Ces dernières, de même que la lèvre inférieure, supportent deux et quelquefois quatre appendices articulés auxquels on donne le nom de *palpes*. Dans les autres insectes, ces organes sont tellement modifiés, que leur bouche se trouve transformée en une véritable *trompe*, uniquement propre à sucer les humeurs des plantes ou des animaux sur lesquels ils se fixent.

Les *yeux* des insectes sont ordinairement au nombre de deux, comme dans la plupart des autres animaux ; mais ils offrent une différence importante : au lieu d'être unis et lisses, ils se composent de facettes dont le nombre va souvent jusqu'à plusieurs milliers ; certains papillons, par exemple, en ont jusqu'à dix-sept mille. Mais, outre ces yeux qui sont placés un de chaque côté de la tête, beaucoup d'insectes en ont fréquemment deux ou trois autres à surface lisse, disposés en triangle et qu'on nomme *stemmates* ou *ocelles*.

Quant aux *antennes*, elles occupent la partie antérieure, et sont formées d'un nombre plus ou moins considérable d'articles mobiles les uns sur les autres. Du reste, elles varient beaucoup pour la grandeur, et surtout pour leur forme. Certains insectes les ont autant ou plus longues que le corps entier ; chez d'autres elles sont si courtes, qu'on a de la peine à les apercevoir. Sous le rapport de la forme, elles sont *filiformes* ou d'égale grosseur dans toute leur étendue, *sétacées* ou diminuant insensiblement de grosseur depuis leur base jusqu'à leur extrémité ; *claviformes* ou renflées au bout ; *moniliformes* ou formées d'articles globuleux, séparés par des étranglements ; *droites* ou ayant partout la même direction ; *brisées* ou formant un coude, etc.

Le *thorax*, qui vient immédiatement après la tête, et avant l'abdomen, est formé par la réunion de trois segments ou anneaux, dont la grandeur relative varie considérablement selon les espèces, mais qui sont faciles à distinguer, en ce qu'ils supportent chacun une paire de pattes. Les deux postérieurs servent aussi de soutien aux ailes. De ces trois anneaux l'antérieur porte le nom de *prothorax*, le moyen celui de *mésothorax* et le postérieur celui de *métathorax*; quelquefois l'arceau supérieur d'un de ces anneaux prend plus de développement que celui des autres et forme ce que l'on appelle *corselet* de l'insecte.

L'*abdomen*, qui forme la dernière partie du tronc, renferme les organes de la digestion et se compose de neuf à dix segments, sur chacun desquels on trouve un stigmate. Du reste, cette partie présente les modifications les plus remarquables dans sa forme, sa grosseur, etc.; il offre souvent à sa partie postérieure une espèce d'étui, dans lequel est logé un dard ou aiguillon, tantôt plein, tantôt creusé d'un canal, dont l'insecte se sert pour piquer ses ennemis ou pour déposer ses œufs.

Les *membres* des *insectes* sont ordinairement de deux sortes, les pattes et les ailes. Les pattes sont toujours au nombre de six, comme nous l'avons dit, et sont constamment attachées au thorax; elles se composent chacune de cinq parties qui s'articulent entre elles par ginglyme ou en charnière; la *hanche*, qui s'articule avec le tronc; le *trochanter*, qui souvent est très-peu développé et difficile à distinguer; la *cuisse*, qui est ordinairement la partie du membre la plus longue et surtout la plus robuste; la *jambe*, qui est presque aussi longue que la précédente; et le *tarse*, qui à son tour est formé d'un nombre variable d'*articles* (d'un à cinq) terminés en pince, en griffe, en crochet, en nageoire, etc., selon leur destination.

Les *ailes* manquent chez un petit nombre d'insectes, appelés à cause de cela *aptères*; mais la plupart en ont deux ou quatre. Dans ce dernier cas, les deux paires sont toutes membraneuses comme une gaze et d'égale consistance, ou bien l'une est membraneuse et l'autre est dure et coriace; quand il en est ainsi, ces ailes dures, qu'on nomme *élytres*, sont comme des étuis, destinés à protéger les ailes véritables, et ne servent nullement au vol. Quelquefois l'aile, sans être aussi fine qu'une gaze, n'a pourtant pas la consistance de la corne; elle prend alors le nom de *pseudélytre* (sauterelle); d'autrefois sa consistance est coriace à la base et membraneuse à l'extrémité (punaise des bois); l'aile porte dans ce dernier cas le nom d'*hémélytre*. Quelle que soit la consistance de l'aile, elle a pour base un certain nombre de tubes, appelés *nervures* ou *veines*, dont la cavité communique avec l'intérieur du thorax. Les intervalles que les nervures et les veines laissent entr'elles est occupé par une membrane plus ou moins épaisse, mais toujours imperméable à l'air.

Dans les insectes, la fonction de relation est aussi développée que dans les animaux du premier embranchement; leur *vue* est surtout excellente, et quoique leurs yeux ne soient pas mobiles, la multiplicité des facettes dont se compose leur cornée, leur permet d'apercevoir avec facilité tous les objets qui sont autour d'eux; ils ont aussi *l'odorat* très-fin, mais l'on n'est pas d'accord sur le siége de ce sens, car certains physiologistes pensent qu'il réside dans les antennes, tandis que d'autres, à l'exemple du professeur Duméril, le placent à l'orifice des trachées. L'*ouïe* existe pareillement, comme le prouvent les divers bruits au moyen desquels les insectes s'avertissent mutuellement de leur présence: mais le siége en est encore plus incertain que celui de l'odorat. Cependant beaucoup de physiologistes croient qu'il a pour organe un petit appareil placé dans une fossette, à la base des antennes. Le *goût* réside dans la bouche, et spécialement dans la languette ou dans les palpes, ainsi que le pensent plusieurs entomologistes, et le *toucher* a son siége dans les antennes et dans les tarses.

La *motilité* de ces animaux est pour le moins aussi développée que leur sensibilité; ils ont toutes sortes de mouvements: la reptation, la marche, le vol et la nage.

Nous avons vu que la bouche des insectes offre deux modifications principales, selon qu'ils sont *broyeurs* ou *suceurs*. Les premiers se nourrissent généralement de matières solides, végétales ou animales, dont ils hâtent ainsi la décomposition. Les autres pompent les différents sucs des plantes et quelquefois les liquides animaux, et vivent pour la plupart en parasites. Dans les deux cas, la longueur du canal intestinal est proportionnée au genre de nourriture de l'insecte: court, si elle est animale, long, si elle est végétale. Il faut cependant observer qu'en général les espèces phytophages ont trois estomacs, un *jabot* membraneux, un *gésier* musculeux, souvent garni de pièces dures à l'intérieur et un *ventricule chylifique* qui fait suite au précédent, et qui correspond au duodénum des animaux supérieurs. Dans tous l'intestin se divise en deux parties, le *cæcum* et le *rectum*, d'où le chyle va immédiatement se mêler au sang, sans y être porté par des vaisseaux chylifères. Leur *foie* consiste en un certain nombre de vaisseaux borgnes et terminés en cul-de-sac; aucun n'a de pancréas, de rate, ni de reins ; et les espèces suceuses sont les seules qui possèdent des glandes salivaires.

La *circulation* n'existe pas chez les insectes qui n'ont ni artères ni veines ; cependant on leur trouve sous le dos un *vaisseau* dit *dorsal*, dans lequel un liquide semble se mouvoir, et qui paraît faire l'office d'un *cœur* ; mais les mouvements de ce liquide sont si obscurs et si peu déterminés, qu'il est difficile d'expliquer par quel mécanisme il se meut.

La *respiration* de ces animaux est trachéenne, comme celle des myriapodes, et de même que chez ces derniers, elle a pour organe des canaux qui, prenant naissance sur les côtes du tronc de l'animal par des ouvertures appelées *stigmates*, se répandent dans toutes les parties du corps. Chaque *trachée*, à peu de distance de son origine, produit deux branches qui vont se réunir à deux branches correspondantes des deux trachées voisines ; de sorte qu'il règne de chaque côté du tronc un canal aérien, qui donne naissance à toutes les autres trachées. Celles-ci sont de deux sortes ; les unes *tubulaires*, ont pour base un filet cartilagineux roulé en spirale et placé entre deux membranes celluleuses ; les autres *vésiculaires*, ne diffèrent des précédentes, que parce qu'elles n'ont pas de filet élastique entre les deux membranes.

Mais le fait le plus curieux de l'histoire des insectes est leur *reproduction*. Ils sont tous ovipares et pondent une énorme quantité d'œufs, dont l'incubation se fait par la seule influence des éléments ; mais le petit qui en est le résultat, n'a presque jamais en naissant la forme qu'ont ses père et mère ; il ne parvient à cette dernière que graduellement et par des changements successifs qu'on nomme *métamorphoses*. Ces métamorphoses sont au nombre de trois : l'insecte est d'abord *larve* ou *chenille* ; il a une forme allongée, assez semblable à celle d'un ver, tantôt sans pattes, tantôt pourvus de pieds ; dans cet état qui dure assez long-temps, l'animal est toujours mobile et consomme beaucoup de nourriture. Il devient ensuite *nymphe* ou *chrysalide* ; il a alors la forme de l'animal parfait ; mais les diverses parties de son corps sont contractées et recouvertes par une membrane plus ou moins solide, qui lui donne l'aspect d'une momie emmaillotée ; il est par conséquent généralement dépourvu de toute mobilité. Cet état, pendant lequel l'insecte ne prend jamais de nourriture, dure moins que le précédent et se termine par un dernier changement, à la suite duquel l'animal a pris la forme qu'il doit conserver jusqu'à sa mort. Il est alors *insecte parfait* ; mais il ne vit que peu de temps sous cette forme ; son existence se borne souvent à quelques heures, et ne dépasse que rarement quelques jours : il en profite pour faire sa ponte, et pour préparer à sa postérité un endroit convenable à son développement.

Quelques espèces n'éprouvent pas des changements aussi complets. La larve et la nymphe ne diffèrent de l'insecte parfait qu'à raison des ailes ; les autres organes extérieurs sont identiques ; ce sont les insectes à *demi-métamorphoses* ou à *métamorphoses incomplètes* ; il en est même quelques-uns chez lesquels les changements se bornent à de simples mues, semblables à celles des arachnides et des myriapodes.

D'après ce court exposé de l'organisation des insectes, on voit que ces animaux l'ont assez compliquée ; aussi leur connaissance forme-t-elle une des parties les plus intéressantes de l'histoire naturelle. Leurs habitudes sont si variées, si singulières, leur instinct si développé, leurs ouvrages si merveilleux, qu'on a voulu connaître toutes les particularités de leur existence ; mais malgré le zèle que les naturalistes ont apporté dans l'étude de cette classe d'animaux, malgré les progrès immenses de l'entomologie, on fait tous les jours, même dans nos contrées, des observations nouvelles sur leurs mœurs, des découvertes sur leur organisation, et l'on trouve de temps en temps des espèces inconnues.

L'étendue de la classe des *insectes*, dont le nombre surpasse celui de tous les autres animaux réunis, a exigé que les naturalistes fissent une étude approfondie de toutes les parties de leur corps, pour les partager avec méthode en ordres, familles, tribus, genres, etc. C'est principalement sur l'absence ou la présence des ailes, sur la nature et le nombre de ces organes, sur la conformation des parties de la bouche, sur la forme des palpes et des antennes, sur le nombre et la disposition des articles du tarse, etc., qu'on a basé leur division.

D'après ces considérations on a partagé la classe entière en quatre sections ou sous-classes.

Les uns manquent d'ailes et sont dits *aptères* ; ils forment trois ordres. Les *thysanoures* qui ont la bouche broyeuse, qui ne sont pas sujets à des métamorphoses, et dont l'abdomen se termine par deux ou trois filets plus ou moins longs (*lépismes et podures*) ; les *parasites* qui ont la bouche variable, ne subissent pas de métamorphoses, ont les six pattes égales et n'ont pas de filets abdominaux (*pou et ricin*) ; et les *siphonaptères*

qui ont la bouche en suçoir, les deux pattes postérieures beaucoup plus fortes que celles de devant, les métamorphoses complètes, et qui manquent de filets abdominaux (*puce*).

Tous les autres insectes sont ailés ; mais les uns n'ont que
deux ailes, tandis que les autres en ont quatre. Les premiers
forment trois ordres : les *rhipiptères* qui ont la bouche formée
de mandibules et de mâchoires, mais extrêmement grêles et
impropres à la mastication, qui sont sujets à des métamorphoses, et dont les ailes plissées et placées sur le métathorax sont
précédés de deux paires d'appendices attachés, la première au
prothorax, la seconde au mésothorax (*stylops* et *xénos*) ; les
diptères qui ont la bouche en suçoir, les métamorphoses complètes et les ailes attachées au mésothorax, précédés de deux
appendices nommés balanciers et suivis de deux autres appelés
cuillerons (*cousin, mouche,* etc.) ; et les *homaloptères* qui ont
le corps coriace, la bouche composée de mandibules et de mâchoires allongées, les métamorphoses complètes et les ailes
unies et sans cuillerons.

Les insectes à quatre ailes ont tantôt quatre ailes membraneuses, et tantôt deux élytres, hémélytres ou pseudélytres et
deux ailes ordinaires. Ces derniers forment trois ordres, celui
des *coléoptères* qui ont la bouche organisée pour la mastication, les métamorphoses complètes et les ailes inférieures plissées seulement en travers (le *hanneton,* le *cerf-volant,* la *bête
à bon-dieu,* etc.) ; celui des *orthoptères* qui sont également
broyeurs, mais dont les métamorphoses sont incomplètes et
dont les ailes sont plissées en long ou dans les deux sens (le
grillon, la *sauterelle,* etc.) ; et celui des *hémiptères* qui ont la
bouche conformée en suçoir et les métamorphoses incomplètes
(la *punaise,* le *puceron*).

Ceux des insectes qui ont quatre ailes toutes de consistance
membraneuse, constituent également trois ordres : celui des
névroptères qui ont des mandibules et des mâchoires ordinairement très-imparfaites, et les ailes d'à-peu-près égale longueur
et réticulées (les *demoiselles*); celui des *hyménoptères* qui
ont la bouche formée de deux mandibules et d'une trompe,
dont les métamorphoses sont complètes, dont les ailes inférieures sont plus petites que les supérieures et simplement
veinées, et dont l'abdomen se termine, chez les femelles, par
un aiguillon ou par une tarière (les *abeilles,* les *guêpes*) ; et
celui des *lépidoptères* dont la bouche est une trompe roulée en
spirale, dont les métamorphoses sont complètes et dont les ailes

sont couvertes de petites écailles et comme poudreuses (les *papillons*, les *teignes*).

La classe des *insectes* se compose donc des douze ordres suivants : les *thysanoures*, les *parasites*, les *siphonaptères*, les *coléoptères*, les *orthoptères*, les *hémiptères*, les *névroptères*, les *hyménoptères*, les *lépidoptères*, les *rhipiptères*, les *diptères* et les *homaloptères*.

Ire *Sous-classe*. — APTÈRES.

Le groupe des *aptères* se compose de tous les insectes sans ailes, et, quoique peu nombreux, il comprend des espèces assez différentes par leur organisation et par leurs mœurs.

La plupart d'entre eux vivent en parasites sur le corps d'autres animaux, dont les humeurs servent à les nourrir et dont les téguments les garantissent des intempéries de l'air. Cependant un petit nombre d'espèces se tiennent à terre, se cachent sous les pierres, le bois pourri, et viennent jusque dans l'intérieur de nos appartements chercher un asile dans nos armoires.

Cette section renferme trois ordres : les *thysanoures*, les *parasites*, et les *siphonaptères* ou *suceurs*.

Ier *Ordre*. — THYSANOURES (pl. XXXII).

Cet ordre est le seul de la section des aptères qui ne renferme que des insectes vivant à terre ; ceux des deux autres sont tous parasites. Ils sont faciles à distinguer à leur bouche garnie de mandibules et de mâchoires, à leur abdomen séparé du thorax par un étranglement, et surtout aux soies ou filets qui terminent leur tronc en arrière, caractère qui leur a fait donner le nom de *thysanoures* ou de *séticaudes*, qui veut dire *queue à filets* ou *à soies*.

Ce sont des insectes à corps mou, allongé, muni postérieurement de fausses pattes, couvert de petites écailles fines et minces, qui donnent à leur corps un éclat argenté, mais qui tombent facilement dès qu'on touche l'animal. Leurs mouvements à terre sont toujours agiles, soit qu'ils marchent au moyen de leurs pattes, soit qu'ils sautent en s'aidant de leurs filets abdominaux.

Les *thysanoures* présentent une particularité remarquable, c'est qu'ils ne meurent pas pendant l'hiver ; ils conservent même leur activité pendant toute cette saison, qui paraît être celle de leur reproduction. Il n'est pas rare d'en rencontrer, lorsque le temps est beau, sautant et courant aux pieds des arbres et même sur la neige : ce qui prouve qu'ils ne se nourrissent pas seulement d'insectes, mais qu'ils vivent aussi de bois et de débris de végétaux. Les métamorphoses de ces insectes sont nulles, et se bornent à de simples changements de peau.

Nous avons en France des espèces de deux genres de cette famille : les *lépismes* et les *podures.*

Les LÉPISMES (*lepisma*) sont de petits insectes, très-communs et connus de tout le monde ; on les rencontre, dans tous les temps, courant sur les châssis des fenêtres, et se cachant, dès qu'on les approche, dans les fentes des armoires, dans les boiseries et dans tous les endroits où ils trouvent un peu d'humidité. Ils se font remarquer par la vivacité de leurs mouvements, par les trois filets droits qui terminent leur queue, par la longueur de leurs antennes et par leur belle couleur argentée, qui est due à leurs petites écailles : on les prendrait d'autant plus facilement pour de très-petits poissons, qu'à cet éclat métallique, ils joignent une forme allongée et des mouvements si uniformes, que leur progression ressemble autant à la nage d'un animal aquatique, qu'à la marche d'un insecte terrestre.

Nous en avons une espèce très-commune dans nos appartements, c'est le *lépisme du sucre* ou la *lingère*, qu'on a ainsi nommée parce qu'on la trouve communément dans les armoires à linge, et dans les buffets où l'on tient le sucre. Elle est d'un blanc nacré ou argenté, et n'a pas plus de trois à quatre lignes de long ; elle a été importée d'Amérique, où elle est très-abondante dans les plantations de cannes à sucre.

Les PODURES (*podura*) (*fig.* 3) ressemblent aux précédents par leur forme allongée, par leur peau molle garnie d'écailles, ainsi que par les filets qui terminent leur abdomen. Mais outre que ces filets ne sont qu'au nombre de deux, l'animal les tient toujours reployés sous le ventre lorsqu'il est en repos, et s'en sert comme d'un ressort pour s'élever à une hauteur considérable pour sa taille. Ces filets lui servent par conséquent d'appendices locomoteurs, et c'est à cette particularité qu'ils doivent leur nom de *podure*, qui veut dire *queue-pattes.*

Ce sont de très-petits insectes qui n'ont pas plus d'une ligne de longueur, qu'on rencontre tantôt sur les arbres, tantôt dans les eaux, tantôt sur les bords des chemins, où ils forment par

leur réunion de petits tas semblables à de la poudre à canon.
Au moindre danger qui les menace, à la moindre crainte qui
les agite, ils se séparent promptement, et, déployant subitement leur queue, ils s'élancent en sautillant vers quelque retraite voisine.

Nous avons en France sept ou huit espèces de ce genre,
entre autres la *podure verte*, la *podure noire* et la *podure aquatique*.

II° Ordre. — PARASITES (pl. XXXII).

Le nom de *parasites* indique la principale habitude de ces
insectes, qui vivent sur le corps d'autres animaux, dont ils
sucent le sang, quoiqu'en aient dit certains naturalistes, qui
ont prétendu qu'ils n'attaquaient que leurs plumes ou leurs
poils. Tout se réunit au contraire pour prouver que c'est de
leur substance même qu'ils se nourrissent : les démangeaisons
qu'ils causent, les plaies qu'ils font sur le corps, la promopti-
tude avec laquelle ils s'éloignent des cadavres, et enfin le sang
qu'on a trouvé dans l'estomac de ceux qu'on a ouverts. D'ailleurs l'organisation de leur bouche est on ne peut plus propre
à cet usage ; les uns ont des mâchoires armées de crochets pour
s'attacher à la peau de leur victime, avec un suçoir au milieu
pour pomper le liquide ; les autres n'ont que ce dernier organe,
qui ne saurait leur servir pour couper et ronger des matières
dures, telles que les poils.

Tous ces insectes sont faciles à distinguer des précédents par
l'absence de ces poils abdominaux que ceux-ci nous ont offert,
ainsi que par la différence de leurs habitudes. De plus, ils ont
les antennes courtes, les six pattes égales et l'abdomen peu distinct du corselet.

Cet ordre ne renferme que deux genres, comme celui des thysanoures ; ce sont les *poux* et les *ricins*.

Il est peu de personnes qui n'aient eu l'occasion de voir les
POUX (*pediculus*) (*fig.* 4), tant ces hôtes incommodes sont
multipliés et communs ! Et cependant on connaît peu l'organisation de ces insectes et les instruments dont ils se servent
pour nous tourmenter. Leur corps est plat, presque transparent et muni de six pattes, terminées chacune par un ongle
très-fort ou par deux crochets dirigées l'un vers l'autre ; de
sorte qu'ils s'attachent aux poils et aux cheveux avec une

force extraordinaire pour de si petits animaux. Leur tête toute courte qu'elle est, supporte deux antennes mobiles et composées de cinq articles, et présente à sa partie inférieure le suçoir à l'aide duquel ils pompent le sang, après avoir percé la peau de l'animal.

On connaît généralement les habitudes de ces êtres désagréables, et qu'on regarde comme dégoûtants, moins à cause de leur conformation, que de la malpropreté qu'ils annoncent dans celui sur qui on les voit. Mais ce que tout le monde ne connaît pas, c'est le goût que certains peuples d'Afrique ont pour la chair des *poux*, qu'ils mangent avec délices ; ce qu'on sait peut-être encore moins, c'est la rapidité avec laquelle ces insectes peuvent se multiplier : on a calculé qu'un seul individu de ce genre pouvait produire en deux mois dix-huit mille petits ; fécondité prodigieuse qui explique comment, dans certains cas, ils ont pu déterminer dans l'homme une maladie quelquefois mortelle (la *phthiriase* ou *maladie pédiculaire*). Leurs œufs, qu'on appelle *lentes*, s'attachent aux cheveux, aux poils des habits, au linge, etc., au moyen d'un enduit visqueux qui les recouvre, et ne tardent pas à produire un petit animal, qui est lui-même en état d'engendrer dix-huit jours après sa naissance.

L'homme nourrit sur son corps deux espèces principales de ce genre : *le pou du linge* qui est blanc, et le *pou de la tête*, qui est noirâtre ; ils ont l'abdomen entier, tandis que le *pou du pubis* (*morpion*) l'a échancré en arrière. La plupart des mammifères en nourrissent chacun une ou plusieurs espèces particulières.

Les RICINS (*ricinus*) (*fig.* 5) sont pour les oiseaux ce que les poux sont pour les quadrupèdes, des parasites incommodes et rongeurs qui vivent à leurs dépens. Leur forme extérieure et leurs habitudes ressemblent tellement à celles de ces derniers, que les anciens naturalistes les réunissaient en un seul genre, et que le peuple le désigne encore par un seul et même nom.

Ces deux sortes d'insectes sont pourtant faciles à distinguer à la forme de leur bouche qui, dans les poux, consiste en un suçoir simple, tandis que dans les *ricins*, elle présente en outre deux mandibules en forme de crochets. D'ailleurs la tête des *ricins* est proportionnellement plus grande et surtout plus large que celle des poux. Du reste ils s'attachent aux plumes, comme les précédents aux poils, par les crochets de leurs pattes, et sucent le sang de leurs victimes de la même manière. Mais on remarque que les *ricins* sont très-agiles et qu'ils marchent avec vitesse, surtout lorsqu'on cherche à les prendre, ou qu'ils fuient le cadavre de l'animal sur lequel ils vivaient.

On compte presque autant d'espèces de *ricins* que d'espèces d'oiseaux; les plus communes sont le *ricin de la mouette*, le *ricin du bruant*, le *ricin de la poule*, etc. Le chien est le seul mammifère sur lequel on ait observé une espèce de ce genre.

IIIe *Ordre*. — SIPHONAPTÈRES (pl. XXXII).

Cette famille ne se compose que d'un seul genre les PUCES (*pulex*) (*fig.* 6), qui ont pour bouche un suçoir recouvert de deux écailles à sa base; caractère qui suffit pour les distinguer des thysanoures et des parasites. Elles en diffèrent d'ailleurs par la longueur de leurs pattes de derrière, qui servent à ces animaux à exécuter leurs bonds extraordinaires, par le défaut d'appendices abdominaux et par les véritables métamorphoses qu'elles subissent, comme les insectes ailés.

Si les *puces* n'étaient pas aussi incommodes, on ne pourrait s'empêcher d'admirer l'élégance de leurs formes, la souplesse de leurs membres et surtout l'étendue de leurs sauts. Elles bondissent, en égard à leur taille, cent fois plus haut que l'homme le plus leste et le plus souple; mais leurs habitudes sont trop désagréables pour qu'on fasse attention à leur beauté. Vivant sur le corps d'un grand nombre de quadrupèdes, elles leur causent des démangeaisons pénibles, souvent de très-vives douleurs, surtout lorsqu'elles s'introduisent entre cuir et chair, ou qu'elles pénètrent dans quelque ouverture naturelle, comme celle de l'oreille. Elles font d'autant plus de mal, qu'elles y déposent quelquefois leurs œufs, et les larves qui s'y développent étant très-vives et agiles, produisent des douleurs insupportables, qui auraient une terminaison funeste, si on ne parvenait à les extraire. Ces larves, après avoir vécu dans cet état pendant environ douze jours, se forment une espèce de cocon où elles passent le même espace de temps, avant de devenir insectes parfaits.

On compte plusieurs espèces de ce genre; la principale est la *puce commune*, si connue de tout le monde, et dont la larve vit parmi les ordures et jusque sous les ongles des personnes malpropres. La *puce pénétrante* ou *chique* est une autre espèce très-analogue, fort répandue dans l'Amérique-Méridionale, et qui

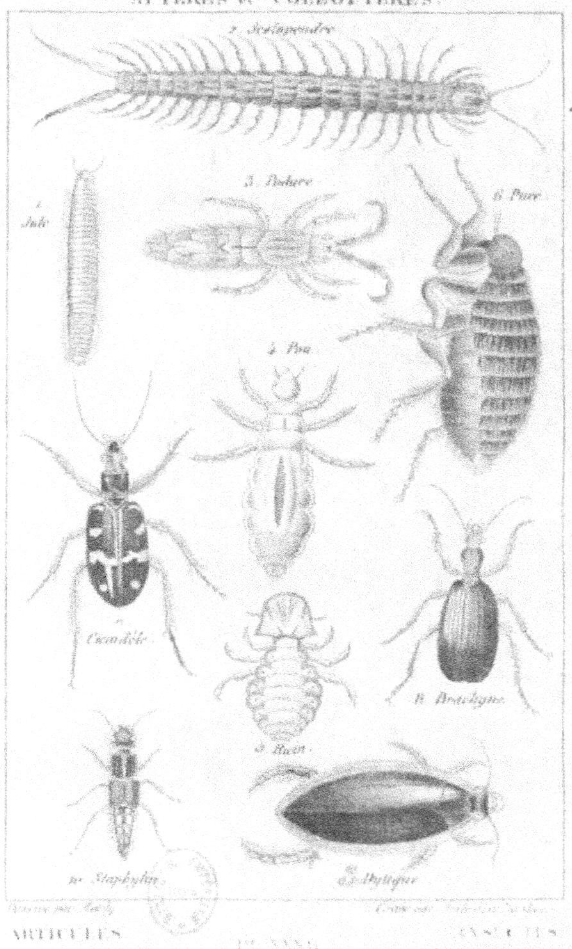
2. Scolopendre
1. Iule
3. Pidure
6. Puce
4. Pou
Cicindèle
5. Brachyne
9. Buen
10. Staphylin
6. Dytique
Dessiné par Redté
Gravé par
ARTICULÉS
PL. XXXII
INSECTES

s'introduisant sous l'ongle des pieds et sous la peau du talon,
y acquiert promptement le volume d'un gros pois, par le développement de ses œufs qu'elle porte sous son ventre. Elle
détermine alors les plus graves accidents et quelquefois même
la mort, si on n'a le soin et l'adresse de l'extraire, avant qu'elle
ait fait sa ponte. Il paraît que la plupart des mammifères et
des oiseaux nourrissent des espèces particulières de ces insectes
incommodes. On connaît celles de la *taupe*, du *chat*, du *bœuf*,
etc.

IIe Sous-classe. — ÉLYTROPTÈRES.

Sous ce nom, nous comprenons tous les insectes dont les
ailes antérieures ou supérieures sont plus consistantes que les
postérieures, qui seules peuvent être utiles au vol, les premières n'étant propres qu'à servir d'étui ou de gaine aux deux
autres. Du reste, ce caractère n'est pas parfaitement tranché,
attendu qu'il existe dans cette sous-classe des espèces qui sont
aptères, et qui ne peuvent être reconnues que par la nature de
leurs métamorphoses, et surtout par la disposition de leurs
appendices buccaux.

Cette sous-classe se compose, comme nous l'avons déjà dit,
de trois ordres : les *coléoptères*, les *orthoptères* et les *hémiptères*.

IVe Ordre. — COLÉOPTÈRES.

L'ordre des *coléoptères* comprend tous les insectes à quatre
ailes, dont les antérieures (les *élytres*) sont de nature cornée,
se joignent au bord interne par une ligne droite, et servent d'é-
tui ou de gaine aux postérieures qui sont légères, transparentes
et repliées en travers dans l'état de repos.

D'après cette définition, il serait toujours facile de distinguer
ces insectes, s'ils avaient tous des ailes; mais il en est un certain
nombre qui sont dépourvus de ces sortes d'organes, et qu'il faut
pouvoir distinguer par un autre caractère. Or, ce caractère, on
le trouve dans la conformation de leur bouche, dont les mâchoires sont toujours libres, et non enfermées dans une galète
ou disposées en suçoir. Leur bouche est par conséquent complètement organisée pour le broiement de substances solides,
et formée d'un labre, de deux mandibules, de deux mâchoires

à palpes distincts et articulés, et d'une lèvre inférieure aussi garnie de palpes articulés.

A ces deux caractères essentiels, on doit ajouter que les *coléoptères* ont la tête munie de deux antennes ordinairement composées de onze articles, et de deux yeux à facettes et sans stemmates ou ocelles. Leur lèvre inférieure est divisée en deux parties; l'une supérieure, qui porte les deux palpes labiaux et qui prend le nom de *languette*; et l'autre inférieure, qui sert de support à la précédente, et qu'on désigne sous le nom de *menton*. Leurs mandibules sont le plus souvent de consistance écailleuse ou cornée; leurs palpes maxillaires n'ont jamais plus de quatre articles, et ceux de la languette n'en ont ordinairement que deux. Leur thorax, formé de trois segments comme celui de tous les autres insectes, a l'antérieur plus développé que les deux autres, seul visible à l'extérieur et formant ce qu'on appelle ordinairement le *corselet*. Les deux autres sont entièrement cachés sous les élytres, à l'exception quelquefois d'une portion de celui du milieu qui sert de soutien aux élytres, et dont la partie apparente entre la base des deux étuis, porte le nom d'*écusson*. Leur abdomen est composé de six à sept anneaux plus mous en dessus qu'en dessous; du reste, il ne présente rien de particulier, si ce n'est qu'il est attaché au thorax par toute sa longueur, au lieu de ne lui être uni que par un pédicule ou étranglement, comme cela s'observe dans beaucoup d'insectes. Leurs pattes offrent, dans le nombre des articles de leurs tarses, un caractère dont on a tiré un bon parti pour la division et la subdivision des *coléoptères*; ce nombre est invariable, non-seulement dans les mêmes espèces et les mêmes genres, mais encore dans les genres analogues par leurs habitudes. Les élytres ne manquent presque jamais; mais les ailes membraneuses avortent très-fréquemment.

Les métamorphoses des insectes de l'ordre dont nous parlons sont complètes. Leur larve, que les jardiniers appellent communément *ver-blanc*, est vermiforme et presque toujours pourvue de six pattes; elle est très-agile et très-vorace, et vit généralement long-temps et le plus souvent dans la terre. Elle offre par conséquent des habitudes intéressantes; ensuite elle se forme ordinairement une coque, dans laquelle elle demeure complétement immobile pendant un temps variable, pour passer enfin à l'état d'insecte parfait.

On divise les coléoptères, d'après la considération de leurs tarses, en quatre sous-ordres: les uns ont cinq articles à tous leurs tarses, ce sont les C. *pentamères* ; les autres en ont cinq aux quatre tarses de devant, et quatre seulement aux deux postérieurs, ce sont les C. *hétéromères* : ceux du troisième sous-ordre sont dits C. *tétramères*, parce qu'ils n'ont que quatre articles à chaque tarse ; enfin le quatrième est celui des C. *trimères*, qui n'ont aux tarses que trois articles ou moins.

Ier *Sous-Ordre.* — COLÉOPTÈRES PENTAMÈRES.

Ce sous-ordre est le plus nombreux, et comprend six grandes familles que l'on distingue au nombre de leurs palpes, à la forme de leurs antennes et de leurs élytres, etc. Ces familles sont les *carnassiers*, les *brachélytres*, les *serricornes*, les *clavicornes*, les *palpicornes* et les *lamellicornes*.

Ire *Famille.* — CARNASSIERS (pl. XXXII).

Ces coléoptères ont deux caractères distinctifs bien tranchés dans le nombre de leurs palpes qui est de six, deux à la lèvre inférieure et deux à chaque mâchoire ; et dans la longueur de leur *trochanter*, qui égale, dans les pattes de derrière, le tiers de celle des cuisses. Leurs antennes sétacées, filiformes ou moniliformes, sont constamment composées de onze articles et placées devant des yeux qui sont généralement gros ; leurs élytres recouvrent entièrement l'abdomen.

Tous ces insectes, ainsi que leur nom l'indique, se nourrissent de proie vivante, à l'état de larve et d'insecte parfait, et sont d'une adresse et d'une agilité remarquables pour s'en rendre maîtres. Les dents cornées dont leurs mandibules sont garnies leur forment des armes puissantes, à l'aide desquelles ils terrassent et dévorent la plupart des autres insectes, et souvent même des animaux plus considérables. Leurs larves ne sont ni moins agiles, ni moins carnassières que l'insecte parfait ; leur bouche offre à-peu-près les mêmes organes que celle de ce dernier, et n'est pas moins puissamment armée.

Il y a, parmi les *carnassiers*, des espèces terrestres et des espèces aquatiques. Les premières se reconnaissent à leurs mandibules fortes et entièrement découvertes, ainsi qu'à leurs tarses arrondis et propres à la marche ; elles se rapportent à deux tribus, celle des *cicindélètes* et celle des *carabiques*. Les autres ont les tarses aplatis en nageoires et sont appelés *hydrocanthares*.

Iʳᵉ *Tribu.* — Cicindelètes (*fig.* 7).

Cette tribu se distingue de celle des carabiques, en ce qu'elle a, à l'extrémité de ses mâchoires, un crochet mobile et articulé et les palpes de la lèvre inférieure plus gros ou plus longs que ceux des mâchoires. Leur tête est aussi généralement plus large que leur prothorax, leurs yeux sont plus gros et plus saillants qu'aux autres carnassiers, et leurs mandibules arquées sont armées en-dedans de dents fortes et aiguës.

Ces insectes forment un groupe nombreux de carnassiers terrestres, très-agiles à la course et au vol, gracieux dans leurs formes et généralement recherchés à cause de leur beauté et de l'éclat de leurs couleurs. On les trouve dans les contrées sèches et sablonneuses, et principalement du côté du Midi, où ils ont les couleurs plus vives et brillent souvent d'un éclat métallique. Dans nos contrées, ils sont plus communs au printemps et en automne que pendant les fortes chaleurs de l'été ; et cependant les espèces en sont plus répandues dans les contrées méridionales que dans les régions tempérées. Leurs larves sont très-curieuses par les moyens industrieux qu'elles emploient pour tromper leur proie. Elles se pratiquent avec leurs mandibules et leurs pattes, un trou auquel elles donnent jusqu'à dix-huit pouces de profondeur, et dans lequel elles introduisent toute la partie postérieure de leur corps jusqu'à la tête, qui leur sert à en fermer l'entrée. Blotties dans cette retraite, elles attendent l'arrivée de quelque insecte. Dès qu'elles ont pu en saisir un, elles se laissent tomber au fond de leur demeure, où elles dévorent leur victime à leur aise ; elles usent du même stratagème, lorsqu'elles se voient menacées de quelque danger.

Cette tribu renferme plusieurs genres dont les principaux sont les *manticores*, espèces étrangères et méridionales, remarquables par la grosseur de leur tête, et les *cicindèles*, qui ont la tête de moyenne grandeur, et dont nous avons quatre espèces en France ; la C. *champêtre*, la C. *hybride*, la C. *des bois* et la C. *germanique*.

IIᵉ *Tribu.* — Carabiques.

Cette tribu est excessivement nombreuse, et comprend tous les carnassiers terrestres dont les mâchoires sont terminées en pointe ou en crochet immobile, et dont les palpes labiaux sont aussi courts et aussi grêles que les maxillaires.

Ces coléoptères passent sous les pierres presque tout le temps de leur vie à l'état parfait et sortent de leur retraite plutôt la nuit que le jour : aussi n'offrent-ils jamais ces couleurs éclatantes que l'on admire dans la plupart des cicindélètes ; leurs teintes sont généralement noires et presque toujours obscures. Bien moins agiles que ces dernières, et le plus souvent privés de la faculté de voler, ils se tiennent tous à terre, à l'exception d'un petit nombre d'espèces, auxquelles l'acuité de leurs griffes permet de grimper aux arbres, pour y dévorer les chenilles qui ne peuvent se mouvoir.

Tandis que les cicindélètes ne fréquentent que les endroits secs et exposés au soleil, les *carabiques*, au contraire, recherchent de préférence les lieux humides, les prairies inondées, et se cachent sous les pierres, les troncs d'arbres, etc., où on les trouve le plus souvent réunis en troupe. La plupart d'entre eux répandent, lorsqu'ils se voient pris, une liqueur âcre, dont l'odeur est assez pénétrante pour repousser leurs ennemis. Ils tiennent cette liqueur en réserve dans leur jabot, d'où ils peuvent la faire remonter dans leur bouche ; c'est pour cela que le célèbre entomologiste Geoffroy a présumé que les anciens les avaient désignés sous le nom de *buprestes*, insectes qu'ils regardaient comme un poison très-dangereux, particulièrement pour les bœufs. Mais l'innocuité, ou du moins le peu d'énergie de la liqueur que produisent les carabiques, ne permet pas de croire que ces derniers soient les buprestes des anciens ; il est plus probable que ce nom s'appliquait à quelques coléoptères de la famille des trachélides et du groupe des cantharides.

Cette tribu pourrait, à cause de son étendue, former une immense famille renfermant plusieurs milliers d'espèces, que l'on rapporte à différents genres, dont les principaux sont les *brachynes*, les *anthies*, les *dromies*, les *lébies*, les *scarites*, les *féronies*, les *harpales*, les *carabes*, les *elaphres* et les *bembidies*.

Les BRACHYNES (*brachynus*) (*fig.* 8) se distinguent de tous les autres carabiques, en ce qu'ils ont les élytres tronquées ou fortement sinuées en arrière, de manière à laisser à nu la partie postérieure de l'abdomen ; de plus, leurs jambes antérieures offrent une échancrure placée à leur extrémité, tandis que dans les autres espèces de la même tribu, elle est située vers le milieu. Du reste, ces insectes de petite taille n'ont rien de bien remarquable dans la forme de leur corps, excepté qu'ils ont le corselet beaucoup plus étroit que l'abdomen, qui est très-gros et destiné à contenir un appareil sécréteur, dont le produit est pour eux un moyen de défense. Ils sont curieux par la faculté qu'ils ont de faire entendre, quand ils sont inquiétés, une détonation assez forte, et de lancer à leurs ennemis une vapeur caustique, qui rougit d'abord et noircit ensuite la peau exposée à son action ; mais ils n'emploient cette ressource qu'à la dernière extrémité, et lorsqu'ils se voient sur le point d'être pris. Tant qu'ils conservent l'espoir d'échapper par la fuite à l'ennemi qui les poursuit, ils courent de toute la force de leurs jambes vers une retraite propre à les protéger ; ce n'est que lorsque ce moyen ne peut plus les garantir, qu'ils font une première décharge de leur liqueur vaporeuse ; si elle ne suffit pas pour éloigner leur persécuteur, ils ont recours à une seconde, à une troisième, et ainsi de suite jusqu'à dix ou douze. Mais à mesure que leurs décharges se multiplient, la liqueur perd de sa force et diminue en quantité, de sorte qu'aux dernières l'animal ne rend plus qu'une substance liquide, qui n'a plus de propriétés nuisibles et ne produit aucun effet sur ses ennemis. Cette propriété singulière a valu à ces insectes le nom vulgaire de *canonniers*.

Nous avons en France plusieurs espèces de ce genre ; les principales sont le *brachyne pétard*, le *brachyne pistolet* et le *brachyne bombarde*, qui sont tous communs aux environs de Paris.

Les ANTHIES (*anthia*), sans avoir les élytres aussi tronqués que le genre précédent, ont cependant une portion de leur abdomen à découvert : leur tête et leur corselet sont plus étroits que leur abdomen ; leur prothorax est en forme de cœur : leurs tarses sont simples, et ils manquent constamment d'ailes membraneuses.

Quoique ces insectes soient privés de la faculté de voler, on peut les regarder comme les plus redoutables de tous les carnassiers. Leur taille au-dessus de la moyenne, leurs formes robustes, leurs mandibules saillantes et généralement plus grandes que dans les autres espèces de la même famille, leurs pattes fortes, et enfin leurs mouvements agiles ; tout contribue à leur donner l'avantage sur les autres coléoptères, soit pour atteindre leur proie, soit pour la terrasser. Mais s'ils l'emportent sous ce rapport, sur leurs autres congénères, ils le cèdent à la plupart de ces derniers, lorsqu'on examine l'élégance des formes ou la vivacité des couleurs. Les *anthies* ont tous des teintes noires ou d'un brun foncé, à l'exception de quelques espèces, chez lesquelles l'uniformité de cette nuance est détruite par quelques taches blanches. Aussi ces insectes fuient-ils la lumière ; ils se cachent tout le jour sous les pierres ou les troncs d'arbres, et ne sortent de leur retraite que la nuit pour se mettre à la poursuite de leur proie. On les trouve en Afrique et aux Indes dans les lieux sablonneux et arides.

On divise ce genre en deux sous-genres : les AXINES, qui ont les palpes élargis au bout, tel que l'A. *à six gouttes*, et les GRAPHIPTÈRES, qui ont les palpes d'égale grosseur partout comme le G. *à scie.*

Les DROMIES (*dromias*) sont de petits insectes de forme allongée, dont les élytres sont écourtées comme aux brachynes, dont le corselet en forme de cœur et tronqué en arrière, est plus long que large ou tout au plus aussi large que long, et dont la tête est rétrécie postérieurement de manière à être séparée du prothorax par une espèce d'étranglement en forme de cou.

Ce sont des insectes de très-petite taille, à corps plat et dont les couleurs sont noires ou ternes et peu variées, ce qui indique qu'ils fuient la lumière et se tiennent le plus ordinairement cachés : c'est en effet sous les écorces des vieux arbres qu'ils s'établissent de préférence, parce que c'est là qu'ils trouvent en abondance les petites larves dont ils font leur nourriture, et que leur corps déprimé leur permet de s'y introduire avec facilité. Quelques espèces plus agiles ou plus hardies que les autres, grimpent sur les tiges des plantes et vont attraper dans leurs corolles les insectes qui y vivent en grand nombre, aux dépens des sucs mielleux qu'elles produisent.

La plupart des *dromies* sont Européens et abondent dans toutes les contrées de cette partie du monde, sans en excepter celles du Nord, cependant ils ne lui sont pas exclusivement propres ; on en trouve quelques espèces en Afrique, en Amérique et dans les Indes-Orientales.

Ces insectes se divisent en deux sous-genres : les *démétries* et les *dromies propres.* Les premiers ont les trois premiers articles des tarses triangulaires et le quatrième bifide. Tel est le D. *à tête noire,* qui n'a que deux lignes et demie de long et qui est d'un jaune ferrugineux avec la tête noire.

Les DROMIES ont tous les articles des tarses entiers ; ils sont plus nombreux que les précédents. On les trouve sous les écorces et sous les pierres : on en prend un grand nombre en sécouant sur un drap les fagots qui ont séjourné quelque temps dans les bois. Les plus communs sont le D. *à quatre taches*, le D. *à tête noire*, le D. *agile*, etc.

Les LEBIES (*lebia*) ont la tête unie au corselet par toute sa longueur ; ce dernier est plus large que long et présente en arrière à sa partie moyenne, une dent ou lobe qui les rend très-faciles à reconnaître parmi tous les autres carnassiers, qui ont comme eux les élytres tronquées ou sinueuses à leur extrémité. Sous le rapport de la forme et de la taille, elles diffèrent fort peu des dromies; leur corps, dont la longueur dépasse rarement deux lignes et demie, est aplati et conformé de manière à permettre à l'insecte de se glisser aisément sous l'écorce des arbres, ou sous des pierres qui puissent les mettre à l'abri de leurs ennemis, et d'atteindre la proie qui y cherche un asile. Cependant elles n'y restent pas toujours cachées; elles en sortent quelquefois pour aller à la recherche des petits animaux dont elles se nourrissent, et de même que les dromies, elles grimpent sur les plantes et vont faire la chasse aux insectes dans le calice des fleurs.

Ces *lebias* ont par conséquent beaucoup de rapports d'organisation et d'habitudes avec les espèces du genre précédent. Mais sans parler des caractères génériques qui les en distinguent et que nous avons exposés, leurs couleurs agréables ou variées seraient suffisantes pour les faire reconnaître. Quant à la patrie de ces petits insectes, elle paraît moins circonscrite que celle des dromies. On en trouve des espèces dans toutes les parties du monde et sous toutes les latitudes.

Les principales espèces que nous avons en France sont la L. *à tête bleue*, la L. *chevalier rouge* et la L. *hémorrhoïdale*. La première a environ trois lignes, est bleuâtre partout excepté sur le prothorax qui est d'un rouge ferrugineux, et se trouve en grand nombre en automne sous l'écorce des saules. Le *chevalier rouge* est un peu plus petit ; il est presque tout rouge, hors la tête qui est noire : il se trouve sous les pierres et sur les tiges des graminées, mais il est très-rare. Quant à la L. *hémorrhoïdale*, elle est encore plus petite que le chevalier rouge ; sa tête, son thorax et ses pattes sont d'un rouge ferrugineux, tandis que ses élytres et sa poitrine sont jaunes. Cette espèce est fort commune au printemps, sur les fougères qui croissent dans les bois.

Les SCARITES (*scarites*) se reconnaissent assez facilement

à la forme de leur corps, dont le corselet est séparé du thorax
par un étranglement ou pédicule, à la conformation de leurs
jambes antérieures, qui sont longues, dentées et propres à
fouir et par leurs palpes terminés par un article cylindrique ou
ovalaire.

Ces insectes, qu'on pourrait nommer *carabiques fouisseurs*, à
cause de leurs habitudes, doivent la faculté qu'ils ont de creuser
la terre, à une organisation analogue à celle que nous remarquons dans certains coléoptères de la famille des lamellicornes;
leurs jambes antérieures, élargies et garnies de dents sur leur
côté externe, donnent à ces parties quelques rapports avec les
pattes de la taupe, et surtout avec celles de l'insecte connu
sous le nom de courtilière. Ils profitent de la disposition de ces
organes pour se creuser en terre des trous, où ils se tiennent
blottis pendant le jour et dont ils ne sortent que la nuit pour
faire la chasse aux autres insectes : il paraît qu'ils détruisent
beaucoup d'individus du genre des mélolonthes (hanneton),
qui descendent le soir des arbres où ils se tiennent tout le jour,
pour déposer leurs œufs à terre. Quand la proie ne se présente
pas à eux, ils vont la chercher sur les plantes sur lesquelles elle
se cache. Il n'est pas rare d'en voir occupés à grimper le long
des tiges des graminées, qui servent de refuge à une grande
quantité d'insectes.

On peut diviser ces insectes en deux sous-genres. 1° Les Scarites propres ont le dernier article des palpes extérieurs cylindrique, les mandibules saillantes et dentelées : tels sont le S.
pyracmon ou *géant*, le S. *terricola* et le S. *des sables*, qu'on
trouve dans le midi de la France. 2° Les Clivines ont le dernier article des palpes extérieurs terminé en pointe, les mandibules courtes et sans dents ; elles sont toutes d'une petite
taille. On trouve aux environs de Paris, la C. *des sables* et la
C. *bossue*.

Le principal caractère des HARPALES (*harpalus*) se tire de
la forme de leurs tarses, dont les quatre antérieurs ont, dans
les mâles, les trois ou quatre premiers articles dilatés en triangle
ou en forme de cœur renversé. Mais comme ce caractère n'est
point propre à distinguer les femelles, il faut ajouter à ce signe
que ces insectes ont les élytres entières et terminées postérieurement en pointe, le corps toujours ailé et plus étroit en avant
qu'en arrière, le labre entier, le corselet carré ou même plus

large que long, la tête peu volumineuse et rétrécie en arrière, une dent dans l'échancrure du menton.

Ces insectes dont les couleurs sont généralement sombres, quelle que soit la latitude où ils vivent, sont plus répandus dans l'ancien continent que dans le nouveau ; l'Europe seule en nourrit plus de cinquante espèces, qui toutes se plaisent dans les lieux sablonneux et exposés au soleil.

Une espèce des plus communes dans toute l'Europe est le *harpale bronzé*, qui est long d'environ quatre lignes et dont le corps est quelquefois bleuâtre, et plus souvent d'un vert bronzé ou cuivreux. Il présente tant de variétés dans ses couleurs qu'on lui donne aussi le nom de H. *protée*. Le *harpale ruficorne*, qui est brun supérieurement avec les antennes, les pattes et le ventre roux, n'est pas moins répandu que le précédent et a un quart de plus de longueur.

Sous le nom de FÉRONIE (*feronia*), qui chez les anciens était celui de la déesse de la mort, les naturalistes désignent un genre nombreux d'insectes à couleurs obscures et peu agréables à la vue. Aussi ces coléoptères sont-ils généralement peu connus, parce que, n'attirant pas l'attention par la beauté de leurs formes, ni par l'éclat de leurs nuances, ils sont restés long-temps inaperçus et confondus dans le genre carabe, qui renfermait naguère encore toute la tribu des carabiques. Ils diffèrent des quatre premiers genres en ce qu'ils ont les élytres entières, et des harpales en ce que leurs mâles n'ont les articles des tarses du mâle dilatés qu'aux deux tarses antérieurs.

Les habitudes de ces carabiques sont peu connues, surtout sous le rapport de leurs métamorphoses. Tout ce qu'on sait de leur histoire, c'est qu'ils se tiennent à terre, sous les pierres et les décombres, et se rencontrent dans les campagnes et dans les sentiers qui sillonnent nos bois. Leurs larves, moins agiles que celles des autres genres de la même tribu, ont la forme d'un ver blanc, court et épais, vivent dans la terre à peu de profondeur, et s'y construisent une coque dans laquelle l'insecte subit son dernier changement.

Nous avons en France plusieurs espèces de ce genre : la *féronie aux yeux blancs*, la *féronie métallique*, etc.

Les ÉLAPHRES (*elaphrus*) diffèrent de tous les carabiques précédents parce qu'ils n'ont pas d'échancrure aux jambes antérieures, et des suivants par l'élargissement de la base de leurs mâchoires et de leurs mandibules, et des poils ou des épines qui garnissent la portion élargie des premières.

Ce sont des insectes de petite taille, et ornés pour la plupart d'assez vives couleurs, qui ressemblent aux cicindèles par leur agilité et par leurs habitudes. Mais, tandis que les premières aiment les endroits secs et bien exposés au soleil, les *élaphres* ne se plaisent que dans les lieux humides et ombragés, le plus souvent dans le voisinage de l'eau. Du reste, ils sont également carnassiers, et se montrent très-acharnés contre les insectes aquatiques, qu'ils poursuivent vivement sur le sable qui borde les eaux.

Toutes les espèces connues de ce genre sont européennes, et la plupart se trouvent en France, aux environs de Paris ; l'*élaphre des rivages*, par exemple.

Les BEMBIDIES (*bembidium*) ressemblent aux élaphres par leur petite taille, ainsi que par la dilatation que les mâles offrent aux deux premiers articles des tarses de devant. Leurs habitudes tiennent également de celles des insectes du dernier genre ; ils fréquentent d'ordinaire les endroits sablonneux et surtout les bords de l'eau, où ils courent avec une agilité remarquable à la poursuite de leur proie. Quand ils ne sont point pressés par quelque besoin urgent, comme celui de pourvoir à leur subsistance ou de chercher un autre individu de leur espèce pour se reproduire, ils se tiennent cachés sous les pierres, souvent même sous celles qui sont recouvertes par l'eau.

Mais, malgré ces nombreux rapports qui unissent les *bembidies* aux élaphres, il sera toujours facile de distinguer les premiers des seconds, comme aussi de tous les autres carabiques, à la forme du dernier article de leurs palpes, qui est toujours très-petit et subulé, tandis que l'avant-dernier ressemble à un cône renversé.

Les principales espèces de ce genre sont le B. *à pieds jaunes*, le B. *brûlé*, le B. *strié*, le B. *des rochers*, le B. *rufipède*, le B. *agile*, qui sont tous très-communs aux environs de Paris et tous de petite taille.

Les TRÉCHUS ressemblent aux bembidies, sous le rapport de l'organisation et des habitudes, et ne s'en distinguent que parce que le dernier article des palpes est plus grand que celui qui le précède ; tel est le T. *rougeâtre*, dont la taille dépasse

rarement une ligne et demie, et qui est extrêmement répandu
aux environs de Paris.

Les CARABES (*carabus*), qui ont donné leur nom à la tribu
dont ils font partie, forment un genre très-étendu, dont toutes
les espèces sont grandes et ornées de couleurs métalliques éclatantes. Leur caractère distinctif se tire du défaut d'échancrure
aux jambes de devant, d'une ou de deux dents à la base des
mandibules, de la division de leur base et de l'absence d'ailes
sous les élytres.

On les trouve toujours dans la terre ou sous les pierres, d'où
ils ne sortent que pendant la nuit pour aller à la recherche des
larves d'autres insectes. Ce sont les plus redoutables de tous les
carnassiers; ils ne se contentent pas de dévorer une immense
quantité d'insectes; on dirait qu'ils prennent plaisir à leur ôter
la vie, sans que le besoin de la faim les presse. On en a vu des
individus, repus de chenilles de toutes espèces, se jeter avec
fureur sur d'autres individus de la leur, que l'état de réplétion où ils se trouvaient, réduisaient à l'impuissance de se défendre, les déchirer et leur arracher un à un leurs organes
intérieurs.

C'est surtout à l'état de larves qu'ils se montrent ainsi voraces; on peut dire que tant qu'il dure, leur vie se passe en
courses ou en combats pour se procurer leur proie, et en précautions pour se mettre, lorsqu'ils sont repus, à l'abri des dangers qui les menacent de la part de leurs ennemis.

Le genre *carabe* a été divisé en plusieurs sous-genres, dont
les principaux sont les *carabes propres* et les *calosomes*. C'est
au premier sous-genre que se rapporte le C. *doré* ou le *jardinier*, qu'on rencontre dans les champs et dans les jardins pendant tout l'été. Au second sous-genre appartiennent le *sicophante* et l'*inquisiteur*, deux espèces très-communes aux environs de Paris.

IIIe *Tribu*. — Hydrocanthares (pl. XXXII).

Cette tribu se distingue aisément des deux précédentes par
la conformation de ses tarses, dont les quatre postérieurs sont
comprimés en forme de rame et propres à la natation, ce qui
rend leurs habitudes presque exclusivement aquatiques. La
dernière paire, très-écartée des deux autres, se porte directement en arrière; celle de devant sert souvent à la préhension;
leurs mandibules sont petites et ordinairement cachées sous la

saillie du labre, les yeux sont très-gros, enfin leur corps est ovale et leur corselet beaucoup plus large que long. Tous ces insectes passent le premier et le dernier état de leur vie dans les eaux douces et paisibles des lacs, des marais et des étangs. Néanmoins ils ne peuvent demeurer long-temps sous l'eau sans remonter à sa surface pour respirer, et la plupart du temps ils s'y tiennent renversés sur leur dos, ayant la partie postérieure de leur corps dans l'atmosphère, afin que l'air puisse s'introduire dans les trachées et aller vivifier leur sang. Si pendant qu'ils nagent ainsi tranquillement, quelque danger vient à les inquiéter, ils se précipitent rapidement au fond de l'eau, emportant sous leurs élytres une bulle d'air, pour respirer pendant qu'ils y resteront. Les larves des *hydrocanthares* sont extrêmement agiles et carnassières ; elles dévorent une grande quantité d'animaux terrestres et aquatiques, et sous ce rapport elles rendent un véritable service à l'agriculture, qu'elles débarrassent d'une multitude de chenilles et de vers incommodes.

Les habitudes entièrement aquatiques de ces insectes ne les empêchent pas de venir de temps en temps à terre ; il paraît même qu'ils sortent de l'eau tous les soirs, pour aller passer la nuit sur le rivage ; c'est aussi sur la terre ferme qu'ils habitent pendant leur état de chrysalide ou de nymphe.

Cette petite tribu renferme deux genres principaux, les *dytiques* et les *gyrins.*

Les DYTIQUES (*dytiscus*) (*fig.* 9), dont le nom signifie *plongeur*, méritent bien cette dénomination par la vitesse avec laquelle ils gagnent le fond de l'eau, soit qu'ils poursuivent une proie fugitive, soit qu'ils cherchent à échapper à un ennemi : l'œil a de la peine à suivre leurs mouvements.

Mais ce n'est pas seulement dans l'eau qu'ils font preuve d'agilité ; sur la terre ils marchent et sautent presque aussi bien que les espèces terrestres, et ils peuvent s'élever dans les airs ; de sorte que ces insectes marchent, sautent, nagent et volent avec la même facilité. Mais ce n'est que la nuit ou à son approche qu'ils osent quitter leur élément favori, pour aller faire un tour à terre, ou pour se transporter dans quelque étang voisin, où ils espèrent trouver une nourriture plus abondante. Ils passent toute leur journée dans l'eau occupés à chercher leur proie.

Les principaux caractères de ce genre, sont des yeux entiers, des antennes filiformes plus longues que la tête, la première paire de pattes plus courte que les suivantes, et la dernière terminée par un tarse comprimé et allant en pointe.

On trouve dans presque toutes les eaux dormantes le D. *bordé* et le D. *très-large.*

Le mot GYRIN (*gyrinus*) est la traduction littérale de celui de *tourniquet*, qu'on donne ordinairement à des insectes fort semblables aux précédents par leurs habitudes et par les principaux traits de leur organisation, mais qui en diffèrent par la brièveté de leurs antennes qui sont un peu claviformes, par leurs premières pattes qui s'avancent en forme de bras et par leurs yeux divisés en deux parties.

Les *gyrins* sont généralement plus petits que les dytiques ; mais ils ne leur cèdent nullement en agilité ; on les voit tourner sans cesse à la surface de l'eau, en décrivant des cercles plus ou moins étendus, ce qui leur a fait donner leur nom : et comme leurs mouvements sont très-rapides et leurs élytres d'un noir de jais éclatant, on les prendrait pour des perles mouvantes, qui produisent les reflets les plus variés par le jeu des rayons lumineux.

Quoique ces insectes se tiennent plus souvent à la surface qu'au sein des eaux, ils sont très-difficiles à prendre parce qu'ils sont très-petits, et surtout parce que, dès qu'ils se voient poursuivis, ils plongent à une grande profondeur et ne reparaissent à l'air que long-temps après, et à une assez grande distance de l'endroit où ils ont plongé.

On trouve dans presque toute l'Europe le *gyrin nageur*, qui n'a guère plus de trois lignes de long ; l'*Amérique* en nourrit aussi plusieurs espèces, les unes plus grandes, les autres plus petites que la nôtre.

IIe *Famille.* — Brachélytres (pl. XXXII).

Comparée à la précédente, cette famille est peu nombreuse ; mais elle est encore très-considérable. On y rapporte les coléoptères pentamères, qui ont le corps allongé, les palpes au nombre de quatre seulement, et dont les élytres très-courtes laissent à découvert le tiers au moins de leur abdomen. Ce dernier forme toujours au-delà de ces étuis solides une saillie considérable, ce qui permet à l'animal de le relever, de le mouvoir en tous sens, et de s'en servir pour faire rentrer ses ailes sous ses élytres. C'est principalement à cette brièveté des élytres qu'on distingue les insectes de cette famille ; mais, pour plus de sûreté, il faut ajouter que leurs antennes sont *monili-formes* ou légèrement renflées à leur extrémité.

Quant aux habitudes des *brachélytres*, elles sont les mêmes que celles des carnassiers : ils se nourrissent principalement de proie ou de charognes ; aussi ont-ils les mandibules fortes, souvent très-saillantes pour déchirer le corps de leurs victimes. De même que les carnassiers, ils sont tous agiles à la course, et plusieurs même volent avec rapidité. La plupart d'entre eux passent leur vie dans les lieux humides, et subissent leurs métamorphoses sous la terre, d'où ils ne sortent que lorsqu'ils sont parvenus à l'état parfait. Tous ces coléoptères ont l'abdomen très-développé ; ce qui est dû en grande partie à la présence d'un appareil sécréteur, qui s'ouvre à son extrémité par deux vésicules que l'animal peut faire sortir et rentrer à son gré, et par lesquelles il lance à ses ennemis une vapeur subtile et fortement odorante pour tâcher de les repousser.

Cette famille renferme plusieurs genres, dont le plus important est celui des STAPHYLINS (*staphylinus*) (*fig.* 10), insectes assez communs dans tous les pays, et remarquables par l'habitude qu'ils ont, lorsqu'on les touche, de redresser leur abdomen et d'en faire sortir, pour éloigner d'eux leurs ennemis, une liqueur qui, en se volatilisant, produit une odeur pénétrante et très-nauséabonde.

On les reconnaît facilement en ce qu'ils ont le labre profondément divisé, et la tête séparée du prothorax par un cou bien distinct. Ces coléoptères sont très-agiles ; ils marchent vite et volent avec rapidité. Ils font par conséquent une grande consommation d'insectes, qu'ils saisissent avec leurs mâchoires et qu'ils déchirent ensuite avec les dents dont ces organes sont armés. On rencontre les *staphylins* partout, sous les écorces d'arbres, dans les fumiers et sur les cadavres ; ils se creusent dans tous ces endroits, avec leurs pattes antérieures, dont les tarses sont larges et robustes, des trous où ils déposent leurs œufs qui sont en très-grand nombre. Les larves qui proviennent de ces œufs passent, sous la terre ou le fumier, le temps de leurs métamorphoses. On trouve fréquemment aux environs de Paris le *staphylin bourdon*, le S. *odorant*, le S. *à mâchoires*, le S. *gris de souris*, le S. *à élytres rouges*, etc.

Les PÉDÈRES (*pœderus*) ont, comme les précédents, la tête

entièrement séparée du corselet ; mais leur labre est entier, leurs palpes maxillaires sont presque aussi longs que la tête et claviformes , leurs antennes sont insérées devant les yeux , et leurs mandibules sont dentelées au côté interne.

La forme générale de ces insectes est à-peu-près la même que chez les staphylins, excepté que leur corps est un peu plus alongé et plus mince, et que leur taille est beaucoup moins considérable ; car les espèces de ce second genre ne dépassent pas ordinairement trois lignes et demeurent fréquemment en-deçà. D'ailleurs leurs habitudes sont différentes : tandis que les insectes du premier genre recherchent les lieux secs et exposés au soleil , les *pédères* se tiennent de préférence dans le voisinage des eaux et aiment à se cacher dans le sable humide , sous les pierres et entre les racines des arbres. Ajoutez à cela que les couleurs de ceux-ci sont assez ordinairement vives et agréables, tandis que celles des straphylins sont presque toujours sombres, uniformes , et le plus souvent noires.

On trouve communément dans les environs de Paris le P. *de rivage* , le P. *littoral* et le P. *étroit*.

Les OMALIES (*omalium*) se distinguent des précédents par leur labre entier, par leurs palpes maxillaires médiocres , et par le défaut d'échancrure au côté interne des jambes antérieures. Leur forme est d'ailleurs toute différente : tandis que les pédères et les staphylins ont le corps long à côtés parallèles ou à-peu-près, les *omalies* l'ont ovale , renflé au milieu et atténué à ses deux extrémités. En outre leur corselet est plus étroit en avant qu'en arrière ; il est aussi plus ou moins transversal , c'est-à-dire plus large que long. Leur tête n'est point séparée du thorax par un étranglement ; leurs élytres sont proportionnellement longues, et recouvrent toujours plus de la moitié de l'abdomen. Ce dernier caractère , joint à la forme de leurs antennes qui sont toujours un peu renflées à son extrémité, donne à certaines espèces du genre, des rapports extérieurs avec les nitidules de la famille des clavicornes. Cette ressemblance s'étend même jusqu'aux habitudes : les *omalies* vivent, comme la plupart des insectes de cette dernière famille, dans les matières organisées en décomposition, et notamment dans les bousses et les champignons gâtés. Un petit nombre seulement, et ce sont les plus petits, se tiennent sur les fleurs, moins peut-être pour en extraire le suc mielleux, que pour y faire la chasse aux petits insectes qui s'y cachent.

Parmi les espèces de ce genre, qui toutes sont de petite taille, nous citerons l'*omalie mélanocéphale* ou à *tête noire*, et l'*omalie ophthalmique*.

IIIᵉ Famille. — SERRICORNES.

Les antennes des *serricornes* sont d'égale grosseur dans toute leur étendue ou se terminent en pointe, et dans la plupart des cas, elles sont plus ou moins dentées en scie ou en peigne, ou même forment l'éventail. Leurs palpes sont d'ailleurs au nombre de quatre, et leurs élytres sont toujours de la longueur du corps entier, ce qui empêche de les confondre avec les carnassiers et les brachélytres. De plus, leur tête est presque constamment engagée jusqu'aux yeux, dans une échancrure du prothorax.

Une habitude remarquable que nous offrent la plupart des espèces de cette famille, c'est celle de contrefaire le mort lorsqu'elles se voient surprises par quelque ennemi, et elles sont si adroites dans ce manége singulier, qui du reste est loin de leur appartenir exclusivement, qu'il est extrêmement difficile de les découvrir à terre; les moindres inégalités du sol suffisent pour les rendre presque imperceptibles. Aussi, bien que ces insectes se tiennent habituellement sur les plantes, qui font la base de leur nourriture, ils n'hésitent pas, dès qu'ils se voient découverts dans leur cachette, de se laisser tomber à terre, où ils demeurent dans l'immobilité la plus complète. Dans cet état, il est d'autant plus difficile de les apercevoir, que leurs pattes et leurs antennes étant rapprochées du tronc et cachées dans des rainures particulières, leur corps ressemble plutôt à une masse informe et inerte, qu'à un être doué de la vie.

Cette famille très-nombreuse se divise en trois tribus, celle des *sternoxes*, celle des *mollipennes* et celle des *téredyles*.

Iʳᵉ Tribu. — Sternoxes (pl. XXXIII).

Ces coléoptères ont les élytres grandes et solides, et le corps de consistance ferme, ce qui les distingue de la tribu suivante, dont le corps est mollasse et les étuis faibles et flexibles; mais leur principal caractère, celui qui leur a fait donner le nom de *sternoxe* (*sternum aigu*), se tire de la forme de leur sternum ou portion inférieure de leur premier segment thoracique, qui s'avance en avant jusque sous la bouche et en arrière jusqu'au mésosternum dans lequel il est reçu, et ce double caractère ne permet pas de les confondre avec les espèces des tribus suivantes.

Ce groupe comprend deux genres principaux, les *buprestes* et les *taupins*.

Les BUPRESTES (*buprestis*) (*fig.* 1) n'ont pas les formes élégantes de beaucoup d'insectes; mais il n'en est aucun qui puisse rivaliser avec eux pour l'éclat et la vivacité des couleurs; leurs élytres présentent la fusion la plus admirable de l'or, du cuivre et d'autres métaux éclatants, avec l'azur et l'émeraude des pierres précieuses. Frappé de la beauté de ces nuances, un naturaliste français leur a donné le nom de *richards*, qui convient parfaitement au luxe et à la magnificence de leur parure.

Ces insectes sont très-recherchés dans les collections d'entomologie; mais, quoique assez communs dans nos pays et peu agiles dans leur marche, on a de la peine à s'en procurer, parce que, se tenant continuellement sur des branches d'où ils s'envolent quand on veut les approcher, ils échappent à la main et au filet au moment où l'on croit les tenir; et quand ils se trouvent surpris, ils se laissent tomber à terre et se cachent si bien parmi les feuilles, qu'il est très-souvent impossible de les découvrir. Ce qui les distingue des espèces du second genre, c'est qu'ils ont les yeux oblongs, et la saillie postérieure du prosternum aplatie et impropre à produire le saut. Aussi les *richards* ne sautent-ils jamais, tandis que les suivants s'élancent à terre comme s'ils étaient poussés par un ressort.

Les environs de Paris en nourrissent plusieurs espèces, entre autres le *Bupreste vert* et le B. *à fossettes*.

On a donné aux insectes qui composent le genre TAUPIN (*elater*) le nom vulgaire de *scarabées à ressort*, parce que, lorsqu'ils sont renversés sur le dos, ils ont la faculté de se remettre sur leurs pieds, en se ployant en arc et en se débandant subitement, ce qui imprime à leur corps une impulsion qui le fait sauter en l'air à une hauteur assez considérable, d'où il retombe ordinairement sur son ventre et sur ses pattes. S'ils ne réussissent pas du premier coup dans leur tentative, ils la recommencent une seconde, une troisième fois, et jusqu'à ce qu'ils soient parvenus à leur but. L'appareil qui produit ce phénomène curieux et facile à observer, forme le principal caractère qui distingue les *taupins* des richards; il consiste en deux petites pointes qui terminent leur corselet à ses angles postérieurs et en une saillie que leur sternum fait en arrière. Sous les autres rapports, ces insectes ont le corps rigide, allongé, la tête enfoncée jusqu'aux yeux dans une échancrure du prothorax, les membres et les antennes courtes et susceptibles d'être cachées dans des rainures de la partie inférieure du corps.

On trouve des *taupins* dans toutes les parties du monde; mais les plus beaux paraissent propres à l'Amérique-Méridionale. Ils se tiennent sur les fleurs, les petites plantes, et marchent quelquefois à terre. La plupart d'entre eux répandent la nuit une vive lumière, comme nos vers luisants; ils l'emportent même sur ceux-ci par l'éclat dont ils brillent, puisque l'on peut s'en servir pour s'éclairer en travaillant. Les sauvages, dans leurs voyages nocturnes au milieu des forêts, s'en attachent à leurs pieds pour se diriger dans leurs courses, et les femmes s'en ornent la tête dans leurs promenades du soir.

Nous avons en France le T. *nébuleux*, le T. *bronzé*, le T. *porte-croix*, le T. *gris de souris*, le T. *marron*, etc. Parmi les espèces étrangères, la plus remarquable par son éclat phosphorique est le *cucujo* ou *mouche lumineuse*, qui est assez commun dans l'Amérique du sud.

II° *Tribu.* — Mollipennes (pl. XXXIII).

Ces coléoptères diffèrent de ceux de la tribu précédente, en ce qu'ils n'ont le sternum saillant ni en avant ni en arrière, et en ce que leur corps, au lieu d'être raide et corné comme celui des sternoxes, est d'une consistance médiocre et ressemble plutôt à du parchemin mouillé qu'à de la corne. Du reste, leur corps est allongé, aplati, leurs antennes filiformes et leur tête enfoncée dans le prothorax jusqu'aux yeux, ou du moins recouverte par une saillie de ce dernier.

Quant aux habitudes, les *mollipennes* diffèrent à peine des précédents; ils ne se nourrissent que de matières végétales, se tiennent constamment sur les plantes basses et sont surtout très-communs dans les prairies. La nature de leur enveloppe extérieure, jointe au défaut de toute espèce d'organe protecteur, les livre pour ainsi dire, sans défense, aux attaques de tous les autres animaux; aussi ces insectes ne pouvant opposer à leurs adversaires des armes offensives et défensives, ne cherchent qu'à les tromper par la ruse et à leur échapper par leur adresse et leur constance. Lorsqu'ils se voient pris par leurs ennemis, ils contrefont le mort, et se laissent tirailler dans tous les sens sans donner le moindre signe de vie; ce qui, joint à un liquide coloré qu'ils répandent, dégoûte leurs agresseurs et les oblige à se retirer.

Ce groupe, plus nombreux que le précédent, comprend quatre genres principaux : les *lampyres*, les *mélyres*, les *clairons* et les *vrillettes*.

Les LAMPYRES (*lampyris*) sont connus de tout le monde sous le nom de *vers luisants*. Qui n'a rencontré, en se promenant le soir à la campagne, ces insectes brillants si communs le long des chemins, sous les haies et dans les prairies? Ce sont des *lampyres* femelles, que l'on prendrait presque pour des chenilles, à cause de la mollesse de leur corps, si l'on ne savait que leurs mâles sont entièrement différents, et présentent tous les caractères de la tribu dont nous parlons. Ce qui les distingue des autres genres du même groupe, c'est qu'ils ont les palpes maxillaires renflés à leur extrémité, le corps droit et aplati, le corselet faisant saillie sur la tête, et les mandibules petites et terminées en pointe très-aiguë et unie.

On trouve les *lampyres*, en été, après le coucher du soleil, dans tous les endroits un peu humides, où ils répandent une lumière légèrement verdâtre. Cette lumière devient plus vive quand on les inquiète; mais si on les prend à la main, ils ne jettent plus qu'une faible clarté ou même ne brillent plus. La cause de ce phénomène est peu connue; on sait seulement que l'appareil qui le produit réside dans les derniers anneaux de l'abdomen, et n'agit que par la volonté de l'animal.

Nous diviserons ce genre, qu'on pourrait regarder comme une petite famille, en trois sous-genres principaux.

1° Les LAMPYRES propres se reconnaissent à leurs antennes très-rapprochées à la base, à leur tête sans museau saillant, presque entièrement occupée par les yeux et recouverte en totalité ou en majeure partie par la saillie du prothorax.

Toutes les espèces de ce groupe, les femelles au moins, sinon les mâles et les femelles en même temps, ont le corps phosphorescent; de là le nom de *vers luisants*, de *mouches lumineuses*, de *mouches à feu*, que l'on donne partout à ces insectes, dont tout le corps et surtout l'abdomen est mou et comme ridé inférieurement. Les femelles sont presque toujours aptères et souvent même elles manquent d'élytres. Tel est le L. *splendidule* ou *ver luisant commun* que l'on trouve partout à la

campagne, sur les bords des chemins, le long des haies, etc.
Le L. *noctiluque* n'en diffère guère que par une taille un peu
moindre, et qui ne dépasse pas quatre lignes. Le L. *d'Italie*
ou *lucide* se distingue des deux précédents, en ce que les deux
sexes sont ailés.

2° Les Driles (*drilus*) ont les antennes notablement écartées
à leur base et dentelées à leur côté interne, les yeux médiocres, les palpes maxillaires terminés en pointe et les mandibules garnies d'une dent.

La principale espèce de ce genre est le D. *jaunâtre* ou la *pa-
naché jaune*, insecte commun aux environs de Paris et fort
remarquable par la différence de taille qui existe entre le mâle
qui n'a que trois lignes de long, et la femelle qui en a près de
neuf, et par l'ignorance où l'on a été à l'égard de cette dernière, tandis que le mâle était bien connu depuis long-temps.
La première vit ordinairement dans la coquille du limaçon,
qu'on appelle la *livrée* et dont elle dévore l'animal. Elle y passe
l'hiver à l'état de larve dans un engourdissement profond,
pour se ranimer et se métamorphoser au printemps suivant.

3° Les Téléphores (*telephorus*) ressemblent aux driles par
l'écartement des antennes à leur base; mais outre que ces organes sont simples et sans dentelures à leur bord interne, leurs
palpes ont le dernier article sécuriforme (en forme de hache
ou triangulaire), et les deux sexes sont également pourvus
d'ailes.

On assigne au mot *téléphore* (porté de loin) une singulière
origine. On trouve fréquemment sur les montagnes, au milieu
de la neige, une étendue considérable de terrain couverte de
larves d'une espèce de ce genre (le T. *ardoisé*) qu'on présume
avec raison, y avoir été transportées par quelque coup de vent;
et c'est sur l'observation de ce phénomène que l'entomologiste
Schæffer a donné au genre dont cette espèce fait partie, le nom
de *téléphore*, qui rappelle cette particularité.

Ces insectes, qui sont fort communs en été, sont très-carnassiers : on les trouve souvent occupés à ronger des insectes
qu'ils ont saisis vivants; quelquefois même la femelle, qui est
plus grosse et plus forte que le mâle, se rend maîtresse de celui-
ci et le dévore impitoyablement. Mais il paraît qu'ils peuvent
aussi se nourrir de matières végétales, au rapport d'un observateur : et le fait est d'autant plus probable, que les *téléphores*
ayant le vol et la démarche lourds, seraient souvent réduits à

jeûner, s'ils ne trouvaient dans les végétaux une nourriture plus facile à se procurer.

On trouve aux environs de Paris le T. *ardoisé*, le T. *livide*, le T. *thoracique*, le T. *à queue noire*, le T. *testacé*, etc.

Les MÉLYRES (*melyris*) se distinguent des autres molli-pennes par leur tête inclinée et dont la base est seule recouverte par le corselet, à leurs palpes filiformes et courtes, à leurs antennes en scie ou même pectinées, enfin à leur corps étroit et allongé.

On trouve ces insectes, dont la taille est médiocre ou petite, pendant la plus grande partie du printemps et durant tout l'été sur les fleurs composées et sur les plantes ombellifères. La plupart sont très-agiles à terre, volent avec rapidité et s'élèvent à une assez grande hauteur dans les airs.

On les divise en deux sous-genres principaux.

1° Les MALACHIES (*malachius*) sont, ainsi que leur nom l'indique, de petits coléoptères dont toutes les parties sont très-molles. Ils fourniraient par cela même une nourriture fort délicate aux hirondelles et à tous les animaux insectivores ; cependant les oiseaux ne les recherchent pas, parce que, aussitôt que l'insecte est saisi, il produit au dehors, sur les côtés du corselet et de l'abdomen, des vésicules en forme de croissant, le plus ordinairement colorés et enduits d'une matière odorante et amère, qui fait bientôt perdre au ravisseur tout appétit pour une friandise aussi trompeuse (M. Duméril). Ces vésicules latérales suffisent pour distinguer les *malachies* des deux sous-genres qui suivent. On trouve plusieurs espèces de ce groupe aux environs de Paris. Tels sont le M. *bronzé*, le M. *à deux pustules*, le M. *élégant*, etc.

2° Les DASYTES (*dasytes*) manquent d'appendices vésiculaires à l'abdomen ; leurs antennes sont au moins aussi longues que la tête et le corselet réunis, et leur corps est mou, allongé et souvent linéaire.

Nous avons aux environs de Paris, plusieurs espèces de ce genre qui vivent sur les fleurs, dans les champs : tels sont le D. *bleuâtre*, le D. *noir*, le D. *plombé*, le D. *floral*, etc.

Les CLAIRONS (*clerus*) ont leurs quatre palpes terminés par un article en forme de hache ou de triangle, les mandibules dentées, les antennes en massue et le premier des articles des tarses très-court et caché sous le second, de manière que l'insecte paraît n'en avoir que quatre.

Relativement aux formes ces insectes sont remarquables en ce qu'ils ont la partie antérieure du corps, c'est-à-dire, la tête et le prothorax, rétrécie et moins large que l'abomen; leurs élytres, ordinairement ornées de couleurs agréables et souvent éclatantes, sont allongées et convexes; elles recouvrent entièrement la partie postérieure du corps et servent d'étui à deux ailes membraneuses, dont l'animal fait un fréquent usage. Toutes les parties du corps sont couvertes dans la plupart des espèces d'un duvet fin, qui leur donne un aspect différent de celui des autres insectes de la même tribu. Les habitudes des *clairons* ne sont pas les mêmes sous les trois états: larves, ils sont généralement carnassiers et dévorent une grande quantité de nymphes d'hyménoptères et notamment celles des abeilles. Nymphes, ils se tiennent immobiles dans le lieu même où ils ont passé leur premier âge; adultes, ils se tiennent sur les fleurs et sur le tronc des arbres cariés.

Les principales espèces de ce genre sont le C. *apivore*, qui est bleu avec trois bandes rouges sur les élytres; le C. *formicaire*, qui est noir et rougeâtre avec deux bandes ondées sur les élytres. Ils ont l'un et l'autre environ six ou sept lignes de long, et passent leur état de larves, la première dans les ruches, la seconde dans les fourmilières.

On donne le nom de VRILLETTES (*ptinus*) (*fig. 2*) à de petits insectes qui font dans le bois des trous ronds comme les ferait une vrille. On les distingue à leur corps solide et ovalaire, à leurs mandibules courtes, épaisses et dentées, à leurs antennes filiformes ou sétacées, à leur tête enfoncée sous le prothorax, enfin à leurs couleurs sombres et nocturnes.

Ces mollipennes, qui sont tous de petite taille, sont très-communs au printemps, dans tous les lieux où se trouve du bois, et jusque dans nos appartements. On les voit se promenant le long des boiseries, ou occupés à percer les vieux meubles; ce sont eux qui produisent cette poussière qu'on trouve près des bois vermoulus.

Leurs larves ne sont pas moins nuisibles. Semblables à un petit ver blanc, elles rongent continuellement le bois sec dans lequel elles vivent, et où elles opèrent leurs métamorphoses. C'est à leur état parfait seulement qu'elles quittent leur retraite pour s'occuper du soin de leur reproduction.

Une particularité remarquable dans ces petits animaux, c'est l'opiniâtreté qu'ils montrent, lorsqu'ils se voient pris, à contrefaire le mort. On a beau les remuer et les torturer par l'eau et par le feu, ils ne donnent aucun signe de vie ; mais à peine cesse-t-on de les toucher, on les voit revenir doucement, se remettre sur leurs pieds et s'éloigner, mais avec une lenteur tout-à-fait extraordinaire.

On divise ce genre en deux sous-genres principaux :

1° Les Ptines ont, comme les clairons, la tête et le corselet plus étroits que l'abdomen, et les antennes presque aussi longues que le corps et insérées entre les deux yeux, qui sont saillants ou convexes.

Ils se tiennent pour la plupart dans l'intérieur des maisons, et principalement dans les endroits peu fréquentés, tels que les greniers, parmi le foin et les tas de feuilles sèches. Leurs larves, qui sont cylindriques et un peu velues, se nourrissent d'herbes sèches et d'animaux empaillés, et font beaucoup de tort aux herbiers et aux collections d'objets d'histoire naturelle. Pour se changer en nymphe, elles se fabriquent un cocon d'un tissu fin et soyeux, dans lequel elles s'enfoncent avant leur transformation.

On trouve aux environs de Paris une douzaine d'espèces de ce genre, parmi lesquelles nous citerons le P. *impérial*, le P. *voleur*, etc.

2° Les Vrillettes propres (*anobium*) diffèrent des ptines, en ce qu'ils ont la partie antérieure aussi large que l'abdomen, les antennes plus courtes que le corps et terminées par trois articles plus grands que les autres.

Un des faits les plus curieux de l'histoire des *vrillettes*, c'est le bruit qu'elles font souvent entendre du fond de leur cachette ; bruit analogue aux battements d'une montre, et dont la régularité et surtout la cessation et la reprise périodiques, excitent presque toujours la surprise des personnes, qui, étant seules et tranquilles dans une chambre, ne savent à quoi en attribuer la cause, et lui donnent quelquefois une origine surnaturelle et ridicule. Il paraît que ces insectes le produisent dans le but de s'appeler et de s'attirer réciproquement.

Les principales espèces de ce sous-genre qui se trouvent aux environs de Paris sont : la V. *laineuse*, la V. *opiniâtre*, la V. *de la farine*, etc.

III* *Tribu.* — Térédyles.

Les *térédyles* ou *fimebois* se distinguent des deux tribus qui précèdent, en ce qu'ils ont la tête libre et entièrement dégagée.

Cette tribu ne comprend qu'un seul genre un peu important, c'est celui des LYMÉXYLONS (*lymexylon*), qui ont les antennes simples, presque moniliformes, et les élytres à-peu-près aussi longues que le corselet.

On trouve fréquemment dans le nord de l'Europe, et rarement aux environs de Paris, le *lymexylon naval*, qui est long d'environ six lignes, d'un fauve pâle, avec la tête et la partie extérieure des élytres noires. Sa larve, qui est fort longue et grêle, ressemble beaucoup à une filaire. Elle vit dans les vieux troncs d'arbres, auxquels elle cause de notables dégâts ; elle s'était, il y a quelque temps, tellement multipliée à Toulon, dans les chantiers de la marine, qu'elle y avait causé de grands ravages. Ce ne fut que par une vigilance très-active et par des précautions éclairées, qu'on parvint à se débarrasser en grande partie de cet insecte nuisible.

IV* *Famille.* — CLAVICORNES (pl. XXXIII).

Ces coléoptères ont, comme ceux de la famille précédente, les palpes au nombre de quatre, et les élytres assez longues pour couvrir entièrement ou presque entièrement l'abdomen ; mais ils s'en distinguent, en ce que leurs antennes sont plus longues que les palpes maxillaires, et se terminent par un renflement qui leur donne la forme d'une massue ordinairement solide ; et, quand elle est feuilletée, les lames qui la composent ne sont pas mobiles au gré de l'animal. C'est de cette circonstance qu'ils tirent leur nom formé du latin, *cornu*, antenne et *clava*, massue. Ajoutez à cela que ces insectes ont les formes lourdes et épaisses, et que leur tête est presque constamment cachée sous une saillie du corselet, ou enfoncée jusqu'aux yeux dans une échancrure de cette partie du corps.

La plupart de ces insectes vivent, du moins dans le premier temps de leur existence, de matières animales en putréfaction, et passent leur vie à chercher les cadavres des animaux qui périssent par accident. Sous ce rapport, les *clavicornes* rendent un double service, en détruisant les mauvaises odeurs que produirait leur putréfaction et en hâtant leur décomposition.

Ce genre de vie, joint à l'habitude qu'ils ont de ne chasser que de nuit et de ne fréquenter que les endroits ténébreux, rendait inutiles pour eux ces belles couleurs, que nous ne trouvons que dans les espèces qui vivent au grand jour; c'est pour cela que la plupart des *clavicornes* sont ternes et obscurs comme les objets qui les environnent, et parmi lesquels ils demeurent invisibles aux yeux de leurs ennemis. La plupart d'entre eux ont, comme les vrillettes et les ptines, l'habitude de replier leurs pattes et leurs antennes, et de contrefaire le mort.

Parmi les genres assez nombreux que renferme cette famille, nous ne citerons que les *escarbots*, les *bouclière*, les *nécrophores*, les *nitidules* et les *dermestes*.

Les ESCARBOTS (*hister*) se reconnaissent de prime-abord, en ce que leurs quatre pieds postérieurs sont plus écartés entre eux, à leur origine, que les deux antérieurs, et que leur sternum forme en avant une saillie qui s'avance jusque sur la bouche; caractères qui ne s'observent dans aucun autre genre de la famille.

La forme de ces insectes n'est pas moins caractéristique; leur corps est un carré long supporté par des pattes, dont les jambes sont élargies et armées en dehors de dentelures ou d'épines plus ou moins nombreuses, et recouvert par des élytres raides, qui laissent à découvert les deux derniers segment abdominaux. Quant aux larves, leur corps est presque linéaire, déprimé et mou, à l'exception du premier segment et de la tête, qui sont écailleux: elles n'ont que six pattes courtes, mais articulées.

Les habitudes des *escarbots* ont quelques rapports avec celles des géotrupes et des bousiers. La plupart se nourrissent de matières excrémentielles, de cadavres ou de substances végétales en décomposition, comme le fumier, les vieux champignons, etc. Quelques-uns font leur séjour sous l'écorce des arbres, et ceux-là se reconnaissent à leur corps aplati et déprimé. D'après ce genre de vie, il est facile de concevoir pourquoi ces insectes ont tous des couleurs sombres et uniformes: il n'y a qu'un petit nombre d'espèces étrangères qui brillent d'un éclat métallique.

La principale espèce de ce genre est l'*escarbot unicolor* ou des *cadavres*, qui est très-commun aux environs de Paris. Il a environ quatre lignes et est entièrement noir; il a trois dents

COLÉOPTÈRES.

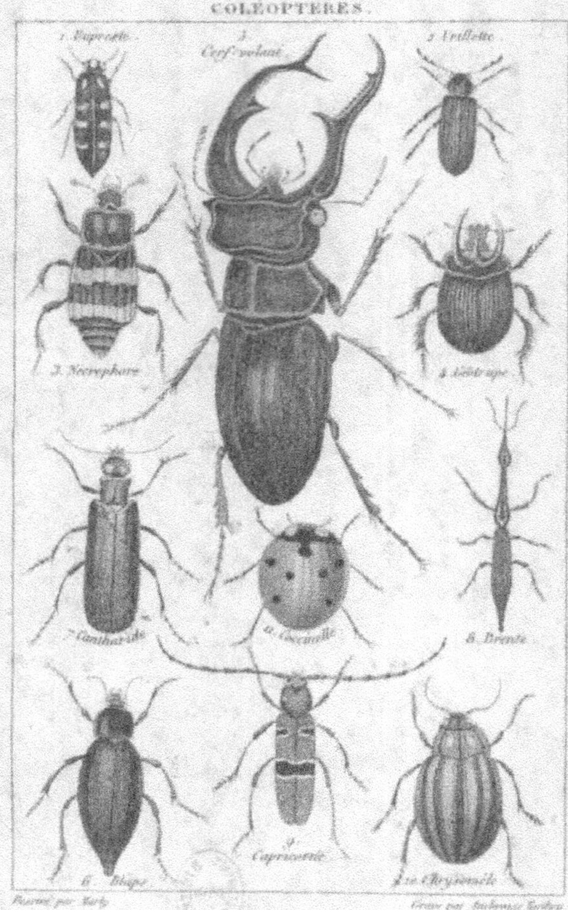
1. Buprestr.
3. Cerf-volant.
2. Vrillette.
3. Necrophore.
4. Hélrophe.
7. Cantharide.
9. Coccinelle.
8. Brente.
6. Blaps.
5. Capricorne.
10. Chrysomèle.
Peint par Turly
Gravé par Aubouze Turlin
ARTICULÉS
Pl. XXXIII.
INSECTES.

lures au côté extérieur des deux premières jambes, et quatre stries longitudinales sur les élytres.

Les BOUCLIERS (*silpha*) diffèrent des précédents, en ce qu'ils ont toutes les pattes également écartées à leur origine; de plus, ils ont le corps ovale, les élytres rebordées extérieurement, cinq articles distincts à tous les tarses, et la tête plus étroite que le corselet.

Ces insectes sont extrêmement répandus partout et surtout dans nos contrées; ils abondent principalement dans les endroits où se trouvent des matières animales en putréfaction. Ils pullulent en très-grand nombre dans les charognes qui pourrissent dans les champs. Aussi tous les *boucliers* répandent-ils une odeur infecte, et la plupart d'entre eux, quand on les touche, laissent couler par la bouche une liqueur noirâtre, que l'on croit être destinée à hâter la décomposition des substances dont ils se nourrissent.

Les espèces les plus communes en France sont le B. *lisse*, le B. *obscur* et le B. *ridicule*; leur taille est d'environ six lignes. Le premier est d'un noir luisant, et ses élytres n'ont point de lignes saillantes; le second est d'un noir obscur; il a sur chaque élytre trois côtes, dont l'intermédiaire est la plus longue; le troisième est semblable au précédent, excepté qu'il a la côte extérieure plus forte que les deux autres et terminée par un tubercule.

Les NÉCROPHORES (*necrophorus*) (*fig.* 3) portent les noms vulgaires de *porte-mort, enterreur*, qui ne sont que la traduction du mot scientifique. On les a ainsi nommés, parce qu'ils ont l'habitude d'enterrer les cadavres des petits quadrupèdes qu'ils rencontrent dans les champs, tels que ceux des taupes, mulots, musaraignes, etc. Dans ce but, ils se réunissent en troupes et se mettent à creuser la terre d'un côté, jusqu'à ce que le cadavre roule dans le petit trou qu'ils ont fait; ils passent ensuite du côté opposé et agissent de même. En creusant ainsi alternativement à droite et à gauche, ils finissent par le couvrir entièrement de terre; après quoi ils font leur ponte dans l'intérieur même du cadavre, afin que leurs petits trouvent, en sortant de l'œuf, un aliment convenable à leur organisation et à leurs besoins.

On reconnaît ces êtres singuliers à leurs antennes terminées en boutons, à leur corps oblong, et à leurs élytres tronquées

et plus courtes que l'abdomen. On les trouve dans le fumier,
sur les matières animales en putréfaction, etc.; aussi ont-ils tous
une très-forte odeur de charogne, qu'ils conservent long-temps
après leur mort, et qu'ils communiquent aux boîtes dans lesquelles on les renferme. Lorsqu'on prend à la main quelqu'un
de ces insectes, il répand, comme les boucliers, une liqueur
noire et puante qu'il emploie, dit-on, pour hâter la décomposition des cadavres dont il veut se nourrir.

On connaît plusieurs espèces de ce genre, entre autres l'enterreur, le croquemort et le N. germanique. Le premier a de
ept à neuf lignes de long, est noir avec deux bandes orangées
sur les élytres, et les trois derniers articles des antennes rouges.
Le second, qui est un peu plus petit, a les antennes entièrement
noires. Le troisième, qui est plus rare, est le plus grand et à
près d'un pouce de long; il a le bord extérieur des élytres fauve,
et une tache rougeâtre sur le front.

Les NITIDULES (*nitidula*) ont pour caractères distinctifs
des mâchoires saillantes au-delà du labre, la massue des antennes formée de trois articles aplatis, et l'un des articles de
leurs tarses tellement petit, qu'ils semblent n'être composés que
de quatre au lieu de cinq.

Le corps de ces insectes se rapproche, par sa forme, de celui des boucliers; il est aplati, rebordé et recouvert par des
élytres tronquées, qui laissent à nu un ou deux des anneaux
de l'abdomen. Leurs habitudes n'ont pas moins de rapports :
les *nitidules*, comme les boucliers et les nécrophores, se rencontrent ordinairement sur les cadavres, où ils passent leurs
trois états de larve, de nymphe et d'insecte parfait. Toutes ne
sont pourtant pas dans ce cas : il en est, et ce sont celles qui
brillent le plus par leurs couleurs; il en est, disons-nous, qui
vivent uniquement sur les fleurs, soit du nectar qu'elles produisent, soit plutôt des insectes qui y établissent leur domicile.
Quelques autres se retirent sous l'écorce des arbres ou dans les
troncs cariés, qu'elles réduisent en poussière à l'aide des mandibules dures et robustes dont leur bouche est armée.

La principale espèce de ce genre est la N. *bronzée*, qui n'a
pas plus d'une ligne de long et qui est d'un vert bronzé, avec
les antennes et les pattes noirâtres ou fauves. Elle est extrêmement commune sur les fleurs, aux environs de Paris.

Le mot DERMESTES (*dermestes*) est formé de deux mots

grecs qui signifient *mange-peau*, et convient parfaitement à ces
insectes, qui vivent tous aux dépens des dépouilles des animaux
qu'on conserve dans les boutiques, les cabinets, etc. Ils sont
surtout célèbres par les dégâts que font leurs larves dans les
collections d'histoire naturelle et dans les magasins de pelleteries ; ils rongent tellement le poil ou les plumes de toutes les
peaux des quadrupèdes et des oiseaux, qu'il n'en reste bientôt
plus que le cuir tout nu. Ils s'introduisent pareillement dans
les garde-manger, les offices, et y dévorent toutes les matières
animales qu'on y conserve. C'est à peine si la surveillance la
plus active peut mettre à l'abri de leur voracité. La petitesse
de leur taille, jointe à la rapidité avec laquelle ils se reproduisent, fait qu'ils ont détruit la plupart des substances qu'on aurait voulu préserver de leurs atteintes, avant de s'être aperçu
des premiers dégâts qu'ils y ont faits.

Mais ce n'est qu'à l'état de larves qu'ils sont aussi nuisibles ;
devenus insectes parfaits, ils vivent trop peu pour causer des
ravages ; ils passent tout le temps que dure leur dernier état,
à chercher un endroit convenable pour déposer leurs œufs.

On reconnaît les *dermestes* à leur petite taille, à la massue
qui termine leurs antennes et qui n'est composée que de trois
articles, à la contractilité de leurs pattes et de leurs antennes,
à la brièveté de leurs mandibules et aux écailles ou aux poils
qui garnissent leur corps. Les espèces en sont assez nombreuses : le D. *du lard*, le D. *souris*, le D. *pelletier* et le D. *destructeur*, sont les principales.

V⁰ *Famille.* — PALPICORNES.

Le principal caractère des insectes de cette famille, se tire
de la forme des palpes maxillaires. Ces organes égalent en longueur les antennes, qui, insérées sur les bords antérieurs de la
tête, sont au contraire courtes et terminées en massue ; ajoutez à ce caractère, que leurs élytres sont entières et recouvrent
complètement l'abdomen, et que leurs tarses sont en général
ciliés et plus ou moins propres à la natation.

Ce dernier caractère doit faire pressentir que les habitudes
de ces coléoptères sont aquatiques ; et telles sont en effet, celles
des hydrophiles, le principal genre de la famille. Cependant
il en est un certain nombre qui n'entrent jamais dans l'eau, et
qui ne fréquentent que les bords des lacs ou des courants,

tandis que d'autres s'en tiennent constamment éloignés et établissent leur séjour au milieu des déjections animales.

Cette différence dans la manière de vivre, a fait diviser les *palpicornes* en trois genres, les *hydrophiles*, les *hélophores* et les *sphéridies*.

Les HYDROPHILES (*hydrophilus*) ont les pattes postérieures propres à la nage et les tarses plus ou moins ciliés, leur dernier article est toujours plus court que les autres réunis, et leurs mâchoires sont entièrement cornées.

Ces coléoptères, de même que ceux de la tribu des hydrocanthares, auxquels ils ressemblent par leur conformation générale, ne se plaisent que dans l'eau ; leur corps, plus léger que ce liquide, se soutient naturellement à sa surface sans aucun effort de la part de l'animal. Les seules circonstances où ils aient besoin de faire agir leurs pattes, c'est lorsqu'ils veulent plonger ou se transporter horizontalement d'un endroit à l'autre. C'est principalement à l'aide des trains postérieurs qu'ils exécutent ces divers mouvements, différents en cela des carnassiers aquatiques, qui se servent simultanément de toutes leurs pattes. Aussi ces derniers sont-ils bien plus agiles qu'eux, ce qui, du reste, s'explique fort bien par la différence d'habitudes et de régime de ces deux sortes d'animaux. Tandis que les hydrocanthares, qui se nourrissent de proie vivante, ont besoin de poursuivre les insectes qui fuient, les *hydrophiles*, dont la nourriture est ordinairement végétale, ont tout le temps nécessaire pour se la procurer sans courir après elle. Ce défaut d'agilité dans les insectes dont nous parlons, leur donne une infériorité marquée sur ceux de la tribu des carnassiers : à taille égale, ils deviennent constamment la proie de ces derniers.

Mais s'ils leur sont inférieurs sous ce rapport, ils les surpassent de beaucoup en industrie. Tandis que les hydrocanthares déposent leurs œufs au hasard, sans chercher à les mettre à l'abri de la voracité de leurs ennemis ni des vicissitudes atmosphériques, les *hydrophiles*, au contraire, mettent un soin particulier à bien placer les leurs. La femelle les enveloppe dans un cocon, et les fixe sous son ventre pour pouvoir les emporter avec elle, jusqu'à ce qu'elle trouve un endroit favorable à leur développement. C'est presque toujours la tige de quelque plante aquatique, afin que, au moment où la larve en sortira, elle tombe dans l'eau, son séjour naturel, où elle doit rester jusqu'au moment de sa transformation en nymphe.

Les principales espèces de ce genre que l'on trouve en France, sont l'H. *brun*, qui a près de deux pouces de long ; l'H. *caraboïde*, qui est plus de moitié moindre ; l'H. *métanocéphale*, dont la taille n'atteint presque jamais trois lignes, et l'H. *fuscipède*, qui est un peu plus grand que le précédent.

Les HÉLOPHORES (*helophorus*) ont un caractère facile à saisir dans la longueur du dernier article de leurs tarses, qui est au moins aussi long que les quatre autres réunis ensemble.

Ces insectes, tous de petite taille, sont peu remarquables par leur nombre ou par leurs couleurs. Leurs habitudes, intermédiaires entre celles des hydrophiles et des sphéridies, sont partie terrestres, partie aquatiques. Quelques-uns vivent dans les eaux stagnantes, mais ils y nagent très-mal et ne peuvent qu'en côtoyer timidement les bords. Ils se trouvent cachés parmi les plantes aquatiques, et plusieurs s'enfoncent jusque vers leurs racines. D'autres se tiennent sur les bords de l'eau et se cachent sous les pierres, comme les élaphres et les tréchus, avec lesquels ils ont des rapports par leur petite taille, par leur forme déprimée et par les stries qui sillonnent leurs élytres et leur prothorax. Cette dernière particularité, jointe à l'habitude qu'ils ont de se tenir presque toujours dans la vase, fait que leur corps est presque constamment couvert de boue ; et c'est à cette circonstance qu'ils doivent leur nom, qui exprime cette idée (ἕλος, porte-fange). Aussi est-il difficile de distinguer les différentes espèces de ce genre sans le masque qui les défigure, et pour y parvenir avec sûreté, il est nécessaire de bien nettoyer leur corps des ordures qui le souillent.

Le reste des habitudes des *hélophores* et surtout leurs métamorphoses et la manière de vivre de leurs larves, sont encore inconnues. On pense qu'ils sont herbivores, à cause de la forme de leurs mandibules qui sont obtuses et plus propres à broyer des matières végétales, qu'à déchirer une proie vivante ou les cadavres des animaux.

Les principales espèces de ce genre sont l'H. *aquatique*, l'H. *nain*, l'H. *plongé* et l'H. *des rivages*. Aucun de ces insectes n'a plus de trois lignes de long, et la plupart n'ont pas plus d'une ligne.

Les SPHÉRIDIES (*sphæridium*) ont comme les hydrophile

le dernier article des tarses plus court que les quatre autres
réunis; mais, outre que ces organes ne sont point ciliés, leurs
palpes maxillaires ont le deuxième article plus gros que les
autres et sont plus courts que les antennes. Ajoutez à cela que
leur corps est hémisphérique, petit et couvert de couleurs
sombres.

Très-peu connus sous le rapport des habitudes et d'ailleurs
peu nombreux, les *sphéridies* semblent se rapprocher davantage des hydrophiles par leur organisation, et des hélophores
par leur genre de vie. Ils vivent plus particulièrement dans la
fiente fraîche des chevaux et des bêtes à cornes, dans laquelle
ils savent se cacher avec une adresse et une agilité remarquables lorsqu'on cherche à les prendre. Dans le milieu du jour et
dans les soirées chaudes de l'été, ils volent par troupes nombreuses, et l'on voit alors, sur l'enveloppe sèche qui couvre les
bouses, une grande quantité de trous par lesquels ils entrent
et sortent continuellement. Ils se montrent dès les premiers
jours chauds du printemps, et restent pendant tous les beaux
mois de l'été. Quelques espèces se trouvent dans les lieux humides et se rapprochent du voisinage des eaux; mais elles sont
moins nombreuses que celles de la première catégorie.

L'espèce qu'on trouve le plus communément en France, est
le S. *scarabéoïde*, qui a de deux à trois lignes, et dont le corps
est noir avec une grande tache rouge, et une bande jaune sur
chaque élytre.

VIe *Famille.* — LAMELLICORNES.

Chez les *lamellicornes*, comme chez les clavicornes, les antennes se terminent en massue; mais, chez les premiers, la
massue est formée de lames feuilletées, et susceptibles de s'ouvrir et se fermer à-peu-près comme les feuillets d'un livre; ces
antennes sont d'ailleurs généralement brisées et toujours implantées sur les bords de la tête dans une fossette, caractères
qu'on ne trouve pas chez les clavicornes.

Le corps de ces coléoptères est généralement ovale et épais,
et n'a que des mouvements lourds; mais il offre une variété de
formes et de couleurs qui, malgré leur peu d'élégance, les
font rechercher dans les collections. Il n'y a d'exceptions à cet
égard que pour les espèces qui vivent dans le fumier, le tan et
les ordures; celles-ci ont presque toujours les couleurs sombres
et uniformes.

Les larves de ces insectes sont longues, molles et blanches, ce qui leur a fait donner plus spécialement le nom de *vers blancs* par les jardiniers ; elles vivent généralement dans la terre et y demeurent très-long-temps ; leurs métamorphoses ne sont complètement finies que vers la quatrième année de leur âge. Durant cet intervalle, les espèces phytophages, et elles sont en grand nombre, font beaucoup de dégâts dans les jardins ; elles font périr une immense quantité de végétaux en détruisant leurs racines. Heureusement l'hiver met un terme à leurs ravages, car elles passent cette saison dans l'engourdissement ; sans cela leur voracité est telle, qu'elles détruiraient toute végétation. Cette famille nombreuse a été partagée en deux tribus : les *scarabéïdes* et les *lucanides.*

Iʳᵉ *Tribu.* — Scarabéïdes (pl. XXXIII).

Cette première tribu comprend les espèces dont les feuillets antennaires sont membraneux, et susceptibles de s'ouvrir et de se fermer alternativement, ou sont contournés sur eux-mêmes en forme de cornet. Ce groupe nombreux comprend des coléoptères de grande taille et parés pour la plupart de vives couleurs.

Parmi les genres qu'il renferme nous citerons les *bousiers,* les *géotrupes,* les *scarabées,* les *hannetons* et les *cétoines.*

Les BOUSIERS (*copris*) ont les antennes composées de neuf et rarement de huit articles, dont les trois derniers forment la massue, le labre et les mandibules membraneux et cachés, l'écusson toujours nul ou petit, les pieds intermédiaires beaucoup plus écartés entre eux à leur naissance que les autres, et la partie postérieure de l'abdomen découverte. Les mâles de la plupart des espèces se font remarquer par des saillies ou cornes de la tête ou du corselet.

La dénomination vulgaire et le nom scientifique qu'on donne à ces insectes, se tirent de l'élément qu'ils semblent préférer à tout autre ; c'est presque exclusivement sur la fiente et dans le fumier qu'ils établissent leur demeure. A peine un quadrupède a déposé ses excréments, qu'on voit accourir de tous côtés ces scarabéïdes, qui, attirés par l'odeur, viennent se repaître de cet aliment impur. Ils forment avec ces ordures une petite masse arrondie et y déposent leurs œufs ; puis, l'enveloppant de terre humide, ils la roulent dans la poussière pour lui donner plus de consistance. Lorsqu'elle est prête, ils creusent un trou proportionné à sa grosseur, et l'y roulent au moyen de leurs pattes postérieures. C'est un spectacle singulier pendant la belle saison que de voir des *bousiers* travailler en commun, et s'aider mutuellement à pousser leurs boules vers le trou qu'ils leur ont préparé. Si pendant le travail ils viennent à perdre l'équilibre, la boule roule d'un côté et les *bousiers* de l'autre, renversés sur le dos et les pattes en l'air. C'est un plaisir de voir les efforts que fait le propriétaire de la boule pour se remettre sur pied, avant qu'un ravisseur s'en soit emparé à son profit, ce qui ne manque jamais d'arriver, s'il n'est pas assez heureux pour en venir promptement à bout. Dans ce cas, le pauvre *bousier* est obligé de recommencer sur de nouveaux frais, à moins qu'il ne parvienne à voler à son tour la boule d'un de ses semblables. Cette habitude de rouler des masses et de creuser la terre pour les y enfermer, fait que ces lamellicornes perdent souvent leurs tarses ; aussi rien n'est-il plus commun que d'en rencontrer des individus ainsi mutilés.

Quoique ces insectes, qui vivent dans les ordures, n'offrent ordinairement que des couleurs ternes, plusieurs *bousiers*, par une exception rare, brillent au contraire des teintes métalliques les plus éclatantes; ce sont surtout les espèces étrangères. Celles de notre pays sont noires ou de couleur foncée.

On divise ce genre nombreux en plusieurs sous-genres, dont les principaux sont : les *ateuchus*, les *onites*, les *onthophages* et les *bousiers* propres.

1° Dans les ATEUCHUS (*ateuchus*), les antennes ont neuf articles, les quatre jambes postérieures sont d'égale grosseur dans toute leur étendue, leur chaperon est plus ou moins échancré, et ils manquent d'écusson.

Ce sont des insectes de l'ancien continent, qui n'ont aucune proéminence cornée sur la tête ni sur le prothorax, ce qui leur a fait donner leur nom qui signifie *sans armes*. Les anciens les connaissaient beaucoup, et les Égyptiens les regardaient, à cause de l'époque de leur apparition, comme le symbole de la renaissance de la nature : aussi les trouve-t-on représentés sur tous leurs monuments, et souvent avec une taille colossale. Il paraît même qu'ils étaient l'objet d'un culte particulier, et qu'ils servaient à faire des amulettes que le peuple portait avec une vénération particulière. On en faisait en or et en pierres précieuses, et on allait même jusqu'à les embaumer : car on en a trouvé plusieurs individus dans des tombeaux, avec des momies humaines.

Les principales espèces de ce genre sont : l'A. *sacré* qui est noir, et l'A. *des Égyptiens* qui est d'un vert bronze-doré. Ils se trouvent l'un et l'autre en Afrique.

2° Les Onites (*onitis*) ont les quatre pattes postérieures dilatées à leur extrémité, le troisième ou dernier article des palpes labiaux très-court et peu distinct, et un petit écusson entre la base des deux élytres ; de plus, leur forme est un peu plus allongée et moins ovale qu'aux autres sous-genres.

On trouve ces insectes dans les pays chauds de l'ancien continent, et surtout aux Indes et en Afrique. La France n'en nourrit qu'un petit nombre d'espèces, encore ne se rencontrent-elles que dans les provinces méridionales. Leurs habitudes sont les mêmes que celles des autres sous-genres : ils vivent dans les fientes des animaux ; ils se creusent dans la terre, sous les bouses, des trous peu profonds, où ils renferment leurs œufs et les provisions nécessaires aux larves. Les espèces de ce genre qui se rencontrent en France sont : l'O. *bison*, qui a de sept à huit lignes de long, et l'O. *flavipède*, qui atteint rarement la moitié de cette longueur.

3° Les Onthophages (*onthophagus*) ont, comme les onites, les quatre jambes postérieures dilatées, et le troisième article des palpes peu distinct ; mais ils en diffèrent par l'absence de toute trace d'écusson entre la base des élytres, et par la forme très-ovale de leur corps. La plupart des mâles ont la tête ou le corselet cornu.

Quant aux habitudes, elles sont absolument les mêmes. Les *onthophages*, comme les onites, vivent dans les excrements des animaux, et surtout dans les bouses des grosses bêtes à cornes ; mais les espèces sont plus répandues que celles du sous-genre précédent. On en trouve dans toutes les parties du monde. Deux sont assez communes aux environs de Paris : ce sont l'Ont. *taureau*, qui est noir et a deux cornes à la tête, et l'Ont. *nuchicorne*, qui en a une seule sur la nuche et qui est de couleur bronzée. Elles ont l'une et l'autre de deux lignes et demie à trois de long. L'Ont. *noir*, qui est plus petit et de couleur noire, ne se trouve que dans le midi de la France.

4° Les Bousiers se distinguent des ateuchus en ce qu'ils ont les quatre jambes postérieures fortement dilatées, des onites par le défaut d'écusson, et des onthophages par la forme du dernier article des palpes qui est bien distinct. La plupart des mâles ont la tête ou le corselet, et souvent l'une et l'autre, surmontés d'éminences cornées. Ces saillies sont quelquefois tellement considérables, qu'elles rendent la forme de l'animal singulière et très-souvent bizarre.

Ces insectes sont très répandus dans toutes les contrées méridionales, où ils se tiennent, comme toutes les espèces de ce genre, dans la bouse et les excréments de toutes sortes d'animaux. Leurs couleurs ne sont jamais vives : le brun et le noir, quelquefois relevés par des reflets métalliques, sont les seules teintes qu'on observe sur leur corps. Leur taille n'est jamais très-petite, et reste rarement au-dessous de trois lignes ; et le plus souvent elle est de plus d'un pouce, et peut même aller jusqu'à trois et davantage.

Parmi les espèces de ce sous-genre, nous citerons le B. *d'Isis*, qui a environ deux pouces de long, deux cornes à la tête et une en arrière sur le corselet; il se trouve en Egypte et en Nubie. Le B. *lunaire*, qui a huit lignes de long, est très-répandu dans toute l'Europe ; il est tout entier d'un noir brillant.

Les GÉOTRUPES (*géotrupes*) (*fig.* 4) forment un genre presque aussi nombreux que celui des bousiers ; ils sont faciles à reconnaître à leurs élytres recouvrant entièrement l'abdomen, à leurs mandibules et à leur labre cornés et saillants, à leurs antennes de onze articles, enfin à l'écusson bien distinct placé à la base de leurs élytres.

La manière de vivre de ces insectes est presque la même que celle des bousiers ; ils se tiennent dans les bouses et dans les matières excrémenticielles dont ils hâtent la décomposition. On les voit tous les soirs, après le coucher du soleil, réunis en troupes nombreuses, et occupés à creuser dans la terre des trous profonds, qui sont destinés à recevoir leur postérité après leur mort, et à leur servir de retraite pendant leur vie. C'est cette habitude de creuser ainsi la terre qui leur a fait donner leur nom de *géotrupes*, qui signifie *perce-terre*. Si, pendant qu'ils sont ainsi occupés, l'on s'approche d'eux et qu'on cherche à les prendre, ils cherchent à s'échapper en prenant leur vol, ou s'ils ne sont pas assez agiles pour y parvenir, ils contrefont le mort et restent dans l'immobilité la plus complète. On trouve ces insectes partout, mais principalement dans les endroits sablonneux, où le terrain est meuble et leur permet de se creuser aisément leur demeure. On les entend durant toutes les soirées des beaux jours, depuis le printemps jusqu'à l'automne, voltiger bruyamment autour des bouses, les traverser dans tous les sens, pour y déposer leurs œufs et en retirer leur nourriture ;

et c'est pour cela que les habitants des campagnes leur donnent le nom dégoûtant, mais expressif, de *feuille-merde.*

On divise ce genre en plusieurs sous-genres, dont les principaux sont les *léthrus*, les *géotrupes* proprement dits et les *bolbocères.*

1° Les Léthrus (*lethrus*) ont les feuillets de la massue en forme de cornets, et emboîtés les uns dans les autres, la tête longue et bien séparée du prothorax, celui-ci deux fois plus large que long et l'abdomen fort court. La principale espèce de ce genre est le L. *céphalote*, appelé en Hongrie *schneider* ou coupeur. Il a environ un pouce de long et est entièrement noir. C'est un insecte fort nuisible à l'agriculture, parce qu'il attaque de préférence les bourgeons naissants, et les coupe net avec les pinces tranchantes de ses mandibules. Il grimpe avec agilité sur toutes les plantes, où il va chercher les bourgeons ; et, quand il en a coupé un, il en descend à reculons et va le porter dans sa demeure, pour le dévorer à son aise et en faire part à sa femelle. Cette demeure est un trou semblable à celui de tous les autres insectes du même genre, et servant d'habitation à un couple. Il arrive souvent qu'un étranger se présente à l'entrée du trou et cherche à s'en emparer. Dans ce cas, il se livre un combat acharné durant lequel la femelle du propriétaire ferme l'entrée du domicile, pousse le mâle par derrière et l'excite à se bien défendre. Ce combat ne cesse qu'avec la mort ou la fuite de l'étranger.

2° Les Géotrupes propres ont la massue antennaire feuilletée comme à l'ordinaire, et le labre entier un peu échancré. Ils sont très-répandus dans nos contrées. Parmi les espèces qui composent ce genre, il en est dont les mâles ont le corselet armé de cornes, comme le G. *phalangiste* ou *typhée* ; il en est d'autres dont aucun sexe n'a de cornes ; tels sont le G. *stercoraire* et le G. *printanier.*

3° Dans les Bolbocères (*bolbocerus*), les 1er et 2e feuillets de la massue antennaire enveloppent complètement celui du milieu pendant leur contraction ; tel est le B. *mobilicorne.*

Les SCARABÉES (*scarabæus*) ont la partie postérieure de l'abdomen à découvert, les antennes de dix articles, le labre presque caché, les mandibules cornées, et le chaperon petit et triangulaire. Presque tous les mâles se distinguent des femelles par des cornes analogues à celles que nous ont offertes plusieurs espèces des genres qui précèdent.

Le nom de *scarabœa* remonte à la plus haute antiquité : on le trouve dans Aristote, Pline, etc.; mais la signification n'est plus la même qu'autrefois. Pour les Grecs, il servait à désigner la plupart des coléoptères, peut-être même la totalité de ces insectes. Linné le restreignit aux espèces dont les antennes se terminent en massue feuilletée, c'est-à-dire à toute la tribu des scarabéides de la famille des lamellicornes. Mais les découvertes des voyageurs modernes ont nécessité de nombreux démembrements dans le genre linnéen, de sorte qu'on ne l'applique plus maintenant qu'aux espèces dont nous avons donné la caractéristique.

Ces insectes sont presque tous de grande taille, et se font fréquemment remarquer par d'énormes éminences cornées, qui s'élèvent sur leur tête ou sur leur corps, et quelquefois même sur l'une et l'autre à la fois; ils vivent dans les couches, parmi le terreau, et sous les amas de bois à demi pourri et réduit en poussière.

On divise ce groupe en deux sous-genres principaux, les *oryctes* et les *scarabées ordinaires*.

1° Les Oryctes (*oryctes*) ont les mandibules dépourvues de dents, et les jambes postérieures fortement dilatées et profondément échancrées; tel est l'O. *nasicorne*, qui est long de quinze lignes et est d'un brun-marron luisant. On l'appelle souvent *capucin*, à cause de la corne recourbée qu'il porte sur la nuque.

2° Les Scarabées propres ont les mandibules armées de dents. La plupart sont des contrées méridionales de l'ancien et du nouveau continent. L'Europe n'en a qu'une espèce, le S. *ponctué*, qui a environ huit lignes de long et manque de cornes. On le trouve dans les provinces méridionales de la France. Parmi les espèces étrangères, nous citerons le S. *hercule*, qui a cinq pouces de long et qui a sur la tête une corne horizontale de plus de deux pouces; le S. *porte-clef*, le S. *branchu*, le S. *long-bras*, etc.

Les HANNETONS (*melolontha*) sont assez connus de tout le monde, même des enfants, pour que nous n'ayons pas besoin d'en faire une description détaillée. Il nous suffira de dire que le caractère distinctif de ces coléoptères consiste dans la forme de leur chaperon, qui est large et bordé dans son pourtour, dans ses antennes de dix articles, dont quatre au moins, et le plus souvent davantage, servent à former la massue.

C'est au commencement de l'été que ces insectes font leur ponte. La femelle dépose ses œufs au sein de la terre, dans des trous qui ont de six à sept pouces de profondeur. De chacun de ces œufs, il sort, dans le courant de la belle saison, une larve très-vorace et redoutée des jardiniers, qui l'appellent *ver blanc*. Tant que le temps reste doux, elle vit près de la surface de la terre, où elle trouve une nourriture plus abondante dans les racines des végétaux; mais, dès que le froid commence à se faire sentir, elle s'enfonce d'autant plus profondément que la température est plus basse, et finit par tomber dans l'engourdissement. Mais, au retour du beau temps, elle reprend son activité, se rapproche de la surface du sol et se met à ronger les jeunes racines. Elle vit ainsi pendant trois ans, demeurant engourdie pendant l'hiver et dévorant tout pendant la belle saison. Vers la fin de la troisième année, elle se change en chrysalide, pour prendre des ailes vers le mois de juin; l'animal n'a plus alors que quelques jours à vivre. Il passe tout ce temps à ronger les feuilles des bois et à préparer un nid à sa postérité: dès qu'il y a pourvu convenablement, il tombe épuisé et meurt.

Les principales espèces de ce genre sont le *hanneton vulgaire*, le H. *du marronier d'Inde*, le H. *foulon*, le H. *cotonneux*, etc.

Le premier a environ un pouce de long, et les élytres d'un bai rougeâtre uniforme. Le second, qui lui ressemble beaucoup, est cependant un peu plus petit et a les élytres bordées de noir. Ces deux espèces sont communes aux environs de Paris. Le H. *foulon* est plus grand (de quinze à dix-huit lignes), est brun, marqué de taches et d'ondes blanchâtres, et vit dans les dunes sur les côtes de la mer. Le H. *cotonneux* se distingue des précédents, en ce qu'il a moins d'articles à la masse des antennes; ce nombre est de quatre pour les femelles et de cinq pour les mâles.

Les CÉTOINES (*cetonia*) sont de grands et beaux coléoptères, dont les habitudes et l'organisation se rapprochent beaucoup de celles des hannetons; elles en diffèrent cependant par leur forme plus carrée, par la masse antennaire qui ne se compose que de trois articles, et surtout par une pièce triangulaire qu'elles ont à la base de leurs élytres, et qui n'est autre chose que l'épimère très-développé.

On trouve ces insectes pendant l'été sur les fleurs ombellifères ou composées. Mais ils causent incomparablement moins de dégâts que les hannetons ; car ils se nourrissent exclusivement du suc des fleurs, et n'attaquent jamais le feuillage. En volant d'une plante à l'autre, ils font entendre, comme les hannetons, un bourdonnement analogue à celui que produisent les grosses abeilles.

Les larves des *cétoines*, semblables à celles des précédents par leurs formes et par leurs habitudes, mettent trois ans à faire leurs métamorphoses. C'est dans la quatrième année seulement qu'elles se fabriquent une coque solide, composée des substances dont elles se nourrissent, et enveloppée de matières étrangères, telles que petites pierres, morceaux de bois, etc., qui, leur donnant un aspect raboteux et extraordinaire, les masquent tellement, qu'elles les rendent méconnaissables.

On compte un grand nombre de ces coléoptères, qu'on a été obligé de séparer en trois sous-genres : les *trichies*, les *goliaths* et les *cétoines propres*.

1° Les Trichies (*trichius*) n'ont point le sternum saillant, leur épimère est peu visible en dessus, leur corselet est à-peu-près carré, et leur menton est au moins aussi long que large ; tels sont le T. *ermite*, qui est d'un brun-noirâtre bronzé et qui a plus d'un pouce de long ; le T. *noble*, qui est un peu moindre et présente une belle couleur verte-dorée ou cuivreuse : et le T. *fascié*, qui a deux tiers de moins de longueur, et est noir avec les élytres jaunâtres. Cette dernière espèce est commune aux environs de Paris ; les deux autres y sont rares.

2° Les Goliaths (*goliathus*) ont les mêmes caractères que les trichies, excepté que leur menton est plus large que long et cache entièrement les mâchoires. Ce sont les insectes les plus grands du genre ; ils ont de deux à trois pouces de long et sont tous étrangers. Les plus beaux sont le G. *brillant* et le G. *géant* ; ils sont l'un et l'autre d'Afrique.

3° Les Cétoines ont le sternum prolongé entre la seconde paire de pattes, l'épimère toujours visible en dessus, le corselet plus étroit en avant qu'en arrière et le corps aplati. Nous avons aux environs de Paris la C. *dorée*, qui a neuf lignes de long, le dessus d'un beau vert doré, le dessous d'un rouge cuivreux, avec des taches blanches sur les élytres. La C. *mortuaire* n'a que cinq lignes, est noire, un peu velue, avec des points blancs. Elle est très-commune sur les chardons. On trouve, dans le midi de la France, la C. *fastueuse*, qui est plus grande que la dorée, et est d'un vert-doré sans taches.

II* *Tribu.* — Lucanides (pl. XXXIII).

Dans les insectes de ce groupe, les feuillets ou les dents de la massue antennaire sont disposés perpendiculairement à l'axe de l'antenne et en forme de peigne (*fig.* 5).

Nous ne citerons de cette tribu que le genre *lucane*, qui en est le principal et qui lui a donné son nom.

Les LUCANES (*lucanus*) (*fig.* 5) sont reconnaissables à leurs antennes grandes et courbées en dedans, et à leur labre très-petit et confondu avec le chaperon. Leur tête est aussi très-volumineuse et leurs mandibules sont fortes, saillantes et dentelées à leur extrémité interne. Ils se servent de ces derniers organes pour tailler le bois et y déposer leurs œufs. Les larves qui proviennent de ces derniers sont extrêmement voraces, et font beaucoup de mal aux vieux troncs qu'elles réduisent en poussière. Elles mettent, dit-on, six années à se métamorphoser ; ce n'est qu'à la dernière qu'elles se forment une coque, aux dépens de la sciure qu'elles ont faite pour se construire leur demeure, et qu'elles agglutinent autour de leur corps, au moyen d'un enduit visqueux qu'elles sécrètent. Peu après, il en sort un insecte parfait qui vit peu de temps, et qui se nourrit durant sa courte vie de la liqueur mielleuse que distillent les feuilles de chêne.

Ce genre comprend environ quarante espèces. L'une des plus remarquables est le *cerf-volant*, le plus grand des insectes d'Europe. On l'a ainsi nommé, parce qu'on a comparé ses mandibules au bois du cerf ; ces organes sont assez forts pour causer une douleur vive, lorsqu'ils parviennent à saisir le doigt. On trouve ce coléoptère dans tous les pays chauds pendant la belle saison ; il ne vole que le soir et produit un bourdonnement monotone assez fort. On pense que c'est la larve de cet insecte que les anciens nommaient *cossus*, et qu'ils regardaient comme un mets délicat.

II* *Sous-Ordre.* — COL. HÉTÉROMÈRES.

Ce sous-ordre comprend tous les coléoptères qui présentent cinq articles aux quatre tarses antérieurs et quatre seulement aux deux derniers. Pour savoir si un coléoptère qu'on tient appartient à ce sous-ordre, on commence par compter les articles d'une des pattes postérieures ; si elle n'en offre que quatre , on examine le tarse d'une des antérieures , et selon qu'on y en trouve quatre ou cinq , on le classe parmi les tétramères ou parmi les hétéromères (pl. XXXIII , *fig.* 6).

Tous les insectes de ce sous-ordre ont le régime végétal ; leur canal intestinal est par conséquent très-développé, d'une longueur considérable et plus ou moins boursoufflé ; les sucs digestifs sont aussi très-abondants et très-énergiques.

Ce sous-ordre renferme quatre familles : les *mélasomes* , les *taxicornes* , les *sténélytres* et les *trachélides*.

Ire Famille. — MÉLASOMES (pl. XXXIII).

Mélasome est un mot grec qui signifie *corps noir* ; il a été donné aux insectes de cette famille , parce qu'ils ont tous le corps d'une couleur sombre ou du moins obscure , et toujours uniforme.

On peut, d'après ce seul caractère , présumer que ces coléoptères sont destinés à vivre dans les ténèbres et loin des rayons du soleil, dont l'influence est toujours indispensable pour produire les teintes vives et les reflets métalliques, que nous admirons dans certains oiseaux , poissons , coquillages et insectes. Aussi tous les *mélasomes* fuient-ils la lumière , et se cachent soit dans les caves et les pièces obscures de nos appartements, soit dans des trous souterrains ; mais dans ce dernier cas, ne trouvant pas dans leur demeure de quoi satisfaire leurs besoins , ils sortent de leur retraite tous les soirs à la nuit tombante, et se mettent à rôder de côté et d'autre pour se procurer leur nourriture. Du reste , celle-ci n'est pas difficile à trouver ; les *mélasomes* se contentent de toutes les substances végétales que le hasard leur présente ; seulement , comme ils sont très-voraces, il leur en faut une assez grande quantité; ce qui rend fort incommodes et même nuisibles , les espèces qui vivent dans les habitations de l'homme.

On conçoit que les habitudes nocturnes de ces coléoptères leur rendent les ailes inutiles , car pour voler il faut que l'animal puisse distinguer à distance les objets contre lesquels il pourrait aller se heurter : les *mélasomes* manquent par conséquent d'ailes, du moins pour la plupart , et leurs élytres sont soudées ensemble sur la ligne médiane du corps et complètement immobiles.

A ces caractères généraux il faut ajouter que ces insectes ont la tête enfoncée dans le prothorax jusqu'aux yeux, les antennes grenues avec le troisième article plus long que les autres, les yeux oblongs et peu saillants, les mandibules fendues ou échancrées à leur extrémité, et les mâchoires garnies d'une dent ou d'un crochet à leur bord intérieur ; conformation qui donne à leur bouche une vigueur extraordinaire, et qui n'est pas une des moins puissantes causes de leur voracité et de leur penchant pour la destruction. La description de trois genres de cette famille suffira pour nous donner une idée de la forme et des habitudes de ces coléoptères : nous citerons les *pimélies*, les *blaps* et les *ténébrions*.

Le genre PIMÉLIE (*pimelia*) comprend tous les mélasomes aptères, dont les antennes sont à-peu-près filiformes et sans dilatation à leur extrémité, qui ont le menton plus ou moins échancré, le corps ovale avec le corselet plus étroit que l'abdomen, et dépourvu de saillies en arrière.

Le mot *pimelia* est d'origine grecque et signifie *gras*; il a été donné à ces insectes, parce qu'ils contiennent une plus grande quantité de tissu adipeux qu'aucune des autres espèces de la même famille: ce qui est dû probablement, à ce qu'étant dépourvus d'ailes et n'ayant que des mouvements peu agiles, leurs aliments se convertissent plus facilement en graisse, comme cela s'observe pour tous les animaux que l'on condamne au repos. La plupart de ces coléoptères habitent les contrées méridionales ; aucun ne se trouve en France et peu habitent l'Europe. L'Asie, l'Afrique et l'Amérique du sud, sont les contrées où ils abondent le plus. Ils fréquentent de préférence les terres sablonneuses et salines, où ils se creusent au moyen de leurs pattes, des trous qui leur servent de retraite contre le danger et contre les intempéries atmosphériques. Un assez grand nombre d'entre eux se plaisent sur les rivages de la mer, dans les endroits où croissent les plantes du genre *salsola*. D'autres se cachent sous les pierres et sous les troncs d'arbres ; enfin, quelques-uns s'introduisent dans les caves, les écuries et dans tous les endroits sombres des habitations de l'homme.

On trouve dans l'Europe méridionale, la P. *ponctuée* et la P. *couronnée*. Elles ont l'une et l'autre de six à sept lignes de long, mais la première est brune ou cendrée et la seconde est noire.

Les BLAPS (*blaps*) (*fig.* 6) tirent leur nom du grec βλάπτω, nuire, parce que, vivant dans nos appartements, ils y causent d'assez grands dégâts en attaquant nos meubles, nos habits et nos provisions ; et il est d'autant plus difficile de se garantir de leurs atteintes, que, confondus par leur couleur sombre avec les objets qui les environnent, et ne se montrant jamais pendant le jour, on ne peut les apercevoir ni trouver le moyen de les détruire ; on n'a pas même pu jusqu'ici parvenir à rencontrer leurs larves, qui nous sont totalement inconnues, sous le rapport de leur forme et de leurs habitudes.

Ce n'est pas cependant que les *blaps* soient petits ou rares, ils sont au contraire très-abondants. Certaines espèces ont plus d'un pouce de long ; et leurs mouvements, sans être lents, ne sont pas cependant assez agiles, pour qu'on ne puisse pas les étudier ; mais il paraît qu'ils cachent leurs larves avec beaucoup de soin, et que celles-ci ne se montrent au jour qu'après avoir subi leurs métamorphoses.

Ces insectes répandent tous une odeur forte et désagréable, ce qui n'empêche pas, dit-on, les dames turques d'en manger d'assez grandes quantités, malgré le dégoût qu'ils doivent inspirer, dans l'espoir bien ou mal fondé que l'usage de ces animaux comme aliment procure de l'embonpoint. Je doute que nos dames veuillent essayer si le moyen est efficace.

On reconnaît ces coléoptères au défaut d'ailes, à leur corps épais, à leurs palpes qui se terminent par un article renflé en forme de triangle ou de hache ; tel est le B. *commun* que l'on a surnommé *présage-mort* ou *porte-malheur*, et qui est très-répandu dans nos habitations. Il est tout noir et a environ dix lignes de long.

Les TÉNÉBRIONS (*tenebrio*) diffèrent des blaps, parce qu'ils ont des ailes, le corps plus allongé, le corselet carré et de la largeur de l'abdomen, et les palpes maxillaires renflés à leur extrémité ; leurs habitudes sont aussi différentes ; ils marchent vite et volent bien, et au lieu de se tenir exclusivement dans nos maisons, ils se trouvent également dans les bois, sous l'écorce des arbres, etc.

Un instinct très-curieux de ces animaux, c'est l'habitude qu'ils ont de se couvrir le corps des particules les plus déliées du sol qu'ils habitent, afin de masquer leur couleur naturelle, et de prendre celle des objets dont ils sont entourés ; cette ruse les met à l'abri des regards de leurs ennemis, et les protège

d'autant plus efficacement, qu'ils jouissent aussi de la faculté
de s'arrêter brusquement au milieu d'une course rapide.

La larve des *ténébrions* n'est pas aussi cachée que celle des
blaps ; elle n'est que trop connue des boulangers et des meu-
niers, par les ravages qu'elle fait dans le blé et dans la farine ;
ce qui a fait donner le nom vulgaire de *ver de farine* à celle du
T. *meunier*, l'espèce la plus commune du genre.

On peut diviser ce genre en deux sous-genres, les *opâtres*
et les *ténébrions propres*.

1° Les Opatres (*opatrum*) ont le corps à-peu-près ovale et la
tête enfoncée presque entièrement dans une échancrure du
prothorax. On trouve la plupart de ces insectes dans les lieux
arides et sablonneux, couverts d'argile et de poussière, de
sorte que la teinte de leur corps se confond avec celle du sol qu'ils
habitent. Aussi sont-ils difficiles à apercevoir ; et cette difficulté est
d'autant plus grande, qu'au moindre bruit qu'il entend, l'insecte
s'arrête court, et demeure dans l'immobilité la plus complète,
jusqu'à ce qu'il croie n'avoir aucun danger à craindre.

La principale espèce de ce sous-genre est l'O. *des sables*, qui
est long de quatre lignes et tout-à-fait noir.

2° Les Ténébrions propres ont le corps plus étroit, les antennes de la même grosseur dans toute leur étendue, le corselet plus large que long, et la tête saillante. L'espèce la plus
commune de ce groupe, est le T. *de la farine* ou *meunier*, qui
est long de sept lignes, a le dos noir et le ventre marron. On
trouve cet insecte dans les endroits peu fréquentés des maisons,
dans les boulangeries, les fours, etc. Sa larve qui est longue,
cylindrique et à six pattes, vit dans la farine. Une espèce étran-
gère fort remarquable, c'est le T. *géant*, qu'on trouve au Brésil, sous l'écorce des vieux arbres. Il lance par l'anus une
liqueur caustique jusqu'à un pied de distance.

IIe *Famille.* — Taxicornes.

Ces coléoptères, de même que ceux de la famille précédente,
ont la tête ovale et susceptible de s'enfoncer sous le corselet ou
dans une échancrure de cette partie du corps ; mais ils s'en
distinguent, en ce qu'ils n'ont point d'onglet corné à l'extrémité
de leurs mâchoires. Leur corps est généralement ovale, leurs
antennes se terminent en massue, leurs pieds sont propres à la
course et tous les articles des tarses sont entiers et armés de
crochets simples. La plupart de ces insectes se trouvent dans

les champignons ou sous les écorces ; les autres vivent à terre
et se cachent sous les pierres.

Cette famille est peu nombreuse et ne renferme que deux
genres principaux, les *diapères* et les *cossyphes*.

Les DIAPÈRES (*diaperis*) ont la tête découverte ou dégagée
du corselet, les antennes se terminant insensiblement en massue, et les jambes antérieures linéaires et sans dilatation bien
marquée.

Ce genre ne renferme qu'une seule espèce de nos pays,
c'est la D. *du bolet*, petit insecte de trois lignes de long, d'un
noir brillant avec trois taches transversales jaunes sur les élytres. Elle est commune partout, et se trouve principalement
sur les champignons des arbres.

Les COSSYPHES (*cossyphus*) ressemblent pour le port et la
conformation extérieure, aux boucliers et aux nitidules : leur
corps est ovoïde et débordé dans son pourtour par le corselet
et les élytres ; leur tête est constamment cachée sous le prothorax ou reçue dans une échancrure de cette partie du corps ;
le dernier article de leurs palpes maxillaires est plus grand que
les autres et renflé en forme de hache.

Ces insectes ont le corps extrêmement aplati, afin de pouvoir s'introduire aisément sous l'écorce des arbres, où ils cherchent habituellement leur refuge. Cet aplatissement est porté si
loin, qu'ils ressemblent souvent à un petit morceau de feuille
desséchée, plutôt qu'à un animal doué de vie. Il serait d'autant
plus facile de se tromper sur leur nature, que leur couleur est
ordinairement semblable à celle du sol où ils se tiennent, et que
leurs pattes demeurent entièrement cachées sous la saillie latérale que forment les élytres et le corselet.

La principale espèce de ce genre, est le C. *déprimé*, qui a de
quatre à cinq lignes de long, et dont les parties supérieures sont
couleur de feuille morte. On le trouve aux Indes-Orientales.

IIIe *Famille.* — Sténélytres

Cette famille a beaucoup de rapports avec la précédente,
par la forme du corps et par l'aspect général ; mais elle a ses
antennes filiformes et sans renflement sensible à leur extrémité,
et elles ne sont ni grenues ni perfoliées.

Ces hétéromères sont généralement beaucoup plus actifs que

les précédents ; ils courent à terre avec agilité et grimpent facilement aux arbres ; ce qui leur est rendu facile par la conformation de leurs jambes, qui sont beaucoup plus longues que dans les deux familles qui précèdent. C'est principalement sur les fleurs ou sur les feuilles qu'ils se plaisent ; quelques-uns se tiennent sur les champignons qui croissent sur les chênes, les noyers et les autres arbres ; un petit nombre se cache sous les écorces. Quant aux autres habitudes, elles sont peu connues. On ignore la manière dont la plupart d'entre eux se reproduisent et opèrent leurs métamorphoses. Celles de leurs larves que l'on connaît, ont le corps allongé, cylindrique et pourvu de six pattes fort courtes ; elles vivent dans la poussière qui s'entasse aux pieds des arbres creux et vermoulus.

Les *sténélytres* sont assez nombreux et peuvent se diviser en cinq genres principaux, qui doivent être regardés comme étant le type de cinq tribus, renfermant chacune plusieurs genres. Ces groupes sont les *hélops*, les *cistèles*, les *serropalpes*, les *œdémères* et les *myctères*.

Les HÉLOPS (*hélops*) ont les antennes rapprochées des yeux et recouvertes à leur base par les bords de la tête ; leur bouche n'est jamais saillante ; leurs mandibules sont bifides à leur extrémité ; leurs yeux sont oblongs ou même échancrés en forme de rein ; toutes leurs pattes sont à-peu-près semblables et aucune n'est disposée pour le saut.

La plupart de ces insectes sont étrangers à l'Europe ; un grand nombre habite la Nouvelle-Hollande, où ils se font remarquer par d'assez belles couleurs. On les trouve dans les maisons, dans les endroits sablonneux et sous l'écorce des arbres. Leurs larves, qui vivent dans le vieux bois, sont nues et luisantes et ressemblent beaucoup à celles des ténébrions.

Les espèces qu'on rencontre le plus communément aux environs de Paris, sont l'H. *lanipède* et l'H. *strié*.

Le premier a sept lignes environ et toutes les parties supérieures bronzées et finement pointillées. Le second est d'un quart plus petit et a le corselet transversal ; ses couleurs sont aussi plus sombres.

Les CISTÈLES (*cistela*) diffèrent à peine des hélops : le principal caractère qui les distingue, c'est que la base des antennes est tout-à-fait découverte et que l'extrémité de leurs mandibules est entière.

La plupart de ces sténélytres appartiennent à l'Europe, et sont de taille moyenne ou petite. Les plus grands ne passent pas sept lignes, et quelques-uns n'en ont pas plus de trois. Aucun n'a d'éclatantes couleurs, et la plupart les ont brunes ou noires. On trouve ces insectes sur les fleurs, et leurs larves vivent sur le chêne et sur les autres grands arbres.

Les espèces les plus communes dans nos environs, sont la C. *cérambolée*, la C. *noire*, la C. *citrine*, etc.

Les SERROPALPES (*serropalpus*) ont un caractère qui les distingue de tous les autres sténélytres, dans la forme de leurs palpes maxillaires qui sont fort grands et dentelés en scie, ainsi que l'indique leur nom. Leurs antennes sont insérées dans l'échancrure des yeux et ont leur base découverte, et leurs mandibules sont échancrées à leur extrémité.

Le corps de ces insectes est tantôt ovale et tantôt cylindrique, avec la tête inclinée et le corselet plus ou moins carré. Leurs pattes sont assez longues et quelquefois les postérieures sont propres pour sauter. Leurs habitudes sont inconnues.

On en trouve deux espèces aux environs de Paris : la première est le S. *caraboïde*, qui a près de sept lignes de long et est d'un bleu foncé supérieurement. On le trouve dans les bois et sur les saules cariés. Le second est le S. *brunet*, qui n'a pas deux lignes et est tout noir. Il vit sur les fleurs dans toute la France.

Les OEDÉMÈRES (*œdemera*) ont la base des antennes découverte, les mandibules bifides à leur extrémité, le corps allongé et étroit, les élytres linéaires ou rétrécies postérieurement en forme d'alène et souvent flexibles, et les cuisses postérieures souvent renflées.

Ces insectes vivent sur les fleurs, dans les prairies où ils grimpent sur toutes les plantes. Ils volent avec beaucoup d'agilité pendant toute la belle saison. Leurs larves sont inconnues.

On trouve aux environs de Paris l'OE. *simple*, l'OE. *blanc*, etc. Elles ont l'une et l'autre environ six lignes de long.

Les MYCTÈRES (*mycteria*) se distinguent de tous les sténélytres précédents, par leur bouche prolongée en museau, dont la base supporte les antennes, tandis que les yeux sont reculés sur les côtés de la tête.

La seule espèce de ce genre qui se trouve en France, est le

myctère charançon, qui est tout noir, velouté de gris jaunâtre
supérieurement.

IV⁰ Famille. — TRACHÉLIDES (pl. XXXIII).

Dans les hétéromères précédents, la tête est ovale et portée
sur un cou très-court, de sorte qu'elle est susceptible d'être entièrement ramenée sous le corselet. Dans les *trachélides*, cette
partie est triangulaire ou en cœur, portée sur un cou plus ou
moins allongé, et ne peut, à cause de sa largeur qui égale
celle du corselet, être retirée au-dessous de lui : c'est à cette
particularité d'organisation qu'ils doivent leur nom de *trachélides*, que l'on peut traduire par animal *pourvu d'un cou*.

Ces insectes diffèrent encore des précédents par la mollesse
de leur corps et par la flexibilité de leurs élytres, qui ne peuvent par conséquent les protéger que d'une manière très-ineffi-
cace. Mais ils suppléent par leur adresse ou par leur agilité à ce
qui leur manque à cet égard. Lorsqu'ils se voient menacés, ils
fuient à toutes jambes ou s'envolent, et s'ils ne se sentent pas
assez lestes pour échapper à leur ennemi par ces moyens, ils
imitent les mollipennes et contrefont le mort ; petite ruse qui
ne les sauve pas toujours, mais qui pourtant les empêche quelquefois d'être dévorés.

Tous les *trachélides* sont phyllophages, c'est-à-dire, qu'ils
se nourrissent de feuilles. Ils se tiennent par conséquent, dans
les champs, dans les bois, en un mot, partout où la végétation
leur offre une subsistance facile et appropriée à leurs besoins.
Leurs larves, qui vivent sous la terre, se nourrissent de racines, et même à ce qu'il paraît, de matières animales.

Cette famille est fort nombreuse et a été divisée en plusieurs
genres, dont le tableau suivant présente les principaux caractères.

	entiers....	recouvrant l'abdomen....	claviformes.............	Lagrie.
	Élytres....	Palpes labiaux...........	filiformes..............	Pyrochre.
		terminées en pointe......	....	Mordelle.
	dentelés en dessous............		sécuriforme...........	Notoxe.
Crochets des tarses	Dernier article des palpes maxillaires		cylindrique ou ovalaire.	Horie.
	bifides....	en massue..............		Mylabre.
	Antennes..	filiformes	tronquées.............	Méloé.
		Élytres................	entières...............	Cantharide.

Les PYROCHRES (*pyrochroa*) sont de jolis insectes également remarquables par leurs formes élégantes et par l'éclat de leurs couleurs, qui sont presque toujours d'un rouge de feu, ce qui leur a fait donner leur nom, qui en grec a cette signification. Ce genre ne renferme que quatre ou cinq espèces, dont trois appartiennent à l'Europe et deux à la France. La P. *cardinale*, qui est toute rouge supérieurement, avec les antennes, les pattes et le ventre noirs, se trouve quelquefois aux environs de Paris ; elle a environ sept lignes de long. La P. *écarlate* a la même forme que la précédente, mais elle a la tête noire ; elle est plus commune. Du reste, on les trouve l'une et l'autre aux pieds des haies et sur les troncs cariés des saules.

Les MORDELLES (*mordella*) se distinguent de tous les autres genres de la même famille, par leur corps arqué, comprimé latéralement et terminé en pointe chez la femelle, et par leurs élytres aussi terminées en pointe. Ces insectes sont tous de petite taille et vivent sur les fleurs ; la plupart se font remarquer par leur vivacité et leur agilité à marcher à terre et à grimper sur les plantes. Ils volent aussi très-bien.

On divise ce genre en trois sous-genres.

1° Les MORDELLES propres, qui ont les antennes filiformes. On trouve aux environs de Paris, la M. *à tarière* et la M. *à bandes*.

2° Les ANASPES (*anaspis*) tirent leur nom du grec ἄνασπις *sans bouclier*, qui leur a été donné parce qu'ils n'ont point d'écusson ou qu'ils l'ont très-petit ; de plus, elles ont les antennes en massue. Du reste, ces insectes ne diffèrent pas des mordelles par leurs habitudes. Les principales espèces de ce groupe sont l'A. *frontale*, l'A. *ruficolle*, l'A. *bigarrée*, l'A. *jaune*, etc.

3° Les RHIPIPHORES (*rhipiphorus*) ont le dernier article des palpes maxillaires semblable aux précédents, au lieu de l'avoir terminé en hache comme les anaspes et les mordelles ; et leurs antennes, du moins celles des mâles, sont en forme de peigne ou de panache. La seule espèce de ce sous-genre qu'on trouve aux environs de Paris, est le R. *paradoxal*, qui est noir et a trois lignes de long.

Les NOTOXES (*notoxus*) sont de petits insectes qui vivent dans les prairies, sur les fleurs, et dont les larves ne sont point connues. On trouve aux environs de Paris, le N. *unicorne*, dont le corselet se prolonge en avant en forme de corne ; le N. *anthérin*, qui n'a point de corne et dont les antennes et les

cuisses sont noires ; et le N. *bicolor*, qui manque pareillement
de corne, mais dont les antennes et les pattes sont fauves.

Les MYLABRES (*mylabris*) ont beaucoup de rapports avec
les cantharides tant pour la conformation extérieure que pour
les propriétés vésicantes ; il paraît même que c'est sous le nom
de cantharide, que les anciens désignaient les insectes dont
nous parlons, et les Chinois les emploient encore pour la confection des vésicatoires, quoique leur vertu vésicante ne soit
pas aussi énergique que dans les cantharides. La principale
espèce de ce genre, est le M. *de la chicorée*, qui est noir, avec
trois bandes rouges sur les élytres, et dont la taille est de six à
sept lignes. On trouve cet insecte aux environs de Paris ; mais
il est plus commun dans le midi de la France et surtout en
Orient.

Les MELOÉS (*méloé*) sont des insectes remarquables parmi
tous les trachélides à crochets des tarses bifides, par la pesanteur de leurs formes et par la difficulté de leurs mouvements.
Leur corps est gros et terminé par un abdomen volumineux ;
leurs élytres ne recouvrent qu'une portie de ce dernier, et au
lieu de se toucher sur le dos par une ligne droite, elles vont en
s'écartant à partir de leur base jusqu'à leur extrémité. Lorsqu'on
prend ces insectes, ils font sortir des articulations de leurs
pattes, une liqueur âcre, de couleur jaune ou roussâtre, qui
tache fortement les doigts. Un préjugé sans fondement les faisait regarder autrefois comme un excellent moyen pour guérir
la rage ; mais s'ils n'ont pas cette propriété, on ne peut leur
refuser celle de produire la vésication : aussi les Espagnols s'en
servent-ils encore comme nous nous servons de cantharides.
  Les principales espèces de ce genre sont la M. *proscarabée*,
qui a un pouce de long, les couleurs bleues foncées et le
corselet carré ; la M. *d'automne*, qui est plus petite, a les mêmes
couleurs, mais dont les élytres sont marquées de gros points
enfoncés ; la M. *couverte*, qui ressemble à la M. proscarabée,
mais est noire ; la M. *variée*, dont le corselet est plus large que
long. On les trouve toutes aux environs de Paris.

Les CANTHARIDES (*cantharis*) (*fig. 7*) sont connues depuis fort long-temps par la propriété qu'elles ont de produire
une vive irritation sur la peau de la partie où on les applique,
propriété qui les fait employer tous les jours comme vésica-

toires. Pour cela, après avoir fait sécher l'insecte, on le réduit en une poudre dont on en couvre un emplâtre, et l'on fixe ce dernier sur l'endroit où l'on veut établir un exutoire.

On reconnaît aisément ces animaux, qui forment un genre très-considérable, à leurs tarses dont les crochets sont profondément divisés, à leur tête grosse et arrondie, ainsi qu'à leur corps de forme allongée.

L'espèce la plus célèbre est la *cantharide commune* ou *mouche d'Espagne*, qu'on trouve partout, mais principalement dans les pays chauds. Elle se tient de préférence sur les frênes et sur les lilas. C'est un coléoptère de six à sept lignes de long, remarquable par la grosseur de sa tête et la petitesse de son corselet. Tout son corps est d'un vert-doré, avec les antennes noires. Comme cet animal vit en troupes considérables et répand une forte odeur de souris, il est facile à découvrir. Pour s'en rendre maître, il suffit de secouer fortement l'arbre sur lequel il se tient ; comme il a l'habitude de contrefaire le mort, il reste à terre sans faire le moindre mouvement, et se laisse prendre comme on veut.

III₀ *Sous-Ordre*. — COLÉOPTÈRES TÉTRAMÈRES.

Ce sous-ordre comprend les coléoptères dont tous les tarses se composent de quatre articles seulement. Ce sont généralement de petits insectes qui se nourrissent principalement de matières végétales, et qui font beaucoup de dégâts dans les greniers et dans le bois de charpente vert ou sec. Leurs larves, qui rongent aussi les mêmes substances, sont pour la plupart peu agiles et manquent de pieds, ou les ont tellement courts qu'elles ne peuvent s'en servir avantageusement dans la marche.

Cette section comprend sept familles, dont voici le tableau :

Bouche :

- Prolongée en forme de bec..................................... Rhynchophores.
- ordinaire :
  - Antennes simples :
    - en massue ou perfoliées...................... Xylophages.
    - filiformes ou sétiformes..................... Platysomes.
  - Antennes plus longues que le corps entier........ Longicornes.
  - Tarses munis de brosses, Antennes plus courtes :
    - Tête et corselet :
      - plus étroite que l'abdomen.... Eupodes.
      - aussi large que long :
        - filiformes ou peu renflées. Cycliques.
        - Antennes en massue perfoliée Clavipalpes.

Ire Famille. — RHYNCHOPHORES.

Le nom de *rhynchophores*, qui en grec signifie *porte-becs*, pourrait induire en erreur ceux qui s'imagineraient que ces coléoptères, au lieu d'avoir la bouche composée de deux mandibules, deux mâchoires et deux lèvres, comme tous les insectes de l'ordre auquel ils appartiennent, ont au contraire, pour prendre leur nourriture, une espèce de trompe ou bec. Ce nom leur a été donné parce que leur tête présente à sa partie antérieure une saillie ou prolongement en forme de corne, que l'on a comparé à un bec d'oiseau. Mais cet organe ne paraît nullement destiné à la mastication ou à la préhension des aliments; car on trouve avec lui, sur la tête de l'insecte, les mandibules, les mâchoires et toutes les autres parties qui composent d'ordinaire la bouche d'un coléoptère. L'usage de cette saillie se borne à percer la peau des substances végétales, et surtout celles des graines ou des fruits dont ils se nourrissent, et dans l'intérieur desquels plusieurs d'entre eux passent la plus grande partie de leur vie. Aussi tous ces insectes sont-ils à redouter pour les magasins où l'on conserve les provisions de blé, d'avoine, de maïs, etc.; leurs larves surtout y causent des dommages incalculables.

Voici le tableau des principaux genres qui composent cette famille nombreuse.

Tableau des genres de la famille des Rhynchophores.

Labre					
apparent					Bruche.
caché	Antennes droites et	en massue			Attelabe.
		filiformes			Brente.
	Antennes coudées	presque à l'extrémité du bec			Charançon.
	Situées à la base ou au milieu du bec, et dont les articles sont au nombre	de dix à douze, linéaire			Lixe.
		Corps	raccourci		Rhynchène.
		de neuf			Calandre.

Les BRUCHES (*bruchus*) ont le bec très-court, large et déprimé; ce qui permet de distinguer au-dessous de lui leur labre et leurs palpes. Sous ce rapport, ces rhynchophores ont les formes moins extraordinaires que les suivants, auxquels leur long bec donne une physionomie toute différente de celle des autres insectes du même ordre.

À l'état parfait, les *bruches* sont très-petites et vivent sur les fleurs. Communes pendant tout l'été, elles voltigent sur les plantes de la famille des légumineuses; et dès que leurs gousses sont formées, elles les percent et déposent un œuf ou deux dans chacun des grains qu'elles contiennent.

La présence de ces corps étrangers n'empêche pas la gousse de se développer et le grain d'arriver à sa maturité. Lorsque le légume est à bon point, la larve sort de l'œuf et se met à ronger la substance du grain, qui lui fournit sa subsistance pendant tout l'hiver; mais elle a soin de ne pas toucher à l'écorce, de peur de trahir sa demeure ou de rendre celle-ci moins sûre. Ce n'est que lorsqu'elle se trouve sur le point de se changer en nymphe, qu'elle amincit la peau d'un côté, afin que l'insecte parfait ait peu d'efforts à faire pour la rompre. Malgré cette précaution, il arrive souvent que les *bruches* périssent dans leur prison, soit que l'écorce de la graine n'ait pas été suffisamment amincie, soit que l'animal se trouve dans une mauvaise position, pour agir sur la partie par laquelle il doit sortir.

Ce genre se divise en deux sous-genres : les *anthribes* et les *bruches* propres.

1° Les premiers ont les antennes en massue, et les yeux entiers et sans échancrure; tels sont l'*anthriba sutural*, l'A. raboteux, l'A. *rufipède*, etc.

2° Les Bruches propres ont les antennes filiformes et les yeux échancrés. De ce sous-genre, nous avons en France la *bruche du pois*, la B. *du cacao*, la B. *des grains*, la B. *nébuleuse*, etc.

Les ATTELABES (*attelabus*) sont de petits insectes, dont la plupart habitent l'Europe et sont ornés de couleurs agréables ou même brillantes. Ils se nourrissent, sous leurs deux états de larve et d'insecte parfait, de matières végétales, et rongent les feuilles et les autres parties des plantes. La plupart des femelles roulent les feuilles en forme de cornet, pour y déposer leurs œufs, et préparent ainsi à leur progéniture une retraite, au sein de laquelle elle trouve en même temps sa nourriture. Cette prévoyance maternelle, qui est si utile à la plupart des larves, était indispensable à celles des *attelabes*, qui, naissant dépourvues de pattes, n'auraient pu que difficilement pourvoir à leur subsistance et à leur sûreté. Aussi ne quittent-elles jamais leur

demeure : elles y passent la première période de leur vie, y
subissent les mues qui précèdent leur passage à l'état de nymphe, s'y filent le cocon dans lequel elles s'enferment pour subir
leur métamorphose ; enfin, devenues adultes, elles tirent des
fleurs ou des feuilles la nourriture dont elles ont besoin, et les
matériaux nécessaires à leur reproduction.

Les plus grandes espèces de ce genre, qu'on trouve aux environs de Paris, sont l'*attelabe caiereux*, l'A. *tête-écorchée*,
l'A. *vert*, l'A. *doré* (de quatre à cinq lignes). l'A. *cramoisi*,
l'A. *violet*, l'A. *bleu*, l'A. *tête-bleue*, etc., sont plus petits (environ deux lignes).

Les BRENTES (*brentus*) (*fig*. 8) sont des insectes presque
tous d'Amérique, dont la forme est des plus singulières. Leur
corps est long, mince et presque linéaire : on le prendrait pour
un brin de paille, auquel seraient attachées quatre paires d'appendices qui représentent les pattes et les antennes de l'animal.
Leur tête et leur abdomen ne forment point ces renflements,
qui caractérisent le corps de l'immense majorité des insectes que
nous connaissons. Toutes ces parties sont de grosseur presque
égale, et il serait difficile de les distinguer, sans les antennes
qui garnissent la tête et les pattes qui supportent le corselet,
derrière lequel se trouve l'abdomen.

On ne connaît pas les métamorphoses de ces coléoptères. Ils
vivent sous les écorces d'arbres, et sont probablement phytophages. L'espèce qu'on trouve le plus communément dans les
collections entomologiques est le *brente enchorage* de Cayenne;
il a environ quinze lignes de long. L'Italie en nourrit aussi
une, mais plus petite, le B. *d'Italie*.

Les CHARANÇONS (*curculio*) ont beaucoup de rapports
avec les brentes ; mais ils s'en distinguent par leur corps plus
massif et par leurs antennes terminées en massue, tandis que
celles des brentes sont de grosseur uniforme dans toute leur
longueur, à l'exception du dernier article. Leur corps est toujours couvert d'une poussière fine, qui en change la couleur
naturelle et qui tombe par le moindre frottement.

Ces insectes ont été connus de toute l'antiquité, à cause de
leur voracité et des dégâts qu'ils occasionnent dans les greniers,
où l'on conserve les provisions de céréales nécessaires à la
consommation des cités populeuses. Non-seulement ils s'en
nourrissent à l'état d'insecte parfait ; leurs larves naissent.

croissent et se métamorphosent dans l'intérieur et aux dépens de ces grains et principalement du blé. Quelques espèces seulement se fixent sur les feuilles, à l'aide d'un suc visqueux qui exsude de leur corps ; mais ce ne sont pas les plus nuisibles : celles qui sont véritablement dangereuses, ce sont celles qui se cachent dans les magasins. Elles s'y multiplient avec rapidité , au point de détruire la totalité des grains qu'ils renferment; et il est d'autant plus difficile de se garantir de leur voracité, qu'elles n'attaquent jamais l'écorce, et ne rongent que la farine : de sorte que des tas entièrement dévorés, paraissent aussi sains que ceux auxquels elles n'ont pas touché ; ce n'est qu'au poids qu'on s'aperçoit du dégât.

Le meilleur moyen de se préserver de ces insectes consiste à remuer fréquemment le blé que l'on tient en magasin; cela les empêche de s'y mettre. S'il y en a déjà, il faut former un petit tas à côté du grand, et agiter continuellement ce dernier. Les *charançons*, qui n'aiment pas à être dérangés , quittent celui-ci et se jettent sur l'autre , où ils trouvent la tranquillité. Quand ils s'y sont tous établis , on jette ce petit tas dans l'eau bouillante, et l'on fait périr ainsi tous les insectes qu'il contient.

Le genre *charançon* est excessivement nombreux et renferme plus de douze cents espèces de toutes les tailles, depuis une ligne jusqu'à un pouce et demi. Nous avons en France le *charançon grisette*, le C. *ténébreux*, le C. *quadrille*, le C. *entrecoupé*, le C. *spécieux*, etc. Les plus belles espèces sont le C. *impérial*, le C. *éclatant*, le C. *noble*, le C. *fastueux*.

Les LIXES (*lixus*) ont le corps allongé et presque linéaire, comme les brentes ; mais, indépendamment des caractères distinctifs que nous avons exposés dans le tableau des genres de la famille des rhynchophores , ils en diffèrent par la forme de leurs antennes qui sont en massue, au lieu d'être filiformes. Leur corps est couvert, comme celui des charançons, de petites écailles colorées et caduques, qui s'enlèvent par le moindre contact. Les insectes de ce genre, qui est très-nombreux, se trouvent pour la plupart sur les fleurs composées ; quelques-uns se tiennent sur le bord des chemins et des prairies, où ils marchent avec lenteur ; ce qui les exposerait à devenir la proie de leurs ennemis, s'ils n'avaient dans leurs ailes un moyen plus prompt de leur échapper.

Les espèces de ce genre les plus communes aux environs de

Paris sont le *lixe paraplectique*, le L. *de la bardane*, le L. rétréci, etc., qui ont de cinq à huit lignes de long. Le premier a été ainsi nommé, parce qu'on croyait autrefois que sa larve causait la paraplégie (espèce de paralysie) aux chevaux qui la mangent avec l'herbe sur laquelle elle vit.

Les RHYNCHÈNES (*rhynchænus*) forment encore un genre fort nombreux, dont les espèces ont beaucoup de rapports d'organisation avec les lixes, dont ils se distinguent pourtant avec facilité par leur corps plus massif et par leur bec plus allongé. Ce genre a été subdivisé en trois sous-genres.

1° Les RHYNCHÈNES propres ont les antennes en massue et composées de douze articles; tels sont le *rhynchène du l'olas*, le R. *à quatre points*, le R. *didyme*, le R. *des noisettes*, etc. La plupart de ces insectes sont de petite taille et vivent sur les plantes.

2° Les CIONES (*cionus*) n'ont que de neuf à dix articles aux antennes et les pattes postérieures impropres au saut; tels sont le C. *de la scropholaire*, le C. *de la molène*, le C. *de la blattaire*, etc.

3° Les ORCHESTES (*orchestes*) ont les antennes des ciones, mais leurs cuisses postérieures sont propres au saut. Les espèces en sont très-nombreuses : on trouve aux environs de Paris l'O. *de l'aulne*, l'O. *de l'oser*, l'O. *du saule*, l'O. *du peuplier*, l'O. *du hêtre*, etc.

Les CALANDRES (*calandra*) ont, comme les rhynchènes, le bec long, et les antennes coudées et en massue ; mais ces organes n'ont jamais plus de neuf articles. Ce sont de tous les rhynchophores ceux qui font le plus de dégâts dans les céréales que nous serrons dans nos greniers. Deux espèces sont communes en France, la *calandre du blé* et la C. *cacaovcie*. La première a une ligne et demie de long, est d'un brun marron obscur, avec des lignes et des points sur les élytres et le corselet. C'est un des insectes les plus redoutables que l'on connaisse : il s'établit dans les greniers, et s'enfonce sous les tas de blé. Au moment de la ponte, la femelle fait au grain une petite piqûre sous laquelle elle dépose un œuf. Après quoi elle bouche l'ouverture avec un gluten de la couleur de la pellicule du grain : de sorte que la piqûre est presque imperceptible. Cependant la chaleur ne tarde pas à faire éclore l'œuf, et la larve qui en provient se nourrit aux dépens de la farine contenue dans le blé, en ayant soin d'en laisser la peau intacte. Lorsqu'elle a pris tout son développement, elle se transforme en nymphe, dans le lieu même où elle a vécu : ce n'est qu'après être devenue insecte parfait, qu'elle rompt la pellicule, et se montre au dehors pour faire elle-même sa ponte. Chaque larve ne dévore qu'un seul grain de blé ; et l'on pourrait croire, d'après cela, que les dégâts occasionés par cet insecte doivent être peu considérables. Mais si l'on réfléchit qu'un seul couple de cette espèce peut produire par lui-même ou par ses petits dix mille individus, selon les calculs les plus modérés, et près de vingt-quatre mille selon d'autres observateurs, on concevra qu'une fois que cet animal s'est établi dans un grenier où on le laisse tranquille, il doit en peu de temps détruire tout le grain qui s'y trouve.

La *calandre palmiste*, qui vit dans la moëlle des palmiers, est beaucoup plus grande de taille ; elle a un pouce et demi de long, et sa larve, qui est d'une grandeur proportionnée et qu'on nomme *ver palmiste* dans l'Amérique-Méridionale sa patrie, est regardée comme un mets délicieux.

II.ᵉ Famille. — XYLOPHAGES.

Le nom de *xylophages*, que l'on pourrait traduire par le mot français *rongebois*, convient également aux insectes de cette famille, à l'état adulte et à celui de larve. Tous se nourrissent de bois ; et on les voit sans cesse occupés à réduire en poussière les troncs d'arbres morts, qui ne sont plus pour la terre qu'un fardeau inutile. Quelques espèces s'attaquent aussi aux parties vivantes du végétal ; mais ces espèces s'adressent presque toujours aux parties inutiles, dont ils déterminent plus promptement la chute. A cet effet, tous ces insectes sont pourvus de mandibules courtes et tranchantes, propres à couper le bois et à le réduire en poussière.

On reconnaît les *xylophages*, qui sont généralement de petite taille, à leur bouche dépourvue de trompe, à leurs antennes toujours claviformes et courtes, à leurs articles tarsiens tout entiers, sauf le pénultième qui est quelquefois élargi au cœur.

Cette famille comprend un assez grand nombre de genres, dont le tableau suivant caractérise les principaux :

Tableau de la famille des Xylophages.

Antennes de	dix articles au plus. Palpes	en pointe.		8 ou 9 articles......	Scolytes.
		Antennes de		5 articles............	Paussus.
		en fil ou en masse,		perfoliée....	Bostriches.
		Masse des antennes		solide	Cerylons.
	de 11 articles. Masse des antennes	de 2 articles........................			Lycus.
		de 3 articles,	crochues	large......	Mycétophages.
			Corselet	étroit......	Latridies.
		Mandibules		très-saillantes.........	Trogosites.

Le genre SCOLYTE (*scolytus*) comprend un certain nombre d'insectes de petite taille, dont le corps est ovale et convexe supérieurement, avec la tête enfoncée dans une échancrure du corselet; de sorte qu'ils ont des rapports de conformation extérieure avec les dermestes, parmi lesquels les plaçait le célèbre Linné. Mais, outre que le nombre des articles des tarses est différent dans ces deux sortes de coléoptères, les *scolytes* se distinguent des dermestes par un genre de vie tout différent. Au lieu de se nourrir de matières animales, comme ces derniers, ils vivent dans l'intérieur du bois ou sous les écorces d'arbre, à-peu-près comme les vrillettes. Seulement, tandis que ces dernières n'attaquent que le bois mort, le *scolyte* ruine souvent les troncs des arbres pendant leur vie, les carie à la longue et les fait tomber en poussière. Quelques espèces de ce genre rongent les branches inférieures des pins et des sapins, et, empêchant la sève de les alimenter, en accélèrent la chute; ce qui leur a fait donner le nom poétique de *jardiniers de la nature.*

Les principales espèces du genre *scolyte,* sont le S. *destructeur,* le S. *nain,* le S. *micrographe,* etc.

Les BOSTRICHES (*bostrichus*) sont des xylophages très-remarquables par leur conformation extérieure; leur corps est presque entièrement cylindrique, tronqué brusquement à ses deux extrémités et hérissé dans toutes ses parties d'épines ou de piquants, dont les usages sont inconnus, mais qui doivent certainement jouer un grand rôle dans l'existence de l'animal. On trouve ordinairement ces insectes sur le bois mort et sous l'écorce des arbres, principalement sur le chêne. Ils ne vont jamais sur les fleurs, et presque jamais ils n'attaquent le bois vivant. Ce sont donc des ouvriers que la Providence emploie principalement pour hâter la décomposition des végétaux privés de vie ; fonction qui leur est rendue facile par la force et le tranchant de leurs mandibules, qui sont on ne peut mieux appropriées à la réduction du bois en poussière. On conçoit, d'après ce genre de vie, que les couleurs de ces insectes doivent être peu brillantes.

Parmi les espèces de *bostriches* que la France possède, nous citerons le B. *capucin*, de six à neuf lignes de long, noir en avant et rouge de brique en arrière ; le B. *rufipède*, le B. *tronqué*, etc. : tous se trouvent aux environs de Paris.

III° *Famille.* — PLASYTOMES.

Cette petite famille a la plus grande ressemblance d'habitudes et d'organisation avec la précédente. Les insectes qu'elle comprend sont généralement petits, et vivent sous les écorces d'arbre. Ils paraissent avoir été créés, comme les xylophages, pour accélérer la décomposition des substances végétales privées de vie ; ils attaquent le bois, les champignons, etc. De même qu'aux précédents, les mandibules sont fortes, saillantes, et les tarses sont simples et tranchants ; mais ils en diffèrent par la forme aplatie de leur corps, et par leurs antennes terminées en pointe ou d'égale grosseur dans toute leur étendue.

Cette famille ne comprend qu'un seul genre, celui des CU-CUJES (*cucujus*), qui se reconnaît à son labre saillant et avancé entre les deux mandibules, et à la brièveté de ses tarses. Les uns ont les antennes plus courtes que le corps ; tels sont le C. *bimaculé*, le C. *à bandes*, le C. *noirâtre* ; les autres ont ces appendices plus longs que le corps ; tel est le C. *testacé*.

IV° *Famille.* — LONGICORNES (pl. XXXIII).

Quoiqu'il soit ordinairement difficile de tirer le caractère distinctif d'un genre ou d'une famille, de la longueur plus ou moins considérable d'une partie quelconque du corps de l'animal, on peut, pour la famille des *longicornes*, employer sans inconvénient la longueur des antennes pour la caractériser. Ces organes sont ordinairement aussi longs que le corps tout entier, et souvent davantage ; de sorte qu'on peut presque toujours reconnaître ces insectes au premier coup-d'œil. Un second camètère qui n'est pas moins distinctif, c'est que le dessous des trois premiers articles de leur tarse est garni de brosses, et que le quatrième offre un petit renflement qui simule un cinquième article ; ce qui a fait quelquefois placer les *longicornes* parmi les coléoptères pentamères. Enfin la plupart d'entre eux ont les yeux échancrés en forme de rein, et entourant la base des antennes.

Les insectes de cette famille sont généralement grands et souvent ornés de brillantes couleurs ; ils font presque tous entendre un bruit aigu , produit par le frottement de l'abdomen contre leur corselet , ou de leur tête contre leur écusson. Leurs larves, pourvues de fortes mâchoires, attaquent l'écorce des arbres et même leur tronc, qu'elles criblent de trous, et qu'elles rendent ainsi impropres aux constructions. Sous ce rapport, elles font beaucoup de tort à l'économie domestique.

Cette famille renferme plusieurs genres, dont voici le tableau.

Tableau des genres de la famille des longicornes.

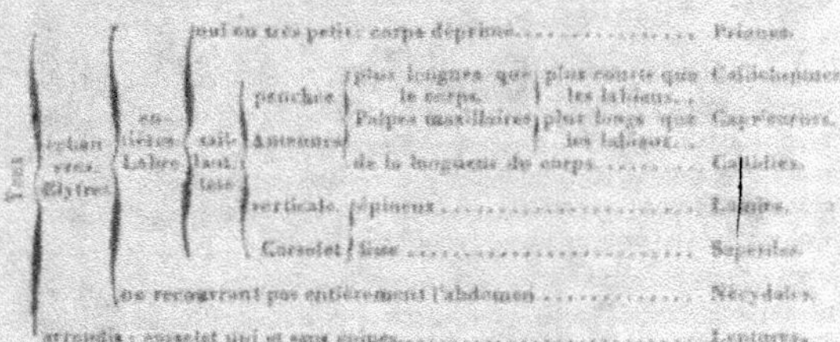

Les PRIONES (*prionus*) sont de grands insectes dont la forme rappelle celle du cerf-volant, à cause de l'étendue de leurs mâchoires qui , chez les mâles , saillent au-delà de la tête, et ressemblent d'autant plus aux mandibules de ce dernier, qu'elles sont dentelées à leur bord interne. Mais sans parler des différences tirées du nombre des articles des tarses qui éloignent ces deux sortes d'insectes , et de la disposition si différente de leurs mâchoires, on trouve dans la longueur et la ténuité des antennes des *prionеs*, et dans leur corselet denté ou épineux sur ses côtés, un caractère qui ne permet pas de confondre ces coléoptères avec les lucanes.

Les *priones*, de même que les lucanes, sont privés de ces teintes brillantes que l'on aime à voir dans les insectes qui vivent sous l'influence des rayons du soleil équatorial. Aussi ces coléoptères se tiennent-ils cachés, pendant tout le jour, dans les trous qu'ils ont faits aux troncs d'arbres, pendant qu'ils étaient à l'état de larves. Ils ne sortent que le soir, pendant le crépuscule ; encore ont ils soin de ne s'éloigner de leur retraite que le moins possible, parce que, ayant le vol lourd, ils seraient trop exposés aux atteintes de leurs ennemis, s'ils n'avaient toujours à leur portée un asile sûr pour se mettre à l'abri du danger.

On compte environ soixante espèces de ce genre, dont quatre seulement appartiennent à l'Europe ; les plus communes sont le P. *rouillé* et le P. *tanneur* ou *corroyeur* des environs de Paris. Le premier a près de deux pouces, est de forme allongée, de couleur cannelle, et son corselet a une seule dent de chaque côté ; le second est plus petit, de couleur plus foncée et son corselet a trois épines. Parmi les espèces étrangères, nous citerons le P. *cervicorne* d'Amérique, qui a près de six pouces de long.

Les CAPRICORNES (*cerambix*) (*fig.* 9) diffèrent des précédents par des antennes plus longues, ainsi que par des mandibules plus petites et conformées comme dans les autres coléoptères ; mais le caractère qui les distingue véritablement des priones, consiste dans la grandeur de leur labre ou lèvre supérieure, qui est très-visible et aussi large que la tête.

Ces insectes ont le corps allongé et orné de couleurs brillantes ou variées ; leurs formes, légères et élégantes, annoncent dans leurs mouvements une agilité que n'ont point les espèces du genre précédent ; leur vol surtout est très-rapide et longtemps soutenu ; mais il est en même temps bruyant, ce qui provient du frottement de leur corselet et de leur écusson.

On trouve les *capricornes* dans les bois, sur les troncs d'arbres, où ils se nourrissent du suc qui en découle. Au moyen d'un long tuyau qu'ils portent à l'extrémité de leur abdomen, ils déposent leurs œufs dans les fentes et sous l'écorce du bois, où l'animal subit toutes ses métamorphoses. Les principales espèces de ce genre sont le C. *héros*, le C. *savetier*, etc. Le premier qui a d'un pouce et demi à deux pouces, est noir, avec le bout des élytres brun et prolongé en une dent ; le second est moitié moindre, entièrement noir et n'a pas de dent à l'extrémité de ses élytres.

Les CALLICHROMES (*callichroma*) sont des insectes fort analogues aux précédents par toute leur conformation et notamment par la longueur de leurs antennes ; mais la plupart d'entre eux se font remarquer par l'éclat et par la variété de leurs couleurs, ainsi que l'indique leur nom ; plusieurs aussi répandent une odeur un peu musquée et analogue à celle de la rose. On trouve assez communément aux environs de Paris, le C. *musqué*, qui est d'un vert doré ou cuivreux supérieurement et d'un vert bleuâtre en-dessous. Il a près de quinze lignes de long et se tient sur les saules vers le milieu de l'été. Une espèce beaucoup plus rare et qui ne se rencontre que dans les chantiers, où elle a été importée de loin, est le C. *rosalie*, qui est de la taille du précédent et est d'un bleu cendré avec des taches et des bandes noires. Il vit d'ordinaire sur toutes les hautes montagnes de l'Europe.

Le nom grec CALLIDIE (*callidium*) veut dire *beauté* ; il a été donné à un groupe nombreux de longicornes de moyenne taille, presque tous remarquables par l'élégance de leurs formes et plusieurs par leurs couleurs agréables. Leurs antennes diffèrent de celles des callichromes et des capricornes, en ce qu'elles sont filiformes et de la longueur de l'insecte, au lieu d'être sétacées et plus longues que le corps. On trouve ces coléoptères au printemps et pendant presque tout l'été, dans les forêts, sur les troncs pourris et dans les chantiers ; quelques espèces pullulent tellement, qu'elles causent un tort considérable aux arbres. Presque tous les *callidies* font entendre un petit bruit, en frottant la partie postérieure de leur corselet contre l'écusson.

On compte plus de cent espèces de ce genre, dont les principales sont le C. *sanguin*, dont le corselet et les élytres sont d'un rouge de sang ; le C. *testacé*, le C. *rustique* et le C. *variable*.

Les LAMIES (*lamia*) ressemblent aux capricornes par tous les traits de leur conformation extérieure et intérieure ; la principale différence qui les en distingue, se tire de la position verticale ou droite de leur tête, tandis qu'elle est penchée ou inclinée en avant de l'insecte dans tous les longicornes qui précédent ; cette tête est aussi fort large et armée de deux mandibules très-robustes , et leur prothorax est toujours muni d'une ou de plusieurs dents. De même que les callidies , les *lamies* font entendre, quand on les saisit, un bruit dû à la même cause.

Ce genre est fort nombreux en espèces indigènes et exotiques. Parmi les premières nous citerons le L. *tisserand* , le L. *charançon* , le L. *nébuleux* , etc., dont la taille se balance entre six et huit lignes. Parmi les secondes , nous nommerons le L. *géant* du Sénégal, qui a deux pouces et demi ; le L. *impérial* de Guinée, qui est plus de moitié moindre ; le L. *brûlant* du Sénégal , qui a la taille du précédent.

Les SAPERDES (*saperda*) ne diffèrent des lamies que par le défaut de dents au corselet. Ce genre nous offre la S. *chagrinée* , la S. *effilée* , la S. *verdâtre*.

Les NÉCYDALES (*necydalis*) sont des longicornes faciles à reconnaître à leur forme allongée, à leurs élytres tantôt très-courtes et ne recouvrant que la base des ailes, tantôt se prolongeant jusqu'à l'extrémité de l'abdomen, mais en se rétrécissant graduellement, de manière à se terminer en pointe filiforme. L'espèce de ce genre la plus connue aux environs de Paris est la N. *fauve* , de six lignes de long, qui est noire avec un duvet grisâtre. La N. *majeure* qui est deux fois plus grande, noire avec un duvet jaunâtre sur le corps, est plus rare.

Les LEPTURES (*leptura*) se distinguent de tous les autres genres de la même famille , par leurs yeux arrondis ou à peine échancrés, par leur tête rétrécie postérieurement et séparée du corselet par une espèce de col, par leur abdomen terminé en pointe et non entièrement recouvert par les élytres. On trouve ces insectes dans tous les pays de l'ancien continent, où ils se tiennent dans le bois mort.

On les divise en deux sous-genres : les RHAGIES (*rhagium*) qui ont les côtés du corselet armés d'une dent, telles que la R. *mordante* , la R. *du saule* , etc., et les LEPTURES propres , qui ont le corselet lisse et uni : telles sont la L. *éperonnée* , la L. *tomenteuse* , la L. *noire* , etc.

Ve Famille. — EUPODES.

Cette famille se compose de tétramères de forme élégante et oblongue, dont la tête et le corselet sont plus étroits que l'abdomen, dont les antennes, filiformes ou légèrement en massue, sont à-peu-près de la longueur de la partie antérieure du corps, et insérées au devant des yeux qui sont presque toujours entiers ; leurs tarses sont garnis de pelottes et ont les articles fortement élargis ; enfin leurs cuisses postérieures sont généralement longues et renflées.

Ces insectes tiennent par leurs habitudes et par leur organisation, des longicornes qui précèdent et des cycliques qui suivent ; ils servent par conséquent de passage de la première de ces deux familles à la seconde. Les uns, plus rapprochés des précédents, ont les larves semblables aux leurs et vivant dans l'intérieur des végétaux, tandis que celles des autres sont toujours extérieures et se contentent, pour se garantir du danger, de se couvrir de leurs excréments, comme le font celles des cycliques.

Trois genres principaux composent cette famille ; ce sont les *sagres*, les *donacies* et les *criocères.*

Les SAGRES (*sagra*) sont des eupodes presque tous étrangers à l'Europe et propres aux Indes ou à l'Amérique-Méridionale, dont le caractère distinctif se tire de la forme de leurs mandibules, qui se terminent en pointe simple et aiguë, et de celle de leur languette qui est profondément échancrée ou même fendue en deux lobes.

On les divise en plusieurs sous-genres, dont les principaux sont les *Sagres propres* et les *orsodacnes.*

1° Les SAGRES ont les cuisses postérieures renflées et le dernier article des palpes ovoïde, et différent de ceux qui précèdent. Ces insectes, habitants des contrées méridionales du nouveau continent et des Indes-Orientales, ont tous des teintes uniformes, mais très-brillantes, telles que le vert, le vert-doré, le rouge éclatant, etc. Les principales espèces de ce groupe, sont la S. *fémorale* et la S. *pourpre.*

2° Les ORSODACNES (*orsodacna*) ont toutes leurs cuisses à-peu-près égales, la tête enfoncée dans le corselet, les yeux entiers et les palpes renflés. On trouve aux environs de Paris une espèce de ce sous-genre, l'O. *chlorotique*, qui a environ deux lignes et demie et est entièrement jaunâtre, sauf les yeux qui sont noirs. Cette espèce, répandue dans toute l'Europe, vit sur les feuilles du cerisier.

Les DONACIES (*donacia*) se distinguent des sagres en général, par leurs mandibules qui sont dentées à leur extrémité, des sagres propres en particulier, par leurs yeux arrondis et sans échancrure, et des orsodacnes par leurs cuisses postérieures renflées.

Ce sont des insectes de taille assez petite, ornés de couleurs brillantes, souvent métalliques, bronzées ou dorées. Plusieurs offrent aussi un duvet soyeux très-fin, qui rend leur enveloppe extérieure imperméable à l'eau, et leur donne plus de facilité pour se soutenir à la surface de ce liquide; prévoyance admirable de la nature à l'égard de ces insectes, qui, sans être conformés pour vivre dans l'eau à l'état parfait, se tiennent habituellement sur des plantes aquatiques, d'où ils sont exposés à tomber fréquemment dans le fluide qui les entoure de toutes parts. Le choix de ce séjour est déterminé chez les *donacies*, par la nécessité où elles sont de déposer leur progéniture dans l'eau; c'est en effet dans les racines des glayeuls et des nénuphars, que leurs larves se développent et se transforment en nymphes.

Les principales espèces de ce genre sont la D. *rayée*, la D. *sagittaire*, la D. *bidentée*, etc.

Les CRIOCÈRES (*crioceris*) ont les mandibules et la languette des précédents; mais leurs yeux sont échancrés, toutes leurs cuisses sont à-peu-près égales et semblables, et leur tête est séparée du corselet par une espèce de col.

Ce sont encore de petits insectes, dont la plupart se font remarquer par la beauté et par l'éclat de leurs couleurs. Ils vivent sur des plantes de la famille des liliacées et des asparaginées, dont ils rongent les feuilles et même la tige, et ils font entendre, quand on les saisit, un petit bruit semblable à celui que produisent les callidies et plusieurs autres longicornes. Leurs larves se nourrissent des mêmes végétaux, auxquels elles se tiennent cramponnées au moyen de leurs six pattes écailleuses. Comme elles ont le corps mou et renflé, et qu'elles offriraient une proie aussi agréable que facile à tous les animaux insectivores, elles ont l'instinct, tant pour se soustraire à la vue de leurs ennemis, que pour les dégoûter si elles en sont aperçues,

de se couvrir entièrement le corps de leurs excréments ; vête-
ment qui joint aux avantages précédents, celui de préserver
l'animal de l'action du soleil et des intempéries de l'air. Ces
larves vivent ainsi pendant environ quinze jours ; arrivées au
terme de leur accroissement, elles se débarrassent de leur enveloppe dégoûtante, et se laissent tomber à terre où elles se
changent en nymphe.

Ce genre est extrêmement nombreux, et comprend entre
autres espèces la C. *du lis*, longue de trois lignes, rouge en-
dessus, excepté à sa tête qui est noire ; la C. *brune*, d'un rouge
ferrugineux ; la C. *douze points*, rouge avec six points sur
chaque élytre ; la C. *de l'asperge*, bleue, à corselet rouge avec
deux points noirs et quatre taches blanches sur le bord externe
de chaque élytre ; la C. *bleue*, entièrement bleue avec les
pattes noires ; la C. *mélanope*, bleue avec la tête et les antennes
noires, le corselet et les pattes d'un rouge fauve, etc. Toutes
ces espèces se trouvent aux environs de Paris.

VIe Famille. — CYCLIQUES (pl. XXXIII).

Tous les coléoptères de cette famille ont le corps arrondi ou
du moins très-peu allongé, et sans distinction bien marquée
entre le corselet et l'abdomen ; ce qui leur a fait donner leur
nom qui signifie *orbiculaire* ou *rond*. Ajoutez à cela que les
cycliques ont les articles des tarses garnis de pelottes en-dessous, les antennes filiformes ou légèrement en massue.

Ces insectes sont généralement de petite taille, et sans poils
sur le corps, qui souvent au contraire est orné de couleurs
brillantes et métalliques. Lents dans leur marche et dans leur
vol, ils sont obligés de se tenir cachés ou de prendre les précautions les plus minutieuses pour éviter les dangers. Le moyen
le plus ordinaire qu'ils emploient pour échapper à leurs ennemis, est de se laisser tomber du haut des arbres à terre ; et
comme ils sont très-petits pour la plupart, ou tout au plus de
taille moyenne, ils trouvent parmi les feuilles qui jonchent la
terre, ou dans les fentes qui sillonnent le sol, une cachette
d'autant plus sûre, que les corps les moins volumineux peuvent
les dérober aux yeux de leurs persécuteurs.

Les larves de ces insectes ont toutes six pattes et peuvent
assez bien marcher ; elles se fixent pour subir leurs métamorphoses aux feuilles d'arbres, dont la couleur se rapprochant de
celle de leur peau, les empêche d'être vues par leurs ennemis.

Certaines espèces ont des moyens particuliers et fort remarquables pour les tromper ou les rebuter. Quelques-unes se soustraient au danger en s'enfonçant sous la terre pendant le temps critique qu'elles passent à l'état de larve.

La famille des *cycliques* comprend plusieurs genres importants, entre autres les *hispes*, les *cassides*, les *gribouris*, les *chrysomèles*, les *galéruques* et les *altises*.

Tableau des genres de la famille des Cycliques.

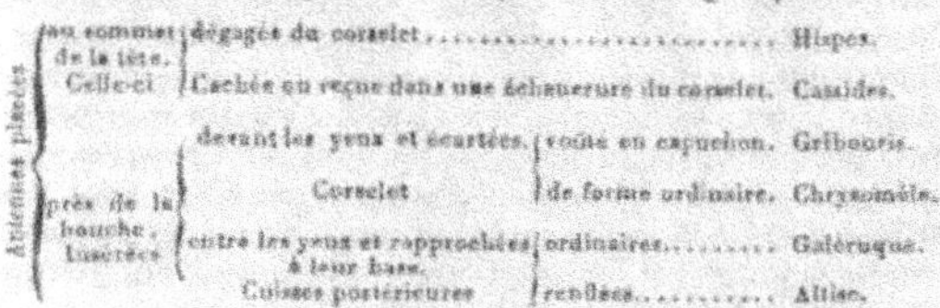

Les HISPES (*hispa*), ainsi que l'indique le tableau précédent, se distinguent de tous les autres cycliques par la position de leurs antennes, qui sont placées au sommet de la tête et rapprochées à leur base, et par la conformation de leur tête qui est entièrement découverte et dégagée du corselet. Leurs yeux sont ronds ou ovalaires et sans échancrure; leurs pieds sont courts, contractiles et peuvent se retirer entièrement sous le bouclier, que forment les élytres et le corselet qui débordent tout autour. On connaît peu les mœurs de ces insectes, qui se divisent en deux sous-genres.

1° Les ALURNES (*alurnus*) qui sont tous étrangers et propres pour la plupart à l'Amérique-Méridionale, ont les mandibules terminées en une dent forte et pointue.

2° Les HISPES propres ont les mandibules courtes et armées de trois petites dents égales. Elles sont presque toutes de l'Amérique du sud; deux espèces seulement se trouvent en France : l'H. *noire* ou *châtaigne noire*, qui est noire et très-épineuse. Elle a une ligne et demie et se tient sur les graminées : elle n'est pas rare aux environs de Paris. L'H. *testacée* ne vit que dans le midi de la France, elle est épineuse comme la précédente, mais de couleur fauve.

Les CASSIDES (*cassida*) sont vulgairement appelées *scarabées-tortues*, parce que leur forme arrondie ou ovale rappelle celle de la carapace de ces reptiles. Cette conformation, jointe à la disposition de leur tête qui est entièrement ou en très-grande partie cachée sous le corselet, empêche qu'on ne confonde ces petits coléoptères avec les autres insectes de la même famille ; leur corselet et leurs élytres réunies forment à la partie supérieure de leur tronc une espèce de bouclier qui protége leur corps avec d'autant plus d'efficacité, qu'il déborde dans tous les sens les pattes, l'abdomen et la tête, absolument comme un casque (*cassis*) dépasse la tête qu'il est destiné à défendre.

Ces caractères auraient suffi pour fixer sur les *cassides* l'attention des naturalistes, quand elles ne se l'attireraient pas par leurs couleurs dorées ou argentines. Mais ce qui intéresse le plus dans ces coléoptères, ce sont leurs habitudes à l'état de larves : leur forme n'a de remarquable qu'une queue fourchue qui termine leur abdomen, et entre les branches de laquelle leur anus est ouvert. Cette disposition n'est pas extraordinaire, mais l'usage auquel elle est destinée est des plus curieux ; à mesure que la larve rejette ses excréments, les branches de la fourche, qui sont garnies d'épines, les retiennent à leur passage, de sorte que ces matières ne tardent pas à former une masse presque aussi considérable que celle de l'animal entier.

Lorsque celui-ci se voit poursuivi par quelque oiseau ou par quelque autre insecte, il s'arrête tout-à-coup, redresse sa queue, et fait retomber sur son dos le dégoûtant fardeau qu'il porte avec lui, de manière que son corps ne ressemble plus qu'à un tas d'ordures, dont l'aspect repousse tous ses ennemis.

Le genre *casside* est extrêmement nombreux ; la France en nourrit plusieurs espèces ; les plus communes sont : la *casside verte*, la C. *pointillée*, la C. *nébuleuse*, la C. *sanguinolente*, etc.

Les GRIBOURIS (*cryptocephalus*) sont des insectes de petite taille, à formes courtes et ramassées. Leur tête, qui est plate en dessous, s'enfonce tellement sous la voûte que le corselet forme en avant, que leur corps paraît comme tronqué à sa partie antérieure. Leurs habitudes n'offrent rien de remarquable : ils vivent sur les plantes, sur lesquelles ils demeurent ordinairement immobiles pendant long-temps, parce que, étant lents à se mouvoir et ne pouvant échapper à leurs ennemis par la fuite, ils cherchent à se rendre invisibles à eux. Aussi, quand ils se voient découverts dans leur retraite, ils contractent leurs pattes et leurs antennes, et, les mettant à l'abri sous la saillie des élytres et du corselet, ils se laissent tomber à terre, où, malgré les couleurs brillantes dont ils sont revêtus, ils échappent facilement à la vue. Les individus de ce genre sont extrêmement multipliés, et il n'est pas rare de les voir réunis en si grand nombre sur une plante, qu'elle ne tarde pas à dépérir; ils lui font d'autant plus de tort, que c'est presque toujours aux bourgeons qu'ils s'attaquent de préférence. Les espèces de ce genre sont extrêmement nombreuses et ont nécessité sa division en trois sous-genres.

1° Les Clytres (*elythra*) ont les antennes courtes et pectinées ou en scie, à partir du quatrième ou cinquième article, et les angles postérieurs du corselet arrondis et mousses, tandis que les antérieurs sont courbés en dessous. On trouve aux environs de Paris la C. *quadrille*, qui a de quatre à cinq lignes de long et qui est noire, excepté ses élytres qui sont rouges avec deux points noirs chacune; la C. *indigo*, qui est bleuâtre avec les élytres pointillées d'un blanc luisant; la C. *bucéphale*, etc.

2° Les Galéruques propres ont les antennes longues et filiformes et le corselet de la longueur de l'abdomen. C'est le sous-genre le plus nombreux. Nous trouvons dans toute la France le G. *soyeux*, qui a trois lignes de long, est d'un vert doré avec les antennes noires, et se tient principalement sur les fleurs sémiflosculeuses; le G. *du noisetier*, le G. *cardifère*, le G. *rayé*, etc., se rapportent aussi à ce sous-genre.

3° Les Eumolpes (*eumolpus*) ont le corps rétréci en avant et presque ovoïde; tels sont l'E. *de la vigne*, qui est noir, pubescent, avec les élytres, les jambes et la base des antennes rougeâtres, et qui nuit beaucoup à la vigne; et l'E. *précieux*, qui est d'un violet très-luisant. L'un et l'autre se trouvent aux environs de Paris.

Les CHRYSOMÈLES (*chrysomela*) (*fig.* 10) ont le corps ovale, lisse et paré de jolies couleurs, comme les cassides; leurs habitudes sont tout-à-fait semblables, et leur corps est également petit; mais elles se reconnaissent facilement à leur tête saillante au-delà du corselet.

Ces insectes ne sont pas moins admirables que les précédents, par l'instinct de conservation que la nature a mis en eux. Trop faibles pour résister à leurs moindres ennemis, ils seraient devenus la proie de celui qui les aurait attaqués le premier, s'ils n'étaient protégés par un bouclier solide, et surtout si leur petitesse ne les rendait très-difficiles à apercevoir. Mais comme leurs larves n'ont pas la première de ces ressources, elles y suppléent par un artifice auquel elles ont recours chaque fois qu'elles sont en danger. Il exsude de presque toutes les parties de leur corps une humeur visqueuse, souvent colorée et toujours dégoûtante, qu'elles peuvent faire sortir ou rentrer à volonté. Voient-elles un oiseau ou un gros insecte approcher, elles s'enveloppent aussitôt de leur liqueur protectrice, et leur ennemi, qui s'attendait à un morceau friand, ne trouve plus qu'une substance dont l'odeur et l'aspect le repoussent également. Dès que le danger est passé, la larve rassurée résorbe la matière devenue inutile pour le moment, et la met en réserve pour une circonstance semblable.

Ce genre, non moins nombreux que le précédent, comprend entre autres espèces, la *chrysomèle sanguinolente*, la C. *céréale*, la C. *du peuplier*, la C. *violette*, etc., qui sont communes en France.

Les GALÉRUQUES (*galeruca*) ont de nombreux rapports avec les chrysomèles ; mais, indépendamment des caractères que nous avons exposés dans le tableau des cycliques, les premières diffèrent des dernières par leurs antennes qui sont plus longues que la moitié du corps, et par la forme de ce dernier qui est plus allongé et moins convexe.

Ces insectes, tous de petite ou de moyenne taille, ont, comme les eumolpes, la tête et le corselet rétrécis et moins larges que l'abdomen. Ils vivent sur les plantes, et rongent le parenchyme de leurs feuilles ; et, quoique de petite taille, plusieurs des espèces de nos pays pullulent à tel point, qu'elles causent des dommages considérables à nos forêts, à nos vergers et à nos champs. Leurs larves surtout sont d'une voracité incroyable : heureusement elles attaquent souvent des plantes inutiles, et par conséquent ne nous causent pas grand dommage.

On peut diviser ce genre en deux groupes, les *lupères* et les *galéruques* propres.

1° Les Lupères (*luperus*) ont les antennes composées d'articles cylindriques, et pour le moins aussi longues que le corps ; tels sont le *lupère flavipède* et le L. *à petite suture*.

2° Les Galéruques propres ont les antennes plus courtes que le corps, et se terminant insensiblement en massue allongée. On trouve aux environs de Paris plusieurs espèces de ce sous-genre : la *galéruque de l'orme* a trois lignes de long, est d'un gris-jaune ou verdâtre, avec trois taches noires sur le corselet et une raie de la même couleur sur chaque élytre; la G. *de la tanaisie* à cinq lignes, est très-noire et n'a point ses élytres striées; la G. *du nénuphar*, la G. *sanguine*, la G. *du saule* se rapportent également à ce sous-genre.

Les ALTISES (*altica*) ressemblent beaucoup aux galéruques par leur forme ovale et par la longueur des antennes. Mais, outre que leur taille est plus petite, les premières ont, dans le renflement de leurs cuisses de derrière, un caractère qui les distingue sur-le-champ et des galéruques et de tous les autres cycliques. Cette conformation des membres postérieurs rend les *altises* éminemment propres au saut; et c'est à la faculté qu'elles ont de sauter, qu'elles doivent leur nom scientifique qui vient du grec ἁλτικός (*sauteur*), et la dénomination de *puces de jardins*, qu'on donne à certaines espèces communes dans tous les endroits où l'on cultive les plantes potagères. Mais, si cette disposition des appendices locomoteurs est favorable au saut, elle est tout-à-fait contraire à la marche; aussi les *altises* marchent-elles mal et lentement. De plus, souvent elles se tiennent immobiles sur les plantes dont elles font leur nourriture, et ce n'est que lorsqu'on s'approche un peu trop, qu'elles se détachent tout-à-coup et s'élancent à plusieurs pieds de distance.

On connaît près de cent espèces de ce genre, dont les principales sont l'*altise bleue*, l'A. *des jardins*, l'A. *du chou*, l'A. *des bois*, etc.

VIIe Famille. — CLAVIPALPES.

Les coléoptères de cette famille se distinguent des précédents d'abord par la dilatation que présentent les trois premiers articles de leurs tarses, ensuite par la forme de leurs antennes, qui se terminent en une masse très-distincte et perfoliée, et enfin par la disposition de leurs mâchoires, qui sont armées au côté interne d'un ongle ou d'une dent cornée.

Les espèces de ce groupe peu nombreux ont toutes le corps arrondi, bombé supérieurement et aplati en dessous, de manière à former une demi-sphère à peine saillante vers sa partie antérieure, où se trouvent la tête et les antennes. La forme des organes de la bouche indique que les *clavipalpes* sont des rongeurs. Leurs mandibules sont échancrées ou armées de dents à leur extrémité, et leurs palpes se terminent par un article plus gros que les autres et qui prend presque la forme d'un croissant dans les palpes maxillaires. C'est même à cette disposition particulière des palpes que ces insectes doivent leur nom de *clavipalpes*, qui veut dire palpes en massue. La plupart de ces insectes sont de petite taille, et vivent dans les champignons qui croissent sur les vieux troncs, sous les écorces des arbres, etc.

Cette famille ne comprend que trois genres principaux : les *érotyles*, les *triplax* et les *phalacres*.

Le genre ÉROTYLE (*erotylus*) ne comprend que des espèces exotiques, toutes originaires de l'Amérique-Méridionale, où elles se trouvent en grand nombre. Les insectes de ce groupe, avant d'avoir été réunis, étaient placés les uns parmi les chrysomèles, dont nous avons fait l'histoire dans la famille précédente, les autres parmi les coccinelles, dont nous parlerons dans la famille qui suit, selon que leur corps était plus ovale ou plus hémisphérique. Il était d'autant plus naturel de les séparer de ces deux genres pour les grouper ensemble, qu'ils unissent au caractère d'avoir une patrie commune, celui d'avoir les antennes formées dans leur milieu d'articles cylindriques, et à l'extrémité d'articles en massue ; en outre le dernier article des palpes maxillaires est dilaté en forme de hache ou de croissant. On connaît peu les mœurs de ces clavipalpes ; mais, si ce qu'en rapportent les voyageurs est vrai, leurs habitudes ne sont pas en rapport avec leur organisation. Tandis que leurs organes buccaux annoncent des insectes rongeurs, les récits des naturalistes qui les ont observés dans leur patrie, nous les représentent comme vivant sur les fleurs, du moins à l'état parfait ; car leurs larves nous sont complètement inconnues.

La principale espèce de ce genre est l'*érotyle géant*, qui a dix lignes de long et cinq de large. Tout son corps est d'un noir luisant, excepté ses élytres sur lesquelles on trouve, sur un fond de cette couleur, une trentaine de points rouges.

Les TRIPLAX (*triplax*), aussi appelés *tritomes* par certains naturalistes, entre autres par Fabricius, ressemblent aux érotyles par leur forme tantôt ovale, tantôt hémisphérique, et par le dernier article de leurs palpes. Mais leurs articles antennaires, qui ne font pas partie de la massue, au lieu d'être allongés et cylindriques, sont plus ou moins arrondis et semblables à des grains de chapelet ou de collier. Quoiqu'on trouve aux environs de Paris plusieurs espèces de ce genre, leurs habitudes ne sont pas plus connues que celles des érotyles : on n'a donc pas pu avoir recours à ce caractère pour les distinguer entre elles ; on s'est servi pour cela de la forme du corps. Celles qui l'ont oblong sont nommées *triplax* ; tels sont le T. *nigripenne*, qui est d'un rouge fauve avec les élytres noires, et le T. *rufipède*, qui a à-peu-près les mêmes couleurs, mais dont les élytres sont striées. Celles qui l'ont hémisphérique prennent le nom de *tritomes* ; tel est le T. *à deux pustules*, qui est d'un noir luisant, avec une tache d'un rouge vif à la base de chaque élytre.

Les PHALACRES (*phalacrus*) ont pour principal caractère distinctif d'avoir le dernier article des palpes maxillaires ovalaire, et non terminé en hache ou en croissant. Du reste, leur forme est la même que chez les tritomes, c'est-à-dire qu'ils ont le corps court et à-peu-près hémisphérique ; leur corselet et leurs élytres ne sont jamais marqués de ces stries ni de ces points enfoncés, que nous offrent presque constamment les espèces des deux genres qui précèdent. Ces insectes, qui ont tous la taille très-petite, sont en général d'une couleur brune ou noire, et vivent sur les fleurs. L'été, ils ont la démarche très-preste, et l'on a de la peine à les saisir et encore plus à les retenir, à raison de leur poli qui les fait glisser facilement entre les doigts. Mais il n'en est pas de même l'hiver : ils passent toute cette saison sous les écorces d'arbres, où sans doute elles subissent aussi leurs métamorphoses.

On connaît six ou sept espèces de ce genre, qui sont presque toutes propres aux environs de Paris : le *phalacre luisant*, le P. *bronzé*, le P. *sans taches*, le P. *bicolore* et le P. *cortical* sont les espèces les plus communes.

VIe Sous-Ordre. — COLÉOPTÈRES TRIMÈRES.

Ce groupe, le moins nombreux de l'ordre, renferme les coléoptères qui n'ont que trois articles aux tarses. La plupart d'entre eux, surtout ceux des deux premières familles, ont d'intimes rapports avec les espèces qui terminent le sous-ordre précédent : ainsi ils ont le corps hémisphérique ou du moins très-ovale, les antennes terminées en massue, et les pattes courtes et rétractiles, sous les bords du corselet et des élytres. Mais ceux de la troisième famille s'éloignent beaucoup des autres par leur organisation et par leurs habitudes, qui paraissent être plus analogues à celles des brachélytres, qui font partie du sous-ordre des coléoptères pentamères.

Nous diviserons donc les trimères en trois familles; ce sont les *aphidiphages*, les *fongicoles* et les *psélaphiens.*

Ire Famille. — APHIDIPHAGES.

Cette petite famille se compose, en très-grande partie, d'insectes ayant le corps presque hémisphérique, le corselet très-court, plus large que long, et échancré par devant en forme de croissant. Leurs antennes sont toujours clavicornes et plus courtes que le corselet, et le dernier article de leurs palpes est en forme de hache.

Cette famille ne renferme que deux genres : les *coccinelles,* qui ont le corps bombé et la tête découverte, et les *clypéastres,* qui ont le corps aplati en forme de bouclier, et la tête cachée sous un corselet presque demi-circulaire.

Le premier genre, celui des COCCINELLES (*coccinella*) (pl. XXXIII, *fig.* 14), comprend les insectes connus de tout le monde sous le nom de *bêtes à dieu, bêtes de la vierge, scarabées tortues,* etc. Ils sont très-remarquables par leur forme presque globuleuse, par la brièveté de leurs pattes et de leurs antennes, et par la variété de leurs couleurs. Sur un fond uni, jaune ou rouge, ils offrent des taches régulières de couleur foncée, qui ressemblent à une pièce de marquetterie pleine de grâce; leurs élytres bombées et parfaitement adossées l'une à l'autre paraissent leur former une petite coquille, sous laquelle ils se cachent comme les tortues. L'élégance de leur corps et la beauté de leurs couleurs les font aimer de tout le monde, et surtout des enfants. On serait presque tenté de regretter que ces jolis animaux soient obligés, pour vivre, de détruire d'autres insectes; car les *coccinelles* sont essentiellement carnassières : elles dévorent une grande quantité de pucerons, soit à l'état de larves, soit sous la forme d'insecte parfait. Mais il ne faut pas que ce penchant empêche de rechercher ces charmants coléoptères; il doit au contraire nous les faire aimer davantage. Les pucerons sont si nuisibles au jardinage et à l'agriculture, qu'on ne peut que bénir le Créateur de leur avoir donné beaucoup d'ennemis.

Les *coccinelles* sont extrêmement communes dans tous les

pays; les petits oiseaux en dévorent une immense quantité, malgré la solidité de leurs élytres et l'humeur fétide qu'ils répandent lorsqu'ils se voient pris. Les principales espèces de ce genre sont : la *coccinelle à sept points*, la C. *à deux points*, la C. *à deux pustules*, etc., toutes communes aux environs de Paris.

Le nom de CLYPÉASTRES (*cylpeaster*) a été donné à ces petits insectes, parce que leur corselet uni à leurs élytres, forment au-dessus de leur corps, une espèce de carapace qu'on a comparée au bouclier dont les anciens se servaient dans les combats; et la comparaison est d'autant plus juste, que la carapace des *clypéastres* a non-seulement la forme, mais encore les usages des boucliers d'autrefois, car elle sert d'abri à l'animal. L'aplatissement que présente le corps de ces insectes, doit faire pressentir leurs habitudes. Cette forme est évidemment destinée à leur permettre de s'introduire sous les écorces des arbres ou sous les pierres; et c'est en effet dans ces retraites que toutes les espèces connues de ce genre ont été découvertes. On ignore la nourriture dont ils font principalement usage; mais tout porte à croire que les petits insectes ou leurs larves en font la base principale.

Parmi les espèces européennes nous citerons le C. *noir*.

II.ᵉ Famille. — FONGICOLES.

Dans les aphidiphages, le corselet est transversal et beaucoup plus large que long, tandis que dans les *fongicoles* cette partie du corps est à-peu-près trapézoïde ou de forme plus ou moins carrée.

Cette famille, quoique composée de deux genres comme la précédente, n'est pas à beaucoup près aussi nombreuse, ni aussi intéressante; la plupart des insectes qu'elle comprend sont étrangers à l'Europe et n'habitent que les régions australes de l'Inde et de l'Océanie. Les espèces qui habitent nos pays sont toutes de petite taille, ont le corps oblong et vivent les uns sur les champignons, les autres sous les écorces d'arbres; on ignore leurs habitudes et leurs métamorphoses.

Les deux genres de cette famille sont les *endomyques* et les *eumorphes*.

Les ENDOMYQUES (*endomychus*) se distinguent du genre

suivant par la proportion relative du troisième article des antennes, qui ne dépasse pas les autres en longueur ; ces organes
sont aussi terminés en massue. On divise ce genre en deux
sous-genres, d'après la forme des palpes.

1° Les Endomyques propres les ont tous en massue ; tels sont
l'E. *écarlate*, qui a la tête noire avec le corselet et les élytres
rouges tachetées de noir ; l'E. *des lycoperdons*, qui est noir ;
et l'E. *à bandes*, qui est fauve avec une grande tache noirâtre
sur chaque élytre. Ces trois espèces se trouvent aux environs
de Paris.

2° Les Lycoperdines (*lycoperdina*) ont les palpes maxillaires
filiformes ; telle est la L. *large-bande*, qui est d'un rouge brun
avec une large bande noire sur chaque élytre.

Les EUMORPHES (*eumorphus*) ont le troisième article des
antennes beaucoup plus long que les précédents et les suivants.
Ils sont tous d'Amérique ou des Indes-Orientales. Les principales espèces de ce genre sont l'E. *marginé* et l'E. *sans bordure*,
qui sont l'un et l'autre noirs, et qui se trouvent dans les îles
de la mer du Sud.

IIIe Famille. — Psélaphiens.

Trois caractères bien tranchés distinguent les *psélaphiens*
des fongicoles et des aphidiphages ; ce sont 1° la forme allongée de leur corps ; 2° la brièveté de leurs élytres qui ne couvrent guère que la moitié de l'abdomen ; et 3° la longueur de
leurs palpes maxillaires qui dépasse souvent celles de la tête.

Ces caractères impriment à la physionomie de ces insectes
un aspect tout différent de celui des autres trimères et leur
donnent beaucoup plus de rapports avec les pentamères de la
famille des brachélytres, quoiqu'il soit facile de les distinguer
de ces derniers, même de loin, à la forme moins allongée de
leur abdomen et surtout à la massue qui termine leurs antennes.

On trouve ces insectes à terre, sous les feuilles et parmi les
débris des végétaux : quelques-uns se tiennent dans les fourmilières, dans lesquelles ils font de grands ravages.

On divise cette famille en trois genres principaux, les *dionyx*, les *psélaphes*, et les *clavigères*.

Les DIONYX (*dionyx*) ou *chennies* sont faciles à reconnaître à deux caractères : leurs antennes sont composées de onze articles, et leur dernier article des tarses est armé de deux crochets ; c'est même à cette dernière particularité, unique parmi les psélaphiens, que ces insectes doivent leur nom, qui veut dire *ongle double*.

On divise ce genre en deux sous-genres, les *chennies* et les *dionyx propres*.

1° Les Chennies (*chennieum*) ont les dix premiers articles des antennes lenticulaires et à-peu-près semblables, le onzième est seul renflé et constitue la massue. Nous avons en France une espèce de cette section, c'est la C. *bituberculée*, qui a deux lignes de long, est d'un fauve marron et offre sur la tête plusieurs impressions et tubercules saillants.

2° Les Dionyx ont les articles antennaires très-variables pour la forme, les uns sont petits et grenus, les autres gros et cylindriques, d'autres coniques et le dernier est ovoïde. Ces insectes sont exotiques.

Les PSÉLAPHALES (*pselaphus*) ont comme les précédents onze articles aux antennes ; mais leur dernier article tarsien n'a qu'un seul crochet à son extrémité.

Ce genre est extrêmement nombreux en espèces, mais les individus n'en sont pas communs ; et comme d'ailleurs ils sont tous de très-petite taille, ils sont difficiles à apercevoir, d'autant plus que la plupart d'entre eux se tiennent cachés sous la mousse, parmi les feuilles et dans les débris du bois en décomposition.

Nous citerons de ce genre le Ps. *sanguin*, le Ps. *hématique*, le Ps. *bulbifer*, etc., qui se trouvent tous aux environs de Paris : aucun n'a plus d'une ligne de long.

Les CLAVIGÈRES (*claviger*) diffèrent des deux genres précédents par le nombre des articles de leurs antennes qui ne dépasse jamais six. Leur taille est également très-petite. On n'en trouve aucune espèce en France ; la principale est la C. *testacée*, qu'on rencontre en Allemagne dans les fourmilières.

V° Ordre. — ORTHOPTÈRES.

Deux caractères principaux distinguent les *orthoptères* des coléoptères : 1° les ailes antérieures de ces derniers, dures et coriaces, sont étendues toujours sur le dos de l'animal et se touchent par des bords si unis, qu'elles paroissent soudées ensemble ; leurs ailes membraneuses sont allongées et étroites, et simplement pliées en trone pour être recouvertes par les élytres. Dans les *orthoptères*, les élytres, d'ailleurs moins dures, sont presque toujours couchées en toit sur le dos de l'insecte, et ne se touchent qu'imparfaitement par leur bord et souvent même chevauchent l'une sur l'autre ; les véritables ailes, toujours plus larges que les élytres, sont pliées en éventail dans le sens de leur longueur. 2° La bouche des *orthoptères*, comme celle des coléoptères, est propre au broiement de substances solides, et se compose d'un labre, de deux mandibules, de deux mâchoires et d'une lèvre inférieure ; mais chez les coléoptères, le palpe maxillaire interne, manque ou a la forme des autres palpes, tandis que chez les *orthoptères*, il existe toujours et prend la forme d'une espèce de casque, qui recouvre la mâchoire et semble la protéger : on le désigne sous le nom de *galéa*, mot tiré du latin *galea*, casque. De plus, leur lèvre inférieure ou plutôt leur *languette* est constamment bifide et porte de chaque côté un palpe bien développé ; ce qui lui donne de la ressemblance avec les mâchoires.

La *forme* des orthoptères varie plus que celle des coléoptères ; ceux-ci ont presque toujours le corps oblong, ovale ou globuleux ; chez les *orthoptères* il est généralement plus allongé et quelquefois presque linéaire. Leur *tête* est grosse et toujours distincte du thorax ; leurs *antennes* sont généralement longues et toujours sétiformes ou filiformes ; ils ont ordinairement deux ou trois *stemmates* ou yeux lisses et deux *yeux composés* très-gros ; leur *thorax* est presque toujours bien séparé de l'abdomen ; le *prothorax* est grand et se fait remarquer par des formes bizarres ; ils n'ont jamais d'*écusson* ; leurs *élytres* avortent quelquefois, leurs *ailes* presque jamais ; mais leur *vol* est rarement soutenu, quelquefois même il ne peut s'effectuer. Les *pattes* sont ordinairement longues, cependant ils *marchent* généralement mal ; les espèces qui ont les pattes postérieures plus longues et plus fortes *sautent* néanmoins fort bien.

L'*abdomen* des *orthoptères* est peu consistant, est ordinairement allongé et se termine souvent chez les femelles, par une tarière formée de deux lames propres à servir de *pondoir*, ou par d'autres appendices de forme variable.

Les *orthoptères* pondent une assez grande quantité d'*œufs* ; ils les enveloppent dans un *cocon* qu'ils cachent avec soin et qu'ils surveillent quelquefois. Les *larves* qui en proviennent ne diffèrent presque pas de l'insecte parfait, soit pour le genre de vie, soit pour la conformation extérieure ; le défaut d'*ailes* est le principal caractère qui la fasse reconnaître. La *nymphe*, qui diffère de la larve et de l'insecte parfait par la présence d'un rudiment d'ailes, est active et se nourrit des mêmes substances. Du reste, la durée des *métamorphoses* est variable, quoiqu'elle ne soit jamais aussi longue que chez les coléoptères ; elle est généralement bornée à l'espace d'un an ; pendant ce temps l'insecte éprouve environ six mues.

Le genre de vie des *orthoptères* offre peu de variété ; tous ces insectes sont terrestres sous leurs trois états, et préfèrent en général les substances végétales aux matières animales. Ils ont par conséquent le canal intestinal très-développé ; on leur trouve toujours un premier estomac ou jabot, suivi d'un gésier musculeux, garni intérieurement de pièces solides et cornées, propres à broyer les substances végétales. Mais ce genre de vie ne fait que rendre l'ordre des *orthoptères* plus nuisible, en ce qu'ils attaquent nos provisions, nos céréales, nos légumes, etc. Ils font d'autant plus de dégâts qu'ils sont en plus grand nombre ; et ils se multiplient quelquefois à un tel point qu'ils deviennent un véritable fléau ; dans les pays chauds surtout, ils commettent des ravages incalculables.

L'ordre des *orthoptères* est incomparablement moins étendu que celui qui précède ; il ne comprend que deux familles : les *Orthoptères coureurs* et les *Orthoptères sauteurs*.

Ire Famille. — Coureurs (pl. XXXIV).

Les insectes de cette première famille se distinguent de ceux de la suivante, en ce qu'ils ont tous leurs pieds égaux et propres à la marche ; caractère bien facile à saisir, mais qui réunit des animaux très-disparates. En effet, les quatre genres compris dans ce groupe, les *forficules* ou *perce-oreilles*, les *blattes*, les *mantes* et les *spectres*, pourraient former chacun une famille distincte ; les seuls traits qui leur soient communs, ce sont l'égalité et la similitude de toutes leurs pattes, et l'impossibilité de faire entendre aucun son.

Les FORFICULES (*forficula*) (*fig.* 1) ou *perce-oreilles* tirent leur premier nom, qui signifie *tenailles*, de deux prolongements écailleux, qui terminent leur abdomen, et qui étant mobiles comme les branches de cet instrument, leur servent d'armes offensives. Quant à la dénomination de *perce-oreilles*, qu'on leur donne vulgairement, elle est fondée sur un préjugé très-répandu, qui attribue à ces insectes l'habitude de s'introduire dans l'intérieur du crâne, en perçant l'oreille ou plutôt le tympan, préjugé si ridicule et si absurde qu'il ne mérite même pas d'être réfuté.

On reconnaîtra toujours facilement les *forficules*, à leur forme allongée et surtout à la tenaille qui termine leur corps en arrière. Ils sont si agiles et s'agitent tant, lorsqu'on cherche à les prendre, que l'on a de la peine à y parvenir ; et pour peu qu'on néglige de les bien tenir, ils s'échappent des mains au moment où l'on y pense le moins.

Ces insectes sont très-communs dans tous les lieux frais et humides, où on les trouve réunis en troupes sous les pierres, le bois pourri, etc. Ils sont très-voraces et détruisent beaucoup de fruits dans les jardins ; il paraît même qu'ils s'attaquent quelquefois aux cadavres qu'ils rencontrent, et n'épargnent pas même ceux de leur propre espèce.

Une particularité remarquable de leur vie, c'est le soin que les femelles prennent de leur progéniture. Sans doute il n'est pas rare de voir les insectes pourvoir avec sollicitude aux besoins futurs de leur postérité ; mais une fois cette précaution prise, il y en a très-peu qui s'occupent du résultat de leurs soins. Les *perce-oreilles* au contraire ne quittent jamais leurs œufs, qu'ils semblent couver ; si on les disperse, ils les rassemblent de nouveau pour les faire éclore. A leur sortie de l'œuf, les larves accompagnent partout leur mère, qui les protège et les défend, comme une poule ses petits.

Nous avons en France deux espèces de ce genre : le *grand* et le *petit perce-oreilles.*

Sous le rapport des formes, les BLATTES (*blatta*) (*fig.* 2) sont tout l'opposé des forficules ; tandis que ces derniers ont le corps élancé et la tête saillante, les *blattes* sont ovales ou rondes, plattes, trapues, et ont la tête cachée par le corselet, au-delà duquel on ne distingue que leurs longues antennes.

Mais malgré la lourdeur apparente de leur corps, ces insectes ne sont pas moins agiles ; ils courent avec tant de rapidité qu'il est difficile de les attraper ; d'autant plus qu'ils se cachent dans les moindres trous ou fentes du plancher, et qu'ils ne sortent de leur retraite que la nuit ; ce qui leur avait fait donner par les anciens le nom de *lucifugæ.*

On croyait autrefois que ces orthoptères ne pondaient que deux œufs ; ce qui rendait inexplicable leur multiplication excessive. Mais on s'est aperçu, en les observant de près, que ces prétendus œufs n'étaient que des cocons, remplis de germe très-nombreux, que la femelle emporte partout avec elle, comme le font certaines araignées.

Les *blattes* vivent généralement dans nos maisons, et surtout dans les cuisines, les boulangeries, les moulins, etc. ; leur voracité n'épargne rien : les provisions de bouche, les cuirs, les lainages, etc., tout est bon pour leur voracité. Celles surtout qu'on désigne aux colonies sous le nom de *cackerlacs* se rendent insupportables ; elles attaquent jusqu'au bottes et souliers.

Les espèces les plus célèbres de ce genre sont la *blatte orientale* ou des *cuisines*, et le *cackerlac* ou *blatte d'Amérique*.

Les MANTES (*mantis*) (*fig. 8*) se distinguent des deux genres précédents, parce qu'elles ont cinq articles aux tarses, le corps étroit et allongé, la tête très-saillante au-delà du corselet, et surtout par la forme de leurs pattes de devant, dont la jambe est épineuse et peut se rapprocher à la cuisse également épineuse, de manière à former avec ces deux parties une espèce de pince propre à retenir une proie. Aussi les *mantes* sont-elles toutes carnassières et vivent uniquement d'insectes ; quelquefois même, les femelles, de même que les araignées, dévorent les mâles qui sont en général plus petits qu'elles. Indépendamment de ces caractères, la bizarrerie de forme qui est propre aux *mantes*, empêchera toujours de confondre ces insectes avec les forficules et les blattes. A voir leur corps long et mince, leurs pattes grêles et décharnées, leur abdomen saillant et leurs ailes larges et étendues, on les prendrait pour des fantômes. Dans certains pays on a cru leur trouver quelque ressemblance avec des *religieuses*; aussi leur donne-t-on le nom de *religieuses* ou de *prie-dieu*.

Ces orthoptères sont rares en Europe ; on n'en trouve qu'une espèce dans les départemens méridionaux de la France, où les paysans les appellent *grégadious* ou *prie-dieu*. Ils se tiennent sur les arbres, au milieu des feuilles, parmi lesquelles ils sont difciles à apercevoir, à cause de leur couleur verte et de la forme large de leurs ailes, qui se confondent avec la verdure de ces feuilles.

Les SPECTRES (*phasma*) sont faciles à reconnaître parmi tous les orthoptères connus, à la brièveté du corselet qui est le plus court des segments du thorax, tandis que dans les trois genres précédents, comme aussi dans tous ceux de la famille suivante, il est plus long et plus développé qu'aucun des autres. Leurs formes sont encore plus bizarres que celles des mantes. Les uns ont le corps aplati et presque semblable à une feuille de végétal ; les autres l'ont allongé presque comme un brin de paille ou une petite branche d'arbre.

Tous ces insectes sont phytophages, et se tiennent ordinairement sur les arbres et parmi les feuilles, au milieu desquelles il leur est d'autant plus facile de se cacher, que leurs couleurs sont à-peu-près les mêmes que celles des végétaux qui leur servent de retraite. Une seule des espèces de ce genre se trouve en Europe ; toutes les autres appartiennent aux contrées méridionales de l'Amérique ou de l'ancien continent.

On divise ce genre en deux sous-genres : les *phasmes* et les *phyllies*.

1° Les PHASMES ont le corps linéaire et semblable à un petit bâtonnet ; tel est le P. *rossien*, qu'on trouve dans la France méridionale. Tel est encore le P. *géant* qui atteint quelquefois dix pouces de long et qu'on trouve dans l'Inde.

2° Les PHYLLIES (*phyllium*) ont le corps membraneux et aplati comme une feuille. Tel est le P. *feuille sèche*, qui est d'un vert pâle et qu'on trouve dans l'Inde, comme le phasme géant.

IIe *Famille*. — SAUTEURS (pl. XXXIV).

Ces orthoptères sont faciles à reconnaître à la longueur et à la force de leurs pattes postérieures, qui leur permettent de sauter avec une agilité peu inférieure à celles des puces, ce qui leur a fait donner partout le nom de *sauterelles* ; et ce caractère est si tranché, qu'il est très-difficile d'habituer les personnes qui ne s'occupent pas d'histoire naturelle, à désigner sous un autre nom les différents genres qui composent cette famille assez nombreuse.

Les mâles des insectes de ce groupe produisent tous un son bruyant et monotone, tantôt en frottant l'un contre l'autre les bords intérieurs de leurs élytres, tantôt en froissant le bord postérieur de ces organes contre leurs cuisses, qui font ainsi l'office d'un archet de violon. Tous ces insectes sont phyllophages et se tiennent soit sur les arbres, soit à terre, où ils cherchent leur nourriture. C'est dans la terre que les femelles déposent leurs œufs. A l'aide de leur longue tarrière qui est en forme de sabre, elles font un trou assez profond, pour qu'un animal ne puisse aller les y chercher.

Cette famille est tellement naturelle qu'on pourrait n'en faire qu'un seul genre ; cependant, pour plus de facilité, on la divise en trois : les *grillons*, les *sauterelles* et les *criquets*.

Il n'est personne qui n'ait vu des GRILLONS (*gryllus*) (*fig.* 4), insectes faciles à reconnaître à la position de leurs élytres qui sont placées horizontalement sur leur dos, tandis que, dans les deux genres suivants, elles sont obliques et forment comme un toit sur le corps de l'animal. Ils ont d'ailleurs les antennes longues et sétacées, et les tarses formés de trois articles seulement.

On trouve ces insectes partout, dans les champs, dans les jardins et jusque dans l'intérieur de nos maisons, où ils font entendre un cri aigu et perçant, qui leur a fait donner le nom de *crieri*. On divise ce genre en deux sous-genres : les *courtilières* et les *grillons*.

1° Les premières sont un véritable fléau pour la végétation. Armées de deux pattes antérieures également propres à creuser et à couper, elles se pratiquent des galeries souterraines pour s'y faire un abri et pour y déposer leurs œufs , et détruisent ainsi les racines de toutes les plantes qui se trouvent sur leur passage. On voit , dans tous les endroits où elles ont établi leur demeure, les jeunes plantes jaunir et tomber dans un état de langueur très-voisin de la mort. C'est probablement à leurs habitudes souterraines, et sans doute aussi à la forme de leurs pattes de devant, que ces insectes doivent le nom de *taupes-grillons*, que leur donnent les jardiniers et les cultivateurs (*fig.* 4).

Les *courtilières* sont très-communes en Europe, surtout dans les terres cultivées avec soin, parce qu'elles s'y livrent à leurs travaux avec moins de peine. Aussi sont-elles redoutées de tous les fleuristes et maraichers, qui leur font une guerre à mort, avec d'autant plus de plaisir qu'elles sont par elles-mêmes hideuses à voir. Mais elles sont difficiles à prendre, en ce qu'elles ne sortent jamais que la nuit , et que pour les tuer il faut les surprendre dans leur trou. L'espèce la plus commune de ce sous-genre est la *taupe-grillon*.

2° Qui n'a entendu quelquefois les cris monotones des *gril-*

lons? Il n'est personne qui, à la ville ou dans les champs, n'ait été importuné de leur *cricri* répété pendant des heures entières. Mais, quoique très-commun à la campagne et dans les maisons, surtout dans les endroits où l'on entretient continuellement du feu, le *grillon* n'est pas facile à apercevoir ; prudent jusqu'à la timidité, il cache sa retraite avec tout le soin dont il est capable, et n'en sort que la nuit quand ses ennemis reposent ; et, comme il est peu agile dans ses mouvements, il a soin de ne jamais s'éloigner beaucoup de sa demeure, afin d'être à portée de s'y réfugier au moindre danger qui le menace. Mais, malgré sa prudence, le *grillon* se laisse facilement attraper quand on a découvert sa retraite. Comme il se tient toujours aux aguets dans son trou à peu de distance de son ouverture, afin d'attraper les insectes qui passent près de lui, il suffit, pour l'attirer au dehors, de lui en montrer un, sur lequel il se jette avec ardeur dès qu'il l'aperçoit, ce qui le fait prendre par celui qui lui a tendu le piége. Cette ruse est très-connue des enfants, qui l'emploient toutes les fois qu'ils veulent se procurer de ces insectes.

Nous avons deux espèces de *grillons* très-communs en France : ce sont le *grillon des champs* et le *grillon domestique*, dont le premier est noir et le second de couleur blonde.

Des élytres disposées en toit, des antennes sétacées et aussi longues que le corps, et quatre articles aux tarses, forment des caractères qui ne permettent de confondre les SAUTERELLES (*locusta*), ni avec les grillons ni avec les criquets.

Bien plus agiles que les précédents, les *sauterelles*, au lieu de fuir la lumière comme eux, semblent la rechercher avec plaisir ; elles aiment à se tenir sur les petites plantes, tantôt silencieuses, tantôt bruyantes et criardes. C'est surtout lorsque le soleil est dans toute sa force, qu'elles font entendre leurs concerts discordants. Mais, si quelque bruit vient à les effrayer, elles prennent promptement la fuite, soit en sautant de plante en plante, soit en s'envolant sur leurs ailes. Mais, dans tous les cas, elles ne vont pas bien loin ; après avoir franchi une distance de quelques pieds, elles s'arrêtent un moment, à moins que, poursuivies trop vivement, elles ne soient forcées de reprendre immédiatement leur essor.

Ces insectes sont extrêmement communs dans les champs et dans les prairies, malgré la destruction que les oiseaux insectivores en font pendant tout l'été. Ils sont si féconds que

rien ne peut les détruire. Les femelles pondent leurs œufs dans
une coque qu'elles cachent profondément dans la terre, et d'où
il sort des petits qui jouissent de toute leur agilité aussitôt
après leur naissance, ce qui les expose à beaucoup moins de
dangers, que les larves qui naissent privées de pattes.

Nous avons plusieurs espèces de ce genre en France : la
verte ou *grande sauterelle* y est surtout très-commune ; la
feuille de lis l'est beaucoup moins ; la *ronge-verrue*, autre
espèce, qu'on trouve dans le Nord, a été ainsi nommée parce
qu'on dit qu'en mordant les doigts des personnes qui ont des
verrues, elle y verse une liqueur noire qui fait tomber ces excroissances.

Les CRIQUETS (*acridium*) (*fig.* 5) diffèrent des deux genres
précédents par leurs élytres en toit, par le nombre de leurs
articles tarsiens qui est de quatre, et par la brièveté de leurs
antennes, qui ne sont jamais aussi longues que le corps entier
de l'animal.

Ces insectes, que le vulgaire confond avec les précédents
sous le nom commun de *sauterelles*, sont les plus redoutables
que l'on connaisse, à cause de leur voracité et de leur fécondité
prodigieuse. L'espèce voyageuse, qu'on nomme ordinairement
sauterelle de passage, est surtout renommée par les dégâts
qu'elle occasionne, dans les migrations qu'elle est forcée de
faire de temps en temps. Elle vole par bandes tellement
nombreuses qu'elles interceptent la lumière du soleil, comme
un nuage qui passe. Malheur au pays sur lequel la nuit sur-
prend ces insectes ! ils s'y abattent avec la rapidité de la grêle,
le recouvrent dans plusieurs lieues carrées d'étendue comme
d'un immense réseau, et y détruisent en un instant jusqu'aux
moindres traces de la végétation ; non-seulement ils dévorent
toutes les feuilles, ils n'épargnent pas même l'écorce ni les
jeunes branches ; de sorte que lorsqu'ils s'en vont, on dirait
que le pays a été dévoré par un vaste incendie. Pour se faire
une idée de leur nombre, il suffira de dire qu'en certains endroits on a, après leur départ, rempli, des œufs qu'ils avaient
pondus, jusqu'à trois mille vases, dont chacun en contenait
près de deux millions. Aussi la grêle, la peste et la famine ne
sont pas des fléaux plus à craindre que leur apparition. Heureusement il faut peu de chose pour les détruire : un coup de
vent violent, une pluie battante les font périr par myriades ;
mais dans ce cas, il n'est pas rare que l'accumulation de leurs

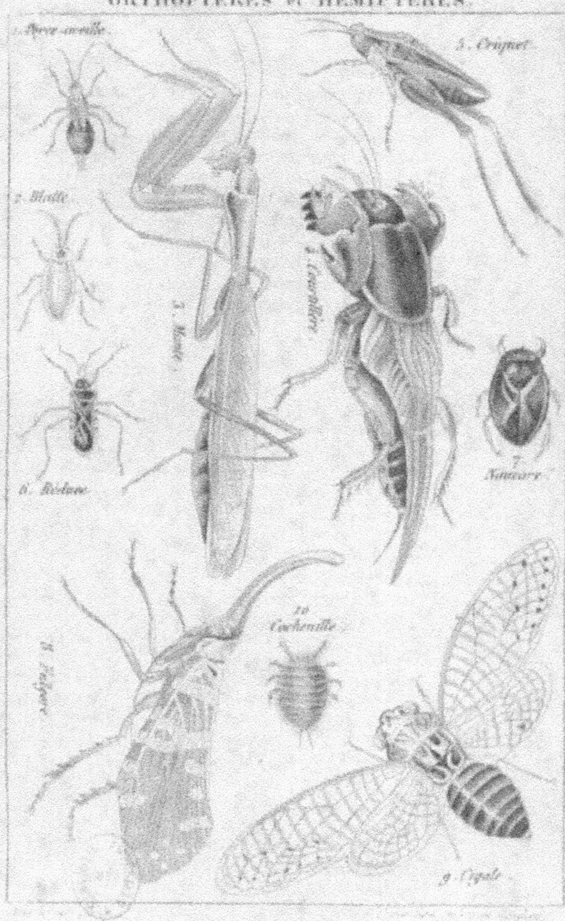
1. Perce-oreille.
5. Criquet.
4. Courtillière.
2. Blatte.
3. Mante.
7. Nauore.
6. Réduve.
8. Fulgore.
10. Cochenille.
9. Cigale.

cadavres en putréfaction, produise des maladies épidémiques meurtrières, et quelquefois même la peste.

Ces émigrations des *criquets* n'ont lieu qu'à des époques éloignées, lorsque s'étant multipliés outre mesure par quelque cause qui en a favorisé le développement, ils ne trouvent plus dans leur pays de quoi satisfaire leurs besoins. Dans les années ordinaires, bien loin d'être un fléau, ils rendent des services, car on les mange après leur avoir ôté les pattes et les ailes; il s'en fait même, dit-on, un assez grand commerce en Orient, d'où ils paraissent originaires. Nous avons en France, le C. *bruyant* ou *à ailes rouges*, le C. *bleuâtre*, le C. *germanique*, etc.

VIe *Ordre.* — HÉMIPTÈRES.

Ce n'est pas dans la structure des élytres qu'il faut chercher le caractère distinctif des *hémiptères*, ainsi que pourrait le faire présumer leur nom, qui en grec veut dire *demi-ailes*. Si quelques-uns d'entre eux peuvent être reconnus à la disposition de ces organes, qui sont en effet moitié coriaces, moitié membraneux, le plus grand nombre, sans contredit, ont ces appendices différents, soit qu'ils en manquent absolument, soit qu'ils les aient de consistance uniforme dans toute leur étendue. Les *hémiptères* peuvent donc être privés d'ailes ou en avoir quatre, tantôt toutes membraneuses, tantôt partie membraneuses, partie coriaces; dans ce dernier cas, les élytres sont le plus souvent consistantes et opaques à leur base, et transparentes et légères à leur extrémité; les ailes sont par conséquent trop variables dans leur forme, leur nombre et leur structure, pour pouvoir servir à les caractériser. C'est dans la conformation des organes buccaux que nous trouverons les moyens de distinguer ces insectes de tous les autres animaux de leur classe. Ils n'ont jamais ni lèvres, ni mandibules, ni mâchoires. Leur bouche consiste en une gouttière de trois ou quatre articles, formés par la languette, dans l'intérieur de laquelle se meuvent quatre soies grêles, dont les inférieures sont réunies à leur base, et qui représentent les mandibules et les mâchoires des insectes broyeurs. La lèvre supérieure est représentée par un petit appendice qui sert à couvrir supérieurement la gouttière dont nous avons parlé, et la transforme en un canal complet. Quant aux palpes, ils manquent généralement, excepté chez certaines espèces aquatiques, qui nous offrent des rudiments de ceux de la languette.

Cette espèce de bouche a reçu le nom particulier de *bec* ou de *rostre* ; elle est par sa structure tout-à-fait impropre à broyer une nourriture solide, et ne peut servir qu'à percer l'écorce des plantes et la peau des animaux, dont les humeurs leur servent de nourriture.

La *forme* des hémiptères est plus généralement ovale que longue ou circulaire, et toujours elle est fortement déprimée. Leur *tête* est petite, excepté chez les cigales qui l'ont aussi large que le corselet ; elle est aussi ordinairement sessile ou attachée au corselet par toute son étendue ; elle porte, outre les deux *yeux* à facettes, deux *stemmates*, dont la position variable les rend difficiles à apercevoir. Les *antennes* sont généralement courtes, n'offrent jamais plus de dix articles, et n'en ont le plus souvent que quatre ou cinq ; quelquefois même elles sont si petites, qu'il devient difficile de les distinguer.

Le premier segment du *thorax* est toujours plus développé que les deux autres, et constitue un *véritable corselet* rétréci en avant et ayant la forme d'un triangle ou d'un trapèze. L'*abdomen* n'offre rien de remarquable dans la plupart des hémiptères ; mais dans quelques-uns (les cigales) il se termine par une tarière propre à introduire les œufs, dans un endroit favorable à leur développement. Les *pattes* ont presque constamment les tarses de trois articles ; mais du reste elles varient beaucoup pour la forme ou pour la destination. Quant aux *ailes*, nous avons exposé les principales particularités de structure qu'elles présentent chez ces insectes.

Leur *canal intestinal* en offre de non moins remarquables ; sans parler de l'organisation de la bouche, qui chez eux est si différente de celle des coléoptères et des orthoptères, leur œsophage reçoit de nombreux vaisseaux salivaires, et se dilate à son extrémité en un jabot fort vaste, auquel succède le ventricule chylifique, qui reçoit les canaux biliaires et qui par conséquent correspond au duodénum des animaux supérieurs.

Les *habitudes* des hémiptères sont plus variables que celles des orthoptères ; il y en a des espèces terrestres et des espèces aquatiques ; la plupart sont carnassières, mais plusieurs sont phytophages. Quelques-uns vivent en parasites, sur certaines plantes dont ils altèrent souvent la santé. Un grand nombre exhalent de l'odeur, et la communiquent aux objets qu'ils touchent.

Les *hémiptères* ne subissent jamais de véritables métamorphoses ; leurs changements, très-analogues à ceux des orthoptères, se bornent au développement des ailes, qu'ils n'ont pas dans leurs deux premiers états. Du reste l'animal présente, dans les trois périodes de son existence, la même organisation intérieure et extérieure, de sorte que ses habitudes n'offrent presque aucune différence à ses différents états.

La *division* de ces insectes est basée sur la nature de leurs ailes antérieures, et sur la différence du point d'origine de l'organe buccal. On en forme deux sous-ordres, qu'on pourrait sans inconvénient regarder comme deux ordres distincts : le premier est celui des *hétéroptères*, et le second celui des *homoptères*.

Ier *Sous-Ordre.* — HÉTÉROPTÈRES.

Dans ces insectes, le bec naît du front ou de la partie supérieure de la tête, les élytres sont dures à leur base et membraneuses à leur extrémité, de sorte que ce sont des hémiptères dans toute la force du terme. On peut ajouter à ces caractères, que ce sont les seuls insectes de l'ordre, qui aient le premier segment du thorax beaucoup plus grand que les deux suivants, et dont les ailes soient, lorsque l'animal n'en fait pas usage, placées horizontalement sur le dos, ou à peine inclinées en toit.

Presque tous ces insectes sont carnassiers et se nourrissent du sang ou des humeurs d'autres animaux. On les désigne généralement sous le nom collectif de *punaises*, parce qu'ils exhalent presque tous une odeur repoussante. Cette odeur sort par deux orifices placés sous le thorax, entre les deux premières paires de pattes. Une particularité remarquable, c'est que cette exhalation est soumise à la volonté de l'insecte ; ce n'est que lorsqu'on le prend qu'il la fait sentir : car, si on s'approche de lui sans qu'il s'en aperçoive, on ne sent aucune espèce de mauvaise odeur ; ce qui prouve évidemment que c'est un moyen de défense que la nature a mis en lui pour repousser ses ennemis. Du reste cette odeur s'exhale toujours sous la forme de vapeur. On peut s'assurer de ce fait : en mettant un de ces insectes dans l'eau, on ne tarde pas à voir sortir de ce liquide de petites bulles odorantes.

Malgré les rapports nombreux qui existent entre tous les insectes de ce sous-ordre, leur organisation présente des différences assez notables, pour qu'on ait pu les partager en deux familles, celle des *géocorises* et celle des *hydrocorises*.

Ire Famille. — Géocorises (pl. XXXIV).

Le mot *géocorises* est d'origine grecque, et signifie *punaises terrestres* ; on leur a donné ce nom par opposition aux espèces de la famille suivante, qui vivent toutes dans l'eau.

On reconnaît les *géocorises* à leurs antennes bien visibles et plus longues que la tête, et à la forme de leurs tarses qui ne sont jamais dilatés en rames, ni garnis de poils disposés de manière à frapper l'eau, comme les nageoires des poissons.

Parmi ces hémiptères, les uns vivent en parasites sur le corps des mammifères, des oiseaux, etc. ; d'autres mènent une vie errante, et font continuellement la chasse à d'autres insectes ; quelques-uns enfin sont vagabonds comme les précédents, mais ne se nourrissent que du suc des végétaux, sur lesquels ils s'établissent souvent en très-grande quantité.

Cette famille comprend un nombre considérable d'espèces, que l'on désigne toutes sous le même nom vulgaire, mais qu'on doit diviser en dix genres, dont voici le tableau.

Tableau de la famille des Géocorises.

Pattes				
tétramères. Antennes	écusson.	pentamères, recouvrant tout l'abdomen		Scutellaires.
		ne couvrant qu'une partie de l'abdomen		Pantacoris.
	tétramères. À dernier article	court et conique		Corées.
		filiforme,	filiformes, nou ou	Lygée.
		Antennes sétacées		Myris.
Pattes postérieures	rapprochées à leur base. Cou	nul. antennes	en massue	Tingis.
			filiformes	Arades.
			sétacées	Punaises.
		Distinct		Réduves.
	écartées à leur base			Hydromètres.

Le genre PENTATOME (*pentatoma*) est très-étendu : il comprend les insectes que l'on désigne vulgairement sous le nom de *punaises des bois*, c'est-à-dire toutes les géocorises dont les antennes sont filiformes et pentamères, et dont le suçoir est composé de quatre articles. Leur corps est ovale ou presque arrondi et toujours déprimé, leur tête peu saillante, leur labre long et strié, leur écusson considérable, mais ne recouvrant cependant pas tout-à-fait l'abdomen.

La taille de ces insectes est médiocre ou petite ; mais la plupart rachètent ce désavantage par des couleurs agréables et souvent métalliques, qui les feraient rechercher, si l'odeur repoussante qu'ils exhalent, ne causait un dégoût que tout le monde ne peut pas surmonter. On trouve les *pentatomes* pendant toute la belle saison sur les plantes, où il n'est pas rare de les rencontrer réunies en famille. Les femelles veillent sur leurs petits avec beaucoup de sollicitude, et sont obligées de les défendre non-seulement contre les autres insectes, mais encore contre la voracité des mâles ; car ces géocorises, bien que pouvant se contenter au besoin des sucs des végétaux pour nourriture, préfèrent à ce genre d'aliments le suc plus substantiel des larves et surtout des chenilles, qu'elles percent avec leur bec pour se gorger de leur sang.

L'accouplement des pentatomes ne se fait pas comme celui de la plupart des autres hémiptères ; ce n'est pas en se plaçant sur le dos de la femelle que les mâles se livrent à cet acte, leurs pattes sont trop courtes pour pouvoir s'y soutenir : les deux sexes se placent bout à bout, et rien n'est plus ordinaire que de les trouver sur les feuilles dans cette position, le mâle étant entraîné par la femelle qui est plus grosse que lui.

Quand le moment de la ponte est venu, la femelle dépose ses œufs sur les feuilles, sur plusieurs rangées transversales ; et, comme ils sont visqueux, ils y restent facilement attachés. Ces œufs sont remarquables par un petit couvercle qui bouche leur extrémité supérieure, et qui se détache au moment de l'éclosion, sous l'effort que fait la larve pour sortir de sa prison. Cette larve ne diffère de l'insecte parfait que parce qu'elle n'a ni ailes ni rudiment de ces organes. La nymphe lui ressemble beaucoup ; mais elle a sur le dos deux fourreaux dans lesquels sont renfermés les ailes et les élytres.

Les espèces de ce genre les plus communes aux environs de Paris sont la *pentatome rufipède*, longue de sept lignes, d'un brun foncé, marqué de points nombreux ; la P. *des potagers*, longue de trois lignes, verte avec des raies et des taches rouges ou blanches ; la P. *grise*, longue de six lignes, d'un gris jaunâtre ponctué de noir ; la P. *du genévrier*, la P. *ornée*, etc.

Les SCUTELLAIRES ne diffèrent des pentatomes que par

leur écusson, qui recouvre complétement l'abdomen ; telles sont la S. *globuleuse* et la S. *armée*.

Sous le nom de LYGÉE (*lygæus*), on désigne un nombre considérable d'hémiptères reconnaissables à leur bec tétramère, à leurs antennes aussi tétramères, filiformes et situées au-dessous du bord antérieur de leur tête, et à leurs ocelles qui sont situés entre les yeux et très-près d'eux.

Ces insectes vivent sur les plantes et surtout sur les fleurs, où ils se tiennent réunis en troupes nombreuses, lorsque le temps est beau et que le soleil est ardent. Quelquefois cependant ils fuient la lumière, ou plutôt ils s'introduisent dans les petites cachettes, pour y chercher les petites larves qui s'y retirent et dont ils aiment à faire leur proie. Il faut dire cependant que certains observateurs prétendent que les *lygées* sont exclusivement phytophages ; mais on sait positivement que plusieurs espèces attaquent les petits insectes ou du moins leurs cadavres.

Les espèces de ce genre sont extrémement répandues dans toute l'Europe ; la plupart d'entre elles se font remarquer par l'éclat de leurs couleurs qui sont noires tachetées de rouge, ou rouges tachetées de noir. Il est rare qu'elles soient d'une teinte uniforme, ou qu'elles soient d'une autre couleur ; quelques-unes ont pourtant du vert, du jaune et même du blanc. Il y a aussi des espèces aptères.

Les principales espèces que l'on trouve aux environs de Paris sont : la *lygée croix de chevalier*, de cinq lignes, rouge à taches noires, avec la portion membraneuse des élytres brune tachetée de blanc ; la L. *aptère*, de quatre lignes, rouge avec la tête noire, et une tache de même couleur sur chaque élytre. Cette dernière est extrémement commune dans les jardins.

Les CORÉES et les MIRIS ont la même organisation et les mêmes habitudes que les lygées ; mais elles s'en distinguent par le dernier article de leurs antennes, qui est ovalaire chez les premières et sétacé chez les secondes. Les espèces les plus répandues de ces deux genres sont la *corée bordée*, la *corée hirticorne*, etc., d'une part, et la *miris champêtre* d'autre part.

Les TINGIS et les ARADES se distinguent de tous les genres précédents, par leur rostre qui n'est composé que de trois articles, et par leur labre qui est court et peu saillant. Ils diffèrent entre eux par leurs antennes qui sont en massue chez les premiers, et filiformes dans les seconds. Du reste ils ont les mêmes habitudes que les lygées, les corées, etc. Nous trouvons aux environs de Paris et dans toute la France le *tingis du poirier*, le T. *du chardon Rolland*, le T. *clavicorne*, aussi bien que l'*arade plan*, l'A. *du bouleau*, l'A. *très-noir*, etc.

Les PUNAISES (*cimex*) sont des insectes généralement connus, soit par les désagréments qu'ils nous causent, en venant nous sucer le sang pendant notre sommeil, soit par l'horrible puanteur qu'ils communiquent aux doigts, quand on les manie. Il est bien peu de personnes qui n'aient eu occasion de remarquer l'aplatissement extrême de leur corps, leur forme ovale ou du moins peu allongée, leur cou court et à peine perceptible.

Mais ce qui les caractérise le mieux, parmi toutes les géocorises à rostre trimère, qui ont les pattes rapprochées à leur base et insérées près de la ligne médiane du corps, c'est la forme sétacée de leurs antennes et surtout leurs habitudes parasites. Toutes les espèces qu'on connaît vivent sur le corps de quelque animal qu'elles tourmentent beaucoup ; les jeunes pigeons, les petites hirondelles, et plusieurs autres oiseaux en sont fréquemment harcelés.

Le nombre de ces insectes est extrêmement considérable : ils se multiplient partout avec une grande facilité, parce que les femelles cachent leurs œufs avec tant de soin, et les placent dans des retraites si favorables à leur développement, qu'il est rare qu'ils n'arrivent pas à bon port.

Mais de toutes ces espèces la plus commune, et surtout la plus incommode, est la *punaise des lits*, si célèbre par la difficulté qu'il y a à l'expulser des appartements où elle se trouve établie, et par les piqûres qu'elle nous fait pour s'abreuver de notre sang.

Les RÉDUVES (*reduvius*) (*fig. 6*) ont assez de rapports avec les précédentes, pour qu'on leur donne vulgairement le nom de *punaises-mouches*, dénomination qui annonce que ces insectes ont des traits de ressemblance avec ces deux genres d'animaux. Ils ressemblent, en effet, aux punaises par tous les détails de leur organisation, tandis que leur corps allongé, leur tête bien séparée du tronc par un étranglement et la disposition de leurs ailes , rappellent les formes extérieures de mouches ordinaires.

Les *réduves* sont beaucoup moins connus que les punaises, quoiqu'ils habitent nos appartements comme ces dernières. On les remarque moins, parce qu'ils ne se rendent point incommodes, et qu'ils se tiennent cachés ou se masquent tellement, qu'ils sont difficiles à apercevoir. Mais leurs habitudes n'en sont pas moins intéressantes. Comme ils sont carnassiers , et qu'ils vivent d'insectes et surtout d'araignées qui sont plus agiles qu'eux, ils sont obligés d'user de stratagème. Ils se roulent dans la poussière et dans les ordures , qui s'attachent à leur peau avec d'autant plus de facilité qu'ils sont hérissés de poils. L'adhérence de ces matières à leur corps forme à l'animal un véritable masque, qui le rend complètement méconnaissable. Ainsi déguisé il se promène de tous côtés , cherchant à découvrir sa proie ; ce qui lui est d'autant plus facile , qu'étant tout-à-fait invisible et marchant avec lenteur , il ressemble plutôt à une ordure poussée par le vent qu'à une créature vivante et animée. Mais ce n'est qu'à l'état de larve que les *réduves* ont recours à cet artifice ; dès qu'ils ont pris des ailes, ils poursuivent leur proie, l'attaquent à force ouverte et la dévorent après l'avoir terrassée.

On divise ce genre en deux sous-genres , les *ployères* et les *réduves propres.*

1° Les PLOYÈRES (*ploiaria*) ont les hanches antérieures longues et saillantes et le corps linéaire : tel est la P. *vagabonde* , qu'on trouve dans toute la France.

2° Les RÉDUVES propres ont les pattes antérieures semblables aux autres et impropres à la préhension. Nous avons , en France, plusieurs espèces de ce sous-genre, dont la plus remarquable est le *réduve à masque*, qu'on trouve assez communément parmi les balayures, et dans tous les endroits où l'on cache les ordures.

Les HYDROMÈTRES (*hydrometra*) diffèrent de tous les genres précédents par leurs quatre pieds postérieurs, longs , grêles , insérés sur les côtes de la poitrine , et très-écartés à leur base : ces pieds dont les articles sont d'ailleurs peu distincts , leur servent à ramer ou à marcher sur l'eau , et c'est à cette faculté qu'ils doivent leur nom qui signifie *arpente-l'eau.*

Une particularité remarquable dans ces insectes , c'est qu'ils n'ont aucun organe spécial pour cette espèce de locomotion; leurs tarses ne sont jamais ciliés comme cela s'observe chez les dytiques, les hydrophiles et autres insectes aquatiques, et cependant les *hydromètres* se meuvent à la surface de l'eau avec autant de vitesse, que l'insecte le plus agile le fait sur un terrain uni. Quelle peut être la cause de ce singulier phénomène? Il est infiniment probable qu'il est dû à un duvet épais qui garnit les articles des tarses et qui les rendent imperméables à l'eau.

Bien que ces insectes vivent de rapines comme tous les autres hémiptères aquatiques, rien n'indique dans la structure de leurs pattes des habitudes carnassières; celles de devant sont plus courtes que les autres, et dépourvues d'épines pour retenir leur proie: mais malgré ce défaut d'organes préhenseurs, les *hydromètres* attaquent des insectes d'assez grosse taille, et en triomphent aussi facilement que le feraient les dytiques et les hydrophiles. Il est probable qu'en s'attachant fortement à leurs victimes, et en les perçant de leurs soies acérées, ils finissent par leur donner la mort en les épuisant.

Ce genre assez nombreux se divise en trois sous-genres, les *Hydromètres propres*, les *vélies* et les *gerris*.

1° Les HYDROMÈTRES ont les antennes sétacés et la tête prolongée en un long museau: elles marchent très-bien sur l'eau, mais ne plongent pas. Tel est l'H. *des étangs*, insecte presque linéaire, puisque sur six lignes de long, il a peine un tiers de ligne de large dans sa plus grande épaisseur: il est commun partout.

2° Les VÉLIES (*vélia*) ont les antennes filiformes, le suçoir composé seulement de deux articles apparents et les pieds à égale distance les uns des autres: son corps est plus épais qu'aux précédentes. La principale espèce de ce genre, est la V. *des ruisseaux*, qu'on trouve dans toutes les contrées méridionales de l'Europe, et qui a quatre lignes de long sur un de large.

3° Les GERRIS (*gerris*) ont les antennes filiformes, le rostre triarticulé, et la seconde paire de pattes très-éloignée de la première et une fois aussi longue que le corps. Les espèces de ce sous-genre les plus communes aux environs de Paris, sont le G. *aptère* qui a six lignes de long et manque d'ailes, et le G. *des marais* qui n'en diffère que parce qu'il est pourvu d'ailes.

II.ᵉ *Famille.*—HYDROCORISES (pl. XXXIV).

Les *hydrocorises* ou *punaises d'eau* ne diffèrent pas seulement des punaises terrestres par leurs tarses aplatis ou garnis
de poils, ce qui rend ces insectes entièrement aquatiques ; leurs
antennes sont si courtes que leur tête en paraît complètement
dépourvue, tandis qu'au contraire leurs yeux sont énormes et
très-saillants, et que leurs pattes antérieures se terminent par
un article crochu et mobile, qui fait l'office d'une pince à l'aide
de laquelle l'animal saisit sa proie.

Tous ces insectes sont aquatiques et habitent les lacs, les
étangs et en général toutes les eaux dormantes. Les uns se
traînent lentement dans le fond sur la vase; les autres nagent
avec vitesse à la surface du liquide, quelquefois en se tenant sur
le dos. Ils plongent avec beaucoup de vivacité quand on veut les
saisir, et piquent très-fortement lorsqu'ils se voient pris. Ils sont
très-carnassiers sous leurs trois états, et se nourrissent de petits
insectes qu'ils attrapent avec beaucoup d'adresse, ou se fixent
sur le corps d'animaux aquatiques dont ils sucent le sang.

Nous ne citerons de cette famille que les genres *nèpe* et *no-
tonecte.*

Les NÈPES (*nepa*) (*fig.* 7) ont les deux pattes antérieures
disposées en forme de serres, à-peu-près comme celles des
mantes. A cet effet, leur cuisse qui est très-grosse ou très-longue, offre en-dessous un sillon pour recevoir le bord inférieur
de la jambe qui se replie sur elle.

Ces insectes sont essentiellement carnassiers; ils font la guerre
aux animaux aquatiques et particulièrement aux larves d'éphémères. Mais comme leurs pattes postérieures sont faiblement
ciliées ou même complètement nues, ils n'ont pas autant d'a-
gilité que les notonectes pour poursuivre et atteindre leur proie.
Ils nagent mal ; et pour se transporter d'un endroit à l'autre,
on les voit plus souvent se traîner au fond de l'eau ou grimper
le long des plantes aquatiques, que fendre les eaux au moyen
de leurs pattes.

Ce genre assez nombreux en espèces européennes, se divise
facilement en trois genres, les *naucores*, les *nèpes* propres et
les *ranâtres.*

1.ᵉ Les NAUCORES (*naucoris*) (*fig.* 7) ont le labre grand et

découvert, leur abdomen n'offre aucun appendice à son extré
mité, et leur corps est déprimé et presque ovoïde.

Ces insectes sont très-agiles, nagent avec vitesse et volent
avec rapidité; mais ils ne sortent de l'eau que le soir, pour
faire la chasse aux insectes nocturnes ou crépusculaires. Elles
sont si voraces qu'elles ne trouvent pas dans l'eau assez de
victimes pour satisfaire leurs appétits gloutons, quoiqu'elles en
détruisent plus qu'aucun autre insecte aquatique: c'est ce qui
les oblige à quitter leur élément favori, pour s'élancer dans un
autre qui leur convient beaucoup moins.

On connaît trois ou quatre espèces de ce genre dont la principale est la *naucore-punaise*, longue de cinq à six lignes et
d'un brun verdâtre.

2° Les Nèpes propres ont le labre court et engaîné, l'abdomen terminé par deux filets et les pattes antérieures courtes.
Les deux filets qui s'observent à l'extrémité de leur abdomen,
sont des conduits destinés à faire respirer l'insecte, sans qu'il
ait besoin de sortir de l'eau: il lui suffit pour cela de redresser
cette partie du corps et de la faire saillir hors du liquide. Cette
disposition était indispensable pour ces animaux, qui ont les
mouvements lents et qui n'auraient pu s'élever assez rapidement et assez fréquemment à la surface de l'eau pour y aller
respirer. En outre les allées et les venues que cette fonction
aurait nécessitées, leur auraient rendu très-difficile la capture
de leur proie: tandis que restant presque toujours immobiles
dans la vase, rien n'indique leur présence aux petits insectes
qui viennent se faire prendre.

L'espèce la plus commune de ce sous-genre est la *nèpe
cendrée*, qu'on trouve dans toute l'Europe. Elle a environ huit
lignes, est cendrée avec le dessous de l'abdomen rouge, et sa
queue est un peu plus courte que le corps.

3° Les Ranatres (*ranatra*) ont la même organisation et les
mêmes mœurs que les nèpes, dont elles diffèrent principalement par leur force linéaire et par la longueur de leurs pattes
de devant. La seule espèce de ce groupe qui se trouve en
France est la R. *linéaire* qui a un pouce et demi, sans y comprendre les filets abdominaux qui sont presque aussi longs.

Les NOTONECTES (*notonecta*) ont les cuisses antérieures
de grandeur ordinaire et moins propres à la préhension que
celles des nèpes; leurs pattes postérieures, au contraire, sont
plus fortement ciliées, et ressemblent à des rames, ce qui a

fait donner à ces insectes le nom de *punaises à avirons*. Ces organes sont tellement longs, que, lorsque l'insecte les ramène en avant, ils semblent tenir la place des pattes antérieures, qu'on n'aperçoit pas, parce qu'elles sont trop petites et repliées sous le thorax. Il est évident, d'après cette disposition des appendices locomoteurs, que les *notonectes* compensent par leur agilité la difficulté qu'elles peuvent avoir à saisir leur proie ; et comme d'ailleurs leurs yeux sont très-développés, dirigés moitié en haut, moitié en bas, elles peuvent voir dans toutes les directions et suivre aisément à la nage les larves et les insectes aquatiques qui leur servent de nourriture : nous disons à la nage ; car les *notonectes* marchent péniblement et avec beaucoup de lenteur à cause de la disproportion de leurs pattes.

On divise ce genre en deux sous-genres, les *corixes* et les *notonectes* propres.

1° Les Corixes (*corixa*) n'ont point d'écusson et leurs tarses antérieurs n'ont qu'un seul article : elles sont moins agiles que les notonectes, parce que leurs pattes de derrière sont moins longues. Nous citerons de ce genre la *C. ponctuée*, longue de huit à dix lignes et blanchâtre tacheté de brun ; la *C. striée* qui est moitié moindre et est brune avec des taches ou des raies jaunâtres.

2° Les Notonectes propres ont un grand écusson et deux articles aux tarses antérieurs : leurs pattes postérieures plus longues que le corps entier, les rendent très-agiles à la nage et leur donnent la facilité de s'emparer d'insectes beaucoup plus gros qu'elles. Nous avons dans toutes nos mares la N. *glauque* qui a de six à sept lignes, est verte pendant sa vie et brunit après sa mort ; la N. *naine* qui n'a qu'une ligne de long et qui est entièrement jaune, à l'exception de la poitrine et du ventre qui sont noirs.

IIe *Sous-Ordre* — HOMOPTÈRES.

A ne considérer que les ailes ou les élytres, le nom d'hémiptère ne conviendrait pas aux espèces de cette seconde section, qui nous offrent constamment des étuis de consistance uniforme dans toute leur étendue, et souvent à peine différents des ailes ordinaires. Mais leur organisation, leur genre de vie, leurs habitudes, etc., ont tant de rapport avec ceux des hémiptères du premier sous-ordre, qu'il est impossible de les éloigner les uns des autres.

Quoique la structure des élytres pût, à la rigueur, suffire pour caractériser les *homoptères* pourvus d'ailes, elle ne saurait être employée à l'égard de ceux de ces insectes qui restent toute leur vie aptères, non plus que pour les larves et les chenilles. Il faut considérer, pour distinguer ces derniers, l'origine du bec et la forme du premier segment du thorax. Le premier prend toujours naissance à la partie inférieure de la tête, et quelquefois entre les deux pattes antérieures ; et le prothorax, loin d'être plus grand que les deux segments qui suivent, est presque toujours plus petit, ou tout au plus de la même grandeur. En outre, les femelles de tous ces insectes diffèrent des précédentes par une tarière cornée, dentelée en forme de scie, qu'elles portent à l'extrémité de leur abdomen dans une gaîne particulière, et qui leur sert à percer le bois dans lequel elles déposent leurs œufs.

Tous les *homoptères* sont herbivores, et se tiennent sur les plantes dont les sucs servent à les nourrir. Ils leur causent souvent d'assez grands dommages, ou leur donnent un aspect désagréable, en produisant sur leurs feuilles ou sur leur écorce, des excroissances qui ne tardent pas à épuiser le végétal.

On peut diviser les *homoptères* en deux familles : les *cicadaires* et les *aphidiens*.

Iʳᵉ *Famille*. — CICADAIRES (pl. XXXIV).

Cette nombreuse famille comprend tous les hémiptères de la seconde section qui ont trois articles aux tarses, les antennes petites et terminées en pointe très-fine, et les élytres toujours un peu plus consistantes que les ailes. Les femelles sont constamment pourvues d'une tarière dentelée en scie. Une particularité anatomique fort remarquable que ces insectes nous présentent dans leurs organes digestifs, c'est que l'intestin grêle, ou du moins le duodénum, après avoir fait plusieurs détours dans l'intérieur de l'abdomen et s'être plusieurs fois replié sur lui-même, vient déboucher dans le ventricule chylifique dont il s'était déjà séparé. Du reste, on ignore complètement quel peut être l'effet de cette disposition curieuse et unique dans la série animale. On rapporte toutes les espèces de ce groupe à trois genres : les *cigales*, les *cicadelles* et les *fulgores*.

Il est peu d'insectes dont le nom soit aussi connu que celui des CIGALES (*cicada*) (*fig.* 9, que la fable de La Fontaine a rendues si célèbres; on connaît surtout son chant, qui nous incommode si souvent à la campagne par son aigreur et par sa monotonie. Mais il n'en est pas de même de leur forme et de leurs habitudes; on confond souvent ces insectes avec les sauterelles, qui sont cependant d'une famille et d'un ordre différents.

Mais en examinant les organes de leur bouche, il est facile de voir que ce sont des hémiptères et non des orthoptères: leurs élytres, de consistance uniforme dans toute leur étendue, indiquent qu'ils appartiennent au sous-ordre des homoptères, et leurs pattes, toutes égales et par conséquent impropres au saut, empêchent de les confondre avec les cicadelles et les fulgores. Ces insectes ont d'ailleurs, outre les deux yeux ordinaires, trois stemmates placés au-dessous de ces derniers, et leurs antennes ont toujours cinq articles.

On peut regarder les *cigales* comme propres aux pays chauds; il n'y en a presque pas dans le Nord, et on n'en trouve qu'une espèce aux environs de Paris. Ce n'est que pendant les fortes chaleurs de l'été qu'elles jouissent de toute leur activité; c'est alors seulement qu'elles font entendre leurs bruyants concerts, et qu'on les voit voltiger d'arbre en arbre. Mais pour peu que le temps s'obscurcisse ou que la pluie vienne à tomber, elles cessent leur chant, perdent leur vivacité et deviennent comme engourdies et immobiles sur leur branche.

Ces insectes vivent de la sève des arbres et des plantes, qu'ils percent à l'aide des soies dont leur bec est garni intérieurement; et il paraît que leur piqûre ne se borne pas à procurer l'écoulement de la quantité de suc nécessaire à leur entretien; il en sort long-temps après qu'ils ont quitté leur place, s'il est vrai, comme on le croit généralement, que la formation de la *manne*, purgatif si usité en médecine, soit produite par la blessure qu'ils font à une espèce de frêne, très-commun en Italie.

La reproduction des *cigales* est très-curieuse. Dès que le temps de la ponte est venu, la femelle cherche une branche sèche, dans laquelle elle fait avec sa tarière plusieurs trous profonds, dans chacun desquels elle dépose un certain nombre d'œufs. Ce n'est pas sans dessein qu'elle choisit ainsi le bois mort depuis long-temps, pour lui confier sa progéniture. Comme les larves qui doivent éclore ne peuvent se développer que dans la terre, son instinct lui a fait pressentir que ces branches ne pouvaient manquer de tomber bientôt, et qu'ainsi ses petits pourront aisément s'enfoncer dans le sol, pour y subir leurs métamorphoses.

Disons maintenant un mot sur les organes du chant des *cigales*; il est exclusivement propre aux mâles, et n'est pas produit, comme dans la plupart des autres insectes, par le frottement d'une partie dure contre une autre de consistance semblable; il y a un appareil particulier placé dans l'intérieur de l'abdomen, et consistant dans des membranes que l'animal tend et détend alternativement avec beaucoup de rapidité. Aussi peut-on le faire chanter artificiellement, et malgré lui, en lui tiraillant l'abdomen.

Les *cigales* ne sont aujourd'hui d'aucune utilité pour l'homme; mais les anciens faisaient un grand cas de leurs larves qu'ils nommaient *tettigomètres*; il paraît qu'on les servait sur les meilleures tables.

Parmi les nombreuses espèces de ce genre, nous citerons la C. *hématode*, la seule qu'on trouve quelquefois aux environs de Paris, et qui est noire tachetée de rouge; la C. *plébéienne* ou *commune*, la C. *de l'orme* ou *cigalou*, etc., sont du midi de la France.

Les CICADELLES (*cicadella*) ou *tettigones* se distinguent des précédentes parce qu'elles ne chantent point; elles en diffèrent encore, parce qu'elles n'ont que deux stemmates, que leurs antennes ne sont que de trois articles et que leurs pattes postérieures ont plus de longueur que les deux paires de devant, ce qui caractérise des animaux sauteurs.

Les espèces de ce genre sont moins exclusivement propres au midi que les cigales; on en trouve un grand nombre aux environs de Paris. Mais elles sont en général plus difficiles à prendre que les précédentes, parce qu'elles sautent avec agilité, et échappent avec beaucoup d'adresse à la main qui cherche à s'en emparer. Du reste, leurs habitudes et leur organisation ne diffèrent presque pas de celles des cigales, excepté sous le rapport du chant et de l'appareil qui le produit.

On a divisé ce genre nombreux en plusieurs sous-genres, dont les principaux sont : les TETTIGONES ou *cicadelles propres*, qui n'offrent rien de remarquable; les MEMBRACES, dont les pattes antérieures sont comme foliacées et dont le prothorax est plus ou moins allongé en pointe; les CENTROTES, que la bizarrerie de leurs formes a fait appeler *diables*, et les CERCOPES, dont les habitudes à l'état de larves sont extrêmement curieuses. Comme elles sont alors peu agiles, et qu'elles passent cette période de leur vie collées, pour ainsi dire, sur la plante, dont le suc sert à les nourrir, elles seraient très-exposées à devenir la proie des oiseaux et de différents insectes qui en sont très-friands. Pour se dérober à leurs regards, elles exhalent de toute la surface de leur corps une liqueur qui, en venant à l'air, se change en écume et se condense autour d'elles, de manière à leur former une enveloppe qui les rend presque invisibles. Si on leur enlève cette couche protectrice, elles ne tardent pas à s'en faire une nouvelle pour la remplacer. Cependant, malgré leur déguisement, une espèce de guêpe sait fort bien les distinguer, et les emporte souvent dans son nid avec leur enveloppe inutile.

Les FULGORES (*fulgora*) (*fig.* 8) ont beaucoup de rapports avec les cigales et les cicadelles par leur conformation générale; mais elles sont faciles à reconnaître à un prolongement de leur front, qui fait une saillie considérable, et à leurs stemmates qui sont placés au-dessous des yeux. Leurs habitudes sont celles des cigales, excepté que leurs mâles manquent de cet appareil abdominal qui produit le chant de ces dernières. Une des espèces les plus remarquables de ce genre est la F. *porte lanterne*, qu'on trouve dans l'Amérique-Méridionale. C'est un insecte d'environ trois pouces de longueur, dont le front, renflé comme une vessie, brille pendant la nuit d'un éclat phosphorique si éclatant, qu'on assure qu'il est possible de lire à la lueur qu'il répand, ce qui lui a fait donner son nom spécifique de *porte-lanterne*.

On trouve aussi dans le même pays la F. *porte-chandelle*, dont la saillie frontale est moins volumineuse, mais qui répand également de la lumière. Nous avons dans le midi de la France une petite espèce de ce genre, la F. *européenne*; mais elle est peu remarquée, parce qu'elle ne brille pas comme les précédentes.

IIe *Famille.* — AFHIDIENS (pl. XXXIV).

On pourrait, pour ainsi dire, reconnaître les insectes de cette famille à la petitesse de leur taille, qui est souvent de moins d'une ligne, et qui en atteint rarement deux; mais leur vrai caractère se tire du nombre des articles de leurs tarses, qui n'est que d'un ou de deux (*fig.* 10), tandis que dans les cicadaires il est au moins de trois. Leurs antennes sont très-développées, et dépassent constamment la tête et souvent le corps entier en longueur; leurs élytres, quand ils en ont, ce qui n'arrive pas toujours, sont presque absolument semblables aux ailes membraneuses dont elles ont la transparence. Leur corps est par conséquent mollasse et offre une nourriture délicate à la plupart des animaux insectivores, qui en dévorent en effet beaucoup; mais, outre que leur petitesse est pour eux une garantie, ils ont soin de s'envelopper de différentes matières qui les masquent complètement; et comme d'ailleurs ils se tiennent presque absolument immobiles sur la plante qui leur sert d'asile et leur fournit leur subsistance, ils restent le plus souvent inaperçus, et trouvent ainsi leur sûreté dans leur faiblesse.

La fécondité des *aphidiens* est prodigieuse, parce qu'ils font plusieurs pontes par an, et qu'ils pondent à chaque fois un très-grand nombre d'œufs; et comme les larves pompent les sucs nourriciers des plantes, aussi bien que l'insecte parfait, celles-ci ne tardent pas à s'épuiser et à périr de langueur, ou du moins à tomber dans un tel état de malaise, qu'elles ne peuvent plus rien produire, ni être bonnes à rien.

Cette famille comprend deux genres très-intéressants; ce sont les *pucerons* et les *cochenilles.*

Ce sont des insectes bien singuliers que les PUCERONS (*aphis*), et cependant ils sont si peu connus, qu'on donne vulgairement ce nom à tout petit insecte qui vit sur les plantes aux dépens de leur sève. Mais, pour les naturalistes, les *pucerons* sont des hémiptères de la famille des aphidiens, dont les tarses ont deux articles et sont terminés par deux crochets, et dont les antennes sont longues et d'une grosseur uniforme dans toute leur étendue.

On trouve les *pucerons* réunis en troupes nombreuses sur les feuilles du tilleul, du pommier, etc. Immobiles à la même place, ils passent toute leur vie occupés à extraire avec leur trompe les sucs du végétal. C'est à leurs piqûres que sont dues ces excroissances si communes sur les feuilles de l'orme, du peuplier, etc. A les voir ainsi fixés et sans mouvements appréciables, on les prendrait plutôt pour des corps inertes que pour des animaux jouissant de toutes leurs facultés.

Mais, pour peu qu'on ait vu de ces insectes, on ne reste pas long-temps dans le doute sur leur nature : des essaims de four-

mis, qu'on voit rôder sans cesse autour d'eux, ne tardent pas à
prouver que ce sont des *pucerons*. Ceux-ci ont, à l'extrémité de
leur abdomen, deux tuyaux qui produisent une liqueur mielleuse dont les fourmis sont très-friandes ; de sorte que partout
où il y a des aphidiens, on est sûr de trouver des fourmis. On
prétend même que ces dernières s'approprient des troupeaux
de ces hémiptères dont elles prennent soin, afin de se nourrir
de leur miel.

Mais le fait le plus curieux et le plus remarquable de l'histoire des *pucerons*, c'est la manière dont ils se reproduisent.
Nous avons dit qu'ils font plusieurs pontes par an ; tant que les
beaux jours durent, les femelles produisent des petits vivants
qui, en sortant du sein de leur mère, se répandent sur les arbres, où ils trouvent une nourriture facile et une température
assez douce. Mais, à la fin de l'automne, comme les froids ne
manqueraient pas de faire périr ces êtres délicats, elles ne font
plus que des œufs qu'elles mettent à l'abri des rigueurs de
l'hiver, et qui se conservent jusqu'au printemps, époque à laquelle ils éclosent pour perpétuer leur race. Un autre fait très-
remarquable dans leur reproduction, c'est que les femelles qui
proviennent de ces œufs n'ont pas besoin d'être fécondées pour
donner le jour à d'autres animaux de leur espèce.

On connaît un très-grand nombre d'espèces de ce genre,
qu'on désigne par le nom de la plante que chacune d'elles fréquente de préférence ; c'est ainsi qu'on dit le *puceron du chêne*,
du hêtre, *de l'orme*, *du sureau*, etc.

Un genre voisin du précédent est celui des PSYLLES (*psylla*)
ou *faux pucerons*, qui diffèrent des vrais pucerons par leur
agilité et par leurs antennes terminées en pointe ; telle est la
P. *du buis*, qui est verte et se trouve aux environs de Paris.

Les THRIPS (*thrips*) ont beaucoup d'analogie avec les
psylles, dont ils diffèrent par des antennes plus courtes et de
huit articles seulement, et par des élytres linéaires. On ne
trouve pas d'espèces de ce genre aux environs de Paris.

Les COCHENILLES (*coccus*) (*fig.* 10) ont beaucoup d'analogie avec les espèces du genre puceron par leurs habitudes :
mais elles s'en distinguent aisément, ainsi que des psylles et
des thrips, parce qu'elles ont un article unique aux tarses, et
deux soies à l'extrémité de leur abdomen.

Ces insectes ont les formes peu agréables ; leurs femelles surtout ressemblent plutôt à des excroissances en forme de boule, de rein ou de bateau, plutôt qu'à des êtres animés. Elles n'exécutent aucun mouvement, et restent toujours fixées à la même place, la trompe enfoncée dans l'écorce et pompant les sucs de la plante ; leur vie ne présente rien de remarquable, jusqu'au moment de leur reproduction. La femelle ne pond pas ses œufs, et elle ne produit pas de petits vivants. Dès que les germes sont formés dans son corps, elle meurt, son cadavre se dessèche et devient pour eux un abri, qui les défend des rigueurs de la mauvaise saison ; en sorte qu'au printemps suivant, la chaleur du soleil les fait éclore, et en fait sortir une multitude de petites larves, qui ne tardent pas à se fixer comme leur mère. Quelques espèces cependant se débarrassent de leurs œufs ; mais elles ont soin, pour les garantir du froid, de les couvrir d'une couche épaisse de matière cotonneuse et mollette, qui maintient autour d'eux la chaleur nécessaire à leur conservation et à leur développement.

On divise ce genre en deux sous-genres, les *chermès* et les *cochenilles* propres.

1° Les Chermès ont les antennes sétacées, et leurs femelles n'offrent aucune trace d'anneaux sur leur ventre ; tels sont le C. *du pêcher*, le C. *de l'oranger*, le C. *de l'orme*, et surtout le C. *polonais*, qui, avant la découverte de la cochenille du nopal, formait une branche de commerce très-considérable. La couleur qu'elle fournit est presque aussi belle que celle qui nous vient du Mexique.

2° Les Cochenilles ont les antennes filiformes, et leurs femelles ont, après la ponte, l'abdomen distinctement annelé. On connaît plusieurs espèces de ce groupe, dont la plus célèbre est la *cochenille du nopal*, qu'on trouve dans l'Amérique-Méridionale à l'état sauvage et en domesticité ; elle vit sur une espèce de cactus appelé *nopal*, et fournit cette magnifique couleur rouge qui remplace la pourpre des anciens, et dont on forme le carmin, l'écarlate et le cramoisi. Cet insecte fait une des principales richesses du Mexique. Nous avons aux environs de Paris, dans les serres, la C. *des serres*, qui est originaire du Sénégal.

IIIe Sous-Classe. — TÉTRAPTÈRES.

Cette troisième section comprend tous les insectes pourvus de quatre ailes membraneuses et presque toujours transparentes, telles que les *demoiselles*, les *abeilles* et les *papillons*. Dans tous, le corps est mou et jamais écailleux, et ils fournissent une proie agréable aux animaux insectivores. Mais le Créateur, pour prévenir l'anéantissement dont ils étaient menacés, les a doués à un degré très-éminent de la faculté de voler, et d'échapper par ce moyen aux poursuites de la plupart de leurs ennemis. Et de plus, il a accordé à plusieurs d'entre eux (*porte-aiguillon*) une sécrétion spéciale qu'ils peuvent introduire, à l'aide d'un appendice abdominal dont ils sont pourvus, dans le corps de leurs agresseurs, auxquels ils causent de vives douleurs et quelquefois même la mort. D'autres (*termés*, *hémérobes*, etc.) ont dans leurs mâchoires une arme défensive, qui, pour n'être pas venimeuse, n'en est pas moins redoutable à la plupart des insectes carnassiers. Nous ajouterons que l'immense majorité des animaux de cette sous-classe sont sujets à des métamorphoses complètes, et passent successivement par l'état de larve, de nymphe et d'insecte parfait ; et que la plupart des espèces se nourrissent à l'état parfait du suc des fleurs qu'ils retirent de leur corolle, au moyen d'une trompe de forme variable. Quant aux autres habitudes, elles varient beaucoup chez les *tétraptères* ; on peut dire cependant que tous sont terrestres à l'état parfait, et que la presque totalité l'est aussi sous les deux autres états.

Nous diviserons cette sous-classe en trois ordres : les *névroptères*, les *hyménoptères* et les *lépidoptères*.

VIIe Ordre. — NÉVROPTÈRES.

Les insectes dont nous avons parlé jusqu'ici sont aptères ou ont quatre ailes, dont les deux antérieures diffèrent plus ou moins des postérieures par leur structure plus ferme, et forment à ces dernières une espèce d'étui. Dans l'ordre des *névroptères*, les quatre ailes sont de la même consistance ; ce qui empêchera toujours de les confondre avec les espèces précédentes. De plus, on les distinguera aisément des ordres qui suivent par le nombre de ces ailes qui est de quatre, tandis qu'il n'est que de deux chez les rhipiptères, les diptères et les homaloptères, par leur surface qui n'est jamais couverte de ces écailles qu'on trouve sur celle des lépidoptères, et par leur structure qui est réticulée ou formée par un réseau très-fin de nervures, et qui est simplement veinée chez les hyménoptères. D'ailleurs ces derniers ont les ailes supérieures toujours plus grandes que les inférieures, tandis que les *névroptères* les ont généralement plus courtes ou tout au plus de la même grandeur. Il faut ajouter à ces caractères la conformation de la bouche, qui est formée, chez les insectes dont nous parlons, de deux lèvres, de deux mandibules, et de deux mâchoires, qui n'ont jamais la forme d'un tube propre à la succion, et qui ne peuvent servir qu'à broyer des matières solides.

Leur *forme* est allongée; leur *corps* de consistance molle; leur *tête* est grosse et généralement bien distincte du thorax; leurs *antennes*, ordinairement composées d'un grand nombre d'articles, sont presque toujours sétacées; leurs *yeux* sont le plus souvent gros et saillants, comme dans tous les insectes carnassiers. Ils ont deux ou trois *stemmates*; leur *thorax* a ses segments intimement unis en un seul corps; le *prothorax*, très court et très-étroit, forme une espèce de collier ou de col; leur *abdomen*, toujours sessile, est long, grêle, cylindrique, et ne se termine jamais par un aiguillon, rarement par une tarière, quelquefois par un appendice sétiforme. Leurs *pattes* sont presque toujours longues; mais leurs tarses varient pour le nombre des articles.

Quoique tous les *névroptères* soient terrestres à l'état parfait, quelques-uns cependant se tiennent près des eaux, et un assez grand nombre y font leur séjour dans leur premier état. La plupart sont *carnassiers*; il n'y en a qu'un petit nombre qui se nourrissent de matières végétales: ces derniers causent même de grands dégâts dans nos bois de charpente et de construction.

Leurs *métamorphoses* sont tantôt complètes, tantôt incomplètes; dans tous les cas, leurs *larves* sont constamment hexapodes, et assez semblables à l'insecte parfait. Quant à leurs *nymphes*, elles sont tantôt agiles et nues, tantôt immobiles et renfermées dans un cocon.

On peut diviser cet ordre très-peu naturel en trois familles: les *subulicornes*, les *planipennes* et les *plicipennes*.

Ire *Famille.* — SUBULICORNES (pl. XXXV).

Trois caractères principaux distinguent les névroptères de cette famille: une tête grosse et garnie de deux yeux saillants de chaque côté, des mâchoires et des mandibules entièrement recouvertes par les lèvres ou par une saillie du front, des antennes pointues et en forme d'alène, ce qui leur a fait donner le nom de *subulicornes*.

Le corps de ces insectes est allongé, mince, fluet, et présente le plus souvent quatre ailes très-développées et égales en étendue ; rarement ils n'en ont qu'une paire, par suite de l'avortement des inférieures. Mais ils n'en volent pas avec moins d'agilité pendant la courte durée de leur existence ; c'est à peine s'ils se reposent quelques instants. Ils sont constamment occupés le long des eaux à poursuivre leur proie, qui consiste en insectes. Mais ils en détruisent peu : ils meurent tous dès qu'ils ont fait leur ponte et pourvu aux besoins de leur postérité, et le temps que ce soin exige ne dépasse pas quelques heures pour certaines espèces. En compensation, leur vie à l'état de larve est beaucoup plus longue, et se prolonge pendant plusieurs années. Ils passent tout ce temps dans l'eau, où ils vivent de vers et d'insectes, comme lorsqu'ils ont pris des ailes. Mais ils sortent de cet élément pour subir leur dernière métamorphose.

Cette famille ne renferme que deux genres, les *libellules* ou *demoiselles* et les *éphémères*.

Quel est l'enfant qui n'a pas vu et poursuivi ces jolis insectes au corps svelte et léger, aux couleurs tendres et variées, aux ailes larges et transparentes, que les naturalistes appellent LIBELLULES (*libellula*) et que l'on nomme vulgairement *demoiselles*, à cause de leur gentillesse et de l'élégance de leurs formes ? Ce sont des névroptères de la famille dont nous parlons, et qui se distinguent de ceux du genre suivant par leurs ailes égales, par leurs mâchoires dures et cornées, par leurs tarses trimères, et par un appendice en forme de crochet ou de feuillet qui termine leur long abdomen.

A voir ces insectes si frêles et si minces, on ne se douterait pas que ce sont des animaux voraces et cruels, qui, dans les mouvements auxquels nous les voyons se livrer sur les bords des ruisseaux, poursuivent sans relâche les mouches, les cousins et autres petits insectes volants. Mais c'est surtout à l'état de larves que les *demoiselles* sont carnassières. Leur bouche présente alors deux mandibules robustes et dentelées, qui jouent l'une sur l'autre, comme les branches d'une tenaille, et dont l'animal se sert avec beaucoup d'avantage pour saisir et déchirer sa proie. Pour qu'elles puissent atteindre plus facilement leurs victimes, elles possèdent à l'extrémité de l'abdomen une ouverture susceptible de s'ouvrir et de se fermer alterna-tivement, et dont elles se servent pour faire entrer dans leur corps une certaine quantité d'eau, qu'elles rejettent ensuite avec force pour accélérer leurs mouvements. Ces larves vivent ainsi pendant environ onze mois; c'est dans le douzième, et toujours pendant la belle saison, qu'elles sortent de l'eau pour grimper le long des tiges des plantes aquatiques, et se débarras-ser de leur enveloppe de chrysalide. Cette opération se fait en peu de temps; une heure ou deux y suffisent ordinairement, et jamais il ne leur faut plus d'un jour.

On divise ce genre en trois sous-genres, les *libellules propres,* les *æshnes* et les *agrions.*

1° Les Libellules ont les ailes horizontales dans le repos, la tête presque globuleuse avec des yeux très-grands et très-rapprochés, et l'abdomen large et déprimé: leurs larves et leurs nymphes ont à l'extrémité de l'abdomen, cinq appendices réunis en forme de queue pointue. Telles sont la L. *aplatie* ou l'*Éléonore*, qui est d'un brun un peu jaunâtre avec la base des ailes noirâtre et deux lignes jaunes sur le corselet et sur les côtés de l'abdomen: la L. *jaunâtre* qui est d'un brun olivâtre avec une tache noirâtre de chaque côté de l'abdomen: la L. *vulgatissime* ou *Justine* qui a le dos brun et les ailes blanches, etc. On trouve toutes ces espèces aux environs de Paris.

2° Les Æshnes (*æsh'na*) ont les ailes et la tête des libellules; mais leur abdomen est allongé et étroit comme une baguette. La principale espèce de ce groupe est l'Æ. *grande* ou la *Julie,* qui a près de deux pouces et demi. Elle est d'un brun fauve avec des lignes jaunes de chaque côté du corselet; ses ailes sont irisées et son abdomen est tacheté de vert ou de jaunâtre. L'Æ. *très-tachetée,* l'Æ. *mélangée* et l'Æ. *à tenailles* appartiennent aussi à ce sous-genre.

3° Les Agrions (*agrion*) ont les ailes redressées perpendicu-lairement et la tête plus large que longue: leurs formes sont beaucoup plus légères qu'aux espèces précédentes. Nous cite-rons de ce sous-genre l'A. *vierge* et l'A. *jouvencelle:* la pre-mière est d'un vert doré ou d'un bleu vert avec les ailes colo-rées en bleu ou en brun jaunâtre: la seconde varie beaucoup pour les couleurs, mais a les ailes incolores.

Les insectes vivent en général peu de temps à l'état parfait; mais il n'en est pourtant aucun qui vive aussi peu que les

ÉPHÉMÈRES (*ephemera*) (*fig.* 1), dont l'existence est souvent bornée à quelques heures, et ne s'étend jamais au-delà d'une journée; de sorte qu'elles méritent réellement leur nom, qui veut dire *vivant un jour*.

Mais si les *éphémères* vivent peu de temps à leur état parfait, il n'en est pas de même sous celui de larves; la vie de ces dernières s'étend à deux et même à trois ans; elles se nourrissent durant cet intervalle d'insectes et même, dit-on, de terre glaise ou plutôt des molécules organiques qu'elle contient.

La forme de ces névroptères a beaucoup de rapports avec celle des libellules; mais ils en diffèrent par la structure de leur bouche, dont les mâchoires sont très-molles et peu distinctes, et d'une manière plus apparente par la petitesse des ailes inférieures et par deux ou trois filets très-longs qui terminent leur abdomen. Leur vie, dès qu'ils ont acquis les organes du vol, peut être regardée comme finie, car ils ne mangent plus, et c'est pour cela que leurs organes masticateurs sont tellement incomplets, qu'ils ne peuvent servir ni à la préhension ni au broiement d'aucune espèce de nourriture.

La seule fonction qu'ils aient à remplir à l'état parfait, est la reproduction; dès que les femelles ont pondu, ce qu'elles font toujours dans l'eau, on les voit tomber mortes à sa surface et devenir la proie des poissons. Et comme elles sont ordinairement réunies en troupes très-considérables, elles forment une couche assez épaisse, à laquelle les pêcheurs donnent le nom de *manne*. La chute d'une espèce, remarquable par la blancheur de ses ailes, renouvelle, durant la belle saison, le spectacle de ces jours d'hiver, où l'on voit la neige couvrir les campagnes d'un vaste manteau. Il en tombe quelquefois une si grande quantité, que leurs cadavres forment des tas assez considérables, pour qu'on les enlève par charretées, et qu'on les emploie pour engraisser les terres.

On compte un assez grand nombre d'espèces de ce genre; les plus communes sont l'*éphémère ordinaire*, l'*éphémère à longue queue* et l'*éphémère diptère*.

IIᵉ *Famille.* — PLANIPENNES (pl. XXXIV).

Les névroptères de la famille précédente et de la suivante tiennent généralement leurs ailes relevées et adossées l'une contre l'autre dans l'état de repos (*fig.* 1); les *planipennes*, au

contraire, portent ces organes couchés sur leur dos horizontalement ou en forme de toit (*fig.* 2). Ils ont en outre la bouche
toujours formée de parties très-distinctes, les antennes longues
ou claviformes, et l'abdomen généralement dépourvu de ces
longs filets ou de ces appendices, qui le terminent dans presque
tous les autres insectes du même ordre.

La plupart de ces insectes proviennent de larves carnassières,
vivent en famille comme les fourmis, et éprouvent des métamorphoses complètes ; de sorte que leurs nymphes sont tout-à-
fait immobiles comme celles des coléoptères. Leur vie d'insectes parfaits, quoique plus longue que dans les subuliformes,
est cependant très-bornée, mais ils mettent moins de temps à
subir les transformations successives, qui doivent les conduire
à cet état.

Cette famille comprend sept genres principaux : les *panor-
pes*, les *fourmilions*, les *hémérodes*, les *semblides*, les *termés*,
les *psoques* et les *perles*.

Tableau des genres de la famille des Planipennes.

Articles des tarses au nombre de	cinq, Tête	prolongée en museau		Panorpes.
		non prolongée, Prothorax	petit, en masse	Fourmilions.
			Antennes filiformes	Hémérobes.
			grand	Semblides.
	quatre, en toit; corselet allongé			Raphidies.
	Ailes	Horizontales; corselet carré		Termés.
	deux, corps court et comme bossu			Psoques.
	trois, corps allongé			Perles.

Les FOURMILIONS (*myrmeleon*) sont pour les petits insectes, et surtout pour les fourmis, ce que le lion est pour les
quadrupèdes, un objet de terreur et d'effroi, et c'est à cette
circonstance qu'ils doivent leur nom en français et en
grec. Ils sont faciles à distinguer à leurs formes grêles et allongées, à leurs antennes en massue, aux six palpes de leur bouche et aux cinq articles de leurs tarses ; comme ils n'ont rien de
remarquable dans leur organisation ni dans leurs habitudes,
les anciens les avaient négligés et ne leur avaient pas même
donné de nom à l'état parfait.

Mais l'histoire de leurs larves est trop intéressante pour

qu'on la passe sous silence. Elles ont le ventre extrêmement gros comparativement au reste de leur corps, et les pattes si petites, qu'elles ne peuvent se mouvoir qu'avec lenteur et à reculons; et cependant leur organisation les oblige à se nourrir de proie vivante qu'il faut attraper soit à la course, soit par la ruse. Le premier moyen leur étant refusé, elles emploient le second; elles se creusent dans le sable un trou en forme d'entonnoir, dont les parois sont tellement unies qu'aucun insecte ne peut y passer sans rouler au fond de l'abîme. Cet ouvrage, tout pénible et embarrassant qu'il soit pour un animal peu agile, est assez promptement terminé, à moins qu'il ne rencontre quelque petite pierre trop lourde pour être rejetée au loin; il est alors obligé de se la placer sur le corps et de la maintenir en équilibre, en marchant à reculons sur les bords glissants de son entonnoir. Pour peu qu'il perde son à-plomb, le fardeau roule au fond de l'entonnoir, et, nouveau Sysiphe, l'insecte est obligé de recommencer son travail à plusieurs reprises.

Une fois son piége préparé, la larve s'établit au fond de son entonnoir, ne laissant à l'air que deux pinces aiguës, prêtes à saisir la première victime, que son mauvais destin amènera dans le cercle fatal. Malheur à la fourmi qui s'y trouve engagée! vainement cherchera-t-elle à se retenir à l'aide de ses pattes, pour ne pas tomber entre les griffes de son impitoyable ennemi, celui-ci fait pleuvoir sur elle avec sa tête une grêle de petits grains de sable, qui l'étourdissent et l'amènent infailliblement dans le fond. La larve la saisit, la suce en un instant et rejette sa dépouille au loin, de peur que, si elle restait près de son trou, elle ne fût pour d'autres un avertissement de se défier du piége.

Cependant ces ruses ne réussissent pas toujours au *fourmi-lion*; il arrive souvent qu'il ne passe pas d'insecte sur son trou, ou que ceux qui y passent parviennent à s'échapper; dans ces cas, son organisation se prête facilement au jeûne, et il attend patiemment un temps assez considérable sans rien prendre. Mais la tolérance de son estomac a un terme, après lequel sa vie serait compromise, s'il ne se procurait des aliments; il est alors obligé de quitter sa demeure, et de s'aller établir dans un endroit plus favorable à ses desseins.

On connaît plusieurs sortes de *fourmilions*. Le *fourmilion ordinaire* se trouve assez communément dans toute la France; il a près d'un pouce de long, est brun tacheté de noirâtre avec les ailes transparentes, à nervures noires.

Les HÉMÉROBES (*hemerobius*) ressemblent beaucoup aux fourmilions par leurs formes sveltes et légères et par la plupart de leurs caractères zoologiques ; mais ils en diffèrent par leurs antennes terminées en filets aigus, et par leurs palpes qui sont au nombre de quatre seulement.

La légèreté de leur taille, la finesse de leurs ailes, qui ont la transparence de la gaze, la beauté de leurs couleurs tendres et agréablement nuancées, ont mérité à ces insectes le nom de *demoiselles terrestres*, dénomination qui indique assez les rapports des *hémérobes* avec les libellules, auxquelles ils ressemblent par leurs couleurs, mais dont ils se distinguent par leurs habitudes terrestres.

On trouve fréquemment ces insectes dans les jardins, où on les voit voltiger de branche en branche, pour chercher un endroit propre à recevoir leurs œufs. Ils choisissent principalement les plantes habitées par des pucerons, dont leurs larves sont extrêmement friandes. Quand la femelle a trouvé une feuille propre à remplir son but, elle fait sortir de la partie postérieure de son abdomen, par une ouverture analogue à celle qui se remarque dans les araignées, une goutte de liqueur visqueuse qu'elle tire pour ainsi dire à la filière, et qui, se desséchant par le contact de l'air, prend assez de solidité pour soutenir un œuf. La femelle fait autant de ces petites tiges qu'elle a d'œufs à pondre, c'est-à-dire environ une douzaine.

Les larves qui sortent de ces germes sont très-carnassières, et dévorent une grande quantité d'insectes et surtout de pucerons, ce qui a fait donner aux hémérobes le nom de *lions de pucerons*, de même qu'on appelle les insectes du genre précédent, fourmilions ou *lions de fourmis*.

Parmi les espèces de ce genre, on peut citer l'*hémérobe perla* et l'*hémérobe tacheté*, qu'on trouve dans presque toute l'Europe. Le premier est d'un jaune-vert, avec les yeux dorés et les ailes transparentes ; il manque d'yeux lisses. Le second est noirâtre, avec les ailes blanches tachetées de noir ; il a trois petits yeux lisses.

Les SEMBLIDES (*semblis*) se distinguent aisément de tous les genres qui précèdent, par la forme de leur prothorax qui est plus grand que les autres anneaux du thorax et forme un corselet. Leurs ailes sont couchées horizontalement sur le dos, et leurs palpes filiformes ne sont qu'au nombre de quatre. Leur genre de vie est analogue à celui des éphémères, soit à l'état de larve, soit à celui d'insecte parfait.

Nous n'avons en France qu'une seule espèce de ce genre, la *semblide de la boue*, qui est d'un noir mat avec les ailes d'un brun clair, chargées de nervures noires. La femelle pond une prodigieuse quantité d'œufs, qui se terminent brusquement par une pointe ; elle les dépose sur les feuilles des plantes aquatiques ou sur les corps situés dans le voisinage des eaux, sur lesquels ils forment des rangées régulières, semblables à celles d'un jeu de quilles. La larve qui provient de chacun de ces œufs, se laisse tomber dans l'eau, où elle court et nage très-vite, à l'aide d'un appendice caudiforme qui garnit l'extrémité de son abdomen.

Les TERMÈS (*termes*) (*fig.* 2) ou *termites* n'ont que quatre articles aux tarses, tandis que tous les genres qui précèdent en ont cinq. Leurs ailes, peu réticulées, sont très-longues et couchées horizontalement sur le dos de l'animal. Leur tête est arrondie, et leur corselet presque carré.

Ces névroptères sont peut-être de tous les insectes ceux dont les mœurs sont les plus curieuses, sans en excepter les abeilles et les fourmis. Propres aux contrées voisines de la ligne, ils y sont connus sous le nom de *fourmis blanches*, de *poux de bois*, etc., et y commettent d'horribles dégâts. Réunis en troupes immenses (plus de soixante mille), ils se construisent, comme les abeilles, des espèces de nids communs à toute la société. Mais quelle différence de leurs habitations aux ruches des abeilles ! ce sont de véritables huttes de dix à douze pieds de haut et d'une solidité capable de résister aux organes les plus violents, et de supporter sans réfléchir le poids d'un bœuf entier. L'intérieur de ces édifices est divisé en un nombre infini de compartiments et de galeries, disposées avec tant d'ordre et de symétrie, qu'ils peuvent loger plusieurs milliers de ces insectes, et leur permettre à tous une libre circulation dans toutes leurs parties.

Les habitants de ces petits états ont un *roi* et une *reine* qui sont des insectes parfaits, des *travailleurs* qui sont des larves, et des *soldats*, que certains naturalistes regardent comme des nymphes, mais dont la véritable nature est inconnue. Chacun de ces habitants a sa tâche à remplir ; les travailleurs, qui sont de la taille d'une grosse fourmi, doivent construire la demeure et pourvoir à la subsistance de la société ; les soldats, qui sont beaucoup plus forts et mieux armés, sont chargés de défendre l'habitation et d'en écarter les ennemis. Quant au roi et à la reine, leur seul devoir est de multiplier l'espèce. La femelle pond en vingt-quatre heures jusqu'à quatre-vingt mille œufs, que les travailleurs emportent à mesure dans une chambre particulière.

Rien n'égale l'activité des *termès* ; travailleurs ou soldats, ils sont constamment occupés. Ceux-ci veillent sans cesse autour de la demeure commune, et n'en laissent approcher aucun animal sans se jeter sur lui et le mordre jusqu'au sang ; leur fureur est surtout extrême lorsqu'ils voient qu'on détruit leur habitation : ils se font tous tuer plutôt que de la laisser endommager ; on en a vu se laisser arracher par lambeaux sans lâcher prise. Pour les travailleurs, les uns gâchent la terre destinée à la construction des cloisons intérieures, les autres vont cueillir la gomme dont ils remplissent les magasins. Ceux-ci soignent les jeunes larves, ceux-là portent la nourriture au roi et à la reine, etc.

On connaît plusieurs espèces de ce genre ; le *termès fatal* ou *belliqueux* est l'espèce la plus commune et celle dont nous venons de parler. Le *termès voyageur* est célèbre par les migrations qu'il fait d'un endroit à un autre, et par l'ordre admirable qui règne dans sa marche. Les ouvriers s'avancent sur plusieurs lignes de front, en colonnes serrées, et sont protégés par les soldats, dont les uns errent sur les côtés, et les autres se placent en sentinelles sur les plantes voisines pour explorer les alentours. Au moindre danger qui menace la troupe, un signal des factionnaires lui fait hâter ou ralentir le pas, selon que la circonstance l'exige. Outre ces espèces, il en est d'autres qu'on nomme plus spécialement *poux de bois*, à cause des dégâts qu'ils font dans les solives, les planches et dans tout le bois sec ; ils s'introduisent dans l'intérieur du bois par une ouverture presque imperceptible, et le réduisent entièrement en poussière, en ayant soin de ne pas attaquer la surface, de peur d'être surpris. De cette manière, ils détruisent quelquefois une maison entière, avant qu'on se soit seulement aperçu de leur présence. Les nègres paraissent manger avec délices les larves de tous ces insectes, et des voyageurs qui en ont goûté assurent qu'elles ont une saveur sucrée des plus agréables, et qu'elles forment un mets des plus délicats.

Le *termès lucifuge*, qu'on trouve en France, est d'un noir luisant, avec les ailes brunâtres, et les jambes et les tarses

roussâtres. Cette espèce s'est tellement multipliée à Rochefort,
dans les ateliers et les magasins de la marine, qu'on ne peut réus-
sir à la détruire, et qu'elle y cause des ravages considérables.

Les PSOQUES (*psocus*) sont de très-petits insectes dont le
corps est court, très-mou, souvent renflé et comme bossu, avec
la tête grande et les antennnes sétacées. Leurs ailes sont couchées en toit sur le dos de l'animal.

Les habitudes de ces névroptères sont très-analogues à celles
des termès, avec lesquels certains auteurs les confondaient
autrefois. Comme ces derniers, les *psoques* vivent dans le bois,
le vieux chaume, ou sur l'écorce des vieux arbres; ils courent
avec agilité, mais volent peu. L'espèce la plus commune que
nous ayons en France est même complètement privée d'ailes.
Cette espèce qu'on nomme le *psoque pulsateur* est d'un blanc
jaunâtre, avec les yeux roux et des taches de cette couleur sur
l'abdomen. On le trouve communément dans les livres et dans
les collections de plantes ou d'insectes. On lui a donné le nom
spécifique de *pulsateur*, parce qu'on croyait autrefois que
c'était lui qui produisait le bruit qu'on entend souvent dans
les maisons, et dont nous avons parlé à l'article *vrillette*.

Les PERLES (*perla*) n'ont que trois articles aux tarses, ont
le corps étroit et allongé, avec la tête grande et les antennes
sétacées. Leurs ailes sont couchées et croisées horizontalement sur le corps, et leur abdomen se termine ordinairement
par deux soies articulées; leurs larves sont aquatiques et vivent
dans les fourreaux qu'elles se construisent, et où elles s'enferment pour passer leur état de nymphe.

On trouve communément au printemps, sur le bord des
rivières, la *perle à longue queue*, qui est longue de huit lignes
et d'un brun obscur; les soies que porte l'abdomen à son extrémité sont presque aussi longues que les antennes.

IIIe *Famille.* —PLICIPENNES.

Cette famille ne comprend que le genre *frigane*.

Les FRIGANES (*phyganea*) manquent entièrement de mandibules, et ont les antennes très-longues et les ailes inférieures
plissées dans le sens de leur longueur. Du reste, elles ont beaucoup de rapports avec les éphémères par la brièveté de leur

vie à l'état parfait, et par leurs habitudes aquatiques sous celui de larves.

L'histoire de ces insectes n'offre rien d'intéressant dans la dernière période de leur existence; mais elle est des plus curieuses dans les premiers temps de leur vie. Leurs larves, allongées et presque cylindriques, ne sont revêtues que d'une peau molle et délicate, et seraient exposées sans défense aux atteintes de leurs ennemis, si elles n'avaient l'instinct de se faire une espèce de bouclier protecteur. C'est un fourreau solide, qu'elles se construisent avec un ciment glutineux et avec des brins de paille, des morceaux de coquilles, des grains de sable, etc. à-peu-près comme le font les térébelles parmi les annelides. Elles s'y enfoncent ensuite entièrement, à l'exception de la tête qu'elles laissent sortir, et vont se promenant de tous côtés au fond de l'eau, traînant avec elles leur habitation, qu'elles ne quittent jamais que par force.

Elles demeurent ainsi libres jusqu'à l'époque où elles doivent se métamorphoser en nymphes. Quand ce moment est arrivé, elles se fixent à quelque racine aquatique, et ferment exactement l'entrée de leur tuyau, au moyen d'un grillage assez solide, pour empêcher leurs ennemis d'arriver jusqu'à elles, mais pas assez serré pour intercepter le passage du fluide dont elles ont besoin pour respirer.

Lorsque le temps de leur dernière métamorphose est venu, elles rompent leurs liens, s'élèvent à la surface de l'eau, où elles abandonnent leur fourreau pour grimper sur les corps voisins. Les plus petites espèces, cependant, conservent leur ancienne demeure, et s'en servent comme d'une nacelle pour se soutenir à la surface de l'eau.

Les principales espèces de *frigane* sont la *grande* F., la F. *vulgaire*, la F. *fauve*, la F. *verte*, etc.

VIIIe Ordre.—HYMÉNOPTÈRES.

Les *hyménoptères* forment un des ordres les plus nombreux de l'entomologie après celui des coléoptères; il comprend tous les insectes qui ont quatre ailes nues et membraneuses, à nervures longitudinales, et dont les supérieures sont toujours plus grandes que les inférieures. Leur bouche est garnie d'un labre et de deux mandibules distinctes; mais leurs mâchoires et leur lèvre inférieure sont minces, allongées et disposées en une espèce de trompe, appelée *promuscide*, qui n'est propre qu'à pomper le suc des végétaux. Leur abdomen est le plus souvent séparé du corselet par un étranglement qui divise leur tronc en deux parties, et se termine, chez les femelles, par un aiguillon ou par une tarière destinée à percer l'écorce des plantes ou la peau des animaux, dans lesquels elles déposent leurs œufs (1).

Le corps de ces insectes est ordinairement ovale, rarement allongé ; leur tête est généralement grosse et presque toujours séparée du thorax par un étranglement en forme de cou ; leurs yeux sont le plus souvent gros et accompagnés de trois ocelles ; leurs antennes sont presque toujours courtes, rarement très-longues, et, dans tous les cas, filiformes, jamais terminées en massue.

Leurs trois anneaux thoraciques sont réunis en une masse ovalaire ou trapézoïde, sans intervalles qui les séparent ; quelquefois le premier segment de l'abdomen est attaché au métathorax, de sorte que le corselet semble avoir un anneau de plus que l'ordinaire et être composé de quatre parties ; leur abdomen est pédiculé, très-rarement sessile, et se termine toujours, chez les femelles, par un pondoir composé de trois pieds, dont deux latérales qui servent quelquefois de gaîne à la médiane, tandis que d'autrefois c'est la médiane qui emboîte les deux latérales.

Leurs ailes sont généralement horizontales, rarement verticales ; les supérieures sont toujours plus grandes que les inférieures et offrent un certain nombre de cellules, dont les plus grandes ont été nommées radiales et cubitales ; elles servent à quelques entomologistes, pour caractériser certains genres. Leurs pattes de médiocre longueur se terminent par des tarses toujours pentamères.

Tous les *hyménoptères* subissent des métamorphoses complètes. Parmi leurs larves, les unes sont dépourvues de pattes et tout-à-fait immobiles ; d'autres, au contraire, ont, outre les six pattes ordinaires, de douze à seize fausses pattes ; mais elles ne sont pas plus agiles pour cela, car elles ne peuvent exécuter aucune espèce de mouvement. Il faut donc que la mère, qui meurt toujours avant la naissance de sa progéniture, place ses œufs dans un endroit où ils soient garantis des dangers extérieurs, et où les larves trouvent une nourriture préparée à l'avance. Dans ce but elle construit pour sa postérité une demeure

(1) La différence qu'il y a entre la tarière et l'aiguillon, c'est que la première ne sert que de pondoir, tandis que le second est un instrument suffisant et dentelé en scie à son extrémité.

particulière, où elle entasse des aliments choisis, ou bien elle les dépose dans le corps d'animaux, si ses petits doivent être carnassiers. Certaines espèces qui vivent en sociétés nombreuses se dispensent de ce soin : des individus, qu'on appelle *neutres* ou *ouvrières*, et qui ne sont que des femelles dont les organes génitaux ont été arrêtés dans leur développement, fournissent aux larves la nourriture nécessaire et les garantissent des dangers extérieurs. Dans tous les cas, les larves ont la lèvre percée par un canal pour le passage de la matière soyeuse, qui doit être employée pour la fabrication de la coque de la nymphe.

La durée de la vie des *hyménoptères*, depuis leur naissance jusqu'à leur entier développement, est bornée au cercle d'une année. Larves, ils vivent tantôt de matières animales, tantôt de substances végétales ; nymphes, ils ne prennent aucune espèce de nourriture ; insectes parfaits, ils vivent tous sur les fleurs, sur lesquelles on les voit voltiger durant tout le cours de la belle saison.

D'après la forme de l'appendice qui termine le corps des femelles, on peut diviser les hyménoptères en deux sous-ordres : les *térébrants* et les *porte-aiguillons*, dont les uns ont une tarière et les autres un aiguillon.

Iᵉʳ Sous-Ordre. — TÉRÉBRANTS.

Ces insectes diffèrent des suivants non-seulement par le caractère dont nous avons parlé, mais surtout par leurs habitudes. Tandis que les porte-aiguillons vivent tous en sociétés plus ou moins nombreuses, font en commun des travaux plus ou moins considérables, et forment de véritables républiques dont chaque membre a des devoirs particuliers à remplir, les *térébrants* demeurent toujours isolés, et se font principalement remarquer par l'instinct admirable qui leur fait pourvoir aux besoins de leur postérité. Du reste, il faut partager ce premier sous-genre en deux familles, qui diffèrent principalement par la manière dont leurs larves se nourrissent. Les unes sont herbivores, ce sont les *porte-scies* ; les autres sont carnassières, ce sont les *pupivores*.

Iʳᵉ Famille. — PORTE-SCIES.

Comme les femelles sont seules pourvues de la scie abdominale, qui fait le caractère du sous-ordre des *térébrants*, et qu'il est souvent très-difficile et quelquefois impossible de connaître

le régime d'un insecte qu'on tient, les naturalistes ont cherché
d'autres moyens de distinguer la famille des *porte-scies*, et ont
trouvé que, de tous les hyménoptères, ces insectes étaient les
seuls dont l'abdomen fût sessile, c'est-à-dire uni au corselet
dans toute sa largeur, de sorte qu'il semble en être une continuation et ne jouir d'aucun mouvement particulier. Chez tous
les autres hyménoptères, ces deux parties sont unies par un
pédicule étroit ou par un étranglement qui permet à la dernière
de se mouvoir indépendamment de la première, comme on peut
le remarquer dans l'abeille, la fourmi, etc. (pl. XXXIV, *fig.*
3, 4, 5 et 6).

Tous ces insectes proviennent de larves appelées *fausses
chenilles*, parce qu'elles ressemblent beaucoup à celles des
papillons, dont elles diffèrent cependant par le nombre de leurs
pattes, qui est au moins de dix-huit et qui peut aller jusqu'à
vingt-deux; tandis que les véritables chenilles n'en ont jamais
plus de seize. Ces larves sortent d'œufs que la femelle place
dans les troncs d'arbres, après en avoir percé l'écorce au moyen
de sa tarière. Elles se nourrissent de sucs végétaux, qui leur sont
fournis par les plantes sur lesquelles elles se trouvent, jusqu'à
l'époque où doit s'opérer leur transformation en nymphes.
Alors elles se détachent de la plante et se laissent tomber dans
la terre, au sein de laquelle elles subissent leur métamorphose.

Cette famille est assez nombreuse, mais les espèces qu'elle
renferme ont tant de rapports entre elles, qu'on peut n'en
former que deux genres, celui des *tenthrèdes* ou *mouches à scie*
et celui des *sirex*.

Ces insectes (*tenthredo*) sont généralement petits et n'ont
guère plus de sept ou huit lignes de long; ils sont faciles à
distinguer à la forme de leurs mandibules qui sont allongées et
grêles et à leur tarière qui est dentelée en scie. Leur forme
rappelle celle des guêpes, excepté qu'ils n'ont jamais, comme
ces dernières, l'abdomen séparé du corselet, et que leurs ailes
sont plissées et paraissent comme chiffonnées. Leurs habitudes
sont en outre toutes différentes. Les *tenthrèdes* se tiennent sur les
arbres pendant la belle saison; et lorsque le moment de la ponte
est venu, la femelle se met à parcourir avec empressement les
branches de l'arbre qu'elle habite, pour chercher celle qui lui
convient le mieux. Quand elle l'a trouvée, elle se met à y pratiquer des trous avec sa scie. Dans chaque trou, elle dépose
un œuf et une goutte de liqueur mousseuse, dont l'usage, est à
ce qu'on prétend, d'empêcher l'ouverture de se fermer,

Quelques jours après cette opération, on voit l'écorce se gonfler tout autour de la plaie; en même temps l'œuf lui-même se développe, et finit souvent par former une *galle* ou excroissance analogue à un petit fruit. Ces galles, qui d'abord ne servent qu'à protéger l'œuf, deviennent, lors de l'éclosion de ce dernier, le domicile de la larve, qui y subit toutes ses métamorphoses, et dont elle ne sort que pour passer à l'état d'insecte parfait. Mais dans la plupart des cas, il ne se produit pas de galle. Alors la larve se fixe sur quelque feuille, aux dépens de laquelle elle se nourrit, et sur laquelle elle se transforme ordinairement en nymphe et en insecte. Quelquefois cependant, c'est dans le sein de la terre qu'elle subit ce dernier changement.

L'étendue de ce genre l'a fait partager en plusieurs sous-genres, dont les principaux sont : les CIMBEX, dont les chenilles sont remarquables par la faculté qu'elles ont, quand on les tourmente, de seringuer une liqueur verdâtre et odorante, jusqu'à la distance d'un pied; les HYLOTOMES, dont on trouve une espèce sur le rosier; et les TENTHRÈDES propres, dont les principales espèces sont la T. de la *scrophulaire* et la T. *verte*.

Les plus gros SIREX (*sirex*) ou *urocères* se distinguent des tenthrèdes par leurs mandibules courtes et épaisses et par la tarière des femelles, qui est tantôt très-saillante et composée de trois pièces, tantôt roulée en spirale dans l'intérieur de l'abdomen. Leurs antennes sont longues et formées d'un grand nombre d'articles, et leur corps est presque cylindrique.

Ces insectes, qui sont d'assez grande taille, habitent plus particulièrement les forêts de pins et de sapins des contrées froides et montagneuses. Leur larve qui a six pieds avec l'extrémité postérieure du corps terminé en pointe, vit dans le bois, où elle se file un cocon pour subir sa dernière métamorphose. Quoique leurs formes soient lourdes et pesantes en apparence, ils ne laissent pas de voler avec agilité, en produisant un bourdonnement semblable à celui des bourdons et des abeilles, ce qui, joint à leurs habitudes, leur a fait donner le nom d'*ichneumons-bourdons*. Ils se montrent en certaines années en si grande quantité, qu'ils ont été souvent pour le peuple un sujet d'effroi. La principale espèce de ce genre est le *sirex* ou *urocère géant*, qui a un peu plus d'un pouce de long, et est noir avec des taches jaunes. Cette espèce est assez commune dans toute la France.

IIᵉ *Famille.* — Pupivores (pl. XXXV).

Cette famille diffère de la précédente, parce qu'elle a l'abdomen bien distinct du corselet, disposition qui la rapproche des hyménoptères du sous-ordre suivant; mais elle s'en distingue par plusieurs caractères : d'abord le premier segment abdominal fait partie du corselet, de sorte que c'est le second anneau qui est uni au premier par une espèce de pied, et que le thorax semble formé de quatre segments; les porte-aiguillons au contraire ont le corselet formé de trois anneaux seulement, après lesquels vient le pédicule et ensuite l'abdomen. En second lieu les antennes des pupivores sont composées de plus ou moins de treize articles chez les mâles, et de plus ou moins de douze chez les femelles, ou bien leur abdomen n'est formé que de trois ou quatre anneaux; tandis que chez les porte-aiguillons les antennes ont constamment treize articles chez les mâles et douze chez les femelles, et l'abdomen offre toujours sept anneaux chez les premiers et six chez les seconds.

A l'aide de ce double caractère tiré du nombre des articles des antennes et de celui des anneaux de l'abdomen, on peut toujours distinguer les *pupivores* des porte-aiguillons, indépendamment de la tarière que les femelles des premiers ont à l'extrémité de leur corps pour pondre leurs œufs, et qui, chez les seconds, est remplacée par un aiguillon ou même par une simple glande, qui sécrète une liqueur caustique ou dégoûtante, qui leur sert d'armes offensives.

Le nom de *pupivores* qui veut dire *mange-petits*, a été donné à ces insectes parce que, dans la première période de leur existence, ils se nourrissent presque exclusivement de petits animaux, dans lesquels la femelle dépose ses œufs, et qui leur servent d'abri en même temps qu'ils leur fournissent leur subsistance; car leurs larves, étant apodes, ne peuvent ni se soustraire aux dangers qui les menacent, ni se procurer les aliments nécessaires à leur entretien et à leur développement.

Cette nombreuse famille renferme un grand nombre de genres, entre autres les *farnes*, les *ichneumons*, les *cynips*, les *bétyles*, les *chalcides* et les *chrysides*.

<table>
<tr><td rowspan="6">Ailes inférieures</td><td colspan="4">veinées comme les supérieures. Antennes</td><td>de 14 à 15 articles................. Fœnes.</td></tr>
<tr><td colspan="4"></td><td>de plus de 16 articles............. Ichneumons.</td></tr>
<tr><td rowspan="4">non veinées.</td><td rowspan="3">sans-aiguillon. Antennes</td><td>droites.</td><td>filiforme.............. Cynips.</td><td></td></tr>
<tr><td>Tarière</td><td>tubulaire............. Bethylus.</td><td></td></tr>
<tr><td colspan="2">brisées......................... Calcides.</td><td></td></tr>
<tr><td colspan="3">Tarière terminée par un aiguillon.................. Chrysides.</td><td></td></tr>
</table>

Les FŒNES (*fœnus*) sont des hyménoptères térébrants, dont les habitudes sont presque totalement inconnues, mais qui sont faciles à reconnaître à leur forme allongée, à leurs antennes droites, filiformes et composées de treize ou de quatorze articles, et à leur tête séparée du corselet par un étranglement. Ce sont des insectes de taille moyenne qu'on trouve quelquefois sur les fleurs, où ils relèvent leur abdomen terminé par trois appendices filiformes. La nuit et même le jour, quand le temps est couvert, ils se tiennent attachés aux tiges des plantes par leurs mandibules, et ils y demeurent suspendus presque perpendiculairement.

On rencontre assez fréquemment aux environs de Paris le *fœne éjaculateur* qui est d'un noir grisâtre, et dont les premiers segments abdominaux sont largement marqués de fauve.

Les ICHNEUMONS (*ichneumon*) (*fig* 3.) sont faciles à reconnaître à leur corps généralement étroit et presque linéaire, et surtout à leurs antennes longues (plus de seize articles) et très-mobiles; ce qui les fait aussi appeler *mouches vibrantes*.

Le nom d'*ichneumon*, que les anciens appliquaient à la mangouste, parce que ce quadrupède passait pour s'introduire dans le corps du crocodile pour lui dévorer les entrailles, a été donné par analogie aux insectes de ce genre, parce qu'ils passent le premier temps de leur vie dans le corps des chenilles des papillons, et en rongent tour-à-tour les organes. Sous ce rapport les *ichneumons* rendent un grand service à l'agriculture et au jardinage, qui ont tant à souffrir de la voracité de ces larves.

L'instinct de ces petits animaux est vraiment admirable soit comme insectes parfaits, soit comme larves. Celui des femelles se manifeste d'une manière bien sensible à l'époque de la reproduction. Lorsque le moment de la ponte est arrivé, elles se mettent à la recherche des chenilles, et savent les découvrir avec une sagacité incroyable, jusque sous l'écorce des arbres qui les recèle; et quand elles en ont trouvé une, elles la piquent de leur aiguillon pour y déposer un œuf ; mais elles ont bien soin, en les perçant ainsi, de n'attaquer aucun organe essentiel, de sorte que la chenille n'en continue pas moins de vivre.

Cependant l'œuf déposé se développe et se transforme en larve. Celle-ci se met à ronger la graisse que la chenille a amassée, en ayant soin de ne toucher à aucun organe important, afin de ne pas la tuer trop tôt. Mais, lorsqu'est venu le temps de sa métamorphose, elle ne prend plus aucune précaution, la fait périr et sort de sa retraite ; emblème frappant de l'ingratitude et de la méchanceté la plus odieuse ! C'est à ce moment qu'elle fait sa coque, qui consiste en un ou deux flocons blancs ou jaunes, dont on rencontre des milliers en été sur les murs des jardins potagers et aux branches des arbres. Quand on détache ces coques des corps auxquels elles tiennent, les chrysalides sautent avec agilité, en se ployant en arc et en se débandant ensuite.

On divise ce genre nombreux en plusieurs sous-genres dont nous ne citerons que les principaux.

1° Les PIMPLES (*pimplas*) ont la tarière longue et saillante, l'abdomen cylindrique, la tête transverse et les mandibules bifides ou échancrées à leur pointe. Tel est le P. *persuasif* qu'on trouve aux environs de Paris et une des plus grandes espèces de ce genre : il est noir avec deux points blancs ou jaunâtres sur chaque anneau de l'abdomen. Le P. *instigateur* est plus petit et n'a guère que six lignes de long : il est commun dans les bois abattus et dans les chantiers.

2° les OPHIONS (*ophion*) ont la tête des précédents ; mais ils s'en distinguent par leur abdomen comprimé et arqué en faucille, ainsi que par leur tarière plus courte. Tel est l'O. *jaune* qui est d'un jaune fauve avec les yeux verts. La femelle dépose ses œufs sur la peau de quelque chenille, à laquelle ils sont fixés par un pédicule long et délié. Les larves qui en proviennent se développent à ses dépens, jusqu'au moment où elle va filer son cocon. A cette époque elles la tuent et opèrent leur métamorphose.

3° Les ICHNEUMONS ont la tarière courte, mais leur abdomen est ovalaire ou fusiforme. On en connaît un nombre très-considérable d'espèces ; les principales sont l'I. *piqueur*, l'I. *fossoyeur*, l'I. *meurtrier*, etc.

Les CYNIPS (*cynips*) (*fig.* 4) sont de petits insectes qui ont la tête étroite et le thorax gros et bombé, ce qui les fait paraître comme bossus. Mais leur caractère le plus saillant se tire de la forme de leurs ailes inférieures, qui ne présentent qu'une seule nervure, et du nombre des articles de leurs antennes qui ne va pas au-delà de quinze, et n'est jamais de moins de quatorze chez les mâles et de treize chez les femelles.

Leurs habitudes sont analogues à celles des tenthrèdes ; leur ponte surtout est absolument la même. Ils percent l'écorce et les feuilles des arbres pour y déposer leurs œufs. La présence de ceux-ci ne tarde pas à déterminer l'affluence des sucs vers la partie piquée, et produit ainsi ces excroissances, quelquefois monstrueuses, connues sous le nom de *galles* ou de *bédégars*, qu'on emploie dans la teinture en noir, et qui sont si communes sur les feuilles de chêne et sur la tige des rosiers. C'est dans l'intérieur et aux dépens de ces tumeurs, que l'œuf déposé se développe, et que la larve se nourrit et se transforme successivement en nymphe et en insecte. Parvenue à l'époque de sa dernière métamorphose, elle perce sa demeure et s'envole pour chercher ailleurs un endroit propre à recevoir ses œufs. Quelques espèces cependant quittent la galle immédiatement après leur naissance, et s'enfoncent dans la terre, où elles demeurent jusqu'à leur dernière transformation.

Parmi les espèces les plus connues de ce genre, nous ferons remarquer le *cynips tinctorial*, qui vient sur une espèce de chêne du levant, et dont on emploie beaucoup la galle pour la fabrication de l'encre à écrire ; le *cynips de l'églantier*, qui produit sur cet arbuste ces excroissances mousseuses si communes et appelées *bédégars*, etc. Mais l'espèce la plus célèbre et la plus utile de toutes est le *cynips du figuier*, dont les Grecs modernes tirent un grand parti, pour aider le développement et la maturation des figues tardives. On sait que la présence de ses œufs fait mûrir plus rapidement les fruits. En conséquence, dès que la femelle les a déposés dans les figues précoces, on cueille ces dernières, et, après les avoir enfilées, on les suspend aux figuiers plus tardifs. Les larves se trouvant mal dans les figues qui ne reçoivent plus de suc de la plante, les abandonnent pour se jeter sur celles qui tiennent encore à l'arbre, et les font mûrir plus rapidement qu'elles n'auraient pu le faire. Ce procédé très-usité en Orient, s'appelle *caprification*.

Les BÉTHYLES (*bethylus*) ont les ailes inférieures sans nervures ; la tarière saillante et tubulaire, les palpes longs et

pendants, les antennes de dix à quinze articles, tantôt filiformes, tantôt en massue. Les habitudes de ces insectes sont peu
connues ; mais, comme ils se trouvent sur le sable et sur les
plantes peu élevées, on présume que leurs larves vivent à terre ;
et, comme d'ailleurs leur organisation est analogue à celle des
chalcides, qui vivent comme les ichneumons, il est probable
que leur genre de vie est à-peu-près le même.

On trouve aux environs de Paris plusieurs espèces de ce
genre, parmi lesquelles nous citerons celles qui ont servi de
type pour établir des sous-genres ; tels sont le *béthyle ponctué*,
le B. *rugosule*, le B. *noir*, le B. *frontal*, le B. *brévipenne*, etc.

Les CHALCIDES (*chalcis*) ont les ailes inférieures sans
nervures, les antennes coudées, de douze articles au plus, et
terminées par une massue allongée ou fusiforme.

A l'état de larves, ces insectes sont pour la plupart parasites,
et vivent dans le corps d'autres insectes, à la manière des
ichneumons ; les autres se nourrissent de la substance contenue
dans l'intérieur d'œufs presque imperceptibles. Ils doivent par
conséquent être de petite taille. Malgré cela, ils sont presque
tous ornés de couleurs métalliques très-éclatantes ; ce qui leur
a fait donner leur nom tiré du grec χαλκος, airain ou bronze.
A l'état parfait, ils se tiennent sur les fleurs, sur lesquelles la
plupart d'entre eux sautent avec agilité ; ils sont en général
plus communs dans les contrées méridionales que dans les
pays du nord. On trouve cependant aux environs de Paris le
C. *clavipéde* et le C. *sispés*.

Le nom de CHRYSIDES (*chrysis*) et celui de *guêpe dorée*,
qui en est la traduction, a été donné à des insectes de la famille
des pupivores, remarquables par la richesse et l'éclat de leurs
couleurs, qui rivalisent avec celles des colibris et des oiseaux-
mouches, et reconnaissables à leur abdomen ovale, concave en
dessous et composé de trois ou quatre anneaux seulement dans
les femelles, à leurs ailes inférieures sans nervures, et à leur
tarière formée par les derniers anneaux de l'abdomen, qui
s'emboîtent les uns dans les autres, comme ceux d'une lunette
d'approche.

Ce sont des hyménoptères vifs et alertes, qu'on voit se promener sans cesse avec agilité sur les murs et sur les vieux bois
bien exposés au soleil. On connaît peu le reste de leurs habitudes ;
on sait seulement qu'ils se servent de leurs tarières, comme les

précédents, pour percer l'écorce des arbres ou la peau des insectes, dans lesquels ils ont coutume de déposer leurs œufs. Les *chrysides* pondent les leurs dans le nid de certaines abeilles, dont les larves paraissent destinées à leur servir de demeure et de nourriture. Leur tarière ne leur est utile que pour se défendre lorsqu'on cherche à les prendre, ou pour piquer leurs ennemis. Outre ce moyen de défense, elles ont encore la faculté de se rouler en boule et de cacher leur abdomen.

Les espèces de ce genre, qu'on trouve aux environs de Paris, sont : la C. *mi-partie*, la C. *enflammée*, la C. *pourpre* et la C. *bandée*.

IIe *Sous-Ordre.* — PORTE-AIGUILLONS.

Les *hyménoptères* de ce second sous-ordre diffèrent des précédents par le défaut de tarière. Cet organe est remplacé par un aiguillon composé de trois pièces, qui, dans l'état ordinaire, reste caché dans l'intérieur de l'abdomen, et n'en sort que lorsque l'intérêt de la défense de l'animal ou le besoin de déposer ses œufs exige qu'il en fasse usage. Mais il faut observer que cette arme ou cet instrument ne se trouve que chez les femelles, et manque même à plusieurs espèces chez lesquelles il est remplacé, du moins comme moyen de défense, par une liqueur acide qu'elles conservent dans des réservoirs spéciaux, d'où elles peuvent le lancer à leur gré contre leurs ennemis.

La présence de l'aiguillon ne peut donc être prise pour un caractère constant et invariable ; mais le mode d'union de l'abdomen avec le corselet, par le moyen d'un pédicule toujours bien marqué et quelquefois très-long, la petitesse des mandibules, qui sont moins dentées dans les mâles que dans les autres individus, le nombre des articles des antennes, qui est constamment de treize chez les mâles et de douze chez les femelles ; enfin la conformation de l'abdomen, qui est formé de sept anneaux dans les premiers et de six dans les secondes, ne permettront jamais de confondre les *porte-aiguillons* avec les térébrants.

Le genre de vie de ces insectes est très-variable selon les familles, mais il est toujours très-intéressant. La plupart d'entre eux vivent en sociétés nombreuses, et forment des espèces de républiques dont chaque membre contribue pour sa part au bien-être de la communauté. Ces espèces de gouvernements se composent de trois sortes d'individus, les *mâles* et les *femelles*,

qui sont toujours en petit nombre et qui sont chargés du soin
de la propagation de l'espèce, et les *ouvriers* ou *neutres*, qui,
de même que parmi les termès, doivent construire la demeure
et chercher les provisions nécessaires à la société ; c'est sur eux
que roule tout le soin du ménage. Ce sont eux qui nourrissent
les mâles, les femelles et les larves ; ils prennent soin de ces
dernières, ainsi que des chrysalides, en leur préparant la *patée*,
substance miellée qui forme la nourriture la plus convenable
pour elles, et en leur fournissant les moyens de se métamorphoser ; car les larves étant dépourvues de pattes, sont hors
d'état de pourvoir elles-mêmes à leur subsistance.

Les *porte-aiguillons* ont été divisés en quatre familles : les
myrmèges, les *fouisseurs*, les *diploptères* et les *mellifères*.

Ire Famille. — MYRMÉGES.

Les *myrmèges* ou *formicaires* comprennent tous les hyménoptères analogues aux fourmis ; ils ont par conséquent l'abdomen séparé du corselet par un pédicule bien marqué, et leurs
antennes, au lieu d'être en ligne droite, sont coudées et comme
brisées. Les mâles seuls ont constamment des ailes, encore ne
les conservent-ils pas pendant toute leur vie ; les femelles en ont
ordinairement, mais elles les perdent de bonne heure. Les ouvrières n'en ont jamais.

Cette famille comprend plusieurs genres, dont les plus importants sont celui des *fourmis* et celui des *mutiles*, que l'on
distingue à la forme du premier article de leurs antennes, qui
est très-long chez les premières et égale le tiers de la longueur
totale de l'organe, tandis qu'il est toujours plus court chez les
seconds.

On a beaucoup parlé de la prévoyance et de l'activité de la
FOURMI (*formica*) ; mais c'est à tort qu'on a loué la sagesse
de cet animal, lorsqu'on a prétendu qu'il entassait pendant les
beaux jours pour jouir durant l'hiver. La *fourmi* s'engourdit
pendant toute la mauvaise saison, et n'a par conséquent pas
besoin de provisions. Tout ce qu'on la voit porter dans son
habitation est destiné à la nourriture des larves ou à la construction de ses appartements. On a donc exagéré les qualités
de ces insectes et avec d'autant moins de raison que, bien loin
de nous être utiles, ils causent de très-grands dégâts dans nos
jardins et dans nos maisons, surtout à nos provisions de bouche. Vivant en sociétés nombreuses, composées de trois sortes

d'individus, il leur faut, pour se construire leur demeure, des matériaux très-considérables qu'ils tirent de tout ce qui se trouve à leur portée, et, pour pourvoir à leur subsistance, une grande quantité de substances végétales ou animales qu'ils prennent dans nos greniers, dans nos champs et dans nos jardins. Si donc il y a quelque chose à louer dans l'histoire des *fourmis*, ce n'est ni leur prévoyance ni leur sobriété ; mais ce qu'il y a d'admirable dans ces petits animaux, ce sont l'ordre parfait et la discipline exacte qui régnent dans leur société ; c'est l'instinct qui porte les ouvrières à nourrir les mâles, les femelles, les larves, et à se priver quelquefois de leur nourriture pour leur en fournir ; c'est le courage avec lequel ils défendent, en cas de danger, les nourrissons confiés à leur soin, quelquefois même aux dépens de leur vie. Ce que nous admirerions encore en eux, si nous n'étions habitués à le voir dans une multitude d'autres animaux, c'est la sagacité avec laquelle ils choisissent pour placer leur domicile, la base d'un tronc d'arbre ou un terrain élevé, afin d'y être à l'abri des inondations ; c'est l'art avec lequel ils composent, avec de si petites parcelles de bois, de chaume, de feuilles, etc., un édifice solide, où nous ne voyons que confusion, mais dont l'ensemble est l'image d'une ville avec ses rues, ses ruelles, ses maisons, etc. ; de manière que les ouvrières les parcourent continuellement sans s'embarrasser le moins du monde, malgré l'activité dont ils ont besoin, surtout lorsqu'ils ont les larves à nourrir. C'est alors qu'on les voit courir de tous côtés avec empressement, les unes chargées de provisions qu'elles leur apportent ; les autres allant à la recherche des grains, des fruits, des miettes, etc. Ce temps de fatigue dure, pour les fourmis, tout l'été, car il y a toujours des larves dans leur nid. Pour s'en convaincre, il suffit d'ouvrir une fourmilière durant cette saison ; on y voit pêle-mêle des fourmis, des débris de végétaux, des écorces, des espèces de vers blancs, qu'on appelle vulgairement *œufs de fourmis*, et qui ne sont autre chose que les larves.

On divise ce genre en cinq ou six sous-genres, dont les principaux sont : les *fourmis propres*, les *polyergues*, les *ponères* et les *myrmices*.

1° Les premières manquent d'aiguillon, ont les antennes insérées près du front, et les mandibules triangulaires et dentelées, et le pédicule qui unit l'abdomen au thorax n'est formé que d'une écaille ou d'un nœud. On connaît un très-grand nombre d'espèces de *fourmis* : les principales, qu'on trouve

en France, sont la F. *fauve*, la F. *sanguine*, la F. *noir cendré*, la F. *mineuse*, etc.

2° Les POLYERGUES (*polyergus*) manquent aussi d'aiguillon ;
mais elles ont les antennes insérées près de la bouche, et leurs
mandibules sont étroites et plus ou moins arquées ; telle est la
fourmi roussâtre, qu'on trouve dans toute la France.

3° Les PONÈRES (*ponera*), neutres et ouvrières, ont un aiguillon et les antennes en massue. Leur pédicule abdominal est formé d'une seule écaille ou d'un seul nœud, et leurs mandibules
sont triangulaires. On trouve aux environs de Paris la *fourmi
contractée*, qui appartient à ce sous-genre.

4° Les MYRMICES (*myrmica*) ont le pédicule abdominal formé
de deux nœuds, et un aiguillon à l'extrémité de l'abdomen ;
telle est la *fourmi rouge*, qu'on trouve dans les bois et qui
pique assez vivement.

Le genre MUTILE (*mutila*) comprend bien moins d'espèces
que celui des fourmis ; on n'en trouve que trois ou quatre aux
environs de Paris ; et ce qu'il y a de singulier, c'est qu'on ne
connaît presque rien de leurs habitudes ; tout ce qu'on a observé, c'est qu'elles fréquentent les terrains sablonneux où elles
courent très-vite, qu'elles vivent isolées et que les mâles ont
des ailes, tandis que les femelles en sont privées. Mais quant à
leurs mœurs, leurs métamorphoses, leur genre de vie, etc., on
les ignore complètement.

IIe *Famille.* — FOUISSEURS (pl. XXXV).

Ce serait une erreur de croire, d'après le nom imposé à cette
famille, que tous les hyménoptères qu'elle comprend ont l'habitude de creuser la terre. Cette dénomination ne leur a été
appliquée collectivement, que parce que l'espèce la plus anciennement connue, fait ordinairement sa ponte dans un petit
trou qu'elle pratique dans le sable ; mais tant s'en faut que toutes
aient la même habitude, qu'au contraire il y en a plusieurs qui
vivent sur les plantes, voltigent de fleur en fleur pour en sucer
le nectar, et déposent leurs œufs soit dans les vieux troncs, soit
sur les murs qui servent de clôture aux jardins.

Ces insectes sont très-communs pendant tout l'été, et se font
remarquer par leur forme élancée et par la longueur de l'étranglement qui sépare le thorax de l'abdomen (*fig.* 5) ; mais leur
caractère principal se tire de la conformation de leurs tarses,

qui ne peuvent servir qu'à la marche, et qui sont dépourvus de ces sortes de poils qui garnissent ceux des abeilles, pour les rendre propres à cueillir le pollen des fleurs. Ils diffèrent, en outre, des myrméges parce qu'ils ont les antennes droites ou courbes, et que les mâles et les femelles sont également ailés.

Leurs mœurs sont d'ailleurs tout-à-fait différentes ; ils ne vivent jamais en société, et leurs larves ne peuvent pas être nourries de la même manière que celles de la famille précédente. La femelle est par conséquent obligée de faire à leur égard l'office des ouvrières parmi les fourmis ; car ses petits, étant apodes, ne peuvent pourvoir eux-mêmes à leur subsistance. C'est dans ce but qu'elle ne pond dans un endroit, qu'après y avoir préalablement apporté une certaine quantité d'aliments, que la larve trouve à sa portée au moment de sa sortie de l'œuf.

Quoiqu'on pût à la rigueur ne former qu'un seul genre de toutes les espèces de la famille, les naturalistes ont cru devoir en former plusieurs, dont les plus importants sont : les *scolies*, les *sphéges*, les *bembex* et les *crabrons*.

Sous le nom de SCOLIE (*scolia*), qui veut dire *tordu*, *inégal*, les naturalistes désignent un groupe assez nombreux d'hyménoptères fouisseurs, propres aux contrées méridionales des deux continents, dont le premier segment abdominal est tantôt courbé en forme d'arc et tantôt renflé en forme de nœud, dont les yeux sont échancrés, qui ont les pieds courts, gros et épineux, avec les cuisses arquées près du genou, et dont enfin les antennes sont moins longues que la tête et le corselet, chez les femelles. En un mot ces insectes ressemblent à des guêpes, dont les ailes antérieures seraient épaisses et opaques, au lieu d'être transparentes comme chez ces dernières.

A l'état parfait, les *scolies* se tiennent sur les fleurs, et surtout sur celles des ombellifères et des oignons ; lorsqu'on les saisit sans précaution, ils piquent profondément et produisent une blessure douloureuse. On ignore entièrement leur genre de vie à l'état de larve et à celui de nymphe.

La seule espèce de ce genre, qui se trouve aux environs de Paris, est la *scolie à quatre points*, qui est noire avec les ailes d'un violet foncé et la tête sans tache.

Les SPHÉGES (*sphex*) (*fig.* 5) ne sont pas moins intéressants que les ichneumons, sous le rapport de la prévoyance et de la sollicitude qu'ils montrent pour leur postérité. Lorsque l'époque de leur ponte est arrivée, les femelles creusent avec leurs pattes et leurs mâchoires un trou plus ou moins profond dans le sable. Après l'avoir préparé, elles s'en vont à la chasse aux environs. Si elles rencontrent quelque insecte faible et sans défense, elles se hâtent de le percer de leur aiguillon, ou de lui arracher les pattes et les ailes pour lui ôter le pouvoir de s'éloigner. Mais si elles ont affaire à quelque grosse araignée, ou à quelque autre insecte capable de leur résister, elles ont besoin de tout leur courage et de toute leur agilité pour s'en rendre maîtresses. C'est un spectacle des plus curieux, quoiqu'il ne soit pas rare pendant la belle saison, que de voir les *sphèges* femelles aux prises avec leur adversaire, chercher à le percer de leur dard et éviter ses armes offensives. Quand à force de peine elles sont parvenues à le vaincre, elles saisissent le cadavre de leur victime et le portent en triomphe dans leur nid, où elles le déposent en même temps qu'un œuf. Elles renouvellent le même manége pour chacun de leurs œufs, de sorte que cette période de leur vie se passe tout entière en combats. Après avoir ainsi pourvu aux besoins de leur postérité, elles ont rempli le vœu de la nature, et ne tardent pas à périr.

Les *sphèges* sont très-nombreux; mais on les reconnaît toujours facilement à la longueur de leurs pattes de derrière, qui sont une fois au moins aussi longues que la tête et le corselet réunis, et à la forme de leurs antennes qui sont toujours longues et contournées. Du reste, leur premier segment abdominal est semblable à celui des scolies, c'est-à-dire courbé en arc ou noueux.

On divise ce genre en trois sous-genres : les *pompiles*, les *sphèges propres* et les *pélopées*.

1° Les Pompiles (*pompilus*) ont le prothorax aussi large en avant qu'en arrière, et le pédicule, qui unit l'abdomen au corselet, très-court; tel est le P. *des chemins*, qui est noir avec l'abdomen rouge, entrecoupé de bandes noires. On le trouve dans toute l'Europe, et notamment aux environs de Paris. La femelle, après avoir creusé un trou en terre, y apporte une chenille et y dépose un œuf, dont la larve vivra à ses dépens.

2° Les Sphèges propres ont le prothorax rétréci en avant, le pédicule abdominal allongé et les mandibules dentées; tel est le S. *des sables*, qui est noir avec une bande fauve sur l'abdomen. On le trouve aux mêmes lieux que le précédent, où il vit de même.

3° Les Pélopées (*pelopæus*) ont le prothorax et le pédicule abdominal semblables à ceux des sphéges, dont il est pourtant facile de les distinguer à leurs mandibules dentées. Ces insectes font dans l'intérieur des maisons, aux angles des corniches, des nids de terre arrondis ou globuleux, formés d'un cordon tournant en spirale, et présentant sur leur côté inférieur deux ou trois rangées de trous, qui sont des entrées conduisant à autant de cellules, dans chacune desquelles la femelle place une araignée ou tout autre insecte, avec un de ses œufs, et qu'elle bouche ensuite avec de la terre gâchée; tel est le P. *tourneur* ou *potier*, qui est noir avec les pieds et les filets abdominaux jaunes. Il vit dans le midi de la France.

Les BEMBEX (*bembex*) diffèrent de tous les genres précédents par la brièveté de leur prothorax, qui est beaucoup plus large que long, et ne forme qu'un rebord linéaire et transversal, dont les deux extrémités latérales sont éloignées de la base des ailes supérieures. Leur tête est également transverse, et leurs pattes sont courtes ou de moyenne longueur.

Ces insectes ressemblent, au premier abord, à des guêpes, parce qu'elles ont, comme celles-ci, le corps nuancé de noir et de jaune. Mais, sans parler des caractères distinctifs qui sont si différents, les *bembex* ne vivent point en société comme les guêpes; ils se tiennent toujours isolés, et la femelle dépose ses œufs dans des loges séparées et sans communication entre elles. Elle choisit pour cela les terrains meubles et sablonneux, où le travail lui est plus facile, et dont l'exposition est plus favorable à l'éclosion des œufs. De même que les sphéges, les *bembex* apportent dans chacun de ces trous un insecte, qui doit servir de nourriture à la larve de l'œuf qui y a été placé avec elle. Il arrive quelquefois qu'un intrus pénètre dans le domicile, en l'absence de la mère, et dévore la provision. Dans ce cas, la larve meurt de faim, si la femelle ne lui procure une nouvelle proie.

La seule espèce de ce genre, qui se trouve aux environs de Paris et dans le nord de la France, est le *bembex à bec*, qui a de huit à neuf lignes de long et qui est noir avec des bandes transversales sur l'abdomen.

Les CRABRONS (*crabro*) se distinguent des précédents par leur tête grosse et presque carrée, par leurs antennes courtes et en massue, et par leurs pattes de derrière qui sont à peine plus longues que la tête et le corselet réunis.

Une des espèces les plus remarquables de ce genre, est celle que l'on nomme vulgairement *potier*. Elle est d'un noir luisant, avec le chaperon couvert d'un duvet soyeux et argenté. Au moment de sa ponte, elle porte, dans des trous qu'elle trouve dans les vieux troncs pourris, des insectes et surtout des araignées qu'elle a privés de l'usage de leurs membres; et, après avoir déposé ses œufs, elle bouche exactement l'ouverture avec de la terre détrempée, pour qu'aucun animal ne puisse aller les déranger; c'est de là qu'elle tire son nom spécifique de *potier*.

IIIe Famille. — DIPLOPTÈRES (pl. XXXV).

Cette famille se compose principalement du genre GUÊPE (*vespa*) (*fig*. 6), insecte très-connu et assez semblable aux abeilles, dont on le distingue cependant par son corps moins velu, par ses antennes en massue, et surtout par ses ailes supérieures plissées longitudinalement; ce qui a fait donner à la famille le nom de *diploptères* (ailes doublées).

Les *guêpes* vivent pour la plupart en sociétés, composées de mâles, de femelles et d'ouvrières, et se construisent une demeure bien plus artistement faite que celle des fourmis, et qui rivalise avec celle des abeilles. C'est une réunion de tuyaux qu'elles collent les uns contre les autres de diverses manières, mais qu'elles disposent toujours de façon à pouvoir en augmenter le nombre à leur gré. C'est à l'ensemble de ces tuyaux, qu'elles suspendent à une branche d'arbre ou qu'elles placent dans la terre, qu'on donne le nom de *guêpier*. Il est construit avec de petits morceaux de bois ou d'écorce mâchés et réduits en forme de pâte, de la nature du papier ou du carton, et qui, en se desséchant, prend une consistance assez ferme pour résister aux intempéries de l'air. C'est dans l'intérieur de cet édifice que les œufs sont placés chacun dans une loge séparée, avec la quantité de nourriture ou de *pâtée* nécessaire à son développement.

Mais il faut observer, à l'égard de ces sociétés, qu'elles ne commencent pas comme celles des fourmis; une femelle en jette toujours seule les premiers fondements, en se construisant un ou deux tuyaux dans lesquels elle fait sa ponte. Les larves qui en proviennent ne tardent pas à devenir des ouvrières qui se mettent à travailler avec elle et à faire de nouveaux rayons, destinés à recevoir de nouveaux œufs. La colonie serait bientôt nombreuse, si les froids de l'hiver ne venaient en faire périr la plupart des habitants ; il ne se sauve qu'un petit nombre de mâles et de femelles ; et ce sont eux qui au printemps suivant, deviennent le fondateurs d'une nouvelle société.

Parmi les espèces de ce genre, nous trouvons en France la *guêpe commune*, la *guêpe frelon*, etc., qui vivent sous la terre. La *guêpe cartonnière*, au contraire, attache son nid à une branche d'arbre et le construit avec un art admirable.

IV° Famille. — MELLIFÈRES.

Les *mellifères* ont été de tous temps célèbres sous le nom d'*abeilles*, par leur sociabilité, par leur industrie, par leur cire, et surtout par leur miel, substance précieuse pour nous, mais qui l'était encore bien plus pour les anciens, qui n'avaient pas comme nous le sucre en abondance.

Ces insectes composent leur utile produit avec le pollen des étamines, qu'elles récoltent sur les fleurs, au moyen de leurs tarses postérieurs. A cet effet, ces organes ont une disposition toute particulière, qui suffit pour distinguer les *mellifères* de tous les autres hyménoptères, et même de tous les insectes connus. Leur premier article est élargi en palette, tantôt carrée, tantôt triangulaire, qui leur sert à recueillir le pollen des fleurs, et à transporter leur récolte dans leur nid.

Un autre caractère propre à ces hyménoptères, c'est d'avoir la bouche munie d'une trompe formée par la lèvre et par les mâchoires, et à l'aide de laquelle l'insecte parfait pompe le suc des fleurs, et la larve le miel qui lui a été préparé par sa mère ou par les ouvrières.

Cette famille est extrêmement nombreuse et comprend quatre genres assez différents par leurs habitudes : ce sont les *andrènes*, les *xylocopes*, les *bourdons* et les *abeilles*.

Les ANDRÈNES (*andrena*) ont été rangés par beaucoup de naturalistes parmi les abeilles ; mais elles en diffèrent par plusieurs traits d'organisation et par leurs habitudes. Leur languette est très-courte, leurs tarses plus velus, leurs pattes postérieures beaucoup plus longues que l'abdomen, et leur corps généralement moins couvert de poils.

Ces insectes vivent toujours solitaires, et n'offrent que deux sortes d'individus, des mâles et des femelles. Celles-ci sont seules chargées du soin de construire l'habitation, et de pourvoir à la conservation et à la subsistance des larves. La terre battue sur le bord des sentiers est celle que quelques espèces préfèrent pour s'y établir ; d'autres creusent une galerie horizontale sur la terre ou dans le sable, qui s'élèvent sur les bords des chemins ou des fossés. Dans tous les cas, elles commencent par y apporter une quantité de miel proportionnée au nombre d'œufs qu'elles ont à déposer ; et, après avoir fait leur ponte, elles referment l'ouverture de tous les trous qu'elles ont faits avec la terre qu'elles ont retirée. Elles prennent cette précaution à cause des fourmis ; celles-ci sont extrêmement friandes de la pâtée destinée aux larves, et si le trou qui la renferme demeurait ouvert, elles ne tarderaient pas à le rencontrer dans leurs courses, et auraient emporté toute la provision de nourriture avant que les œufs fussent éclos.

La France produit plusieurs espèces de ce genre, entre autres l'*andrène des murs*, qui est assez commune dans nos environs : elle a six lignes de long et est d'un noir bleuâtre ou violet.

Tous les mellifères dont il nous reste à parler ont une trompe longue et repliée en-dessous dans l'inaction ; mais les uns ont les pieds postérieurs garnis de brosses pour cueillir la poussière des fleurs, et une corbeille ou enfoncement au bord extérieur de leurs jambes ; ce sont les bourdons et les abeilles. Les autres en sont privés, ce sont les *abeilles solitaires*, dont les plus remarquables sont celles que l'on a appelées *xylocopes* ou *menuisières*. Ce nom leur vient de l'habitude qu'elles ont de creuser, dans le vieux bois, un canal vertical assez long qu'elles divisent par des cloisons horizontales en plusieurs loges, dans chacune desquelles elles déposent un œuf avec une provision de pâtée. D'autres espèces, presque entièrement semblables aux précédentes, et que l'on a nommées *abeilles maçonnes*, construisent leur nid avec de la terre très-fine, dont elles forment un mortier, et l'appliquent contre les murs exposés au soleil, où il ne tarde pas à acquérir une dureté considérable.

Nous n'entendons pas ici par BOURDONS (*bombus*) les mâles des abeilles que l'on désigne vulgairement sous ce nom ; mais un genre particulier d'insectes analogues aux abeilles par leur trompe allongée et par leurs habitudes sociables, mais qui en diffèrent parce qu'ils ont à l'extrémité de leurs jambes postérieures, une épine dont ces dernières sont privées. Leur corps est d'ailleurs plus velu et moins effilé, et les sociétés qu'ils forment sont incomparablement moins nombreuses que celles des abeilles. Elles ne se composent jamais de plus de trois cents individus, et le plus souvent il n'y en a que de cinquante à soixante, tandis que les abeilles forment ordinairement des essaims de vingt à trente mille. Du reste, ces réunions ont les mêmes éléments que celles de tous les insectes qui ont des habitudes analogues, et sont formées de mâles, de femelles et d'ouvriers. Les premiers, qui sont les plus petits, ne travaillent jamais ; les femelles sont les plus grosses et jettent les fondements de l'habitation, tandis que les ouvriers, qui sont de taille moyenne entre les deux précédents, sont chargés du soin de continuer l'édifice, de le défendre des ennemis, de soigner les larves, de leur apporter la nourriture, etc.

Le nid des *bourdons* mérite d'être connu ; c'est un trou souterrain auquel on arrive par un long chemin caché par des herbes, et dont la voûte est tapissée de mousse cardée et épluchée avec le plus grand soin. La demeure préparée, les ouvriers ramassent une grande quantité de miel, dont ils forment une boule assez semblable à une truffe, et dans laquelle la femelle dépose ses œufs. Ceux-ci éclosent au bout de quatre ou cinq jours, se développent rapidement, et sont en état, au mois de mai, de partager les travaux de la société.

On trouve, aux environs de Paris, le *bourdon des pierres*, le *bourdon des mousses*, le *bourdon souterrain*, etc. Le premier est noir avec l'anus rougeâtre et les ailes transparentes ; dans cette espèce le mâle diffère de la femelle par du jaune qu'il a sur le devant de la tête et sur les deux extrémités du thorax. Le second est jaunâtre avec les poils du thorax fauves ; le troisième est noir avec l'anus blanc.

Bien que l'on puisse admirer les travaux des fourmis et des bourdons, ainsi que l'ordre et la discipline de leurs réunions, les ABEILLES (*apis*) l'emportent de beaucoup sur eux par leur industrie, et surtout par leur utilité. Réunies en sociétés de plusieurs milliers d'individus, elles forment une espèce d'état composé, comme toutes les sociétés de ce genre, de trois sortes de membres : une ou plusieurs femelles, quelques centaines de mâles, et un nombre indéterminé d'ouvrières ; telles sont les bases d'un *essaim*.

Une fois rassemblés, ces insectes commencent par chercher

un lieu convenable pour y établir leur demeure ; c'est ordinairement un vieux tronc d'arbre creux, ou un trou dans un rocher ou dans une muraille. Dès qu'ils l'ont trouvé, les ouvrières se mettent en compagne pour aller à la recherche d'une matière grasse appelée *propolis*, qui sert à enduire tout l'intérieur de la ruche et à en boucher toutes les issues, à l'exception de celles qui sont nécessaires pour l'entrée et la sortie des habitants. Cela fait, elles se mettent à construire les alvéoles ou les loges destinées à servir de chambres aux mâles, aux femelles et aux larves, ou de magasins pour contenir le miel. Celles des mâles sont plus grandes que celles des larves, mais beaucoup plus petites que celles des femelles, à la construction desquelles les ouvrières emploient jusqu'à cent cinquante fois plus de matériaux que pour celles des larves ; aussi les désigne-t-on sous le nom de *cellules royales*. Tous ces ouvrages sont faits avec la poussière des étamines qu'elles transforment en *cire*, en la mâchant et en la pétrissant avec des sucs particuliers, pour la rendre imperméable à l'eau.

L'édifice terminé, les ouvrières vont chercher dans le calice des fleurs, cette matière sucrée si connue sous le nom de *miel* ; elles en remplissent les alvéoles destinées à le recevoir, et les ferment ensuite hermétiquement avec un couvercle. Pendant ce temps, la femelle fait sa ponte et dépose dans chaque cellule un œuf qu'elle y fixe au moyen d'une matière visqueuse, dont il est enduit au moment de sa sortie. Le nombre des œufs qu'elle pond ainsi peut aller, dit-on, jusqu'à douze mille, et cela dans l'espace de vingt jours.

Environ trois jours après que l'œuf a été pondu, il en sort une larve à laquelle les ouvrières apportent une nourriture proportionnée à sa faiblesse, et dont elles augmentent la quantité et varient la qualité à mesure qu'elle avance en âge. Environ six jours après sa naissance, la larve devient chrysalide se forme une coque, et, rompant enfin sa prison vers le neuvième jour, elle va avec ses compagnes partager les travaux de la communauté. Mais on a observé que les œufs des mâles et des femelles mettent plus de temps à subir leur métamorphoses, et ne sont pondus que plus tard.

Il arrive souvent que la ruche qu'habite une société d'abeilles devient trop petite pour les contenir toutes. Alors une partie s'en détache pour aller former ailleurs une colonie. Après avoir marché quelque temps sous la conduite d'une femelle, l'essaim s'arrête sur quelque branche d'arbre, pendant que leur guide va explorer les environs, pour aller découvrir un emplacement convenable à leur établissement.

On connaît plusieurs espèces d'*abeilles*, dont la plus utile est l'A. *commune* ou *mouche à miel*, qu'on élève à la campagne pour la cire et le miel qu'elle produit.

IXe *Ordre.* — LÉPIDOPTÈRES.

Cet ordre renferme tous les insectes qu'on désigne vulgairement sous le nom de *papillons.* Deux caractères bien tranchés les distinguent des autres insectes à quatre ailes membraneuses; ce sont les écailles farineuses qui recouvrent ces dernières (d'où leur nom de *lépidoptères,* ailes écailleuses), et la forme de leur bouche qui consiste en une trompe ou langue roulée en spirale (la *spiritrompe*), et formée de deux pièces qui représentent chacune une mâchoire; instrument avec lequel ils soutirent le miel des fleurs, qui est leur seule nourriture à l'état parfait.

Ce sont les insectes les plus intéressants de leur classe par l'éclat et la richesse des couleurs de leurs ailes, par l'élégance et la légèreté de leurs formes, et par la singularité de leurs habitudes.

Leur *corps* est allongé ou ovale, plus ou moins velu, et de consistance plutôt charnue que cornée. Leur *tête* est bien distincte, et séparée du reste du tronc par une espèce de cou ou de collier, qui n'est autre chose que le prothorax de l'animal. Leurs *yeux* sont à facettes très-nombreuses; car on en a compté jusqu'à vingt-sept mille sur un seul de ces organes. Leurs *stemmates* sont rarement visibles; ils demeurent presque toujours cachés sous les écailles ou au milieu des poils qui recouvrent leur corps. Leurs antennes sont plus longues que la tête et le thorax réunis, mais moins que le corps entier; composées d'articles nombreux, elles sont tantôt filiformes, tantôt sétacées, souvent terminées en massue. La trompe varie beaucoup par la longueur; quelquefois elle est à peine apparente entre les palpes qui s'élèvent à sa base, d'autres fois elle égale en longueur le thorax et l'abdomen réunis. Mais quelle que soit sa longueur, elle n'est visible que pendant l'action; quand elle est au repos, elle reste toujours cachée entre les palpes.

Le *thorax* des lépidoptères est généralement ovale, et résulte de la réunion des deux anneaux postérieurs, le premier étant colliforme ou aminci en forme de cou; il offre constamment entre les deux ailes un écusson formé aux dépens du métathorax. Les ailes sont ordinairement très-développées, excepté chez quelques femelles qui les ont seulement rudimentaires ; les nervures qui en forment la charpente sont simplement veinées, comme chez les hyménoptères, et non réticulées ou anastomosées, comme chez les névroptères ; elles sont presque toujours remarquables par leurs couleurs brillantes, et souvent par des dessins variés, surtout chez les espèces diurnes ; mais leurs nuances sont toujours fragiles, parce que les écailles qui les forment sont très-caduques et s'enlèvent par le moindre frottement ; car elles n'adhèrent à la membrane alaire que par un pédicule mince et délié. Des deux paires d'ailes, l'antérieure est toujours la plus grande et en même temps la plus belle ; elle offre souvent à sa base deux petits appendices appelés *ptérygodes* ou *épaulettes*, dont on ignore la destination. Leurs pattes sont généralement longues et se terminent par un tarse pentamère, dont le dernier article est armé de deux crochets ; elles sont extrêmement grêles et ne sont pas d'un grand usage pour la locomotion ; elles ne servent à l'animal que pour s'accrocher aux corps sur lesquels il s'arrête. Assez souvent la paire antérieure est même atrophiée, et demeure pendante de chaque côté du corps en forme de palatine.

L'*abdomen* des lépidoptères est plus ou moins allongé selon les espèces ; les diurnes l'ont tout-à-fait cylindrique, tandis que les nocturnes et les crépusculaires l'ont plus généralement conique ou ovale. Dans tous les cas, il est composé de sept anneaux dans les deux sexes, et est attaché au thorax par un pédicule très-court, mais bien marqué. Il n'offre jamais à son extrémité, ni tarière ni aiguillon ; mais il se termine toujours par deux petites écailles entre lesquelles est percée l'ouverture anale, et qui sont beaucoup plus fortes chez les mâles que chez les femelles. Les arceaux, ou demi-anneaux dont il est composé sont de largeur inégale ; car le supérieur déborde toujours l'inférieur. Ils sont unis entre eux par une membrane flexible, qui permet à l'abdomen des femelles de se dilater considérablement, lorsqu'il est rempli d'œufs.

Les *habitudes* de ces insectes sont terrestres ; ils ne vivent que du suc des fleurs ou de matières animales en décomposition. La femelle pond un grand nombre d'œufs, et les dépose sur les matières animales ou végétales, qui doivent servir de nourriture aux larves qui en proviennent.

Ils subissent tous des métamorphoses complètes. En sortant

de l'œuf, ils ont la forme d'un ver allongé, dont le corps est composé de douze anneaux et pourvu de six pattes à crochets, qui répondent à celles de l'insecte parfait ; il a , de plus , de quatre à dix pieds membraneux, dont les deux derniers occupent l'extrémité postérieure de l'abdomen, et sont ordinairement éloignés de la paire précédente par un intervalle plus ou moins long. On désigne ces larves sous le nom spécial de *chenilles.* Elles sont toutes agiles , et se meuvent ordinairement à la manière des myriapodes, en portant successivement leurs pattes en avant. Mais celles qui n'ont que dix pattes s'avancent par un autre mécanisme ; elles fixent d'abord leurs pieds écailleux au plan sur lequel elles marchent , et attirant ensuite en avant la partie postérieure de leur corps qu'elles ploient en arc de cercle ; ensuite, fixant à leur tour les dernières pattes membraneuses rapprochées de la *tête*, elles redressent leur corps et en portent la partie antérieure en avant. Cette manière de marcher leur a valu le nom de *géomètres* ou d'*arpenteuses.*

La nourriture des larves est presque toujours végétale, comme celle de l'insecte parfait ; mais, comme leur bouche est armée de mandibules cornées, elles se nourrissent de substances dures et solides , telles que les feuilles , les graines et même le bois dur, qu'elles savent amollir en dégorgeant sur lui une liqueur particulière. Un petit nombre attaque les matières animales, et surtout la graisse, la cire, le cuir, etc. Dans tous les cas, elles sont extrêmement voraces et causent d'horribles dégâts, soit aux végétaux , soit aux grains et aux pelleteries que l'on conserve dans les magasins ; heureusement les ichneumons et plusieurs autres hyménoptères nous délivrent d'une grande quantité de ces êtres destructeurs.

Parvenues au dernier terme de leur développement, elles cessent de manger et se construisent un cocon variable, dans lequel elles sont comme emmaillotées et ressemblent à une momie. Elles sont devenues nymphes ; et , comme dans cet état leur enveloppe est souvent ornée de couleurs métalliques et offre dans plusieurs lépidoptères des teintes dorées , on leur a donné le nom spécial de *chrysalides*, comme on avait appliqué à leurs larves celui de chenilles. La forme de l'animal , ainsi masquée par son enveloppe , varie considérablement , et fournit d'excellents caractères pour distinguer les familles et les genres de l'ordre dont nous parlons, et la manière dont la *chrysalide* s'attache aux corps qui lui servent d'habitation pendant qu'elle reste inactive, n'est pas moins utile sous ce rapport : il faut donc noter ces deux circonstances avec soin. Du reste, les *chrysalides* ne demeurent dans cet état que quelques jours, et, rompant le tissu de leur cocon, elles se trouvent transformées en *papillons*, et vont voltiger sur les fleurs pour leur ravir leur nectar. Sous cette forme, leur vie est très-courte et ne dure que le temps nécessaire à la reproduction de l'insecte.

On divise l'ordre des *lépidoptères* en trois familles, d'après la disposition de leurs ailes et la forme de leurs antennes; ce sont les *diurnes*, les *crépusculaires* et les *nocturnes*.

Ire *Famille*. — Diurnes (pl. XXXV).

Quoique la nature ait accordé la beauté à la plupart des lépidoptères, c'est sur les *diurnes* qu'elle en a répandu les trésors avec le plus de profusion. Aux couleurs brillantes qu'elle leur a prodiguées, à l'agilité des mouvements dont elle les a doués, il est facile de voir qu'elle les a créés pour flatter la vue de l'homme, et les livrer à son admiration comme une preuve de sa puissance et de la variété de ses œuvres. Aussi, tandis que les autres familles de cet ordre ne sortent de leurs retraites qu'à la chute du jour ou durant les ténèbres de la nuit, les *diurnes* se montrent pendant que le soleil brille de tout son éclat, et ne cessent d'étaler leur parure à nos regards, que lorsque l'absence de l'astre du jour nous met dans l'impossibilité d'en apprécier la richesse et la variété. Durant tout ce temps, on les voit voltiger continuellement de fleur en fleur, pour leur ravir la liqueur sucrée qu'elles renferment, et, lors même qu'ils se reposent, ils tiennent toujours leurs ailes relevées, prêts à prendre leur essor au moindre danger : disposition qu'on n'observe que dans cette famille; car, dans les deux suivantes, les ailes inférieures sont munies d'un crochet qui arrête les supérieures, et les force à se tenir couchées horizontalement sur le dos de l'animal. On peut ajouter à ce caractère que leurs antennes se terminent en massue, tantôt brusque et ovoïde, tantôt insensible et en forme de cône renversé, et que leur trompe est toujours assez longue pour atteindre le miel des fleurs au fond de la corolle.

Quoique la vie de ces *lépidoptères*, auxquels on donne le nom de *papillons* plus spécialement qu'aux crépusculaires et aux nocturnes, soit généralement très-courte et bornée à l'espace de quelques jours, ces insectes ne laissent pas d'être communs pendant toute la belle saison, parce que les espèces en étant très-nombreuses et paraissant à des époques différentes, se

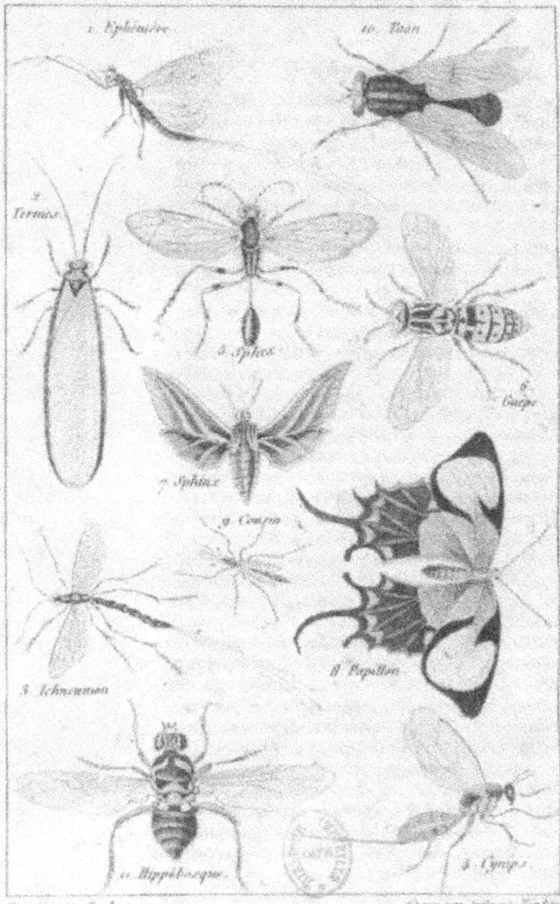
1. Éphémère.
10. Taon.
2. Termès.
5. Sphex.
6. Guêpe.
7. Sphinx.
9. Cousin.
8. Papillon.
3. Ichneumon.
11. Hippébosque.
4. Cynips.
Dessiné par Barle
Gravé par Antoine Tardieu
ARTICULÉS
Pl. XXXV.
INSECTES

succèdent continuellement depuis les premiers beaux jours
jusqu'à la fin de l'automne.

Les chenilles de ces insectes ont toujours seize pattes, et leurs
chrysalides sont ordinairement anguleuses, et se fixent aux branches et aux feuilles, quelquefois par leur queue seulement, et
d'autres fois par leur queue et par le milieu de leur corps en
même temps.

On a basé la division de cette famille, si difficile à étudier,
sur la conformation des jambes, qui sont garnies d'un ou de
deux ergots, sur la forme de leurs pattes antérieures et sur
quelques autres caractères minutieux. On a ainsi formé trente
genres environ, parmi lesquels nous ne citerons que les plus
importants, dont voici le tableau.

ambulatoires. Bord abdominal des ailes inférieures	concave..............................				Papillon.
	sans concavité......................				Piéride.
semblables aux autres................					Danaïde.
courts et repliés	différents des autres. Cellule centrale des ailes inférieures	ouverte. Palpes inférieurs	en pointe brusque........		Argynne.
			en pointe tournable,	avancés.	Vanesse.
			Massue des antennes recourbée.	en côté recourbée.	Nymphale.
		fermée............................			Satyre.
distinct et ba..........................					Polyommate.
de deux ergots.........................					Hespérie.

Les PAPILLONS (*papilio*) (*fig.* 7) n'ont qu'une paire d'ergots bien apparents aux jambes postérieures, ont les six pattes
presque semblables et toutes propres à la marche, et le bord
abdominal de leurs ailes inférieures, plus ou moins échancré,
de manière que celles-ci se terminent souvent en arrière par
une espèce de queue. Leurs chenilles nues, allongées et presque
cylindriques, font sortir, dans les moments de crainte, de la
partie supérieure de leur cou, une corne molle et fourchue,
qui répand ordinairement une odeur pénétrante et désagréable.
Leurs chrysalides sont anguleuses, se tiennent à découvert et
se suspendent à leur support non-seulement par la queue, mais
encore par le milieu de leur corps.

Ce genre comprend les lépidoptères les plus remarquables
par leur taille et par la variété de leurs coloris, et se trouve
principalement répandu dans les régions équatoriales. Le
nombre de ces insectes est si considérable, qu'on a dû les sub-

diviser en plusieurs sous-genres. Le premier est celui des PA-
PILLONS propres qui ont les palpes inférieurs très-courts, avec
le troisième article à peine distinct du précédent : tels sont le
machaon ou *grand porte-queue*; le *poladire* ou *flambé*, qui sont
très-communs ; l'*alexanor*, qui est beaucoup plus rare ; 2°
viennent ensuite les PARNASSIENS qu'on a ainsi nommés parce
qu'on les trouve sur les hautes chaînes de montagnes ; on les
distingue des précédents par la longueur de leurs palpes qui
s'élèvent au-dessus du chaperon et ont trois articles bien distincts : le bouton qui termine leur massue, est court, presque
ovoïde et droit ; tels sont en Europe l'*apollon*, le *phœbus*, la
mnémosyne. Les THAÏS ont les palpes longs, de trois articles
distincts, et la massue antennaire allongée et arquée : tels sont
l'*hypsipyle* et l'*apoline* ou *petit apollon*.

Les PIÉRIDES (*piéris*) ont la plupart des caractères des papillons : ainsi ils n'ont qu'un seul ergot aux jambes de derrière ;
leurs pattes antérieures sont semblables aux autres et propres
à la marche. Leurs chenilles sont également allongées, et
leurs chrysalides sont suspendues par la queue et par le milieu
du corps. Mais leurs ailes inférieures ne sont jamais échancrées
à leur bord interne ou ventral ; au contraire, elles s'avancent
sous l'abdomen, auquel elles forment une gouttière. De plus
leurs chenilles ne présentent jamais ce tubercule charnu et
rétractile, que nous offrent constamment celles du genre précédent.

Ce genre ne renferme point de lépidoptères de grande taille;
leurs couleurs sont aussi beaucoup moins éclatantes, et la plupart du temps uniformes : le blanc et le jaune sont les nuances
que nous trouvons à la plupart des espèces de nos pays : quelquefois seulement de petites taches rouges ou noires détruisent
la monotonie du fond. Les espèces de ce groupe sont extrêmement nombreuses et très-répandues en Europe : plusieurs vivent sur les plantes de la famille des crucifères.

On peut diviser ce genre en deux sous-genres, les *piérides
propres* et les *coliades*.

1° Les PIÉRIDES ont le dernier article des palpes autant ou plus
long que le précédent et la massue des antennes courtes et
ovoïdes : c'est à ce sous-genre que se rapportent la P. *du chou*,
la P. *gazée*, la P. *aurore*, la P. *de la moutarde*, la P. *du navet*,
la P. *de la rave*, qui sont toutes plus ou moins communes en
France et aux environs de Paris.

2° Les Coliades (*colias*) ont la massue des antennes en cône long et renversé, et les palpes comprimés et terminés par un article plus court que le second : telles sont la C. *souci* et la C. *citron*, qui sont très-communes par toute la France: la C. *Cléopâtre*, ne se trouve guère qu'au midi.

Le genre DANAIDE (*danais*) se distingue de tous les autres de la même famille , par la forme des pattes antérieures , qui , bien que courtes et impropres à la marche , sont cependant conformées comme les autres.

Toutes les espèces de ce groupe sont exotiques, et appartiennent aux contrées méridionales de l'ancien et du nouveau continent. Presque toutes se font remarquer par la beauté et par l'éclat de leurs couleurs, qui sont distribuées par masses ou par taches sur un fond ordinairement uniforme. Aussi le célèbre Linné, leur avait-il donné le nom de *danai festivi*, qu'on pourrait traduire par les mots *papillons en habit de fête*, et que Geoffroi traduisit par ceux de papillons *bigarrés*.

Les principales espèces de ce genre sont la D. *chrysippe*, qu'on prétend avoir trouvée en Europe, aux environs de Naples, la D. *archippe*, la D. *jaune*, etc.

Le genre NYMPHALE (*nymphalis*) se compose de tous les diurnes dont les deux pattes de devant sont beaucoup plus courtes que les autres et à peine apparentes ou très-velues ; leurs antennes sont en massue allongée ou en forme de cône renversé ; leurs palpes ont trois articles bien distincts, dont le dernier , aussi gros que le deuxième à sa base, se termine en pointe insensible. Leurs chenilles ont l'extrémité postérieure du corps, souvent bifide ou fourchue ; elles n'ont que quelques épines ou éminences charnues, et vont en s'amincissant de la tête à la queue. Leurs chrysalides ne sont suspendues que par l'extrémité postérieure de leur corps.

Les *nymphales* sont des papillons de moyenne grandeur , dont les ailes fortes et épaisses, annoncent que l'insecte doit avoir le vol puissant et élevé : telles sont en effet leurs habitudes. Elles habitent les bois , surtout ceux où les chênes sont mêlés aux peupliers, et on les voit pendant les plus fortes chaleurs de l'été , planer au milieu des allées ou sur le sommet des grands arbres : cependant elles se posent aussi volontiers à terre , quand le sol est humide : mais elles ne sont pas pour cela plus faciles à prendre ; leur caractère farouche s'effraie de tout ce qui les approche, et leur fait prendre leur vol, avant qu'on ait pu les atteindre. Leurs chenilles sont également difficiles à attraper, parce qu'elles se tiennent sur les branches les plus élevées des arbres, dont elles dévorent les feuilles.

On trouve des espèces de ce genre nombreux dans toutes les parties du monde ; et presque partout elles sont ornées des couleurs les plus brillantes et les plus variées. Parmi celles qui habitent la France, une des plus grandes est la *nymphale jasius* ou *jason* qui a de deux à quatre pouces d'envergure selon les sexes. La N. *grand mars*, qui est à-peu-près de la même taille, est une des plus belles espèces d'Europe. La N. *Ilia* ou *petit mars*, le *petit sylvain*, le *grand sylvain* et le *sylvain azuré* sont plus petits et communs dans toute la France.

Dans les ARGYNNES (*argynnis*) de même que dans les nymphales, les deux pattes antérieures, rabattues sur le devant du thorax, en manière de palatine, sont tout-à-fait impropres à la marche ; mais chez les premières, les palpes sont peu comprimés, écartés et terminés brusquement par un article grêle et mince comme la pointe d'une aiguille ; les crochets de leurs tarses sont profondément bifides et les antennes ont la massue courte et en forme de bouton.

Les espèces de ce genre sont très-communes en France ; leur taille est généralement plus petite que grande, et leurs couleurs sont rarement éclatantes : cependant les teintes sont assez variées, ainsi que leurs dessins. Leurs ailes présentent presque toujours, sur un fond jaune ou orangé, des points ou des taches noires assez serrées pour imiter la table d'un damier.

On divise ce groupe en deux sous-genres: les *argynes propres* et les *damiers*.

1° Les ARGYNNES propres ont des taches nacrées sous les ailes ; leurs chenilles ont des épines, dont deux plus longues sur le col : l'une des plus grandes et des plus belles espèces de ce sous-genre est l'A. *cardinal*. L'A. *adippé*, l'A. *grand nacré*, l'A. *nacré*, l'A. *petit nacré*, l'A. *petite violette*, l'A. *collier*, l'A. *argenté*, etc., appartiennent aussi à cette division.

2° Les DAMIERS (*melitæa*) n'ont point de couleur nacrée sous les ailes ; mais celles-ci sont tachetées en forme d'échiquier ou de damier. Tels sont le *damier ordinaire*, l'*athalia*, la *phœbé*, a *délie*, etc.

Le genre VANESSE (*vanessa*) appartient comme les deux pré-

cédents à la section des papillons tétrapodes ; ils ont les pattes
antérieures impropres à la marche et plus courtes que les autres ;
leurs palpes inférieurs sont contigus dans toute leur longueur,
très-comprimés et terminés en pointe presque insensible ; la
massue de leurs antennes est courte et ovoïde, leurs ailes antérieures ont le bord postérieur concave et le sommet largement tronqué, les inférieures ont la cellule centrale ouverte et
le bord postérieur dentelé.

Ces papillons sont très-communs en France où l'on en compte
environ une douzaine d'espèces. Quelques-unes se font remarquer par des couleurs vives et éclatantes, et par une taille assez
considérable ; mais la plupart sont petites et n'ont que des
nuances ternes ou monotones : d'ailleurs les bords de leurs
ailes qui sont profondément découpés ou dentelés, leur ôtent
cette grâce qui plaît, dans les insectes de l'ordre des lépidoptères. Leurs chenilles sont très-épineuses, et leurs chrysalides
sont anguleuses, tachetées d'or ou d'argent, et suspendues par
la queue.

Les plus jolies espèces de ce genre, sont la V. *belle dame*, la
V. *atalante* ou le *vulcain*, et surtout la V. *io* ou le *grand paon
de jour* : ces espèces, surtout les deux premières, sont très-communes par toute la France et notamment aux environs de Paris.
La V. *antiope* ou *morio*, la V. *grande tortue*, la V. *petite tortue*,
la V. *gamma* ou *Robert-le-diable*, la V. *carte géographique*,
etc., se trouvent dans les mêmes lieux.

Les SATYRES (*satyrus*) forment un genre extrêmement
nombreux et principalement composé d'espèces européennes,
qui ont les palpes longs et très-comprimés, et la massue des antennes tantôt ovoïde, tantôt en cône long et renversé. Leurs
ailes inférieures, presque toujours rondes, ont leur cellule
centrale fermée du côté de la base.

Ce sont des insectes de couleurs monotones, le plus souvent
sombres ou même noires, sans aucune de ces teintes vives que
l'on admire dans la plupart des papillons de jour. Ils sont extrêmement communs partout, dans les endroits pierreux,
sur les hautes montagnes, etc. Leurs chenilles sont nues ou presque rases, avec l'extrémité postérieure rétrécie en pointe fourchue. Leurs chrysalides sont bifides antérieurement et armées
de tubercules sur le dos.

Les principales espèces de ce genre, sont le *silène*, l'*ermite*,
le *sylvandre*, le *faune*, l'*agreste*, l'*amaryllis*, le *myrtil*, la

bacchante, l'*ariane*, la *mégère*, le *Céphale*, qui se trouvent presque tous en abondance aux environs de Paris.

Le nom d'ARGUS (*polgomna*) ou *polgomnate* comprend un grand nombre de lépidoptères diurnes de petite taille, parés d'assez belles couleurs, et qui, sur un fond uniforme, offrent des taches imitant des espèces d'yeux, ce qui leur a fait donner leur nom d'*argus* ; ils se distinguent des précédents en ce qu'ils ont les palpes de trois articles distincts, dont le dernier est nu ou du moins beaucoup moins couvert d'écailles que les deux autres, les crochets des tarses très-petits et à peine saillants, et la cellule des ailes inférieures ouverte postérieurement. Leur chenille est moins allongée et ressemble presque à un cloporte. Leur chrysalide est courte, contractée et suspendue par un fil qui la traverse de part en part. Linné nommait ces papillons et ceux du genre suivant *plébéiens*, tant à cause de leur petite taille, que du peu d'éclat de leurs couleurs.

On divise ce genre en trois sections : plusieurs espèces portent à l'extrémité de leurs ailes un appendice en forme de queue, comme le machaon', et sont appelés vulgairement *petits-porte-queues*. Tels sont le P. *du bouleau*, le P. *du prunier*, le *lyncé*, le P. *du chêne*, etc. Les autres manquent de queue ; mais parmi ces derniers les uns ont des couleurs métalliques et sont dits *bronzés*, tels sont le *gordius*, la *thersamon*, le *xanthe*, la *chryseïs*, l'*eurydice*, etc., tandis que les autres sont d'un bleu plus ou moins marqué, comme l'*alexis*, l'*adonis*, le *corydon*, l'*argus bleu*, l'*arion*, etc.

Les papillons, les nymphales, etc., ont tous, comme nous venons de le voir, une seule paire d'ergots à leurs pattes postérieures, et il a fallu, pour les distinguer entre eux, recourir à la longueur de ces organes et à la conformation des membres antérieurs, qui sont semblables à ceux de derrière dans les uns et en diffèrent dans les autres. Pour reconnaître les HESPÉRIES (*hesperia*), il suffit de s'assurer si les pattes ont deux éperons à chaque jambe ; tous les lépidoptères qui présentent cette particularité appartiennent en effet au genre dont nous parlons, caractère que nous trouverons aussi dans les deux familles suivantes. Dans ces insectes les ailes inférieures sont ordinairement horizontales dans le repos, et l'extrémité des antennes se termine en pointe crochue.

Les *hespéries*, que Linné plaçait avec les argus, dans la

classe des *papillons plébéiens*, reçurent de Geoffroy le nom
d'*estropiés*, parce que ayant dans le repos les ailes supérieures
verticales et les inférieures horizontales, celles-ci semblent être
luxées et privées de mouvements propres. Nous avons en France
peu de ces papillons; le plus grand nombre est exotique et appartient aux contrées méridionales des deux continents. Leurs
chenilles sont presque nues et peu variées en couleurs. Au moment de changer d'état, elles plient une feuille en cornet, s'y
filent une coque de soie très-mince, et s'y transforment en chrysalides, qui ont le corps uni, sans angles et sans éminences.
Cette espèce de métamorphose, la forme de leurs antennes, la
disposition de leurs ailes, le double ergot des deux jambes postérieures, et plusieurs autres particularités, rapprochent les
hespéries des lépidoptères des deux familles suivantes.

Ce genre se divise en deux sous-genres, les *hespéries propres*
et les *uranies.*

1° Les Hespéries ont les antennes terminés en massue et les
palpes inférieurs courts et larges: telles sont en France l'H. *de
la mauve*, la *bande noire*, l'*échiquier*, le *miroir*, le *plain-
chant*, etc.

2° Les Uranies (*urania*) ont les palpes allongés et les antennes filiformes, excepté l'extrémité qui est en pointe aiguë:
elles sont toutes étrangères; telles sont la *lavinie*, l'*aronte*, etc.

II° *Famille.* — Crépusculaires (pl. XXXV).

Les lépidoptères diurnes se font remarquer non-seulement
par l'élégance de leur forme, mais encore par l'éclat et la vigueur de leurs couleurs. Les *crépusculaires*, qui ne se montrent que le matin, durant le court espace de temps qui sépare l'apparition de l'aurore du lever du soleil, ou le soir depuis
le coucher de cet astre jusqu'à la nuit, n'offrent jamais ces
nuances brillantes qui sont l'apanage exclusif des animaux qui
reçoivent les rayons du soleil. Leurs formes sont aussi plus
lourdes et plus épaisses, ce qui leur a fait donner quelquefois le nom de *papillons-bourdons*; leurs ailes au lieu d'être
dressées l'une contre l'autre lorsque l'animal ne s'en sert pas,
sont couchées horizontalement sur son dos, parce que les inférieures ont à leur bord externe une épine qui s'engage dans
un crochet des supérieures et les tient forcément abaissées. Ce
caractère qui distingue les *crépusculaires* des papillons de jour,
leur étant commun avec ceux de la famille suivante, ne suffit

pas pour les faire reconnaître ; il faut y joindre la forme des antennes , qui chez eux sont renflées soit au milieu, soit à l'extrémité, tandis qu'elles sont en forme de fil ou de soie chez les lépidoptères nocturnes. Leurs chenilles ont constamment seize pattes et sont nues ou peu velues : leurs chrysalides n'offrent jamais ces pointes ou ces angles qui se remarquent sur la plupart de celles des lépidoptères diurnes, et sont ordinairement renfermées dans une coque, se tiennent cachées dans la terre ou sous quelque autre corps.

Les *crépusculaires* ont tant de rapports entre eux que, malgré le nombre des espèces qu'on en connaît, Linné les réunissait tous en un seul genre, celui des *sphinx*, nom qu'il leur imposa à cause de l'attitude que prennent ordinairement leurs chenilles , attitude qui leur donne une certaine ressemblance avec le monstre fabuleux de ce nom. Mais les naturalistes de nos jours ont partagé ce groupe nombreux en quatre grands genres, qu'on pourrait regarder comme formant chacun une tribu ; ce sont les *castnies*, les *sphinx*, les *sésies* et les *zygènes*.

Les CASTNIES (*castnia*) ont les antennes renflées au milieu ou à leur extrémité, qui forme un crochet et ne porte point une houppe d'écailles.

Ce sont des papillons exotiques et originaires d'Amérique , que leur forme et leur organisation rapprochent des hespéries, parmi lesquelles certains naturalistes les plaçaient autrefois. Les espèces en sont peu nombreuses ; mais la plupart sont remarquables par leur taille ou par la vivacité de leurs couleurs.

A ce genre se rapporte la *Castnie Icare* , qui a de trois à quatre pouces d'envergure, et dont les teintes dominantes sont le noir et le rouge. On trouve cette espèce à Surinam.

Les SPHINX (*sphinx*) (*fig.* 8) forment un genre très-étendu, et facile à reconnaître à ses antennes en massue prismatique et toujours terminée par une petite houppe d'écailles, ainsi qu'à la forme de ses palpes qui sont larges , comprimés et très-velus, avec le troisième article généralement peu distinct.

Ces lépidoptères, dont les espèces sont communes en France et dans toute l'Europe , se font remarquer par leurs formes lourdes et épaisses, quoique non dépourvues d'une certaine élégance ; leur tête et leurs yeux sont gros , et leur abdomen conique. Cependant , malgré leur pesanteur apparente et la petitesse relative de leurs ailes, les *sphinx* volent avec une extrême rapidité, et planent en bourdonnant au-dessus des fleurs; ce qui leur a fait donner le nom de *sphinx éperviers*. C'est en planant ainsi, et sans se poser, qu'ils déploient leur spiritrompe, et enlèvent du fond des corolles le suc mielleux qui fait leur nourriture. Quoique les couleurs de ces insectes ne soient aucunement remarquables, sous le rapport de la vivacité, et qu'elles soient rarement bien fondues ensemble, elles ont un velouté qui flatte et les rend agréables à la vue.

La plupart de leurs chenilles ont le corps ras, allongé, moins gros en avant qu'à l'extrémité postérieure, où se trouve une espèce de corne dorsale; leur tête est ordinairement rétractile sous le second anneau du tronc, et leurs flancs sont marqués de raies obliques ou longitudinales. Elles vivent en général solitaires, se nourrissent de feuilles, et s'enfoncent en terre pour se métamorphoser. Les unes deviennent insectes parfaits, un mois ou six semaines après leur transformation; les autres passent l'hiver à l'état de chrysalides, et n'éclosent que vers le milieu du printemps suivant; quelques-unes même vivent jusqu'à deux et même trois ans. Leurs chrysalides ont une forme conique, et sont renfermées dans une coque formée de parcelles de terre ou de débris de végétaux, liés avec quelques fils de soie.

On divise ce genre nombreux en deux sous-genres, les *sphinx* Propres et les *smérinthes*.

1° Les Sphinx ont une trompe bien distincte, et les antennes en massue simplement ciliée ou striée transversalement comme une râpe; tels sont le S. *de la tithymale*, le *macrosphinx*, le S. *tête de mort*, le S. *de la vigne*, le S. *porcelet*, le S. *de l'euphorbe*, le S. *du liseron*, le S. *du troène*.

2° Les Smérinthes (*smerinthus*) ont la trompe presque nulle et les antennes terminées en scie; tels sont le S. *du tilleul*, qui se tient aussi sur l'orme, le S. *demi-paon*, le S. *du peuplier*, etc.

Les SÉSIES (*sesia*) ont les antennes simples, fusiformes et le plus souvent terminées par une petite houppe d'écailles; leurs palpes inférieurs, grêles et étroits, ont trois articles bien distincts, dont le dernier se termine en pointe mince et aiguë; leurs ergots postérieurs sont toujours très-robustes, et leur abdomen est muni, dans la plupart, d'une brosse de soies écailleuses.

Quoique les ailes de tous les crépusculaires soient beaucoup plus longues que larges, au contraire de ce qui s'observe dans les papillons de jour, les *sésies* se font remarquer par l'étroitesse de ces organes, parmi tous les genres de leur famille ; et cette particularité, jointe à une forme plus grêle du thorax et de l'abdomen, leur donne des rapports de conformation extérieure avec les guêpes, les fourmis, les mouches, les asiles, etc. ; et c'est même de ces ressemblances que l'on a tiré la plupart des noms spécifiques qu'on leur a donnés. Une autre particularité, qui ne s'observe guère que dans les papillons de ce genre, c'est que leurs ailes, surtout les inférieures, ont des espaces nus et transparents, qui ressemblent à des yeux ou à des fenêtres. Sous le rapport des habitudes, les *sésies* ne diffèrent que fort peu des sphinx ; comme ces derniers, elles volent avec agilité ; mais, au lieu de pomper le suc des fleurs en planant et sans s'arrêter, elles se reposent sur leurs feuilles pour pouvoir l'extraire plus à l'aise.

Les chenilles de ces lépidoptères ont toujours seize pattes, sont cylindriques, nues et sans corne à leur extrémité postérieure ; elles habitent et rongent l'intérieur des tiges et des racines des végétaux, y subissent leurs mues; et, avec les débris des substances dont elles ont vécu, elles se construisent une coque dont le dedans est tapissé d'une couche de soie très-unie. Quant aux chrysalides, elles sont cylindriques et atténuées aux deux bouts, et portent à leur extrémité postérieure deux rangs d'épines très-fines, un peu inclinées en arrière.

Les principales espèces de ce genre sont : la *sésie apiforme*, la S. *culiciforme*, la S. *vespiforme*, la S. *formiciforme*, etc.

Les ZYGÈNES (*zygæna*) ont les antennes simples, en fuseau ou en cornes de bélier, et sans houppe à leur extrémité ; leurs palpes inférieurs ont trois articles ; leurs ailes sont fenêtrées, c'est-à-dire marquées d'espaces sans écailles et transparents ; leurs ergots sont petits, et leur abdomen n'a point de brosses à son extrémité.

Ces insectes ont le vol lourd, quoique rapide, et ils aiment à se reposer sur les fleurs. Leurs chenilles, qui sont velues et sans corne à leur extrémité, vivent à nu sur diverses plantes légumineuses. Pour se transformer en nymphe, elles se construisent une coque de soie ovoïde, et l'attachent à la tige de la plante sur laquelle elles ont passé leur état de larve.

A ce genre se rapporte la *zygène de la filipendule*, qui est d'un vert noir ou bleuâtre, avec taches rouges sur les ailes supérieures; les inférieures sont de cette dernière couleur, excepté sur le bord postérieur qui a la même teinte que le corps. Cette espèce vit sur plusieurs plantes, et notamment sur la filipendule; les autres espèces, qui se trouvent en France, tirent leur nom spécifique du végétal sur lequel elles vivent. La *zygène turquoise*, qui est d'un vert luisant et comme doré, et qui vit sur le gazon d'olympe, forme le type d'un sous-genre particulier (*procris*).

IIIᵉ Famille. — NOCTURNES.

Les caractères distinctifs des lépidoptères de cette famille se tirent de la position horizontale des ailes, et de la forme des antennes, qui sont sétacées. Si les lépidoptères de la famille précédente n'ont plus les couleurs vives des papillons diurnes, du moins ils conservent encore des nuances assez bien distribuées, des formes agréables, des mouvements agiles. Chez les *nocturnes*, nous verrons, à quelques exceptions près, toutes les couleurs se ternir et prendre une teinte obscure, le corps se raccourcir et devenir lourd, les mouvements s'appesantir et se changer en une allure traînante; aussi ne les voit-on presque jamais voler tant que le soleil reste sur l'horizon. Leurs chenilles, qui ont presque toujours moins de seize pattes, sont généralement velues, et se filent un cocon avant de se métamorphoser en nymphes; c'est même une des espèces de cette famille qui produit la soie en faisant sa coque.

Le nombre des lépidoptères *nocturnes* est si considérable, que l'on a dû en former plusieurs genres, dont le tableau suivant fera connaître les plus importants.

- Ailes
  - entières. Ailes inférieures / antennes, Ailes en toit. Trompe
    - différentes et
      - simples, sans barbes .... Hépiales.
      - en scie .... Cossus.
      - barbelées; trompe très-courte et presque nulle. .... Bombyces.
    - courtes / Ailes inférieures
      - recouvertes par les supérieures .... Sériciers.
      - débordant les supérieures .... Réalies.
    - longue. Base des ailes supérieures
      - droite, 2ᵉ article des palpes inférieurs
        - semblable aux précédents. .... Callimorphes.
        - très-court ou très-menu. .... Noctuelles.
      - arquée et plus large que leur sommet. .... Pyrales.
  - horizontales; corps grêle et allongé .... Phalènes.
  - plissées; les supérieures longues et étroites .... Teignes.
  - profondément fendues et comme digitées .... Ptérophores.

Les HÉPIALES (*hepialus*) se reconnaissent aisément à la brièveté de leurs palpes, à la forme de leurs antennes qui sont courtes, semblables dans les deux sexes et moniliformes, et à leur trompe presque nulle. Ce genre ne diffère que fort peu de celui des bombyces, soit sous le rapport de l'organisation, soit sous celui des habitudes. Ils sont plus communs dans le nord que dans le midi ; mais les espèces en sont peu nombreuses.

La plus remarquable et la mieux connue est celle du *hou-blon*, dont la chenille vit dans la racine de la plante de ce nom, et s'y transforme en chrysalide, après s'être fabriqué un cocon avec les débris de ce qu'elle a rongé.

Les COSSUS (*cossus*) ont les antennes longues et armées, à leur côté interne, d'une rangée de petites dents, l'abdomen terminé par une espèce de queue ou d'oviducte, et les ailes couchées en toit sur le dos. Leurs chenilles sont nues et vivent au sein des troncs des arbres ; et, pour pouvoir pénétrer plus facilement dans leur intérieur, elles dégorgent une liqueur qui en ramollit les fibres, et qui peut servir en outre, à cause de sa fétidité et de son acreté, à écarter leurs ennemis.

La principale espèce de ce genre est le *cossus ligniperda* ou *ronge-bois*, qui a un peu plus d'un pouce de long ; elle est d'un d'un gris cendré, avec beaucoup de petites lignes noires, entre-mêlées de blanc sur les ailes supérieures.

Les BOMBYCES (*bombyx*) sont caractérisées par leur trompe, qui n'est que rudimentaire, par leurs ailes entières et lisses, dont les inférieures, dans l'état de repos, sont plus larges que les supérieures, et par leurs antennes qui sont pectinées dans les mâles. Leurs chenilles vivent à l'air libre sur les vé-gétaux, se nourrissent de feuilles et de bourgeons tendres, et se filent, pour se métamorphoser, un cocon de soie presque pure.

On divise ce genre en trois sous-genres : les *saturnies*, les *lasiocampes* et les *bombyces* propres.

1° Les SATURNIES (*saturnia*) ont les ailes étendues horizonta-lement : c'est à ce sous-genre que se rapportent les plus grandes espèces de bombyces, telles que l'*atlas* ou S. *speculifera* et le *paon de nuit*. Le premier est exotique et vient de la Chine ; le second, qu'on trouve dans nos pays, a jusqu'à cinq pouces d'envergure. Il est brun avec une bande blanchâtre, et ses ailes sont brunes, saupoudrées de gris, avec une grande tache en forme d'œil sur chacune d'elles. La chenille, qui vit de feuilles de différents arbres, est verte avec des tubercules bleus, disposés en anneaux, d'où partent de longs poils terminés en massue.

2° Les Lasiocampes (*lasiocampa*) ont les ailes en toit et les palpes avancés en forme de bec. Presque toutes les espèces de ce groupe sont d'Europe; telles sont la L. *du chêne*, la L. *du peuplier*, la L. *du bouleau*, etc.

3° Les Bombyces propres ont les ailes en toit et les palpes très-courts. Les principales espèces de ce sous-genre sont : le B. *processionnaire* et le B. *du mûrier* ou *ver à soie*. Le premier est curieux par l'habitude qu'il a de vivre en sociétés nombreuses, et par l'ordre qu'il suit dans sa marche, lorsqu'il change de domicile, ce qui lui arrive de temps en temps. Un seul ouvre la marche, deux viennent après, puis trois, quatre, cinq, et ainsi de suite en augmentant d'un à chaque file, de manière que toute la troupe forme un triangle, dont le sommet est l'avant-garde et la base l'arrière-garde. Quant à la seconde espèce, c'est sans aucun doute l'insecte le plus utile que l'on connaisse en Europe.

Ce *bombyce* n'aurait jamais été remarqué du peuple à l'état parfait, si sa chenille ne s'était attiré son attention, par l'habitude qu'elle a de produire ce fil mince et délicat, auquel nous devons nos plus beaux tissus. Mais il paraît que, dès la plus haute antiquité (plusieurs siècles avant l'ère chrétienne, 2700 ans, selon quelques auteurs orientaux), les Chinois s'aperçurent du profit qu'ils pouvaient retirer de ce précieux insecte, et s'occupèrent avec tant de succès de cette industrie, qu'ils parvinrent en peu de temps à en confectionner des étoffes. De la Chine, l'éducation du *ver à soie* passa chez les peuples voisins, et surtout dans la Perse et dans l'Inde, d'où les anciens tiraient toute leur soie. Ce ne fut que sous le règne de Justinien que l'on connut en Europe l'animal qui la produit. A cette époque deux moines grecs en apportèrent des œufs à Constantinople, et parvinrent à les faire éclore. On tenta alors de les multiplier, et l'on y réussit si bien qu'en quelques années tout le midi de l'Europe orientale fut couvert de mûriers pour les nourrir. Durant les guerres des Croisades, l'espèce en fut transportée en Sicile, d'où elle se répandit peu à peu en Italie, en Espagne et en France, où elle forme maintenant une branche importante de commerce.

Comme le *ver à soie* exige pour être élevé beaucoup de soins minutieux, et que son éducation est très-intéressante, nous allons entrer dans quelques détails à ce sujet.

Quoiqu'on pût à la rigueur élever ces insectes partout où croît le *mûrier blanc*, dont les feuilles servent à les nourrir, tous les pays ne sont pas également propres à leur éducation. Originaires des contrées orientales de l'Asie, il leur faut un climat à-peu-près semblable; et ce climat, on le trouve en Sicile, en Italie, en Espagne, en Grèce, dans le midi de la France et autres lieux analogues pour la température. Il faut de plus chercher l'exposition la plus convenable pour établir la magnanière ou le local destiné à recevoir les *magnans*, c'est-à-dire les vers à soie; il faut éviter de la placer dans le voisinage des marais et des rivières, parce que les mauvaises odeurs et l'humidité sont contraires à leur multiplication.

Le local trouvé, on se procure de la graine ou des œufs, et, quand la saison favorable arrive, c'est-à-dire au printemps, on les dispose par couches légères sur le fond de boîtes de bois très-mince et doublées de papier, et on les porte dans une chambre que l'on chauffe graduellement jusqu'à l'époque de la naissance des chenilles. A mesure que celles-ci éclosent, on les enlève et on les place sur des claies couvertes de feuilles de mûrier. Elles ont alors un peu plus d'une ligne de long.

Le temps que le *bombyx* passe à l'état de larve comprend une période d'environ trente-cinq jours, pendant lesquels il change quatre fois de peau et grossit considérablement, puisque, arrivé au moment de se métamorphoser en chrysalide, il a près de trois pouces de longueur. Chacune de ses mues est précédée d'une espèce de fringale, durant laquelle l'animal consomme beaucoup de feuilles, mais qui s'arrête quelques heures avant qu'il change de peau; le *ver à soie* est durant cette opération dans un véritable état de maladie passagère, mais qui n'a rien d'inquiétant; car à peine la mue est-elle terminée que son appétit recommence, et va en augmentant jusqu'à un nouveau changement de peau. Quand le moment de la métamorphose est arrivé, on place au-dessus des claies qui soutiennent les vers, des rameaux de bruyère ou de chêne vert, sur lesquels les chenilles se hâtent de monter pour filer leur cocon. Elles commencent par se fixer à une petite tige et se mettent sur-le-champ à travailler; trois jours après, l'opération est terminée, et l'on peut cueillir les cocons.

Il ne reste plus qu'à les dévider; on les fait tremper préalablement dans de l'eau chaude pour les décoller, et ensuite on en prend quatre ou cinq, dont on rapproche les bouts pour n'en former qu'un fil et les dévider tous ensemble : chacun d'eux produit un brin d'environ neuf cents pieds de long, indépendamment d'un petit noyau qu'on ne peut pas débrouiller, et que l'on carde ensuite pour en faire de la *filoselle*.

Le genre ÉCAILLE (*chelonia*) comprend un nombre assez considérable de lépidoptères nocturnes dont les formes se rapprochent de celles des bombyces, mais qui l'emportent sur ces derniers par l'éclat et par la vivacité de leurs couleurs. Leurs chenilles vivent, comme celles des teignes, dans des fourreaux portatifs qui ont pour base une trame de matière soyeuse, sur laquelle l'animal applique des morceaux de bois.

Les principales espèces de ce genre sont l'E. *queue-d'or* et l'E. *martre.* La chenille de cette dernière a été nommée l'*hérissonne*, à cause des nombreux piquants dont elle est garnie.

Les NOCTUELLES (*noctua*) se distinguent des bombyces par leurs palpes inférieurs, dont le dernier article est plus fin que les autres, par leur trompe longue et cornée, et par les écailles qui recouvrent leur corps.

Ces lépidoptères, bien qu'appartenant par la disposition de leurs ailes à la famille des nocturnes, présentent cependant des couleurs plus vives et plus variées que la plupart des autres genres de la même famille et même de la précédente ; ils ne se montrent jamais pendant l'obscurité de la nuit, et volent même avec agilité durant le jour sur les fleurs dont ils sucent le miel.

Les chenilles de ce genre sont souvent carnassières, détruisent une grande quantité d'autres larves et s'attaquent même souvent entre elles ; celles qui sont les plus fortes tuent toujours les plus faibles et les dévorent impitoyablement.

Les principales espèces de ce genre nombreux sont : la *fiancée*, l'*accordée*, la *gamma*, la *noctuelle dorée*, etc.

Le genre PHALÈNE (*phalœna*) comprenait autrefois tous les lépidoptères nocturnes ; depuis on l'a restreint aux espèces dont le corps est grêle, la trompe courte, les ailes larges et le corps toujours nu ; leurs chenilles n'ont ordinairement que dix pattes, et ont une manière de marcher toute particulière. Elles se fixent d'abord au moyen de leurs pattes antérieures, relèvent ensuite la partie postérieure de leur corps, pour la rapprocher de celle de devant, et, ayant fixé ces dernières à leur tour, elles dégagent les premières et portent leur corps en avant. La répétition de ce manége détermine leur progression, et leur a fait donner le nom de *géomètres* ou d'*arpenteuses*. Leur attitude dans le repos est très-extraordinaire ; fixées aux branches ou aux rameaux de divers végétaux par les pattes de derrière, elles tiennent leur corps suspendu en l'air en ligne droite et parfaitement immobile, ce qui leur a valu le nom de *chenilles en bâton*. Si on les touche dans cet état, elles se laissent aller ; mais, au lieu de tomber jusqu'à terre, elles demeurent suspendues en l'air, au moyen d'un fil qu'elles peuvent allonger ou raccourcir à leur gré, de sorte que, lorsqu'on cherche à l'endroit où elles ont dû tomber, on est tout étonné de ne rien trouver. Par ce moyen, elles échappent à un grand nombre de dangers , dans lesquels elles auraient péri sans ce stratagème.

Les espèces de *phalènes* les plus communes dans nos pays sont : la P. *soufrée* ou du *sureau*, la P. *du lilas*, la P. *du groseiller*, etc.

Les TEIGNES (*tinea*) sont les plus petits lépidoptères connus, et se reconnaissent facilement à leurs ailes plissées dans l'état de repos. Leurs chenilles sont toujours lisses et sans poils, et pourvues de seize pattes au moins. Elles se tiennent toujours cachées dans des habitations fixes ou mobiles , qu'elles se pratiquent aux dépens des substances qu'elles rongent. Le plus souvent c'est dans nos armoires qu'elles en vont chercher les matériaux, et elles nous causent ainsi des dégâts considérables. C'est surtout dans les magasins de cuirs qu'elles sont à craindre. Si on n'a pas soin de manier les marchandises de temps en temps, elles s'y propagent en telle quantité, qu'elles finissent par y détruire tout.

Mais toutes les espèces ne sont pas domestiques. Il y en a qui vivent dans les champs, de feuilles et des parties tendres des végétaux ; celles-là sont beaucoup moins nuisibles. Une particularité bien remarquable, c'est que ces insectes, en mangeant les feuilles, n'attaquent jamais l'épiderme ou membrane qui en forme les deux faces ; ils n'en rongent que le parenchyme, c'est-à-dire la partie comprise entre les deux feuillets épidermiques.

Ce genre extrêmement nombreux a été divisé en trois sous-genres principaux.

1° Les HYPONOMEUTES (*hyponomeuta*) ont une trompe bien visible et même assez grande, et le troisième article de leurs palpes inférieurs est aussi long que les deux autres ; tels sont l'H. *du fusain*, l'H. *du cerisier*. C'est la larve de cette dernière qui roule les feuilles du cerisier et de la plupart de nos arbres fruitiers.

2° Les Adèles (*adela*) ont également la trompe bien développée : mais leurs palpes sont très-petits et velus. Elles vivent dans les bois, où elles se montrent presque avec les premières feuilles. Les principales espèces de ce sous-genre sont l'A. *de Degéer* et l'A. *de Réaumur.*

3° Les Teignes propres diffèrent des deux autres sous-genres par la brièveté de leur trompe, qui est formée de deux filets disjoints et par la huppe qu'elles ont sur la tête ; telles sont la T. *des tapisseries*, la T. *des draps*, la T. *des pelleteries*, la T. *des grains*, etc.

Les PTÉROPHORES (*pterophorus*) ont des rapports avec les espèces du genre précédent, par la forme allongée de leur corps ; mais la conformation de leurs ailes les en distingue bien facilement, ainsi que de tous les autres lépidoptères. Ces organes, au lieu d'être formés d'un certain nombre de tubes cornés, recouverts par une membrane d'une seule pièce, sont fendus dans toute leur longueur, et résultent de la réunion de plusieurs lanières barbelées sur leurs bords et imitant des plumes, de sorte que la totalité de l'aile ressemble un peu à celle d'un oiseau.

Les noms spécifiques de ces insectes se tirent du nombre des divisions des ailes ; ainsi on connaît le P. *monodactyle* ou à une seule division, le P. *didactyle*, le P. *pentadactyle*, etc.

IVe *Sous-Classe.* — DIPTÈRES.

Il n'y a pas encore long-temps que cette division ne comprenait qu'un seul ordre, dans lequel on réunissait tous les insectes à deux ailes, à l'exception de quelques espèces appartenant à l'ordre des névroptères. Mais d'abord les naturalistes de nos jours ont découvert quelques insectes à deux ailes, qui diffèrent essentiellement des véritables diptères, tels que les cousins et les mouches ; et ensuite il est un certain nombre de ceux qu'on comprenait sous ce nom que l'on a dû en séparer, parce que les métamorphoses qu'ils subissent sont toutes différentes des diptères ordinaires ; de là la nouvelle division des insectes à deux ailes en trois ordres.

X.ᵉ *Ordre.* —RHIPIPTÈRES.

On désigne, sous le nom de *rhipiptères* ou de *strepsiptères*, un petit nombre de menus insectes, dont les ailes sont grandes, plissées en forme d'éventail et comme tordues sur elles-mêmes ; elles sont recouvertes à leur base par deux corps de nature coriace, qu'on nomme quelquefois élytres, mais qui sont plutôt des appendices analogues à ceux qui s'observent sur le corps des lépidoptères, et qu'on désigne sous le nom de ptérygodes ou d'épaulettes. Leur bouche se compose de quatre pièces latérales, deux antérieures très-courtes, et deux postérieures, longues, linéaires et semblables à des lancettes. Quant à leurs métamorphoses, elles sont peu connues; on sait seulement que leurs larves sont parasites, comme l'insecte parfait, et qu'elles vivent sur le corps de certains hyménoptères de la famille des mellifères.

On voit par là que ces insectes sont de formes et d'habitudes anomales ; mais les anomalies que nous avons exposées ne sont pas les seules. Des deux côtés de l'extrémité antérieure du tronc, derrière le cou et près de la base des deux premières ailes, sont insérés deux petits corps crustacés mobiles, étroits, allongés, dilatés en massue et courbés à leurs extrémités, en forme de petites élytres et se terminant à l'origine des ailes. Leurs yeux sont gros et un peu pédiculés; leurs antennes sont courtes et divisées, presque à leur origine, en deux branches. Leur abdomen ressemble à celui des psylles et de plusieurs cicadaires; leurs pieds sont presque membraneux, et leurs tarses sont composés de quatre articles sans crochets à leur extrémité.

Cet ordre est très-peu nombreux et ne comprend que deux genres, les *xénos* et les *stylops*.

Le genre XÉNOS (*xenus*) a les deux divisions des antennes subulées et l'abdomen corné, à l'exception de l'anneau anal qui est charnu et rétractile.

Ces insectes vivent sur les guêpes et sur quelques autres hyménoptères ; leurs larves sont ovales, oblongues, sans pattes, avec l'extrémité antérieure dilatée en forme de tête, et la bouche formée de trois tubercules. Elles vivent dans l'intérieur des guêpes, s'y métamorphosent en nymphes, mais elles ne changent pas de forme ; il paraît que leur peau ne fait que se durcir et leur tient lieu de cocon. Au moment de passer à l'état parfait, ces nymphes rompent la membrane qui unit deux des segments abdominaux de l'hyménoptère sur lequel elles vivent, et s'échappent par l'ouverture qu'elles se sont pratiquée.

On ne connaît que deux espèces de ce genre, le X. *rossien* et le X. *peckien.*

Les **STYLOPS** (*stylops*) diffèrent des xénos par leurs antennes, dont une des divisions terminales est formée de trois articles, et par leur abdomen qui est entièrement charnu et rétractile.

On ne connaît qu'une seule espèce de ce genre, qui vit sur une espèce d'andrène.

XIe *Ordre.* — DIPTÈRES.

Les insectes de cet ordre, qui est très-nombreux en espèces et encore plus en individus, sont faciles à reconnaître à deux caractères principaux : d'abord à leurs ailes qui sont au nombre de deux et veinées, et ensuite à leur bouche qui consiste en une demi-gaîne terminée par deux lèvres, en un suçoir de deux, quatre ou six pièces cornées, et en deux palpes en général peu allongés.

On peut aisément se faire une idée de la *forme* des diptères par la mouche et par le cousin, qui sont le type de ce groupe. Leur corps est généralement peu consistant, plus ou moins velu, le plus souvent ovale et rarement allongé. Leur *tête*, toujours bien distincte, est tantôt sessile, tantôt séparée du thorax par un étranglement en forme de cou. Leurs *yeux*, ordinairement gros, surtout chez les mâles, sont quelquefois couverts de poils pour les protéger contre les chocs extérieurs ; ils occupent la surface de la tête presque entière, et sont fréquemment accompagnés de trois *ocelles* placés sur le vertex. Leurs *antennes* sont le plus souvent courtes et composées de trois articles, dont le troisième offre assez ordinairement un appendice en forme de *style* ou de *soie.* Quelquefois cependant ces organes sont longs et offrent de six à seize articles. Leur *trompe* est toujours propre à opérer la succion, et représente la lèvre inférieure avec ses deux palpes, tandis que les suçoirs qu'elle renferme correspondent aux mandibules, aux mâchoires et au labre, selon que les soies qui les forment sont au nombre de six, de quatre ou de deux.

Des trois segments du *thorax*, le premier est colliforme, c'est-à-dire rétréci en forme de cou, et le dernier est très-étroit

et forme le pédicule qui unit la poitrine à l'abdomen ; le mésothorax est au contraire bien développé en longueur et en largeur. C'est à lui que s'attachent les *ailes*. Celles-ci ressemblent
assez bien, par leur forme, leur structure et leur position, à
celles des hyménoptères ; car elles sont triangulaires. Leurs
nervures sont presque toutes longitudinales, et elles sont
constamment couchées horizontalement sur le dos de l'animal.
Mais elles ne sont qu'au nombre de deux : les postérieures paraissent représentées par deux appendices appelés *ailerons* ou
cuillerons, au-dessous desquels on trouve deux autres appendices nommés *balanciers*. Les usages de ces derniers sont inconnus : toutefois on sait qu'ils sont très-mobiles pendant que
l'insecte vole, et que leur ablation ôte à celui-ci la faculté de
voler. Quant aux *pattes*, elles offrent peu de particularités remarquables ; elles sont longues, terminées par des tarses de cinq
articles, dont le dernier est muni de deux crochets.

L'*abdomen* des diptères est toujours pédiculé, et n'adhère
au thorax que par une partie de son diamètre ; mais la longueur
du pédicule varie selon les familles, sans cependant devenir jamais très-considérable. Cette partie est composée de cinq à neuf
anneaux, dont le dernier se termine en pointe chez les femelles :
mais il faut observer, à l'égard du nombre des segments abdominaux, que les espèces qui n'en ont que cinq ou six, ont une
tarière composée de plusieurs petits tuyaux mobiles, et susceptibles de rentrer les uns dans les autres, comme les diverses
pièces d'une lunette d'approche.

L'organisation intérieure des diptères est encore peu connue : on sait cependant qu'ils ont tous des glandes salivaires,
comme tous les insectes suceurs. Leur *encéphale*, ou système
nerveux central, se compose d'un cerveau sus-œsophagien et de
neuf paires de ganglions sous-abdominaux.

Les *habitudes* de ces animaux sont assez curieuses : ils sont
tous terrestres à l'état parfait, et leur nourriture est entièrement liquide. Si celle-ci est à leur portée, ils la sucent avec
leur trompe ; si elle est contenue dans des vaisseaux, ils ouvrent
ces derniers avec leur suçoir pour amener le fluide au dehors,
et l'attirent ensuite dans leur bouche.

Au reste leur vie à l'état parfait est de courte durée : elle
dépasse rarement quelques jours ; mais celle de leurs larves
est plus longue, quoique variable. On reconnaît ces dernières,
en ce qu'elles sont apodes et ont ordinairement la tête molle ; ce
dernier caractère, qui ne s'observe que dans l'ordre dont nous

parlons, indique que leur nourriture doit être liquide, comme celle de l'insecte parfait; aussi ces larves sont-elles souvent aquatiques, et celles qui ne le sont pas, se tiennent sur les matières organisées en putréfaction, où les liquides abondent. Les premières se distinguent des dernières à des appendices de forme variable qu'elles ont à l'extrémité postérieure de leur corps, et qui leur servent pour aller chercher à la surface de l'eau, le fluide atmosphérique dont elles ont besoin pour respirer.

Quand les larves ont parcouru toutes les phases de leur vie, elles s'occupent de leur transformation en *nymphe*. Pour cela, un petit nombre se fabrique un cocon de soie, tandis que la plupart n'ont d'autre enveloppe que leur peau, qui acquiert pour les protéger une consistance assez considérable. Dans ce dernier cas, elles ressemblent à un grain de blé ou à un petit œuf. Enfin, pour devenir insecte parfait, l'animal fait sauter une petite calotte de son enveloppe, et se montre au dehors avec les attributs propres à son espèce.

Quoique ces animaux n'aient que deux ailes, plus petites même que celles de la plupart des autres insectes de leur taille, ils n'en jouissent pas moins d'un vol agile et étendu, qui leur permet de se soutenir dans l'air pendant des heures entières, souvent même sans paraître remuer, tant est rapide le mouvement qu'ils impriment à leurs ailes! On en a vu des espèces suivre, pendant plusieurs lieues, un cheval qui marchait alternativement au trot et au galop. Ils profitent de cette aptitude au mouvement pour chercher à leur postérité un asile, où elle puisse trouver la sûreté et la subsistance; car leurs larves, privées de pattes, ne peuvent pourvoir par elles-mêmes à leurs besoins. C'est dans le double but de les mettre à l'abri du danger et de placer des aliments à leur portée, que leur mère choisit pour faire sa ponte les matières animales en putréfaction, et va quelquefois jusqu'à déposer ses œufs sur le corps de certains animaux, sur lesquels ou dans lesquels les petits qui en proviennent doivent éclore et se développer.

Les *diptères* ne sont pour l'homme d'aucune utilité. Plusieurs mêmes nous causent un tort réel, en suçant notre sang et celui de nos bestiaux, ou en déposant leurs œufs sur nos provisions de bouche dont ils hâtent ainsi la putréfaction; mais ils nous rendent des services signalés en détruisant une multitude de cadavres, dont les exhalaisons pourraient devenir dangereuses. Du reste, ce n'est qu'à l'état de larves qu'ils peuvent nous être utiles ou nuisibles. À l'état parfait, ils ont la vie si courte, qu'ils n'ont que le temps de faire leur ponte, et meurent presque aussitôt après, sans avoir mangé.

On divise l'ordre des *diptères* en cinq familles : les *némocères*, les *tabaniens*, les *notacanthes*, les *tanystomes* et les *athéricères*.

Ire Famille.—NÉMOCÈRES (pl. XXXV).

Némocères est un mot grec qui signifie *antennes en fil*, et qui convient d'autant mieux aux diptères de la famille dont nous parlons, qu'ils sont les seuls de leur ordre, dont ces organes aient une longueur supérieure à celle de la tête et du corselet réunis, et soient composés d'au moins six articles et le plus souvent de quatorze à seize. Ces antennes vont d'ailleurs en diminuant insensiblement de grosseur depuis leur origine jusqu'à leur extrémité, ou du moins ne présentent jamais de renflement bien marqué dans aucune de leurs parties, et sont tout au plus garnies sur les côtés de petites soies fines, disposées comme les barbes d'une plume.

Quant à la forme de leur corps, ils ont la tête petite avec deux grands yeux, le corselet court et comme bossu, l'abdomen allongé, et composé le plus souvent de neuf anneaux, les ailes plutôt étroites que larges, les pattes très-longues et très-déliées, en un mot, des formes élancées et légères.

La plupart des *némocères*, surtout les petites espèces, se rassemblent par troupes nombreuses dans les airs, et y forment en volant des espèces de danses régulières pendant des heures entières. Quoiqu'on trouve de ces insectes durant toute la belle saison, c'est surtout vers l'automne qu'ils sont le plus communs. Il paraît que la maturité des fruits est une des conditions qui favorisent le plus leur développement et leur propagation. Ils sont surtout très-abondants dans les pays de vignobles, vers l'époque des vendanges.

Parmi ces insectes, les uns font leur ponte dans l'eau, les autres sur la terre ; mais tous, terrestres et aquatiques, subissent des métamorphoses complètes ; leurs larves sont apodes, allongées et ressemblent à des vers. Pour les nymphes, elles sont tantôt nues, tantôt renfermées dans des coques ; dans tous les cas, elles sont mobiles, et offrent toutes les parties extérieures qui distinguent l'insecte parfait.

Cette famille comprend deux grands genres, les *cousins* et les *tipules*.

Chacun sait, par sa propre expérience, combien les COUSINS (*culex*) (*fig.* 9) sont incommodes et fâcheux, non-seulement par le bruit monotone dont ils étourdissent nos oreilles, mais encore par les piqûres profondes qu'ils font sur notre corps. Au moyen d'une *trompe* saillante et presque aussi longue que leurs antennes, et surtout de cinq piquants qu'elle renferme, ils percent la peau de la plupart des animaux pour en sucer le sang. Avides de celui de l'homme, ils le poursuivent, le harcellent sans cesse et particulièrement vers le soir. Ses vêtements ne suffisent pas pour le garantir de leurs atteintes ; leur longue trompe traverse ces obstacles pour parvenir jusqu'à lui, et cause des blessures d'autant plus douloureuses, qu'elle verse dans la plaie une liqueur venimeuse, dont la présence détermine l'enflure et la cuisson, qui accompagnent ordinairement la piqûre de ses insectes. En Amérique où on leur donne le nom de *maringouins* et de *moustiques*, ils se rendent tellement importans qu'en plusieurs endroits on ne peut sortir le soir, sans se couvrir d'une espèce de voile auquel on donne, à cause de son usage, le nom de *cousinière*. Il paraît que ce sont les femelles qui nous tourmentent ainsi. Ce n'est pas cependant pour faire leur ponte qu'elles viennent à nous, car elles ne déposent leurs œufs que dans l'eau ; elles le font d'une manière assez remarquable, en ce qu'elles les réunissent ensemble en forme de batelet qui flotte à la surface du liquide. Les larves et les nymphes qui en proviennent ne quittent cet élément, où elles nagent avec beaucoup d'agilité, qu'à l'époque de leur dernière transformation. On reconnaît aisément ces insectes à leurs antennes hérissées de poils, à leur suçoir composé de cinq soies, ainsi qu'à leur corps et à leurs pieds allongés.

Parmi les espèces de ce genre les plus connues, sont le *cousin commun*, le *cousin pulicaire*, le *cousin des chevaux*, etc.

Les TIPULES (*tipula*) ressemblent pour la plupart aux cousins par leur forme élancée, par leurs ailes étroites, et par leurs pattes longues et grêles ; mais elles s'en distinguent aisément par la conformation de leur bouche dont la trompe est à peine visible ; d'ailleurs leurs couleurs, quoique toujours obscures, sont cependant plus variées que celles des précédents.

Les *tipules* ne sont ni moins répandues ni moins abondantes que les cousins ; on en trouve partout, depuis le commencement du printemps jusqu'en automne. Mais c'est surtout dans cette dernière saison et dans les terrains plantés en prés, qu'elles sont

le plus communes ; on ne peut alors faire un pas dans ces endroits sans en faire partir plusieurs, et il n'est pas rare d'en
voir de petits essaims exécuter dans les airs des mouvements
réguliers de montée et de descente, sans dévier de la ligne verticale et sans jamais en dépasser les points extrêmes, soit en
haut, soit en bas, et cela pendant un temps très-considérable.
Du reste on ignore complètement quel peut-être le but de cette
manœuvre singulière.

Parmi ces insectes, les uns déposent leurs œufs dans la terre,
principalement dans celle qui contient des débris de matières
organiques ; les larves qui en proviennent se nourrissent des
molécules nutritives qu'elles y trouvent ; d'autres les déposent
dans l'eau, et leurs petits vivent à-peu-près comme ceux des
cousins. Certaines espèces font leur ponte dans les galles, d'autres dans le vieux bois pourri, et leurs larves tirent leur subsistance des lieux mêmes où elles se rencontrent. D'après cette
variété d'habitudes, on a divisé les tipules en plusieurs sous-
genres. 1° Les Tipules-cousins sont petites, ont les antennes
plumeuses ou velues, et ont les larves aquatiques, comme la
T. *culiciforme*, la T. *annulaire*, la T. *bigarrée*. 2° Les Tipules
terricoles ont les antennes simples et la tête prolongée par un
museau ; elles n'ont point d'ocelles et leurs larves vivent dans
la terre ; telles sont la T. *des prés*, la T. *gigantesque*, la T.
aranéoïde. 3° Les Tipules fongicoles ont aussi les antennes simples ; mais elles n'ont pas la tête prolongée en museau, et leurs
hanches sont allongées et sont terminées par deux épines. Leurs
larves vivent dans les champignons ; telles sont la T. *cendrée*,
la T. *tachetée*, etc. 4° Les Tipules gallicoles ont la tête et les
antennes des précédentes; mais leurs hanches sont de longueur
ordinaire, et leurs jambes sont sans épines à leur extrémité.
Leurs larves vivent dans l'intérieur des galles : tels sont la T.
des marais, la T. *bicolore*, etc. 5° Les Tipules florales se
distinguent des quatre sections précédentes par la brièveté de
leurs antennes, qui sont plus courtes que la tête et le thorax
réunis. Elles se tiennent sur les fleurs, à l'état parfait ; mais, à
celui de larves, elles vivent ordinairement dans les bouses ; telles
sont la T. *des fenêtres*, la T. *noire* ou *des latrines*, etc.

II° *Famille.* — Tabaniens.

Les diptères de cette famille, comme ceux des trois suivantes,
se distinguent sur-le-champ des némocères par leurs antennes,

qui n'ont jamais plus de trois articles, par la forme de leur corps
qui est court et ovale, et enfin par la brièveté de leurs pattes,
qui ne sont pas à beaucoup près aussi longues que le corps. De
plus, ils diffèrent des tanystomes, des notacanthes et des athéricères par le nombre de soies qui composent leur suçoir, et qui
est constamment de six.

Les *tabaniens* sont des insectes remarquables par leurs formes
larges et trapues, d'où résulte une vigueur supérieure à celle
des autres diptères, et une énergie des organes musculaires qui
les rend si opiniâtres et si incommodes pour l'homme et pour
les animaux domestiques. Ces formes robustes les rendent également aptes à supporter toutes sortes de climats ; ils sont en
effet répandus partout, et partout ils se rendent odieux et insupportables, par les piqûres qu'ils font aux êtres pour s'abreuver
de leur sang. Le lion des déserts de la zône torride et le renne
des Lapons sont exposés à leurs atteintes, comme les bœufs et
les chevaux de nos pays tempérés ; car il faut remarquer que
les soies de ces insectes sont tellement dures et acérées, qu'elles
percent le cuir le plus épais.

Cette famille comprend une douzaine de genres, dont le
principal est celui des *taons*, qui a donné son nom à la famille.

Les TAONS (*tabanus*) (*fig.* 10) sont de gros insectes fort
connus par les tourments qu'ils causent à nos bêtes de somme,
et faciles à distinguer à leur trompe courte terminée par deux
lèvres épaisses, et à leurs antennes dont le troisième est échancré en forme de croissant.

Ces insectes ressemblent à de grosses mouches, et sont tellement redoutés de nos animaux domestiques, à cause des piqûres qu'ils en reçoivent, qu'à leur vue seule ils deviennent
furieux et n'obéissent plus à la voix de leur maître. L'âne surtout les craint tellement, qu'il rejette tout ce qu'il porte pour
se rouler dans la poussière et s'en débarrasser. Il est d'autant
plus difficile de leur faire lâcher prise, qu'ils s'attachent aux
poils des animaux avec les crochets de leurs tarses et avec des
pelotes qui garnissent ces organes.

C'est surtout pendant les temps d'orage que les *taons* deviennent plus importuns ; il leur arrive alors de poursuivre l'homme lui-même qui, malgré l'usage de ses mains, a quelquefois
de la peine à les mettre en fuite; ils reviennent à la charge
avec tant d'opiniâtreté, et échappent avec tant d'adresse à la

main qui veut les frapper, qu'il est presque impossible de n'en être pas piqué.

Les principales espèces de ce genre, sont le *taon des bœufs*, qui est noirâtre avec les ailes brunes ; et qui est le plus commun de tous: le *T. nègre* qu'on trouve dans le midi de la France, etc.

IIIe *Famille.*—NOTACANTHES.

Chez les *notacanthes*, le dernier article des antennes est constamment annelé, caractère qui rapproche plus les autres diptères des taons, qui le présentent également ; mais ils ont le sucoir composé de quatre pièces, ce qui, joint au caractère précédent, ne permet pas de les confondre avec aucun autre diptère à antennes courtes. On peut ajouter à cette caractéristique, que les *notacanthes* ont l'écusson presque toujours armé d'épines ; ce qu'on ne rencontre dans aucun autre du même ordre.

Lorsque ces insectes ont pris des ailes, ils voltigent continuellement autour des fleurs, dont ils sucent le miel, tandis qu'à l'état de larves, ils vivent principalement dans l'eau. Du reste, leurs habitudes sont peu connues, excepté dans le genre STRATIOMYE (*stratiomys*), qui est le plus important de la famille.

Ces insectes qu'on appelle communément *mouches armées*, tirent ce nom, ainsi que celui de *stratiomys* (mouche soldat) qui a la même signification, d'un certain nombre d'épines placées à l'extrémité de leur écusson sur le corselet ; ce caractère, joint à la forme de leurs antennes, qui sont plus longues que la tête, et dont le dernier article forme un coude avec celui qui précède, empêchera toujours de les confondre avec aucun autre genre de la même famille.

La larve des *stratiomes* est de forme allongée, sans pattes, et présente à son extrémité postérieure une espèce d'entonnoir, formé d'un grand nombre de poils, au centre duquel se trouve placé l'orifice de l'organe respiratoire. La position de cet orifice exige que ces larves, qui sont toutes aquatiques, se tiennent renversées, de manière que tout leur corps plonge dans le liquide, tandis que la queue et les poils qui la forment servent à la soutenir à sa surface, et permettent à l'air de s'introduire par les stigmates. Lorsque l'animal veut s'enfoncer, il replie ses poils, les rassemble en paquet, et en couvre l'ouverture des trachées, où il conserve même une petite quantité de fluide atmosphérique, pour pouvoir rester plus long-temps sous l'eau,

Les larves des *stratiomes* se métamorphosent en nymphes sans former de coque; la peau qu'elles avaient se durcit autour d'elles et leur en tient lieu. Sous cet état, elles flottent au gré des eaux, jusqu'au moment où elles rompent leur enveloppe pour se changer en insectes. A cette époque elles s'élèvent à la surface du liquide, font sauter les deux derniers anneaux de leur coque et prennent leur essor vers leur nouvel élément.

L'espèce la plus commune de ce genre aux environs de Paris est le *stratiome-caméléon*, qui a six ou sept lignes de long et qu'on trouve sur les fleurs.

Au genre précédent il faut ajouter les *xylophages* et les *mydas*.

Les XYLOPHAGES (*xylophagus*) se reconnaissent à leur corps allongé, à leurs antennes dont le troisième article a huit divisions, sans style, et à leur abdomen composé de sept segments distincts.

Les habitudes de ces insectes sont peu connues; quelques espèces se tiennent dans les forêts et se posent sur les troncs d'arbres. Leurs larves paraissent vivre dans le détritus du bois réduit en poussière.

Une espèce de ce genre que l'on trouve en France est le *xylophage noir*, qui a de cinq à six lignes de long.

Les MYDAS (*mydas*) sont les diptères les plus remarquables de l'ordre entier, par leur taille considérable, et en même temps par l'ambiguïté de leur conformation, qui les fait placer tantôt parmi les notacantes, tantôt parmi les tanystomes. Ils tiennent des premiers par leurs antennes qui sont composées de cinq articles, tandis que le défaut d'épines à l'écusson et la présence de deux pelottes à leurs tarses, semblent les en éloigner. D'un autre côté, ils se rapprochent des asiles par leur conformation générale, par leur tête déprimée et par leur face barbue, tandis qu'ils en diffèrent totalement par les articles de leurs antennes et par la disposition de leur trompe.

Ces diptères vivent de proie; ils font la guerre aux autres insectes; ils les attaquent avec violence, même les plus redoutables, les saisissent au vol, les serrent de leurs pieds robustes, et en font leur pâture. Ces habitudes de brigandage sont un nouveau trait de ressemblance avec les asiles.

La principale espèce de ce genre, qui est tout exotique, est le *mydas géant*, qui a de quinze à vingt lignes de long.

IV.ᵉ Famille. — TANYSTOMES (pl. XXXV).

Cette famille a, comme celle qui précède, les antennes plus courtes que la tête, et composées seulement de deux ou trois articles au plus ; mais elle en diffère, ainsi que des suivantes, par le dernier article de ces organes, qui n'offre aucune division transverse, et par sa trompe qui est généralement saillante et toujours composée de quatre pièces.

Les habitudes de ces insectes varient : les premiers genres sont carnassiers et ne vivent que de sang, comme les taons ; les empis ont le même genre de vie, mais leur penchant pour le sang est un peu moins prononcé ; enfin les derniers genres ne se nourrissent que du suc des fleurs.

Les larves de ces insectes ressemblent à de longs vers presque ronds et sans pattes, et ont la bouche composée de crochets qui leur servent à ronger les substances dont elles se nourrissent.

Cette famille, beaucoup plus nombreuse que la précédente, peut se diviser en deux tribus, celle des *tanystomes vrais* et celle des *brachystomes*.

Iʳᵉ Tribu. — Tanystomes vrais.

Cette tribu, plus considérable que la suivante, se compose de tous les tanystomes dont la tête est saillante, plus ou moins dure et privée de lèvres distinctes ; leurs antennes ont le troisième article simple, sans divisions annulaires, mais garni d'une soie ou filet terminal.

La conformation de la bouche permet à ces diptères de percer la peau de la plupart des animaux, et de se nourrir de leur sang ; aussi sont-ils presque tous carnassiers, et plusieurs d'entre eux harcèlent leurs victimes avec autant d'acharnement que les taons ; mais, au lieu d'attaquer des animaux vertébrés comme font ces derniers, ils s'adressent uniquement à des espèces de leur classe, et surtout à des abeilles et à d'autres diptères.

Cette tribu comprend quatre genres principaux : les *asiles*, les *empis*, les *bombyles* et les *anthrax*.

Les ASILES (*asilus*) sont des insectes dont la forme rappelle celle des mouches, mais qui sont beaucoup plus grands et offrent d'ailleurs des différences assez sensibles. Ils ont le corps allongé et velu, les antennes rapprochées à leur base et subulées ou en alène, la trompe saillante en avant, les ailes croisées sur le dos, et les pattes longues et garnies de crochets.

Les *asiles* sont, parmi les diptères, ce que les rapaces sont parmi les oiseaux. Unissant la force musculaire et le pouvoir des armes à un naturel féroce et carnassier, ils deviennent pour tous les insectes, et surtout pour les papillons et pour les mouches, des tyrans acharnés qui volent sans cesse après leurs victimes, et qui, les saisissant dans les crochets aigus de leurs pattes, les retiennent avec force et les sucent avec leur trompe, jusqu'à ce qu'ils aient pompé toutes leurs parties liquides. Quelquefois même ils attaquent les coléoptères dont la peau est beaucoup plus solide, et offre d'autant plus de résistance à leurs efforts que l'animal se débat avec force. Mais l'*asile* le retient et l'assujettit avec ses serres, jusqu'à ce qu'il soit parvenu à percer l'enveloppe cornée, après quoi il lui donne la mort et l'emporte pour le dévorer plus à son aise.

On trouve les *asiles* dans les jardins, dans les prairies et dans les champs, où ils incommodent beaucoup par leurs piqûres les bestiaux qu'on y fait paître ou travailler. Leurs larves diffèrent de celles des autres diptères par leur tête écailleuse et armée de deux mandibules robustes; elles vivent dans la terre, dans le sein de laquelle elles se fraient une route avec deux crochets vigoureux dont leur bouche est armée.

On compte plus de cent espèces de ce genre; les principales sont: l'*asile frelon*, qui a environ un pouce de long et qui est le plus grand de ceux d'Europe, et l'A. *géant*, qui est d'Amérique et qui surpasse le précédent pour la taille.

Les EMPIS (*empis*) se distinguent des asiles et des autres genres de la même famille par la forme aplatie de leur tête, qui est en même temps très-petite, par leurs tarses qui ne sont munis que de deux pelottes, et par leur trompe qui est dirigée en bas.

Ces insectes forment un genre parfaitement naturel qu'un coup-d'œil suffit pour faire reconnaître, parce que leurs caractères se tirent des parties les plus apparentes du corps. Leur tête est petite, sphérique et portée sur un cou distinct; leur thorax grand, élevé et convexe, et leur abdomen est menu, cylindrique ou conique. Sous le rapport des habitudes, ils tiennent des asiles, et vivent de proie comme eux; mais leurs appétits sont moins violents; car ils se nourrissent aussi du suc des fleurs, surtout les mâles. Mais les femelles sont plus carnassières, elles poursuivent les autres insectes, soit à la course, soit à tire-d'aile, et les saisissent avec leurs pattes, qui sont à cet effet munies de crochets aigus.

Les *empis* se reproduisent pendant toute la belle saison. Réunis en troupes nombreuses, on les voit, par les belles soirées d'été, tourbillonner dans les airs, comme les cousins, auprès des eaux ; ensuite ils s'abattent sur les haies et sur les plantes basses, sur lesquelles ils s'accouplent. Une observation singulière que M. Macquart a faite au sujet de l'accouplement d'une espèce de ce genre, c'est que, durant cet acte, la femelle est presque toujours occupée à sucer quelque insecte, satisfaisant ainsi à la fois les deux besoins les plus impérieux de la vie animale.

Les principales espèces de ce genre sont : l'*empis opaque*, l'E. *stercoraire*, l'E. *pennipède*, etc.

Les BOMBYLES (*bombylius*) ont pour caractères distinctifs la tête plane et assez grosse, la trompe longue et dirigée en avant, les antennes rapprochées à leur base, les tarses munis de trois pelottes et le corps couvert d'une assez jolie fourrure. Ajoutez à cette caractéristique, que ces insectes ont les ailes étendues horizontalement de chaque côté du corps, le thorax comme bossu, l'abdomen conique ou triangulaire, et les pattes longues et déliées.

Les habitudes des *bombyles* ne tiennent plus de celles des taons ou des asiles ; et, quoique leur trompe soit assez longue, ils n'en font point usage pour percer la peau des mammifères et leur sucer le sang. Leur nourriture consiste uniquement en sucs mielleux, qu'ils extraient du fond du calice des fleurs au moyen de leur trompe ; aussi les voit-on sans cesse voltiger en bourdonnant d'une plante à l'autre, ou planer au-dessus des fleurs pour y introduire leur langue. Mais ce n'est que par les belles journées d'été, et quand le soleil brille de tout son éclat, que ces insectes se livrent ainsi au mouvement. Lorsque le temps est sombre ou pluvieux, ils se posent à terre ou sur le tronc des arbres, et y demeurent immobiles jusqu'à ce que le soleil apparaisse ; aussi les *bombyles* sont-ils beaucoup plus communs dans les contrées méridionales que dans celles du nord.

On trouve en France le *bombyle moyen*, le B. *bichon*, le B. *mineur*, etc.

Les ANTHRAX (*anthrax*) ont, comme les précédents, le corps ordinairement velu, et la tête plane et de moyenne grandeur; mais leur trompe est courte, leurs antennes sont écartées à leur base et leur thorax est déprimé.

Quoique ces insectes ressemblent aux bombyles par la plupart des détails de leur conformation externe, il est facile de les en distinguer, même extérieurement, par le noir velouté et par le blanc argenté qui se marient gracieusement sur leur corps, et qui leur donnent une élégance de parure, qu'on ne trouve dans les espèces d'aucun des genres précédents. Lorsqu'ils se fixent sur les corolles de l'aubépine ou de l'églantier, ils produisent le contraste le plus agréable, et ne font pas moins ressortir leur propre beauté que celle de ces aimables fleurs.

Les espèces de ce genre les plus communes en France sont : l'*Anthrax jaune*, l'A. *mignon*, l'A. *sinué*, etc.

IIe *Tribu.* — Brachystomes.

Cette tribu se distingue de la précédente par la brièveté et la nature membraneuse de sa trompe, qui se termine en même temps par deux lèvres épaisses et charnues. On peut ajouter à cela que la plupart des genres qu'elle comprend nous offrent des antennes, dont le troisième article est sans divisions annulaires, et est le plus souvent accompagné d'une soie dorsale ou latérale, et qui, par conséquent, forme avec lui une espèce de fourchette à deux dents.

Ces deux caractères rapprochent les *brachystomes* de la famille des athéricères, et leur donnent des habitudes différentes de celle des vrais tanystomes ; le plus grand nombre d'entre eux se nourrit soit du suc mielleux qu'ils récoltent sur les fleurs, soit des liquides des animaux qu'ils puisent sur les cadavres en putréfaction.

Trois genres principaux composent cette tribu ; ce sont les *leptes*, les *dolichopes* et les *syrphes*.

Les LEPTES (*leptis*) diffèrent des insectes de la même famille par leur trompe membraneuse, courte, peu saillante, et presque toujours susceptible d'être ramenée dans une cavité du front. Leurs antennes sont à-peu-près filiformes, excepté que leur dernier article est gros et se termine par une soie simple ; leurs ailes qui sont plus longues que l'abdomen, sont fortement écartées l'une de l'autre pendant le repos.

Nous avons en France deux espèces remarquables de ce genre; ce sont le *lepte bécasse* et le L. *vertion*. Le premier, qui est très-commun dans les bois aux environs de Paris, a les formes grêles et les pattes longues, ce qui lui a fait donner son nom spécifique. Le second est plus petit et n'offre rien de remarquable à l'état parfait; mais sa larve est pour le moins aussi curieuse à connaître que celle du fourmilion. Comme cette dernière, et souvent de société avec elle, le *vertion* (car c'est ainsi qu'on appelle cette larve) se creuse sur le sable un trou en forme d'entonnoir, et se place au fond en embuscade. Dès qu'il a pris un insecte, il l'entraîne sous la terre, après l'avoir percé de son dard, et le suce tranquillement. Ensuite il se débarrasse de la peau de sa victime de la même manière que le fourmilion. Mais ce qu'il y a de singulier dans l'histoire de cette larve, c'est que, malgré sa vivacité naturelle, elle devient immobile aussitôt qu'elle se sent prise. On a beau la remuer, elle ne donne aucun signe de vie; mais si par hasard on lui rend la liberté, elle reprend peu à peu son agilité, et le premier usage qu'elle en fait, est de chercher à creuser la terre pour s'y faire une retraite.

Les DOLICHOPES (*dolichopus*) ont comme les leptes la tête courte et membraneuse; mais leurs palpes comprimés et le troisième article de leurs antennes qui est de forme ovale ou aplatie, les en distinguent au premier coup d'œil. D'ailleurs la longueur de leurs pieds et l'éclat métallique de leurs couleurs empêcheraient seuls de les confondre avec les espèces du genre qui précède.

Les *dolichopes* vivent sur les végétaux et particulièrement sur le feuillage; ils y montrent beaucoup de vivacité, et se plaisent à y étaler leurs brillantes couleurs. Quelques-uns se cachent dans les bois et se posent sur les plantes basses; mais le plus grand nombre habitent les prairies et recherchent les rayons du soleil. Cependant tous n'ont pas des habitudes aussi paisibles; certaines espèces font la chasse aux petits insectes qu'ils poursuivent sur les murs et sur les troncs d'arbres, en marchant avec beaucoup d'agilité, même en arrière et de côté.

Les espèces les plus remarquables de ce genre, sont le *dolichope cuivreux*, le D. *platyedre*, le D. *royal*, le D. *diaphane*, le D. *bronzé*, etc.

Les SYRPHES (*syrphus*) sont placés par leur organisation,

entre les brachystomes et les athéricères : ils tiennent évidemment des premiers par leur suçoir formé de quatre pièces, tandis qu'ils se rapprochent des seconds par leur métamorphose, leurs larves passant à l'état de nymphe, sans changer de peau. Ajoutez à cela que les *syrphes* ont la tête grosse, presque entièrement occupée par les yeux, et aussi large que l'abdomen : leurs antennes sont très-courtes, droites et très-raprochées à leur base. Leur forme générale rappelle celle des bourdons et des guêpes, auxquelles ils ressemblent encore par le bourdonnement qu'ils font entendre en volant, et par l'habitude qu'ils ont de se tenir sur les fleurs.

Les larves de ces insectes, comme celles de tous les diptères, sont molles, sans pattes et se meuvent par la contraction de leurs anneaux. Les unes vivent sur les arbres et font de grands dégâts parmi les pucerons ; elles en dévorent tant, qu'on en a vu une seule en sucer vingt dans l'espace d'une minute, et il est rare d'en rencontrer qui n'aient pas un puceron à l'extrémité de leur trompe. D'autres se placent dans les nids des abeilles et font la guerre aux nourrissons de ces dernières. Quelques-unes enfin, qu'on a nommées *larves à queue de rat*, parce que leur abdomen se termine par une espèce de queue qui leur sert pour respirer, se tiennent dans l'eau et vivent des matières corrompues qu'elles tirent de la vase. On les voit fréquemment nager dans les eaux bourbeuses, la tête en bas, la queue en haut et hors du liquide.

On divise ce genre en trois sous-genres :

1° Les VOLUCELLES (*volucella*) ont les antennes plus courtes que la tête, avec son troisième article oblong et son style plumeux : telle est la V. *bourdon*, qui est noire, très-velue, avec le thorax et le bout de l'abdomen couvert de poils fauves. Telle est encore la V. *à zones*, qui a près de huit lignes et est beaucoup moins velue.

2° Les HÉLOPHILES (*helophilus*) ressemblent aux précédents par leur conformation générale, et en particulier par celle de leur abdomen, ainsi que par la brièveté de leurs antennes ; mais le dernier article de ces appendices est aplati en palette, et leur style est nu ou du moins peu velu. Tel est l'H. *apiforme*, qui ressemble à une abeille par la forme et par les couleurs, et dont la larve vit dans les eaux bourbeuses, les latrines et les égoûts. On dit cette larve si vivace, que la compression la plus forte ne peut la faire périr.

3° Les SYRPHES proprement les antennes courtes avec le style simple et le troisième article presque ovoïde ou orbiculaire; leur museau est à peine saillant, et leur abdomen est plus long qu'aux volucelles et aux hélophiles, et va se rétrécissant insensiblement de sa base à son extrémité. Leurs larves se nourrissent de pucerons et vivent sur les plantes qui servent de retraite à à ces hémiptères; tel est le *syrphe du groseiller*, qui est un peu plus petit que la mouche de la viande, et qui a la tête jaune et le thorax bronzé, avec quatre bandes jaunes sur l'abdomen. Cette espèce est avec le S. *du rosier*, l'une des plus communes qui se trouvent en France.

V⁰ *Famille.* — ATHÉRICÈRES.

La mouche commune, étudiée dans son organisation et dans ses habitudes, peut nous donner une idée assez exacte de tous les *athéricères*. On trouve à tous ces insectes, comme à la première, une bouche en trompe courte et rétractile, et ne renfermant que deux pièces cornées, des antennes de trois articles, dont le dernier n'est jamais divisé transversalement et présente presque toujours un style latéral.

A l'état parfait, ces diptères se nourrissent des sucs des fleurs, de matières animales en putréfaction, du sang des animaux, etc.; c'est dire que leurs habitudes sont toutes différentes selon les espèces. Les mœurs de leurs larves ne sont pas moins variables; il y en a qui vivent dans les nids des abeilles, dans l'eau, dans les cloaques, dans les ordures, etc., mais toujours dans des endroits où elles trouvent une nourriture prête et généralement liquide. Pour passer à l'état de nymphes, elles ne filent pas de cocon; leur peau, comme chez les stratiomes, acquérant plus de consistance, leur en tient lieu, et suffit pour les protéger pendant le peu de temps qu'elles vivent sous cette forme.

Cette famile comprend trois genres principaux : les *œstres*, les *conops* et les *mouches*, qu'on peut regarder comme formant trois tribus.

Les OESTRES (*œstrus*) forment un genre bien distinct en ce qu'à la place de la bouche, ils n'ont que trois petits tubercules ou de faibles rudiments de trompe.

Ces insectes ont le port d'une grosse mouche très-velue, dont les ailes sont écartées dans le repos et dont la tête est large, avec de grands yeux et de très-petites antennes.

On trouve rarement les *oestres* à l'état parfait, parce que leur vie est très-courte et se borne généralement à faire la ponte. C'est toujours sur le corps des grands quadrupèdes qu'ils déposent leurs œufs, en leur perçant la peau avec un aiguillon qu'ils ont à l'extrémité de leur abdomen. La présence de ces œufs ne tarde pas à produire un gonflement plus ou moins considérable et à former de petites bosses; et au moment où la larve rompt son enveloppe, elle se nourrit du pus qui s'y produit. Quelquefois la femelle se contente de fixer ses œufs dans le voisinage de quelque cavité, telles que les oreilles, les narines, la bouche ou même l'anus, de manière que la larve s'y introduit aussitôt après sa naissance, et s'y attache au moyen de deux crochets dont sa bouche est armée.

Quelques espèces cependant placent leurs œufs loin de ces cavités, et les collent aux poils, dans les endroits où l'animal a coutume de se lécher fréquemment. Par cette précaution, il arrive tôt ou tard que les larves sont rencontrées par la langue, qui les porte dans la bouche et par suite dans le canal intestinal. Dans tous les cas, une fois établies dans les voies digestives, elles s'y nourrissent des divers sucs produits par leurs parois, et y restent jusqu'à ce que, étant parvenues à leur complet développement, elles soient expulsées avec les excréments, dans lesquels elles opèrent leur transformation en insectes parfaits.

On conçoit que les espèces qui déposent leurs œufs à l'extérieur, ne fassent pas grand mal aux animaux sur lesquels elles vivent; mais celles qui percent leur peau et qui ensuite s'introduisent dans les ouvertures naturelles, causent le plus souvent de très-vives douleurs; on voit souvent des chevaux, des bœufs et des moutons s'agiter, frapper du pied ou s'enfuir tête baissée dans la première direction venue, jusqu'à ce que la douleur soit un peu calmée. Il est alors très-dangereux de se trouver sur leur passage.

Les principales espèces d'*oestres* sont l'OE. *du bœuf*, l'OE. *du mouton* et l'OE. *du cheval*.

Les CONOPS (*conops*) sont faciles à reconnaître parmi tous les athéricères, à la saillie considérable que forme la trompe; ce qui leur donne un aspect menaçant, que leurs habitudes démentent complétement, du moins à l'état parfait. En effet, bien loin de se servir de cet organe pour percer la peau des autres animaux et pour leur sucer le sang, les *conops* n'en

font usage que pour extraire du calice des fleurs le liquide
mielleux, qui s'y produit et qui forme leur seule et unique
nourriture. Aussi les voit-on, pendant le court espace de temps
que dure leur existence, voltiger sans cesse de plante en plante,
se reposer tour-à-tour sur chacune de leurs fleurs, et y puiser à loisir leur aliment favori. Mais à l'état de larves, leurs
mœurs ne paraissent pas aussi douces: la plupart de ces dernières se développent dans le corps de quelque hyménoptère,
dont elles absorbent le sang et les humeurs, où elles se transforment en nymphes, et dont, parvenues au terme de leurs métamorphoses, elles déchirent la peau pour se montrer au grand
jour avec les attributs propres à leur espèce.

Ce genre assez étendu a été divisé en plusieurs sous-genres,
dont les principaux sont les *conops propres*, les *myopes* et les
stomoxes.

1° Les Conops propres ont le corps étroit et allongé, l'abdomen en forme de massue et courbé en dessous, et les antennes
plus longues que la tête, avec une massue et un stylet à leur
extrémité. Tels sont le C. *grosse tête*, le C. *à pieds fauves*, etc.

2° Les Myopes (*myopa*) ont le corps grêle des précédents; mais
leurs antennes sont plus courtes que la tête et se terminent par
une palette et un stylet. Tel est le M. *roux* ou *ferrugineux*,
qui est roussâtre, avec le front jaune et les ailes noirâtres.

3° Les Stomoxes (*stomoxys*) ressemblent aux mouches ordinaires par leur forme ovale, par la brièveté de leurs antennes,
et par la disposition de leurs ailes; caractères qui les distinguent
des myopes et des conops. La principale espèce de ce sous-
genre est le S. *piquant*, qui a été ainsi nommé, parce que, aux
approches des orages et par les temps pluvieux, il pique fortement l'homme et les animaux domestiques.

On pourrait faire un volume sur le genre MOUCHE (*musca*):
il comprend plusieurs milliers d'espèces, nombre supérieur à
celui que renferment plusieurs classes de la zoologie. Aussi la
plupart des naturalistes ont-ils subdivisé ce groupe en plusieurs
sous-genres et même en plusieurs familles dont chacune contient
plusieurs sections. Et cependant on a séparé de ce genre un
grand nombre d'espèces que les anciens y rapportaient ; car
il comprenait autrefois presque tous les diptères connus, à
l'exception des tipules, des cousins et d'un petit nombre d'autres; tandis qu'aujourd'hui il ne renferme plus que les athéricères, dont la trompe, petite mais bien apparente, n'a que

deux soies et peut être entièrement retirée dans la cavité de la bouche, et dont les antennes ont le dernier article aplati et garni d'une soie latérale.

Les *mouches* sont peut-être les insectes les plus généralement connus; on les rencontre partout, dans les maisons, dans les champs, dans les prairies, dans les bois. A l'aide des crochets et des pelotes dont leurs tarses sont garnis, elles s'attachent à tous les corps polis ou raboteux; aux premiers en faisant le vide avec leurs pelotes, aux seconds en saisissant les aspérités avec leurs crochets. C'est ainsi qu'on les voit courir sur les glaces et sur les plafonds, dans une position verticale ou même renversée.

Ces insectes volent avec rapidité et font entendre un petit bourdonnement, qui est produit par le frottement de leurs ailes contre le corselet. Sous ce rapport, ils sont incommodes; mais ce qui les rend bien plus fâcheux, c'est l'habitude qu'ils ont de se poser sur nous, et de nous causer avec leur trompe des démangeaisons toujours pénibles et souvent insupportables. Les espèces de nos appartements salissent tout de leurs ordures, les glaces, les dorures, les viandes, les fruits, car elles se nourrissent presque indistinctement de toutes sortes de matières, animales ou végétales. Leurs larves, qu'on appelle vulgairement des *vers*, infestent tout, la chair fraîche ou corrompue, le miel, le fromage, etc.; elles se mettent partout. Heureusement elles ont de nombreux ennemis; les oiseaux, les araignées, etc., leur font une chasse active et en détruisent beaucoup.

L'immense étendue de ce genre l'a fait diviser en plusieurs sous-genres, dont nous ne citerons que les suivants :

1° Les ÉCHINOMYES (*echinomyia*) ont les ailerons très-grands et recouvrant presque entièrement l'abdomen, et leurs antennes ont le second article le plus long de tous; telle est l'E. *géante*, la plus grande espèce du genre. Elle est de la taille d'un bourdon, est noire et hérissée de gros poils; elle vit sur les fleurs, et pond sur les bouses de vache.

2° Les MOUCHES propres ont le stylet des antennes plus ou moins velu et même plumeux, l'abdomen triangulaire, et les yeux contigus ou du moins très-rapprochés; les femelles pondent sur la viande, sur les charognes ou dans le fumier. Les pêcheurs en font un grand usage, sous le nom d'*asticots*, pour amorcer leurs lignes. Les principales espèces de ce genre sont : la M. *à viande*, la M. *domestique*, la M. *dorée*, etc.

3° Les Anthomyes (*anthomyia*) ont le même port et le même caractère que les mouches ordinaires ; mais leurs cuillerons sont petits, et leur abdomen va en se rétrécissant de sa base à son extrémité ; telle est l'A. *pluviale*, qui est cendrée avec des taches noires sur le thorax et sur l'abdomen. Elle est extrêmement commune aux environs de Paris.

4° Les Oscines (*oscinis*) sont de petites mouches dont les antennes sont très-courtes et très-écartées à leur base, et se terminent par un stylet simple. Leurs larves se développent dans l'intérieur de divers végétaux qu'elles font souvent périr avant la fructification ; telles sont l'O. *frit*, l'O. *linéée*, etc., qui détruisent quelquefois presque toute l'orge en Suède.

5° Les Diopsis (*diopsis*), aussi appelées *mouches à lunettes*, sont des espèces fort remarquables par leurs yeux, supportés sur deux prolongements latéraux en forme de cornes. Elles sont toutes exotiques ; tel est le D. *longicorne*.

6° Les Ortalides (*ortalis*) ont la tête hémisphérique, plane supérieurement, les pattes médiocres et les ailes relevées dans le repos ; telles sont l'O. *des marais*, l'O. *vibrante*, l'O. *du cerisier*, etc. C'est la larve de cette dernière qui se développe dans les bigarreaux ; l'insecte parfait est très-noir, luisant, avec quatre bandes noirâtres sur les ailes.

7° Les Téphrites (*tephritis*) ont les caractères des ortalides, excepté que leur tête est plus large que longue ; telle est la T. *du chardon*, qui est noire avec les yeux verts, et la tête et les pieds fauves.

XIIe Ordre. — HOMALOPTÈRES (pl. XXXV).

Dans les diptères que nous venons d'étudier, le suçoir, quel que soit le nombre de soies qui le composent, est toujours renfermé dans une gaine en forme de trompe, le plus souvent bilabiée (à deux lèvres). Chez les *homaloptères* ou *pupipares*, cet organe, toujours formé de deux soies comme dans les athéricères, est simplement maintenu par deux valves constamment dépourvues de lèvres. En outre, leurs antennes ne sont composées que d'un seul article, et sont quelquefois à peine visibles ; leurs ailes même sont dans quelques espèces rudimentaires ou nulles.

Le nom de *pupipares* est formé du latin *pario*, je produis, et *pupas*, petit ou plutôt *nymphe*. Tous les insectes compris dans cette famille conservent en effet leurs œufs dans leur abdomen, jusqu'à ce qu'ils aient été transformés en nymphes, de sorte que ces dernières n'ont, au moment de leur naissance, qu'à rompre leur peau pour prendre leur essor.

A cet effet, les *homaloptères* ont dans leur abdomen une poche très-extensible, dans laquelle se rendent les œufs au sortir de l'ovaire. Ces œufs qui sont mous et ne paraissent contenir qu'une espèce de bouillie, sans aucune trace d'organisation, grossissent peu à peu; et, arrivés au terme de leur développement, ils sont expulsés du corps de leur mère. A cette époque, le fétus n'est plus une masse informe; c'est une véritable nymphe, qui offre la plus grande ressemblance avec celle des diptères de la famille des athéricères.

Tous les insectes de cet ordre sont parasites, et vivent sur le corps des mammifères et des oiseaux. Ils se cramponnent sur leur peau au moyen de leurs ongles fourchus, y courent avec beaucoup d'agilité, même de côté, et les tourmentent sans cesse par leurs piqûres.

Cet ordre est très-peu nombreux et ne comprend que deux genres, celui des *hippobosques* et celui des *nyctéribies.*

Les **HIPPOBOSQUES** (*hippobosca*) (*fig.* 11) ont le corps épais et aplati, la peau dure, les ailes presque opaques, la tête médiocre et engagée dans le thorax, les pattes longues et robustes. Leur genre de vie est analogue à celui des œstres, c'est-à-dire qu'ils sont parasites, et se tiennent sur le corps des quadrupèdes et des oiseaux dont ils sucent le sang. Ils s'attachent surtout aux chevaux, sur lesquels ils se rassemblent en troupes nombreuses; mais, quoiqu'ils se nourrissent exclusivement de leur sang, ils ne les font pas autant souffrir que les œstres; ce qui le prouve, c'est que ces mammifères en sont quelquefois entièrement couverts sans entrer en fureur, et quelquefois même sans donner des signes d'impatience. Les *hippobosques* n'ayant pas à déposer leurs œufs, puisqu'ils les conservent dans leur abdomen jusqu'à leur changement en nymphe, piquent moins profondément, et la succion qu'ils exercent est plutôt incommode que douloureuse; on peut la comparer à la morsure d'une puce.

Le fait le plus curieux de l'histoire de ces insectes, c'est leur reproduction. Le petit, qui est presque aussi gros que le ventre de la femelle, est enveloppé dans une peau solide, dans laquelle il est à un grand état de mollesse, de sorte qu'en l'ouvrant il n'en sort qu'une matière molle et informe; mais, si on ne fend la peau qu'après avoir fait cuire l'animal, on le trouve avec sa forme ordinaire, telle qu'il doit l'avoir après sa dernière transformation. Quand ce moment est arrivé, l'insecte fait sauter une partie de l'enveloppe, qui cède d'autant plus facilement, qu'elle est comme circonscrite par une ligne, sous laquelle la peau a beaucoup moins de solidité.

On divise ce genre en trois petits sous-genres : les *hippobosques propres*, les *ornithomyes* et les *mélophages*.

1° Les Hippobosques propres ont des ailes larges et obtuses, et la tête entièrement dégagée du thorax. Ce sous-genre ne comprend que peu d'espèces, dont la principale est l'H. *du cheval*, qui ressemble à une mouche ; il est entièrement jaune, avec les ailes un peu roussâtres : il vit sur le cheval.

2° Les Ornithomyes (*ornithomyia*) ont, comme les précédentes, les ailes larges et obtuses ; mais leur tête est insérée dans une échancrure du prothorax, leurs antennes sont ciliées et leurs crochets trilobés ; telles sont l'O. *aviculaire*, l'O. *verte*, etc.

3° Les Mélophages (*melophagus*) diffèrent des précédents par le défaut d'ailes. Ce sous-genre ne comprend qu'une seule espèce, c'est le M. *du mouton*, qui a deux lignes de long et qui vit en parasite sur le mouton.

Les NYCTÉRIBIES (*nycteribia*) ont la tête très-petite et verticale, les pattes très-écartées, les tarses longs et grêles, et les ailes tout-à-fait nulles. Leurs antennes sont si petites que les uns en nient l'existence, tandis que les autres disent qu'elles sont réduites à de simples tubercules. Il est évident d'après cela que ces insectes devraient plutôt être placés parmi les aptères, que dans l'ordre dont nous parlons ; si même il était bien constaté qu'ils manquent d'antennes, ce serait parmi les arachnides qu'ils devraient être placés. Du reste, leur organisation est tellement singulière et leurs formes sont si bizarres, qu'ils offriraient toujours des anomalies, quelque part qu'on les classât.

Les deux espèces de ce genre que nous connaissons vivent sur des chauves-souris ; ce sont la N. *de la chauve-souris commune* et la N. du *fer-à-cheval*. Leur taille est d'environ deux lignes.

ANIMAUX MOLLUSQUES.

On désigne sous le nom de *mollusques* des animaux dépourvus de ce squelette intérieur qui caractérise les vertébrés, et de ces anneaux extérieurs dont l'ensemble constitue le corps des articulés, et qui diffèrent des rayonnés par la présence de nerfs et de vaisseaux bien distincts, ainsi que par leur forme généralement paire et symétrique. Ajoutez à cela qu'ils n'ont jamais de membres articulés.

On a donné à ces animaux le nom de *mollusques*, qui signifie *mous*, parce que leur corps, privé de pièces solides qui pourraient le soutenir, manque de consistance, et ne se trouve protégé que par une peau molle et muqueuse, qui souvent le déborde, et dans laquelle il est enveloppé comme dans un *manteau*. C'est dans l'épaisseur ou à la surface de cette membrane que se développe la matière calcaire ou cornée qui constitue la *coquille* de la plupart de ces animaux.

Toute *coquille* est produite par une humeur particulière, qui tient en dissolution une grande quantité de matière calcaire, et qui, se déposant par couches successives, forme, par suite de l'évaporation de la partie liquide, une série de lames ou feuillets solides, dont l'ensemble constitue un tout d'aspect variable, mais le plus souvent agréable à l'œil. Les couches les plus intérieures et par conséquent les plus nouvelles, débordent toujours un peu les plus extérieures et les plus anciennes ; ce qui fait qu'avec le temps la *coquille* s'accroît en longueur et en largeur, aussi bien qu'en épaisseur.

La forme de la *coquille* présente, avons-nous dit, de grandes différences ; les principales et les plus importantes se tirent du nombre des *valves* ou pièces qui la constituent. Elle est *univalve*, quand elle n'est formée que d'une seule pièce, comme dans le colimaçon, le buccin, etc. ; *bivalve*, quand elle se compose de deux, comme dans l'huître, la moule, etc. ; *multivalve*, lorsqu'elle en offre davantage, comme celle de certains mollusques peu importants, tels que l'*anatife*, le *balane*, etc. Dans beaucoup de cas, elle est recouverte d'un épiderme fin, qu'on appelle communément *drap-marin*.

L'étude des *mollusques* s'est long-temps bornée à la connaissance de cette coquille, et la science de ces animaux avait même pris de cette circonstance le nom de *conchyliologie*; mais l'observation de cette enveloppe ayant attiré l'attention sur l'être vivant qui l'a formée, on a changé cette dénomination en celle de *malacologie*, qui veut dire *traité des mollusques*.

Cette seconde étude, beaucoup plus importante que la première, quoique celle-ci soit d'un grand intérêt, a révélé une multitude de faits curieux, et a fait connaître l'organisation de ces animaux singuliers.

La *forme* des mollusques n'est jamais bien déterminée, d'abord parce que leur corps n'est point soutenu par une charpente solide, et ensuite parce que leur peau est garnie intérieurement de muscles, qui la contractent dans tous les sens et changent continuellement les rapports mutuels des différents organes. Un grand nombre de ces animaux n'a point de tête; quand elle existe, elle est souvent peu distincte, et, lors même qu'elle l'est, on n'y trouve jamais les quatre organes des sens spéciaux. Leur tronc, qui dans la plupart des cas constitue la totalité du corps de l'animal, n'est point divisé en deux parties, et n'offre presque jamais d'appendices latéraux qu'on puisse comparer aux membres des vertébrés et des articulés.

Quoique plusieurs *mollusques* aient une tête distincte, avec une bouche et quelques-uns des organes des sens, aucun n'a de *cerveau* dans cette partie de leur corps; l'organe auquel on donne ce nom est placé chez ces animaux à peu de distance de l'entrée du canal digestif, sur l'œsophage, autour duquel il forme une espèce de collier (pl. I, *fig.* 3); jamais ils n'ont de moelle épinière; celle-ci est remplacée par de petites masses de matière nerveuse, éparses dans les différentes parties du corps de l'animal (*fig.* 4). Leurs sens ne sont jamais au nombre de cinq; l'oreille ne se trouve que dans une petite classe de cet embranchement; l'œil existe chez un plus grand nombre, mais la majorité en est dépourvue. Quant aux sens du goût et de l'odorat, on en ignore le siège. Le toucher seul peut avoir quelque délicatesse, à cause de la mollesse extrême de la peau qui enveloppe l'animal.

La disposition du système nerveux, et l'imperfection des organes des sens, ne permettent pas aux *mollusques* d'avoir une intelligence bien étendue ; mais cette faculté est abondamment suppléée en eux par le développement de l'instinct, qui leur suggère à tous mille moyens pour se procurer leur nourriture et pour échapper à leurs ennemis. Les seiches poursuivent leur proie à la nage ; les poulpes l'atteignent avec de longs bras ; ceux qui ne peuvent se déplacer forment, avec certains appendices mobiles, une espèce de tournant d'eau qui aboutit à leur bouche, et leur apporte continuellement les parcelles de matière nutritive qui nage dans ce fluide.

Pour se soustraire aux atteintes de leurs ennemis, les *mollusques* n'ont pas moins de ressources ; la plupart se renferment dans leur coquille qui est excessivement dure, et qu'un petit nombre d'animaux peuvent seuls écraser ; d'autres écartent leurs agresseurs en répandant autour d'eux une liqueur d'une odeur repoussante ou même dangereuse pour tout autre que pour eux ; quelques-uns enfin se dérobent aux regards de leurs ennemis en colorant, au moyen d'un liquide qu'ils produisent, l'eau dans laquelle ils sont plongés, de manière à se rendre invisibles aux regards des animaux qui les poursuivent.

Sans ces petites ruses et autres analogues, les *mollusques* n'auraient pu éviter leur destruction totale. Privés de membres articulés et de ces parties osseuses ou cornées qui constituent la charpente du corps des autres animaux, et qui donnent à leurs mouvements leur force, leur étendue et leur précision, ils ne se déplacent pour la plupart qu'avec une extrême lenteur, et ne sauraient par conséquent poursuivre une proie fugitive, ni échapper par la fuite à un ennemi qui les menacerait. Un grand nombre même, réduits à quelques mouvements partiels de certaines parties de leur corps, restent fixés pendant toute leur vie à la place où ils sont nés, sans pouvoir en changer.

Cependant, quelque bornée que soit la locomotion de ces animaux, les organes qui l'exécutent n'en sont pas moins remarquables. Dans tous les cas, c'est l'enveloppe extérieure ou *manteau*, qui est le seul agent du déplacement du corps entier. A cet effet, il est garni intérieurement d'un grand nombre de muscles et prend des formes très-variables, mais toujours appropriées à la locomotion. Tantôt il s'étend en longs tentacules (*fig.* 1, 2), qui servent au mollusque pour nager ou pour se fixer aux corps sous-marins ; tantôt il forme des espèces d'ailes placées de chaque côté du corps, que l'animal emploie pour se soutenir dans l'eau ; d'autres fois il s'élargit sous le ventre en une espèce de *pied* charnu, à l'aide duquel l'animal rampe, soit sur la terre, soit au fond de l'eau; c'est la disposition que nous présentent la limace et le colimaçon(*fig*. 4). Quelquefois même il se contourne en un long tube contractile qui, en se resserrant et en se dilatant alternativement, se remplit et se vide continuellement d'eau, et produit un petit courant qui fait avancer l'animal.

Nous avons parlé des stratagèmes divers que les *mollusques* emploient pour attirer leur nourriture à eux. Quant aux organes qui doivent lui faire subir les changements nécessaires à son assimilation, ils offrent des rapports assez frappants avec ceux des animaux vertébrés; et c'est même à cause de cette ressemblance, que M. Cuvier a placé les *mollusques* immédiatement après le premier embranchement et avant celui des articulés, quoique ces derniers l'emportent de beaucoup sur eux par le reste de leur organisation.

Relativement à la digestion, les *mollusques* ont une bouche qui n'est le plus souvent qu'un simple orifice sans appendices particuliers, mais qui est quelquefois garnie de corps durs qui leur servent, soit à couper, soit à broyer leurs aliments. Vient ensuite un *estomac*, tantôt simple, tantôt multiple, après lequel on trouve des intestins plus ou moins longs et contournés sur eux-mêmes. Du reste tous ces animaux ont un foie, souvent même très-volumineux.

Pour la circulation, on remarque que leur sang est aqueux, incolore ou peu coloré en blanc ou en bleu; mais ils ont un système complet de veines et d'artères, et un cœur tantôt simple et faisant l'office du cœur gauche des mammifères et des oiseaux, tantôt double et analogue à celui des vertébrés, excepté que les deux parties qui le composent sont séparées et non adossées l'une à l'autre.

Quant à la respiration, l'animal a tantôt un poumon, tantôt des branchies, selon qu'il respire le fluide atmosphérique en nature, ou que, vivant dans l'eau, il retire de ce liquide l'air qu'il tient en dissolution. La position de ces organes est tantôt extérieure (pl. XXVIII, *fig*. 4 A) et tantôt intérieure; dans ce dernier cas on trouve à la surface du corps un orifice qui y conduit l'air ou l'eau nécessaire à cette fonction.

Terminons ces généralités sur les *mollusques*, par quelques considérations particulières sur leur habitation et sur les rapports qu'ils peuvent avoir avec nous. La grande majorité des espèces connues fréquentent les eaux de la mer, et se tiennent tantôt près du rivage, tantôt dans les endroits les plus profonds. On distingue les espèces riveraines, en ce qu'elles ont un *pied* pour marcher, ou plutôt pour ramper, tandis que les pélagiennes sont pourvues d'ailes ou nageoires pour nager; les premières ont la coquille généralement forte et épaisse, parce que, se trouvant exposées à être lancées contre les rochers qui forment les côtes, elles auraient été infailliblement brisées; tandis que les secondes, n'ayant rien à craindre de semblable au milieu de leurs eaux profondes, peuvent n'avoir qu'une coquille légère ou simplement cornée.

Outre les espèces marines, on en connaît aussi de fluviales et de terrestres; ce sont même celles que l'on a le mieux étudiées, parce qu'elles sont plus faciles à observer que les autres.

Quant aux rapports que les *mollusques* peuvent avoir avec l'homme, ils sont en général très-bornés; il y en a peu qui nous rendent service ou nous fassent du mal. Il en est pourtant quelques-uns qui nous servent d'aliment; l'huitre par exemple, le colimaçon, etc., et un plus grand nombre, si on les connaissait mieux, pourraient nous être utiles sous le même rapport; d'autres nous fournissent quelques produits; tels sont la *sèche*, le *rocher*, l'*avicule*, etc.

Si ces services ne sont pas d'une grande importance, du moins ne les achetons-nous pas par les dommages que ces animaux nous occasionnent. Parmi les espèces terrestres, les escargots et les limaces sont à-peu-près les seules qui nuisent au jardinage; et parmi les espèces marines, les pholades et les tarets peuvent seuls devenir dangereux, en attaquant les bois qui forment le pilotis des quais et des ports, ou la quille des vaisseaux lancés à la mer.

Malgré le nombre immense des êtres compris dans l'embranchement des mollusques, les naturalistes de l'antiquité ne s'en sont presque pas occupés, d'abord parce que la plupart des espèces ne vivent que dans la profondeur des mers, à une trop grande distance des côtes pour qu'ils pussent les remarquer, et ensuite parce qu'en général les anciens, ne fixant leur attention que sur des objets d'utilité matérielle, ne trouvaient pas, dans les *mollusques* qu'ils auraient pu observer aisément, des résultats assez satisfaisants pour les engager à les étudier d'une manière spéciale. Mais depuis que, par les progrès de la navigation, on a découvert tant de coquilles si variées dans leurs formes et si riches en couleurs; depuis qu'on a pu être témoin des habitudes intéressantes de quelques-uns des animaux qui les habitent, le zèle des amateurs a été excité par le désir de faire de nouvelles découvertes; de sorte que chaque voyage maritime de long cours est venu augmenter les richesses con-chyliologiques de quelques coquilles remarquables par leur beauté ou par leur singularité. Les belles espèces une fois con-nues, on s'est occupé d'espèces moins flatteuses à l'œil, mais non moins intéressantes par la singularité de l'organisation des animaux qui les habitent. Par cette étude soutenue, le nombre des *mollusques* s'est tellement accru qu'il dépasse actuellement cinq mille.

On sent que pour se reconnaître au milieu du grand nombre de ces *mollusques*, qui, malgré leur variété, ont tant de rap-ports entre eux, il a fallu les classer avec méthode, afin de ne pas réunir des espèces disparates, et de ne pas éloigner les unes des autres celles qui se ressemblent. Cette classification a été long-temps difficile, parce qu'on n'avait que des notions incom-plètes sur ces animaux ; ce n'est que depuis quelques années, qu'on paraît s'être entendu pour les diviser en cinq classes : les *céphalopodes*, les *ptéropodes*, les *gastéropodes*, les *acéphales* et les *cirrhopodes*.

1° Les *céphalopodes* se reconnaissent en ce qu'ils ont le corps complétement renfermé dans leur manteau comme dans un sac ; leur tête est bien distincte, et leur bouche est entourée de ten-tacules ou bras, ordinairement au nombre de huit ou dix (le *poulpe*, la *seiche*).

2° Les *ptéropodes* ont aussi une tête distincte ; mais, au lieu de tentacules, ils ont des espèces de nageoires placées, comme des ailes, de chaque côté du cou ; leur coquille, quand ils en ont, est très-frêle et très-délicate (les *hyales*).

3° Les *gastéropodes* ont encore la tête bien distincte, mais ils n'ont pas, comme les précédents, ou des ailes de chaque côté du cou, ou des tentacules autour de la bouche ; ils rampent sur un disque charnu ou *pied*, placé à la partie inférieure de leur corps ; leur coquille est presque toujours univalve et plus ou moins contournée en spirale (la *limace*, le *limaçon*, le *buccin*).

4° Les *acéphales* manquent de tête, ainsi que l'indique leur nom ; leur bouche est cachée au fond de leur *manteau*, dans lequel on trouve aussi les principaux viscères de l'animal (l'*huître*, la *moule*).

5° Enfin les *cirrhopodes* ressemblent aux acéphales par le défaut de tête et par la disposition de leur manteau ; mais ils en diffèrent en ce qu'ils ont des espèces de membres cornés et articulés, avec un système nerveux analogue à celui des animaux de l'embranchement qui précède (les *anatifes*).

CÉPHALOPOLOGIE,

ou

HISTOIRE NATURELLE DES CÉPHALOPODES.

On nomme *céphalopodes* les mollusques qui portent sur leur tête des espèces de bras ou *tentacules* charnus et inarticulés, rangés en couronne autour de leur bouche.

Ces animaux sont de tous ceux de leur embranchement ceux dont l'organisation est la plus compliquée. Ils ont une tête bien distincte, des yeux ronds et très-grands, une oreille analogue à celle des poissons, deux mâchoires cornées semblables au bec d'un perroquet, et un cerveau renfermé dans une boîte cartilagineuse.

A l'aide de leurs tentacules, dont toute la surface est garnie de suçoirs ou ventouses, et dont l'extrémité est quelquefois élargie, les *céphalopodes* peuvent se fixer aux corps placés dans l'eau, saisir leur proie, ramper au fond des mers ou nager avec agilité dans leur sein. Dans ce dernier cas, ils ont toujours la tête en bas et le corps en haut ; ce qui ne les empêche pas de se porter dans toutes les directions avec beaucoup de rapidité.

Leurs organes digestifs, circulatoires et respiratoires sont renfermés dans le *manteau*, qui est fermé de toutes parts, excepté en avant, où se trouve une grande poche (l'*entonnoir*) qui laisse passer la tête avec ses dépendances, et dans laquelle s'ouvrent l'orifice du conduit qui amène aux branchies l'eau nécessaire à la respiration, l'ouverture du canal qui rejette le résidu de la digestion, et enfin l'extrémité du tube qui verse au dehors une sécrétion particulière, fortement colorée, que l'animal répand autour de lui, pour se rendre invisible, quand il est poursuivi par ses ennemis.

La bouche des *céphalopodes* présente, outre ses deux mâchoires, une langue hérissée de pointes cornées qui leur forment des organes masticateurs très-énergiques ; aussi ces mollusques sont-ils voraces et carnassiers ; ils se nourrissent de crabes, de homards, de poissons et de tous les animaux marins qu'ils peuvent saisir et terrasser. Unissant l'adresse à la force et à l'agilité, tantôt ils se tiennent cachés parmi les algues et les fucus, attendant que quelque victime arrive à la portée de leurs longs tentacules ; tantôt ils voguent au sein des eaux, portant de tous côtés leurs regards attentifs ; et dès qu'ils aperçoivent une proie convenable, ils s'élancent à sa poursuite, et l'enlaçant dans leurs bras, ils l'amènent à leur bouche, où elle est écrasée et engloutie sur-le-champ. Leur œsophage, qui est très-court, se renfle à son extrémité en un jabot, et aboutit ensuite dans un gésier aussi charnu que celui d'un oiseau. Vient ensuite un troisième renflement, qui est analogue au duodénum, et dans lequel s'ouvrent deux conduits hépatiques. Leur foie est volumineux ; mais l'intestin est court, et s'ouvre dans l'entonnoir.

Les céphalopodes n'ont qu'un *cœur* aortique ; mais la veine cave débouche dans deux poches musculaires, qui peuvent, jusqu'à un certain point, être regardées comme un cœur droit qui présiderait à la circulation branchiale.

Leur *organe respiratoire* consiste en deux branchies, en forme de feuille de fougère.

Tous ces mollusques ont une *sécrétion* particulière, d'un noir très-foncé, qu'ils répandent autour d'eux, quand ils veulent se rendre invisibles pour échapper à leurs ennemis ou surprendre leur proie.

Presque tous les *céphalopodes* ont une coquille ; ceux qui ne l'ont pas extérieure en ont un rudiment intérieur, qui acquiert quelquefois une dureté pierreuse, et qui demeure assez souvent complétement cornée. C'est d'après la considération de la position intérieure ou extérieure de cette espèce de coquille, qu'on a divisé cette classe en ordres, familles, genres, etc. Mais comme les animaux qu'on trouve dans ce groupe sont pour la plupart microscopiques ou n'existent qu'à l'état fossile, on peut regarder les espèces intéressantes que l'on connaît comme ne formant qu'un seul ordre, que nous diviserons en deux familles, dont l'une n'a qu'un rudiment de coquille intérieure ou une coquille entière, avec une seule loge ou cavité, et l'autre a toujours une coquille contournée en spirale et divisée intérieurement en plusieurs chambres ; la première famille est celle des *sépiaires*, et la seconde celle des *nautilacés*.

Ire *Famille.* — Sépiaires (pl. XXVIII).

Ils tirent leur nom de *sepia*, *seiche*, principale espèce de la famille. Ce sont des mollusques de grande taille, dont les principaux viscères ou organes sont renfermés dans le sac formé par le manteau, et qui offrent au-dessous de leur cou une espèce d'entonnoir où aboutissent les conduits respiratoires de l'animal, ainsi que celui du liquide foncé qu'il répand pour troubler l'eau et se dérober aux yeux de ses ennemis.

Tous les céphalopodes de cette famille sont marins : les uns, lents dans leurs mouvements, se traînent au fond de l'eau et ne s'éloignent jamais du rivage, parce qu'ils y trouvent plus commodément leur nourriture ; les autres, plus agiles, s'avancent vers la haute mer, où ils nagent facilement à l'aide de leurs longs bras et d'appendices abdominaux formés par leur manteau. Du reste, tous sont également voraces et cruels ; tous ont aussi la chair bonne à manger et fournissent une encre employée en peinture. D'après le nombre de leurs tentacules et d'après la présence ou l'absence d'un appendice nectoïde situé de chaque côté du manteau, on divise les *sépiaires* en quatre genres : les *poulpes*, les *argonautes*, les *calmars* et les *seiches*.

Le mot POULPE (*polypus*) qui signifie *plusieurs pieds*, s'appliquait autrefois à tous les céphalopodes connus, et leur avait été donné à cause du grand nombre de tentacules qui entourent leur bouche. Depuis que les progrès de l'histoire naturelle ont fait découvrir beaucoup d'espèces analogues à celles que connaissaient les anciens, on n'a plus donné le nom de *poulpe*, qui n'est qu'une corruption du mot polype, qu'aux animaux pourvus de huit grands tentacules à-peu-près égaux, dont la coquille est réduite à deux grains coniques de substance cornée, placés dans l'épaisseur de leur peau dorsale, et dont le manteau est dépourvu de ces ailes latérales, qui facilitent la natation des espèces pélagiennes. Aussi les *poulpes* ne peuvent-ils pas nager, ou du moins ils nagent mal ; c'est pour cela qu'ils se tiennent de préférence près des côtes, où ils font de grands dégâts parmi les crustacés et les poissons qui fréquentent les mêmes endroits. La force de leurs bras est telle qu'il n'est presque pas d'animaux qui, enlacés dans les contours de ces organes, puissent leur échapper ; on prétend même qu'ils font quelqufois périr des nageurs. Le nombre immense de ventouses dont ces appendices sont garnis, nombre qui va jusqu'à cent vingt paires, fait qu'il est presque impossible aux animaux qu'ils ont pris d'échapper à leurs étreintes.

On connaît plusieurs espèces de ce genre, dont les principales sont le *poulpe commun*, qui a près de deux pieds de diamètre, et dont les bras sont six fois aussi longs que le corps : c'est le plus fort et le plus dangereux de tous ; il est d'autant plus difficile aux animaux marins d'éviter ses embûches, qu'il a l'habitude de se cacher dans les fentes des rochers. C'est ainsi qu'il triomphe par surprise de crabes énormes qui, s'ils n'étaient pris à l'improviste, se défendraient avec avantage. A cette espèce, il faut ajouter le *poulpe granuleux*, auquel on doit, selon quelques auteurs, la bonne encre de Chine.

L'ARGONAUTE (*argonauta*) (*fig.* 1) a de grands rapports avec les poulpes par toute son organisation et par le nombre de ses tentacules ; mais il en diffère en ce que deux de ces appendices sont un peu plus longs que les autres, et se dilatent à leur extrémité en une large membrane ; ils sont d'ailleurs renfermés dans une jolie coquille nacrée et transparente, dont l'intérieur ne présente qu'une seule loge.

Ce genre, dont on compte plusieurs espèces que les anciens confondaient sous le nom d'*argonautes*, et auxquelles le vulgaire donne encore le nom générique de *nautiles papyracés*, à cause de la finesse de leur coquille, a été de tout temps célèbre par ses habitudes singulières ; les poètes surtout les ont décrites avec enthousiasme. Cet animal se tient toujours en pleine mer et n'approche jamais du rivage. Dans les temps calmes, on le voit s'élever à la surface de l'eau, où sa coquille légère surnage comme une nacelle. Déployant alors ses tentacules élargis, il présente une espèce de voile aux vents, au gré desquels il se laisse aller tant que le calme dure ; mais si le temps s'obscurcit ou si quelque bruit vient à l'effrayer, l'animal replie sa voile, rentre dans sa coquille, et la remplissant d'eau, retombe au fond de la mer, où il demeure jusqu'à ce que le danger soit passé.

Le mot CALMAR (*loligo*) (*fig.* 2), abréviation de *calamarium* ou plutôt de *theca calamaria* (encrier), se donnait d'abord à tous les céphalopodes qui répandent une liqueur noire, dont on fait usage pour écrire. Maintenant on ne l'applique plus qu'aux espèces dont la coquille rudimentaire est cornée et a la forme d'une épée ou d'une lancette, et qui ont la bouche entourée de dix tentacules, dont deux beaucoup plus longs se terminent par une assez large ventouse. Leur manteau forme d'ailleurs, sur les côtés et à la partie postérieure de leur corps, deux espèces de nageoires qui leur rendent la nage beaucoup plus facile qu'aux poulpes. Aussi tous les *calmars* sont-ils pélagiens, et montrent une agilité remarquable dans les animaux sans squelette intérieur ou extérieur. Non-seulement ils poursuivent leur proie avec vitesse, on les voit souvent s'élancer hors de l'eau à d'assez grandes hauteurs, pour retomber quelquefois sur le pont des vaisseaux. Si ces mollusques se tenaient toujours dans les eaux profondes, on connaîtrait peu leurs habitudes ; mais on a remarqué que durant la tempête, ils se rapprochent des côtes, soit pour se fixer aux rochers au moyen de leurs ventouses, soit pour y chercher des victimes à dévorer.

On pêche les *calmars* pour plusieurs motifs : d'abord pour leur encre qui s'emploie avantageusement dans les arts ; et ensuite pour leur chair, qui sert de nourriture aux pauvres, mais dont on fait surtout un grand usage comme appât pour la pêche de la morue.

On compte dans ce genre plus de vingt espèces, dont la plus célèbre et la plus anciennement connue est le *calmar vulgaire*, qui parvient jusqu'à trente pouces de long et qui est très-commun dans toutes les mers d'Europe. On connaît encore le *grand* et le *petit calmar*, dont l'un est supérieur et l'autre inférieur au calmar vulgaire.

Les SEICHES (*sepia*) ont les plus grands rapports avec les calmars, dont elles ne diffèrent que par leur coquille et par leurs nageoires latérales. Dans les *seiches*, la coquille est ovale et de nature calcaire, et les nageoires s'étendent sur toute la longueur du corps ; tandis que dans les calmars, la première est longue et pointue, et les dernières n'existent qu'à la partie postérieure du corps.

Du reste, ces deux genres de mollusques ont la même organisation et les mêmes habitudes ; aussi agiles et aussi rusés les uns que les autres, ils font une grande destruction de poissons et de crustacés, soit au milieu de la mer, soit près de ses rivages. A leur tour ils sont poursuivis par les gros poissons, et, entre autres, par les congres qui en font leur principale nourriture. Mais leur fécondité est immense ; ils pondent leurs œufs en grandes grappes, auxquelles on donne, sur les ports, le nom de *raisins de mer*. On recherche les *seiches* comme les calmars, pour leur encre et pour leur chair ; leur coquille qu'on nomme vulgairement *os de seiche*, s'emploie à polir divers ouvrages, et se suspend dans la cage des petits oiseaux pour leur servir à s'aiguiser le bec.

L'espèce la plus répandue dans toutes nos mers, est la *seiche officinale*, qui atteint un pied et plus de longueur : sa peau est lisse, blanchâtre, pointillée de roux.

IIe Famille.—Nautilacés (pl. XXVII).

Cette seconde famille, beaucoup moins nombreuse que la précédente en espèces vivantes, n'offre pas le même intérêt pour le naturaliste ; mais elle fournit à la géologie ou à la science qui s'occupe de la structure de la terre, des données précieuses pour connaître l'âge des diverses couches qui la composent ; car elle renferme un grand nombre d'espèces fossiles extrêmement remarquables, et qui ne se trouvent que dans des terrains, que leur présence seule suffit pour distinguer de tous les autres analogues.

Le caractère principal, qui distingue les *nautilacés* des sépiaires, se tire de la forme de la coquille qui loge l'animal ; elle est toujours contournée en spirale et symétrique, comme celle de l'argonaute ; mais elle diffère de cette dernière par le nombre des compartiments qui en divisent intérieurement la cavité. Quant à l'animal qui l'habite, on ne connaît pas celui de toutes les espèces ; mais, dans toutes celles dont on l'a observé, on l'a trouvé à-peu-près semblable à celui des sépiaires ; seulement on lui trouve un nombre plus considérable de tentacules, qui sont aussi différemment disposés.

On ne compte de cette famille que deux genres dont les espèces soient vivantes ; ce sont les *nautiles* et les *spirules* (1) : mais on trouve dans le sein de la terre un grand nombre de coquilles, qui ont probablement appartenu à cette famille. On forme avec ces espèces fossiles, trois genres principaux : les *bélemnites*, les *ammonites* et les *nummulites*.

---

(1) Nous ne parlerons pas ici des espèces microscopiques qui sont si abondantes dans toutes les mers, mais qui sont difficiles à observer ; d'ailleurs on n'est pas bien d'accord sur la place que ces animaux doivent occuper dans la série animale, puisque certains naturalistes les regardent comme des mollusques et d'autres comme des zoophytes.

Les NAUTILES (*nautilus*) (*fig.* 3) forment un genre peu nombreux en espèces vivantes, et dont la coquille est la seule partie bien connue. Extérieurement cette coquille ressemble un peu à celle de l'argonaute, et, dans le commerce, on désigne cette dernière sous le nom de *nautile*. L'une et l'autre semblent en effet avoir été formées par un cône ou cornet contourné plusieurs fois sur lui-même ; mais dans l'argonaute, l'intérieur du cône est sans cloisons, et ses tours sont cannelés en travers, tandis que dans les *nautiles*, l'intérieur du cône est divisé en plusieurs compartiments par des cloisons transversales, et ses tours ont leur surface extérieure entièrement unie.

Quant à l'animal, il est encore très-peu connu ; mais on sait qu'il a beaucoup de rapport avec celui des seiches ; seulement, comme le *nautile* vit enfoncé dans une coquille, il lui faut un siphon ou canal pour lui amener l'eau dont il a besoin pour respirer. D'ailleurs le nombre et la disposition des tentacules sont tout-à-fait différents.

On ne compte que deux espèces de *nautiles* : ce sont le N. *flambé*, qu'on appelle ainsi pour le distinguer du nautile papyracé qui appartient à l'argonaute, et le N. *ombiliqué*, qui est beaucoup plus rare. Ils vivent l'un et l'autre dans la mer des Indes. On trouve aussi les *nautiles fossiles*, dont les formes et la taille sont extrêmement variées : ils paraissent avoir été contemporains des ammonites.

Les SPIRULES (*spirula*) ont le corps semblable à celui des seiches, mais leurs tentacules sont beaucoup plus courts, et leur coquille, qui est d'ailleurs intérieure, au lieu d'être plate et de forme ovale, consiste en un cornet roulé sur lui-même et sur un même plan, mais sans que les tours se touchent ; elle ressemble par conséquent à celle des nautiles, sauf cette particularité. Cette forme lui donne quelques rapports avec un *cornet de postillon*, et les marchands de curiosités lui donnent ordinairement ce nom.

On n'en connaît qu'une seule espèce, dont la coquille a environ un pouce de diamètre.

On trouve dans l'intérieur du globe terrestre, au milieu des masses calcaires, une immense quantité de coquilles dont la forme extérieure fait présumer que l'animal qui les habitait devait ressembler à celui des nautiles. Parmi ces coquilles, les unes sont droites, coniques, et semblables à un trait ; ou les

nomme *bélemnites*, d'un mot grec qui signifie *javelot*. Elles
ont un test mince et double, c'est-à-dire composé de deux cônes
réunis par leur base, et dont l'intérieur, beaucoup plus court
que l'autre, est divisé au dedans en chambres par des cloisons
parallèles, concaves du côté de la base. Un canal s'étend du
sommet du cône externe à celui du cône interne, et se continue
de là, tantôt le long du bord des cloisons, tantôt à travers leur
centre. Ces coquilles sont au nombre des fossiles les plus abondants dans les terrains crétacés et calcaires.

D'autres coquilles fossiles sont contournées sur elles-mêmes
comme celles des nautiles, et portent le nom d'*ammonites* ou
cornes d'Ammon, parce qu'elles ressemblent à des cornes de
béliers. Les couches des terrains secondaires, qu'on a nommés
ammonéens, fourmillent d'espèces de ce genre de toute grandeur, depuis celle d'une lentille jusqu'à celle d'une roue de
carosse.

Enfin certaines coquilles également fossiles n'ont aucune
ouverture apparente, et ont été appelées *nummulites ou
pierres numismales*, à cause de leur peu d'épaisseur et de leur
forme arrondie. C'est un des fossiles les plus répandus et qui
forme presqu'à lui seul des chaînes entières de collines calcaires et des bancs immenses de pierre à bâtir.

HÉLICOLOGIE,

ou

HISTOIRE NATURELLE DES GASTÉROPODES,

Considérations générales (pl. XXVIII).

Les *ptéropodes* forment une classe peu nombreuse et peu importante, dont le caractère distinctif consiste à avoir, pour appendices locomoteurs, des nageoires placées comme des ailes de chaque côté de la bouche. La disposition de ces organes annonce que ces animaux sont destinés à vivre au milieu des vastes plaines de l'Océan, où ils se meuvent avec agilité, et où ils n'ont point à craindre d'être jetés contre les rochers. Aussi fuient-ils les côtes rocailleuses sur lesquelles le défaut de coquille, ou la faiblesse de cet appareil protecteur, les auraient exposés à être brisés par les vagues. Ces mollusques sont petits et manquent de coquille ou l'ont très-imparfaite. Ils sont très-abondamment répandus dans les mers du Nord, où ils servent de nourriture aux baleines. Cette famille ne renferme qu'un petit nombre de genres, parmi lesquels nous citerons les *hyales* et les *clios.*

Les premières ont une coquille cornée ou vitrée, transparente et fragile. On en trouve une espèce dans la Méditerranée, c'est l'*hyale commune*, petite coquille de la grosseur d'une noisette, dont le nom qui signifie *cristal*, lui a été donné à cause de sa transparence. On la rencontre aussi dans l'Océan.

Les *clios* ont le corps oblong et sans manteau, et elles manquent de coquille ; l'espèce la plus célèbre est le *C. boréale* qui fourmille dans les mers du Nord et qui fait la principale nourriture des baleines, malgré sa petite taille qui ne dépasse pas un pouce.

Mais si la seconde classe est petite, la troisième est extrêmement considérable ; elle comprend un grand nombre de mollusques testacés ou sans coquille, munis d'une tête bien dis-

tincte et qui rampent sur un disque charnu placé à la partie
inférieure de leur corps, et que l'on désigne sous le nom de
pied : c'est à cette disposition qu'ils doivent leur nom de *gastéropodes*, mot grec qui veut dire *ventre pied*.

On peut se faire une idée précise de la forme de tous ces animaux, par celle de la limace et du colimaçon : tous, en effet,
ont le corps terminé en avant par une tête saillante, mais susceptible d'être ramenée dans l'intérieur du manteau, et sur
laquelle on distingue le plus souvent des tentacules en nombre
pair et variable depuis deux jusqu'à six. Ces tentacules diffèrent de ceux des céphalopodes, en ce que, au lieu d'entourer
la bouche, ils sont toujours situés à la partie postérieure de la
tête. Ces organes, qui sont exsertiles et susceptibles de s'allonger et de se raccourcir au gré de l'animal, paraissent être
le siège d'une sensibilité exquise et d'un tact très-délicat ; car
on les voit se retirer non-seulement au moindre contact, mais
encore à la simple approche d'un corps qui peut les blesser.

La plupart des *gastéropodes* ont des yeux : mais la position
de ces organes varie selon les espèces. On les trouve placés tantôt à l'extrémité des tentacules, et tantôt sur la tête, à une plus
ou moins grande distance de ces appendices ; aucun n'a d'organe pour l'ouïe ni pour l'odorat. Leur pied, de forme variable,
leur sert le plus souvent pour ramper à la surface de la terre
ou au fond des eaux. Les espèces qui ont cet organe mince et
large l'agitent comme une nageoire, et l'emploient pour se mouvoir au sein des eaux.

La bouche est toujours placée à la partie inférieure de la
tête, et consiste tantôt en une trompe entièrement charnue ou
garnie de petites dents à son extrémité, tantôt en mâchoires
cornées, de forme variable. Leur œsophage est court ; leur estomac ordinairement multiple est souvent garni intérieurement de pièces dures et cornées ; leur anus est placé vers la
partie antérieure et droite, derrière la tête. Leur *cœur* est aortique. Quant à leurs organes respiratoires, ils varient considérablement, non seulement par leur position, mais encore par
leur nature. Les uns respirent l'air atmosphérique, tandis que
les autres ont des branchies tantôt internes, tantôt attachées à
la circonférence du manteau. Il est évident d'après cela que
leurs habitudes doivent être tantôt aquatiques, tantôt terrestres.

La coquille de ces animaux est toujours univalve, et ressemble à celle des céphalopodes, excepté que le cône auquel

elle doit sa naissance, au lieu d'être droit et roulé sur un même plan, est oblique et forme des tours ou *spires* (*fig.* 8, *a*, *a*, *a*, *a*) qui s'élèvent les uns au-dessus des autres, comme dans le *colimaçon*, le *buccin*, (*fig.* 6, 7, 8).

On distingue dans la coquille univalve deux parties principales, la *spire* et l'*ouverture*. La première qui en forme le corps, est tantôt saillante et tantôt aplatie ; mais dans tous les cas elle sert à loger l'animal. Quant à l'*ouverture*, elle est destinée à laisser passer la tête et le pied. Elle est ordinairement plus longue que large, et présente par conséquent deux extrémités et deux côtés. Des deux extrémités, la postérieure (H, F) se nomme *base* de l'ouverture. On y remarque assez souvent l'orifice d'un canal plus ou moins long, qu'on appelle *ombilic* (*fig.* 6, A). L'extrémité antérieure est généralement remarquable, en ce qu'elle présente tantôt une échancrure (*fig.* 7, E), tantôt un canal (*fig.* 8, D) destinés à livrer passage au tube respiratoire du mollusque. Quant à ses côtés, celui vers lequel se dirige la *spire* et sur lequel le cône se roule, se nomme *columelle* ; l'opposé porte simplement le nom de *bord* (*fig.* 7, B, B).

L'ouverture est ordinairement garnie d'une pièce cornée ou calcaire, dite *opercule*, dont la figure est en rapport avec son contour, et que l'animal peut mouvoir à son gré, de manière à sortir de sa coquille quand il veut, ou à s'y renfermer hermétiquement.

Du reste, cette coquille, quoique essentiellement formée de la même manière, présente les plus grandes variétés de forme : quelquefois elle est symétrique comme dans les argonautes et les nautiles ; mais le plus souvent elle est irrégulière. Dans ce dernier cas elle peut être ovale, conique, fusiforme, en cornet, etc. C'est sur ces différences et sur celles de l'ouverture de la coquille qu'on base la classification des *gastéropodes.*

Cette classe de mollusques se divise en un assez grand nombre d'ordres, dont les plus importants sont ceux des *dermobranches*, des *pulmonés*, des *pectinibranches* et des *cyclobranches.*

Ier *Ordre.* — DERMOBRANCHES.

Parmi les gastéropodes qui respirent par des branchies, et qui par conséquent ne peuvent vivre que dans l'eau, il en est un certain nombre qui ont ces organes visibles à l'extérieur ou simplement recouverts par un repli du manteau de l'animal.

On a donné à ces mollusques le nom de *dermobranches*, qui veut dire *branchies à la peau*. Mais comme la position des organes respiratoires n'est pas toujours facile à déterminer, on a cherché un caractère extérieur au moyen duquel on pût reconnaître ces animaux ; et on l'a trouvé, d'abord dans la forme de leur pied, qui règne sur toute l'étendue de leur ventre, et ensuite à la forme de leur coquille, qui est à peine *turbinée*, et dont l'ouverture, extrêmement large, leur permet de faire sortir leur pied tout entier, soit pour nager, soit pour ramper.

Ce double caractère distingue les *dermobranches* de tous les autres gastéropodes, dont le pied n'occupe que la partie antérieure du ventre, et dont la coquille a toujours sa spire bien marquée.

On ne trouve ces mollusques que dans les eaux salées : les uns, en petit nombre, se tiennent dans la profondeur des mers ; ce sont en général ceux qui manquent de coquille ou qui l'ont très-petite ; les autres au contraire ne quittent jamais les bords de l'eau. Les premiers ont des espèces de nageoires pour la natation, tandis que les seconds se traînent en rampant sur les rochers et les thalassiophytes ou plantes marines, qui croissent avec tant d'abondance près des côtes.

On divise cet ordre en trois familles principales, savoir : les *nudibranches*, les *hétéropodes* et les *tectibranches*.

Ire *Famille*. — NUDIBRANCHES (pl. XXVIII).

Les gastéropodes de la famille des *nudibranches* sont extrêmement remarquables par la position de leurs branchies rameuses, qu'ils portent toujours sur le dos, où elles ressemblent tantôt à de petites plantes et surtout à des mousses, tantôt à des fanges (*fig.* 4, A).

Ce sont des animaux marins, de forme très-variable, sans coquille apparente ou cachée, et dont la tête n'est annoncée que par la présence de deux ou quatre tentacules rétractiles. Tous ces mollusques habitent la haute mer. Ils nagent ordinairement la tête en haut et le dos en bas, se servant de leur large pied comme d'une nacelle pour se maintenir à la surface de l'eau, et de leurs branchies ou des bords de leur manteau, comme de rames pour accélérer leurs mouvements. Souvent aussi on les voit ramper, à l'aide de leur pied, sur les longs fucus qui croissent dans la mer sous toutes les latitudes, et qui semblent faire la base de leur nourriture. Leur bouche est située à la partie antérieure et inférieure de leur corps, et leur anus s'ouvre tantôt en arrière au centre des branchies, tantôt sur le côté droit de leur corps.

Cette famille comprend trois genres remarquables : ce sont les *doris*, les *tritonies* et les *glaucus.*

Les DORIS (*doris*) (*fig.* 4), ont été ainsi nommées par allusion aux nymphes de ce nom qui présidaient à la mer. Comme ces dernières, les *doris* ne quittent jamais les eaux salées, tantôt rampant sur les rochers à peu de distance des côtes, tantôt se traînant sur les plantes marines si communes dans la haute mer, d'autre fois nageant à la surface des flots au moyen de leur large pied.

Ces nudibranches forment le genre le plus nombreux de toute la famille ; on en compte près de trente espèces toutes faciles à reconnaître à leur forme ovalaire, à la position de leurs branchies (A), et à la différence que présente leur corps, selon qu'il est contracté ou épanoui. Leur manteau est ordinairement paré de brillantes couleurs, qui font un contraste agréable avec leurs formes lourdes et épaisses. On en compte plusieurs dans la Méditerranée et l'Océan, entres autres l'*argot*, la *doris large bord*, la *doris à limbe*, etc.

Les TRITONIES (*tritonia*) diffèrent des doris, d'abord parce qu'elles ont l'anus placé à droite et non sur le dos, et ensuite parce que leurs branchies forment deux rangées longitudinales de chaque côté du dos ; de plus leur bouche, garnie de larges lèvres membraneuses, est armée en dedans de deux mâchoires latérales cornées et tranchantes, qui ressemblent à des ciseaux de tondeur. Du reste, leurs branchies sont en formes de rameaux comme dans les doris.

La forme des *tritonies* est analogue à celle des limaces ; mais leur corps est plus massif et plus bombé supérieurement ; leur tête, peu distincte du reste du corps, est armée de deux tentacules rétractiles dans une espèce d'étui placé à leur base, et leur bouche est recouverte par une grande lèvre ou plutôt par une espèce de voile demi-circulaire.

Les mœurs de ces mollusques sont peu connues ; ce qu'on en sait se rapporte en tout aux doris ; ils se tiennent sur les rivages de la mer, dans les lieux où les rochers sont couverts de fucus et autres plantes marines ; ils y rampent à la manière

des limaces et des aplysies, au moyen de leur disque ventral;
mais de plus il est présumable, qu'à l'aide des branchies qui
garnissent les deux côtés du corps, les *tritonies* peuvent nager
comme les ptéropodes et les glaucus.

Les espèces de ce genre sont répandues dans toutes nos mers;
on trouve dans la Méditerranée la *tritonie bossue*, la T. *de
blainville*, etc. L'Océan nous offre la T. *de hamberg.*

On ne connaît bien qu'une seule espèce de GLAUCUS (*glaucus*), animal de forme allongée, terminée en pointe postérieurement, et très-remarquable par la beauté de ses couleurs. Son
corps d'un gris de perle, présente sur le dos deux bandes longitudinales d'un bleu superbe ; couleur qu'on retrouve également sur sa tête et sur sa queue.

Ce qui distingue le *glaucus* des doris et des tritonies, c'est
la forme de son pied et de ses branchies. Celles-ci ressemblent
à des bouquets de franges placés par paires de chaque côté du
corps, et servant en même temps à la respiration et à la locomotion. Quant à son pied, il est extrêmement petit et n'est
presque pas utile à l'exécution des mouvements ; aussi le *glaucus* ne rampe-t-il pas, ou, s'il le fait, c'est avec une extrême
lenteur ; le plus souvent lorsqu'il se meut, c'est en nageant à
l'aide de ses branchies, et alors ses mouvements sont assez agiles pour qu'il soit difficile à prendre. Quand, malgré ses efforts,
ce mollusque se voit près d'être saisi, ou quand il éprouve
quelque souffrance, il se contracte fortement et se roule en
cercle comme les cloportes, afin de mettre le plus grand nombre possible de ses organes à l'abri du danger.

On trouve cet animal dans toutes les mers des climats chauds,
où il nage toujours en troupes nombreuses.

IIe *Famille.* — HÉTÉROPODES.

La famille des *hétéropodes* est peu nombreuse, et se compose
de quelques mollusques, dont le pied ventral, au lieu d'être
aplati horizontalement comme dans les gastéropodes ordinaires,
est comprimé sur ses côtés, en forme de lame verticale, dont
ils se servent comme d'une nageoire. De plus, cet organe présente à sa partie postérieure un appareil propre à former une
ventouse, et à fixer l'animal aux corps sous-marins près
desquels il se trouve. M. de Blainville leur donne le nom
de *nucléobranches*, parce qu'ils ont un *nucléus*, c'est-à-dire

une masse viscérale formée par la réunion du foie, de l'estomac
et des branchies.

Ces animaux ont, comme les ptéropodes, le corps gélatineux,
transparent, et terminé en avant par une trompe, sur laquelle
est la bouche, et en arrière par une queue comprimée latéralement ; leur coquille, quand elle existe, est mince et transparente, comme celle de tous les mollusques qui fréquentent
la haute mer ; et leurs branchies sont placées sur le dos à l'arrière
du corps. Tous les *hétéropodes* sont pélagiens et se rencontrent
souvent, par des temps calmes, dans une position renversée,
nageant à la surface de l'eau, à l'aide de leur pied nectoïde.
Ils ne rampent jamais ; mais ils ont la faculté de se fixer aux
corps flottants, en épanouissant sur eux une ventouse qu'ils ont
sur leur nageoire ventrale. Mais malgré cette disposition favorable de leur organe locomoteur, les *hétéropodes* ne peuvent
pas toujours résister au courant, et sont fréquemment emportés
par l'eau sur les côtes où on en trouve beaucoup d'individus,
mais souvent mutilés. Du reste, ces mollusques ne sont d'aucune utilité pour l'homme ; mais les amateurs en recherchent
beaucoup la coquille, dont l'élégance et la beauté font un des
plus beaux ornements des collections conchyliologiques.

Cette famille ne renferme que trois genres, les *carinaires,*
les *atlantes* et les *firoles.*

Les CARINAIRES (*carinaria*) ont le nucléus flottant à la partie
supérieure du corps, et offrant des branchies à sa partie antérieure, le manteau épais et couvert d'aspérités, les tentacules
longs et coniques, la coquille mince, non symétrique et largement ouverte.

Déjà, depuis longtemps, on connaissait la coquille des *carinaires*, que leur nature vitrée faisait rechercher des amateurs ;
mais on ne savait rien sur l'animal qui la produit. Ce n'est que
depuis la fin du siècle dernier, que les voyageurs ont commencé
à l'étudier ; mais comme ce mollusque est privé de défense, et
se trouve exposé aux attaques de tous les habitants des mers,
il s'est écoulé un temps considérable avant qu'on ait pu rencontrer des individus complets : à tous il manquait quelque
chose ; car il est remarquable que les *carinaires*, malgré leur
délicatesse apparente, ont la vie tellement tenace, qu'on en a
vu continuer de se mouvoir, après avoir été privés de leur
nucléus, et par conséquent des organes les plus essentiels de la
vie, tels que le foie, l'estomac et les branchies. Ce n'est que

depuis quelques années qu'on a pu étudier des individus entiers,
et qu'on a pu former pour ce genre la caractéristique que nous
avons donnée.

On trouve les *carinaires* dans toutes les mers méridionales :
elles nagent à la surface des flots dans une position renversée,
afin d'être toujours à même de s'emparer des petits animaux
marins qui font la base de leur nourriture. Elles saisissent leur
proie avec leur trompe, qui, étant pourvue à son extrémité de
trois lames armées de crochets, est également propre à l'atteindre et à la déchirer.

Les principales espèces de ce genre, sont la *carinaire vitrée*,
la C. *fragile* et la C. de la *Méditerranée.*

Les ATLANTES (*atlanta*) diffèrent principalement des carinaires parce qu'elles ont les branchies séparées du nucléus et
protégées par le manteau, et parce que leur coquille, au lieu
d'avoir son ouverture large et ovale, l'a étroite et allongée
d'avant en arrière; d'ailleurs cette coquille est assez grande pour
contenir l'animal tout entier, tandis que celle du genre précédent est trop petite, et ne sert à protéger que le nucléus.

Les FIROLES (*firola*) se distinguent aisément de tous les
autres hétéropodes par le défaut de coquille; de plus, ils ont
le manteau uni et sans aspérités, les tentacules nuls ou rudimentaires, le nucléus placé à l'arrière du corps et caché sous
une membrane.

Ce sont des mollusques de forme allongée et dont la partie
postérieure se termine par une queue comprimée. Leur corps
est tellement diaphane, qu'il est difficile de les distinguer au
milieu des eaux transparentes de la mer: aussi quoiqu'ils
soient très-communs dans toutes les mers méridionales et dans
les zones tempérées, on est resté longtemps sans les apercevoir :
néanmoins les taches dorées qui sont parsemées sur toute la
longueur de leur corps, peuvent servir, lorqu'on est prévenu,
à les faire reconnaître sans trop de difficulté. Les *firoles* nagent
avec facilité, en plaçant leur pied en haut comme les carinaires.

Les espèces les plus remarquables de ce genre, sont la *firole
couronnée* et la F. *hyaline.*

IIIe Famille.—TECTIBRANCHES (pl. XXVIII).

Dans cette troisième famille, l'animal porte ses branchies le
long du côté droit, ou sur son dos, comme dans les précédentes,

mais dans ceux-ci la position de ces organes est tout-à-fait
extérieure, et permet de les distinguer sans qu'il soit nécessaire de rien ôter au mollusque; dans les *tectibranches*, au
contraire, les branchies sont logées dans une cavité spéciale du
dos et recouvertes par le manteau, de sorte que pour les apercevoir il faut enlever ce dernier; d'ailleurs les *tectibranches*
ont presque tous une coquille spirale, ou un rudiment de cette
enveloppe calcaire (*fig.* 5). Leur forme se rapproche un peu de
celle des limaces; mais leur corps est plus ovale, leur tête
moins distincte, et leurs tentacules, très-larges à la base, vont
en diminuant jusqu'à leur extrémité; de sortes qu'ils ressemblent aux oreilles d'un quadrupède.

Sous le rapport de leurs habitudes, ces gastéropodes sont
peu différents de ceux des autres ordres; seulement ils se tiennent en général plus près des côtes: on les voit ramper sur le
rivage comme des limaces. Cependant ils peuvent aussi nager
au sein des eaux, au moyen de larges expansions latérales,
dont leur corps est muni. Tous se nourrissent de plantes marines. A cet effet, leur canal intestinal est très-ample, et leur estomac est non-seulement multiple, mais encore garni intérieurement de pièces cornées ou cartilagineuses, destinées à faciliter
la digestion.

Cette famille n'est pas plus nombreuse que les précédentes;
elle ne renferme, comme ces dernières, que trois genres importants: ce sont les *pleurobranches*, les *aplysies* et les *bulles*.

Les PLEUROBRANCHES (*pleurobranchus*) ont le corps ovale,
et tellement débordé par la saillie du pied et du manteau,
qu'il paraît renfermé entre deux boucliers; seulement, le manteau présente à sa partie antérieure, une échancrure assez
large, entre les bords de laquelle on distingue facilement la
la tête et les tentacules de ces animaux. Leurs branchies sont
logées dans l'espace que laissent entre eux le pied et le manteau, et représentent une série de pyramides divisées en feuillets triangulaires.

Ces mollusques sont tous de consistance très-molle et ont les
mouvements lents: aussi, privés qu'ils sont de la faculté de lutter
contre les vagues, et dénués de toute enveloppe protectrice qui
puisse les garantir des chocs extérieurs, ils fuient les lieux où
les flots sont habituellement agités par les vents, et recherchent
les endroits vaseux et abrités. On les voit se traîner lentement
au fond de l'eau, à une profondeur d'environ quatre mètres,

occupés à faire la chasse aux petits animalcules qui se tiennent
sur les graviers.

On trouve des animaux de ce genre dans toutes les mers du
monde : la Méditerranée nourrit le *pleurobranche orangé*.

Les APLYSIES (*aplysia*) (*fig.* 5) sont des mollusques nus,
ou n'ayant pour toute coquille qu'une lame intérieure placée
au-dessus de la cavité branchiale, pour protéger les organes
qu'elle contient. Leur manteau forme, au-dessus de leur dos
et de chaque côté, un large repli redressé qui recouvre presque
entièrement la partie supérieure de leur corps, excepté en
avant, où se trouve placée la tête. Celle-ci est extrêmement
remarquable par la présence de quatre tentacules, dont les
deux postérieurs sont larges et concaves antérieurement, comme
la conque de l'oreille d'un quadrupède, particularité qui a fait
donner à ces animaux le nom de *lièvres marins*; on les nomme
aussi *limaces de mer*, à cause de la ressemblance qu'elles ont
avec le mollusque terrestre de ce nom.

Le corps des *aplysies* laisse exsuder de toutes ses parties
une liqueur fétide et souvent colorée, qui leur sert à repousser
leur ennemi par son odeur ou par sa causticité, ou du moins
à les rendre invisibles à ses yeux, en troublant autour d'eux la
transparence des eaux ; et comme cette liqueur gluante est
extrêmement tenace et ne s'enlève que très-difficilement, on
leur a donné le nom grec qu'elles portent, et qui exprime cette
particularité.

On ne saurait croire combien ces mollusques diffèrent d'eux-
mêmes, selon qu'on les examine en mouvement ou en repos.
Dans le premier cas, ce sont des animaux allongés, dont la tête,
quoique peu saillante, est toujours facile à distinguer à la présence de ses tentacules; en un mot, ils ressemblent à nos limaces terrestres. S'ils s'arrêtent pour se reposer, tout change;
leur corps se contracte en une masse épaisse et informe, au
milieu de laquelle la tête se perd avec ses yeux et ses tentacules; on les prendrait alors pour un morceau de chair corrompue.

On trouve les *aplysies* dans la plupart des mers, et surtout
dans la Méditerranée ; les anciens les connaissaient et leur
avaient attribué une foule de propriétés chimériques et opposées;
c'étaient en même temps des poisons violents et des remèdes
héroïques. Maintenant il n'y a que les naturalistes qui fassent
attention à elles. On peut les observer facilement; tantôt elles
rampent lentement sur les rochers voisins des côtes, tantôt elles

nagent avec agilité en frappant l'eau des bords de leur manteau; leur nourriture consiste en herbes marines et même en mollusques et vers marins.

L'espèce la plus célèbre et la mieux connue de ce genre nombreux est l'*aplysie dépilante*, ainsi nommée parce qu'on croyait que sa liqueur faisait tomber les poils, quand elle touchait une partie qui en était couverte. On en trouve encore plusieurs autres dans nos mers.

Les BULLES (*bulla*) se distinguent au premier abord des précédents par le défaut de tentacules ou par la petitesse de ces organes, si l'on veut regarder comme tels l'espèce de bouclier charnu au-dessous duquel sont placés les yeux de ces animaux. La plupart des *bulles* ont d'ailleurs ordinairement une coquille qui, bien que trop petite pour protéger entièrement le corps de l'animal, n'en est pas moins entière et visible extérieurement. On reconnaît cette coquille au peu de saillie de sa spire et à la grandeur de son ouverture, qui est en forme de croissant. Du reste, la multiplicité et l'armure des estomacs, et la liqueur pourpre que répandent plusieurs espèces, les rapprochent beaucoup des aplysies. Il en est de même des habitudes. Toutes les *bulles* sont marines et littorales; elles rampent dans le voisinage des côtes et se nourrissent de petits coquillages, que leur estomac digère en partie, en les triturant au moyen des osselets dont il est armé.

On compte plusieurs espèces de *bulles* dont les unes dites Acères (*acera*) n'ont pas du tout de coquille, comme l'*acère charnue*; toutes les autres ont une coquille; mais les unes, dites Bullées (*bullæa*) l'ont cachée dans l'épaisseur du manteau; telle est l'*amande de mer* qu'on trouve dans presque toutes les mers; tandis que les autres, les Bulles propres ont une coquille, extérieure, mais très-mince; telles sont l'*oublie*, la *muscade* ou *ampoule*, la *goutte d'eau*, etc.

IIe Ordre. — PULMONÉS.

Les *pulmonés* constituent un ordre parfaitement distinct non-seulement parmi les gastéropodes, mais encore dans l'embranchement tout entier des mollusques, par leur mode de respiration et par la nature de l'organe qui sert à cette fonction.

Tandis que tous les autres mollusques respirent le fluide atmosphérique par l'intermède de l'eau, les *pulmonés* seuls ne peuvent vivre qu'à l'air libre, et ont à cet effet une cavité dont l'intérieur est tapissé par les ramifications de l'artère pulmonaire, et communique au dehors par un trou ouvert sous leur manteau et que l'animal resserre ou dilate à son gré, de manière à laisser entrer l'air ou à s'opposer à son introduction.

Mais, quoique la nature de leur respiration exige que ces gastéropodes puisent au sein de l'atmosphère les matériaux nécessaires à cette importante fonction, il s'en faut que toutes les espèces comprises dans cet ordre soient exclusivement terrestres : il y en a en assez grand nombre qui sont entièrement aquatiques : seulement, au lieu de fréquenter les eaux profondes, comme peuvent le faire les mollusques pourvus de branchies, elles se tiennent de préférence dans les petits ruisseaux, les étangs et les mares ; ou, si quelques-unes habitent la mer, elles n'en quittent jamais les rivages, afin de pouvoir facilement s'élever à la surface de l'eau, pour respirer librement le fluide atmosphérique.

Quant à la forme et au genre de vie de ces mollusques, ils sont assez différents selon les espèces ; les uns ont la peau nue et se traînent sur un pied qui règne sur toute la partie inférieure du corps ; les autres vivent dans une coquille, et n'ont leur pied qu'à la base de leur cou. Cette coquille se distingue de celles de tous les autres mollusques, d'abord parce que son ouverture n'offre jamais ni échancrure ni canal, ensuite parce que sa surface extérieure n'est jamais parfaitement unie ou marquée de gros tubercules, ni ornée de couleurs éclatantes ; enfin, parce qu'elle n'a jamais l'épaisseur ou la transparence des coquilles marines. Leur nourriture est principalement végétale ; mais ils sont extrêmement voraces, et les espèces terrestres font beaucoup de dégâts dans les champs et les jardins : une mâchoire, en forme de faux, dont leur bouche est armée, leur permet de couper les feuilles et les fruits avec une rapidité qui, vu le grand nombre de ces animaux, ruine souvent le cultivateur, en détruisant ses récoltes.

Ce genre de nourriture exige un canal alimentaire très-développé ; aussi les *pulmonés* ont-ils l'estomac musculeux, et le plus souvent multiple ; leur foie est surtout d'une grosseur considérable.

La respiration de ces animaux, tout aérienne qu'elle est, n'est pas assez énergique pour rendre leur sang chaud, aussi ont-ils, comme les reptiles, les mouvements lents et les sensations obtuses, et tous disparaissent pendant l'hiver et se cachent dans des trous profonds, où les influences atmosphériques ne se font point sentir, et dans lesquels ils tombent dans l'engourdissement.

La différence du milieu que ces mollusques habitent, ainsi que celle d'organisation qui en est la suite, les ont fait diviser en deux familles : les *limacinés* et les *lymnéens.*

Ire *Famille.*—LIMACINÉS.

Ils tirent leur nom des rapports qu'ils présentent avec la limace commune, cet animal si répandu partout, dans les bois, les prairies, les jardins, et si remarquable par sa forme allongée, par sa peau nue et gluante, et par sa tête surmontée de tentacules mobiles, que le vulgaire appelle *cornes.*

Tous ces mollusques sont terrestres et ont pour caractère distinctif le nombre de leurs tentacules, qui est toujours de quatre, tandis que les espèces aquatiques n'en ont jamais plus de deux.

La bouche des *limacinés* offre dans sa conformation une particularité fort remarquable : les bords en sont garnis d'une dent unique, courbée en forme de croissant et tranchante sur sa concavité. L'animal s'en sert pour couper les herbes et entamer les fruits dont il fait sa nourriture. C'est à cause de ce genre d'aliment que ces mollusques se tiennent de préférence dans les champs plantés d'arbres fruitiers dans lesquels ils commettent les plus grands dégâts, moins parce qu'ils mangent beaucoup, que parce qu'ils entament les fruits à noyaux, que les insectes et les oiseaux dévorent ensuite plus facilement.

Deux genres principaux composent la famille des limacinés, ce sont : les *limaces* qui manquent de coquille, et les *limaçons* qui en ont une.

On reconnaît aisément les LIMACES (*limax*) à leur corps allongé, à leur peau complètement nue ou protégée par une coquille toujours trop petite pour loger l'animal entier, et cachée dans l'épaisseur de l'enveloppe cutanée.

Quoique ces mollusques soient entièrement terrestres et ne puissent vivre dans l'eau, ce n'est guère que pendant les temps pluvieux qu'ils se montrent dans les champs ; et quand ils sont forcés de sortir, par un temps sec, de la retraite humide où ils se tiennent habituellement cachés, ils ont soin de ne mar-

cher que dans l'herbe verte qui conserve toujours un certain
degré de fraîcheur.

Leur marche est extrêmement lente et s'exécute par la
contraction et l'allongement alternatif de leur corps, qui cependant se traînerait encore avec plus de lenteur, sans la mu-
cosité ou bave abondante qu'ils exsudent sur toute l'étendue
de leur pied.

On compte plusieurs espèces de ce genre, dont les unes sont
étrangères et les autres abondent dans nos pays ; parmi ces
dernières, nous citerons comme les plus communes la *limace
rouge*, la *limace grise*, la *petite limace*. Parmi les espèces
exotiques, on nomme les unes *vaginules*, les autres *testacelles*,
les autres *parmacelles*.

Les LIMAÇONS (*helix*) ou *escargots* forment un genre excessivement nombreux qui comprend plus de deux cents espèces répandues dans toutes les parties du monde. On les reconnaît à leur coquille arrondie ou conique, dont l'ouverture
est généralement très-considérable, quoique l'avant-dernier
tour de la spire l'entame, de manière à lui donner la forme
d'un croissant.

Ce sont des mollusques trop connus dans tous les pays, pour
qu'il soit nécessaire d'en faire la description ; nous nous bor-
nerons à faire observer la ressemblance qui existe entre cet
animal et la limace ; leur tête est également surmontée de
quatre tentacules dont deux antérieurs plus près de la bouche,
et deux postérieurs plus rapprochées du sommet. Ces derniers
supportent les yeux et sont rétractiles d'une manière particulière ; ils ont la forme de tuyaux creux qui logent le nerf optique, avec un muscle qui en se contractant, fait rentrer l'œil
dans l'intérieur de cette cavité et l'attire jusque dans la tête.
Cette disposition rend cet organe moins facile à léser que s'il
eût fallu, pour le mettre à l'abri, faire rentrer le tentacule tout
entier, en commençant par sa base. On divise le genre *limaçon*
en plusieurs sous-genres, dont les principaux sont les *escargots*
proprement dits, les *bulimes*, les *clausilies*, ou *nompareilles*
et les *agathines*.

1° On nomme ESCARGOTS les espèces dont l'ouverture est
autant ou plus large que longue ; c'est le sous-genre le plus
considérable. On en connaît plus de cent espèces, entre autres
le *grand escargot des vignes* et la *livrée* ou petit escargot des
arbres. Dans beaucoup de pays on mange le premier, qui est

fort bon quand on a soin de lui faire dégorger son mucus, par des lavages fréquents et des jeûnes prolongés. Il paraît que les Romains en faisaient un cas tout particulier, et en nourrissaient dans des endroits disposés exprès à cet usage.

2° Les Bulimes (*bulimus*) ont l'ouverture plus longue que large. Nous en avons vu un dans le midi de la France : le *bulime décollé*, ainsi nommé de l'habitude qu'il a de casser le dernier tour de sa spire.

3° Les Clausilies (*clausilia*) plus souvent appelées *nompareilles*, sont toutes petites, de forme longue, grêle et pointue, et ont les bords fléchis en dehors. On en trouve beaucoup dans les mousses, aux pieds des arbres, etc.

4° Les Agathines (*agathina*) ont la coquille beaucoup plus longue que large et l'ouverture semblable à celle des bulimes; son bord est tranchant et sa columelle est tronquée à sa base. Ce sous-genre est presque entièrement exotique.

II° *Famille.* — LYMNÉENS.

Les *lymnéens* ressemblent aux limacinés par la forme de leur coquille et par celle de l'animal qui l'habite, avec cette différence que les premiers n'ont que deux tentacules à la tête, tandis que les espèces de la famille précédente en ont toujours quatre.

Malgré cette ressemblance, les habitudes de ces deux sortes de gastéropodes sont toutes différentes ; car on ne trouve guère les *lymnéens* que dans les eaux douces, et surtout dans les mares et les petits étangs qui contiennent peu de liquide. Quelquefois on les voit nager au sein des eaux au moyen des lobes de leur pied abdominal ; mais le plus souvent ils se traînent en rampant dans la vase, où ils cherchent leur nourriture ; quelques espèces même sortent de leur élément favori, pour se répandre sur les plantes qui entourent les eaux qu'elles habitent, et dont elles dévorent les feuilles et les bourgeons.

Les *lymnéens* sont des mollusques fort communs et répandus dans toutes les parties du monde. Les uns manquent de coquille, comme les limaces; ils sont en petit nombre et tous étrangers; on les appelle Oncidies (*onchidium*). Les autres, en plus grand nombre, en ont une : ce sont les *planorbes*, les *lymnées* et les *auricules*.

Les PLANORBES (*planorbis*) ont, ainsi que leur nom l'in-

dique, des coquilles très-aplaties, qui laissent voir les tours de
la spire en dessous et en-dessus, comme dans cel es des céphalopodes, tandis que dans les mollusques à spire saillante, on
ne voit les tours de cette dernière que d'un seul côté.

L'animal qui produit cette coquille se fait remarquer par
deux longs tentacules entre lesquels sont placés les yeux, et
par une liqueur abondante qu'exhale son manteau, liqueur
qu'on prend vulgairement pour son sang, parce qu'elle est de
couleur rouge: mais c'est à tort: les *planorbes*, comme tous
les mollusques, ont leur fluide nourricier tout-à-fait transparent ou à peine coloré. Ce prétendu sang n'est autre chose qu'un
liquide analogue à celui que les *seiches*, les *calmars*, etc., répandent, quand ils sont inquiétés.

On trouve beaucoup de ces animaux dans les lacs, les étangs,
etc., où ils se nourrissent de matières végétales, comme tous
les pulmonés ; leurs coquilles sont en général minces, fragiles
et presque complètement diaphanes. L'hiver ils s'enfoncent dans
la vase, et tombent dans l'engourdissement.

L'espèce la plus grande du genre, qui habite en abondance
toutes les eaux dormantes, est la *planorbe cornée*, qui a environ
un pouce de diamètre, et qui a été ainsi nommée à cause de
la couleur de sa coquille, qui est d'un brun fauve à l'extérieur,
et d'un blanc jaunâtre au dedans.

Le nom de LYMNÉE (*lymna*) se tire d'un mot grec qui signifie *étang*, et sert à désigner certains coquillages fort communs pour la plupart dans ces petits amas d'eau douce qu'on
rencontre partout. Ils vivent, comme les précédents, d'herbes
et de graines, et ont un estomac très-vigoureux qu'on peut
comparer au gésier des oiseaux. On les rencontre pêle-mêle
avec les planorbes, non-seulement en vie dans les étangs, mais
encore à l'état fossile dans l'intérieur de la terre. Leur coquille, semblable à celle des bulimes par sa forme oblongue et par
son ouverture plus longue que large, s'en distingue aisément
par son bord tranchant et par un pli de la columelle qui rentre
obliquement dans l'intérieur de la coquille. Les espèces de ce
genre qu'on trouve en France, sont la *lymnée des étangs*, la
lymnée moyenne, la *lymnée naine*, la *lymnée voyageuse*, ainsi
nommée parce qu'elle sort souvent de l'eau, pour grimper sur
les arbres et sur les murs.

Les AURICULES (*auricula*) forment un genre analogue aux
précédents, mais qui s'en distinguent pourtant avec facilité, en

ce que la columelle de leur coquille est marquée de gros plis
obliques. Quant à la coquille elle-même elle est ovale ou oblongue comme celle des lymnées. On en trouve une espèce sur
les bords de la Méditerranée; c'est l'*auricule myosote.*

III° *Ordre.* — PECTINIBRANCHES (pl. XXVIII).

Ce troisième ordre est sans comparaison le plus nombreux
de la classe des gastéropodes; il comprend une immense quantité de mollusques faciles à reconnaître à leur coquille généralement conique et contournée en spirale (*fig.* 7 et 8) et à leur
pied charnu, qui, au lieu de s'étendre sur toute la partie inférieure de leur corps, n'en occupe ordinairement que la portion
antérieure, vers le cou, ce qui leur a fait donner aussi le nom
de *trachélipodes,* qui veut dire *pied au cou.* La portion postérieure, qui contient les principaux organes de la digestion, demeure toujours cachée dans la spire de la coquille, et porte
le nom de *tortillon.*

Tous les mollusques de cet ordre sont essentiellement aquatiques, et la plupart ne vivent que dans la mer; il leur faut
par conséquent des branchies pour respirer. Ces organes qui,
ainsi que l'exprime leur nom de *pectinibranches,* sont en forme
de peignes ou composées de lanières rangées parallèlement,
comme les dents d'un peigne, sont constamment attachées au
plafond d'une cavité logée dans le dernier tour de la coquille,
et communiquant avec l'extérieur, soit par un simple trou,
soit par un siphon plus ou moins long qui traverse une échancrure (*fig.* 7, E) ou un canal (*fig.* 8, D) pratiqués sur la circonférence de l'ouverture. Dans tous les cas, cette ouverture
est ordinairement munie d'un opercule mobile, que l'animal
peut ouvrir ou fermer à son gré.

C'est dans ce groupe de mollusques que se trouvent les coquillages les plus remarquables par la diversité de leurs formes
et par la variété et l'éclat de leurs couleurs. Ce sont par conséquent ceux qui ont le plus anciennement attiré l'attention
des naturalistes et des amateurs. On a eu d'autant plus de
plaisir à les réunir en collection, qu'ils n'ont aucun besoin de
préparation, et qu'ils sont extrêmement faciles à conserver.
Pour se reconnaître au milieu de la multitude d'espèces souvent peu différentes qui composent cet ordre, on a été obligé
d'avoir recours aux moindres particularités de structure
qu'elles offrent, pour en former les caractères distinctifs. On

en a étudié la coquille dans les plus grands détails. La grandeur de l'ouverture, la présence ou l'absence du canal respiratoire, l'étendue de l'échancrure, l'état de la columelle, qui peut être lisse ou ridée, la forme du bord, le poli ou les aspérités de la surface, la longueur de la spire, tout a été mis à contribution et a servi à caractériser les genres et les espèces.

On a divisé d'abord les *pectinibranches* en quatre familles : les *trochoïdes*, les *buccinoïdes*, les *capuloïdes* et les *scutibranches*.

Ire *Famille*. — TROCHOÏDES (pl. XXVIII).

Les mollusques de cette famille sont faciles à distinguer, en ce que leur cavité branchiale ne communique au dehors que par un simple trou, tandis que dans les suivantes, cette communication se fait par le moyen d'un siphon ou canal allongé. Cette particularité d'organisation se fait sentir jusque dans l'enveloppe calcaire. En effet, chez les *trochoïdes* l'ouverture de la coquille est toujours entière, c'est-à-dire qu'on n'y remarque ni échancrure ni sillon respiratoire (*fig.* 6), tandis que dans les buccinoïdes, cette ouverture est constamment échancrée ou munie d'un canal à son extrémité postérieure. (*fig.* 7, E et 8, D.)

La plupart des *trochoïdes* sont phytophages ou vivent de substances végétales, ce qui nécessite un canal intestinal généralement développé, et des organes propres à couper les feuilles et les fruits dont l'animal se nourrit. Aussi leur bouche est-elle formée de deux mâchoires armées de dents. Tous les mollusques de cette famille jouissent de la faculté de se mouvoir ; ils rampent assez vite au fond des eaux ; aussi, au lieu d'être hermaphrodites comme la plupart des espèces de leur embranchement, ils ont tous les sexes séparés, et ont par conséquent besoin d'accouplement pour pouvoir se reproduire.

On trouve dans cette famille un grand nombre de genres dont le tableau suivant présente les principaux.

Ouverture de la coquille					
exactement circulaire. Coquille	conique				Cyclostomes.
	discoïde				Valvées.
	turbinée				Sabots.
	plus ou moins carrée				Troques.
entamée par la saillie de l'avant-dernier tour de la spire,	elliptique. Coquille épaisse et opaque à ouverture	oblongue. Coquille	aussi large que longue.		Paludines.
			oblongue	légère..	Phasianelle.
				épaisse.	Mélanie.
			arrondie et rentrue.		Ampullaire.
	légère et translucide				Janthine.
	demi elliptique				Nérite.

Les **TROQUES** (*trochus*) ou *toupies* (*fig.* 6) tirent leur nom de la ressemblance qu'elles ont avec le joujou de ce nom, si connu de l'enfance. Leur caractère distinctif consiste en ce que l'ouverture de leur coquille n'est jamais arrondie, et a ses bords plus ou moins anguleux et séparés par la saillie que fait en dedans l'avant-dernier tour de la spire. Cette disposition rend l'ouverture de la coquille déprimée et comme écrasée, ce qui leur a fait donner le nom vulgaire de *limaçons à bouche aplatie.*

Tous ces coquillages sont marins et offrent assez souvent à l'extérieur de belles couleurs et une forme élégante, et à l'intérieur un poli considérable et un brillant nacré. Le nombre d'espèces qu'on en connaît les a fait diviser en plusieurs sous-genres, parmi lesquels on distingue les *éperons*, les *roulettes*, les *entonnoirs*, les *télescopes*, qui n'ont pas d'ombilic, les *toupies* et les *cadrans* qui en ont un.

Les **SABOTS** (*turbo*) ont comme les toupies les bords de l'ouverture séparés par l'avant-dernier tour de la spire; mais ce tour ne fait point de saillie intérieure, et n'ôte rien ou presque rien à la rondeur de cet orifice.

Ces mollusques sont aussi tous marins, et en nombre très-considérable dans les collections. Abondants dans toutes les mers, on les recherche avec d'autant plus de soin, qu'ils offrent à l'intérieur une belle couleur nacrée et à l'extérieur des formes et des nuances agréables.

On distingue dans ce genre les *sabots* proprement dits, les *dauphinules*, les *turritelles* et les *scalaires*, qui sont autant de sous-genres, la plupart très-nombreux.

Tandis que dans les toupies et les sabots, l'ouverture de la coquille a ses bords désunis par la saillie que l'avant-dernier tour de la spire fait entre eux au point où ils devraient se toucher, les AMPULLAIRES (*ampullaria*) ont ces bords entièrement réunis, de manière à former un rond presque régulier. Leurs coquilles sont d'ailleurs généralement plus courtes et plus évasées que dans les genres précédents, et quoique peu élégantes et peu riches en couleurs, elles sont cependant recherchées dans les cabinets, à cause de leur rareté. Tous ces mollusques sont terrestres ou habitent les eaux douces des lacs et des rivières.

Les NÉRITES (*nerita*) sont des coquilles demi-globuleuses, dont la spire est à peine saillante, et dont la columelle empiète sur l'ouverture, de manière à rendre celle-ci demi-circulaire.

Ces coquillages remarquables par leur forme aplatie, vivent tantôt dans la mer, tantôt dans les eaux douces. Les uns ont une épaisseur très-considérable, tandis que les autres sont extrêmement minces ; enfin il y en a qui ont un ombilic, tandis que les autres n'en ont point.

Les espèces à ombilic se nomment *natices* ; celles qui manquent d'ombilic et qui ont la coquille mince s'appellent *néritines*, et l'on réserve le nom de *nérites* pour celles qui n'ayant pas d'ombilic, ont la coquille épaisse.

II° Famille. — BUCCINOÏDES (pl. XXVIII.)

Les mollusques de cette seconde famille sont bien distingués de ceux de la première, soit par l'animal qui n'a pas de mâchoires à la bouche, mais une trompe cylindrique, susceptible de s'allonger beaucoup ou de se cacher entièrement dans l'intérieur du corps, soit par la coquille, dont la base de l'ouverture est tantôt canaliculée, tantôt échancrée pour le passage du siphon respiratoire, qui lui-même n'est qu'un repli prolongé du manteau.

Tous les *buccinoïdes* que l'on connaît sont essentiellement marins et carnassiers, et ont, au lieu de mâchoire pour brouter l'herbe, un long appendice charnu et muni de pièces solides, avec lesquelles ces mollusques attaquent les corps les plus durs, entre autres les coquilles, dont l'animal fait la principale base de sa nourriture ; leur tête est munie de deux tentacules.

On divise les *buccinoïdes* en genres, d'après le plus ou le moins de longueur du canal, quand il existe, le plus ou moins d'ampleur de l'ouverture, et la forme de la columelle et de la spire. Les différences offertes par ces diverses parties sont tellement nombreuses, qu'on a pu en former plus de soixante genres que l'on a rapportés à trois tribus : celle des *buccinoïdes enroulées*, celle des B. *échancrées*, et celle des B. *canaliculées*.

Ire *Tribu.* — Buccinoïdes enroulées.

Cette tribu se compose de coquilles ovales à ouverture étroite, régnant sur toute leur longueur. Elles n'ont presque pas de spire, ou quand cette partie de l'enveloppe calcaire est bien visible, elles est presque entièrement plane, ce qui tient à la grandeur de son dernier tour, qui recouvre presque entièrement tous les autres. L'animal qui habite cette demeure est comme tous ceux de la famille des buccinoïdes, assez analogue au colimaçon par sa conformation générale ; mais, outre qu'il a la bouche et les branchies toutes différentes, on trouve aussi dans la forme du pied un caractère qui suffit pour le distinguer des gastéropodes pulmonés. Cet organe est extrêmement mince, disposition rendue nécessaire par l'étroitesse de l'ouverture par laquelle il doit passer pour entrer et pour sortir.

Cette tribu comprend deux genres principaux : les *cônes* et les *porcelaines*.

Les CÔNES (*conus*), qu'on nomme vulgairement *cornets*, à cause de la forme de leurs coquilles, constituent le genre le plus nombreux et le plus intéressant de toute la classe des gastéropodes. La spire de ces coquillages, tout-à-fait plane ou à peine saillante, constitue la base du cône dont le dernier tour forme les côtés, disposition remarquable, en ce qu'elle est opposée à celle qu'on observe dans les autres coquilles univalves, dans lesquelles les côtés du cône sont formés par la spire, et sa base par le dernier tour ou par l'ouverture. Ajoutez à cela que l'ouverture des *cônes* est longitudinale, qu'elle règne sur presque toute leur longueur et qu'elle est également lisse sur ses deux bords, dont le droit est mince et tranchant, au lieu d'être roulé comme dans les ovales et les porcelaines.

Toutes les espèces de ce genre sont ornées de belles couleurs et appartiennent aux mers méridionales. On n'en trouve que très-peu dans les pays tempérés ou froids. Ce groupe est si naturel que, malgré le nombre des espèces qu'il renferme (deux cents environ), il a été impossible de les subdiviser en sous-genres bien caractérisés.

Les principales espèces sont : le *cône amiral*, qui est rare et précieux, le *cône tigre*, le *cône drap d'or*, etc.

Les PORCELAINES (*cyprœa*) sont des coquillages de forme ovale, dont la spire est si petite qu'il est très-difficile de l'apercevoir. Ses deux bords roulés en dedans et marqués sur toute leur longueur de rides transversales, rendent l'ouverture extrêmement étroite ; mais en même temps celle-ci est très-allongée et règne sur toute l'étendue de la coquille.

Cette disposition de l'ouverture dépend de la forme du pied de l'animal, qui est extrêmement mince. Malgré cela, les *porcelaines* sont agiles dans leurs mouvements, parce que l'action du pied est secondée par celle de deux appendices latéraux en forme d'ailes et assez étendus pour pouvoir, en se reployant en dehors, recouvrir presque entièrement la surface de la coquille. Dans l'état de repos ces mollusques se tiennent enfoncés dans le sable, à quelque distance des côtes ; ils sont assez communs dans toutes les mers chaudes ou tempérées, et sont néanmoins assez recherchés à cause de leurs belles couleurs et de leur forme, qui se prête assez bien à la confection des jolies tabatières.

On compte près de cent cinquante espèces de *porcelaines*, dont les unes sont lisses et les autres verruqueuses ou *striées*.

Un genre fort analogue aux porcelaines est celui des OVULES (*ovula*), coquillages aussi sans spire apparente, mais qui ont les deux extrémités un peu terminées en pointe et l'ouverture ridée d'un côté seulement.

IIe *Tribu.*—Buccinoïdes échancrées.

La tribu des *buccinoïdes échancrées* comprend ou très-grand nombre de coquilles de forme variable, mais dont l'ouverture constamment plus large que dans les espèces enroulées offre à sa base une échancrure plus ou moins profonde pour le passage du siphon. Elles ont toutes la spire turbinée et plus ou moins saillante pour loger le tortillon de l'animal. Ce dernier est du reste tout-à-fait semblable à celui de la tribu précédente et par conséquent marin.

On compte trois genres principaux de ce groupe ; ce sont les *volutes*, les *buccins* et les *pourpres*.

Les VOLUTES (*voluta*) (*fig. 7*) se distinguent de tous les autres genres par leur ouverture qui est plus évasée, par leur échancrure et par les rides obliques dont leur columelle est garnie.

La conformation de cette ouverture permet à l'animal d'avoir le pied beaucoup plus gros qu'aucun des genres précédents ; ce qui lui rend plus faciles les mouvements de reptation, et l'oblige à se tenir dans les endroits peu profonds. Ce mollusque est éminemment carnassier ; sa trompe, garnie à son extrémité de petites dents crochues, est un instrument puissant à l'aide duquel il perce la plupart des autres coquillages dont il se nourrit.

On ne rencontre ces animaux que dans les mers méridionales ; on n'en trouve ni dans l'Océan Atlantique, ni dans la partie septentrionale de la Méditerranée. Aussi sont-ils presque tous remarquables par la beauté et par la variété de leurs couleurs, qualités qui les font généralement rechercher des amateurs, et donnent à quelques-unes de leurs coquilles un prix très-élevé.

Le nombre des *volutes* serait encore plus considérable que celui des cônes, si des différences peu essentielles, quoique constantes, n'avaient permis de les partager en plusieurs sous-genres dont voici le tableau.

Ouverture de la coquille				
très-allongée. À bord	sans bourrelet. Coquille	ovale.	un peu saillante............	Olives.
		Spire	non saillante............	Volvaires.
		ventrue.	rentru............	Gondolières.
		Derniers tours	conique............	Volutes.
	muni d'un bourrelet.		simple et sans rebord.....	Marginelles.
	Échancrure		légèrement rebordée......	Colombelles.
oblongue.	verticale ou très-saillante.		très-étroite............	Mitres.
	Ouverture		large............	Vis.
Spire	turbinée (peu saillante)............			Cérithaires.

Les BUCCINS (*buccinum*) n'ont, comme les volutes, qu'une simple échancrure au lieu d'un canal ; mais leur columelle ne

présente jamais de rides transversales ou obliques, et leur ouverture est généralement ovale.

Ils tirent leur nom de *buccin* de la forme, tantôt allongée,
tantôt raccourcie de leur coquille, qui ressemble à un instrument de musique guerrière, que les anciens appelaient *buccinum.*

Ces coquillages sont tous marins, littoraux, et généralement
de petite taille. On les trouve en grand nombre sur les rochers,
où les pêcheurs vont les chercher, parce que la plupart des espèces servent de nourriture.

Ce genre étendu a été subdivisé en plusieurs sous-genres,
dont voici le tableau :

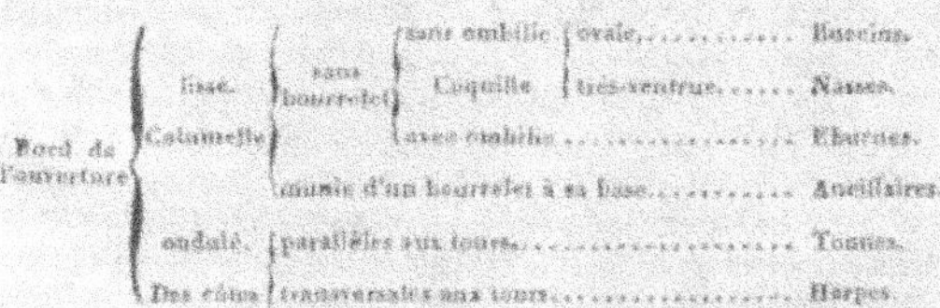

Bord de l'ouverture	lisse. Columelle	sans bourrelet	Coquille	sans ombilic	ovale, ... Buccins.
					très-ventrue........ Nasses.
			avec ombilic .... Eburnes.		
		munie d'un bourrelet à sa base............ Ancillaires.			
	ondulé.	parallèles aux tours........................ Tonnes.			
	Des côtes	transversales aux tours.................... Harpes.			

Les POURPRES (*purpura*) diffèrent des buccins, avec lesquels on les confondait autrefois, par leur columelle aplatie, et
par un petit canal légèrement courbé et non saillant, qui se
remarque derrière l'échancrure destinée au siphon respiratoire. Leur coquille, de forme très-variée, mais toujours plus
ou moins ovale, se fait souvent remarquer par le grand nombre
d'angles, d'épines ou de tubercules qui la hérissent.

Ces mollusques ont été ainsi nommés, parce que c'est principalement parmi eux, que l'on trouve les espèces qui fournis-
saient cette matière colorante, dont les anciens faisaient leur
belle couleur pourpre. En quelque sorte analogue à l'encre des
seiches, des calmars, des aplysies, etc., cette liqueur est contenue dans un réservoir particulier en forme de vessie, placé
dans le voisinage de l'estomac. Il paraît que cette matière
n'acquiert sa couleur vive, que lorsqu'elle est étendue dans
l'eau et exposée au contact de l'air.

Les modernes, depuis la découverte de la cochenille, qui
leur fournit en abondance les couleurs rouges dont ils ont besoin, ont totalement négligé l'exploitation de la liqueur des
pourpres, et ont même perdu le secret de la fixer sur des étoffes. On trouve ces animaux en grand nombre sur les rivages

de la plupart des mers, surtout dans celles du Midi. D'après
la forme de leur coquille, on les a divisés en quatre sous-
genres, les *pourpres*, les *licornes*, les *ricinules* et les *concholépas.*

Les premiers ou la spire saillante et les deux bords de l'ouverture unis.

Les Licornes ont aussi la spire saillante, mais leur bord extérieur est armé d'une épine allongée.

Les Ricinules ont pareillement la spire saillante et l'un des
deux bords de l'ouverture garni de dents qui la rétrécissent.

Les Concholépas ont la spire à peine marquée et l'ouverture de la coquille énorme. On n'en connaît qu'une espèce des
côtes du Pérou.

IIIe *Tribu.*—Buccinoïdes canaliculées.

Cette troisième tribu est de beaucoup la plus nombreuse en
genres, et renferme toutes les buccinoïdes dont l'ouverture présente à sa base un canal de longueur et de direction variables,
mais constamment destiné à livrer passage au siphon respiratoire. Du reste, la spire des coquilles est toujours visible
comme dans la tribu précédente, et l'animal qui les habite
présente les mêmes particularités d'organisation et les mêmes
habitudes.

On compte cinq genres principaux dans cette tribu, les *casques*, les *cérithes*, les *rochers*, les *fuseaux* et les *strombes.*

Les CASQUES (*casis*) ont été pendant long-temps confondus avec les buccins de la tribu qui précède, quoiqu'ils en diffèrent essentiellement par l'étroitesse et par la forme longitudinale de leur ouverture, qui se rapproche de celle des porcelaines,
ainsi que par les rides dont elle est garnie de chaque côté.
D'ailleurs ils offrent toujours à leur base un canal d'abord
droit, et ensuite relevé vers le dos de l'animal.

Ces coquilles sont généralement remarquables par le peu de
saillie de leur spire, par les replis dont leurs bords sont sillon-
nés, et par leur forme bombée postérieurement, et plus étroite
en avant.

L'animal qui construit ces coquilles est encore peu connu :
il paraît cependant qu'il doit avoir des rapports avec celui des
buccins, car les casques ont les habitudes de ces derniers mollusques ; ils vivent dans la mer, à peu de distance des côtes, et

recherchent surtout les fonds sablonneux, sur lesquels ils se traînent en rampant, pour chercher les coquillages dont ils font leur proie. Ils ont aussi l'habitude de s'enfoncer dans les sables, soit pour s'y mettre à l'abri de leurs ennemis, soit pour pouvoir tromper plus facilement les animaux dont ils font leur nourriture.

Ce genre se divise en deux sous-genres, les *cassidaires* et les *casques propres*.

Les premiers ont le canal recourbé insensiblement ; tels sont le *cassidaire hérissé*, le C. *thyrrénien*, etc.

Les Casques propres ont le canal recourbé brusquement en arrière ; tels sont le C. *tricoté*, le C. *tuberculeux*, le C. *flambé*, etc.

Les CÉRITHES (*cerithium*) ont à-peu-près le canal des casques ; mais elles ont l'ouverture plus ovale, et la spire très-saillante et même turriculée, à-peu-près comme les vis, les mitres, etc.

Cette forme de la coquille est déterminée par celle de l'animal, dont le tortillon est allongé, et le pied large et ovale, comme celui des colimaçons, des buccins, etc., dont il diffère cependant assez sous les autres rapports. Sa tête est grosse, terminée par un mufle en forme de trompe, dans lequel on ne trouve ni dent falciforme, comme chez les pulmonés, ni épines cornées, comme chez les autres buccinoïdes. Il paraît que ce mollusque se nourrit en aspirant les particules animales que l'eau tient en suspension, ou qu'il trouve dans la terre qui forme le lit de la mer ; car on observe que, à la manière des casques, les *cérithes* ont l'habitude de s'enfoncer dans le sable et dans la vase ; et c'est pour cela qu'elles ne s'éloignent jamais des côtes, et qu'elles fréquentent surtout l'embouchure des fleuves.

Le genre *cérithe* est un des plus nombreux de la classe dont nous parlons, en espèces vivantes et en espèces fossiles. La plus remarquable parmi les premières est la *cérithe géante*, qui a seize pouces de long.

Le nom de ROCHER (*murex*) (*fig.* 8) s'applique à toutes les coquilles à canal saillant, dont les tours de la spire sont garnis d'espace en espace de tubercules mousses ou d'éminences pointues. Cette particularité, jointe à l'épaisseur généralement considérable de l'enveloppe calcaire, rend celle-ci

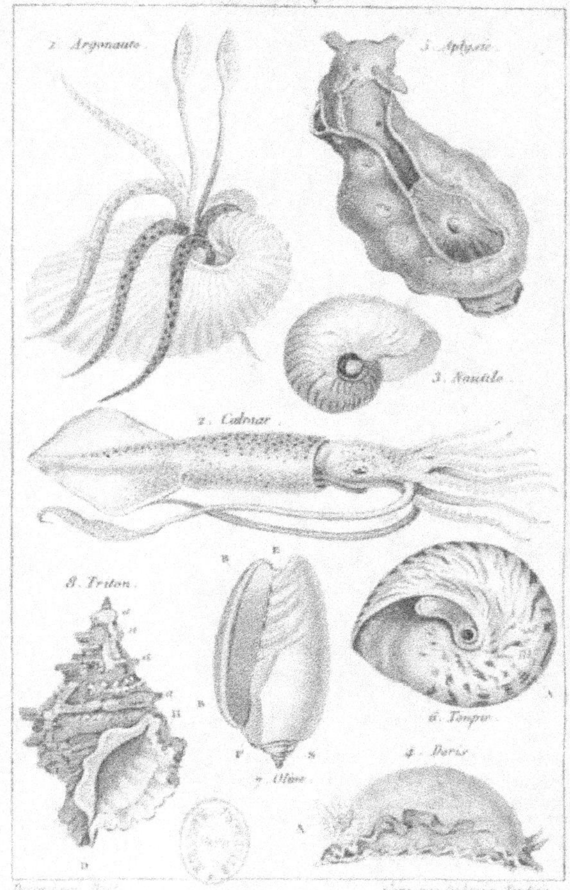

CÉPHALOPODES.   Pl. XXVIII.   GASTÉROPODES.

difficile à briser, et forme à l'animal qu'elle enveloppe un
bouclier capable de résister à des pressions très-fortes; ce qui
lui a fait donner le nom de *rocher*. L'animal qui habite ces
coquillages offre la même organisation et les mêmes habitudes
que celui des buccins, dont il ne diffère que par un siphon
plus allongé. Il fréquente, comme ces derniers, le voisinage
des côtes, et se cache dans les anfractuosités des rochers, au
milieu des fucus ou même dans le sable. Les *rochers* préfèrent
ces endroits, parce qu'ils y trouvent abondamment les mollusques littoraux dont ils font leur principale nourriture : n'ayant
pour se mouvoir que leur pied abdominal, ils se traînent avec
tant de lenteur, qu'ils ne pourraient que difficilement se procurer ailleurs leur subsistance.

Ces mollusques, dont le nombre est très-considérable dans
toutes les mers et surtout dans celles du Midi, se sont depuis
long-temps attiré l'attention des amateurs par la singularité,
la bizarrerie et la variété de leurs formes, et quelquefois par
la beauté de leurs couleurs; il faut cependant observer que ces
dernières sont ordinairement ternes, et n'acquièrent jamais cet
éclat qu'on admire sur les coquilles à surface lisse.

On divise ce genre en trois sous-genres principaux, savoir :
les *rochers* proprement dits, les *ranelles* et les *tritons*.

Sous le nom de FUSEAU (*fusus*), on désigne un assez grand
nombre de coquillages fusiformes (c'est-à-dire renflés dans le
milieu, et terminés en pointe à leurs extrémités), dont le bord
est lisse sur toute sa circonférence, la columelle le plus souvent
ridée, et qui ont un canal droit et saillant, à-peu-près comme
les rochers. Aussi naguère ne distinguait-on pas ces deux genres
de mollusques, qui ont les plus grands rapports entre eux,
non-seulement par la structure de l'animal qui est absolument
la même, mais encore par la forme de la coquille qui ne diffère
pas beaucoup. En effet, la principale différence qui les sépare les
uns des autres, se tire des tubercules qui se remarquent sur la
spire et sur le bord de l'ouverture des rochers, et qui manquent
aux fuseaux : encore ce caractère n'est-il pas absolu, et trouve-
t-on des nuances intermédiaires qui font le passage de l'un à
l'autre groupe.

Quoi qu'il en soit, on a trouvé dans la forme des *fuseaux* le
moyen de les subdiviser en sept sous-genres : les *fuseaux propres*, les *struthiolaires*, les *pleurotomes*, les *pyrules*, les *car-
reaux*, les *fasciolaires* et les *turrinelles*.

Columelle					
unie. Spire	saillante. Bord droit	Orifice	sans entaille	sans rebord	Fuseaux.
				avec un rebord....	Struthiolaires.
		entaillé...........................			Pleurotomes.
	peu marqué............................				Pyrules.
plissée. Spire	peu marquée.	peu marqués......			Carreaux.
	Plis de la columelle	très saillants.......			Fasciolaires.
	Saillante ou même terminale..............				Turritelles.

Les STROMBES (*strombus*) sont très-remarquables parmi les buccinoïdes à canal respiratoire, par la dilatation du bord droit qui s'écarte de la coquille avec l'âge, et par un sinus creusé dans ce bord, tout près du canal : sinus destiné à loger la tête de l'animal.

Ce sont des coquillages singuliers, qui se rapprochent des rochers par les tubercules dont leur surface est hérissée dans la plupart des espèces. On en trouve dans toutes les mers méridionales, et surtout dans celle des Indes.

On les divise en trois sous-genres, qui sont les *rostellaires*, les *ptéroceres* et les *strombes* proprement dits.

Les STROMBES propres ont le sinus situé loin du canal, et le bord droit sans digitation ; tel est le S. *oreille-de-Diane*.

Les PTÉROCÈRES ont le sinus comme les strombes, mais le bord de leur ouverture est divisé en digitations longues et grêles ; tels sont le P. *mille-pieds*, le P. *scorpion*, etc.

Enfin les ROSTELLAIRES se distinguent des précédents, en ce qu'ils ont le sinus situé près du canal ; tel est le R. *pied-de-pélican*.

IIIe *Famille*. — SCUTIBRANCHES.

Cette troisième famille est beaucoup moins nombreuse que les deux précédentes, dont elle est aussi assez différente pour que certains naturalistes l'aient placée dans un autre ordre. En effet, leur coquille, à peine turbinée ou même tout-à-fait aplatie, a son ouverture tellement large qu'elle ressemble plutôt à un bouclier, sous lequel le mollusque peut se mettre à l'abri des dangers extérieurs, qu'à une boîte, dans laquelle il peut se retirer et s'enfermer comme dans son domicile. Aucune n'a d'opercule, soit cornée, soit calcaire, qui puisse empêcher un ennemi de s'y introduire ; et par conséquent son ouverture n'a besoin ni d'échancrure ni de canal pour livrer passage au siphon

respiratoire, puisque l'eau pénètre librement et continuellement dans son intérieur. Mais si, faisant abstraction de la coquille, on ne fait attention qu'à l'animal qui la produit, on
trouve que les *scutibranches* sont absolument semblables aux
autres pectinibranches, et surtout aux trochoïdes ; ils ont un
peigne branchial attaché à la voûte de la cavité respiratoire ;
leur bouche se prolonge en une trompe ; ils ont les sexes séparés, etc. Sous le rapport des habitudes, ils n'ont pas moins d'a-
nalogie ; ils sont tous littoraux, se traînent en rampant sur le
rivage, se cachent parmi les fucus ou dans les fentes des rochers,
et se nourrissent principalement de thalassiophytes.

Cette famille se divise en trois tribus : les *otidés* ou *halyotides*, les *capuloïdes* et les *patelloïdes.*

Ire *Tribu.* — Otidés.

Les *otidés* ont la coquille légèrement turbinée, mais très-
aplatie ; et la forme de son ouverture rappelle celle d'une
oreille, ce qui leur a fait donner leur nom d'*halyotides*, qui
veut dire oreille de mer. Quant à l'animal, il diffère fort peu
de celui des deux familles précédentes : cependant il offre une
disposition anatomique fort remarquable ; c'est que le cœur
est traversé chez lui par le rectum, et reçoit le sang par deux
oreillettes, comme dans le plus grand nombre de bivalves.

Cette tribu renferme deux genres, les *ormiers* et les *stomates.*

Les ORMIERS (*halyotis*), plus communément connus sous
le nom d'*halyotides* ou *oreilles de mer*, à cause de la ressemblance de leur coquille avec l'oreille d'un quadrupède, ont
dans cette enveloppe testacée un caractère distinctif fort remarquable. Elle est de forme aplatie, à spire légèrement saillante, et présente à l'intérieur une belle couleur nacrée avec
des reflets métalliques, et sur un des côtés une rangée de trous
dont le nombre s'accroît à mesure que l'animal vieillit, et dont
le plus nouveau, qui est aussi le plus antérieur, sert à donner
passage au siphon ou canal respiratoire.

L'*halyotide* est un des mollusques les plus ornés ; tout autour
de son large pied règne une double membrane découpée en
festons, et garnie de filets qui font le plus bel effet à l'œil. On
en compte plusieurs espèces, dont une seule vit dans la Méditerranée ; elle se tient toujours près des côtes, et se nourrit de

plantes marines. Malgré la largeur de l'ouverture de sa coquille, son pied en dépasse toujours plus ou moins les bords.

Les principales espèces de ce genre sont l'*halyotide commune* ou *tuberculée*, l'*H. canaliculée*, etc.

Les STOMATES (*stomatia*) semblent destinés à établir le passage des halyotides aux capuloïdes, et surtout aux sigarets. Ils tiennent des uns et des autres par leur coquille plate et largement ouverte ; mais celle-ci diffère de celle du genre précédent, par le défaut de ces trous qu'on observe dans les vraies oreilles de mer, et celle des espèces suivantes par sa forme auriculaire, et par la position du sommet de sa spire qui est latéral, au lieu d'être à-peu-près médian, comme dans les capuloïdes. Quant à l'animal qui produit et habite ces coquillages, il est complètement inconnu ; les coquillages eux-mêmes sont rares et peu communs. Nés dans les mers des Indes, ils y prennent, comme toutes les productions de ce pays, une couleur nacrée éclatante, qui les fait rechercher de tous les amateurs de conchyliologie.

IIe *Tribu.* — Capuloïdes.

Leur coquille, comme celle des otidés, est largement ouverte et dépourvue de symétrie ; de plus, elle est sans échancrure ni canal, pour le passage du siphon respiratoire. Pour l'animal, il a beaucoup de rapports avec ceux des autres pectinibranches ; il a la tête distincte, avec deux tentacules et une trompe courte ; ses branchies sont situées sur le dos, formées de filets longs et nombreux ; son pied est fort large, et son manteau déborde le pied et est souvent garni de franges.

Cette tribu comprend plusieurs genres, dont le tableau suivant présente les principaux.

Intérieur de la coquille			
sans cloison	Spire commençante	conique	Cabochons.
	Coquille	aplatie	Sigarets.
	nulle, un canal		Siphonaires.
muni d'une cloison, À sommet	latéral		Crépidules.
	médian	horizontale	Naticelles.
	Cloison	oblique, un peu spirale	Calyptrées.

Les SIGARETS (*sigaretus*) ont le corps large, bombé supérieurement, aplati en-dessous, le manteau échancré en avant et renfermant dans son épaisseur, une coquille ovale ou arrondie, plus ou moins translucide, et dont l'ouverture est extrêmement grande et entière ; leur tête large et épaisse, est complètement cachée sous la saillie que le manteau forme en avant ; mais en relevant ce repli, on aperçoit deux tentacules coniques et ayant deux yeux à leur base.

Quoique nos mers nourrissent plusieurs mollusques de ce genre, on en ignore absolument les habitudes et l'histoire naturelle. Tout ce qu'on sait sur eux à cet égard, se borne à ce qu'en dit Othon Fabricius : d'après cet observateur, les *sigarets* habitent le fond de la mer et y marchent fort lentement en rampant sur les pierres, à la manière des patelles.

Les principales espèces de ce genre sont le *sigaret déprimé*, qu'on trouve sur les côtes de la Méditerranée ; le *S. convexe*, qui vit sur celles de la Manche, etc.

Les CABOCHONS (*capulus*) se distinguent des sigarets par une forme plus oblongue, par leur manteau plus étroit et plus mince, par leur trompe assez longue et par leur tête entièrement découverte ; de plus ils montrent deux tentacules très-grands et très-distincts l'un de l'autre. Leur coquille, presque conique, a son sommet plus ou moins incliné et tordu en arrière vers le bord postérieur, et son ouverture arrondie ou ovale à bords irréguliers. Cette forme de l'enveloppe calcaire n'est pas sans quelque analogie avec le bonnet phrygien, et a fait donner à ces mollusques le nom vulgaire de *cabochons*, qui n'est qu'une corruption de celui de capuchon, et la dénomination scientifique de *capulus* ou de *pileopis* qui en est la traduction. Ce rapport de forme est surtout remarquable dans l'espèce la plus commune, celle que l'on nomme ordinairement *bonnet hongrois*, et que l'on trouve en abondance dans la Méditerranée.

Les CRÉPIDULES (*crepidula*) ont beaucoup d'analogie avec les cabochons ; ainsi ils ont la tête découverte et deux tentacules portant les yeux à leur base ; leur coquille est de forme plus ou moins conique, à sommet incliné en arrière et de côté. Mais leur tête est fourchue en arrière, leur manteau très-étroit, leur branchie en forme de panache, saillante hors de la cavité branchiale et flottant sur le côté droit du cou ; et leur coquille a son ouverture à demi-fermée, avec une lame horizontale sur laquelle reposent les principaux viscères.

Toutes les espèces de ce genre appartiennent aux mers des pays chauds, ou n'existent qu'à l'état fossile. Parmi les premières nous citerons la *crépidule porcellane*, la C. *épineuse*, etc. ; parmi les secondes, nous nommerons la C. *bossue*, la C. *d'Italie* ou *sandale*, etc.

Les NAVICELLES (*cymba*) ne diffèrent des crépidules qu'en ce que le sommet de leur coquille n'est point incliné sur le côté, et se porte directement en arrière.

Les CALYPTRÉES (*calyptrœa*) ont les plus grands rapports avec les deux genres précédents et surtout avec les navicelles ; mais leur sommet est généralement plus élevé, et leur cavité présente une lame ou diaphragme en forme de cornet, et est légèrement roulée en spirale. Telles sont la *calyptrée équestre*, la C. *éteignoir*, etc.

III Tribu. — PATELLOÏDES.

Les mollusques de cette troisième tribu ne diffèrent que fort peu des précédents ; ils ont le corps oblong, bombé supérieurement, aplati en dessous, terminé en avant par une tête plus ou moins distincte ; leurs branchies sont renfermées dans une cavité placée à la base du cou, et s'ouvrant à sa partie supérieure par un large orifice ; leur coquille est toujours symétrique, plutôt clypéiforme que conique, à sommet presque droit ou légèrement incliné en arrière, à ouverture circulaire ou ovale, le plus souvent munie d'un petit canal pour la sortie du siphon.

Les habitudes des *patelloïdes* sont peu intéressantes ; elles vivent sur les rivages de la mer, aux dépens des thalassiophytes qui y croissent avec tant d'abondance, et peut-être aussi des matières organisées qui se trouvent mêlées dans la vase qui se dépose au fond de l'eau ; car on trouve souvent de la terre dans le canal digestif de celles que l'on ouvre. Elles passent la plus grande partie de leur vie fixées à la même place ; ou, si elles changent quelquefois, elles le font en rampant avec tant de lenteur, qu'il est difficile de distinguer le moment où elles marchent de celui où elles restent immobiles. Aussi leur génération est-elle hermaphrodite, et s'opère-t-elle sans le concours de deux individus de sexe différent ; chacun d'eux, ayant en lui l'organe producteur des germes, et celui qui sécrète le fluide fécondant destiné à les vivifier.

Les principaux genres de cette tribu sont les *fissurelles*, les *émarginules*, les *pavois* et les *patelles*.

Les FISSURELLES (*fissurella*) sont faciles à reconnaître à la largeur du disque charnu qui constitue leur pied, et à la forme de leur coquille qui présente à son sommet une petite ouverture longitudinale. Cette ouverture, qui correspond à une fente du manteau, communique avec la cavité respiratoire et avec l'extrémité de l'intestin, et donne passage aux excréments et à l'eau nécessaire à la respiration.

Ces coquillages, qui sont communs sur toutes les côtes, où ils servent de nourriture aux pauvres, sont tous de petite taille et ont le manteau tellement grand, que les bords en se redressant recouvrent presque entièrement la coquille.

Les espèces de ce genre les plus remarquables sont la *fissurelle grecque* ou *cannelée*, qu'on trouve dans la Méditerranée et dans l'Océan ; la F. *de Magellan*, qui est une des plus grandes et des plus jolies; la F. *écailleuse*, qui est la plus grande de toutes, mais qui n'existe qu'à l'état fossile.

Les EMARGINULES (*emarginula*) ont la même organisation que les fissurelles, mais leur coquille n'a point le sommet ouvert; les fonctions de cette ouverture sont remplacées par une échancrure existant à la partie antérieure du manteau et de la coquille, et qui communique avec la cavité branchiale. C'est à cette double échancrure que ces mollusques doivent leur nom d'*emarginule*. On peut ajouter à ce caractère que les bords de leur pied abdominal sont garnis d'une rangée de filets ou de franges.

Les espèces les plus communes du genre sont l'*emarginule treillisée*, l'E. *à côtes*, l'E. *en bouclier*, etc.

Les PAVOIS (*parmaphorus*) diffèrent des deux genres précédents, en ce que leur coquille n'a ni dentelure à son sommet, ni échancrure à son bord antérieur. Sous les autres rapports, ils n'en diffèrent pas; ils ont également le corps large, épais et ovale, le manteau assez grand pour déborder le reste du corps et pour recouvrir en grande partie la coquille.

On ne connaît que deux espèces vivantes de ce genre ; ce sont le *pavois allongé* et le P. *ambigu*, qu'on trouve dans les mers de la Nouvelle-Hollande.

Les PATELLES (*patella*) se distinguent des trois genres qui précèdent, en ce que leur organe respiratoire, au lieu de former des peignes flottants dans la cavité branchiale et même hors de cette cavité, se présente sous la forme d'un simple réseau qui en tapisse le plafond, et offre plutôt le caractère d'un organe pulmonaire destiné à la respiration de l'air à l'état gazeux, que celui de branchies, propres à extraire ce fluide de l'eau(1). Ajoutez à cela que ces mollusques ont la coquille sans trou au sommet, ni échancrure en avant, ce qui empêche de les confondre avec les fissurelles et les émarginules. Pour les distinguer des pavois, il suffira de faire attention que cette coquille est très-déprimée, a le sommet incliné en arrière, l'ouverture allongée et le bord postérieur légèrement échancré dans ces derniers, tandis que dans les *patelles* elle a le sommet saillant et médian, avec l'ouverture orbiculaire et entière.

Relativement aux habitudes des *patelles*, elles sont, pour ainsi dire, intermédiaires entre celles des gastéropodes et celles des acéphales. Fixées pour ainsi dire sur les rivages de la mer qu'elles ne quittent jamais, afin de ne pas s'éloigner des plantes marines qui y croissent et dont elles font leur nourriture, elles se creusent, sur les rochers voisins de la côte, des excavations peu profondes dans lesquelles elles s'établissent à-peu-près à demeure, et qu'elles ne quittent que pour aller chercher leur nourriture ; on a même long-temps cru qu'elles y restaient immobiles pendant toute leur vie ; mais on s'est positivement assuré du contraire, en examinant à des époques différentes, ces excavations, que l'on a trouvées tantôt vides, tantôt occupées.

Du reste, les mouvements de ces mollusques sont tellement lents, que l'œil ne les distingue qu'en ce que les bords de la coquille, qui touche le sol quand l'animal est immobile, s'en trouvent plus ou moins écartés pendant qu'il marche. On prétend que lorsqu'ils sont fixés à une place, ils y adhèrent si fortement au moyen de leur pied, qu'il est impossible de les en arracher. Du reste, on les recherche peu ; leur chair est si co-

---

(1) G. Cuvier doute de l'existence de ce réseau vasculaire dans la cavité respiratoire des patelles, et leur donne pour branchies des franges qui bordent leur manteau. D'après cette manière de voir, il faudrait placer ces mollusques dans l'ordre suivant, celui des cyclobranches ; mais nous avons préféré l'opinion de M. de Blainville, qui met les patelles dans le même ordre que les fissurelles, émarginules, etc., parce qu'elles nous ont paru offrir la plus grande analogie dans la forme de la coquille et dans l'organisation animale.

riace, qu'elle ne peut servir d'aliment que pour les malheureux. Mais si on dédaigne l'animal, il n'en n'est pas de même de la coquille ; celle-ci est d'une forme assez singulière, et présente souvent de jolies couleurs, qui la font rechercher des amateurs de conchyliologie. Elle est orbiculaire ou ovale, en forme de bouclier ou de cône aplati ; de sorte qu'elle ressemble plus ou moins à un petit plat ; c'est d'après cette ressemblance que ces animaux ont reçu le nom de *patelles*, qui, en latin, a cette signification.

Ce genre est extrêmement nombreux en espèces, et a été divisé en plusieurs sections : 1° celles qui ont la surface lisse, et dont le sommet est saillant et à-peu-près central : telle est la P. *vulgaire*, etc. 2° Celles à sommet élevé et à-peu-près central, mais dont la surface est marquée de côtes saillantes et dont les bords sont lobés : telles sont la P. *œil de rubis*, la P. *œil de bouc*, etc. 3° Celles à sommet central et déprimé, comme la P. *en cuiller*, la P. *rayonnante*, etc. 4° Celles à sommet dirigé en avant, comme la P. *transparente*, la P. *pectinée*, etc.

IVe Ordre. — CYCLOBRANCHES.

Cet ordre ne comprend qu'un seul genre, celui des *oscabrions*, qui présentent des caractères tellement tranchés, qu'on ne peut les placer convenablement dans aucun des autres ordres de l'embranchement des mollusques. Le défaut de tête les éloigne de la classe des gastéropodes, tandis que la forme de leur pied et celle de leur coquille ne permettent pas de les placer parmi les acéphales ; d'un autre côté, la multiplicité et la disposition des valves, ainsi que quelques autres particularités organiques sembleraient exiger qu'on les mît dans une classe intermédiaire entre les mollusques et les articulés ; et c'est ce qu'a fait le professeur de Blainville, qui en a formé un groupe particulier sous le nom de *polyplaxiphores*. Mais en agissant ainsi, on les sépare des patelles dont ils ont la conformation extérieure et les habitudes, par la classe nombreuse des acéphales, ce qui nous paraît offrir un grave inconvénient. Nous les plaçons en conséquence à la suite des scutibranches, immédiatement après les patelles, avec lesquelles ils nous paraissent avoir plus de rapports qu'avec aucun autre ordre de mollusques.

Les OSCABRIONS (*chiton*) sont des mollusques très-remarquables par l'espèce de test qui les recouvre. L'animal a la forme d'une limace sans tentacules et même sans tête; mais son dos, au lieu d'être nu, présente une série de pièces cornées, dont le nombre varie de six à dix, et qui sont imbriquées ensemble comme les ardoises d'un toit, de manière à lui former une coquille multivalve et symétrique.

Cette disposition du test a une influence très-marquée sur les mouvements des *oscabrions*; ils ne restent pas constamment fixés à la même place comme les patelles; la multiplicité des pièces de leur coquille leur permettant de tourner à droite et à gauche, ils rampent avec la même vitesse ou plutôt avec la même lenteur que les limaces, les escargots et autres animaux analogues.

Ces mollusques, qui sont assez nombreux, se traînent sur un pied ou disque charnu et ventral, comme tous ceux de leur classe. Ils vivent dans la mer, à peu de profondeur et près de ses rivages, et se fixent de temps en temps sur les rochers et les pierres ; ils aiment surtout à s'attacher le long des plantes marines, dont ils paraissent faire leur nourriture.

On divise les *oscabrions* en deux sous-genres, les *oscabrions propres* et les *oscabrelles*.

1° Les OSCABRIONS ont le test déprimé et aplati, les valves larges, carénées et bien imbriquées. Nous en trouvons plusieurs espèces dans les mers d'Europe, il y en a beaucoup et de grands dans les mers des pays chauds. Nous citerons entre autres, l'O. *écailleux*, l'O. *marbré* et l'O. *brun*, etc.

2° Les OSCABRELLES (*oscabrella*) ont le test plus ou moins conique et vermiforme, avec un pied fort étroit et comme articulé; telle est l'O. *lisse*.

CONCHOLOGIE,

ou

HISTOIRE NATURELLE DES ACÉPHALES.

Cette quatrième classe comprend une immense quantité de coquilles vivantes, et peut-être un plus grand nombre de fossiles, que l'on trouve répandues avec profusion et quelquefois en bancs énormes dans les couches qui forment la croûte solide du globe terrestre. Mais malgré son étendue, cette classe n'est pas moins facile à caractériser que les précédentes. Uniquement composée d'animaux sans tête apparente, elle ne saurait être confondue avec les classes précédentes, qui ne comprennent que des espèces dont la tête, plus ou moins saillante, est d'ailleurs marquée par la présence d'yeux ou de tentacules mobiles, ni avec la suivante, dont la coquille est constamment multivalve.

Leur corps est renfermé dans un manteau qui, étant ployé en deux, l'enveloppe comme un livre est enveloppé par sa couverture : seulement il arrive assez fréquemment que les deux lames de cette enveloppe se réunissent par-devant, de manière à former une espèce de tube, ou même un sac dans lequel l'animal se trouve entièrement caché. C'est entre la paroi intérieure de ce sac et le corps qu'elle recouvre, que sont placées les branchies qui reçoivent l'eau au moyen d'un siphon formé par un repli du manteau.

La bouche de ces mollusques est toujours placée au fond du sac, et ne présente ni trompe, ni mâchoires, ni dents, ni enfin aucun organe particulier pour la mastication. C'est une simple ouverture qui ne sert qu'à admettre les molécules nutritives que l'eau lui apporte continuellement : par conséquent tous les *acéphales* doivent toujours habiter l'eau ; car s'ils ne vivaient pas dans cet élément, dont le mouvement leur amène les aliments sans la participation de l'animal, il faudrait qu'ils pussent aller les chercher au loin ; ce qui serait impossible aux nombreuses espèces qui restent pendant toute leur vie fixées à la même place, et difficile à toutes, vu que leurs mouvements sont toujours pénibles, lorsqu'ils ne leur sont pas impossibles.

La plupart d'entre eux en effet n'ont pour tout organe locomoteur qu'une petite masse charnue (le *pied*), dont les mouvements s'opèrent par un mécanisme analogue à celui de la langue des mammifères, et qui a ses muscles attachés dans le fond des valves de la coquille. Quelques espèces seulement font servir les valves de leur coquille à leur déplacement, en leur imprimant un mouvement rapide, qui fait faire à l'animal des bonds et des élancements quelquefois considérables : c'est ainsi que le pétoncle laissé à sec par le reflux regagne l'eau, son séjour ordinaire.

La difficulté qu'éprouvent ces animaux pour se déplacer, exigeait que chaque individu eût en lui-même les organes générateurs des deux sexes, et que la fécondation s'opérât sans accouplement : aussi tous les *acéphales* sont-ils hermaphrodites et peuvent se féconder eux-mêmes.

On conçoit que des animaux si peu favorisés par la nature dans l'exercice de la locomotion, et si dépourvus d'armes offensives, seraient exposés à devenir la proie des plus faibles ennemis, s'ils n'avaient reçu du créateur une enveloppe solide, capable de les protéger ; c'est une *coquille bivalve*, formée de deux pièces articulées ensemble près de leur base, au moyen d'une charnière, dont la forme et la disposition varient selon les genres. La réunion des deux valves est assurée par un ligament élastique, tantôt extérieur, tantôt intérieur, qui tend toujours à les écarter, et par des dents ou saillies de l'une des valves auxquelles correspondent des dépressions ou enfoncements analogues de l'autre. Ces dents, dont l'existence n'est pourtant pas constante, sont ordinairement de deux sortes ; les unes sont placées au sommet de la valve, au centre de la charnière et sont dites *cardinales* ; les autres sont situées sur les côtés de cette dernière, et sont par conséquent *latérales*. Quelquefois elles forment une ligne continue, droite, brisée ou courbe.

Il est évident, d'après cette disposition, que l'animal n'a besoin d'aucun effort pour ouvrir sa coquille ; ce n'est donc que pour la fermer qu'il faut qu'il contracte ses muscles. Or, ce dernier cas est beaucoup moins fréquent que le premier, car ces animaux, devant être constamment prêts à recevoir la nourriture que l'eau leur amène, doivent avoir leur coquille presque toujours béante ; ils ne la ferment que lorsqu'ils ont quelque danger à craindre.

La présence des muscles destinés à clore la coquille peut être reconnue, même sur cette dernière, à la seule inspection de la face intérieure des valves ; on y remarque toujours dans le voisinage de la charnière une ou deux parties plus ou moins rugueuses que l'on appelle *impressions musculaires*, parce qu'elles indiquent la place où les muscles étaient attachés pendant la vie de l'animal.

Observons toutefois que tous les *acéphales* ne sont pas testacés ; il en est quelques-uns, en petit nombre il est vrai, qui sont complétement nus. C'est même d'après la présence ou l'absence de la coquille, ainsi que d'après la disposition des branchies, qu'on a divisé cette classe en trois ordres ; les *brachiopodes*, les *lamellibranches* et les *tuniciers*.

De ces trois ordres les deux premiers sont testacés, les *tuniciers* seuls sont privés de coquille. Parmi les testacés, les uns ont deux tentacules ou bras auprès de la bouche, et une espèce de pied pour se fixer ; ce sont les *brachiopodes*. Les autres manquent de ces appendices et ont les branchies lamelleuses, cachées au fond du manteau ; ce sont les *lamellibranches*.

I.º *Ordre*. — BRACHIOPODES.

Les *brachiopodes* ont le corps enveloppé dans un manteau, qui le contient dans son intérieur, comme un livre est contenu dans sa couverture, et qui est constamment ouvert en dessous et au devant. C'est à la face interne des lobes de cette enveloppe que sont appliquées les branchies ; ce qui leur a fait donner, par Delamarck et par M. de Blainville, le nom de *palliobranches*. Leur organe locomoteur ne consiste pas, comme pour la plupart des acéphales, en un pied musculeux et exsertile, mais en deux longs appendices tentaculiformes et ciliés, que l'animal peut à son gré ramener entièrement à lui en les contournant en spirale, et étendre à une distance considérable en les déroulant ; de sorte qu'ils simulent des espèces de *bras*, dont ils portent le nom ; c'est même à cette ressemblance que ces animaux doivent leur dénomination de *brachiopodes*, qui veut dire *pieds-bras*. C'est à la base de ces deux appendices que se trouve placé l'orifice buccal, lequel ne présente aucun autre organe particulier pour la préhension et pour la mastication des aliments.

Outre les deux bras dont nous venons de parler, les *brachiopodes* ont un troisième appendice analogue au byssus, qui est composé de fibres solides et qui leur sert à s'attacher aux rochers sous-marins. Mais il ne paraît pas qu'ils jouissent de la faculté de déplacer la totalité de leur corps ; ils restent pendant toute leur vie fixés à la même place ; et pour que la nourriture leur arrive plus facilement, ils établissent, au moyen de leurs bras, un petit tournant d'eau qui aboutit dans leur bouche, et leur apporte les petites particules de matière nutritive qu'elle contient.

Tous les *brachiopodes* ont une coquille de deux pièces inégales, qui sont unies en arrière et qui s'ouvrent en avant. La plupart d'entre eux ont pour s'attacher aux rochers un ligament tendineux que l'animal fait sortir, soit par l'ouverture de ses valves, soit par une échancrure, dont est muni le sommet de l'une d'elles. Mais quelques-uns d'entre eux se fixent par leur valve inférieure.

L'histoire naturelle de ces animaux est peu importante pour l'homme ; aucun d'eux ne nous fait ni mal ni bien, et comme ils vivent tous dans la profondeur des mers, où il est presque impossible de les observer, on ne connaît presque rien sur leurs habitudes, qui du reste doivent être peu intéressantes, autant du moins qu'on peut le présumer, d'après ce que l'on sait sur leur organisation.

On divise cet ordre en deux petites familles, les *orbiculites* et les *térébratulites*.

Ire Famille.—ORBICULITES.

Cette famille ne comprend que deux petits genres faciles à reconnaître à la grande inégalité de leurs valves, dont la supérieure est ronde et conique à-peu-près comme celle d'une patelle, tandis que l'inférieure est plate et ressemble à une espèce d'opercule. Cette dernière est constamment fixée aux rochers, tantôt immédiatement, tantôt au moyen d'un très-petit pédoncule, qui traverse une fissure pratiquée à son centre.

Cette famille n'est composée que de deux genres, les *orbicules* et les *cranies*.

Les ORBICULES (*orbicula*) ont la coquille orbiculaire et très-comprimée ; l'animal a une forme analogue, et a les bras courts ou médiocres. On en connaît deux espèces principales, l'O. *lisse* et l'O. *de Norwége*.

Les CRANIES (*crania*) diffèrent principalement des orbicules, en ce qu'elles ont la face interne de la valve inférieure
marquée d'impressions musculaires profondes, qui semblent
avoir des rapports grossiers avec une tête de mort ; ce qui leur
a fait donner leur nom. On n'en connaît qu'une seule espèce
vivante, la C. *marquée*, tandis qu'on en a découvert trois ou
quatre espèces fossiles.

IIe *Famille.* — TÉRÉBRATULITES.

Les brachiopodes de cette seconde famille ont la coquille
symétrique, et l'inégalité des deux valves qui la composent est
beaucoup moins prononcée que dans les orbiculites. En outre,
elle n'est jamais attachée immédiatement aux rochers ou aux
autres corps sous-marins ; elle n'est fixée que par un pédicule
charnu ou fibreux que l'animal fait sortir, soit par une ouverture percée au sommet d'une des deux valves ou par une fente
qui reste entre celles-ci, lors même que le mollusque les tient
fermées. Une dernière particularité de ces animaux, c'est que
leurs bras sont presque toujours plus longs que dans ceux de la
famille des orbiculites.

Cette famille ne se compose, comme la précédente, que de
deux genres, les *lingules* et les *térébratules*.

Les LINGULES (*lingula*) ont les valves oblongues, presque
égales et assez plates ; lorsqu'elles sont fermées, elles laissent
entre elles une *hiule*, c'est-à-dire un intervalle vide par lequel
sort le pédicule destiné à les fixer aux rochers. Quant à l'animal, il ne diffère de celui des orbiculites que par la longueur
plus considérable de ses tentacules et par une disposition différente de ses branchies.

On ne connaît de ce genre qu'une seule espèce vivante, la
L. *anatine*, qui se trouve dans la mer des Indes.

Les TÉRÉBRATULES (*terebratula*) ont les valves inégales
et jointes par une charnière ; le sommet de l'une, plus saillant
que l'autre, présente une ouverture percée pour laisser passer
le pédicule qui attache la coquille aux rochers, aux polypiers
ou à d'autres coquilles. On remarque à l'intérieur une petite
charpente osseuse, quelquefois assez compliquée, et destinée à
faciliter l'ouverture et la fermeture des valves.

On ne connaît qu'un petit nombre de *térébratules* vivantes.

qui se trouvent dans les mers du sud ; telles sont la T. *digona*, la T. *sanguine*, la T. *difforme*, etc. Les espèces fossiles sont incomparablement plus nombreuses, et se trouvent en quantités innombrables dans les terrains secondaires.

IIe *Ordre.*—LAMELLIBRANCHES.

Ces acéphales ressemblent beaucoup à ceux de l'ordre précédent, par leur coquille qui est toujours bivalve et par la forme de leur manteau, qui s'allonge en avant pour donner naissance à deux feuillets. Mais, chez les *lamellibranches*, le manteau n'est pas toujours ouvert en avant, comme chez les brachiopodes ; de plus, leur branchies, toujours au nombre de deux de chaque côté du corps, se présentent sous la forme de feuillets lamelleux, striés régulièrement en travers par les vaisseaux capillaires. Ils n'ont jamais de tentacules allongés en forme de bras ; ces organes sont ordinairement remplacés par quatre appendices coniques, quelquefois ciliés, dont les mouvements circulaires déterminent dans l'eau la formation d'un léger tourbillon, qui apporte dans la bouche de l'animal les petites parcelles de matière nutrive contenues dans ce liquide.

La plupart des *lamellibranches* ont un pied charnu placé entre les quatre branchies, qui se meut par un mécanisme analogue à celui de la langue des mammifères, mais qui n'existe pas toujours. Aussi les mouvements de ces mollusques sont-ils extrêmement bornés ; et plusieurs ne peuvent pas même changer de place, et restent pendant toute leur vie fixés sur le rocher où ils sont nés. Quelques espèces cependant se meuvent avec une certaine agilité, en imprimant aux valves de leur coquille un mouvement rapide qui les rapproche l'un de l'autre.

Un assez grand nombre de bivalves possède ce qu'on appelle un *byssus*, c'est-à-dire un faisceau de fils plus ou moins déliés sortant de la base du pied, et par lesquels l'animal se fixe aux corps placés à sa portée. On ne connaît pas bien la nature de ce byssus : les uns le regardent comme un muscle atrophié ; mais cette opinion nous paraît moins probable que celle qui le regarde comme le produit d'une sécrétion. En effet, on remarque que, lorsque cet appendice a été coupé par accident, il se reproduit plus ou moins complètement ; phénomène qui se remarque beaucoup plus fréquemment pour les parties sécrétées que pour les organes.

L'ordre des *lamellibranches* se divise en deux sous-ordres :

les *monomyaires* et les *dimyaires*, que l'on distingue en ce que
les uns n'ont qu'un seul muscle et par conséquent une seule
impression musculaire sur chaque valve, tandis que les autres
ont deux muscles et deux impressions.

Ier *Sous-Ordre.* — MONOMYAIRES.

Le nom de *monomyaires* a une étymologie grecque (μόνος,
un seul, μῦς, *muscle*), et exprime le caractère essentiel des
mollusques de cet ordre, dont le corps est attaché à la coquille par un muscle unique qui, traversant l'animal, se porte
vers la base des valves qu'il est destiné à mouvoir. Ce caractère
est marqué sur les coquilles par une impression ou inégalité
plus ou moins profonde, mais toujours unique, tandis que
dans celles de l'ordre suivant on en trouve toujours deux, dont
l'une est en avant et l'autre en arrière.

Mais ce n'est pas là le seul trait distinctif de cet ordre ; la
coquille de ces mollusques est ordinairement irrégulière, à
valves inégales, et formée pour ainsi dire de feuillets collés l'un
à l'autre, et dont le point d'union est marqué extérieurement
par des lignes convexes dirigées dans le sens du bord de la
coquille ; tandis que dans les dimyaires la coquille est presque
toujours régulière, à valves égales, et marquée de lignes qui
tombent perpendiculairement sur son bord. Cette particularité
ne souffre que très-peu d'exceptions qui sont faciles à retenir.
C'est ainsi que les cames ont les valves inégales, bien qu'appartenant à l'ordre des dimyaires ; et, parmi les espèces de
l'ordre dont nous parlons, les peignes, au lieu d'avoir la coquille feuilletée, l'ont sillonnée de lignes transversales, telles
qu'on en observe dans le sous-ordre suivant.

Les mollusques *monomyaires*, privés de la faculté de se
mouvoir, se fixent ordinairement aux rochers, au moyen d'un
byssus ou de leur coquille.

On divise les *monomyaires* en trois familles : les *ostracés*,
les *malléacés* et les *bénitiers* ou *tridacnes.*

Ire *Famille.* — OSTRACÉS.

Ces mollusques tirent leur nom de la ressemblance qu'ils ont
avec les huîtres communes, appelées en latin *ostrea.* Ils ont
tous la coquille à deux valves inégales, dont l'une inférieure
plus grande et plus bombée, l'autre supérieure plus petite et

plus plate. On ne remarque jamais à leur base ni dents ni saillies pour faciliter leur réunion ; celle-ci n'a lieu que par le moyen de ligaments fixés dans l'intérieur, et qui ne sont nullement visibles au dehors, lorsque la coquille est fermée. Rarement l'animal jouit de la faculté de se déplacer ; il tient presque toujours aux corps sous-marins par la valve inférieure ; quelques espèces cependant restent libres, et se meuvent en ouvrant et fermant alternativement leur coquille par des secousses fréquemment répétées, et ne se fixent que momentanément aux rochers et aux autres corps placés sous l'eau.

Cette famille renferme trois genres principaux : les *huîtres*, les *peignes* et les *spondyles*.

Les HUÎTRES (*ostrea*) sont fort nombreuses, mais toujours faciles à distinguer à leur coquille irrégulière, feuilletée, tantôt mince et unie comme du papier, tantôt épaisse et raboteuse comme une pierre.

Des deux faces de leurs valves, l'intérieure est toujours lisse, de couleur plus ou moins blanche et quelquefois nacrée, tandis que l'extérieure est inégale et garnie d'aspérités ou même d'épines. L'animal qui habite cette demeure est des plus simples de la famille ; il n'a ni pied, ni tentacules, ni siphon ; il ne peut par conséquent se déplacer ; il reste toujours couché sur sa valve convexe au fond de l'eau, où ses mouvements se bornent à ouvrir et à fermer sa coquille, et son instinct se réduit à attendre patiemment que l'eau lui apporte sa nourriture.

On a partagé ce genre en trois sous-genres : les *huîtres propres*, les *gryphées* et les *placunes*.

1° C'est au premier sous-genre qu'appartient l'*huître commune*, si connue de tout le monde et surtout des gourmets. On sait la prodigieuse consommation qui s'en fait dans toutes les parties du monde. Il est des amateurs d'huîtres qui en mangent jusqu'à trente douzaines et même davantage, et la chair de ces mollusques est si facile à digérer, qu'il est rare qu'ils s'en trouvent incommodés. Les personnes dont l'estomac est délicat peuvent par conséquent en faire usage préférablement à d'autres viandes. Mais l'*huître* n'est pas toujours également bonne à manger ; l'été elle a moins de goût et se gâte d'ailleurs trop vite ; aussi n'en consomme-t-on guère qu'en hiver. Celles qu'on vient de retirer de l'eau conservent un goût de vase désagréable ; mais on le leur fait perdre en les faisant *parquer*, ou séjourner pendant quelque temps dans un bassin dont on peut renouveler l'eau à volonté. Par ce moyen leur chair devient plus tendre et plus facile à digérer.

On pêche les *huîtres* dans presque toutes les mers d'Europe, et surtout dans l'Océan. Elles forment à peu de distance des côtes des bancs immenses, d'où on les retire avec une *drague*, espèce de râteau attaché à une perche, qui la traîne en tout sens au milieu de ces mollusques, les détache et les fait tomber dans un vaste filet. On en prend ainsi de dix à douze mille à la fois. La pêcherie d'*huîtres* la plus remarquable que nous ayons en France est celle de Cancale, près de Saint-Malo.

On sent qu'une pêche aussi active ne pourrait manquer d'épuiser tôt ou tard le banc, quelque puissant qu'il soit, si on ne l'interrompait de temps en temps, et si l'animal n'était d'une grande fécondité ; mais la précaution qu'on a de ne point pêcher pendant l'été, époque à laquelle les *huîtres* se reproduisent, suffit pour leur permettre de réparer les pertes occasionées par la pêche des autres saisons.

2° Les *gryphées*, qu'on nomme plus communément *gryphites*, parce qu'on n'en trouve qu'à l'état fossile, ne diffèrent des huîtres que parce que la base de leurs valves est saillante et recourbée en *crochet*, ce qui leur a valu leur nom, qui en grec veut dire crochu ou recourbé. On en trouve beaucoup dans tous les pays et surtout en France.

2° Les *placunes* ou *anomies*, se distinguent des précédents sous-genres par leur coquille mince et transparente, ce qui leur a fait donner le nom vulgaire de *vître* ou *pelure d'ognon*.

Les PEIGNES (*pecten*) tiennent des huîtres par le défaut de dents à l'articulation des valves ; mais ils en diffèrent par la forme de leur coquille demi-circulaire, et marquée de côtes qui, partant de sa base, se rendent en rayonnant vers sa circonférence : chaque valve est en outre garnie à son sommet d'une paire d'ailes ou d'*oreillettes* plus ou moins longues, qui élargissent les côtés de la charnière.

Ces mollusques ont les mouvements plus étendus et plus agiles que les huîtres ; leur pied est assez grand chez eux pour leur servir à ramper, et les muscles qui s'attachent à leur coquille, peuvent l'agiter assez rapidement pour les soutenir sur l'eau et les aider à se transporter d'un endroit à l'autre.

La chair des *peignes*, sans être absolument mauvaise, est

loin d'être aussi estimée que celle des huîtres; il n'y a que les
pauvres qui en fassent usage comme aliment. Mais aussi leur
coquille, plus régulière et plus agréablement colorée, est bien
plus recherchée des amateurs de conchyliologie. Quelques espèces même, dont les dimensions sont plus considérables,
sont employées en guise d'assiettes, à cause de la résistance
qu'elles opposent au feu.

Trois sous-genres sont compris dans ce genre nombreux ; ce
sont les *peignes* propres, les *limes* et les *houlettes*.

Les **SPONDYLES** (*spondylus*) qu'on appelle ordinairement
huîtres épineuses, ont, comme les huîtres ordinaires, la coquille rugueuse, feuilletée et souvent garnie d'épines ou de
pointes saillantes. Mais leur charnière est constamment munie
de quatre dents, et leur valve supérieure, qui est d'ailleurs
plus bombée, offre à son sommet un talon saillant et aplati
comme s'il avait été scié. La chair de ces mollusques se mange
comme celle des huîtres. La principale espèce de ce genre est
le *spondyle pied-d'âne*.

IIe *Famille.* — MALLÉACÉS (pl. XXVIII).

Cette seconde famille tire son nom d'une coquille singulière
à laquelle on a donné, à cause de sa forme, le nom vulgaire
de *marteau*, appelé en latin *malleus*. Ce n'est pas que toutes les
espèces qui s'y trouvent comprises présentent cette forme bizarre ; mais on a observé dans toutes quelques traits de ressemblance avec cette coquille, traits qui ont permis de les réunir
en une seule famille.

Les caractères communs qui servent à les distinguer des autres monomyaires consistent dans leur coquille irrégulière,
toujours feuilletée et le plus souvent noirâtre ou cornée, et
dans la forme de la charnière, qui n'offre point de dents, et
ne tient que par un ligament placé tout-à-fait sur le bord
des valves et visible à l'extérieur, lors même que la coquille
est fermée.

Presque tous ces mollusques se fixent aux corps marins
par un byssus plus ou moins long, et ne jouissent que de
mouvements très-bornés ; quelques-uns même ne se déplacent
jamais.

On trouve dans cette famille les genres *marteau*, *jambonneau* et *aronde*.

On appelle MARTEAUX (*malleus*) des coquilles singulières ou plutôt difformes, qui, par leur conformation rappellent celle de l'instrument de ce nom. La charnière qui réunit les deux valves est à-peu-près en ligne droite et forme la tête du marteau, tandis que le reste de la coquille en imite le manche par sa longueur et par son étroitesse. L'extérieur de ce coquillage, qui est feuilleté et raboteux comme celui de l'huître, n'a rien qui flatte la vue ; mais sa face intérieure, d'une belle couleur nacrée ou violette, offre un éclat et une teinte qui le font estimer. D'ailleurs sa rareté ainsi que sa bizarrerie seraient un motif suffisant pour le faire rechercher des amateurs. On en connaît plusieurs espèces ou variétés, qui appartiennent presque toutes à la mer des Indes.

Pour se faire une idée de la forme des JAMBONNEAUX (*pinna*), il faut se représenter une grande moule dont la base serait considérablement rétrécie et allongée en pointe : cette coquille aurait une grossière ressemblance avec un jambon, et c'est ce qui a valu aux mollusques dont nous parlons le nom qu'on leur donne vulgairement.

La force de ces coquilles n'est nullement en rapport avec leur taille ; elles sont au contraire très-minces et feuilletées, et sans la solidité de leur tissu, elles seraient facilement brisées par le moindre choc ; elles sont si légères que le vent peut les enlever.

L'animal du *jambonneau* est extrêmement remarquable par la longueur et la finesse de son byssus, qui est formé d'un grand nombre de fils lustrés et soyeux, qu'on emploie à confectionner différents tissus, recherchés à cause de leur moelleux et de leur souplesse. Mais il faut les porter avec les couleurs que la nature leur a données, car il a été jusqu'ici impossible de les teindre. Au reste, ceux qui en font usage ont peu à regretter les couleurs artificielles, attendu que leurs teintes naturelles ont un éclat et surtout une permanence, que le temps ni le lessivage n'altèrent jamais. La seule chose que l'on puisse regretter dans les objets faits de cette matière, c'est que leur prix élevé n'en permette l'usage qu'aux gens riches et opulents. Ce n'est guère qu'en Turquie que l'on en fabrique communément.

Ces mollusques ont les mêmes habitudes que les huîtres : ils se réunissent en troupes innombrables sur les fonds sablonneux ou vaseux, à peu de distance des côtes, et se fixent aux corps marins par le moyen de leur byssus ; on les en détache comme les huîtres, avec un grand râteau. Cette pêche est d'autant plus avantageuse que, outre la soie qu'ils fournissent, ils offrent dans leur chair une nourriture assez agréable.

Les ABONDES (*avicula*) (*fig.* 4) qu'on appelle encore *aricules*, ressemblent assez à des moules, dont la coquille serait presque ronde et la charnière prolongée en forme d'aile, et semblent avoir quelque rapport avec un oiseau qui aurait les ailes étendues ; c'est d'après cette considération, qu'on leur a donné ces deux noms qui veulent dire, l'un *petit oiseau*, et l'autre *hirondelle*.

Ces coquilles sont en général petites, minces, très-fragiles et nacrées intérieurement ; mais malgré cette dernière particularité on en ferait peu de cas, si ce n'était à ce genre qu'appartient l'espèce qui produit les *perles d'Orient*. Cette espèce, qui a été surnommée *mère-perle* ou *margaritifère* (*fig.* 4) à cause de cette circonstance, se trouve abondamment dans les mers méridionales et surtout dans le golfe Persique, sur les côtes de Ceylan, etc. Mais tous les individus de cette espèce ne fournissent pas de perles ; il faut pour cela que la matière qui sert ordinairement à faire la nacre qui enduit toute la face intérieure des valves, s'épanche dans leur cavité sous la forme de globules plus ou moins considérables, et il paraît que cette extravasation est toujours causée par quelque maladie.

On trouve les *avicules* margaritifères réunis en troupes ou plutôt en bancs énormes, qui ont jusqu'à trois lieues de long. Des plongeurs habitués à cet exercice vont l'y pêcher avec de grands paniers ; on en retire ensuite les perles. Il paraît que dans la plupart des endroits où a lieu cette pêche, l'ouverture s'en fait avec solennité et devient l'occasion de fêtes et de réjouissances publiques.

IIIe *Famille.* — BÉNITIERS.

Cette famille ne comprend qu'un seul genre, celui des TRIDACNES (*tridacne*) *ou bénitiers*, auquel on a donné ce dernier nom, parce que, dans beaucoup d'églises, leur coquille sert de vase pour contenir l'eau bénite, que les catholiques prennent pour faire le signe de la croix en entrant dans la maison du Seigneur.

Ces coquilles sont remarquables parmi tous les monomyaires,

non-seulement par les dents qui garnissent leur charnière et par leur ligament visible à l'extérieur, mais encore par leur grandeur, leur force, et par l'égalité entière ou presque entière de leurs valves. Quoique leur surface extérieure soit marquée, comme dans les peignes, de saillies transversales, elles n'en sont pas moins feuilletées, ainsi que le prouvent les espèces d'écailles redressées qui hérissent leurs côtes.

Les *bénitiers* sont tous beaux, d'une taille au-dessus de la moyenne, et quelquefois gigantesque ; leur face interne est unie et d'un blanc mat, assez semblable à celui de l'albâtre, tandis qu'à l'extérieur ils sont marqués de très-fortes aspérités.

Le plus souvent, il existe au-devant de la charnière une ouverture ovale (la *lunule*) par laquelle l'animal fait passer le *byssus*, au moyen duquel il se suspend aux rochers malgré le poids de sa coquille. Sa chair, quoique dure, se mange et est assez abondante dans quelques-uns de ces mollusques pour rassasier plusieurs personnes.

On compte une dizaines d'espèces de ce genre que l'on rapporte à deux sous-genres, les *tridacnes* propres et les *hippopes*.

1° Dans les TRIDACNES propres, on trouve une lunule pour le passage du byssus et leurs valves sont à-peu-près symétriques. La principale espèce est celle qu'on a surnommée *gigantesque*, parce qu'elle parvient jusqu'à trois pieds de long, et pèse plus de trois cents livres. Son byssus est tellement solide et tenace, qu'il faut une hache pour le couper et le séparer des rochers auxquels il adhère. C'est une coquille de cette espèce que l'on voit à Saint-Sulpice, à Paris ; elle fut donnée à cette église par François I, qui lui-même l'avait reçue des Vénitiens. On pêche cette espèce dans l'Océan Indien.

2° Les HIPPOPES (*hippopus*) n'ont pas de lunule, et l'angle antérieur de leur coquille est comme tronqué, de manière à représenter grossièrement la forme du sabot d'un solipède, ce qui leur a fait donner son nom qui signifie *pied de cheval*. Tel est l'H. *commun*.

IIe *Sous-Ordre.*—DIMYAIRES.

Cet ordre est beaucoup plus considérable que le précédent, et renferme un bien plus grand nombre de jolies coquilles ; ce qui fait que les amateurs en réunissent beaucoup plus dans leurs cabinets, et qu'elles sont plus communes que les précédentes.

Ces acéphales sont faciles à distinguer par le nombre des muscles dont on remarque la double empreinte sur leur coquille , par l'égalité des valves de cette dernière , par la régularité de sa forme, et par sa structure qui n'est pas feuilletée comme dans les monomyaires, mais présente le plus souvent, comme dans les peignes , une série de côtes qui, partant de la base , se rendent en rayonnant vers le bord.

Remarquons cependant que ces caractères ne sont pas absolus. De même que parmi les monomyaires, nous avons trouvé des coquilles à côtes et presque régulières , de même nous observerons, parmi les acéphales du second ordre, des espèces à coquille feuilletée et quelquefois irrégulière. Mais outre que ces exceptions sont en petit nombre , les espèces qui les présentent ont en elles des caractères bien suffisants pour les distinguer , soit dans leur conformation générale, soit dans les dents qui garnissent leur charnière , pour lui donner plus de solidité.

D'après la manière dont les deux valves s'unissent ensemble, le nombre des dents qui servent à leur union, et la forme de la coquille ou du manteau de l'animal, on a divisé les monomyaires en cinq familles : les *cames*, les *arcacés*, les *mytilacés*, les *cardiacés* et les *pylorides*.

Ire *Famille.*—CAMES.

Cette famille tient de près à celle des bénitiers par la forme de la charnière qui réunit les valves de la coquille. On y remarque, comme dans les précédents, une forte dent , qui se loge dans un sillon analogue de la pièce opposée, ce qui donne une grande solidité à l'articulation.

Mais, sans parler de la double impression musculaire gravée sur chaque valve, il est un caractère extérieur bien sensible qui distingue les *cames* des tridacnes ; c'est l'inégalité des pièces qui composent la coquille , caractère qui les rapproche des acéphales des ordres précédents. Ainsi il est bien évident que ces mollusques sont destinés, avec les bénitiers, à ménager le passage entre les deux ordres.

On ne connaît qu'un seul genre de cette famille : les CAMES (*chama*), coquilles irrégulières , épaisses , à surface raboteuse, écailleuse et garnie d'épines, qu'on trouve dans les mers australes ; une seule, ou peut-être deux, appartiennent à la Méditerranée. La chair de ces mollusques paraît être aussi

agréable au goût que celle des huîtres, et meilleure que celle
des moules; mais comme ils appartiennent tous à des mers
éloignées de nous, on n'en fait aucun cas pour cet usage. Les
conchyliologistes seuls s'en occupent, à cause de la beauté ou
de la rareté de leur coquille.

On divise ce genre en trois groupes, les *cames* propres, les
dicérates et les *isocardes*.

1° Les CAMES propres ont la dent cardinale médiocre et les
valves très-inégales; telles sont la C. *commune*, la C. *gry-
phoïde*, etc.

2° Les DICÉRATES (*diceras*) ont la dent cardinale fort épaisse,
et leurs valves s'allongent en une spirale dont la forme rappelle
celle d'une corne: telle est la D. *ariétine*.

3° Les ISOCARDES (*isocardia*) ont les valves à-peu-près égales,
et leurs sommets presque contournés en spirale: telle est l'I.
globuleuse.

IIe Famille. — ARCACÉS.

Ces coquilles tirent leur nom du genre principal de la famille; elles sont toutes régulières, à valves égales, garnies de
dents nombreuses; leur forme est oblongue et la charnière est
placée dans le sens de leur longueur.

Cette famille ne comprend que des coquillages marins, dont
les uns sont libres et les autres fixes, et que l'on peut rapporter à deux genres principaux: les *arches* et les *pétoncles*.

Les ARCHES (*arca*) sont des coquilles littorales qu'on reconnaît à leur forme oblongue et aux dents nombreuses de leur
charnière, lesquelles sont rangées en ligne droite. L'animal
qui les habite n'a point de véritable pied pour ramper; cet
organe est remplacé chez lui par un ligament tendineux, au
moyen duquel il se fixe, mais sans pouvoir nager. C'est pour
cela qu'on ne trouve les espèces de ce genre que dans le voisinage des côtes, tantôt enfoncées dans la vase, tantôt suspendues aux rochers. On rapporte à ce groupe, comme espèces
principales, l'*arche bistournée*, l'une des plus précieuses, l'*arche de Noé*, très-commune dans toutes les mers d'Europe, etc.

Les PÉTONCLES (*pectunculus*) sont orbiculaires, à charnière arquée, mais garnie de dents nombreuses, comme dans
les arches. L'animal qui vit dans ces coquilles a un grand pied,
à double bord, qui lui permet de ramper au fond des eaux et

de nager à leur surface. Mais comme il a les mouvements très-lents, il lui arrive souvent, après avoir suivi la marée, de se trouver à sec sur le rivage, où il ne tarderait pas à périr, s'il n'avait le moyen de regagner l'eau. Pour y parvenir, il ouvre largement sa coquille, puis la refermant subitement, il fait un petit saut qui le rapproche de son but ; ce manège répété avec constance finit par le conduire à son terme.

Lorsque la mer est tranquille, les *pétoncles*, au lieu de rester au fond de l'eau, s'élèvent à sa surface, où on les voit nager en troupes nombreuses sur l'une de leurs valves, tandis que l'autre, tenue ouverte et présentée au vent, devient une voile qui fait mouvoir cette nacelle vivante. Ils se promènent ainsi tant que le calme dure et qu'il n'y a pas d'ennemis à craindre pour eux. Mais dès qu'une de ces causes vient troubler leur promenade, ils ferment tout à coup leur coquille et se précipitent au fond. Nos mers nourrissent un assez grand nombre de ces singuliers animaux, entre autres le P. *commun*, le P. *marbré*, le P. *glycimère*, etc.

Les NUCULES (*nucula*) tiennent le milieu entre les arches et les pétoncles, par la disposition des dents de leur charnière, qui forment une ligne brisée ; leur forme est allongée et rétrécie par leur extrémité postérieure : telles sont la N. *à bec*, la N. *noyau*, etc.

IIIe *Famille.*—Mytilacés.

Les *mytilacés* forment une famille très-naturelle, dont toutes les espèces se ressemblent par les principaux traits de leur organisation et de leurs habitudes, et ne diffèrent que par des particularités sans importance. Ils ont tous la coquille oblongue, régulière, à valves égales, noirâtres et cornées, à structure le plus souvent feuilletée, et à charnière tantôt bidentée, tantôt privée de dents.

On trouve de ces coquillages dans la mer et dans les eaux douces, courantes ou dormantes, où ils sont très-communs ; ils s'y réunissent en troupes très-nombreuses, se fixant sur les pierres ou les troncs submergés, principalement aux endroits où l'eau est calme et tranquille. C'est ainsi qu'on en trouve fréquemment des amas considérables, sous les ponts et dans les coudes que les rivières font, quand elles rencontrent quelque obstacle.

On compte dans cette famille quatre genres principaux : les *moules*, les *anodontes*, les *mulettes* et les *cardites*.

On reconnaît les MOULES (*mytilus*) à deux caractères : à l'absence de dents à la charnière et à la présence d'un byssus ; ce sont des coquilles marines à valves égales, bombées et triangulaires, dont l'animal a un pied poinin et allongé, qui ne peut lui servir à ramper, mais qu'il emploie très-adroitement à fixer son byssus aux corps marins.

On trouve les *moules* en abondance dans toutes les mers, à peu de distance des côtes. Comme leur chair est assez agréable au goût, on en pêche de grandes quantités. Mais, comme en même temps elles se vendent à bas prix, il n'y a guère que les femmes et les enfants qui s'occupent de cette pêche. Munis d'un râteau et d'un panier, ils vont pendant la marée basse les détacher des corps auxquels elles adhèrent par leur byssus. C'est seulement pendant l'hiver, à la fin de l'automne et au commencement du printemps, que cette pêche a lieu : le reste de l'année, qui est l'époque de leur frai, leur chair est dure, coriace et sans saveur. C'est surtout durant cet intervalle que leur usage paraît causer des accidents aux personnes qui s'en nourrissent ; accidents que l'on attribue ordinairement à la présence d'un petit crustacé venimeux, mais qui sont bien plutôt dus à la mauvaise qualité du mollusque.

On divise ce genre en trois sous-genres : les *moules propres*, les *modioles* et les *lithodomes*.

1° Les MOULES proprement dites ont le sommet tout près de l'angle aigu. La principale espèce de ce sous-genre est la M. *commune* ou *comestible*, très-répandue sur toutes nos côtes, où elle se pend en longues grappes aux rochers, aux pieux, aux vaisseaux, etc.

2° Les MODIOLES (*modiolus*) ont le sommet placé plus bas et plus rapproché de l'angle aigu ; telle est la M. *des Papous*, etc.

3° Les LITHODOMES (*lithodomus*) ont la coquille presque également arrondie aux deux bouts, et le sommet tout près du bord antérieur ; telle est le L. *lithophage*, espèce remarquable par l'habitude qu'elle a, en s'attachant aux pierres, de les creuser pour s'y faire une demeure, dans laquelle elle se fixe pour le reste de sa vie. Il paraît que c'est par le mouvement de ses valves qu'elle perce ainsi les corps les plus durs.

Les ANODONTES (*anodon*) ou *moules d'étang*, et les MULETTES (*unio*) ou *moules de peintres*, ont beaucoup de rapports avec les espèces du genre précédent ; mais leur coquille est ordinairement plus belle et présente intérieurement une couleur nacrée ou purpurine. Les *mulettes* surtout sont remarquables sous ce rapport. On ne trouve les mollusques de ces deux genres que dans les eaux douces ; ils ont tous un pied pour ramper, et ne se fixent jamais comme les moules de mer. Mais il y a cette différence entre les *anodontes* et les *mulettes*, que celles-ci ont la charnière armée de dents sur une de leurs valves et creusée de fossettes analogues sur l'autre, ce qui donne plus de solidité à l'articulation des deux pièces de la coquille ; tandis que les *anodontes* manquent complètement de dents et n'ont les valves réunies que par un ligament. Du reste, l'animal de ces deux genres est également dépourvu de byssus, à la place duquel il a un large pied charnu, dont il se sert pour ramper sur le sable ou sur la vase.

Les principaux *anodontes* sont l'A. *des étangs* et l'A. *cygne*.

Parmi les *mulettes*, nous citerons la M. ou *moule du Rhin*, et la M. ou *moule des peintres* ; cette dernière a été ainsi nommée, parce que les artistes se servent souvent de ses valves pour délayer leurs couleurs.

Les CARDITES (*cardita*) ont la charnière des mulettes ; mais leur coquille, qui est oblongue ou cordiforme, a le sommet plus bombé et sa surface marquée de côtes saillantes, transversales ou perpendiculaires au bord. Cette particularité, qui ne nous est offerte que par les coquilles marines, indique que le séjour des *cardites* est différent de celui des mulettes et des anodontes ; telle est la *cardite à grosses côtes*.

Les CYRÉNICARDES ont les mêmes caractères de la coquille que les cardites ; mais leur dent cardinale est divisée en deux ou en trois lobes. Les CORALLIOPHAGES ont aussi les mêmes caractères ; mais leur coquille est plus mince, et leur dent latérale est presque effacée. Les VÉNÉRICARDES ont la forme presque ronde, et leur dent latérale est plus transverse et plus courte.

IVe *Famille.* — CARDIACÉS (pl. XXIX).

Intéressante par le grand nombre des espèces qu'elle comprend et par la beauté des coquilles qu'on y trouve, cette famille est une de celles que l'on a le plus étudiées parmi les acéphales, et qui fournissent aux amateurs de collections la plus riche moisson pour embellir leurs cabinets. Ornés le plus souvent de couleurs éclatantes, toujours élégants et réguliers dans leurs formes, ces coquillages marins ont reçu des savants les noms de la déesse des Grâces qui, selon la mythologie, a pris naissance au sein des ondes salées.

Le vulgaire les désigne assez ordinairement sous le nom de *cœurs*, dont leurs valves rappellent en effet la forme; et les naturalistes, tout en changeant cette dénomination, l'ont pour ainsi dire sanctionnée, en lui en substituant une autre qui, tirée du grec, a absolument la même signification (1). On peut donc regarder toutes les coquilles cordiformes comme appartenant à la famille des *cardiacés*. Quant à l'animal qui les habite, il a toujours le manteau fendu par-devant à l'endroit où se trouve la bouche, et percé de deux ouvertures dont l'une est pour l'anus et l'autre pour l'organe respiratoire. Il est toujours muni à sa partie inférieure d'un pied charnu, comme celui des gastéropodes, et qui lui sert aux mêmes usages. Les *cardiacés* sont donc des mollusques rampants, et qui ne se fixent point comme la plupart des acéphales précédents; il en est pourtant un certain nombre qui se meuvent à peine, et restent presque toujours enfouis dans la vase. On les reconnaît en ce que leur ouverture respiratoire et leur anus sont garnis d'un tube qu'ils emploient, soit pour rejeter au loin le résidu de leur digestion, soit pour aller chercher le fluide aqueux indispensable à l'acte respiratoire.

On peut partager cette nombreuse famille en neuf genres, dont voici le tableau.

Ligament extérieur, Dents cardinale et latérales séparées. Les cardinales saillantes. Stries	transversales. Valve gauche ayant	deux dents latérales	en cœur	Bucardes.
		Coquille	triangulaire ...	Donaces.
		une seule dent latérale		Cyclades.
		une seule dent cardinale		Tellines.
	longitudinales et transversales en même temps......			Corbeilles.
presque effacées,...............................				Lucines.
rapprochées au sommet des valves...................				Vénus.
Ligament intérieur et	non enfoncé dans une fossette...................			Corbules.
	logé dans une fossette triangulaire...............			Mactres.

Comme toutes ces coquilles présentent absolument les mêmes habitudes, et par suite la même organisation, nous ne ferons

(1) καρδία en grec veut dire cœur.

pas l'histoire de chacun de ces genres ; nous nous contenterons de citer les trois principaux.

Les BUCARDES (*cardium*) ont la coquille symétrique, bombée, à sommets saillants et recourbés vers la charnière, ce qui, lorsqu'on la regarde de côté, lui donne la figure d'un cœur plus qu'à aucune autre coquille bivalve ; aussi lui a-t-on donné le nom de *cardium*, qui veut dire cœur. Sa surface extérieure est régulièrement sillonnée de côtes plus ou moins saillantes, qui se rendent en rayonnant du sommet de la valve à sa circonférence. Mais ce qui caractérise le mieux ces coquillages, c'est la forme de leur charnière, qui présente de chaque côté deux petites dents cardinales, avec une lame saillante ou dent latérale à quelque distance des précédentes. L'animal a généralement une ample ouverture au manteau, un très-grand pied, et deux tubes courts ou médiocres pour la respiration et la défécation. Il sert le plus souvent de nourriture et se mange comme les huîtres.

La principale espèce de ce genre est la B. *comestible*, appelée vulgairement la *coque* ou le *sourdon*. Elle est fauve ou blanchâtre, et a vingt-six côtes ridées en travers sur chaque valve.

Les CYCLADES (*cyclas*), comme les bucardes, ont la charnière composée de deux dents cardinales, et leurs valves sont pareillement égales, équilatérales et sillonnées transversalement, c'est-à-dire du sommet à la circonférence ; mais, au lieu d'une seule dent latérale, elles en ont deux qui sont même quelquefois crénelées. En outre, leur coquille a une forme plus arrondie et analogue à celle des vénus, parmi lesquelles elles étaient autrefois rangées. Quant à l'animal, il ne diffère pas de celui des bucardes ; il a pareillement une ample ouverture au manteau, un large pied et deux tubes médiocres. On trouve les *cyclades* dans les eaux douces ; et leur teinte extérieure est généralement grise ou verdâtre.

Ce genre assez étendu a été divisé en quatre sous-genres : les *cyclades propres*, les *cyrènes*, les *cyprines* et les *galathées*.

Les VÉNUS (*venus*) forment un genre immense comprenant toutes les coquilles dont les dents cardinales et latérales sont réunies en un seul groupe et rapprochées du sommet. Du reste leur forme est variable, quoiqu'elles soient en général aplaties et plus longues que larges ; c'est-à-dire que la ligne tirée de

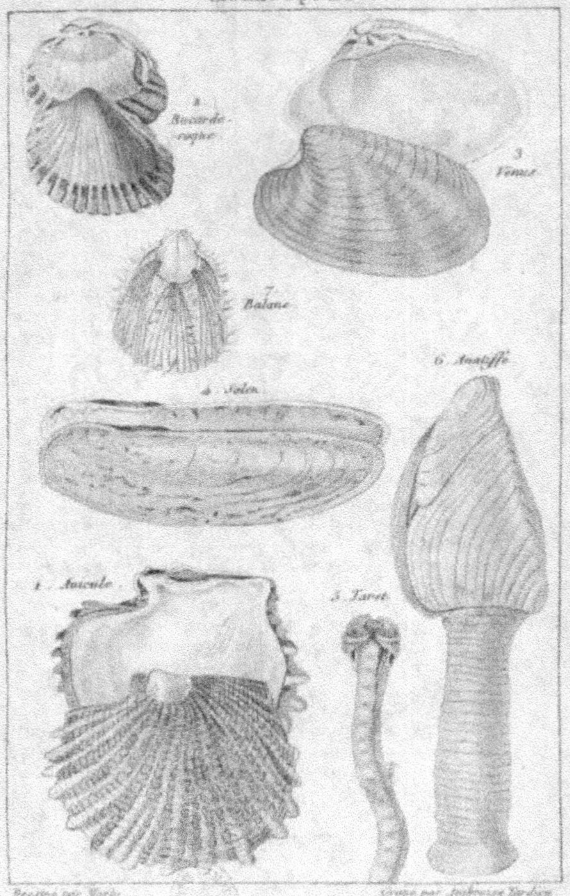

ACÉPHALEN   Pl. XXIX   CIRRHOPODES

l'angle antérieur au postérieur, est plus longue que celle qu'on mènerait du sommet au milieu du bord. Leurs côtes, quand elles en ont, sont presque toujours parallèles au bord, ce qui est l'opposé chez les bucardes, les donaces, etc. Le ligament élastique qui unit les deux valves laisse derrière les sommets une impression elliptique, à laquelle on donne le nom de corselet ; et il y a toujours en avant une autre impression ovale qu'on a nommée lunule. L'animal qui habite et construit cette coquille, a toujours le pied assez développé pour pouvoir servir à la reptation.

Ce genre nombreux a été subdivisé en plusieurs sous-genres, dont les principaux sont les *vénus propres*, les *cressines*, les *cythérées*, les *capses* et les *pétricoles*.

Ve Famille. — PYLORIDÉS (pl. XXIX).

Ce groupe comprend un assez grand nombre de genres singuliers et assez disparates, pour que beaucoup de naturalistes les aient transportés dans des familles et même dans des classes différentes. Leur caractère commun consiste à avoir le manteau roulé sur lui-même, en forme de tube saillant hors de la coquille, presque entièrement fermé, excepté au point où se trouve une ouverture pour le passage du pied ; c'est à cette disposition de leur manteau qu'ils doivent leur nom de *pyloridés*, qui veut dire *enfermés*. La coquille de ces mollusques est par conséquent toujours ouverte ; du reste, malgré la diversité de forme qu'elle présente dans les différents genres, on y trouve toujours deux valves égales, et une charnière presque en tout semblable à celle des cardiacés.

Quoique ces dimyaires ne soient jamais fixés par un byssus, ils ont les mouvements peut-être encore plus lents que les moules, les tridacnes et autres coquillages qui se fixent ; on ne les trouve que dans la vase et dans le sable ; quelques-uns même s'enfoncent dans l'intérieur des rochers ou dans les bois placés dans l'eau, et s'y creusent une retraite qui leur sert de demeure et de tombeau.

Cette famille comprend environ dix genres, dont nous allons présenter le tableau synoptique.

Valves de la coquille	grandes et simples. De forme	oblongue, Ouvertes	en arrière et en avant	Myes.
			vis-à-vis le sommet, sans dents	Byssomyes.
			Charnière munie d'une dent	Hiatelles.
		allongée, dentée		Solens.
Petites et accompagnées d'un tube. Valves	sans ligament	offrant un prolongement postérieur		Pholades.
		sans prolongement	tranchantes en avant	Tarets.
			non tranchantes	Fistulanes.
	avec ligament	pas de tube calcaire		Gastrochènes.
		un tube calcaire	saisie par le tube	Clavagelles.
		Une des deux valves	les deux hors du tube	Arrosoirs.

Les MYES (*mya*) forment un genre assez considérable de mollusques acéphales, qui ont de nombreux rapports avec les familles précédentes, et notamment avec les mactres par la forme ovale ou peu allongée de leur coquille, ainsi que par celle de l'animal qui l'habite. Mais il est une différence essentielle qui suffit pour distinguer les *myes* de toutes les coquilles bivalves dont nous avons parlé : c'est la double ouverture qu'elles présentent en avant et en arrière. D'un autre côté, l'articulation de leurs valves, qui se fait par le moyen d'une dent cardinale, à laquelle correspond une fossette analogue, et la forme oblongue de leur coquille, les éloignent de tous les autres genres de la même famille.

Les *myes* vivent enfoncées dans le sable, près des côtes, et se tiennent constamment dans une position verticale, ayant l'ouverture de la bouche en bas, et le siphon respiratoire en haut. Dans cette position, elles ont la liberté de respirer sans se déplacer : condition bien nécessaire pour des animaux dont les mouvements sont pénibles et lents. Quant à leur nourriture, on ignore s'ils la trouvent au milieu des sables ou de la vase qu'ils habitent ; mais il est plus probable qu'elle leur est apportée par l'arrivée de l'eau vers leur ouverture buccale. Dans tous les cas, il est bien certain qu'ils ne quittent pas leur place pour aller la chercher : ce changement serait trop difficile et leur prendrait trop de temps.

Ce genre nombreux se divise en plusieurs sous-genres, tels que les *lutraires*, les *myes propres*, les *anatines*, les *solémyes*, les *glycimères*, les *panopes* et les *pandores*.

Nous avons sur nos côtes deux espèces de *myes* : la M. *tron-*

quée, qui est extrêmement commune dans l'Océan et la Méditerranée, et la M. *des sables* qui se trouve également dans ces deux mers.

Les coquilles que nous avons étudiées jusqu'ici nous ont sans doute offert une grande diversité de formes ; mais aucune ne nous en a présenté d'aussi bizarre que celle des SOLENS (*solen*), ou *manches de couteaux* (*fig.* 5). A voir ces derniers, on les prendrait plutôt pour un produit de l'art que pour un coquillage. Qu'on se figure deux lames minces, demi-cylindriques, réunies ensemble de manière à former un cylindre entier, avec une ouverture à chaque extrémité, et l'on aura l'idée du mollusque dont nous parlons. C'est à cette forme singulière, qui rappelle celle d'un *manche de couteau*, que le *solen* doit le nom que lui donnent ordinairement les marchands de curiosités.

Quant à l'animal qui habite cette coquille, il est complètement enveloppé dans son manteau, excepté à ses deux extrémités, dont l'une donne passage à son pied, et l'autre à deux tuyaux destinés à la respiration et à la défécation.

Les habitudes de ces acéphales sont très-singulières ; ils ne se meuvent qu'avec beaucoup de difficulté, quand ils sont dans l'eau ou à la surface de la terre ; mais, dès qu'ils se voient exposés à quelque danger, ils se creusent dans le sable un trou d'un à deux pieds de profondeur pour se soustraire au péril, et cela avec une rapidité qui étonnerait dans des animaux beaucoup plus agiles. Ils parviennent à ce résultat au moyen de leur pied, dont ils se servent comme d'une pelle pour percer le sol. C'est dans des trous ainsi préparés qu'ils passent la plus grande partie de leur vie ; et il est d'autant plus difficile de les y découvrir, qu'ils n'en sortent que très-rarement, et qu'ils n'y font aucun mouvement qui puisse les trahir. Leur nourriture leur vient d'elle-même, sans qu'ils se donnent aucune peine pour la chercher.

A ce genre se rapportent quatre sous-genres, savoir : les *solens propres*, les *sanguinolaires*, les *psammobies* et les *psammothées*.

On compte un assez grand nombre d'espèces de *solens*, dont cinq ou six appartiennent à nos mers, entre autres le *manche de couteau*, la *gaîne*, la *gousse*, le *couteiet*, etc.

Les PHOLADES (*pholas*) ou *dails*, sont encore plus remar-

quables que les solens par la facilité avec laquelle ils percent
les corps les plus durs ; non-seulement ils creusent le sol sur
lequel coule l'eau , ils attaquent même les rochers les plus
durs, et à force de patience ils parviennent à s'y pratiquer une
demeure commode et d'autant mieux abritée, qu'elle est inaccessible à tous les animaux marins dont ils ont quelque chose
à craindre. Pour tromper encore mieux leurs ennemis , ils
donnent au commencement de leur galerie une direction horizontale , et la terminent par un coude subit , à l'extrémité
duquel ils établissent leur habitation ; de cette manière , leur
demeure a la forme d'une pipe à fumer. Il n'est pas rare de
rencontrer dans le voisinage de la mer, de vastes rochers percés
ainsi dans tous les sens , par des animaux de ce genre. Dans
cette espèce de cellule dont il ne doit plus sortir, l'animal, sans
se donner aucune peine , reçoit de l'eau qui y pénètre tout ce
qu'il lui faut de nourriture pour sa subsistance, et s'y développe
comme il le ferait au sein même des eaux, où il jouirait de toute
sa liberté.

On pourrait s'imaginer que le mollusque capable de creuser
ainsi le roc le plus dur, doit avoir un instrument bien solide
pour parvenir à un semblable résultat. Eh bien, la *pholade* est
un petit animal qui n'a pas plus d'un pouce de long, et qui n'a
à sa disposition qu'un pied charnu de la même nature que celui
de la limace, et sa coquille qui n'est nullement remarquable par
sa force. Aussi des savants ont-ils prétendu que ce n'était pas
l'animal qui avait percé la pierre , mais qu'au contraire la
pierre s'était formée autour de lui. Mais des colonnes d'un
temple placé sur le bord de l'eau , qu'on a trouvées criblées de
trous faits par ces mollusques, ont prouvé victorieusement que
c'était bien la *pholade* qui perçait elle-même le roc. Un autre
fait qui le démontre avec la même évidence, c'est qu'on a rencontré dans certains rochers des pholades percées d'outre en
outre par d'autres pholades.

On trouve très-abondamment ces mollusques dans toutes les
mers ; leur chair, quoique peu délicate, est néanmoins recherchée par les pauvres : on la fait même mariner pour la conserver plus long-temps : mais le principal usage de ces animaux ,
c'est de servir d'appât pour la pêche.

On reconnaît aisément les *pholades* à leur coquille allongée,
largement ouverte de chaque côté, et garnie de pièces accessoires dont le nombre varie beaucoup selon les espèces.

La plus commune sur nos côtes est le *dail* ou *pholade vulgaire*, qui est très-répandu sur tout le littoral de la France.

Les TARETS (*teredo*) (*fig.* 4) sont pour le bois, ce que les pholades sont pour les pierres ; ils percent toutes les pièces de charpente qu'ils trouvent dans l'eau, et causent quelquefois par là d'épouvantables dégâts, non-seulement aux digues, mais encore aux vaisseaux qu'ils mettent en peu de temps hors de service. En 1731, ils détruisirent une partie du pilotis des digues de la Hollande. Il faut une active surveillance pour se garantir de leurs atteintes ; le goudronnage fréquent des bois que l'on est obligé de laisser séjourner long-temps dans la mer, est le moyen le plus propre à les empêcher de leur nuire.

L'animal dangereux qui fait de si grands torts à l'homme, est de forme allongée, et est couvert d'une petite coquille qui ne défend que la partie postérieure de son corps. La partie antérieure est protégée par un tube cylindrique, et par une espèce de croûte calcaire qu'il dépose, à mesure qu'il avance, sur les parois du trou qu'il se pratique dans le bois.

On connaît plusieurs espèces de *tarets*, dont la principale, le *taret naval*, a six pouces de long, et s'est rendue célèbre sur tous les ports de mer par le mal qu'il fait aux navires. Plusieurs fois il a fait couler des vaisseaux.

Les ARROSOIRS (*aspergillum*) sont des coquilles singulières dont l'animal est encore inconnu, et dont on ne peut, à cause de cette ignorance, déterminer la position et la place dans la série des êtres animés ; car certains naturalistes les rangent dans la famille des mollusques dont nous parlons, tandis que d'autres les mettent parmi les annelides tubicoles, qui appartiennent à l'embranchement des animaux articulés.

Les *arrosoirs* tirent leur nom de leur forme, qui est celle d'un tube allongé, à deux ouvertures, dont l'une plus étroite est toujours béante, tandis que l'opposée, plus large, est bouchée par une plaque ou calotte calcaire, parsemée d'un grand nombre de petits tubes capillaires très-fragiles, dont les orifices sont analogues aux trous d'une pomme d'arrosoir.

Toutes ces coquilles sont marines et appartiennent aux mers méridionales. Les plus remarquables sont l'*arrosoir de Java* et l'*arrosoir à manchettes*, qui sont d'un très-haut prix, surtout lorsqu'elles sont bien conservées et garnies de leurs tubes.

III⁰ Ordre. — TUNICIERS

ou

MOLLUSQUES ACÉPHALES NUS.

Ces mollusques, qu'on a ainsi appelés parce qu'ils ont le corps enveloppé d'une double membrane, dont l'une est intérieure et plus fine, l'autre extérieure et plus solide et de nature presque cartilagineuse, se distinguent des deux ordres précédents par le défaut de coquille; du reste, ils appartiennent à la classe des acéphales par les principales particularités de leur organisation; ainsi, ils ont tous un cerveau placé sur l'œsophage, des nerfs, des artères, des veines, etc.; et, quand on veut y faire attention, on trouve que la seconde tunique cartilagineuse peut être regardée comme remplaçant la coquille des mollusques testacés.

Cet ordre peu nombreux ne comprend que trois genres principaux, les *biphores*, les *ascidies* et les *pyrosomes*.

Les BIPHORES (*salpa*) sont des animaux allongés, très-mous, et ont la peau tellement transparente qu'on peut étudier, sans les disséquer, tous les détails de leur organisation intérieure. Cependant leur manteau s'encroûte d'une matière cartilagineuse, qui remplace, jusqu'à un certain degré, la coquille des acéphales qui précèdent.

Ces mollusques sont tous pélagiens et ne s'approchent jamais des côtes; précaution nécessaire pour des êtres aussi frêles et si peu agiles, que les mouvements des flots briseraient infailliblement contre les rivages, s'ils ne s'en tenaient éloignés. Par les temps calmes, on les rencontre flottant à la surface des mers voisines de la zone torride, tantôt libres et séparés, tantôt réunis en troupes de diverses manières. Quand ils sont exposés aux rayons du soleil, ils brillent des couleurs de l'iris; et la nuit, ils répandent sur les eaux une lumière phosphorique très-éclatante. La manière dont ces animaux se meuvent est assez singulière; leur corps est muni d'un tube qui le traverse dans toute sa longueur, et qui jouit d'une grande contractilité. En faisant entrer de l'eau par l'ouverture postérieure de ce tube, et en la poussant avec force par celle du côté opposé, le jet que forme le liquide les relance en arrière, de sorte qu'ils se meuvent à reculons. Ce fait, qui du reste n'est pas rare parmi

les mollusques, a induit plusieurs naturalistes en erreur et leur
a fait confondre, dans ces acéphales, la partie antérieure du
corps avec la postérieure. Un fait très-remarquable dans l'histoire des *biphores*, c'est qu'on les a vus quelquefois sortir de
leur enveloppe cartilagineuse. Un autre fait qui n'est pas moins
curieux, c'est que, long-temps après leur naissance, ces mollusques restent unis ensemble, comme ils l'étaient dans l'o-
vaire, et nagent ainsi en longues chaines, dont la forme est
exactement la même que celle des œufs agglutinés. Il est un
dernier fait plus singulier encore dans la vie de ces êtres extraordinaires ; les animaux qui naissent réunis, comme nous
venons de le dire, ne produisent point des *biphores* agrégés,
mais des individus isolés et assez différents pour la forme de
ceux qui leur ont donné naissance ; et ces individus isolés produisent des petits réunis, comme la première génération : de
sorte qu'il y a alternativement une génération d'individus isolés, et une d'individus agrégés.

On trouve beaucoup de ces mollusques dans la Méditerranée
et dans les parties chaudes de l'Océan ; mais la distinction en
est fort difficile. Les principales espèces sont le *biphore à crête*,
le B. *scutigère*, le B. *pélagien*, etc.

Les ASCIDIES (*ascidia*), qu'on nomme encore *outres de
mer*, ont le manteau et son enveloppe cartilagineux ; mais on
trouve à leur surface deux orifices qui correspondent aux deux
tubes des coquillages bivalves, et qui sont destinés l'un au
passage de l'eau nécessaire à la respiration, l'autre à la sortie
du résidu de la digestion.

Ces animaux se tiennent constamment fixés aux corps marins, tels que les fucus et les coquillages, et n'éprouvent d'autre
déplacement que celui des objets auxquels ils sont attachés. Le
principal signe de vie que l'on observe en eux, se tire de
l'absorption et de l'évacuation alternatives de l'eau par leurs
orifices. Dans ce dernier cas, ils lancent le liquide assez loin,
quand ils sont inquiétés ; car alors ils cherchent à précipiter
leurs mouvements, et poussent par conséquent l'eau avec plus
de force que d'habitude.

On en trouve un grand nombre dans toutes les mers, et la
plupart des espèces pourraient fournir à l'homme une nourriture passable ; mais leur petitesse les fait dédaigner des pêcheurs.
Il n'en est pas de même des poissons et des autres habitants
des mers ; ceux-ci leur font continuellement la guerre, et avec

d'autant plus d'avantage que les *ascidies*, privées de coquille et de mouvement, n'ont pour se défendre contre eux que l'inutile ressource de lancer à leur ennemi quelques jets d'eau, qu'elles ont en réserve dans le tube qui traverse leur corps, particularité qui leur a fait donner le nom vulgaire d'*outres de mer*.

On cite, parmi les espèces de ce genre, l'A. *gélatineuse*, l'A. *pyriforme*, l'A. *microcosme*, l'A. *pédonculée*, etc.

Le mot PYROSOME (*pyrosoma*), qui veut dire *corps de feu*, a été donné à ces mollusques à cause de l'éclat dont ils brillent ; mais c'est seulement pendant la nuit qu'ils présentent ce phénomène. Réunis en troupes innombrables, ils répandent à la surface des mers une lumière éclatante, qui les ferait prendre pour un vaste bûcher embrasé ; ce sont partout des ondées de lumière offrant les plus belles couleurs de l'iris, au milieu desquelles on distingue principalement le rouge, l'orangé et l'azur. Cet effet dépend du phosphore que les *pyrosomes* dégagent pendant la nuit de la surface de leur corps ; et comme ces mollusques, placés à la file les uns des autres, se meuvent continuellement, ils produisent des traînées de lumière qui simulent un incendie, dont les progrès s'étendent davantage à mesure qu'il acquiert plus de force. Mais, avec le jour, l'illusion disparaît ; on ne trouve, au lieu d'un corps en ignition, qu'un petit animal de forme allongée, cylindrique et hérissé de pointes élastiques, dont rien n'attire l'attention de l'observateur. Un phénomène très-curieux dans les *pyrosomes*, c'est la simultanéité des efforts de tous les individus qui sont réunis ensemble pour produire leur déplacement, simultanéité qui semblerait être le résultat d'un acte volontaire et combiné. Et ce fait paraît encore plus singulier, quand on sait que ces êtres, maintenant réunis pour toujours, étaient primitivement isolés, et ne se sont rassemblés qu'à une époque déjà avancée de leur vie.

Nous citerons de ce genre le *pyrosome atlantique*, le P. *géant*, le P. *élégant*, etc.

CIRRHOPOLOGIE,

OU

HISTOIRE NATURELLE DES CIRRHOPODES.

Cette classe, bien que peu nombreuse, ne laisse pas d'être intéressante sous plusieurs rapports. D'abord les mollusques qu'elle embrasse présentent dans leur structure une certaine analogie avec les animaux du deuxième embranchement. C'est ainsi qu'ils ont de chaque côté du corps des rudiments de membres articulés, que l'on appelle *cirrhes*, et que l'on peut comparer aux petits appendices qui se trouvent sous la queue des écrevisses et des homards ; leur bouche est armée de mâchoires latérales ; leur coquille n'est ni univalve ni bivalve ; elle se compose de plusieurs pièces inégales et disposées avec une certaine symétrie de chaque côté de l'animal ; enfin leurs ganglions nerveux ne sont plus épars sans ordre dans toutes les parties du corps ; ils forment une espèce de chaîne sous le ventre, à-peu-près comme dans les animaux articulés. Mais ils offrent avec les acéphales des rapports encore plus nombreux ; leur corps est toujours enveloppé dans un manteau, soit en totalité, soit en partie ; ils n'ont point de tête distincte ni d'organes spéciaux pour les sens ; leur bouche n'est jamais entourée de tentacules ; et, ce qui les distingue essentiellement des animaux articulés, ils sont privés de la faculté de se mouvoir en totalité, et par conséquent condamnés à vivre toujours fixés à la même place. La seule différence qu'on remarque chez les *cirrhopodes* sous le rapport du mouvement, c'est que les uns sont attachés aux corps marins immédiatement par leur coquille, tandis que les autres sont soutenus sur un pied mobile, dont l'extrémité seule touche le sol.

Cette impossibilité de se transporter d'une place à une autre rend nécessairement les *cirrhopodes* aquatiques ; aussi n'en trouve-t-on que dans la mer, où ils vivent des débris des corps

organiques que ses flots tiennent en suspension , et qu'ils char-
rient sans cesse vers le rivage. Mais à l'égard de cette fixité des
cirrhopodes, nous devons faire observer qu'elle n'est pas inhérente à leur nature ; dans les premiers temps de leur vie , ils
nagent librement au sein des eaux et ressemblent beaucoup à
certains branchiopodes , tels que les cyclopes ou les cypris.
Aussi la plupart des naturalistes actuels les placent-ils dans la
classe des crustacés, parmi lesquels ils forment un ordre à part.
Mais , outre que cette ressemblance est loin d'être parfaite,
même à cette époque, les différences sont bien plus nombreuses, lorsque l'animal , s'étant fixé à quelque corps sous-marin ,
se montre à nos yeux comme une masse charnue , enveloppée
dans un nombre variable de valves calcaires articulées ensemble , privé de tête et enveloppé dans un manteau comme le
corps des mollusques. Alors ils paraissent offrir beaucoup plus
de rapports avec ces derniers qu'avec les animaux articulés. C'est
donc avec juste raison qu'on les regarde comme établissant le
passage du second embranchement au troisième.

Un des faits les plus remarquables de la vie des *Cirrhopodes*,
est leur reproduction. Comme tous les animaux des trois premiers embranchements, ils se propagent par des œufs , que la
femelle pond dans la mer. Mais l'être qui en provient , au lieu
de ressembler à ses parents, a, au moment de sa naissance, une
forme toute différente : Sa conformation extérieure est la même
que celle d'un petit crustacé, d'un cyclope ou d'une limnadie ,
par exemple : il est pourvu de deux antennes , de deux petits
yeux, et de trois paires de pattes ; il a des mâchoires latérales,
et son abdomen se termine par des soies. Plus tard , à la suite
de plusieurs changements successifs, il prend deux nouvelles
paires de pattes et un test univalve et coriace qu'il porte sur le
dos ; de nouvelles paires de pattes se montrent , l'abdomen se
raccourcit, et l'animal se fixe. Dès ce moment, on ne leur voit
plus d'antennes ni d'yeux, leur test s'encroûte de matière
calcaire , et leurs pattes , au nombre de six de chaque côté,
prennent un plus grand nombre d'articles, qu'elles n'en avaient
primitivement.

Du reste , cette classe est peu nombreuse et ne nous offre que
deux genres remarquables , les *anatifes* et les *balanes*.

Les ANATIFES (*anatifa*) (pl. XXIX , *fig*. 6) ont été ainsi
nommés par corruption du mot *anatifera*, porte-canard , parce
qu'on croyait autrefois que ces coquillages donnaient nais-

sance à ces oiseaux sur les bords de la mer. La cause de cette erreur absurde se trouve dans l'habitude qu'ont les palmipèdes, et surtout les bernaches, de chercher sur les rivages de la mer les insectes, les vers, les petits mollusques, et en particulier ceux du genre dont nous parlons, et comme on les voit plus souvent s'enlever que s'abattre, attendu que la présence de l'homme suffit pour les empêcher de descendre à terre, les marins, qui les voyaient s'envoler du milieu de ces coquillages sans jamais les voir s'y reposer, s'imaginèrent qu'ils y prenaient naissance, et regardèrent les *anatifes* comme des œufs de canard produits par la mer.

Cette erreur les a rendus très-célèbres, quoique par eux-mêmes ils n'aient rien de remarquable par leur beauté ou par leurs habitudes. Ce sont des coquilles à plusieurs valves régulièrement disposées, et dont les côtés du corps sont garnis de six paires de cirrhes : ils sont soutenus par une espèce de tube ou de pied qui ressemble à un doigt, ce qui leur a fait donner le nom de *pouce-pieds*. C'est sur ce pédicule que roulent tous les mouvements de l'animal ; par lui ce mollusque imprime à son corps un mouvement circulaire qui produit, comme les tentacules des brachiopodes, un tournant d'eau dont l'effet est d'attirer dans sa bouche les particules de matière animale qui flottent dans la mer.

Les *anatifes* sont très-communs sur toutes les côtes de la France, et surtout dans les endroits battus par les flots. Fixés aux rochers marins les plus exposés aux mouvements des vagues, on dirait qu'ils bravent la fureur des tempêtes. Quoique la chair de ces mollusques ne soit pas délicate, on en mange plusieurs espèces en certains endroits ; on observe que la cuisson leur communique une couleur rouge comme aux écrevisses.

On les divise en trois sous genres : les *otions*, les *pouce-pieds* et les *anatifes*.

1° Les OTIONS (*otion*) on le corps enveloppé d'une tunique membraneuse, deux tubes en forme de cornes dirigés en arrière, et une coquille bivalve : tels sont dans les mers du Nord, l'O. *sans tache* et l'O. *tacheté*.

2° Les POUCE-PIEDS (*pollicipes*) ont les valves de la coquille au nombre de treize ou plus, et recouvrant entièrement le corps à l'exception du pied. Tels sont le P. *ordinaire* de la Manche et de la Méditerranée, le P. *scalpel*, des mers du Nord, etc.

3° Les ANATIFES ont le corps des précédents, mais leurs

valves ne sont qu'au nombre de cinq, dont quatre latérales et
et une médiane. On trouve abondamment sur nos côtes, l'*anatife commune*, qui s'attache aux rochers, au bois flottant et à
la quille des vaisseaux. On l'appelle communément *conque
anatifère* ou *bernacle*.

Les BALANES (*balanus*) (*fig*, 7), plus communément appelés *glands de mer*, ressemblent aux anatifes par la pluralité
de leurs valves, par le nombre considérable de leurs cirrhes,
par la privation de toute locomotion et par l'habitude qu'ils
ont de vivre sur les rivages de la mer; mais les valves des *balanes* sont soudées ensemble d'une manière immobile, et constituent par leur réunion, une coquille presque univalve, de
forme conique ou ovale, et presque semblable à un gland de
chêne, ce qui leur a fait donner leur nom vulgaire. En outre,
cette coquille, au lieu d'être soutenue par un pédicule comme
celle des pouce-pieds, est complètement sessile et porte immédiatement sur une de ses valves. L'animal ne peut donc
employer le stratagème des anatifes pour attirer sa nourriture
dans sa bouche; mais il parvient au même but au moyen de
ses tentacules, dont les mouvements circulaires produisent le
même tournoiement que le corps entier des cirrhopodes précédents. C'est aussi à l'aide de ces mêmes tentacules qu'ils se
fixent aux rochers, aux coraux, etc. Quelques espèces de ce
genre servent comme les anatifes de nourriture à l'homme.

On divise ce genre en plusieurs sous-genres dont les principaux sont les *balanes propres* et les *coronules*.

1° Les BALANES ont la coquille conique, de six valves, dont
quatre latérales, une dorsale et une ventrale. La principale espèce de ce genre est le B. *gland de mer*, qui abonde sur nos
côtes et qui s'attache aux rochers, aux coquilles, aux pieux,
etc. Elle est commune dans nos mers.

2° Les CORONULES (*coronula*) ont le même nombre de valves
que les balanes; mais ces pièces sont plus régulièrement disposées, et imitent une couronne par leur disposition; telle
est la C. *diadème*.

ANIMAUX RAYONNÉS.

Dans les animaux des trois embranchements qui précèdent, nous avons trouvé un assez grand nombre de rapports de structure, pour qu'il fût difficile de ne pas les sentir; leurs principaux systèmes organiques se font remarquer par la ressemblance de leurs formes et de leurs usages, et les parties extérieures sont constamment symétriques. Chez les animaux *rayonnés*, cette uniformité et cette disposition symétrique disparaissent, pour faire place à une grande diversité de formes et de fonctions. Le seul caractère bien marqué qu'ils présentent, consiste dans la simplicité de leur organisation, évidemment inférieure à celle des vertébrés, des articulés et des mollusques, et dans la disposition de leurs parties, qui forment ordinairement autour d'un axe ou centre commun, des espèces de rayons semblables à ceux d'une étoile ou aux pétales d'une fleur, ce qui leur a fait donner aussi le nom de *zoophytes*. Leur système nerveux, bien loin d'atteindre à un développement comparable à celui des autres animaux, n'a pas de centre commun (*l'encéphale*) pour recevoir les sensations ou pour présider aux mouvements; ils n'ont jamais de sens spéciaux pour la *vue*, l'*ouïe*, l'*odorat* et le *goût*; le *toucher* passif est le seul dont ils jouissent. Leurs mouvements ne sont pas plus développés que leur sensibilité; à un très-petit nombre d'exceptions près, ils manquent d'appendices locomoteurs, et ne manifestent leur existence que par le déplacement de quelques-unes de leurs parties. La plupart demeurent fixés pendant toute leur vie à la place où ils sont nés, et y forment souvent des agrégations nombreuses d'individus, habitant la même demeure et menant en quelque sorte une vie commune.

Leur nutrition s'opère d'une manière extrêmement simple; leur cavité digestive n'a le plus souvent qu'une ouverture qui sert également à l'introduction de la nourriture et au rejet des excréments; quelquefois même elle communique au dehors par plusieurs orifices, qui ont tous la propriété d'absorber les matières nutritives et d'en expulser le résidu, ainsi que les débris usés du corps. Chez les espèces les plus simples même, on ne trouve plus aucune trace du canal alimentaire: leur nutrition s'opère de la même manière que celle des végétaux, par l'absorption immédiate des sucs que l'eau leur apporte continuellement.

On conçoit que les organes de la respiration et de la circulation ne doivent pas exister, ou doivent du moins être très-imparfaits dans cette classe d'animaux ; aussi ne trouve-t-on que rarement chez eux ni cœurs, ni poumons, ni branchies ; seulement, quand ils ont une cavité digestive, on en voit s'échapper quelques vaisseaux qui portent les sucs nourriciers dans les diverses parties du corps. En un mot, leur organisation est si peu compliquée, qu'un grand nombre d'entre eux peuvent se multiplier par la division mécanique de leur corps en plusieurs parties. Dans d'autres, on voit pousser sur leur peau des espèces de bourgeons semblables à ceux des végétaux, lesquels s'étant suffisamment développés, se détachent du corps auxquels ils adhéraient, et deviennent des êtres vivants et animés comme lui. Il faut observer néanmoins que la grande majorité se reproduit également par des œufs.

Ces faits et d'autres analogues rendent très-intéressante la connaissance de cette partie de la zoologie ; malheureusement elle est encore peu avancée faute d'observations suffisantes. Le peu d'utilité matérielle que nous retirons de l'étude de ces animaux l'a fait long-temps négliger, et ce n'est que depuis quelques années qu'elle a fait des progrès vers la perfection, par suite des espèces nouvelles que les naturalistes et les voyageurs ont découvertes sur nos côtes ou dans les mers éloignées. Mais malgré ces découvertes, il y a si peu de rapports entre les animaux compris dans l'embranchement dont nous parlons, qu'il est extrêmement difficile d'y établir des classes sur des caractères un peu positifs. Ajoutez à cela, que plusieurs de ces êtres sont tellement petits, qu'il est impossible de les étudier sans le secours d'un verre grossissant. Aussi compte-t-on pour les animaux de cet embranchement, autant de classifications qu'il y a d'auteurs qui ont écrit leur histoire. Pour nous, nous suivrons celle de M. de Blainville, qui nous paraît être la plus rationnelle ; cependant, à l'exemple de la plupart des auteurs, nous réunirons aux véritables rayonnés les vers intestinaux et les infusoires, quoique beaucoup d'entre eux aient une organisation plus compliquée.

Nous diviserons donc les *zoophytes* en cinq classes ; les *échinodermes* ou *rayonnés épineux*, les *entozoaires* ou *vers intestinaux*, les *microzoaires* ou *animaux microscopiques*, les *acaléphes* ou *médusaires* et les *polypes*.

1° Les *échinodermes* se reconnaissent à leur forme rayonnée, à leur peau solide et généralement garnie d'épines, à leur canal intestinal presque toujours pourvu de deux ouvertures, et à la présence d'organes pour la respiration et la circulation (pl. XXXVI) (*fig.* 1, 2, 3).

2° Les *entozoaires* ont le corps allongé comme les vers, sans rayons bien marqués, excepté à la bouche, et un canal digestif à deux orifices, comme les précédents ; mais ils manquent d'organes distincts pour la circulation et la respiration (*fig.* 4 et 5).

3° Sous le nom de *microzoaires*, on désigne un grand nombre d'animaux microscopiques, d'organisation très-diverse ; mais qu'on ne peut bien rapporter à aucune des autres classes de la zoologie (*fig.* 8, 9 et 10).

4° Les *acaléphes* ont la forme rayonnée et la peau gélatineuse, leur cavité digestive n'a qu'un seul orifice, et toute leur organisation est très-simple (*fig.* 7).

5° Les *polypes* sont de petits zoophytes remarquables par la mollesse de tous leurs organes et par les bras ou tentacules qui entourent leur bouche (pl. XXXVII).

ÉCHINOLOGIE,

OU

HISTOIRE NATURELLE DES ÉCHINODERMES.

Cette classe comprend les animaux les plus compliqués du dernier embranchement. Ils ont des organes imparfaits pour la circulation et pour la respiration, et une peau assez bien organisée ; car elle est le plus souvent soutenue par une espèce de squelette extérieur analogue à celui des articulés, et auquel s'attachent communément des pointes ou épines mobiles, qui remplacent en quelque sorte les membres de la plupart des animaux supérieurs. Les pièces solides qui composent leur squelette, étant unies entre elles d'une manière qui leur permet de se mouvoir les unes sur les autres, il en résulte que l'animal jouit d'une véritable locomotion, et peut se transporter en totalité d'un endroit à un autre. Les mouvements lui sont d'autant plus faciles, que sa peau est fréquemment percée d'ouvertures, qui donnent passage à des appendices ou *pieds*, qui, agissant comme des ventouses, servent à la fois de conduits aquifères et d'organes locomoteurs. Mais, pour que ces mouvements soient faciles, il faut qu'ils soient secondés par ceux de l'eau, qui, soulevant son corps, en rendent le déplacement plus facile. Aussi les *échinodermes* ne quittent-ils jamais l'élément liquide, où non-seulement ils se trouvent plus à leur aise, mais qui leur fournit encore, dans les animaux qu'il nourrit en son sein, le genre d'aliments le plus convenable à leur organisation, et les matériaux nécessaires à leur respiration branchiale.

La reproduction de ces animaux est toujours ovipare et ne saurait s'opérer par scission ; on observe cependant que les différentes parties de leur corps qu'ils ont perdues par accident ne tardent pas à reparaître, quoiqu'un peu moins développées qu'elles n'étaient d'abord.

Cette classe se divise en deux ordres : les *stellifères* ou échi-

...odermes pédicellés, et les *holothurioïdes* ou échinodermes sans pieds.

1° L'ordre des *stellifères* comprend tous les échinodermes pourvus de pieds, et dont la forme est évidemment rayonnée.

2° Les *holothurioïdes* manquent d'appendices locomoteurs, et ont le corps plus semblable à celui d'un ver qu'à celui d'un animal rayonné.

1er Ordre. — STELLIFÈRES.

C'est surtout aux zoophytes de cet ordre que convient spécialement le nom d'échinodermes, qui veut dire *peau hérissée de piquants.* Leur enveloppe cutanée est en effet percée d'un grand nombre de petits trous, placés en séries régulières sur toute sa surface, et donnant passage à des tentacules membraneux et cylindriques, très-favorablement disposés pour la locomotion. Armés à leur extrémité de ventouses semblables à celles qui garnissent la bouche des sangsues, ces organes servent à fixer l'animal aux corps sous-marins, ou à le déplacer avec une vitesse variable, mais en général médiocre. On pourrait donc comparer ces tentacules à ceux des céphalopodes parmi les mollusques; mais, outre que, chez ces derniers, ces appendices sont tout-à-fait charnus, tandis que ceux des *stellifères* sont composés de pièces solides, leur manière d'agir est toute différente; ce ne sont pas en effet des muscles qui mettent en jeu les pieds des rayonnés dont nous parlons, comme cela s'observe pour les bras des céphalopodes et pour les membres des animaux vertébrés et articulés; ces organes sont percés d'un canal intérieur qui règne dans toute leur étendue, et qui communique avec une cavité remplie d'eau, placée à leur base, et c'est ce liquide qui, en se portant d'un endroit à l'autre, détermine l'allongement et le raccourcissement alternatifs de ces appendices, et par suite la progression de l'animal.

Cet ordre, qui est le plus nombreux de la classe, comprend trois petites familles: celle des *stellérides*, celle des *échinides* et celle des *holothurides.*

1re Famille. — STELLÉRIDES (pl. XXXVI).

Sous le nom de *stellérides*, on désigne tous les échinodermes dont le corps est aplati et généralement divisé en rayons, qui sont le plus souvent au nombre de cinq; c'est au point central, où ces rayons se réunissent, que se trouve placée la bouche qui est inférieure et qui sert en même temps d'anus. La charpente de leur corps se compose de petites pièces osseuses qui, par la diversité de leur disposition, contribuent à former les trous des tentacules et facilitent leurs mouvements, qui sont beaucoup plus étendus que ceux de tous les autres animaux du même embranchement.

Tous ces rayonnés sont carnassiers et vivent de mollusques, d'annelides et d'autres zoophytes qu'ils broient avec facilité, au moyen des pièces dures dont leur bouche est garnie. A leur tour, ils sont dévorés par les poissons, les crabes, etc., qui les mutilent, en leur arrachant un ou plusieurs de leurs rayons; mais leur force de reproduction est telle, qu'on a vu des individus, qui ne conservaient plus qu'une seule de ces parties, réparer toutes les autres en très-peu de temps. Il faut cependant observer que la partie reproduite n'acquiert jamais la force de la précédente; c'est ce qui fait qu'on trouve si souvent des *stellérides* irréguliers.

Les *stellérides* sont répandus dans toutes les mers; ils sont si abondants sur certaines côtes, qu'on s'en sert pour fumer les terres, seul usage auquel on les ait employés jusqu'ici. On divise cette famille en deux grands genres : les *astéries* ou *étoiles de mer* et les *encrines*.

Les ASTÉRIES (*asterias*) (*fig.* 1) ont le disque ou la partie centrale de leur corps aplati, et donnant naissance à un nombre variable de rayons, qui lui donnent quelques rapports avec une étoile; ce qui leur a fait donner le nom d'*étoiles de mer*, qu'elles portent sur toutes nos côtes. Les pièces dures qui entrent dans la structure de leur enveloppe extérieure, sont unies entre elles d'une manière régulière et fort compliquée. Leur bouche est placée à la partie inférieure du disque central, et communique avec un vaste estomac, qui envoie presque toujours des prolongements dans chaque rayon. Ces échinodermes sont très-voraces et dévorent une grande quantité d'animaux, qu'ils saisissent avec leurs longs bras et qu'ils amènent dans leur bouche, où ils sont engloutis sur-le-champ.

On divise ce genre en quatre principaux sous-genres.

1° Les Astéries propres ont les rayons simples et marqués en dessous d'un sillon longitudinal, aux côtés duquel sont percés les trous destinés à livrer passage aux pieds; telles sont l'A. *rougeâtre* ou *vulgaire*, l'A. *orangée*, l'A. *glaciale*, etc.

2° Les Ophiures (*ophiura*) ont les rayons simples des précédents, mais sans sillon à leur face inférieure; telles sont l'O. *nattée*, l'O. *lézardelle*, etc.

3° Les Euryales (*euryalus*) ont les rayons divisés dichotomiquement en branches, ce qui leur donne l'apparence d'un paquet de serpents et leur a fait donner le nom de *têtes de Méduse*; tels sont l'E. *rude* ou *tête de Méduse*, l'E. *à côtes*, etc.

4° Les Comatules (*comatula*) ont, comme les euryales, les rayons branchus et munis de chaque côté d'une rangée de filets articulés; telles sont la C. *à plusieurs rayons*, la C. *pectinée*, etc.

Les ENCRINES (*encrinus*) (*fig.* 4, *a*) diffèrent principalement des astéries, en ce que leur disque se prolonge inférieurement en une tige articulée, au moyen de laquelle ces échinodermes adhèrent au sol. Du reste, leurs rayons sont nombreux et ciliés, comme chez les comatules.

On ne connaît qu'imparfaitement deux ou trois espèces vivantes de ce genre; elles viennent de l'Inde, des mers d'Amérique et de celles de l'Europe septentrionale; elles sont partout rares, ou plutôt elles vivent à une profondeur où il est difficile de les observer et surtout de les prendre. Leur grandeur est très-variable; mais, comme les observations que l'on a faites à leur sujet sont peu nombreuses, il est impossible de dire d'une manière positive si ces différences ne tiennent pas à celles de l'âge.

Mais si les espèces vivantes sont peu nombreuses et difficiles à étudier, les espèces fossiles sont extrêmement abondantes et à la portée de tout le monde; aussi les a-t-on subdivisées en plusieurs groupes, tels que les *encrinites propres*, les *pentacrinites*, les *actinocrinites*, etc. Parmi les espèces vivantes, nous citerons l'*encrine européenne*, l'E. *tête de Méduse*, etc.

Les productions fossiles, qu'on désigne sous le nom d'*entroques*, sont des pièces de la tige et des branches d'animaux de ce genre.

II° *Famille.* — Échinides (pl. XXXVI).

Quoiqu'il y ait des différences extérieures assez tranchées entre les *échinides* et les stellérides, l'organisation de ces deux sortes de zoophytes présente de nombreux rapports; toutes les parties essentielles sont les mêmes, excepté cependant que la

cavité digestive des *échinides* a un double orifice, tandis que
celle des étoiles de mer n'en a qu'un. D'ailleurs les premiers
n'ont pas cette disposition rayonnée et branchue, si remarquable chez ces derniers ; leur corps, de forme globuleuse ou
discoïdale, est revêtu d'un test ou d'une croûte calcaire, composé de pièces qui se joignent exactement, et qui sont percées
de plusieurs rangées régulières de petits trous par où passent
des pieds membraneux et qu'on appelle *ambulacres*. La surface
de cette enveloppe est en outre armée d'épines implantées sur
de petits tubercules mobiles, ce qui a fait donner à ces animaux
le nom vulgaire de *hérissons* ou de *châtaignes de mer* ; de sorte
que les *échinides* se trouvent pourvus de deux sortes d'organes
locomoteurs : les pieds qui sont mous et contractiles, et les
épines qui sont dures et inflexibles ; mais, malgré ce double
appareil, les mouvements de ces échinodermes ne sont pas plus
agiles ; ils sont au contraire très-lents et plus bornés encore que
ceux des stellérides.

Tous les *échinides* sont carnassiers, comme les précédents, et
se nourrissent de petits coquillages qu'ils saisissent avec leurs
pieds, et qu'ils brisent avec un appareil dentaire vigoureux. Il
se compose d'une bouche armée de cinq dents enchâssées dans
une charpente très-compliquée et garnie de plusieurs muscles,
à laquelle on donne le nom de *lanterne*.

On divise cette famille en plusieurs genres dont les principaux sont les suivants :

Les OURSINS (*echinus*) (*fig.* 2) ont la bouche au milieu de
leur face inférieure et l'anus au point opposé ; tel est l'*oursin
commun*, qui est de la forme et de la grosseur d'une pomme,
et qu'on mange dans les ports de mer ; l'O. *militaire* n'est pas
moins répandu que le précédent dans toutes nos mers.

Les GALÉRITES (*galerites*) ont aussi la bouche centrale ;
mais leur anus est latéral. On n'en connaît que de fossiles.

Les CLYPÉASTRES (*clypeaster*), dont le nom, qui signifie
bouclier, indique assez bien leur forme qui est déprimée, convexe supérieurement et concave en dessous, ont l'anus situé
sur le bord du corps, et la bouche en dehors du centre et armée
de dents. On en connaît des espèces vivantes et de fossiles.

Les SPATANGUES (*spatangus*) ont la bouche latérale ; ils
n'ont que quatre ambulacres incomplets ; leur corps est ovale,

plus large en avant qu'en arrière, et leur test est mince et léger. On en connaît de vivants et de fossiles. Nous avons dans nos mers le *S. arénaire*, le *S. méridional*, etc.

Les ANANCHITES (*ananchites*) sont tous fossiles ; ils ont la bouche latérale, le corps ovale et les ambulacres complets.

IIIe Famille. — Holoturaines (pl. XXXVI).

Cette famille ne se compose que du seul genre HOLOTHURIE (*holothuria*) (*fig.* 3), qui comprend des animaux à corps oblong, presque vermiforme et évidemment destiné à établir un passage des stellifères aux helminthoïdes. Son extrémité antérieure est percée par la bouche qui est entourée de tentacules, tandis que l'anus occupe l'extrémité opposée ; c'est aussi dans cette dernière ouverture que sont placées les branchies, qui n'ont pas seulement pour fonction de vivifier le sang, comme cela s'observe dans les poissons et la plupart des mollusques, mais encore de favoriser la locomotion ; car des muscles soumis à la volonté de l'animal lui permettent de remplir ou de vider à son gré la cavité qui contient ces organes, et d'imprimer au corps des mouvements assez étendus.

La peau des *holothuries* est moins dure que celle des échinodermes précédents ; elle a même assez de souplesse pour que l'animal puisse changer de forme quand on le touche, et se contracter de manière à occuper un très-petit espace ; quelquefois, quand il est agité par la crainte de quelque danger, ses contractions sont si fortes et si subites, qu'il déchire et vomit ses intestins.

Nos mers nourrissent plusieurs espèces de ce genre ; telles sont l'H. *royale*, l'H. *écailleuse*, l'H. *tremblante*, etc.

IIe Ordre. — HELMINTHOÏDES.

Cet ordre est incomparablement moins nombreux que celui des stellifères ; il ne comprend qu'un petit nombre d'espèces, dont le corps allongé, couvert d'une peau coriace et dépourvu de pieds, rappelle celui des annelides, parmi lesquelles les placent certains naturalistes, mais dont les éloignent leur organisation intérieure et surtout leur système nerveux.

Leurs habitudes sont très-analogues à celles des vers marins. Ils passent leur vie dans l'eau ou dans le sable qui couvre les rivages de l'Océan, où les pêcheurs vont les chercher à la marée basse, pour les employer comme appât. Quelques espèces servent même de nourriture dans les ports de mer.

Quoique le nombre des *helminthoïdes* soit peu considérable, les naturalistes ont été obligés, à cause de la diversité des formes qu'ils ont observées en eux, de les distribuer en plusieurs genres, dont les principaux sont les *molpadies*, les *minyades* et les *siponcles*.

Les MOLPADIES (*molpadia*) tiennent, par leur forme et par leur organisation, le milieu entre les échinodermes stellifères et les helminthoïdes; leur corps est oblong, cylindrique, ouvert à ses deux extrémités, et terminé postérieurement en pointe. Leur peau est épaisse, coriace et dépourvue de pieds. Leur bouche n'est point entourée de tentacules; à leur place, on y trouve un appareil de pièces osseuses analogue à celui des oursins, mais beaucoup moins compliqué.

On ne connaît bien que deux espèces de ce genre : la M. *holothurioïde* qui habite la mer Atlantique, et la M. *souris* qui vit dans les mers des Indes.

Les MINYADES (*minyas*) sont des rayonnés dont la place n'est pas encore bien fixée. Les uns (M. Lesson) les placent parmi les holothuries; les autres (Cuvier) les rangent parmi les échinodermes sans pieds; les autres enfin (M. de Blainville) les mettent à côté des actinies. Cette incertitude tient à l'ignorance où l'on est sur leur anatomie. M. Lesson et Cuvier ont cru qu'elles ont une bouche et un anus distincts, et situés chacun à une extrémité du corps. M. de Blainville ne leur trouve que la bouche et pas d'orifice anal. Mais comme ces animaux nagent librement, qu'ils ont la peau coriace et que leur bouche n'est point entourée de tentacules, il nous semble qu'ils ont plus de rapports avec les échinodermes qu'avec les polypes. Quoi qu'il en soit, leur forme est celle d'un globe aplati vers les pôles, et dont la surface serait sillonnée comme celle d'un melon.

On trouve dans la mer Atlantique une espèce de ce genre, la M. *outremer*, qui se fait remarquer par sa magnifique couleur bleue foncée.

Les SIPONCLES (*siponculus*) sont des rayonnés dont le corps est long et cylindrique comme celui des lombrics, avec lesquels

certains naturalistes les ont confondus, et dont la peau épaisse
est ridée transversalement et dans le sens de sa longueur. Ils
ont une bouche en forme de trompe, qui peut rentrer ou sortir
au gré de l'animal, par le moyen de muscles intérieurs dont
elle est garnie; leur intestin est assez long pour traverser toute
l'étendue du corps et revenir s'ouvrir à côté de la bouche. On
ignore quelle est l'espèce de nourriture dont ils font usage; on
n'a trouvé jusqu'ici dans leur cavité digestive que des grains de
sable et des débris de coquillage. Cette dernière circonstance
ferait présumer qu'ils vivent de mollusques, tandis que la forme
de leur bouche ferait plutôt soupçonner qu'ils se nourrissent
des matières organiques contenues dans la vase.

On trouve des *siponcles* enfouis dans le sable, comme les
arénicoles et plusieurs autres annélides, et on les en retire de
même pour s'en servir comme d'appât dans la pêche. L'espèce
la plus remarquable est le *siponcle comestible* de la mer des
Indes, que certains peuples vont chercher dans le sable pour la
manger. Il y en a, dans la même mer, une seconde espèce qui
n'a pas moins de deux pieds de long.

Les BONELLIES (*bonellia*) ont le corps moins allongé que
les siponcles, terminé antérieurement par une trompe fourchue
à son extrémité, et susceptible d'un très-grand allongement.
Elles vivent profondément dans le sable, et font arriver leur
trompe jusqu'à l'eau, et même jusqu'à l'air quand l'eau est
basse.

Les bords de la Méditerranée en nourrissent une espèce, la
B. verte.

ENTOZOOLOGIE,

OU

HISTOIRE NATURELLE DES ENTOZOAIRES.

La classe des *entozoaires*, plus vulgairement connus sous le nom de vers *intestinaux*, est une des plus curieuses et des plus intéressantes à étudier, d'abord parce que les animaux qu'elle comprend ne vivent que dans l'intérieur d'autres animaux aux dépens de leur substance, et ensuite parce que la manière dont ils se reproduisent est un des faits les plus difficiles à expliquer de la physiologie. On sait bien qu'ils sont *ovipares* et que leurs œufs se développent comme ceux des animaux qui présentent ce mode de génération ; mais comment s'introduisent-ils dans le corps ? Ce n'est pas du dehors, puisque jusqu'ici on n'en a jamais vu de vivants ailleurs que dans son *intérieur* : il faut donc qu'ils s'y forment spontanément, ou qu'ils se transmettent de père en fils par voie de génération. Mais on ne croit plus maintenant aux générations spontanées, ce qui détruit la première hypothèse. Quant à la seconde, comment la concilier avec l'observation journalière que l'on fait d'animaux qui en nourrissent plusieurs, tandis que leurs parents n'en avaient pas ? Il n'est pas cependant impossible de faire accorder ce fait avec l'hypothèse dont nous parlons, en supposant que tous les animaux contiennent des germes de vers intestinaux, mais que ces germes ne peuvent se développer qu'autant qu'ils se trouvent dans des circonstances favorables. On sait combien les constitutions faibles et délicates favorisent la multiplication de ces êtres parasites.

Quoi qu'il en soit de leur reproduction, les *entozoaires* présentent dans leur forme extérieure des rapports avec les annélides ; mais, outre que leur corps n'est pas ordinairement composé, comme celui de ces dernières, d'une série d'anneaux articulés ensemble, ils ont leur organisation beaucoup moins compliquée ; on ne leur trouve ni trachées, ni branchies, ni organes circula-

toires ou locomoteurs ; à peine y découvre-t-on quelques vesti-
ges de nerfs. Leur canal intestinal est seul bien développé ; ils
ont presque tous une bouche et un anus distincts.

Il ne faudrait pas croire, d'après le nom vulgaire de *vers intestinaux* qu'on donne à ces animaux, que le canal alimentaire
soit le seul organe où ils se développent ; on en trouve dans le
foie, le poumon, la rate et dans le cerveau ; il en naît jusque
dans des cavités qui n'ont aucune communication naturelle avec
le dehors : c'est ce qui a déterminé M. de Blainville à changer
le nom d'intestinaux en celui d'*entozoaires*, qui veut dire *animaux intérieurs*.

Les inconvénients qui résultent de la présence de ces animaux dans l'intérieur du corps, dépendent d'abord de leur
nombre, et ensuite de l'importance de l'organe qu'ils habitent.
La cavité digestive peut en contenir quelquefois des quantités
notables, sans qu'il en résulte de graves accidents ; un seul
suffit pour compromettre la vie, s'il se trouve dans un organe
très-essentiel. Une des causes qui diminuent le danger de la
présence des *entozoaires* dans le canal intestinal, c'est la possibilité de les en expulser ; les purgatifs parviennent presque
toujours à ce résultat.

Cette classe se divise en deux ordres : les *cavitaires* et les
parenchymateux.

1° Les *cavitaires* ont un canal intestinal flottant dans une
cavité intérieure, et pourvu d'un double orifice pour l'introduction des aliments et pour l'expulsion de leur résidu.

2° Les *parenchymateux* n'ont point de cavité distincte, et
leurs intestins, quand ils existent, ressemblent plutôt à des
vaisseaux ramifiés qu'à un tube digestif.

1ᵉʳ Ordre. — CAVITAIRES.

Ce groupe se compose des entozoaires les mieux organisés, et
chez lesquels on trouve constamment un canal intestinal à deux
ouvertures, flottant dans une cavité intérieure, ce qui leur a
fait imposer le nom de *cavitaires*. Leur corps, qui est allongé
et généralement arrondi, leur donne d'autant plus de rapports
avec les annélides que leur peau est marquée, comme celle de
ces dernières, de stries transversales, qui imitent les anneaux
ou segments de cette classe d'articulés.

Nous ne dirons rien des habitudes de ces êtres singuliers : on
sent que, renfermés dans l'intérieur d'autres animaux, il est

bien difficile de les observer. Nous ferons seulement remarquer que les *cavitaires*, quoique en général plus communs dans le canal intestinal que partout ailleurs, ne laissent pas de se répandre en plusieurs autres cavités, et jusque dans le tissu cellulaire qui enveloppe les viscères de la poitrine, de l'abdomen, etc.

Cet ordre se divise en deux familles : les *filariés* et les *ascarides*.

Ire *Famille*. — FILARIÉS.

Les *filariés* tirent leur nom de leur forme grêle et allongée, qu'on a comparée à un fil ; ils se développent en si grande quantité dans le corps de toute sorte d'animaux, qu'ils y forment des pelotes assez considérables renfermées dans une enveloppe commune ; rarement en trouve-t-on d'isolés. Et, par une singularité remarquable, on ne les rencontre pas seulement dans les cavités qui communiquent avec le dehors, tels que le canal intestinal, le poumon, etc.; ils sont très-communs dans les organes les plus cachés, et jusque dans l'intérieur des muscles.

Les *filaires* et les *trichocéphales* sont les seuls genres de cette famille.

Le genre FILAIRE (*filaria*) comprend toutes les espèces dont le corps est filiforme, et à-peu-près d'égale grosseur dans toute son étendue ; telle est la *filaire commune*, plus célèbre sous le nom de *ver de Médine* ou de *Guinée*. Elle est très-répandue dans les pays chauds, où elle s'insinue sous la peau de l'homme, principalement aux jambes et sous la plante des pieds. Comme elle cause d'abord peu de douleur, elle y demeure assez long-temps inaperçue, et ce n'est que lorsqu'elle a considérablement grandi qu'on en reconnaît la présence. L'animal est alors de la grosseur d'un tuyau de plume et a quelquefois plus de dix pieds de long ; il cause des douleurs atroces, des convulsions nerveuses effrayantes, et quelquefois même la mort. Le seul moyen de faire cesser ces terribles accidents, c'est de l'extraire promptement, avec la précaution de n'en rien laisser ; car la moindre partie suffit pour reproduire le reste et renouveler le mal.

Les TRICHOCÉPHALES (*trichocephalus*) se distinguent des filaires par leur corps gros et arrondi en arrière, et très-mince

en avant, ce qui leur a fait donner leur dénomination scientifique qui signifie *tête en cheveu*, et le nom vulgaire de *ver à
queue en fil*. Observons, à l'égard de cette dernière dénomination, qu'on confond la partie antérieure du corps avec la
postérieure ; car la partie amincie, comme nous l'avons dit en
caractérisant le genre, n'est point la queue, mais bien la tête.

L'espèce la plus connue de ce genre est le *tricocéphale de
l'homme* qui a d'un à deux pouces de long, et qui est très-
commun dans notre gros intestin.

IIe *Famille.* — Ascaridés (pl. XXXVI).

Ces *cataznaires*, qui sont les plus communs, sont faciles à
reconnaître à leur corps long, cylindrique et aminci à ses deux
extrémités ; ce qui les distingue des filariés, qui l'ont de la
même grosseur dans toute son étendue ou plus grêle dans sa
partie antérieure.

De tous les vers intestinaux, les *ascarides* sont les plus généralement connus, parce que ce sont eux qui causent le plus
d'accidents, surtout chez les enfants. Ils se multiplient quelquefois avec tant de rapidité qu'il n'est pas rare de rencontrer,
dans la cavité digestive d'individus morts de cette maladie, des
pelotes de la grosseur du poing entièrement formées par l'entre-
lacement de leur corps. C'est principalement dans la cavité digestive qu'on trouve ces cavitaires ; néanmoins on en rencontre
aussi dans plusieurs autres viscères, et jusque dans l'intérieur
des vaisseaux sanguins.

Nous citerons de cette famille les genres *ascaride* et *strongle*.

Les ASCARIDES (*ascaris*) (*fig.* 4) ont la bouche garnie de
trois papilles charnues (*fig.* 4 *a*), entre lesquelles saille de temps
en temps une trompe très-courte.

L'espèce la plus connue de ce genre est l'*ascaride lombrical*,
que l'on rencontre très-fréquemment dans le canal intestinal de
l'homme et d'un grand nombre de mammifères ; il a souvent
deux pieds de long et même davantage, et cause des accidents
assez graves. L'*ascaride vermiculaire* est beaucoup plus petit
et n'a guère que cinq ou six lignes ; il se tient de préférence
à l'extrémité du canal intestinal, où il cause ordinairement de
vives démangeaisons.

Les STRONGLES (*strongylus*) ressemblent tellement aux

ascarides que la plupart des naturalistes les confondent ensemble : la seule différence qui les sépare, c'est que les *strongles* ont l'anus enveloppé d'une espèce de bourse ou de poche, qui manque chez les ascarides. On ne les trouve que très-rarement dans l'intérieur de l'homme.

L'espèce la plus célèbre est le *strongle du cheval*, qui a environ dix pouces de long, et qui se développe dans tous les viscères de ce solipède et jusque dans ses artères. Une seconde espèce, le *strongle géant*, est le plus grand de tous les entozoaires ; il a jusqu'à trois pieds de long et même davantage, et égale le petit doigt en grosseur ; il est ordinairement d'un très-beau rouge et croît principalement dans les reins de certains carnassiers digitigrades, et en dévore la substance en leur causant des douleurs atroces.

Les LINGUATULES (*pentastoma*) ont le corps déprimé et tranchant sur les côtés, où de fortes et nombreuses crénelures sont des indices des divisions transversales du corps de l'animal. Leur bouche, qui est placée en dessous de la partie antérieure, a de chaque côté deux petites fentes longitudinales, d'où sortent de petits crochets. Cette conformation du corps indique que ces entozoaires sont destinés à établir le passage des cavitaires aux parenchymateux.

L'espèce la plus remarquable de ce genre est la *L. lanceolata* ou *ténioïde*, qui atteint jusqu'à six pouces de long, et qui vit dans les sinus frontaux du chien et du cheval.

IIe *Ordre*. — PARENCHYMATEUX.

Ces animaux ont l'organisation beaucoup plus simple que ceux de l'ordre précédent ; ils n'ont pas de cavité intestinale ; leur corps n'offre qu'un tissu homogène, dans lequel on ne distingue pour tout organe que quelques suçoirs placés à la surface extérieure, et qui se continuent dans l'intérieur, sous la forme de petits canaux ramifiés qui remplacent le canal digestif ; ils manquent par conséquent de bouche véritable aussi-bien que d'anus, de sorte que la nutrition se réduit chez eux à l'absorption immédiate des matières alimentaires, qu'ils trouvent toutes préparées dans le corps des autres animaux.

Cet ordre a été divisé en trois familles : les *acanthocéphales*, les *trématodes* et les *ténioïdes*.

Iʳᵉ *Famille.* — ACANTHOCÉPHALES.

Cette famille peu nombreuse ne comprend qu'un genre, celui des ÉCHINORHYNQUES (*echinorhynchus*), qui sont faciles à reconnaître à une proéminence mobile, armée d'épines crochues, qui paraît leur servir à s'attacher aux intestins et à pomper les sucs nutritifs nécessaires à leur subsistance.

Ils ont le corps cylindrique, tantôt allongé, tantôt sacciforme, et leur peau est tellement pourvue de vaisseaux qu'elle est partout le siège de l'absorption la plus active ; aussi remarque-t-on que ces animaux plongés dans un liquide se gonflent rapidement de toutes parts, au point de changer presque entièrement de forme. On trouve ces entozoaires dans les intestins de plusieurs animaux ; ils s'y attachent avec tant de force, au moyen des crochets dont leur tête est garnie, qu'ils finissent quelquefois par les percer ; et dans ce cas, tantôt ils s'enfoncent entre les diverses tuniques qui forment les parois du tube digestif, tantôt ils pénètrent dans l'abdomen, en ayant soin toutefois de se retenir à la tunique extérieure de l'intestin, afin de pouvoir y puiser leur nourriture.

La plus grande espèce de ce genre, l'*échinorhynque géant*, qui atteint près d'un pouce et demi de long, et se trouve abondamment dans les intestins du cochon et du sanglier.

IIᵉ *Famille.* — TRÉMATODES (pl. XXXVI).

Sous le nom de *trématodes*, on désigne une nombreuse famille d'entozoaires dont la forme est très-variable, mais qu'on reconnaît toujours aisément, en ce qu'ils ont, soit au milieu de leur corps, soit à ses extrémités, des organes creux en forme de ventouses, dont ils se servent pour s'attacher aux différents viscères dans lesquels ils se développent.

Peu de ces animaux habitent le corps de l'homme ; plusieurs espèces se trouvent dans celui de nos bestiaux et principalement de la brebis ; mais le plus grand nombre paraît se nourrir aux dépens des habitants des eaux, tels que les poissons, les mollusques et les crustacés. Ce genre de vie rendant les *trématodes* encore plus difficiles à observer que les autres entozoaires, on sent que leur histoire naturelle doit être bien peu avancée sous le rapport des habitudes ; aussi toutes nos connaissances sur ce sujet se bornent-elles à quelques observations sur les mœurs des espèces qui vivent dans l'intérieur du corps de nos animaux domestiques.

Cette famille étant assez considérable a dû être partagée en deux tribus, celle des *distomiens* et celle des *planariés*.

Ire *Tribu.* — Distomiens.

Cette tribu ne comprend que des espèces parasites, qu'on reconnaît à la présence, vers l'extrémité antérieure, d'un orifice servant de bouche et dont les bords sont disposés en forme de ventouse. Leur face abdominale est en outre souvent munie d'une ou de plusieurs ventouses, dont la position est plus ou moins rapprochée de la ventouse antérieure, selon les espèces. Leur canal intestinal est encore ramifié et sans anus: leur corps n'offre jamais d'articulations distinctes, et leur locomotion s'opère par le même mécanisme que celle des sangsues.

Ces entozoaires vivent dans le canal intestinal, dans les voies aériennes, ou dans le tissu intime des organes des animaux vertébrés; ils sont surtout communs dans le corps des poissons. On en compte quatre genres : les *douves*, les *holostomes*, les *cyclocotyles* et les *hectocotyles*.

Le genre le plus important de cette tribu est celui des DOUVES (*distoma fig.* 5 *a*), espèce de vers mous, dont le corps généralement aplati offre deux ventouses ou suçoirs, placés l'un sous le ventre et l'autre vers sa partie antérieure; c'est à cette double ouverture qu'ils doivent leur nom scientifique de *distomes*, qui veut dire deux bouches.

Les *douves* sont tous de petits animaux, dont les plus grands n'atteignent pas un pouce de long, et qui n'ont ordinairement que quelques lignes d'une extrémité du corps à l'autre. Comme ils sont d'une consistance très-molle, il est difficile d'en déterminer rigoureusement la forme; on en trouve de longs, d'ovales, d'aplatis, de cylindriques, sans que la diversité de ces formes puisse s'expliquer par la différence des espèces; car on les voit, comme les sangsues, s'allonger et se raccourcir, soit en totalité, soit en partie, selon la sensation qu'ils éprouvent. Des deux orifices que présentent ces animaux, celui de devant constitue la bouche et est destiné à absorber la nourriture; celui du ventre ne paraît servir qu'à fixer l'animal aux viscères dans lesquels il se développe, ou plutôt est destiné à livrer passage aux organes de la génération.

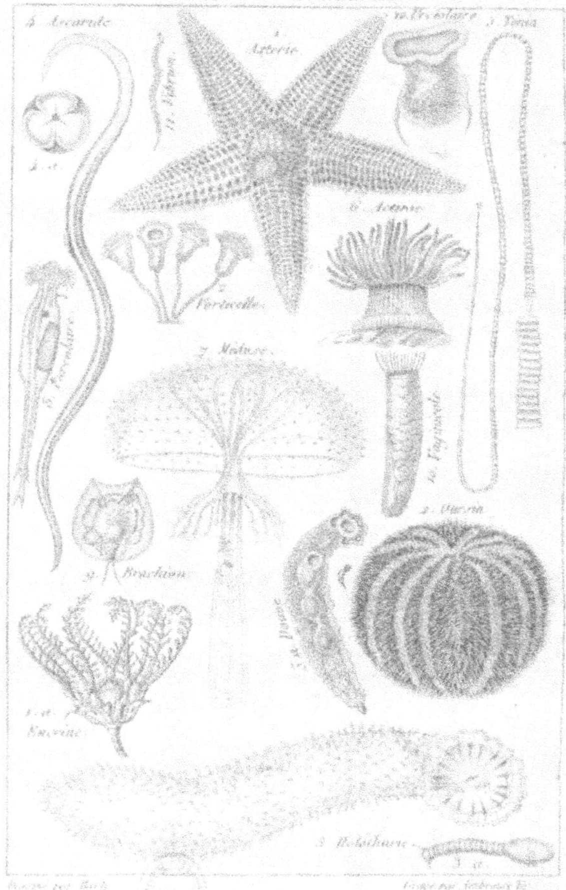

Dessiné par Buch.   Gravé par Ambroise le.

RADIAIRES   Pl. XXXVI   ECHINODERMES.

On divise ce genre en deux groupes, les *amphistomes* et les *douves propres*. Les AMPHISTOMES (*amphistoma*), qu'on appelle encore *strigées*, ont une ventouse à chacune de leurs extrémités, mais ils n'en ont pas sous le ventre ; tels sont l'A. *du héron*, l'A. *du castor*, l'A. *de la grenouille*, etc. ; ils vivent tous dans l'intérieur du canal intestinal. Les DOUVES proprement dites, aussi appelées *fascioles* parce que la plupart d'entre elles ont le corps aplati comme un ruban ou une bandelette (*fasciola*), ont une de leurs ventouses placée à l'extrémité antérieure du corps et l'autre en dessous, un peu plus en arrière. On connaît plus de deux cents espèces de *douves*, dont la plus célèbre est le D. *du foie*, qu'on trouve sur la plupart des ruminants, dans le cochon, le cheval et même l'homme. Son corps est aplati, ovale, gros en avant, mince en arrière. Elle pullule quelquefois tellement dans l'intérieur des moutons qui paissent dans des prairies humides, qu'il n'est pas rare de voir ces mammifères devenir hydropiques, et périr par suite de son excessive multiplication.

Les HOLOSTOMES (*holostoma*) ont le corps mou, de forme un peu variable, sans articulations distinctes, mais toujours divisé en deux parties : l'une antérieure, large, concave et disposée de façon à servir de ventouse ; l'autre postérieure, de forme à-peu-près cylindrique. On en connaît plusieurs espèces qui ont été exclusivement observées jusqu'ici dans le corps des animaux à sang chaud, et surtout dans celui des oiseaux. La principale, celle qu'on nomme l'H. *macrocéphale*, vit dans l'intestin du hibou ; une seconde se trouve dans celui du renard, etc.

Les CYCLOCOTYLES (*cyclocotylus*) sont tout à fait l'opposé des précédents sous le rapport de la forme. Ceux-ci ont la partie antérieure élargie et la postérieure cylindrique ; les *cyclocotyles* au contraire ont l'antérieure cylindrique et obtuse, tandis que celle de derrière est large, presque orbiculaire, convexe en dessus, concave en dessous, et pourvue dans son rebord de quatre paires de ventouses armées à l'intérieur de crochets. La portion de devant est tellement petite relativement à la postérieure, qu'on prendrait celle-ci pour le corps de l'animal, auquel la première formerait une petite trompe.

On n'en connaît qu'une espèce, le *cyclocotyle de l'orphie*, qui vit sur le poisson de ce nom.

Les HECTOCOTYLES (*hectocotylus*) dont le nom signifie *cent cavités* ou *suçoirs*, a été donné à ces entozoaires, parce qu'ils ont la face inférieure de leur corps toute garnie de suçoirs rangés par paire, et au nombre de soixante à cent. Leur corps est long, gros et comprimé à l'extrémité antérieure, sur laquelle est la bouche. Jusqu'ici on n'a observé ces animaux que sur le corps de certains céphalopodes, et notamment sur celui du poulpe et de l'argonaute ; et l'on est si peu d'accord sur leur nature, que certains naturalistes les regardent comme des bras d'un de ces mollusques, lesquels ont, comme on sait, deux rangées de suçoirs sur une de leurs faces et une ventouse à leur extrémité.

IIe Tribu. — Planariés.

Sous le nom de *planariés*, qui est tiré du latin *planus* (déprimé), aplati, on désigne un certain nombre d'animaux vermiformes, qui tiennent des précédents et des sangsues en même temps. Comme les distomes, ils ont le corps parenchymateux sans cavité abdominale distincte, et le canal intestinal quelquefois divisé en plusieurs ramifications creusées dans l'épaisseur de tout le corps ; mais, de même que les hirudinés, ils ont de petits points oculaires sur la tête, et ils vivent en liberté au sein des eaux douces ou salées. En général, leur corps est un peu plus large en avant qu'en arrière. Du reste, leur organisation est tellement simple, qu'ils se multiplient non-seulement par le moyen des œufs, mais encore par scission : il paraît même qu'ils éprouvent des divisions spontanées, qui servent à les propager.

Ces animaux sont très-voraces et n'épargnent pas même leur propre espèce. Au moyen des ventouses dont leur corps est muni, ils s'attachent à la peau de leurs victimes, dont ils sucent les humeurs avec une petite trompe, qu'ils ont tous au milieu du corps et qui présente l'orifice du canal alimentaire.

Cette tribu renferme trois genres, les *prostomes*, les *dérostomes* et les *planaires*.

Les PROSTOMES (*prostoma*) se reconnaissent à leur corps allongé, médiocrement aplati et terminé par deux orifices, dont l'antérieur est la bouche et le postérieur l'anus. La tête est munie de trois paires de points oculiformes. La principale espèce de ce genre est le *prostome clepsinoïde*.

Les DÉROSTOMES (*dérostoma*) ont le corps plus déprimé que les précédents, et leur bouche, au lieu d'être placée à l'extrémité antérieure du corps, est située en dessous à une certaine distance de cette extrémité. De plus leur intestin n'a point d'orifice anal pour la défécation; mais, du reste, il n'est point ramifié. La principale espèce du genre est le *dérostome linéaire.*

Les PLANAIRES (*planaria*), qui ont donné le nom à la tribu, ont le corps très-déprimé et la bouche placée sous l'abdomen, et toujours éloignée de l'extrémité antérieure. Elle donne dans une poche qu'on peut regarder comme l'estomac, et de laquelle partent plusieurs ramifications qui se répandent dans les diverses parties du corps. On trouve plusieurs espèces de ce genre dans les eaux douces des environs de Paris, et dans les eaux salées de la Manche. La plus anciennement connue est la *planaire lactée.*

IIIe *Famille.* — TÉNIOÏDES (pl. XXXVI).

Les *ténioïdes* ont été ainsi nommés de leur principal genre, celui des *ténias*, qui eux-mêmes tirent leur nom du latin *tænia*, *bandelette.*

Ils ont le corps généralement long et aplati, et garni à son extrémité de deux ou quatre pores ou suçoirs qui leur servent de bouche. On trouve aussi ordinairement, vers la même extrémité, une ou plusieurs épines en forme de crochets, au moyen desquels l'animal s'attache aux organes intérieurs.

Les principaux genres de cette famille sont les *ténias*, les *hydatides* et les *ligules.*

Les TÉNIAS (*tænia*) (*fig.* 5) ont le corps extrêmement long et composé d'un grand nombre d'articulations faiblement unies ensemble, faciles à séparer et pouvant, chacune en particulier, reproduire l'animal tout entier. Leur tête présente à sa partie moyenne quatre points noirs, qu'on pourrait d'abord prendre pour des yeux, mais qui, dans la réalité, ne sont que des suçoirs, à l'aide desquels ces vers parasites pompent le chyle contenu dans le canal intestinal. S'appropriant ainsi les aliments destinés à l'animal, ils déterminent chez lui une faim insatiable et l'épuisent rapidement.

Il est d'autant plus difficile d'expulser les *ténias* du corps où ils vivent, qu'ils s'attachent à tous les organes au moyen de

leurs crochets. Il faut, pour obtenir cet effet, employer les plus
violents purgatifs ; encore arrive-t-il souvent qu'on n'en chasse
qu'une partie, et ce qui reste reproduit le *ténia* en un très-court
espace de temps.

L'homme nourrit deux espèces de ce genre : le *ténia large*,
qui atteint communément vingt pieds de long, et dont les articulations sont plus larges que longues et munies d'un pore
de chaque côté ; et le *ténia* ou *ver solitaire*, ainsi nommé
d'après l'opinion erronée qu'il ne s'en développe jamais qu'un
seul dans le corps du même individu. Ce dernier se distingue
du précédent en ce qu'il a ses articulations plus longues que
larges, et pourvues de pore d'un seul côté seulement.

Les HYDATIDES (*cysticercus*) ont la tête conformée à-peu-
près comme les ténias ; mais leurs articulations sont peu marquées, et leur corps se termine postérieurement par une espèce
de vessie.

Ces entozoaires sont beaucoup moins remarquables par eux-
mêmes que par la poche qu'ils se fabriquent aux dépens de
l'individu dans lequel ils se développent. Elle devient quelquefois assez vaste pour contenir jusqu'à quinze pintes d'eau ; il
suffit pour cela qu'elle se trouve placée dans un endroit favorable à sa dilatation , comme sous la peau ou dans l'abdomen.

On connaît un très-grand nombre d'espèces de ce genre ; les
plus remarquables sont l'*hydatide celluleuse*, qui détermine
chez le cochon la maladie connue sous le nom de *ladrerie*, et
l'*hydatide cérébrale*, qui prend naissance dans le cerveau des
brebis et qui leur cause une sorte de paralysie qu'on appelle
tournis, parce qu'elle les fait tourner involontairement de côté,
comme si elles avaient des vertiges. L'homme en nourrit aussi
plusieurs espèces , qui se développent dans le foie, le poumon,
le cerveau , etc.

Les LIGULES (*ligula*) forment un troisième genre analogue
aux ténias, dont elles diffèrent principalement par le défaut de
suçoirs extérieurs, lesquels sont , à ce qu'il paraît , remplacés
par les pores dont leur peau est munie. Ce sont par conséquent
de tous les entozoaires ceux dont l'organisation est la plus
simple ; car, non-seulement on ne trouve pas en eux de cavité
intestinale , ils n'ont pas même de bouche pour prendre leurs
aliments ; leur nutrition s'opère par l'absorption des matériaux

tout élaborés , qu'ils puisent dans l'intérieur des animaux sur lesquels ils se développent.

Le corps des *ligules* ressemble , comme celui du ténia , à un long ruban marqué sur toute son étendue de stries transversales et longitudinales. Elles semblent être, pour les oiseaux et surtout pour les poissons, ce que les espèces des deux genres précédents sont pour les mammifères ; elles vivent principalement dans les poissons d'eau douce, dont elles enveloppent et serrent les intestins au point de les faire périr ; cet accident funeste arrive souvent à la brême. L'espèce de *ligule* qui vit sur ce cyprin atteint jusqu'à cinq pieds de long, et passe en certaines contrées d'Italie pour un mets agréable.

MICROZOOLOGIE,

ou

HISTOIRE NATURELLE DES MICROZOAIRES.

Sous le nom de *microzoaires*, *microscopiques*, *infusoires* ou *animalcules*, on désigne un grand nombre de petits animaux essentiellement aquatiques, de nature très-diverse, et dont le seul caractère distinctif est d'être très-petits, et de n'être le plus souvent visibles qu'à l'œil armé du microscope.

Quoique beaucoup de ces êtres soient d'une structure à peu près homogène, chez lesquels la nutrition se borne à l'absorption que font leurs pores extérieurs des molécules organiques tenues en dissolution dans l'eau, et dont la génération s'opère soit par des bourgeons, soit par une section mécanique, il en est un certain nombre dont l'organisation est évidemment plus compliquée et se rapproche de celle d'animaux des embranchements précédents, dans lesquels il faudra tôt ou tard les placer. Cette classe est par conséquent hétérogène, et n'offre que très-peu de caractères communs à tous les êtres qu'elle comprend.

Les propriétés les plus remarquables dont jouissent les *microzoaires* sont d'abord un tact d'une délicatesse extrême et ensuite une contractilité non moins développée ; aussi, bien que plusieurs de ces animaux ne nous offrent ni nerfs ni muscles distincts de la masse du corps, ils sentent et se meuvent avec une vivacité, que l'on chercherait en vain dans des êtres plus élevés dans la série animale. On les voit, à l'aide d'un bon microscope, s'agiter en tous sens dans une goutte d'eau, pour fuir un péril ou pour attaquer une proie. Ils ont la surface extérieure assez sensible pour s'apercevoir s'ils se trouvent dans un endroit où le liquide s'évapore et où ils sont en danger d'être bientôt à sec ; dans ce cas ils se hâtent de gagner une eau plus profonde pour prolonger leur existence ; car aucun de ces animaux ne peut vivre hors de cet élément. Dès qu'ils en sont sortis, ils se dessèchent et perdent toute espèce de mouvement, et, quoiqu'on ait avancé le contraire, ils ne reviennent pas à la vie après en avoir été privés.

On divise cette classe nombreuse, mais difficile à étudier, en deux ordres principaux : les *rotifères* et les *gymnodés*.

1° Les *rotifères* se reconnaissent en ce qu'ils ont constamment quelques cirrhes disposés en rayons autour de la bouche, en ce qu'ils sont pourvus d'un intestin simple et à deux ouvertures, et se reproduisent par des œufs, comme les animaux supérieurs.

2° Les *gymnodés* sont beaucoup plus simples, et ne présentent qu'un corps globuleux ou ovale, sans aucune espèce d'appendice antérieur ou postérieur ; leur canal intestinal consiste en un certain nombre de cœcums, isolés ou réunis, et tenant lieu d'estomac : ils se reproduisent par scission.

Ier Ordre. — ROTIFÈRES.

Sous le nom de *rotifères* ou de *monogastriques*, on désigne un assez grand nombre de microzoaires, dont la bouche bien visible est entourée, comme celle des hydres, d'un certain nombre d'appendices disposés en forme de roues et très-mobiles, nommés cirrhes, et qui, en outre, présentent à la partie postérieure de leur corps une espèce de queue destinée à favoriser les mouvements.

Leur corps est généralement de forme ovale et de consistance gélatineuse ; on y distingue facilement une bouche, un estomac, un intestin et souvent un anus près de la bouche. Certains observateurs ont même cru remarquer sur leur tête des points saillants qu'ils ont pris pour des yeux. Ils sont par conséquent beaucoup mieux organisés que la plupart des polypes. Ces animaux se nourrissent de microscopiques qu'ils attirent dans leur bouche par le mouvement rotatoire de leurs cirrhes, et poursuivent leur proie avec une agilité et un acharnement incroyables dans ces animalcules.

Cet ordre se divise en deux familles, d'après la nature de l'enveloppe cutanée : ce sont les *rotifères propres* et les *crustodés*, dont les premiers ont le corps complètement nu, tandis que les seconds l'ont couvert d'une espèce de carapace crustacée.

Ire *Famille.*—ROTIFÈRES PROPRES (pl. XXXVI).

Ces *rotifères* se placent en tête de la classe des microscopiques, parce qu'ils sont supérieurs à tous les autres par le nombre et par le développement de leurs organes. Ils ne forment
pas simplement des masses homogènes ; on leur trouve une espèce de tête, avec une bouche entourée de cirrhes très-mobiles
dont ils se servent pour faire tourbillonner l'eau, de sorte
que ces animaux se rapprochent sous ce rapport des rayonnés
et surtout de certaines polypes.

Ces organes, qui sont de la même nature que le reste de leur
corps, paraissent servir non-seulement à attirer la nourriture dans la cavité digestive qui existe évidemment chez tous
les *rotifères*, mais encore à former des branchies imparfaites.
Aussi leur trouve-t-on un appareil circulatoire, et même un
cœur dont on peut observer la contraction et la dilatation successives. Ainsi les *rotifères* sont évidemment mieux organisés
qu'un grand nombre d'animaux des classes précédentes, chez
lesquels on ne voit aucune trace d'appareil respiratoire ou circulatoire. Aussi ne se propagent-ils pas par section comme les
polypes : ils ont des ovaires, desquels s'échappent les germes
qui doivent les perpétuer. On devrait, par conséquent, les
placer avant plusieurs autres classes d'animaux rayonnés; mais
comme on ne peut pas les observer facilement, parce qu'il faut,
pour se servir du microscope, beaucoup d'habitude et de pratique, on les relègue ordinairement dans une même classe
avec les espèces de l'ordre suivant.

On divise cette famille en plusieurs genres, parmi lesquels
nous citerons les *furculaires*, les *urcéolaires* et les *tubiculaires*
ou *vaginicoles*, dont les premières (*fig.* 8), ont le corps nu,
avec une queue fourchue ; les secondes ont aussi le corps nu,
mais manquent de queue, tandis que les troisièmes (*fig.* 10), sont
enfermées dans un tube analogue à celui des térébelles. Ajoutez à ces genres celui des *vorticelles*, que G. Cuvier plaçait
parmi les polypes.

Les VORTICELLES (*vorticella*) (*fig.* 2) sont toutes microscopiques et tellement menues, que l'on peut à peine voir des
amas qui en contiennent plusieurs centaines. Mais lorsqu'on
examine ces petits polypes à l'aide d'un ver grossissant, on
leur trouve une forme très-analogue à celle des précédents ; c'est

une tige ordinairement divisée en plusieurs branches, dont chacune se termine par un renflement en forme de cornet ou de cloche, de sorte que leur corps ressemble à une plante ornée de fleurs, ce qui leur a fait donner le nom de *polypes à panache* ou *à bouquets* (*fig.* 2 a). C'est au centre du renflement terminal que l'on trouve la bouche, entourée de plusieurs rangs de tentacules disposés circulairement et doués d'une grande mobilité. L'animal remue sans cesse ces organes, pour imprimer à l'eau un mouvement de rotation, qui amène dans sa bouche les molécules organiques qu'elle tient en dissolution.

Les *vorticelles* sont très-communes dans la plupart des eaux douces; elles se trouvent sur les tiges des plantes aquatiques, où elles se multiplient avec une prodigieuse rapidité et d'une manière curieuse. Une seule se partage d'abord en deux; quelques instants après, chaque fragment se divise à son tour, et ainsi de suite. Mais elles se propagent aussi par des germes et par des bourgeons comme la plupart des polypes. La principale espèce de ce genre est la *vorticelle hémisphérique*.

IIe *Famille.*—CRUSTODÉS (pl. XXXVI).

Cette famille renferme les animaux les plus intéressants de leur classe, en ce qu'ils établissent le passage des microscopiques aux branchiopodes de la classe des crustacés; leur corps est en effet protégé par une espèce de test semblable à celui des crabes et des écrevisses, excepté qu'il n'offre jamais d'articulations transversales. De plus, les *crustodés* sont un peu moins petits que les espèces des familles suivantes; on leur trouve toujours un organe intestinal, une bouche et même un cœur. La nature de leur enveloppe s'oppose à ce que leur nutrition s'opère par absorption; ils vivent tous de proie, et ce sont les autres animaux microscopiques qui leur servent de nourriture.

Cette famille est peu nombreuse; nous nous contenterons d'en citer un seul genre, celui de *brachions* (*fig.* 9), dont on compte un assez grand nombre d'espèces.

IIe *Ordre.*—GYMNODÉS.

Ces microzoaires sont en général d'une grande simplicité; on a beaucoup de peine à reconnaître en eux aucun organe interne, et jamais ils ne présentent à leur surface aucun appen-

dice analogue à ceux que nous avons remarqués dans les espèces de l'ordre des rotifères. Leur corps offre l'aspect d'une
gelée transparente ; et, bien que dépourvu d'organes locomoteurs, il se meut au sein des eaux avec une agilité étonnante,
sans que cependant l'œil puisse distinguer, même à l'aide d'un
puissant microscope, par quel mécanisme s'opèrent leurs mouvements.

Et cependant ces êtres si mal organisés ont une volonté , se
meuvent dans un sens plutôt que dans un autre, évitent les
obstacles qui les empêchent de se rendre à leur but, et cherchent à se mettre à l'abri de la chaleur et de la lumière, dont
l'influence détermine l'évaporation du liquide dans lequel ils
vivent.

L'ordre des *gymnodés* se divise assez facilement en deux familles, d'après la forme de leur corps ; la première, celle des
vibrionides, renferme les espèces qui ont une forme allongée
comme un ver, et la seconde, celle des *monadaires*, se compose de ceux qui sont sphériques ou arrondis.

Iᵉ Famille. — VIBRIONIDES (pl. XXXVI).

Cette famille peu nombreuse comprend tous les gymnodés
dont le corps allongé ou oblong, ressemble à celui d'une anguille ou plutôt d'une petite ascaride. Quoique leur organisation soit un peu moins parfaite que celle des microscopiques
précédents, les *vibrionides* ne laissent pas de nous présenter
encore quelques ébauches d'organes pour la nutrition et la reproduction ; la plupart d'entre eux nous offrent même une
queue, et se meuvent avec agilité par les ondulations de leur
corps, qu'ils ploient en arc et qu'ils détendent alternativement,
comme le font les anguilles, les couleuvres et les autres animaux apodes, lorsqu'ils marchent. Mais ils n'ont jamais de ces
cirrhes ou appendices charnus, dont les rotifères se servent
pour agiter l'eau et se mouvoir dans son sein.

Parmi les genres dont cette famille se compose, nous ne citerons que les *vibrions*.

Les VIBRIONS (*vibrio*) (*fig.* 11), sont connus depuis long-
temps sous le nom d'*anguilles microscopiques*, parce qu'en
effet ils ont la forme allongée de ces poissons. Leur taille, assez
considérable pour permettre de les voir à l'œil nu, et la rapidité avec laquelle ils se propagent dans le vinaigre et dans la

colle de farine, ont permis à un grand nombre d'observateurs de s'en occuper. Leur corps est anguiforme, gros antérieurement et terminé en pointe à son extrémité opposée; ils ont tous une bouche distincte, un canal intestinal qui s'étend sur toute la longueur du corps, et se reproduisent par des œufs ou même par des petits vivants; en un mot ils paraissent beaucoup mieux organisés que la plupart des autres animaux de la même famille. Leurs mouvements sont vifs et rapides, soit qu'ils poursuivent une proie, soit qu'ils cherchent à s'échapper d'un lieu où l'eau peu abondante leur annonce une fin prochaine.

Ces *vibrions* sont extrêmement répandus dans la nature, et se trouvent également dans les eaux pures et dans les liquides en fermentation. La pâte pour faire du pain, la colle, etc., en produisent des quantités très-considérables. Parmi les espèces les plus remarquables de ce genre, nous citerons le *vibrion* ou *anguille du vinaigre*, le *vibrion de la colle*, la *baguette*, etc.

IIe *Famille.* — MONADAIRES.

Elles tirent leur nom du grec *monas*, atome, parce qu'en effet leur corps est réduit à un simple point sphérique ou globuleux, dans lequel on ne trouve ni bouche ni queue. Elles se nourrissent par une espèce d'imbibition analogue à celle qui fait pénétrer l'eau dans l'intérieur d'une éponge. Quant à leurs mouvements ils s'opèrent par la contraction de leur peau, sans qu'aucun organe musculaire y contribue.

Cette famille comprend deux genres principaux: les *volvoces* et les *monades*.

Les VOLVOCES (*volvox*) forment un genre extrêmement remarquable par sa forme sphérique, par le défaut de queue et par sa structure composée. Leur corps consiste en une espèce de poche ou bourse renfermant un ou plusieurs globules qui sont continuellement en mouvement. Rien n'est plus curieux à voir que cet animalcule dans lequel se meuvent en tout sens de petites masses rondes, qui semblent agir avec discernement et se porter de côté et d'autre, tandis que l'animal entier jouit de son mouvement propre. Si on ouvre la poche qui contient les globules, on les voit aussitôt s'échapper par l'ouverture qui leur est offerte, nager isolément et finir par devenir une agglomération semblable à celle dont ils étaient sortis.

Ces animaux sont en général abondants dans la plupart des eaux croupies et se forment continuellement dans les infusions de fleurs, où on les voit se rouler dans tous les sens avec une grande rapidité, ce qui leur a fait donner leur nom de *volvoces*, de *volvere*, tourner. L'espèce la plus commune de ce genre est le *volvoce sphérule*, qui se trouve en automne dans les marais, étangs, etc.

Les MONADES (*monas*) doivent moins être regardées comme des animaux véritables que comme l'élément de tous les corps organisés ; ce sont pour ainsi dire des atomes imperceptibles et homogènes, dans lesquels le meilleur microscope ne peut faire découvrir aucune trace d'organe particulier. Malgré cette simplicité d'organisation, les *monades* sont d'une mobilité prodigieuse. Quant on examine une goutte d'eau, on y aperçoit une multitude innombrable de ces animalcules ou atomes globuleux, qui roulent continuellement les uns sur les autres. Mais pour que ce mouvement ait lieu, il faut que l'animal plonge dans l'eau ; dès qu'il est à sec, il cesse d'agir et se meurt.

La principale espèce de ce genre est la *monade principe*, ainsi nommée par allusion à ce que nous avons dit d'abord, qu'elle est le principe de toute organisation. Une seconde espèce, c'est la *monade poussière*, qui se trouve ainsi que la précédente, dans toutes les eaux, même les plus pures.

ACALÉPHOLOGIE

ou

HISTOIRE NATURELLE DES ACALÈPHES.

Cette quatrième classe comprend tous les zoophytes de forme rayonnée, dont le corps mollasse, gélatineux et transparent, n'offre pour tous organes intérieurs que certains canaux, qui paraissent être des ramifications des intestins, à-peu-près comme chez les entozoaires parenchymateux. Leur forme est constamment régulière, arrondie, rarement ovale (les vésicelles seules offrent cette forme); leur corps est presque toujours circulaire, tantôt aplati et discoïde, plus souvent bombé et hémisphérique. Le peu de consistance de ces êtres singuliers leur permet de changer de forme à leur gré, au point d'occuper dix fois moins d'espace, lorsqu'ils se contractent que lorsqu'ils sont épanouis. Un petit nombre seulement ont à l'intérieur un disque plus consistant et de nature cartilagineuse, qui donne à leur corps un peu plus de soutien et une forme un peu mieux déterminée. On sent que la mollesse et la contractilité ne peuvent qu'être favorables aux mouvements; aussi les *acalèphes* se meuvent-elles avec facilité dans les eaux qu'elles habitent constamment; et comme elles sont toutes phosphoriques et qu'elles répandent une vive lumière pendant la nuit, leurs mouvements ressemblent aux ondulations de la flamme, en sorte qu'on croirait que la mer, qu'elles recouvrent sur une large surface, est en proie à un vaste incendie, qui se propage lentement par l'impulsion d'un vent léger et continu. C'est du reste un phénomène qui nous a déjà été offert par quelques mollusques acéphales.

Les marins et les voyageurs désignent tous les animaux de cette classe sous le nom commun d'*orties de mer*, dénomination impropre sans doute, mais qui exprime bien la sensation douloureuse qu'ils produisent sur la peau de celui qui les manie, sensation qu'on a comparée à celle que nous fait éprouver la plante de ce nom lorsque nous la touchons. Les anciens, qui leur connaissaient également cette propriété, leur donnèrent le nom d'*acalèphe*, qui signifie pareillement ortie.

Cette classe de rayonnés se divise en deux ordres : celui des *acalèphes propres* et celui des *acalèphes hydrostatiques*.

Ier Ordre. ACALÈPHES SIMPLES.

On appelle ces acalèphes *simples*, parce qu'elles n'ont pas pour se mouvoir, ces vessies aériennes qui font de celles de la famille suivante des espèces de nacelles vivantes, forme qui, jointe à leurs habitudes, leur a fait donner par les voyageurs et par les matelots le nom de *frégates* ou de *galères*. Elles flottent et nagent dans l'eau de la mer par les seules contractions et dilatations de leur corps, sans qu'elles aient aucun organe particulier pour la locomotion.

Ces zoophytes se font remarquer par leur corps circulaire et toujours aplati à sa face inférieure, au centre de laquelle se trouve placé l'orifice du canal digestif, qui sert en même temps de bouche et d'anus. Cet orifice est ordinairement garni de petits tentacules dont l'animal se sert très-adroitement, pour attirer à lui et pour saisir sa proie ; et quoiqu'il n'ait aucun organe propre à broyer sa nourriture, on remarque qu'il la digère avec une rapidité extraordinaire. Il est probable que la liqueur âcre et brûlante qu'il distille, et qui lui a fait donner le nom d'*ortie*, est un dissolvant énergique qui facilite la digestion des aliments.

Cette famille comprend deux familles ; celle des *pulmogrades* et celle des *cirrhigrades*.

Ire Famille. — PULMOGRADES (pl. XXXVI).

Ces acalèphes, que les anciens désignaient sous le nom de *poumons marins* et qui portent encore ce nom sur les côtes de la Sicile et de l'Italie, ont le corps parfaitement circulaire et entièrement gélatineux, sans aucune partie solide à l'intérieur ; et c'est sans aucun doute à cette délicatesse et à cette mollesse de leur tissu, que ces animaux doivent leur dénomination de *poumons* : les naturalistes modernes leur ont donné le nom de *méduses* qu'ils portent généralement.

Quoique la plupart de ces acalèphes aient leur face inférieure garnie de cirrhes, quelquefois longs et nombreux; ces organes paraissent leur être de peu d'utilité pour l'exécution des mouvements: l'animal se meut principalement par les contractions et les dilatations de son corps, qui se gonfle et s'affaisse alternativement. Et ce mode de locomotion, qui rappelle les mouvements de systole et de diastole du cœur des mammifères et des oiseaux, leur avait fait donner d'abord le nom de *cardiogrades*, que l'on n'a pas adopté, parce que cette dénomination semblait emporter avec elle l'idée d'un cœur, dont les *pulmogrades* auraient été pourvus.

Toutes les espèces de cette famille sont marines et pélagiennes; on les rencontre sur les immenses plaines de l'Océan, voguant librement au gré des flots, ayant la bouche et les cirrhes en bas et la partie convexe en haut. Elles ont le corps orbiculaire, plus ou moins convexe supérieurement, aplati ou même légèrement concave à sa surface inférieure, où l'on remarque, outre la bouche qui est placée au centre, un grand nombre d'appendices charnus, qui dans quelques espèces semblent destinés à suppléer la bouche, tandis que chez d'autres ils ont pour usage de saisir les petits animaux dont elles se nourrissent, c'est-à-dire des insectes, des mollusques, des vers, etc. En somme, leur forme ressemble, à s'y méprendre, à un champignon et surtout à un orange; aussi donne-t-on à ces animaux le nom d'*ombrelles*. Leur corps comme celui de tous les acalèphes, est phosphorescent pendant la nuit; néanmoins cette propriété ne lui est pas essentiellement inhérente, et paraît être subordonnée à la volonté du zoophyte; car les naturalistes et les voyageurs ont observé fréquemment chez les mêmes individus le passage de l'état phosphorique à l'état opaque, et *vice versâ*. Mais ce n'est que pendant leur vie qu'ils peuvent ainsi changer; après leur mort ils sont toujours phosphorescents.

Comme les *pulmogrades* sont entièrement gélatineux et que le moindre choc peut les briser, ils fuient autant que possible les rivages et les écueils, et restent dans la haute mer; soutenus à la surface de l'eau par les contractions et les dilatations alternatives de leur corps, ils se laissent aller à l'impulsion du vent, à moins que ce dernier ne les pousse à la côte, auquel cas ils cherchent à résister à son action; mais ils n'y réussissent pas toujours. La marée en rejette souvent sur le rivage des quantités assez considérables, pour qu'on ait essayé de les

mettre à profit, en extrayant l'ammoniaque qu'ils contiennent
en abondance.

Outre ces accidents, qui en détruisent un très-grand nombre, ces acalèphes ont encore à craindre deux ennemis non
moins redoutables : ce sont les actinies et les baleines ; ces dernières surtout avalent des milliers d'individus d'une petite espèce qui fréquente les mers du Nord.

Cette famille extrêmement nombreuse a été divisée en plusieurs genres, dont le tableau suivant présente les principaux :

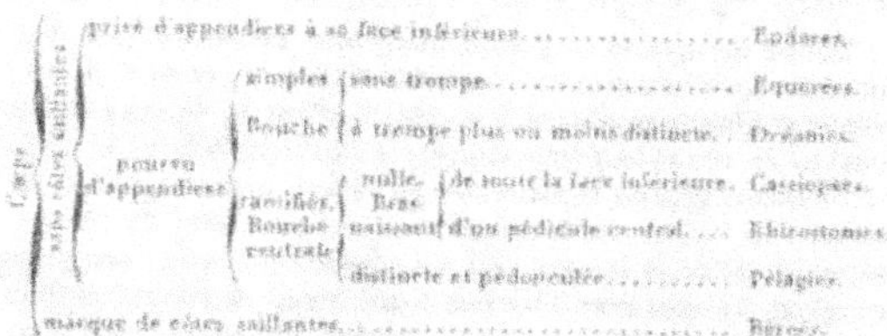

IIe Famille. — CIRRHIGRADES.

Les acalèphes de cette famille ressemblent à ceux de la précédente par la plupart des détails de leur organisation : ils ont le
corps ovale ou circulaire, concave en dessous et bombé supérieurement, avec un plus ou moins grand nombre de cirrhes extensibles à sa face inférieure et sur ses bords : mais ils ont un peu plus
de consistance à l'intérieur, ce qui est dû à la présence, vers la
partie centrale de leur corps, d'une plaque cartilagineuse, qu'on
ne trouve point dans celui des méduses. Leur bouche, en forme
de trompe, et entourée de tentacules, est placée au milieu de
leur surface concave, et communique avec un estomac simple.
Leurs habitudes sont les mêmes que celles des pulmogrades ;
ils ne fréquentent que la haute mer, et ne se rapprochent des
côtes que lorsqu'ils y sont poussés par les vagues. Il paraît
pourtant qu'il y a une différence dans la manière de nager des
deux familles ; les méduses, dit-on, se plongent fréquemment
tout entières sous l'eau, tandis que les *cirrhigrades* demeurent
constamment émergés, habitude qui peut être déterminée par
la présence d'une certaine quantité d'air, dans des vides qu'on
observe au centre de leur corps.

Cette famille ne comprend que deux genres, les *porpites* et
les *vélelles*.

Les PORPITES (*porpita*) ont le corps aplati, et le cartilage solide qui lui donne un peu plus de consistance a sa surface supérieure marquée de lignes concentriques et se croisant avec d'autres lignes qui se portent du centre à la circonférence, à peu près comme cela s'observe sur certaines coquilles bivalves.

On voit d'après cela que les *porpites* ressemblent beaucoup aux méduses ; toutefois il y a dans leur manière d'être une différence qui ne permet pas de les confondre, même en les regardant de loin à la surface des flots. Les méduses en flottant sont presque entièrement cachées sous l'eau, tandis que les *porpites* se tiennent toujours hors de ce liquide, et nagent à sa surface à la manière des oiseaux aquatiques, en se servant de leurs tentacules, comme ces derniers de leurs pattes.

On ne connaît bien qu'une seule espèce de ce genre, la P. *commune*, qui habite la Méditerranée et la mer des Indes ; elle est remarquable par sa belle couleur bleue.

Les VÉLELLES (*vetella*) ne diffèrent des porpites que par la forme ovale de leur cartilage central, et par la crête saillante et verticale qu'il porte à sa face supérieure. Ce cartilage est d'ailleurs transparent et dépourvu de stries concentriques. Quant à leurs habitudes, elles ne diffèrent point ; elles se tiennent habituellement à la surface de la mer, se servant de leur crête dorsale comme d'une voile qu'elles présentent au vent, et de leurs cirrhes comme de rames pour accélérer leur marche. Ces derniers organes leur servent aussi pour saisir leur nourriture.

Les *vélelles* sont très-phosphorescentes et causent des démangeaisons quand on les touche ; mais elles perdent leur causticité par la cuisson ; car on dit que les matelots les mangent frites. On trouve de ces animaux dans toutes les mers méridionales ; dans la Méditerranée on les rencontre par milliers. La principale espèce de ce genre est la *vélelle commune* ou *spirante*, qui est de la même couleur que la porpite.

IIe *Ordre*. — ACALÉPHES HYDROSTATIQUES.

Quoique les méduses et les porpites soient véritablement hydrostatiques, puisqu'elles nagent toujours à la surface des mers, on ne donne le nom d'*acaléphes hydrostatiques* qu'aux espèces qui, étant pourvues d'une ou de plusieurs vessies aériennes,

s'en servent pour se soutenir sur les flots. A cet appareil locomoteur, il se joint ordinairement un certain nombre de tentacules dont les plus courts font l'office de suçoirs, et les plus
longs, agissant comme des espèces de rames, secondent les
efforts de la vessie aérienne.

M. de Blainville regarde cet ordre comme établissant le passage des mollusques aux animaux rayonnés ; il les croit surtout
très-analogues aux glaucus et aux æolides de la classe des gastéropodes. Quoi qu'il en soit, on les reconnaîtra toujours à leur
corps charnu, transparent et pourvu d'une ou de plusieurs vessies et de tentacules nombreux, propres à la locomotion, mais
dont, en outre, les uns paraissent faire l'office de branchies et
les autres tenir lieu d'ovaires.

On peut diviser cet ordre en deux familles, les *physalides* et
les *diphydes*.

Ire Famille. — PHYSALIDES.

Ces acalèphes tirent leur nom du principal genre de la famille, celui des *physales* ou *physalies*, dont l'étymologie, d'origine grecque, signifie vessie. Leur corps est en effet vésiculeux,
et consiste en une cavité oblongue susceptible de se gonfler en
se remplissant d'air, ce qui leur permet de se tenir sans efforts
à la surface de l'eau. Leur partie inférieure est garnie d'un
grand nombre de filaments cylindriques et souvent bifurqués.

Cette famille ne comprend que deux genres, les *physalies* et
les *physsophores*.

Les PHYSALIES (*physalia*) sont des êtres singuliers qu'on
observe en grand nombre dans la partie méridionale de l'océan
Atlantique. Leur corps, de forme ovale-oblongue, ressemble à
un petit bateau ; une crête qui s'élève sur leur dos leur sert de
voile pour recevoir l'impulsion du vent, tandis que les tentacules qui partent de la partie inférieure, leur tiennent lieu de
rames et de gouvernail ; de sorte que, lorsqu'ils gonflent leur
vessie en y faisant entrer de l'air, ils flottent sur les eaux comme
de petites nacelles, ce qui leur a fait donner les noms de *frégates*, de *galères*, de *vaisseaux*, de *vessies de mer*, etc. Ces animaux
se tiennent ainsi à la surface de la mer, lorsque le temps est
serein ; mais dès que le calme cesse, ils se hâtent de vider leur
vessie, et se laissent couler au fond de l'eau, pour reparaître
avec le beau temps.

Les *physalies* ont, comme les méduses, un suc âcre et brûlant qui produit de vives démangeaisons quand on les touche, et répandent la nuit une lueur phosphorique. On ignore la cause de ce dernier phénomène. Quant au premier, un naturaliste l'attribue à de petits poils dont est chargé le mucus que ces animaux exhalent de toute la superficie de leur corps. Des lotions répétées à grandes eaux, sont, par conséquent, le meilleur moyen de faire cesser promptement la douleur que ces démangeaisons occasionnent.

On trouve des espèces de ce genre dans presque toutes les mers, et notamment dans la Méditerranée ; telle est la *physalis commune.*

Les PHYSSOPHORES (*physsophora*) ont le corps allongé, muni de chaque côté d'appendices vésiculeux, communiquant avec la vessie qui en occupe le centre ; un bouquet de cyrrhe longs et cylindriques, disposés en couronne, termine l'extrémité postérieure de l'animal, et paraît tenir lieu de branchies, selon M. de Blainville, tandis que d'autres naturalistes le regardent comme un organe locomoteur.

Ces animaux sont répandus dans toutes les mers, où ils nagent dans une position verticale, la vessie centrale en haut et les tentacules en bas. Les principales espèces du genre sont la *physsophore hydrostatique* et la P. *mazoméne.*

IIe *Famille.* — DIPHYDES.

Cette famille est moins nombreuse que la précédente et ne renferme qu'un seul genre, celui des DIPHYES (*diphys*), animaux très-singuliers, dont le corps, composé de deux parties, semble formé de deux individus différents. La portion antérieure est concave et contient une espèce de nucléus ; la postérieure, qui n'adhère à la précédente que par un pédicule mince et fragile, présente en avant une convexité qui s'emboîte dans la concavité de la première ; mais il est à remarquer que la fragilité de ce pédicule, jointe à la mollesse du corps de l'animal, fait qu'on ne rencontre que bien rarement des individus complets. La plupart de ceux qu'on se procure sont généralement mutilés, et ne se composent que de l'une ou de l'autre partie, ce qui en rend l'étude extrémement difficile et incertaine.

Les *diphyes* ne fréquentent que la haute mer, où la transprence de leur corps les rend fort difficiles à distinguer au milieu des eaux, et même dans une petite quantité de ce liquide mis à part. Elles nagent dans toutes les directions, l'extrémité antérieure en avant, par le rapprochement et l'écartement alternatifs des deux parties constituantes de l'animal.

On trouve de ces acalèphes dans toutes les mers, et quoique le nombre n'en soit pas très-considérable, on a été obligé de les diviser en plusieurs sous-genres, dont les principaux sont les *capuchons*, les *calpés*, les *diphyes* propres et les *noctiluques*.

POLYPOLOGIE,

ou

HISTOIRE NATURELLE DES POLYPES.

Quoique le nom de *polype* fût usité chez les anciens, les animaux que nous appelons actuellement ainsi n'étaient pas connus d'eux, du moins pour la plupart; ces zoophytes, étant généralement invisibles à l'œil nu, n'ont pu être bien décrits que depuis la découverte du microscope.

Les naturalistes ont ainsi nommé cette classe de zoophytes, parce que les tentacules qui entourent leur bouche rappellent ceux des poulpes, animaux auxquels nous avons dit que les anciens donnaient le nom de *polypes*. Du reste, le nombre et la forme de ces tentacules varient selon les genres. Quant au reste de leur corps, il est toujours allongé et cylindrique, et présente une organisation si simple, qu'on peut souvent le diviser, sans compromettre leur existence, en un très-grand nombre de parties, qui deviennent chacune un animal complet. Le seul organe bien distinct que l'on remarque en eux, c'est une petite cavité intestinale à une seule ouverture; encore cette dernière n'est-elle pas absolument indispensable, l'absorption qui s'opère par les pores cutanés, étant ordinairement suffisante pour fournir à ces êtres singuliers les aliments nécessaires. Leur reproduction peut être ovipare, gemmipare ou scissipare. Dans le premier cas, il y a dans les *polypes* un organe spécial dans lequel se forment les œufs, comme dans tous les autres animaux; dans le second cas, il pousse à la surface du corps des espèces de bourgeons analogues à ceux qui se développent sur les végétaux, et qui donnent naissance à un nouvel individu qui se détache tôt ou tard de sa mère, pour mener une vie indépendante. Quant à la génération scissipare, c'est la plus simple de toutes: elle consiste dans la section naturelle ou artificielle d'une partie du corps, qui, étant séparée du reste, se développe et devient un animal entier.

La manière dont les zoophytes se reproduisent par bourgeons les rend susceptibles de former des êtres composés, qui jouissent d'une vie particulière et commune, de manière que la nourriture que prend chacun d'eux profite tantôt à lui seul, tantôt à la société entière. Dans les cas où ils sont ainsi réunis, ils se construisent une demeure commune, tantôt cornée, tantôt pierreuse, mais toujours solide, à laquelle on donne le nom de *polypier*.

Ces polypiers s'accumulent quelquefois en telle quantité, qu'il n'est pas rare de leur voir former des écueils redoutables aux vaisseaux, et même des îles entières, sur lesquelles la végétation vient ensuite se développer, et préparer des aliments pour des êtres plus compliqués. C'est principalement dans les mers du sud que ces petits animaux pullulent à foison ; leur multiplication y est si rapide, que certains géologues n'ont pas craint d'avancer que c'est à des êtres de cette nature, qu'est due la formation de toute la chaux qui se trouve dans le sein de la terre.

La classe des *polypes* est extrêmement considérable, mais l'étude est loin d'en être aisée : la petitesse des animaux qu'elle renferme en rend l'observation si difficile, que chaque auteur propose une classification différente. La plupart des naturalistes actuels la divisent en quatre ordres : les *bryozoaires*, les *zoanthaires*, les *alcyoniens* et les *sertulariens*.

1° Les *bryozoaires* sont les seuls êtres de leur classe qui offrent une bouche et un anus distincts, et dont les tentacules soient garnis de cils vibratiles.

2° Les *zoanthaires* n'ont à leur canal intestinal qu'un seul orifice servant de bouche et d'anus en même temps ; leurs tentacules sont simples et très-nombreux, et leur peau est épaisse et coriace.

3° Les *alcyoniens* ont la cavité digestive des *zoanthaires* ; mais leur peau est plus molle, et leurs tentacules buccaux ne sont jamais au nombre de plus de six ou huit.

4° Les *sertulariens* n'ont qu'une seule ouverture au canal intestinal ; mais ce canal n'offre aucun organe intérieur particulier. Du reste, leur peau est molle et leurs tentacules sont en nombre variable.

Ier *Ordre.* — BRYOZOAIRES.

Cet ordre, qui est peu nombreux, comprend les êtres les mieux organisés de leur classe, c'est-à-dire dont l'organisation est la plus compliquée. Seuls, de tous les polypes connus, ils ont un canal intestinal à deux ouvertures, situées l'une et l'autre vers la partie supérieure et à peu de distance, l'une au centre d'une couronne de douze tentacules, et l'autre derrière et en dehors de cette couronne. Leur corps, qui a la forme d'une bourse à quêter, est très-contractile à son extrémité supérieure, tandis que l'inférieure est plus consistante et constitue d'ordinaire une cellule ou un tube, destiné à recevoir la première proie qui viendra à sa portée. Lorsque le temps est calme, et que rien n'inquiète l'animal, on le voit épanouir ses tentacules et se tenir aux aguets pour saisir sa nourriture. Quand, au contraire, la mer est agitée ou que quelque danger le menace, il contracte tout son corps et rentre dans sa cellule; et, pour qu'il y soit plus en sûreté, l'orifice de cette dernière est le plus souvent pourvu d'un petit opercule mobile qu'il peut déplacer à son gré.

La plupart des *bryozoaires* sont microscopiques, mais ils vivent presque tous agrégés, et forment par leur réunion des masses considérables. On peut diviser cet ordre en trois familles : les *escharoïdes*, les *cellariés* et les *cristatellaires*.

Ire *Famille.* — ESCHAROÏDES (pl. XXXVI).

Cette première famille comprend tous les bryozoaires marins, dont l'animal est fort court, pourvu de tentacules disposés sur un seul rang, et dont le polypier est pierreux, à cellules operculées.

Ces petits polypes semblent destinés à établir un point de rapprochement entre les mollusques et les polypes : leur corps n'est pas complétement rayonné, et a quelque chose de binaire dans sa forme; c'est à-peu-près comme chez les ascidies, avec lesquelles ces zoophytes paraissent avoir plusieurs rapports d'organisation. La masse pierreuse qui constitue leur polypier est généralement mince et légère; elle forme souvent à la surface des corps marins des espèces de réseaux ou de dentelles, qu'on croirait au premier aspect de nature végétale. Quelques espèces cependant ont la forme arborescente et rameuse.

On compte dans cette famille une douzaine de genres, dont les principaux sont les *eschares*, les *adéones* et les *rétépores*.

Dans les ESCHARES (*eschara*) (*fig.* 7), le polypier, d'ailleurs diversiforme, est calcaire, fragile et couvert de pores sur toute sa surface. Il n'a jamais de tige articulée; telles sont l'eschare *cervicorne* de la Méditerranée, et l'E. *bouffante* qu'on trouve dans l'Océan.

Les ADÉONES (*adeona*) ont le polypier composé d'expansions foliacées, divisé en plusieurs lobes, couvert également de pores sur ses deux faces, et supporté sur une tige articulée et fixée aux sous-marins ; telles sont l'*adéone folifère* et l'*A. crible*, qui viennent toutes des mers australes.

Les RÉTÉPORES (*retepora*) ont le polypier membraniforme composé de rameaux anastomosés en réseau, et pourvus de pores à la face interne seulement ; ces pores sont en outre extrêmement petits et distribués avec une régularité parfaite. On en trouve un grand nombre dans nos mers ; tels sont le *rétépore articulé*, le R. *dentelle de mer*, le R. *échinulé*, etc. Il y en a aussi beaucoup de fossiles comme le R. *rameau*, le R. *allongé*, etc.

Les genres *ovulite*, *larvaire*, *cellépore*, etc., appartiennent également à la famille des escharoïdes.

IIe *Famille.*—CELLARIÉS (pl. XXXVII).

Ces bryozoaires ont beaucoup d'analogie avec les précédents par leur organisation et par la forme de leur polypier. Mais ce dernier, au lieu d'être calcaire comme chez les escharoïdes, est toujours de consistance membraneuse ; et, d'ailleurs, les cellules dont il est criblé sont constamment dépourvues d'opercules. Ces cellules sont en outre de forme ovale et à-peuprès binaire.

L'animal qui habite ce polypier a été étudié avec soin par l'habile observateur Spalanzani. Il ne peut être mieux comparé pour la forme générale, qu'à un petit calice porté sur un long pédicule, dont l'extrémité adhère au fond de la loge qui lui sert de demeure. Cependant malgré cette adhérence, il peut en sortir presque en entier lorsque le temps est calme, et surtout lorsqu'il a à sa portée quelques animalcules dont il peut faire sa proie. Mais ce qu'il offre de plus curieux, c'est la manière dont il se reproduit ; c'est sur le bord ou à la circonférence du polypier que se fait l'accroissement. On voit pousser de ce bord de petites vésicules, d'abord entièrement closes, qui ne sont autre chose que les œufs de l'animal. Peu à peu elles s'accroissent, se gonflent, et enfin l'on voit se former un orifice, d'où sort le polype qui existait précédemment dans la vésicule ; car on en pouvait voir les mouvements à travers les parois transparentes de son enveloppe. Au bout de quelques heures, le nouveau né produit à son tour des œufs qui se développent de la même manière ; en sorte que l'observateur voit passer sous ses yeux , en un très-court espace de temps , plusieurs générations successives. On conjecture , d'après cela , que les polypiers des *cellariés* ne sont occupés par des individus vivants que sur leurs bords , et que les cellules centrales sont entièrement vides.

On trouve des bryozoaires de cette famille dans toutes les mers et à toutes les profondeurs , encroûtant les corps sousmarins de toute espèce et surtout les plantes marines. On en trouve aussi des quantités considérables dans les terrains antérieurs à la craie et même dans celle-ci. Les principaux genres de cette famille sont les *flustres* et les *cellaires.*

Les FLUSTRES (*flustra*) (*fig.* 8) ont le corps allongé, comme celui des hydres , et le polypier membraneux et flexible. Telles sont, parmi les espèces vivantes, la F. *dentée* , la F. *papyracée* , la F. *aviculaire* , etc ; et parmi les espèces fossiles , la F. *mosaïque* , la F. *réticulée* , etc.

Dans les CELLAIRES (*cellaria*) (*fig.* 9), l'animal est urcéiforme ou en forme de vase et le polypier arborescent et rameux : ce dernier est d'ailleurs adhérent à son support par un grand nombre de tubes , qui ressemblent à des racines , et ses branches sont couvertes de pores ou cellules disposés en quinconce sur toute leur surface. On trouve dans nos mers la C. *salicorne*, la C. *cierge*, la C. *dentelée*, etc.

On trouve encore dans la famille des cellariés les genres *bicellaire, gemicellaire, unicellaire, ménippée*, etc.

IIIe *Famille.*— CRISTATELLAIRES (pl. XXXVII).

Les *cristatellaires*, qu'on pourrait aussi appeler *bryozoaires d'eau douce*, sont des animalcules microscopiques , dont la plupart sont entièrement charnus , quoiqu'il y en ait qui vivent aussi sur un polypier plus ou moins solide. Ils ont tous le corps court et urcéiforme , généralement adhérent aux objets placés dans l'eau , et sur lesquels ils étalent leurs tentacules comme de petites fleurs. Chez la plupart d'entre ces polypes, les appendices tentaculaires n'offrent pas une disposition complètement circulaire : au lieu de former autour de la bouche une espèce de verticille ou de couronne , qui entoure entière-

ment cet orifice, ils y sont disposés à-peu-près en forme de fer
à cheval ; ce qui donne à leur corps quelque chose de binaire,
qui les fait placer en tête des polypes, quoique les anciens les
missent tout-à-fait à la fin, à cause de leur petitesse et de leur
ténuité excessive.

On peut diviser cette famille en quatre genres, les *cristatelles*,
les *plumatelles*, les *alcyonelles* et les *paludicelles*. Dans les trois
premiers, les tentacules imitent la figure d'un fer à cheval
(*fig.* 10), tandis qu'ils sont rangés en cercle dans les *paludicelles*. Quant aux trois autres genres, on distingue les *pla-
matelles* (*fig.* 10), en ce qu'elles ont les tentacules longs et inégaux ; les *cristatelles* se reconnaissent en ce qu'elles adhèrent
à un support rameux dans lequel elles peuvent rentrer complètement, tandis que les *alcyonelles* (*fig.* 11) vivent dans un
polypier subéreux, assez semblable à une éponge par son aspect poreux.

IIe *Ordre*.—ZOANTHAIRES.

Les *zoanthaires* sont des polypes dont la forme radiaire est
si prononcée, qu'ils ressemblent à une fleur beaucoup plus
qu'à un animal. Leur corps cylindrique et de longueur médiocre, s'élargit à ses deux extrémités, dont l'inférieure forme
une espèce de pied, dont l'animal se sert quelquefois pour
ramper, tandis que la supérieure est entourée par une couronne
de tentacules nombreux et communiquant, par un canal dont
ils sont pourvus, avec le parenchyme de la peau. C'est au centre de ces appendices que se trouve placé l'orifice unique du
canal intestinal du polype.

Ces zoophytes ont pour type les *actinies*, que les matelots et
les habitants des côtes désignent sous le nom d'*anémones de
mer*. Malgré leur taille, toujours supérieure à celle des bryozoaires, ces êtres curieux ont une organisation plus simple :
tout leur corps est à-peu-près homogène, et consiste en un parenchyme musculo-celluleux, également irritable et contractile
dans toutes ses parties, et d'une consistance très-molle et presque muqueuse : leur tube digestif n'a qu'une seule ouverture
et a ses parois confondus avec les parties voisines. Les seules
particularités qu'on trouve dans ce canal, c'est d'abord un grand
nombre de plis longitudinaux que quelques anatomistes regardent comme des ovaires, et ensuite deux rétrécissements qui

le partagent en trois cavités distinctes, un pharynx, un estomac et un cœcum.

Quelques *zoanthaires* vivent libres et errent à leur gré, soit en nageant à l'aide de leurs tentacules et des contractions de leur corps, soit en rampant au moyen du disque qui leur sert de pied et qui ressemble à celui des gastéropodes. Mais il en est un certain nombre qui se fixent à quelque corps marin, sur lequel ils demeurent pendant toute leur vie. D'autres se réunissent ensemble : ce sont ceux qui se construisent des polypiers calcaires qui se soudent les uns aux autres. La formation de ces masses pierreuses n'a pas lieu comme dans les autres zoophytes ; elle est due à la pénétration, dans les mailles du tissu organisé d'une manière inorganique qui durcit ce dernier, et lui donne une consistance semblable à celle de la pierre. Mais il faut observer à l'égard de cette dureté, qu'elle dépend de l'âge du polypier ; si celui-ci est vieux il ne contient plus de matière organique, c'est du carbonate de chaux à-peu-près pur. Dans le jeune âge, au contraire, la chaux est unie à une grande quantité de tissu animal ; et le polypier n'a qu'une consistance coriace, quand il n'est pas entièrement mou.

On conçoit que la réunion et la soudure de ces divers polypiers doivent en produire fréquemment la déformation ; et c'est en effet ce qui arrive constamment pour ceux qu'on a nommés caryophyllées, astrées, monticulaires, pavonies et méandrines. Et comment pourrait-il en être autrement ? Ces masses calcaires sont entassées en certains endroits en telles quantités, qu'elles formèrent jadis des collines assez élevées, et qu'elles forment encore sous nos yeux des écueils redoutables aux plus grands vaisseaux.

On trouve des *zoanthaires* dans toutes les mers, mais surtout dans celles du midi, et toujours à une profondeur peu considérable. C'est surtout dans les lieux où la mer est calme et où le soleil répand une vive lumière, qu'on rencontre le plus de ces animaux ; c'est là que la plupart passent leur vie fixés à quelque corps marin. Un petit nombre d'espèces seulement demeurent constamment libres, et errent à leur gré le long des côtes.

Tous paraissent être carnassiers ; ils se nourrissent d'animaux entiers qu'ils saisissent avec leurs tentacules, et qu'ils engloutissent dans leur estomac, où ils les digèrent avec une rapidité étonnante. C'est pour cela que, par les temps calmes et sereins, on les voit étendre leurs tentacules, afin d'être toujours à portée de s'emparer de leur proie : les moules, les autres testacés et les petits poissons sont, de tous les habitants des mers, ceux auxquels ils s'adressent le plus fréquemment et dont ils détruisent le plus.

Tous les *zoanthaires* jouissent à un haut degré de la faculté de reproduire les parties qu'on leur enlève. Bien plus, une actinie coupée longitudinalement en deux, donne naissance à deux individus complets : ces animaux sont donc scissipares. Mais ils se reproduisent aussi par des gemmes, qui se développent sur les parois de leur canal intestinal, et que le zoophyte rejette ensuite par sa bouche par une espèce de vomissement. Ces zoophytes pullulent par conséquent beaucoup, et ce fait est d'ailleurs prouvé par les masses énormes qu'ils produisent par l'entassement de leurs polypiers. Cependant l'homme n'est point parvenu à tirer parti de ces êtres singuliers, excepté néanmoins sur quelques côtes où les pauvres les mangent.

L'ordre des zoanthaires est très-étendu, et comprend beaucoup d'espèces vivantes et fossiles. On les a divisés en deux familles, selon qu'ils ont le corps mou ou pierreux ; ce sont les *actiniens* et les *madréporiens*.

Ire *Famille.* — ACTINIENS (pl. XXXVI).

Les *actiniens* ou *zoanthaires charnus* diffèrent essentiellement des suivants par une consistance plus faible : la plupart d'entre eux vivent libres et isolés, ou s'ils se réunissent quelquefois, leurs agglomérations sont toujours peu considérables. Ces derniers néanmoins ne peuvent jamais se déplacer, tandis qu'au contraire les premiers se meuvent à leur gré, tantôt se laissant aller au gré des flots, et tantôt se dirigeant au moyen de leurs tentacules. On voit par là que ces appendices servent également à la locomotion et à la préhension des aliments.

Cette famille moins nombreuse que la suivante, se divise en deux genres principaux, les *actinies* et les *zoanthes*.

Les ACTINIES (*actinia*) (*fig.* 6) forment le genre le plus intéressant de cette famille ; ce sont des êtres très-bizarres qu'un examen superficiel a fait quelquefois classer parmi les végétaux. Quand on les voit à la surface de la mer, épanouis en rosette ornée des plus vives couleurs, leurs tentacules ont tant de rapports avec les pétales d'une fleur, qu'on ne les désigne vulgalement que sous le nom d'*anémones de mer*. Lorsque par un temps calme et serein, ils se réunissent en grand nombre sur quelque point peu distant du rivage, la surface de l'eau qu'ils recouvrent ressemble à un parterre émaillé de fleurs. Mais, pour peu que l'état de l'atmosphère change, ces prétendues anémones se contractent, et ne forment plus qu'un corps arrondi semblable à une pomme de canne, qui tombe tout-à-coup au fond de l'eau, et y reste jusqu'à ce que le calme se rétablisse. Aussi les *actinies* sont-elles regardées par les marins comme d'excellents baromètres, qui prédisent le temps avec une certitude presque absolue.

On rencontre beaucoup de ces zoophytes le long des côtes pendant la belle saison ; ils y font une guerre acharnée aux vers, aux méduses, aux petits crustacés, etc., qu'ils saisissent très-adroitement avec leurs tentacules. Mais l'hiver ils gagnent la haute mer, soit parce qu'ils y trouvent une nourriture plus abondante, soit parce qu'ils y jouissent d'une température plus douce.

Les *actinies* se multiplient avec rapidité, tant par la section mécanique que par la génération gemmipare. Dans ce dernier cas, elles rendent leurs petits par la bouche.

Les principales espèces de ce genre sont l'*actinie coriace*, l'*actinie pourpre*, l'*actinie blanche*, etc.

Le genre ZOANTHE (*zoanthus*) comprend beaucoup d'actiniens analogues aux précédents par toute leur organisation, mais qui s'en distinguent par une enveloppe plus solide et toujours encroûtée par quelques corps durs, tels que fragments de coquilles, grains de sables, etc. De plus ces animaux sont toujours rapprochés et souvent soudés en grand nombre, de manière à former des masses étendues.

Les agrégats que les *zoanthes* constituent en se réunissant entre eux par leur base affectent les formes les plus diverses : tantôt ce sont des tiges rampantes, qui ressemblent d'autant plus à une production végétale, que leur surface semble parsemée de nombreuses fleurs, qui ne sont autre chose que les tentacules épanouis des polypes. Tantôt ils forment une large nappe qui rappelle une plate-bande de gazon émaillé de fleurs. Il est évident d'après cette particularité, que les actiniens dont nous parlons ne sont pas susceptibles de se déplacer : ils vivent constamment fixés à la même place.

Les principales espèces de ce genre sont le *zoanthe social* et le *Z. de solander*, qui habitent la mer des Antilles.

II° Famille. — MADRÉPORIENS.

Sous le nom de *madréporiens*, nous désignons tous les polypes à polypiers que Pallas nommait *madrépores*, et auxquels M. de Blainville donne le nom de *zoanthaires pierreux*. On ne connut d'abord de ces êtres singuliers que la partie calcaire ; aussi le groupe qu'ils formèrent ne fut rien moins que naturel: ce ne fut que lorsqu'on put étudier les animaux qui secrètent ces masses calcaires, que l'on en sépara les espèces dont l'organisation est différente : de sorte que maintenant la famille des *madréporiens* n'est formée que de zoophytes, dont l'animal a la même organisation que les actiniens, et dont le polypier entièrement pierreux, est formé par l'agrégation d'une plus ou moins grande quantité de cellules lamelleuses, disposées en rayons autour d'un axe central, à moins qu'elles ne soient déformées par la pression des polypiers voisins.

Quoiqu'on trouve de ces zoanthaires dans toutes les mers du monde, c'est principalement dans les régions intertropicales, qu'ils se trouvent en plus grande abondance : l'Océan-Pacifique, l'Archipel-Indien et le Grand-Océan méridional sont les lieux qu'ils préfèrent : là leur nombre est tel, et leur force de reproduction est si active, qu'ils constituent le plus grand nombre des récifs, qui rendent la plupart de ces mers si dangereuses pour la navigation. Accumulés en masses énormes, ils forment des couches entières de plaines calcaires et servent de base à un grand nombre de petites îles.

On divise cette famille en un grand nombre de genres, dont les principaux sont les *fongies*, les *caryophyllies*, les *méandrines*, les *astrées*, les *oculines* et les *madrépores*.

Les FONGIES (*fongia*) tirent leur nom du latin *fungus*, champignon, dont leur polypier rappelle en effet la forme. Il est orbiculaire ou oblong, et marqué à sa surface supérieure de lames placées de champ, et qui vont en divergeant du centre à la circonférence. L'animal qui forme cette masse calcaire a la bouche entourée de tentacules très nombreux, mais de longueur variable, et vit presque toujours isolé.

On connaît des *fongies* vivantes et fossiles. Les premières se trouvent dans toutes les mers, et surtout dans celles du midi :

La Méditerranée en nourrit plusieurs, entre autres la *fongie patellaire*. Les mers de l'Inde nous offrent la F. *comprimée*, la F. *bouclier*, la F. *bonnet*, la F. *tunnée*. Parmi les fossiles, nous citerons la F. à *croissant*, la F. *coronule*, etc.

Les CARYOPHYLLIES (*caryophyllia*) ont le corps plus allongé que les précédents et terminé supérieurement par une couronne, simple ou double, de tentacules courts, épais et creux. Leur polypier est également allongé, conique, fixé par son extrémité la plus mince, et offrant à l'extrémité opposée une espèce d'étoile, formée de lames rayonnantes : ce qui donne au tout l'aspect d'une tige surmontée par une fleur, et surtout à celle d'une caryophyllée, dont le genre tire son nom. Ces tiges restent quelquefois isolées, mais le plus souvent elles sont réunies en faisceaux, plus ou moins considérables.

Spalanzani, qui paraît être le premier observateur qui ait examiné ces animaux, prétend qu'ils peuvent vivre dans l'eau acidulée, et qu'ils peuvent même quitter leur polypier. Mais l'analogie et la manière dont ils adhèrent à leur demeure, ne permettent pas de croire à de pareilles assertions, que tous les naturalistes actuels regardent comme fausses.

De même que dans le genre précédent, on trouve ici des espèces vivantes et des espèces fossiles. Parmi celles-là nous citerons la *caryophyllia gobelet*, la C. *pygmée*, etc., qu'on trouve dans les mers d'Europe. Quant aux fossiles elles sont plus nombreuses : les principales sont la C. *fistulaire*, la C. *géante*, la C. *annulaire*, etc.

Les MÉANDRINES (*méandrina*) ont la même organisation que les genres précédents : leurs tentacules sont courts et disposés sur deux rangs : mais leur polypier est tout différent. Il consiste en une masse calcaire turbinée ou globuleuse, dont la surface est marquée d'un grand nombre de cellules, disposées en séries ondulées et communiquant toutes ensemble, par suite de la disparition de la lame qui sépare les cellules contiguës. C'est cette disposition onduleuse, qu'on a comparée aux détours du fleuve Méandre, qui a fait donner à ces zoanthaires le nom de *méandrines*.

On connaît un grand nombre d'espèces de ce genre, dont les unes sont fossiles et les autres vivantes. Les premières sont beaucoup moins nombreuses que les autres : M. de Blainville n'en compte que quatre, la *méandrine orbiculaire*, la M. *antique*, etc. Quant aux espèces vivantes, elles appartiennent toutes aux mers méridionales; aucune ne se trouve dans celles de l'Europe. La M. *dédale*, la M. *phrygienne*, la M. *filigrane*, etc., sont des Indes; on en rencontre aussi plusieurs dans les mers d'Amérique.

Dans les ASTRÉES (*astrea*), les polypes ont la bouche entourée de tentacules peu nombreux et disposés sur un seul rang; leur corps court et cylindrique est renfermé dans des cellules peu profondes, garnies de lames rayonnantes et réunies en plus ou moins grand nombre à la surface d'un polypier de forme très-variable, mais de structure un peu tubuleuse.

Ce genre comprend un nombre très-considérable d'espèces vivantes et fossiles. Ces dernières surtout abondent dans les terrains calcaires anciens.

Les OCULINES (*oculina*) (fig. 5) sont des zoanthaires dont on ne connaît pas les polypes; leur polypier est de forme rameuse, à surface marquée de cellules étoilées et saillantes. Les principales espèces vivantes de ce genre sont : l'*oculine vierge*, l'O. *diffuse*, l'O. *rose*, etc.

Les MADRÉPORES (*madrepora*) forment un genre extrêmement étendu de polypiers généralement arborescents, dont les loges étoilées ont les bords saillants, ce qui rend leur surface couverte d'inégalités : en outre les lamelles qui séparent les cellules les unes des autres, sont criblées de pores. Ces polypiers se trouvent en grande quantité dans les terrains anciens; ce sont eux spécialement qui constituent ces masses énormes que nous avons vues former des récifs et des îles entières.

IIIᵉ Ordre. — ALCYONIENS (pl. XXXVII).

Ce troisième ordre comprend les polypes dont les tentacules, au nombre de huit seulement, sont larges, foliacés et garnis sur leurs bords de petits prolongements qui les rendent dentelés (*fig.* 4). Leur bouche communique avec un œsophage, qui débouche dans un estomac assez vaste, dont les parois adhèrent aux parties voisines par des espèces de cloisons ou mesentères disposés circulairement, et entre lesquels sont placés les ovaires : ceux-ci communiquent avec la cavité intestinale; de sorte que c'est par la bouche que les œufs sont rendus.

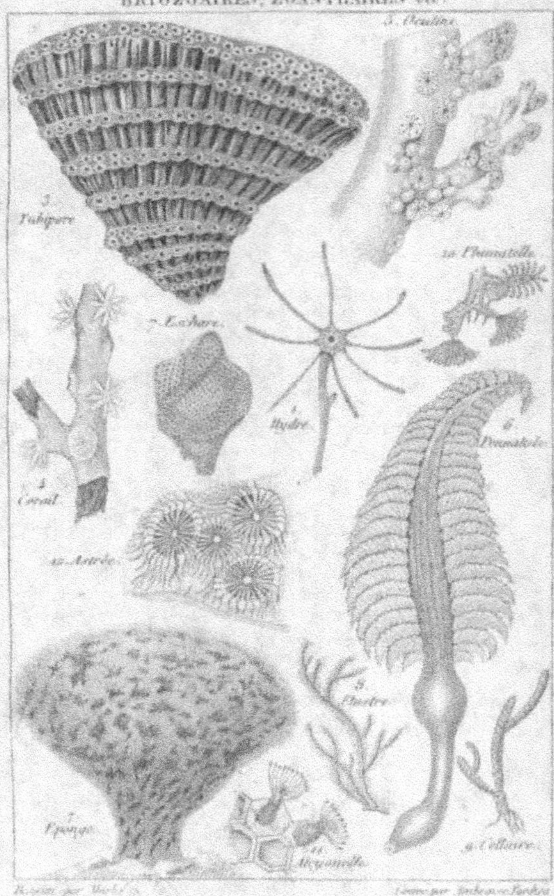

3. Oculine
3. Tubipore
12. l'Plumatelle
7. Lobaire
4. Corail
Hydre
6. Pennatule
12. Astrée
7. Eponge
5. Electre
11. Alcyonelle
9. Cellaire
Dessiné par Vauthier
Gravé par Andrée-Forbin

La plupart de ces polypes vivent agrégés, et se construisent des polypiers, qui diffèrent principalement de ceux des zoanthaires, en ce que leurs cellules communiquent presque toujours entre elles par le moyen de canaux intérieurs, de sorte que la nourriture que prend chaque animal peut profiter soit à lui seul, soit à la communauté entière. Ce mode de nutrition a beaucoup d'analogie avec celui des plantes, et justifie la dénomination de *zoophytes*, que l'on a imposée au dernier embranchement de la zoologie.

On divise les *alcyoniens* en cinq familles : les *tubipores*, les *coralloïdes*, les *pennatulaires*, les *alcyonaires* et les *spongiaires*.

Ire Famille. — TUBIPORÉS (pl. XXXVII)

Ces animaux ont le corps allongé, cylindrique, et renfermé dans des loges tubuleuses, calcaires ou coriaces, qui sont placées parallèlement les uns à côté des autres, de manière à former une masse plus ou moins volumineuse. Mais il est à noter que cette réunion n'est pas constante ; il arrive souvent que certains individus restent libres ; et lors même qu'il y a agrégation réelle de plusieurs animaux, ceux-ci n'en demeurent pas moins isolés, l'extrémité de chaque tube étant close et ne communiquant pas avec les tubes contigus.

D'après la nature calcaire ou charnue de l'enveloppe du polype, on a divisé cette famille en deux genres : les *télestes* et les *tubipores*.

Les TÉLESTES (*telesta*) ont les tubes qui renferment ce polype, de consistance coriace et marqués extérieurement de huit cannelures longitudinales ; leur réunion donne naissance à un polypier phytoïde ou arborescent qui est constamment fixé aux rochers sous-marins.

Toutes les espèces de ce genre sont propres aux contrées méridionales où on les voit, selon que le temps est serein ou orageux, tantôt épanouissant leurs tentacules floriformes, tantôt contractés et complètement cachés dans leur tube. La plupart de ces alcyoniens ont été confondus soit avec les actinies, soit avec les méduses. Mais il est facile de les distinguer des uns et des autres ; des premières par leurs tentacules pinnés, au nombre de huit seulement et disposés sur un seul rang, les secondes par leur forme évidemment rayonnée et par leur bouche entourée de tentacules.

Les principales espèces de ce genre sont la T. *jaune*, la T. *orangée*, etc.

Les TUBIPORES (*tubipora*) (*fig.* 3) diffèrent principalement des télestes, en ce que leur polypier a constamment une dureté considérable, et est encroûté d'une grande quantité de matière calcaire. Mais l'animal qui forme et habite ce polypier offre le même caractère que le précédent.

On ne connaît bien de ce genre qu'une seule espèce, le *tubipore musique*, dont le polypier, d'une belle couleur rouge, constitue souvent des masses tellement considérables, qu'on a prétendu que la mer Rouge tirait son nom de la présence dans son sein d'une immense quantité de ces masses colorées. Quant au nom spécifique qu'on a donné à cette espèce, il vient de la disposition des tubes qui constituent le polypier, et qui sont rangés verticalement les uns à côté des autres comme des tuyaux d'orgue.

IIe *Famille*.—CORALLOÏDES (pl. XXXVII)

On désigne sous le nom de *coralloïdes*, les zoophytes qui ressemblent au corail par la forme de leur polypier et par tous les points importants de leur organisation. Leur bouche, comme celle de tous les alcyoniens, est entourée de huit tentacules pinnés, et leur corps est traversé dans tous les sens, de petites aiguilles cornées ou calcaires; leur polypier est de forme rameuse comme un arbrisseau, et d'abord creux intérieurement; mais peu-à-peu le canal se remplit par le dépôt d'une matière semblable à celle des aiguilles, et les branches du polypier deviennent aussi compactes que de la pierre.

Cette famille qui correspond à celle des *corticifères* de Cuvier, comprend non-seulement les coraux, mais encore un assez grand nombre d'autres alcyoniens qu'on désignait autrefois sous le nom de *cératophytes*, à cause de la nature cornée de leur demeure. Dans tous ces êtres, en effet, le polypier est enveloppé de couches concentriques de matière vivante, et affecte constamment une forme dendroïde. Ce qui distingue ces zoophytes de ceux de la famille précédente, c'est que chaque animal participe à la vie commune, et est en rapport de continuité avec tous les autres : de plus, ils diffèrent des deux familles qui suivent en ce que leur polypier est solide et fixe.

On trouve des espèces de cette famille dans toutes les mers d'Europe et souvent dans la Méditerranée : elles abondent dans le voisinage des côtes, dans les endroits où l'eau est peu profonde et qui sont bien exposés au soleil et abrités contre les vents du nord.

Cette famille se compose de quatre genres principaux : les *coraux*, les *isis*, les *antipathes* et les *gorgones*.

Les CORAUX (*coralium*) (*fig.* 4) se reconnaissent à leur polypier pierreux et branchu, sans cellules à sa surface et sans articulations.

Tous ces êtres singuliers semblent concourir à favoriser l'erreur des naturalistes sur leur nature ambiguë : considérés en fragments plus ou moins gros, ils ont, par leur dureté et par leur aspect poli, l'apparence d'un corps inorganique. Examinés tout entiers, ils ressemblent à des végétaux munis d'une tige et de plusieurs rameaux couverts de fleurs.

Toutefois un examen attentif pourra toujours faire connaître la nature de ce zoophyte ; il ne sera pas difficile de voir un polypier dans la tige et dans les branches, et de petits polypes dans ces rosettes épanouies qui les parent avec tant de grace. Ces rayons divergents, qu'on prendrait pour les pétales d'une fleur, sont autant de tentacules, au centre desquels se trouve placée la bouche de l'animal.

On rencontre les *coraux*, dont le nombre est assez considérable, dans les mers du midi, sur le fond desquelles ils forment des parterres aussi agréables par la diversité de leurs tiges que par l'éclat de leurs couleurs.

La seule espèce de ce genre est le *corail du commerce*, l'un des plus jolis polypiers que l'on connaisse ; il ressemble, à s'y méprendre, à un petit arbuste, et surtout à une branche de pêcher ou d'amandier en fleurs. Fixé aux rochers sous-marins par un large pied qui fait corps avec eux, il brave la fureur des tempêtes, et acquiert en vieillissant une dureté comparable à celle du marbre, et une taille d'environ un pied. La profondeur des eaux dans lesquels il peut vivre est extrêmement variable ; on en trouve des pieds, depuis trente jusqu'à deux cents mètres de la surface de l'eau : mais on remarque que celui qu'on retire d'une grande profondeur est plus pâle et moins grand que celui qui croît près de la surface de la mer.

La belle couleur rouge de ce polypier le fait rechercher pour en faire de petits objets de parure, principalement des colliers ; en Turquie surtout, ces ornements sont fort de mode. On fait la pêche du *corail* sur la plupart des côtes de la Méditerranée ; pour le prendre, on se sert de morceaux de bois attachés en forme de croix ou d'étoile, au centre desquels est placée une grosse pierre. Au moyen d'une longue corde, on descend cet appareil jusqu'au fond de l'eau, où on le promène en tous sens ; et dans les mouvemens qu'on lui imprime, il abat de temps en temps quelques pieds de corail, qui s'attachent aux branches de l'appareil, et que l'on retire successivement.

La principale pêche du corail se fait sur les côtes de la Barbarie ; on en pêche aussi sur celles de France et d'Italie.

Les ISIS (*isis*) ont comme les coraux un polype à huit tentacules ciliés, et un polypier calcaire recouvert d'une substance molle et vivante ; mais ils s'en distinguent en ce que leur axe est pierreux et interrompu de distance en distance par des nœuds ou articulations d'une matière moins rigide, et analogue au liége ou à la corne.

Ce groupe forme deux sous-genres : les *mélites* et les *isis propres*.

1° Les MÉLITES (*melita*) ont leurs articulations renflées et de nature subéreuse : telles sont la M. *ochracée* et la M. *écarlate*, etc.

2° Les Isis propres ont pour articulations des étranglements de nature cornée ; tel est l'I. *à queue de cheval*, qu'on trouve dans toutes les mers.

Les ANTIPATHES (*antipathes*) se reconnaissent en ce que leur polypier a l'apparence du bois ou de la corne, et est recouvert d'une matière animale tellement molle, qu'elle se détruit entièrement après la mort du polype, laquelle a lieu presqu'immédiatement après qu'il a été retiré de l'eau. Sous les autres rapports, ces zoophytes ne diffèrent pas des isis et des coraux ; l'animal a le même nombre de tentacules, et le polypier est également phytoïde et rameux.

On connaît un assez grand nombre d'espèces de ce genre, que l'on trouve dans toutes les mers méridionales. La Méditerranée nous offre l'A. *dichotome*, l'A. *bolet*, l'A. *mélèze* et l'A. *fenouil de mer*, etc.

Les GORGONES (*gorgonia*) ont la même organisation que les antipathes : ce sont le même animal et le même polypier. Mais la matière organisée qui enveloppe l'axe solide est tellement pénétrée de grains calcaires, qu'elle se dessèche sur l'axe et y conserve ses couleurs souvent très-vives et très-belles.

Ce genre contient un grand nombre d'espèces de toutes les mers, et dont plusieurs vivent dans la Méditerranée ; celui des fossiles est beaucoup moins considérable ; et certains naturalistes prétendent même qu'il n'en existe pas de telles.

Les principales espèces de ce genre sont la *gorgone gladie,* la *G. abiétine*, la *G. en éventail*, etc.

IIIe Famille. — PENNATULAIRES (pl. XXXVII).

Cette famille, l'une des plus naturelles de l'actinologie, comprend tous les rayonnés pourvus de huit tentacules dentelés, et vivant épars, en plus ou moins grand nombre, à la surface d'une partie d'un polypier libre et flottant, dont la forme rappelle plus ou moins celle d'une plume à écrire.

Tandis que tous les alcyoniens précédents restent fixés à la même place sans pouvoir la quitter, les *pennatulaires*, quoique vivant dans un polypier commun, conservent leur liberté et ne contractent aucune adhérence avec les corps sous-marins : ils nagent au sein des eaux par les contractions de leur corps, et par l'action combinée de tous les polypes qui habitent ensemble la même demeure. La forme de ces animaux est extrêmement remarquable. Leur polypier est une masse le plus souvent allongée, garnie sur toute sa surface d'animaux saillants disposés avec régularité, et communiquant tous ensemble par le moyen d'une substance charnue qui le recouvre comme une espèce d'écorce. Une des extrémités du polypier seulement demeure nue et n'a point de polypes ; et il n'est pas rare que cette partie s'enfonce, soit dans le sable, soit entre deux rochers, soit au milieu des thalassiophytes, mais sans contracter d'adhérence avec eux.

Ces zoophytes, dont on rencontre des espèces dans toutes les mers, répandent presque tous une vive lumière phosphorique, et offrent pendant la nuit un spectacle magnifique, lorsque, nageant ensemble d'un concours unanime ou entraînés par le mouvement des vagues, ils présentent à nos yeux l'aspect d'une flamme mouvante à la surface des eaux.

Cette famille comprend sept petits genres, dont les principaux sont les *pennatules*, les *virgulaires* et les *vérétilles*.

Les PENNATULES (*pennatula*) (*fig.* 6) ont une forme extrêmement remarquable. Leur polypier est une tige plus ou moins longue, garnie sur deux côtés opposés d'espèces d'ailes ou de barbes épineuses, semblables à celles qu'on voit sur les plumes d'un oiseau. C'est entre ces barbes que sont placés les polypes, qui peuvent à leur gré se cacher entièrement dans leur intérieur ou s'épanouir à leur surface. Il n'y a que la partie inférieure du polypier qui reste nue, ce qui lui donne un rapport de plus avec une plume ordinaire, et lui a fait donner le nom de *plume de mer*.

On trouve dans l'Océan et dans la Méditerranée la *pennatule rouge* ou *phosphorique*, qui a la tige épineuse, et la P. *grise*, qui a cette partie lisse.

Les VIRGULAIRES (*virgularia*) ont la même organisation que les pennatules, et leur polypier a une forme analogue ; ce qui les en distingue principalement, c'est que la tige de ce dernier est longue, cylindrique et presque linéaire, et que les barbes qui la garnissent sont comparativement beaucoup plus courtes et plus écartées les unes des autres.

La principale et peut-être l'unique espèce de ce genre, est la *virgulaire admirable*, qu'on trouve dans les mers du nord. Certains auteurs y ajoutent la V. *joncoïde* et la V. *australe*.

Les VÉRÉTILLES (*veretillum*) ont les mêmes polypes que les deux genres qui précèdent ; mais leur polypier a la forme d'un cylindre régulier, presque entièrement charnu, terminé par un renflement en forme de bulbe, percé de quatre orifices à son extrémité.

Ce genre ne renferme que deux espèces, la *vérétille phalloïde* et la V. *cynomoire* ; cette dernière est extrêmement commune dans la Méditerranée.

IVe *Famille.* — ALCYONAIRES.

Ces alcyoniens ont, comme tous ceux de l'ordre, la bouche entourée de huit tentacules dentelés, et les intestins ramifiés dans le parenchyme des ovaires qui sont extérieurs ; ils plongent dans une substance charnue, de forme irrégulière et va-

riable, qui est soutenue par des articules ou axes calcaires qui
lui donnent plus de consistance et de solidité.

On voit par cette définition que les *alcyonaires* ont les rapports les plus intimes avec les animaux précédents, et qu'ils
n'en diffèrent que par leur partie commune, qui offre un tissu
particulier de nature plus ou moins charnue, et soutenu intérieurement par une substance calcaire. Sous le rapport des
habitudes, ces zoophytes, d'ailleurs peu connus, ne paraissent
pas différer des coraux, qui vivent fixes sur les corps sous-
marins. Comme ces derniers, ils sont répandus dans toutes les
mers; mais ils se trouvent plus abondamment dans les contrées
méridionales.

Quoiqu'on pût à la rigueur réunir en un seul groupe tous
les *alcyonaires* connus, les naturalistes ont cru devoir les diviser en plusieurs genres, dont les principaux sont les *lobulaires*
et les *alcyons*.

Les LOBULAIRES (*lobularia*) ont la masse commune divisée en plusieurs lobes inégaux. C'est à ce genre que se rapporte la *lobulaire digitée*, qu'on rencontre dans toutes les mers
d'Europe et que l'on appelle sur nos côtes *main de mer*; ses
lobes sont courts et gros. La L. *palmée* a les branches plus
longues et plus grêles, mais ne paraît pas moins répandue.

Les ALCYONS (*alcyonium*) ont leurs tentacules filiformes,
et le polypier rameux et arborescent; tels sont dans l'océan
Atlantique l'A. *gélatineux*, l'A. *velu*, l'A. *parasite*, etc.

V⁰ Famille. — SPONGIAIRES.

Quoiqu'on ne trouve dans les éponges rien qui rappelle la
forme d'un polype, ces êtres singuliers ont tant de rapports avec
les alcyons, que nous croirions interrompre la série naturelle
des animaux, si nous les placions dans un ordre et surtout dans
une classe différente; c'est donc à la suite des alcyons que nous
les décrirons. Dans tous ces êtres en effet nous trouvons, comme dans les alcyonaires, un polypier de nature cornée, dont
l'intérieur est traversé d'un nombre plus ou moins considérable d'aicules pierreux, et dont la surface est couverte d'une
masse gélatineuse continue; de sorte qu'il ne manque aux
spongiaires, pour être de véritables alcyons, que la présence
de polypes.

On trouve ces zoophytes dans toutes les mers et entre autres dans la Méditerranée, où ils se fixent aux rochers et aux autres corps marins ; et on les divise en trois genres principaux, les *éponges*, les *spongilles* et les *téthyes*.

La nature des ÉPONGES (*spongia*) (*fig.* 7) est assez peu tranchée, pour que les naturalistes aient long-temps hésité sur la place qu'ils devaient leur assigner. Parmi les anciens, les uns les regardaient comme des animaux, même assez bien organisés, puisqu'ils les croyaient capables de se déplacer à leur gré, tandis que d'autres les plaçaient parmi les végétaux. La plupart des naturalistes modernes ont adopté la manière de voir des premiers, fondés dans leur opinion par les mouvements bien sensibles que l'animal exécute toutes les fois qu'on le touche, et surtout par son mode de reproduction qu'ils ont vu s'opérer par des œufs.

Quoi qu'il en soit, ces êtres ambigus vivent dans les eaux salées ; ils sont beaucoup plus abondants dans les mers équatoriales que dans celles qui se rapprochent davantage des pôles. C'est là qu'ils parviennent à leur plus grand développement ; ils y atteignent quelquefois vingt pouces de hauteur. Ils se fixent aux rochers à l'aide d'un pied évasé, et y adhèrent avec assez de force pour que le mouvement des flots ne puisse pas les en détacher. Mais la profondeur à laquelle ils croissent varie considérablement ; tandis que les uns vivent dans les plus grandes eaux, les autres se tiennent sur les rochers que la vague couvre et abandonne alternativement. Ils sont surtout abondants dans les mers voisines de l'équateur.

Les animaux des *éponges* sont les plus simples que l'on connaisse ; ils sont primitivement isolés ; mais à mesure qu'ils grandissent, ils se rapprochent les uns des autres, et finissent par former par leur réunion une masse gélatineuse uniforme, qui recouvre toute la surface du polypier, en pénétrant dans les tubes qui le forment, et dont elle tapisse toute la paroi intérieure. Ils paraissent se nourrir en aspirant les molécules organiques contenues dans l'eau, et en rejetant ensuite le résidu de leur digestion, par les pores nombreux dont la surface de leur corps est criblée.

La principale espèce de ce genre nombreux est l'*éponge commune*, dont l'économie domestique fait un si fréquent usage. On la pêche dans la Méditerranée, et principalement dans les îles de l'Archipel grec, où elle fait l'objet d'un commerce considérable. On va la chercher en plongeant, et quand on l'a retirée de la mer, on la lave à plusieurs eaux, pour la nettoyer du sable et de la matière gélatineuse qui la salissent ; ensuite on la plonge dans une dissolution de chlore, pour la blanchir et la débarrasser d'une odeur désagréable qu'elle exhale. L'E. *usnelle* nous vient des mers d'Amérique.

Les SPONGILLES (*spongilla*) sont des corps plus ou moins consistants, disposés en masses régulières et percés de pores, qui paraissent tenir lieu de bouche ; mais leur nature est tellement ambiguë, que beaucoup de naturalistes les regardent comme des productions végétales.

Les TÉTHYES (*tethys*) sont des masses irrégulièrement globuleuses, dont l'intérieur est tout hérissé de longs acicules, qui se réunissent sur un noyau central ; telle est la T. *orange*.

IVe Ordre. — SERTULARIENS.

Cet ordre se compose de tous les polypes dont l'organisation est inférieure à celle des précédents. Leur corps, de forme cylindrique, est d'une homogénéité parfaite, et ne présente pour tout organe qu'un tube simple qui le traverse dans sa longueur, et dont l'extrémité supérieure est entourée d'un seul rang de tentacules, tandis que l'inférieure est fermée en cul-de-sac.

Les ovaires de ces animaux sont constamment externes ; de sorte que leur multiplication normale se fait par le moyen de bourgeons ou gemmes, qui se développent à la surface du corps, et qui donnent naissance à un polype semblable à celui qui a donné le germe. Mais il est à remarquer que le nouveau produit peut rester adhérent à la masse commune, dont il augmente ainsi le volume, ou bien se détacher d'elle et mener une vie indépendante et libre. Dans tous les cas, l'animal demeure presque fixé à quelque corps aquatique fixe, ou flottant dans l'eau douce ou dans la mer.

On peut diviser cet ordre en quatre petites familles : les *tubulaires*, les *corallines*, les *sertulaires* et les *hydres*.

Ire *Famille*. — TUBULAIRES.

Cette famille comprend les sertulariens dont les polypes ont le corps allongé et cylindrique, et dont la bouche saillante semble entourée d'une double rangée de tentacules, parce qu'elle est placée à l'extrémité d'une espèce de tube qui simule une première rangée de ces appendices. Ces petits êtres sont renfermés dans des tubes simples ou rameux, de nature cornée, qui forment un polypier analogue à celui des antipathes.

Les *tubulaires*, quoique connues depuis long-temps, ont été peu étudiées sous le rapport de leurs habitudes ; tout ce qu'on sait à cet égard, c'est qu'elles habitent la mer, au fond de laquelle elles sont fixées par leur tube. Celui-ci est rempli d'une substance vivante qui se propage dans les tubes voisins, et qui paraît être destinée à faire communiquer ensemble tous les animaux qui se trouvent sur le même polypier.

Cette famille renferme plusieurs genres, dont les principaux sont les *tibianes* et les *tubulaires*.

IIe *Famille*. — CORALLINES.

Quoiqu'on n'ait pas découvert de polypes sur les *corallines*, et que plusieurs naturalistes les regardent, à cause de cette circonstance, comme des végétaux, leur polypier a tant de rapport avec celui des tubulaires, qu'il serait difficile de leur trouver une place plus convenable, soit parmi les zoophytes, soit parmi les plantes, soit même dans un règne intermédiaire aux animaux et aux plantes. Elles ont le polypier flexible et formé de plusieurs tiges articulées et portées sur des espèces de racines, de sorte que, considéré dans sa totalité, il ressemble à une véritable plante.

La nature de ce polypier est plutôt cornée que calcaire ; toutefois sa surface est entièrement couverte d'une matière solide et crétacée dans laquelle on distingue, à l'aide d'un microscope, de petites cellules invisibles à l'œil nu. Quant à l'animal qui le produit, il nous est entièrement inconnu.

On trouve les *corallines* sous toutes les latitudes ; mais elles sont plus abondantes et plus vivement colorées dans les mers équatoriales que dans celles des pays tempérés. Celles-ci sont en général d'une couleur rougeâtre ou purpurine, qui se fonce par son exposition à l'air ; mais celles des mers voisines de la ligne sont naturellement ornées de couleurs plus vives, et même de formes plus élégantes que les nôtres. Toutes sont fixées aux rochers sous-marins, dont elles ne se détachent que par le choc de quelque corps dur ; car elles sont capables de résister à la violence des flots soulevés par la tempête.

L'espèce la plus célèbre de ce genre est la *coralline officinale,* ainsi nommée parce qu'elle est fort usitée comme vermifuge en médecine, sous le nom de *mousse de Corse.*

Les *flabellaires,* les *pinceaux,* les *galaxaures,* etc., sont des genres fort analogues aux précédents, et qui appartiennent à la même famille.

IIIe *Famille.* — SERTULAIRES.

Dans cette famille les polypes sont très-distincts, et ont la bouche placée au centre du disque qui sert de support aux tentacules, dont le nombre dépasse constamment dix. Leur polypier consiste en une tige cornée, simple ou branchue, dont la surface est percée de cellules au lieu de tubes ou de pores imperceptibles à l'œil nu, et dont l'intérieur est rempli d'une substance gélatineuse, qui traverse la tige comme le ferait la moelle d'un arbre. Ces zoophytes ressemblent par conséquent à de petites plantes aussi délicates qu'agréables à voir.

Cette famille comprend un assez grand nombre de genres, dont les principaux sont les *campanulaires,* les *plumulaires* et les *sertulaires.*

IVe *Famille.* — HYDRES (pl. XXXVII).

Ce groupe ne comprend qu'un seul genre, celui des *hydres,* dont nous allons faire l'histoire.

Les HYDRES (*hydra*) (*fig.* 1), plus connues sous la dénomination vulgaire de *polypes à bras,* ont reçu ce dernier nom à cause des longs tentacules qui entourent leur bouche, tentacules dont la longueur est presque égale à celle du corps tout entier. Ce sont des animaux presque microscopiques chez lesquels l'organisation est réduite à son dernier degré de simplicité. On ne trouve chez eux aucun organe particulier pour la nutrition, la génération, la sensibilité ou la mobilité ; leur corps a la forme d'un cornet gélatineux dont les bords sont garnis de tentacules, et dont la cavité tient lieu d'estomac ; et telle en est l'homogénéité, qu'on peut les retourner sens dedans dehors, de manière que les parois de leur tube intestinal deviennent l'enveloppe extérieure et *vice versâ*, sans que pour cela le polype cesse de vivre. Bien plus, en divisant leur corps en plusieurs fragments, chacun de ceux-ci renferme toutes les conditions d'existence et devient un polype entier.

Et cependant, malgré cette extrême simplicité, ces animaux nagent, rampent, marchent, saisissent leur proie, sont sensibles au moindre contact et même à l'action de la lumière. Il suffit, pour s'assurer de la subtilité de leur toucher, de communiquer quelques mouvements à l'eau dans laquelle ils séjournent ; on les voit sur-le-champ se contracter pour se soustraire au danger auquel ils se croient exposés. La lumière produit, à ce qu'il paraît, sur toute la surface de leur corps, le même effet que sur nos yeux ; car si on les en prive, en mettant un corps opaque entre elle et le polype, celui-ci quitte sa place, pour se mettre à un endroit où il puisse en recevoir l'influence.

C'est chez ces animaux que la force de reproduction est poussée au plus haut degré. Chaque tentacule qu'on leur enlève se répare promptement, et l'on peut même en renouveler l'ablation autant de fois qu'on le veut, sans que leur énergie reproductrice s'affaiblisse d'une manière sensible. On peut également leur couper toute autre partie de leur corps sans les faire périr ; bien plus, chaque fragment devient un animal complet ; de sorte qu'on peut multiplier ces êtres à volonté par une simple section. Mais leur génération naturelle se fait par des bourgeons qui sortent de différents points du corps, sur lequel ils forment comme des espèces de branches.

Les *hydres* sont extrêmement communes dans la plupart des eaux douces ; on en trouve surtout une grande quantité dans les étangs, sous les lentilles d'eau qui y croissent en abondance. Ils vivent de petits animaux qu'ils attirent dans leur bouche, au moyen des tentacules dont elle est entourée.

Les espèces les plus communes en France sont l'*hydre verte* et l'*hydre brune* ou *polype à longs bras*.

PHYTOLOGIE.

CONSIDÉRATIONS GÉNÉRALES.

Nous avons exposé l'histoire des animaux dans la première partie du règne organique. Cette seconde partie sera consacrée à l'étude des végétaux, dont la connaissance constitue la *phytologie ou botanique.*

Cette science, de même que se zoologie, la divise en plusieurs branches, selon le but spécial qu'elle se propose dans l'étude des végétaux.

Ainsi quand elle a pour objet principal la connaissance des organes et des fonctions des plantes, elle porte le nom de *physique végétale*, laquelle comprend l'*organographie* ou description des organes à l'état normal; la *phythopathie* ou *pathologie végétale*, qui étudie les mêmes organes à l'état de maladie; la *physiologie* qui cherche à apprécier les fonctions propres à chaque organe, et enfin la *géographie botanique* qui étudie les lois, qui président à la distribution des végétaux à la surface de la terre. Lorsqu'au contraire la botanique s'occupe plutôt de la description des plantes ou de leur distinction mutuelle, elle est généralement désignée sous le nom de *phytographie*, laquelle renferme pareillement plusieurs branches, dont les principales sont la *taxonomie* ou exposition des systèmes de classification les plus usités, et la *phytographie* proprement dite, qui fait connaître les caractères propres à chaque groupe de végétaux (1). Enfin, lorsqu'au lieu d'étudier les plantes en elles-mêmes, la botanique cherche à faire l'application de leurs qualités ou propriétés aux besoins de l'homme, ce qui est le but principal de la science, on lui donne le nom de *botanique appliquée*, et celle-ci se subdivise en *botanique médicale*,

(1) On ajoute généralement à ces deux parties la *glossologie*, ou explication des termes propres au langage botanique; mais il est évident que cette connaissance rentre dans la physique végétale, qui ne peut exposer le résultat de ses études sans donner une exacte définition des mots techniques qu'elle emploie.

agricole, *économique* et *industrielle*, selon que l'on cherche à l'appliquer plus spécialement à la médecine, à l'agriculture, à l'économie domestique ou à l'industrie.

Il est évident que cette dernière partie de la botanique ne peut marcher qu'appuyée sur les deux premières ; comment en effet connaître les localités d'une plante et la distinguer parmi toutes les autres, sans *le secours* de la physique végétale et de la phytographie? La botanique appliquée n'est donc, pour ainsi dire, que le corollaire et le résultat de ces deux dernières sciences. Aussi ne la séparerons-nous pas de la phytographie ; chaque fois que nous aurons fait connaître un végétal, nous indiquerons sommairement les usages qu'il peut avoir en médecine, dans l'économie domestique et dans les arts. Nous ne diviserons par conséquent la phytologie qu'en deux branches dont l'une comprendra la *physique végétale*, et l'autre la *phytographie*.

Mais avant d'entrer dans l'étude de ces deux sciences, il est important de se faire une idée précise de ce que l'on entend par végétal ; il faudra à cet effet se rapporter à ce que nous avons exposé pages 15 et 42 du premier volume, dans lesquelles nous avons exposé en détail les caractères communs aux animaux et aux végétaux, et ceux qui n'appartiennent qu'à chacun de ces groupes ; il nous suffira de rappeler ici que ces derniers se distinguent particulièrement des premiers par le défaut de *nerfs*, de *muscles* et de *cavité digestive* ; ils sont par conséquent dépourvus de la *sensibilité*, de la *mobilité* et de la *faculté de digérer*. Ainsi, ils n'ont aucune idée de leur existence ni de celle des objets qu'ils environnent, et n'ayant aucun des besoins que la faculté de sentir engendre dans les organismes sensibles, ils n'éprouvent jamais le désir de se déplacer, et demeurent fixés à la même place pendant toute leur vie. La cavité digestive leur eût donc été complètement inutile.

D'après ces considérations, on pourra définir les végétaux des êtres organisés, privés de la faculté de sentir, de se mouvoir volontairement et de digérer, de sorte que la seule chose qui les distingue des corps inorganiques, c'est une espèce d'*excitabilité*, propriété en vertu de laquelle ils se nourrissent et se reproduisent.

Nous n'insisterons pas davantage sur les différences qui distinguent les organismes du règne végétal de ceux du règne animal ; nous allons passer de suite à l'étude de la *physique végétale*.

Première partie

PHYSIQUE VÉGÉTALE.

Cette science, ainsi que nous l'avons dit, s'occupe de l'étude des organes à l'état sain et à l'état de maladie, des fonctions propres à chaque organe, et de la distribution des plantes à la surface du sol. De là la division de cette partie de la botanique, en *organographie, physiologie, pathologie et géographie végétales.* Cependant nous ne parlerons ici que des deux premières, parce que la troisième est encore trop peu avancée pour qu'on en puisse faire l'objet d'un traité spécial, et parce que nous dirons sur la quatrième tout ce qu'elle comporte à l'article consacré à chaque plante ou à chaque famille de plantes.

L'*organographie végétale* est cette partie de la physique végétale, qui a pour objet la connaissance des organes de la plante à l'état normal. Elle ne s'occupe pas seulement des parties extérieures de la plante, telle que la racine, les feuilles, les fleurs, etc.; elle pénètre plus profondément dans l'intérieur des organismes, pour y découvrir les tissus simples ou élémentaires qui, par leurs combinaisons variées, donnent naissance aux différents organes.

CHAPITRE I".

Tissus élémentaires des végétaux.

Il est évident que les végétaux n'ayant pas de sensibilité ni de mobilité, doivent être dépourvus du tissu élémentaire qui sert à former la *pulpe nerveuse* et la *fibre musculaire* qui mettent ces deux facultés en action. Or comme tous les autres tissus de l'organisme animal, tel que le *fibreux*, le *kysteux*, le *dermeux*, etc., ne sont que des modifications de la cellulosité, il est également clair que les végétaux ne doivent avoir que cette dernière pour base de toute leur organisation : c'est en effet ce que démontre l'observation : car en examinant le tissu intime d'un organe végétal, soit à l'œil nu, soit, mieux encore, à l'aide d'un verre grossissant, on voit qu'il est formé par l'agglomération régulière ou irrégulière d'un grand nombre de lames très-diverses, interceptant des espaces ou cellules plus ou moins étendues, qui toutes communiquent ensemble, mais par des voies complètement inconnues : quoique certains micrographes aient cru avoir découvert des fentes et des pores sur les parois de ces cellules, ces observateurs paraissent avoir été trompés par des illusions d'optique.

Quoi qu'il en soit, le tissu cellulaire végétal nous présente trois modifications principales : tantôt les cellules qui le constituent ont leurs parois minces et transparentes ; c'est le tissu *utriculaire* ou *cellulaire* proprement dit ; tantôt elles ont leurs parois opaques, et elles donnent naissance à des vaisseaux courts et terminés en pointe ; c'est alors le *tissu fibreux* ; d'autres fois enfin, elles forment de longs tubes à parois minces et transparentes, et dont le diamètre est à peu près égal partout ; c'est le *tissu vasculaire*.

§ 1ᵉʳ. *Du tissu utriculaire* (pl. **XXXVII** bis).

Ce tissu est formé par la réunion ou plutôt par la soudure d'une quantité innombrable de *cellules*, *vésicules* ou *utricules*; il est facile de se convaincre que l'agglomération de ces utricules dépend de la soudure de leurs parois, et non de leur formation au milieu d'un corps particulier, dans lequel il se serait établi des vides ; il suffit pour cela de faire bouillir le tissu cellulaire dans l'acide nitrique ou même simplement dans l'eau. Après avoir été soumise pendant quelque temps à l'action de la chaleur, les parois des utricules soudées se séparent, et chaque vésicule se montre isolée et parfaitement intacte. Ces cavités paraissent être sphériques primitivement (fig. 1, d.) ; mais elles ne tardent pas à prendre une forme dodécaédrique par suite du développement de l'organe dont elles font partie : de manière que si l'on coupe alors transversalement une masse de ce tissu, la section offre une surface couverte d'aires hexagonales régulières (fig. 1, a.) qui ressemble à celle d'un gâteau d'alvéoles d'abeilles. Mais là ne se bornent pas les modifications des utricules. Pour peu qu'elles soient gênées dans leur développement, une partie de leurs faces prend de la prépondérance sur les autres, de manière que ces cavités peuvent offrir toutes espèces de formes régulières ou irrégulières (fig. 1, b.).

Le défaut d'espace suffisant pour le développement des utricules du tissu cellulaire, joint à l'inégale pression que les substances contenues dans leur cavité exercent sur leurs parois, détermine assez fréquemment la rupture d'un certain nombre d'entre elles, et produit dans le végétal de grands vides, qu'on désigne sous le nom de *lacunes* (fig. 1, c.). Ces sortes de déchirures sont très-nombreuses dans les tiges et les feuilles des plantes aquatiques ; elles sont destinées, selon certains naturalistes, à rendre le végétal plus léger, et à le faire flotter à la surface ou au milieu des eaux ; tandis que, selon d'autres observateurs, elles servent, par l'air dont elles sont remplies, à empêcher la putréfaction de la plante. Ce qui semblerait favorable à cette dernière manière de voir, c'est qu'il arrive assez souvent qu'au lieu de contenir de l'air, elles sont remplies de sucs résineux, qui, comme on le sait, sont immiscibles à l'eau. Remarquons qu'il ne faut pas confondre ces lacunes avec les conduits ou *méats intercellulaires* (fig. 1, d.), qui résultent du défaut de rapprochement et de soudure entre certaines utricules : les méats, qui sont toujours remplis d'air, n'ont aucune communication avec les cellules voisines, qui conservent leurs parois intactes, tandis que dans les lacunes, il y a toujours déchirures des lames intercellulaires et réunion de plusieurs utricules ensemble.

La disposition qu'affectent les vésicules du tissu cellulaire est régulière, toutes les fois qu'elles ne sont pas gênées dans leur formation : elles forment constamment des séries longitudinales juxtaposées (fig. 1, a.b.); mais dans le cas contraire, leur disposition varie comme leur forme, et elles n'offrent aucune régularité (fig. 1, c.).

Les micrographes se sont beaucoup occupés de la nature de la membrane qui forme les parois des utricules; mais ils ne sont nullement d'accord sur ce sujet, les uns la regardant comme fibreuse, les autres lui attribuant une nature granuleuse : un certain nombre pensent qu'elle est criblée de fentes ou de pores qui établissent une communication de l'une à l'autre, tandis que d'autres, en plus grand nombre, nient l'existence de ces ouvertures, qu'ils attribuent à une illusion d'optique et notamment à la présence de petits grains de fécule que renferment la plupart des utricules. Mais il est un fait sur lequel tous s'accordent ; c'est que cette membrane est mince et incolore : et si dans certains cas elle ne paraît pas telle, son opacité ne lui est pas inhérente et dépend de la nature des substances que contient la vésicule.

Ces substances sont assez variées ; quand on étudie le tissu cellulaire d'une plante naissante, on ne trouve que de la sève dans les cellules qui le forment ; mais peu à peu ce liquide disparaît pour fournir à la nourriture des organes, et les utricules se remplissent de substances différentes, selon les parties du végétal. Ainsi quelquefois elles ne contiennent que de l'air ; mais le plus souvent on y trouve diverses substances liquides, acides ou huileuses. C'est ainsi que la pomme, la cerise, la groseille, etc., doivent leur saveur à un acide renfermé dans le tissu cellulaire qui forme leur parenchyme. Ce sont des huiles fixes que l'on retire par expression des vésicules de la noix, du ricin, de l'olive, etc.; celles de l'orange, de la bergamotte, des feuilles du thym, des pétales de la tubéreuse, contiennent des huiles essentielles, auxquelles ces diverses substances doivent le parfum qui les distingue.

Mais les cellules ne renferment pas seulement des liquides ; elles contiennent aussi des matières solides. Celles-ci se présentent ordinairement sous la forme de petits globules, que l'on découvrit d'abord dans le tissu cellulaire des feuilles, ce qui leur a fait donner, par l'observateur qui les découvrit le premier, le nom de *chlorophylle* ou vert des feuilles. Mais on ne tarda pas à en trouver de semblables dans toutes les parties du végétal ; et comme leur couleur n'était plus verte, on changea le nom de chlorophylle en celui de *chromule* ou matière colorante. Les parties décolorées, telles que les pétales du lys, du nénuphar, etc., ne doivent ce défaut de coloration qu'à celui des granules. Les liquides colorés que l'on trouve chez certains végétaux doivent leur teinte à la présence de la chromule.

Cependant les usages de la chromule ne se bornent pas, selon M. Dutrochet, à colorer les parties solides ou liquides du végétal ; ce savant la regarde comme l'analogue du système nerveux des animaux, et par conséquent comme le principal organe des mouvements qui s'exécutent dans ces organismes. Il fonde sa manière de voir sur ce que la chromule se concrète par l'action de l'acide nitrique, et reprend sa fluidité par l'action des alkalis, absolument comme le fait la matière cérébrale des animaux. Mais son opinion n'est pas généralement adoptée; il est en effet peu rationnel de regarder deux substances comme identiques, parce qu'elles ont deux propriétés chimiques semblables.

La chromule n'est pas la seule matière solide contenue dans les utricules du tissu végétal : on y trouve encore de la *fécule* et de petits cristaux de sels à base de chaux. La première a, comme la précédente, la forme globuleuse ; mais elle est tout-à-fait transparente, et d'ailleurs elle prend, par l'action de la teinture d'iode, une belle couleur violette que ne présente jamais la chromule. Ajoutez à cela que, tandis que celle-ci se trouve spécialement dans les feuilles, la fécule est plus répandue dans la racine, les graines, etc. Quant aux cristaux salins qu'on rencontre dans un petit nombre de plantes, et qu'on désigne sous le nom de *raphides*, ils ont la forme de petites aiguilles brillantes et d'une transparence parfaite.

Comme le tissu cellulaire se produit évidemment dans la plante, on a cherché à s'expliquer sa formation. M. Mirbel, qui a fait à ce sujet des observations extrêmement curieuses, pense que chaque utricule a pour propriété essentielle de produire, par sa surface extérieure, de nouvelles vésicules qui s'ajoutent aux anciennes. MM. Turpin et Tréviranus croient au contraire que c'est dans l'intérieur même de l'utricule que la nouvelle se forme, qu'ensuite elle sort de la cavité qui la contient pour s'unir aux utricules voisines. Certains physiologistes admettent également ces deux modes de formation, qu'ils désignent sous les noms d'*extra-utriculaire* et d'*intra-utriculaire* (1).

Le tissu cellulaire est, sans contredit, celui qui abonde le plus dans les végétaux ; il en forme entièrement un certain nombre, tels que les champignons, et tous, sans exception, en sont uniquement composés dans les premiers temps de leur existence. Les rayons médullaires en sont aussi uniquement formés ; et les feuilles, les fruits, les graines, lui doivent en très-grande partie leur origine. Enfin c'est lui qui sert à former le tissu fibreux et vasculaire, dont nous allons maintenant nous occuper.

§ IIe. *Du Tissu fibreux.*

Il est extrêmement difficile d'établir une ligne de démarcation bien tranchée entre le tissu fibreux et les deux autres tissus élémentaires du végétal. Comme il est destiné à établir le passage de la cellulosité aux vaisseaux, et que le tissu cellulaire se change continuellement en tissu vasculaire, il est infiniment probable que le tissu fibreux n'est qu'une modification transi-

(1) Le mode qu'on appelle *inter-utriculaire*, ne nous paraît pas différer des deux autres : car quand une nouvelle utricule se forme entre deux autres, il faut nécessairement qu'elle provienne de la surface extérieure ou intérieure, de l'une ou de l'autre.

toire des deux autres. Il se présente sous la forme de cellules allongées ou de vaisseaux courts, auxquels on donne le nom de *tubes fibreux*, de *clostres*, etc. La seule différence qui le distingue des utricules, c'est que celles-ci ont leurs extrémités droites et parallèles, tandis que les *clostres* ou *tubes fibreux* les ont plus ou moins obliques. D'un autre côté, il ne diffère du tissu vasculaire que par la brièveté des cellules qui le constituent. On voit que ces différences sont d'autant moins tranchées, que l'on sait positivement que les parois des utricules sont considérablement modifiées par la pression qu'exercent contre elles les utricules voisines, ce qui rend extrêmement peu importante la direction oblique ou horizontale de ces parois. Quant à la longueur relative des utricules, il est évident qu'elle n'a pas plus d'importance : ainsi il est probable que le tissu fibreux n'existe pas réellement, et n'est que l'état transitoire par où passent les utricules, avant de se transformer en vaisseaux.

Ce qui semble confirmer cette manière de voir, c'est que le liber et l'aubier sont les parties du végétal où ce tissu est le plus abondant ; or on sait que ces parties ne sont que le bois et l'écorce non encore parvenus à leur complet développement. Il constitue aussi les fibres de toutes les plantes textiles, telles que le *lin*, le *chanvre*, le *phormium tenax*, l'*agavé*, etc., que l'on cueille toujours avant leur entière maturité.

Nous devons cependant dire qu'il existe une différence organique entre les vaisseaux et le tissu fibreux : les utricules de ce dernier ont leur cavité très-petite et leurs parois très-épaisses, quoique transparentes, tandis que ces vaisseaux ont ces derniers minces et opaques avec la cavité intérieure relativement très-développée. Mais cette différence ne paraît pas être en contradiction avec notre manière de voir ; il est en effet naturel que les parois des utricules s'amincissent en s'allongeant, et qu'en même temps elles deviennent plus solides : ce qui expliquerait l'opacité des parois et l'agrandissement de la cavité intérieure.

§ III. *Du tissu vasculaire.*

Ce tissu est formé, comme nous l'avons déjà dit, par la réunion en faisceaux, d'un plus ou moins grand nombre de canaux, de longueur, de structure et de calibre variables. Il diffère spécialement du tissu fibreux, par l'étendue de la cavité vasculaire et par la minceur des parois qui la circonscrivent :

de plus, les vaisseaux sont toujours plus ou moins ramifiés, tandis que les utricules du tissu précédent sont toujours simples et sans divisions. C'est à la réunion de ce tissu avec le précédent qu'est due la formation des *fibres* des végétaux, tandis que la cellulosité simple constitue ce que l'on a nommé leur *parenchyme*, tel qu'on les trouve dans les fruits pulpeux ou charnus, comme les cerises, les pommes, etc.

On distingue deux espèces principales de vaisseaux, selon la nature des fluides qu'ils sont destinés à charrier ; dans les uns c'est un liquide de nature et de consistance différentes ; dans les autres, on trouve des gaz, qui sont spécialement destinés à la respiration du végétal.

C'est à la première catégorie qu'on rapporte les *vaisseaux laticifères* et les *vaisseaux propres* (1). Au contraire les *vaisseaux en spirale* ou *trachées*, les *vaisseaux réticulés*, les *vaisseaux rayés* et les *vaisseaux ponctués* appartiennent à la seconde section.

1° *Vaisseaux laticifères* ou *séveux.* Sous ce nom on désigne tous les vaisseaux qui servent à charrier la sève, et surtout la sève élaborée ou *latex* : ils sont complétement clos, à parois minces et transparentes, sans pores ni fentes, mais communiquent ordinairement entre eux par des anastomoses fréquentes. Cylindriques quand ils peuvent se développer librement, ils prennent ordinairement une forme aplatie par suite de la pression qu'exercent sur eux les organes voisins. Dans tous les cas, le liquide qu'ils contiennent, et qui renferme beaucoup de globules, comme tous les fluides organiques, leur communique une teinte opaque, qui ne leur est point naturelle.

Ces vaisseaux abondent spécialement au milieu du tissu cellulaire, où ils sont le plus ordinairement réunis en faisceaux ; ils se distinguent aisément de toutes les autres espèces par l'aspect trouble de la sève qu'ils contiennent, par le défaut de pores et de fentes sur leurs parois, et enfin par l'élasticité de ces dernières qui reviennent sur elles-mêmes à mesure que leur cavité se vide.

2° *Vaisseaux propres.* On donne ce nom à tous les tubes qui, dans un végétal, contiennent un liquide propre à son espèce ; telles sont la gomme, la résine, etc., que l'on trouve dans les pins, les sapins, les pêchers, etc. Mais tous les auteurs n'admettent

(1) Nous ne parlons pas ici des vaisseaux vasculiformes (fig. x x.), ce ne sont pas de véritables vaisseaux, mais des utricules du tissu cellulaire placées à la file les unes des autres, et dont les parois de séparation ont été détruites de manière que leurs cavités réunies forment un canal continu.

pas l'existence de ces vaisseaux ; ils prétendent que les cavités qui renferment ces substances, ne sont que des lacunes ou des méats intercellulaires, qui ont été agrandis par la présence des sucs qui s'y sont accumulés.

3° *Trachées.* Les vaisseaux que l'on désigne sous ce nom, ont la même structure et les mêmes usages que les trachées des insectes ; ils sont formés par une membrane mince et transparente, et d'une lame étroite (la *spiricule*), roulée en spirale, à-peu-près comme les élastiques de laiton, dont on se sert pour les bretelles. Les tours de cette spire sont quelquefois tellement serrés qu'ils sont entièrement soudés ensemble, de manière qu'il est impossible d'apercevoir la membrane qui les réunit; mais souvent on distingue facilement cette dernière, dans l'intervalle que ces tours laissent entre eux.

Cette structure des trachées a porté certains auteurs à regarder les trachées comme remplissant une double fonction. Selon eux, le tube serait destiné à charrier l'air, et la spire qu'ils croient être creuse intérieurement serait un vaisseau qui contient de la sève. S'il était vrai que la lame spirale fût creuse intérieurement, cette explication serait fort plausible ; mais malheureusement personne jusqu'ici n'a pu découvrir le canal que devrait parcourir la sève. Quoi qu'il en soit, les *trachées* sont généralement isolées, simples, et présentent rarement des ramifications ; cette dernière circonstance est même tellement rare, qu'elle a été long-temps niée. Quant à leur terminaison, elles n'aboutissent pas dans une vésicule de tissu cellulaire, comme on le croyait autrefois ; leur extrémité a toujours la forme d'un cône (fig. 2, b) tantôt aigu, tantôt obtus. Ces vaisseaux se trouvent dans le centre de la tige des dicotylédons, où ils servent à former l'étui de la moelle : ils existent également dans les nervures de feuilles, dans les filets des étamines, dans les pétales de la corolle, les sépales du calice, et dans les parois de l'ovaire. Dans les monocotylédons, ils sont épars dans toute la tige, et se trouvent dans les pétioles, les pétales et autres parties du végétal ; on en trouve aussi dans les racines, mais moins distinctes, ce qui a fait révoquer en doute leur existence dans cette partie du végétal.

4° Les *vaisseaux réticulés*, rayés et ponctués ressemblent beaucoup aux trachées. Les premiers surtout n'en diffèrent qu'en ce que la spiricule élastique est irrégulièrement roulée en spirale, tandis que dans les trachées elle est tout-à-fait régulière.

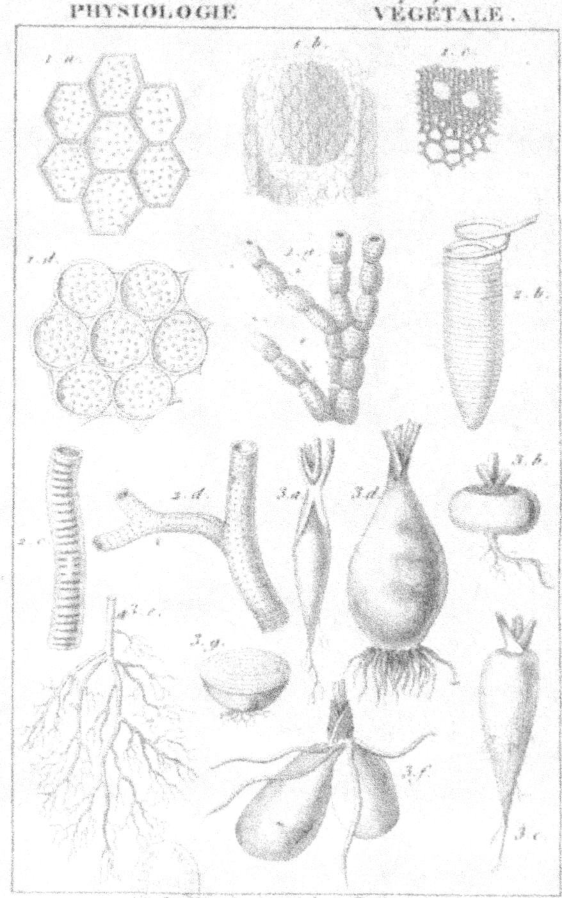

ORGANES   ÉLÉMENTAIRES.

Pl. XXXVII Bis.

5° *Vaisseaux rayés* ou *fendus.* Ces vaisseaux qu'on appelle encore *fausses trachées* (fig. 2, c) sont des canaux simples, dont les parois sont marquées de raies ou fentes transversales, disposées les unes au-dessus des autres, d'une manière plus ou moins régulière. On trouve ces vaisseaux ordinairement isolés, quelquefois réunis au nombre de deux ou trois ensemble, mais jamais en faisceaux ; ils abondent dans les couches ligneuses de la tige.

6° *Vaisseaux ponctués* ou *poreux* (fig. 2, d). Ces vaisseaux ne diffèrent des précédents qu'en ce qu'au lieu de fentes, leurs parois offrent des lignes transversales de pores ; il est même probable qu'ils ne forment avec eux qu'une seule espèce de vaisseaux, car ils occupent la même partie de la plante, et il arrive fréquemment que les lignes des pores sont remplacées par de véritables fentes, et réciproquement.

Les vaisseaux fendus et ponctués ne sont donc probablement que des modifications d'une seule et même espèce de vaisseaux ; mais peut-on les regarder comme de simples trachées, dont la spire presque horizontale serait interrompue de distance en distance avec plus ou moins de régularité? d'habiles phytotomistes le pensent ; mais d'autres, fondés sur la différence de position que les trachées d'une part, et de l'autre les vaisseaux fendus et ponctués occupent dans le tissu organique du végétal, sont d'avis que ces deux sortes de vaisseaux diffèrent par leur nature comme par leur position.

Un autre point litigieux occupe les mêmes observateurs au sujet des vaisseaux fendus et ponctués en particulier : c'est de savoir si les fentes et les pores qu'on aperçoit sur leurs parois traversent ces dernières de part en part, ou s'ils n'intéressent qu'une partie de leur substance. Un grand nombre d'auteurs soutiennent la première opinion ; mais il paraît, d'après des observations faites par d'habiles micrographes, qu'il n'en est pas ainsi ; il reste toujours sur les parois des vaisseaux fendus ou ponctués une membrane mince qui sert à les clore : et si elle n'a pas été vue par les phytotomistes qui en nient l'existence, c'est qu'elle est extrêmement mince et transparente.

Aux organes élémentaires dont nous venons de parler, il faut ajouter les glandes.

Les *glandes*, dans les plantes comme dans les animaux, ont pour but essentiel de séparer un fluide spécial de la masse générale du liquide nourricier. Ici, de même que dans les êtres animés, elles sont formées par la réunion ou par l'agglomlération de vaisseaux ordinairement pelotonnés sur eux-mêmes, et destinés, pour ainsi dire, à servir de crible au fluide dont la sécrétion doit être extraite. La nature de cette dernière varie selon les usages auxquels elle est destinée ; mais cette destination est loin d'être toujours la même.

Dans certains végétaux, et peut-être dans la majorité des espèces, le fluide est évidemment un moyen de défense pour la plante : le suc brûlant des orties est certainement dans ce cas, et il est probable que tel est aussi le principal usage de celui du pavot et de la plupart des végétaux vénéneux. Les huiles essentielles des labiées et de plusieurs autres plantes, nous paraissent avoir une destination tout-à-fait analogue.

En résumant ce que nous venons de dire sur les organes élémentaires de la plante, nous trouvons donc que ces organes sont au nombre de quatre ; le tissu utriculaire, le tissu fibreux, le tissu vasculaire et le tissu glandulaire.

Mais quoique les éléments fondamentaux de la plante ne soient qu'au nombre de quatre, les organes qu'ils peuvent former par leur combinaison n'en sont pas moins nombreux ; en effet, un végétal bien développé, tel qu'un rosier, un lys, un œillet, par exemple, nous offre 1° une *racine*, par laquelle il tient au sol ; 2° une *tige* qui s'élance dans les airs ; 3° des *feuilles* plus ou moins larges ; 4° un *pistil* et des *étamines* pour reproduire le végétal ; 5° un *calice* et une *corolle* pour protéger les organes de la reproduction ; 6° le *fruit*, qui contient les germes d'une ou de plusieurs nouvelles plantes, et un grand nombre d'autres organes qui entrent dans la composition de ceux que nous venons d'énumérer, et que nous ferons connaître plus tard.

Mais en considérant la destination de ces divers organes, on ne tarde pas à s'apercevoir qu'elle est la même pour la plupart d'entre eux ; qu'ainsi la *racine*, la *tige*, les *feuilles*, etc., servent à absorber dans la terre, dans l'air ou dans l'eau, les aliments nécessaires à la plante ; de même le *pistil*, l'*étamine*, le *fruit*, la *corolle*, le *calice*, et autres organes analogues, ont pour objet sa reproduction.

Il résulte de là que les différentes parties dont se compose le végétal, sont destinées à l'accomplissement d'une des deux grandes fonctions organiques, les unes à la *nutrition*, les autres à la *reproduction*.

CHAPITRE II.

ORGANES DE LA NUTRITION.

La *nutrition* est beaucoup plus simple chez les plantes que chez les animaux; dans les premières, les sucs nutritifs sont absorbés par une multitude innombrable de pores, dont la surface du végétal est criblée; et mêlés sur-le-champ avec la sève, ils vont fournir aux organes les matériaux nécessaires à leur développement et à leur conservation. Susceptibles d'être immédiatement assimilés, ils n'ont pas besoin de subir ces changements profonds que la *salive*, le *suc gastrique*, la *bile*, etc., impriment aux aliments dont les animaux font usage.

La plante n'avait donc besoin ni de *canal digestif*, ni de *glandes salivaires*, ni d'*estomac*, ni de *foie*. La simplicité de cette fonction fait qu'elle peut s'exécuter par presque toutes les parties du végétal; mais comme elle ne s'opère pas partout de la même manière, nous allons faire voir comme elle a lieu dans la *racine*, dans la *tige*, dans les *bourgeons*, dans les *feuilles* et dans quelques organes accessoires, qui contribuent plus ou moins directement à la fonction de nutrition.

§ I. — *De la racine* (pl. XXXVII bis).

On donne le nom de *racine* à cette partie du végétal qui, enfoncée le plus souvent dans le sol, où elle sert à le fixer, croît dans une direction opposée à celle de la tige et tend vers le centre de la terre. Toujours cachée dans le sol, où elle ne reçoit jamais l'influence de la lumière, la *racine* a en général des teintes sombres et obscures; néanmoins elle peut prendre toute sorte de couleurs, depuis le blanc jusqu'au noir et au rouge foncé, mais sans jamais devenir verte.

Destinée à servir de soutien à la plante et à lui fournir les matériaux nécessaires à son développement, la *racine* est composée de deux parties dont l'une lui sert spécialement de support et l'autre de suçoir pour absorber sa nourriture. La première, qui est la continuation de la tige, est d'une force généralement proportionnée à la grandeur du végétal qui porte le nom de *corps*; la seconde, composée de *fibres* ou de filaments déliés, dont toute la surface et surtout l'extrémité sont criblées de pores absorbants, est appelée *chevelu*, parce qu'elle a été comparée aux cheveux pour la ténuité; mais ces deux parties n'ont

pas leurs fonctions tellement distinctes, qu'elles ne puissent se
remplacer mutuellement. Le corps de la racine a sa surface
criblée de pores qui lui permettent d'absorber les molécules nutritives ; et les fibres, en se répandant au loin dans le sol et en
s'insinuant même dans les fentes des rochers, servent à fixer la
plante, en même temps qu'elles puisent avec une activité infa-
tigable les sucs que la terre recèle dans son sein.

Les pores radicaux n'absorbent pas indistinctement tout ce
qui se présente à eux ; doués d'une espèce de sentiment ou de
tact instinctif, ils savent laisser de côté les matières nuisibles
ou inutiles, pour ne prendre que les substances nutritives; c'est
ainsi qu'on voit la *racine*, qui ne se trouve pas dans un terrain
convenable, parcourir des trajets longs et tortueux, traverser
des murs épais, en un mot surmonter mille obstacles qu'on
croirait invincibles, pour trouver dans un sol plus favorable la
nourriture propre au végétal.

Mais la *racine* ne se borne pas à fixer la plante à terre et à
lui fournir des sucs nourriciers ; elle sert encore à la débarrasser de ses matériaux inutiles et à la multiplier. Ce sont les
pores dont elle est munie qui produisent l'*exhalation*, par laquelle le végétal rejette hors de lui les débris usés de ses organes ou le résidu de la nutrition. Quant à la manière dont la
racine sert à la multiplication, elle s'explique aisément par les
boutons ou bourgeons dont elle est parsemée, et dont le développement produit un nouvel individu.

La *racine* peut donc être regardée comme un des organes
les plus essentiels du végétal, puisqu'elle le soutient, le nourrit, le reproduit, et le débarrasse de ses débris. Cependant, sa
grosseur n'est pas toujours en rapport avec la grandeur de la
plante ; l'*arrête-bœuf*, par exemple, qui est une herbe chétive,
a une racine énorme, tandis que le pin et les palmiers, qui
sont de grands arbres, n'en ont qu'une très-petite. Dans le premier cas, la nutrition s'opère principalement par la racine ;
dans le second, c'est plutôt par les organes entourés d'air, et
surtout par les feuilles.

Si les *racines* sont utiles au végétal, elles ne rendent pas
moins de services à l'homme ; les unes sont *alimentaires* (la
carotte, la pomme de terre, le topinambour); les autres s'emploient en médecine (la rhubarbe, la guimauve, l'ipécacuanha, etc.); quelques-unes servent dans les arts (la garance).

La *racine* a été étudiée avec soin par les naturalistes, auxquels elle a fourni de bons moyens de distinguer les végétaux ; pour cela, ils en ont examiné la *consistance*, la *structure*, la *composition*, la *durée* et la *forme*.

1° La racine est *charnue*, quand elle est grosse et tendre (la betterave, la carotte, etc.), et *ligneuse* lorsqu'elle est dure comme le bois (le chêne, le peuplier, etc.).

2° Elle est *pivotante*, si elle est conique et s'enfonce perpendiculairement dans la terre, comme la *carotte* (fig. 3, c.); *fibreuse* si elle se compose d'un grand nombre de filaments déliés (le palmier, le froment, etc.); *tubéreuse* si elle est grosse, charnue et non fibreuse (la pomme de terre, la patate, etc.); *bulbeuse* si elle est formée d'écailles charnues, placées en recouvrant les unes sur les autres ; tel est l'*ognon* (fig. 3, g.).

3° La racine est *simple* quand elle n'a qu'un seul corps (la rave, le panais, etc.); (fig. 3, a, b, c, d), *composée* ou *rameuse* quand elle en a plusieurs (le chêne, l'orme, etc.) (fig. 3, e.).

4° La racine est *annuelle* lorsqu'elle périt tous les ans (le coquelicot, etc.); *bisannuelle* quand elle en dure deux (la carotte, etc.); et *vivace* quand elle dure plus long-temps (les arbres).

5° La *forme* des racines est extrêmement variée ; elle est *fusiforme* (fig. 3, a), *conique*, (fig. 3, c.), *arrondie*, *naviane*, *fasciculée* ou en faisceau, *napiforme* ou en toupie (fig. 3, h), *didyme* ou formée par la réunion de deux tubercules (fig. 3, f), *bulbifère* quand elle est surmontée par une bulbe (fig. 3, d), etc.

§. II.—*De la tige.*

Au contraire de la racine, qui reste constamment cachée sous la terre, la *tige* cherche la lumière et tend toujours à s'élever dans l'atmosphère ; c'est en vain qu'on voudrait la forcer à prendre une autre direction ; elle surmonte tous les obstacles qui l'empêchent d'obéir à sa tendance naturelle, à moins que trop faible pour se soutenir par elle-même, elle soit obligée de ramper à la surface du sol ; encore n'est-il pas rare, dans ce cas, qu'elle s'attache aux plantes voisines pour pouvoir s'élever par leur secours.

Tous les végétaux en général ont une *tige* ; mais cette partie est quelquefois si peu développée, qu'on peut à peine la distinguer de la racine, avec laquelle elle se confond au *collet* ou à son point de jonction avec cette dernière. Les plantes de cette sorte sont dites *acaules* ; telles sont la *primevère*, la *jacinthe*, etc.

Chez d'autres, au contraire, la *tige* prend un accroissement énorme soit en longueur, soit en grosseur. Il n'est pas très-rare de rencontrer dans nos forêts des arbres de cent vingt à cent trente pieds de haut, et en Amérique les palmiers dépassent souvent cette élévation de plus de vingt pieds. Il en est de même de la grosseur ; on cite un *sycomore* américain qui avait soixante-douze pieds de circonférence à sa base, et un naturaliste voyageur, dont la véracité est reconnue de tout le monde, a vu, aux îles du Cap-Vert, un *baobab* qui en avait quatre-vingt-dix.

On compte dans la *tige* deux parties bien distinctes : l'une extérieure, généralement mince, appelée *écorce* ; et l'autre intérieure, dont la structure varie beaucoup dans les différentes espèces de plantes, et qui forme le *corps de la tige*. La première, qu'on peut regarder comme la peau du végétal, se compose de plusieurs couches, dont la plus extérieure, qui remplace l'épiderme des animaux, est nommée *cuticule*. Mais il faut observer que cette dernière ne se borne pas à recouvrir la tige, et qu'elle s'étend à la surface de tous les organes exposés au contact de l'air, tels que les feuilles, les fleurs, etc. Quant au *corps* ou partie interne de la tige, il est formé des vaisseaux séveux, des trachées ou vaisseaux respiratoires, et des canaux destinés à rejeter au dehors certains produits de la plante, tels que la *gomme*, la *résine*, etc.

La *structure*, la *consistance*, la *forme*, la *direction*, et la *surface* de la *tige*, offrent un grand nombre de modifications, qui ont permis d'en distinguer de plusieurs sortes.

1° Sous le rapport de la structure, on distingue le *tronc*, qui est ligneux, allongé et conique (le chêne, le peuplier) ; le *stipe* (pl. XLI, fig. 5), qui est une espèce de colonne cylindrique, aussi grosse au sommet qu'à la base (le palmier) ; le *chaume* (fig. 6), qui est *fistuleux* ou creux intérieurement, et marquée de distance en distance de *nœuds* et de cloisons (l'avoine, le *maïs*) ; la *souche*, qui est souterraine et horizontale (l'iris, le sceau de Salomon), et la *tige* proprement dite, qui n'est ni tronc, ni stipe, ni chaume, ni souche.

2° D'après la *consistance* de la tige, on dit que le végétal est une *herbe*, quand sa tige est verte, tendre, et périt chaque année (le blé, l'avoine) ; un *sous-arbrisseau*, quand elle est ligneuse et persistante, tandis que ses rameaux meurent et se

renouvellent tous les ans (le thym , la sauge); un *arbrisseau*
quand elle est ligneuse et se ramifie dès sa base (le noisetier ,
le lilas); un *arbre* , lorsqu'elle est ligneuse , simple à sa base
et divisée seulement à une certaine hauteur (le chêne, l'orme).

3° Quant à sa *forme*, la tige est *cylindrique* ou *ronde* (le
pin, le lin); *comprimée* ou aplatie (le poa comprimé , espèce
d'herbe des prairies); *anguleuse* ou marquée de côtes saillantes
(la sauge, la menthe) ; *noueuse* ou *renflée* de distance en distance (le maïs , l'avoine) ; *sarmenteuse* quand elle est armée
de *vrilles* ou *mains* pour se soutenir (la vigne) ; *grimpante*
quand elle s'élève en se fixant aux corps environnants par des
espèces de racines (le lierre) ; *volubile* ou *spirale* quand elle
grimpe en s'entortillant autour d'un support (le haricot , le
chèvre-feuille).

4° Par rapport à la *direction*, la tige est *dressée* ou *verticale* dans la campanule , le lin , et *rampante* dans la num-
mulaire.

5° Relativement à sa *surface*, elle est *glabre* quand elle
n'a pas de poils (la pervenche) ; *pubescente* quand elle en
a (la digitale pourprée) ; *épineuse* quand elle a des épines
(le prunelier) ; *aiguillonée* quand elle a des aiguillons
(le rosier).

Les usages de la *tige* sont assez bornés à l'égard de la plante;
le principal paraît être de servir de support aux feuilles, aux
bourgeons, et aux organes de la reproduction ; par conséquent
elle sert en même temps à nourrir et à multiplier les plantes.
Mais les services qu'elle rend aux arts et à l'économie domestique sont bien plus nombreux ; les arbres fournissent le bois
de charpente, les herbes font la base de la nourriture de nos
bestiaux ; le santal , le campêche , etc., s'emploient journellement dans la teinture ; nous tirons de la canne à sucre la plus
grande partie du sucre du commerce ; enfin la médecine fait
un usage continuel du quinquina, la tannerie de l'écorce du
chêne, etc.

§ III. — *Des bourgeons.*

On donne le nom de *bourgeons* à de petites éminences qui se
remarquent sur la tige et sur ses divisions , et qui renferment
en eux les rudiments des feuilles , des fleurs et des rameaux ;
ce sont par conséquent des organes très-importants et qui sont
aussi utiles à la reproduction qu'à la nutrition ; aussi la nature

a-t-elle pris un soin particulier pour les garantir des injures de
l'air. Formés de petites écailles placées en recouvrement les
unes sur les autres, les *bourgeons* sont de plus protégés, du
moins dans les climats septentrionaux et tempérés, par un
duvet fin et cotonneux, et par une couche d'enduit gluant et
résineux, qui les rend inaccessibles au froid et impénétrables
à l'humidité.

Les *bourgeons* commencent à paraître en été et portent le
nom d'*yeux*. Devenus plus gros en automne par l'effet du mouvement plus actif de la sève, ils prennent le nom de *boutons*.
Les froids venant suspendre la marche du fluide nourricier,
le développement du bouton s'arrête ordinairement ; il ne
continue qu'autant que les chaleurs se prolongent durant l'automne et entretiennent l'activité de la sève et la leur. Dans ce
cas, il y a double végétation, et quelquefois même double récolte de fruit.

La forme et la nature des bourgeons diffèrent dans les diverses espèces de plantes. On appelle spécialement *bourgeons*
ceux qui se développent dans l'aisselle des feuilles, et c'est
surtout à ceux-là que s'applique ce que nous venons de dire
sur les bourgeons en général (le pêcher, le prunier, etc.). On
nomme *turion* celui qui naît d'une racine ou d'une souche souterraine, comme celui de l'asperge comestible. Enfin on donne
le nom de *bulbe* à celui qui provient d'une racine bulbeuse et
qui est formé d'écailles charnues (le lis, la jacinthe, etc.)

On dit que le bourgeon est *florifère*, *foliifère* ou *mixte*, selon
qu'il renferme des *fleurs* ou des *feuilles* seulement, ou des
feuilles et des fleurs en même temps.

Indépendamment de l'utilité des *bourgeons* par rapport au
végétal, ces organes ont plusieurs usages soit dans l'économie
domestique, soit en médecine, soit dans le jardinage. Ainsi
l'ognon, le poireau, l'échalotte, l'asperge, etc., sont journellement employés comme aliments ou comme assaisonnement ;
la scille, l'ail, etc., fournissent à l'art de guérir, des remèdes
efficaces.

Mais le service le plus important que nous rendent les *bourgeons* est celui qu'ils procurent à l'agriculture en servant à la
greffe (on désigne ainsi une opération par laquelle on transporte un *bourgeon* d'une plante sur l'autre, pour qu'il s'y développe). Ce procédé, qui est d'un usage journalier, s'emploie
pour améliorer la qualité des fruits ou des fleurs de certaines
plantes, pour multiplier celles qui ne se propagent que diffi-

cilement par graines, pour hâter la fructification de certaines
espèces, etc.

Pour que la *greffe* réussisse, il faut qu'elle ait lieu entre des
végétaux de la même espèce, ou au moins du même genre, et
sur les parties végétantes, afin que la sève du *sujet* qui reçoit
la *greffe* puisse nourrir les bourgeons de cette dernière et en
produire le développement.

On distingue quatre espèces principales de *greffe* :

1° La *greffe par approche* est celle dans laquelle on soude
ensemble deux plantes, soit par leur tige, soit par leur racine,
et même par leurs feuilles. Pour cela on enlève sur elles deux
plaques d'écorces de la même grandeur, et rapprochant leurs
plaies et les garantissant du contact de l'air, on en détermine
la réunion.

2° La *greffe par scions* est la plus usitée ; elle consiste à
transporter un ou plusieurs rameaux ou *scions* d'une plante sur
une autre ; pour cela on fait au sujet une fente, dans laquelle
on engage le *scion*.

3° La *greffe par bouton* se pratique en enlevant au sujet
une plaque d'écorce, sur laquelle se trouve un ou plusieurs
bourgeons, et en la remplaçant par une plaque absolument
semblable tirée de la plante qu'on veut greffer sur lui.

4° La *greffe tschoudy* est toute nouvelle et s'effectue principalement sur les végétaux herbacés. Pour cela on insère une
jeune pousse dans l'aisselle ou dans le voisinage d'une feuille ;
la sève ne tarde pas à y affluer et à produire le développement
de la greffe.

§ IV. — *Des feuilles* (pl. XXXVII ter).

On désigne sous ce nom ces expansions membraneuses, ordinairement vertes, qui naissent sur la tige ou sur ses divisions.
Cette définition s'applique à la généralité des feuilles ; il en est
pourtant quelques-unes qui n'ont pas tous ces caractères, et qui,
au lieu d'être vertes, offrent une couleur jaune ou rougeâtre.
D'autres, au lieu d'être de simples expansions minces et membraneuses, sont grosses et charnues, comme celles de l'aloès, de
la joubarbe, etc.

Toute feuille se compose de deux parties ; le *disque* ou *limbe*
qui est la feuille proprement dite, et le *pétiole*, connu vulgairement sous le nom de *queue.*

Le *pétiole*, qui manque dans certaines feuilles appelées *ses-*

sîles (le pavot), est une petite tige qui , sous le nom de *côte*, traverse le disque dans toute sa longueur, en envoyant de chaque côté des prolongements nommés *nervures*. Ces dernières se divisent et donnent naissance aux *veines*; et les veines, en se ramifiant à leur tour, forment un réseau fin et délicat, qu'on peut regarder comme la charpente de la feuille, et dont les mailles sont remplies de tissu cellulaire (fig. 1 a, fig. 2 a).

Dans certaines plantes (le lis, le blé), le pétiole, au lieu de se ramifier en *nervures* et en *veines*, se fend, à son entrée dans le limbe, en un certain nombre de parties qui se dirigent parallèlement jusqu'à l'extrémité de la feuille (fig. 1, d).

Quelquefois les nervures ne s'arrêtent pas à la circonférence du limbe, et, formant au-delà une saillie plus ou moins considérable, acquièrent de la dureté et se transforment en *piquants*, comme dans le houx.

On distingue ordinairement deux faces dans les feuilles : l'une, *supérieure*, plus verte et moins poreuse; et l'autre, *inférieure*, de couleur moins foncée, plus velue et plus poreuse.

L'étude des feuilles, sans avoir l'importance de la fleur, est d'un grand intérêt pour la distinction des plantes ; les différences qu'elles offrent dans leur *disposition*, leur *forme*, leur *surface*, leur *circonférence*, leur *consistance*, leur *durée* et leur *composition*, présentent d'excellents caractères pour établir une ligne de démarcation, entre certains végétaux analogues par leur organisation et leurs propriétés.

1° Par *disposition* on entend la manière dont les feuilles naissent de la tige. Ainsi elles sont *opposées* quand elles sont placées à la même hauteur et qu'elles partent de deux points opposés (l'olivier, la pervenche) (pl. XXXIX, fig. 5 et 6); *verticillées* quand elles forment une espèce de couronne autour de la tige (fig. 3) (la garance, le laurier-rose); *alternes* lorsqu'elles partent de deux points opposés, mais à des hauteurs différentes (l'orme, le tilleul) ; *éparses* quand elles paraissent dispersées sans ordre sur la tige (l'euphorbe) (pl. 40 fig. 4), *fasciculées* quand elles sortent en grand nombre d'un même point de la tige (le cerisier, les conifères) ; *perfoliées*, quand elles sont transversées par la tige (fig. 1 e.).

2° La *forme* des feuilles est si variée qu'on a dit qu'il n'en existait pas deux parfaitement semblables ; mais quoique cela soit rigoureusement vrai, il n'en est pas moins certain que ces organes ont dans chaque espèce de végétaux une forme à peu

PHYSIOLOGIE VÉGÉTALE.

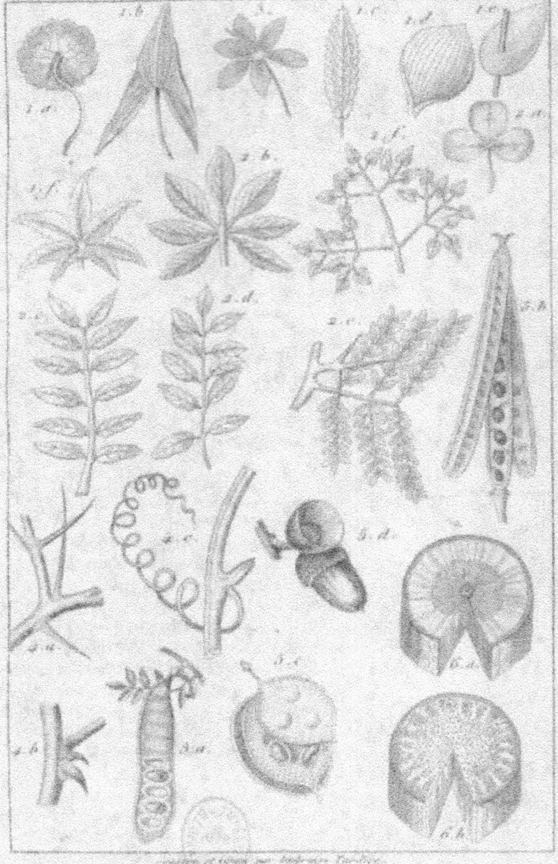

FEUILLES.
Pl. XXXVII.bis.
FRUITS.

près déterminée, et qui n'est pas sans utilité pour leur distinction. Elle sont *rondes* (fig. 1 a), *ovales* (fig. 1 e), *oblongues* (fig. 1 c), *carrées*, *triangulaires*, *linéaires*, dénominations qui n'ont pas besoin d'être définies. Elles sont dites *cordiformes*, *réniformes*, *sagittées* (fig. 1 b), *ensiformes*, *palmées* (fig. 1 f), *pandurées*, etc., selon qu'elles ressemblent à un cœur (le tilleul), à un rein ou rognon (le lierre terrestre), à un fer de flèche (la sagittaire), à une épée (l'iris), à une main ouverte (le marronier d'Inde) à un violon (certains liserons), etc.

3° La *surface* des feuilles peut être *plane*, *convexe* ou *concave*, *luisante* ou *opaque*, *unie* ou *raboteuse*, *glabre* ou *velue*, etc.

4° Leur *contour* est *entier* ou sans échancrures (l'olivier, la muscadier) (fig. 1 b, 1 d, 1 e), *denté* ou découpé en dents (la violette, le houblon) (fig. 1 e, 1 f), *épineux* ou garni de piquants (le houx).

5° Sous le rapport de la *consistance*, les feuilles sont *coriaces* dans le laurier-rose, *molles* dans l'épinard, *charnues* dans la joubarbe, *creuses* ou *fistuleuses* dans l'oignon.

6° Suivant leur *durée*, elles sont *caduques* lorsqu'elles tombent promptement (le marronier), *marcescentes*, lorsqu'elles ne tombent que vers l'automne, et *persistantes* quand elles restent sur la plante pendant plus d'une année (le buis, les conifères).

7° Enfin les feuilles peuvent être *simples* ou *composées* : simples quand le pétiole de chaque feuille naît de la tige ou d'une branche (le chêne, la citrouille) (fig. 1) : composées lorsque d'un petit pétiole commun, il part plusieurs pétioles plus petits (l'acacia, le palmier, le marronier d'Inde) (fig. 2 et 3).

A l'égard des feuilles composées, il faut remarquer qu'il en existe de plusieurs sortes. Ainsi elles sont *simplement composées*, quand le pétiole commun ne se divise pas (fig. 2 a, 2 b, 2 c, 2 d, 3). On les dit *décomposées*, lorsque le pétiole se ramifie (fig. 2 e), et *surdécomposées*, quand les rameaux du pétiole se subdivisent eux-mêmes (fig. 2 f).

Les feuilles *simplement composées* présentent elles-mêmes plusieurs modifications. Si toutes les folioles partent du sommet du pétiole commun, la feuille est dite *trifoliée*, quand il y a trois folioles (fig. 2 a) ; *digitée*, quand il y en a cinq ou sept (fig. 2 b); *multifoliée*, quand il y en a un plus grand nombre. Si au contraire les folioles naissent de chaque côté du pétiole commun, comme les barbes d'une plume, la feuille est dite *pennée* (fig. 2 c,

2 d). Les feuilles pennées elles-mêmes se divisent en feuilles *pennées sans impaire* (fig. 2 c), et en feuilles *pennées avec impaire* (fig. 2 d), selon que le pétiole commun se termine par une foliole ou sans foliole.

Les *usages* des feuilles sont très-multipliés; sans parler de leurs propriétés absorbante, assimilatrice et exhalante, qui en font des organes essentiellement propres à la nutrition, propriétés dont nous parlerons plus tard, lorsqu'il sera question de cette fonction, quels services ne rendent-elles pas à l'économie domestique et à la médecine? Celles de la plupart des herbes et d'un grand nombre d'arbres fournissent un fourrage excellent pour les bestiaux. Les choux, les épinards, l'oseille, la laitue, etc., font partie de la nourriture de l'homme. La guimauve, la mélisse, le cochléaria, la belladone, la morelle, etc., sont journellement employés dans le traitement des maladies.

Nous allons terminer ce que nous avions à dire sur les feuilles par quelques considérations sur leurs *mouvements*. Ces organes éprouvent, par l'influence de certains agents, tels que la chaleur, la lumière, l'électricité, des changements extraordinaires qu'on ne peut pas regarder comme l'effet d'une véritable motilité, puisqu'ils n'ont rien de volontaire, mais qui cependant ont des rapports frappants avec les mouvements qu'exécutent certains animaux inférieurs, et surtout les mollusques et les zoophytes.

Fléchissez, par exemple, une branche chargée de feuilles, de manière que la face inférieure de ces dernières devienne supérieure et réciproquement; vous verrez que peu de temps après, elles se retourneront pour revenir à leur position naturelle.

Placez telle plante que vous voudrez dans une cave où la lumière ne pénètre que par un soupirail, toutes les feuilles se dirigeront vers ce dernier, pour recevoir l'influence des rayons lumineux.

Dans un grand nombre de végétaux, les feuilles suivent les mouvements de l'astre du jour. L'acacia, par exemple, a ses feuilles étendues au moment où le soleil paraît sur l'horison, et, à mesure que cet astre s'élève vers le zénith, elles se redressent, pour commencer à baisser, lorsque le jour décline, et pour devenir presque pendantes durant les ténèbres de la nuit.

C'est à ce phénomène curieux que le célèbre Linné donnait le nom de *sommeil des plantes*.

Que dirons-nous de la *sensitive*, de cette plante que la secousse la plus légère, le moindre changement de température, la plus faible influence de l'électricité et même le passage d'une ombre suffisent pour émouvoir ? Il est peu de personnes qui n'aient entendu parler des mouvements extraordinaires qu'elle exécute, pour des causes qui n'exerceraient aucune action sur le corps de la plupart des animaux vertébrés. Mais un des végétaux les plus curieux sous ce rapport est le *dionæa muscipula*. Quand un insecte, attiré par l'odeur cadavéreuse que sa fleur exhale, vient se poser sur ses feuilles, aussitôt celles-ci, irritées par sa présence, se contractent avec force et se rapprochent ; et comme elles sont garnies de piquants, elles saisissent et retiennent l'imprudent animal ; aussi cette plante porte-t-elle le nom vulgaire d'*attrape-mouche*.

Les botanistes ont cherché à expliquer la cause de ces mouvements ; mais le résultat de leurs recherches s'est borné à des hypothèses plus ou moins ingénieuses, qui ne sont pas suffisamment étayées de preuves. Un savant a cru avoir découvert dans les végétaux des muscles et des nerfs comme chez les animaux ; si le fait était vrai, la cause de ces mouvements se trouverait expliquée.

§V.—*Organes accessoires de la nutrition* (pl. XXXVII ter).

On appelle ainsi certaines parties du végétal, dont les usages ne sont pas bien connus, quoique leur position et leur structure ne permettent pas de douter qu'ils ne servent à la nutrition. Les principaux de ces organes sont les *stipules*, les *vrilles*, les *griffes*, les *suçoirs*, les *épines*, les *aiguillons* et les *poils*.

1° Les *stipules* sont des membranes foliacées placées à la base des feuilles, qu'elles sont destinées à protéger, selon quelques botanistes. On en trouve dans le pois, le haricot, le rosier, le tilleul, la mauve, etc. On peut les regarder comme des feuilles avortées ou mal développées.

2° Les *vrilles*, les *griffes* et les *suçoirs* ont cela de commun, qu'ils servent de soutien aux plantes trop faibles pour se soutenir par elles-mêmes. Les premières, qui sont fortes, quoique flexibles, ne sont que des rameaux avortés (la vigne) (fig. 4 c) ; les secondes ne diffèrent des précédentes que par une plus grande ténuité (le lierre). Du reste, les unes et les autres ont pour seul et unique but d'attacher la tige aux corps voisins.

Quant aux *suçoirs*, on peut les regarder comme des *griffes*, également propres à soutenir la plante et à absorber des sucs nutritifs (la cuscute).

3° Les *épines* et les *aiguillons* sont les unes et les autres des armes défensives que le végétal oppose à ses ennemis ; mais il y a cette différence entre eux, que les premières, étant des prolongements de la tige ou de la branche dont elles sortent, ne peuvent être enlevées sans déchirer leur support (le prunelier) (fig. 4 a) ; tandis que les seconds, ne tenant qu'à l'épiderme, s'en détachent par le moindre frottement (le rosier) et sans qu'il en résulte de plaie sur la tige (fig. 4 b).

4° Les *poils* sont de petits filaments minces et déliés, qui servent à garantir les plantes des injures du temps; et de plus, quand ils ont à leur base une glande, ils exalent ordinairement une liqueur brûlante (l'ortie) qui cause de vives douleurs aux animaux.

CHAPITRE III.

FONCTION DE NUTRITION.

La *nutrition* est cette importante fonction par laquelle le végétal puise autour de lui, soit dans la terre, soit dans l'eau ou dans l'air, les substances dont il a besoin pour croître et se développer, en même temps qu'il se débarrasse des débris usés de ses organes et des matériaux qui ne peuvent rester en lui sans danger.

La *sève* est le principal agent de cette fonction, en servant de véhicule aux matières nutritives venues du dehors, et aux débris organiques qui doivent être rejetés ; elle est par conséquent pour le végétal ce que le sang est pour les animaux.

On voit par là que la nutrition végétale, de même que celle des animaux, n'est pas une fonction simple : c'est une réunion de plusieurs fonctions secondaires, dont les principales sont : l'*absorption*, l'*élaboration*, l'*assimilation*, la *respiration* et la *transpiration*.

§ I. — De l'absorption.

Les racines, les feuilles, et toute la surface extérieure de la plante, sont criblées d'une multitude innombrable de pores ou petits orifices, continuellement ouverts et doués de la faculté d'attirer à eux et de faire entrer dans le corps du végétal, les fluides aériens ou liquides qui les environnent. Mais ces pores n'absorbent pas au hasard tout ce qui se présente à eux. Doués d'une espèce de sensibilité délicate, ils distinguent, au milieu des substances dans lesquelles ils sont plongés, celles qui peuvent leur être utiles ou nuisibles, pour admettre les unes et repousser les autres. Que dis-je? les parties du végétal où ces organes sont en plus grand nombre, ont une sorte d'instinct qui les porte à se diriger du côté où les sucs bienfaisants se trouvent en abondance. C'est ainsi qu'on voit les racines traverser des rochers et des terrains arides, pour gagner une terre riche en sucs nourriciers. De même les feuilles placées dans un endroit obscur se tournent toujours du côté d'où vient la lumière, parce que l'action de ses rayons est indispensable, pour qu'elles puissent absorber les gaz nécessaires à la vie de la plante.

La force absorbante est plus énergique tantôt dans les racines, tantôt dans les feuilles. L'arrête-bœuf et le chiendent végètent avec vigueur, quoiqu'on leur ait enlevé tout leur feuillage; ce qui prouve que la racine leur suffit pour vivre; tandis que les diverses espèces de *palmiers* vivent très-bien dans de petites caisses, qui ne contiennent que quelques pieds cubes de terre, et périssent dès qu'on leur coupe la touffe de feuilles qui couronne leur tige; d'où l'on peut conclure que c'est principalement par ces dernières que s'opère leur absorption. Il en est de même de la plupart des plantes marines; leur racines, qui sont très-petites, sont implantées dans des rochers, sur lesquels elles ne peuvent puiser aucune nourriture; et cependant elles ont des tiges de mille à quinze cents pieds de long, qui ne sauraient tirer leurs aliments que de l'eau dans laquelle elles sont plongées. (*Voyez* tome 1, p. 25 et suivantes).

§ II.— *De l'élaboration.—La sève.*

A mesure que les pores absorbent les sucs nutritifs, ceux-ci sont mêlés avec la sève et sont transportés avec elle dans toutes les parties de la plante. Dans ce mouvement, qu'on peut regarder comme analogue à la circulation animale, la sève acquiert les propriétés nécessaires au but qu'elle doit remplir. On remarque en effet que ce liquide est différent, selon qu'il est nouvellement absorbé ou élaboré par la circulation. Dans le premier cas, il est presque entièrement semblable à de l'eau, qui contiendrait une petite quantité de matières sucrées ou salines; dans le second, la proportion du liquide est considérablement diminuée et se trouve remplacée par des parties solides, de nature variable, mais toujours éminemment propres à la nutrition. Aussi distingue-t-on deux sortes de *sèves*, de même que deux espèces de sang : la sève *ascendante* encore imparfaite, qui est analogue au sang veineux des animaux, et la sève *descendante* ou *latex*, qui est plus élaborée, et qui correspond au sang artériel par ses propriétés nutritives.

Le mouvement de la *sève* est presque entièrement subordonné à l'influence des saisons. A-peu-près nul en hiver, il devient très-rapide au printemps, se ralentit pendant l'été, pour reprendre un peu d'énergie en automne. Deux causes paraissent surtout déterminer ce mouvement : ce sont la chaleur et l'électricité ; il est en effet constant que la végétation n'est jamais plus active, que par les *temps* qu'on appelle *lourds* ; et ces temps sont tous caractérisés par une forte élévation de température et par des orages, dont l'électricité est la principale, sinon l'unique cause.

§ III. — *De l'assimilation.*

Lorsque la sève a été suffisamment élaborée et qu'elle a pris les caractères de la *sève descendante*, elle se trouve propre à réparer les pertes du végétal, et à produire des sucs particuliers qui varient selon l'espèce de plante, et dont la destination, quelquefois incertaine, est cependant ordinairement assez bien déterminée ; tels sont la *résine* des pins, des sapins, etc. ; le *lait* du figuier, de l'euphorbe, etc. ; la *manne* du frêne, la *gomme* des pêchers, des abricotiers, etc. Alors, par un mouvement rétrograde qui lui a fait donner le nom de *sève descendante*, ce liquide va aux divers organes, leur fournit les matériaux nécessaires à leur développement, et détermine ainsi l'augmentation en volume des différentes parties du végétal ; ou bien il se rend aux *glandes* dans lesquelles il change complètement de nature et se transforme en *gomme*, *manne* et autres produits dont nous avons parlé.

Si l'on veut se convaincre de la réalité du mouvement descendant de la sève, il suffit de faire à un tronc ou à une branche une ligature un peu serrée. On verra, peu de temps après, un bourrelet se former au-dessus d'elle, tandis que la partie inférieure n'augmentera en aucune manière ; ce qui prouve que le liquide a été arrêté dans son mouvement descendant, et s'est accumulé au-dessus de l'obstacle qui s'opposait à son passage.

§ IV.—*De la respiration.*

Les plantes comme les animaux *respirent*; c'est-à-dire qu'elles enlèvent à l'atmosphère une certaine quantité de ses principes constitutifs, pour se les approprier et pour les faire servir à leur nutrition. Les rapports de cette fonction, dans ces deux sortes d'êtres organisés, sont d'autant plus frappants que, chez les uns et chez les autres, il y a également absorption de gaz oxigène.

Les organes de la respiration végétale sont, comme chez les insectes, des *trachées* élastiques, qui portent l'air dans toutes les parties du corps, pour le mettre en contact avec la sève et la rendre propre à être assimilée. Pour que le fluide atmosphérique puisse être introduit dans l'intérieur du végétal, les trachées s'ouvrent au dehors par des *stomates* ou pores, qui sont très-nombreux partout, mais surtout à la face inférieure des feuilles; aussi est-ce principalement par ces dernières, que s'opère la respiration des plantes; néanmoins la tige, les fleurs, les fruits et même les racines ne sont pas étrangères à cette fonction.

On conçoit que la respiration végétale et animale réunies auraient depuis long-temps épuisé l'atmosphère de tout l'oxygène qu'elle contient, si en même temps qu'elle perd de ce gaz par cette opération, elle n'en regagnait par une autre; aussi remarque-t-on qu'indépendamment de l'absorption respiratoire, les plantes en ont une seconde, par laquelle elles s'emparent de l'acide carbonique, qui se dégage dans la respiration animale. Cet acide, décomposé dans l'intérieur du végétal, se sépare en ses deux éléments, dont l'un (le *carbone*) se mêle avec la sève pour la rendre plus nutritive, tandis que le second (l'*oxygène*) est rejeté au dehors et se répand de nouveau dans l'atmosphère. Il suffit, pour que cette décomposition se fasse, que la plante soit soumise à l'action de la lumière, car on observe qu'elle n'a pas lieu dans l'obscurité.

C'est ainsi que la respiration animale et l'absorption de l'acide carbonique par les végétaux, tout en puisant dans l'atmosphère les matériaux nécessaires à la nutrition des êtres organisés, n'altèrent pas sa composition naturelle, et la conservent dans l'état de pureté indispensable à l'entretien des corps vivants.

§ V. — *De la transpiration.*

La *transpiration*, comme la respiration, est commune à tous les êtres organisés. Les plantes, aussi bien que les animaux, ont toutes les parties extérieures de leurs corps percées de pores, par lesquels s'échappent continuellement des gaz ou des liquides de nature variable.

Quand la *transpiration* est peu considérable, elle demeure *insensible*; mais pour peu que la quantité en augmente, elle forme à la surface des feuilles, qui sont les principaux organes de cette fonction, des gouttelettes plus ou moins volumineuses, qu'on rencontre le matin sur les feuilles de plusieurs végétaux, et qu'on désigne sous le nom de *rosée*. La preuve qu'elles proviennent de la plante et non de l'atmosphère, c'est qu'elles se forment, lors même qu'on place le végétal sous une cloche de verre qui ne contient pas la moindre humidité, et qu'on recouvre la terre où il est planté d'une plaque de plomb.

Mais les plantes ne rejettent pas seulement de l'eau; elles exhalent souvent des fluides plus ou moins épais, susceptibles de se condenser à l'air ou de s'y évaporer. Les gommes, les résines, la manne, l'opium, le suc de l'érable à sucre, les huiles fixes, etc., sont dans le premier cas; les différentes espèces d'huiles volatiles sont dans le second. Ces diverses espèces de transpirations, qu'on désigne sous le nom particulier d'*excrétions*, s'opèrent spécialement par les feuilles et par la tige; mais les racines en sont également susceptibles, et c'est par ces exhalations des racines, qu'on explique la sympathie et l'antipathie que certaines plantes ont les unes pour les autres. On sait combien la scabieuse nuit au lin, le charbon hémorrhoïdal à l'avoine, etc.

CHAPITRE IV.

ORGANES DE LA REPRODUCTION.

La nature, qui parvient à plusieurs fins par la même voie, a voulu que la racine et la tige, tout en conservant leur destination propre, qui est de servir à la nutrition, pussent en même temps concourir à la reproduction. Nous voyons en effet tous les jours qu'un rameau détaché de la tige à laquelle il tenait, ou même simplement courbé vers le sol et recouvert de terre, y prend racine, produit des bourgeons, des feuilles, des fleurs et des fruits, en un mot devient une plante parfaitement semblable à celle qui lui a donné naissance.

Voilà donc un premier mode de reproduction propre aux végétaux, mode que les jardiniers imitent journellement, pour multiplier certaines plantes difficiles à obtenir par un autre procédé. Il consiste à incliner légèrement une jeune branche, et à l'entourer de terre à sa base, ce qui constitue le *marcottage*; ou à détacher un rameau pour le planter en terre, procédé qu'on désigne sous le nom de *bouture*.

La première de ces méthodes peut s'appliquer à toute sorte de végétaux vasculaires, l'œillet, le groseiller, la vigne, etc., tandis que la seconde ne s'emploie que pour ceux qui ont le bois blanc et léger, tels que le peuplier, le tilleul, le saule, etc.

Un second mode de reproduction très-commun, c'est celui qui se fait par les racines. Nous avons en effet remarqué que ces organes ont à leur surface de petits bourgeons, comme les tiges; et ces bourgeons, en se développant, produisent des tiges et par conséquent des plantes semblables à celle dont elles proviennent. Le cerisier, l'abricotier, l'ail, la pomme de terre, etc., sont dans ce cas. C'est même presque exclusivement de cette manière que l'on multiplie cette dernière.

Mais le mode le plus commun, le plus général que la nature emploie pour reproduire la plante, est sans contredit la fructification, fonction dont les organes sont désignés sous le nom collectif de *fleur*, dont nous allons maintenant parler en détail.

De la fleur en général.

Le Créateur a réuni dans cette partie de la plante tout ce qui peut flatter la vue : l'élégance, la délicatesse et la variété dans la forme, la magnificence et l'éclat dans les couleurs. Aussi les anciens, uniquement frappés de sa beauté, n'avaient vu en elle qu'une parure pour le végétal, et étaient loin de soupçonner sous cette riche enveloppe l'existence des organes reproducteurs du végétal. Cependant l'observation vint dessiller les yeux. En examinant attentivement la fleur, on vit qu'au centre de cet organe, il existait des parties moins éclatantes dont l'usage était inconnu. L'expérience ne tarda pas à dévoiler le mystère, et l'on vit avec étonnement que ces parties, qui étaient restées jusqu'alors inaperçues, ou que du moins on avait regardées comme inutiles, étaient dans la réa-

lité les seules véritablement importantes , et qu'elles étaient
destinées à reproduire et à multiplier le végétal , tandis que
celles qu'on avait cru constituer à elles seules la fleur , n'en
furent plus qu'un accessoire , utile seulement pour protéger
les parties essentielles. Dès-lors la majeure partie des plantes
qu'on avait cru jusqu'alors être privées de fleurs, parce qu'elles
n'avaient point d'enveloppe colorée , furent examinées avec
plus de soin et reconnues pour avoir des organes reproducteurs , quoique privées de toute espèce de parure. On distin-
gua donc deux sortes d'organes dans la fleur ; les organes de
la fructification , qui sont les seuls indispensables, et les organes protecteurs , qui , sans être aussi nécessaires , sont cependant extrêmement utiles , puisqu'il est peu de plantes qui
en soient complètement dépourvues.

A ces deux sortes d'organes reproducteurs, que la plupart
des végétaux possèdent, il faut en ajouter quelques autres dont
l'existence est beaucoup moins constante , et qui par conséquent ne sont que d'une utilité secondaire pour la reproduction ; ainsi il y a trois sortes d'organes reproducteurs ; les uns
sont essentiels et indispensables , ce sont les *organes sexuels* ;
les autres, quoique très-utiles, ne servent qu'à protéger les premiers ; on les appelle collectivement *périanthe* ou mieux *périgone* ; et les troisièmes ne sont qu'accessoires et manquent
dans un très-grand nombre de plantes , ce sont les *nectaires*.
Mais quelque différents que soient ces organes sous le rapport
de leurs fonctions , on remarque qu'ils sont toujours disposés
circulairement sur un axe central , autour duquel ils forment
des *verticilles* composées d'un plus ou moins grand nombre de
pièces ; et ils doivent être regardés comme de simples transformations de feuilles.

§ I. — *Organes sexuels de la plante.*

Les *organes sexuels* sont généralement placés à l'extrémité
d'une petite tige ou *pédoncule*, qui se termine à cet effet par
un renflement ou évasement auquel on donne le nom de *réceptacle*. Ces organes sont de deux sortes : l'un appelé *pistil*, dans lequel se forment et se développent les germes ou les
graines ; et l'autre, auquel on donne le nom d'*étamine*, qui renferme une poussière fine (le *pollen*), dont l'influence est indispensable au développement des germes contenus dans le pistil.

Ces deux organes sont ordinairement réunis dans la même

fleur, qui est alors *hermaphrodite* ; mais il arrive assez souvent que le pistil se trouve placé sur une fleur, tandis que l'étamine est renfermée dans une autre. Ces fleurs sont alors dites *unisexuées*. Mais outre cette dénomination commune, on appelle encore celle qui contient le pistil, fleur *femelle* ; et celle où se trouve l'étamine, fleur *mâle*.

Il n'est pas rare que la fleur mâle et la fleur femelle d'un végétal soit placées sur un même pied différent, dans le chanvre, par exemple ; la plante est alors *dioïque* ; d'autres fois, au contraire, les deux fleurs sont placées sur le même pied, comme dans le melon, la citrouille, etc.; et la plante est dite *monoïque*.

Après cet exposé préliminaire, nous allons parler successivement du pistil et de l'étamine.

1° *Du pistil.* Quand on examine une fleur, on aperçoit ordinairement à son centre une ou quelquefois plusieurs petites éminences, presque toujours surmontées d'une aigrette effilée, avec un petit évasement à son extrémité (pl. XL., fig. 2 b et 4 a) ; c'est le *pistil.*

Cet organe se compose le plus souvent de trois parties : l'*ovaire*, le *style* et le *stygmate*.

La première est généralement ovale, et présente une cavité intérieure, qui renferme les germes du fruit, et qui, par son développement, produit la graine : c'est la partie vraiment essentielle du pistil (fig. 4 a c).

On distingue deux sortes d'ovaires, d'après leur position relativement à l'enveloppe florale. Lorsque celle-ci le recouvre en totalité de manière à le rendre invisible, à moins d'enlever cette enveloppe, comme dans le safran (pl. XLI, fig. 2 c o), on dit que l'ovaire est *infère* ou *adhérent* ; il est, au contraire, *libre* ou *supère*, lorsque l'enveloppe s'attache au-dessous de de lui, de manière qu'on l'aperçoit sans effeuiller la fleur, comme dans le lis, l'aloès (pl. XLI, fig. 3 b o).

La considération de la cavité de l'ovaire a donné lieu à une autre division de cet organe ; ainsi il est *uniloculaire*, *biloculaire*, *triloculaire*, *quadriloculaire*, *multiloculaire*, selon que sa cavité est simple, ou divisée en deux, trois, quatre ou plusieurs compartiments. D'après le nombre des germes contenus dans l'ovaire, on dit aussi qu'il est *monosperme*, *disperme*, *tétrasperme* ou *polysperme*, quand il y a une, deux, quatre ou plusieurs graines.

La seconde partie du pistil est le *style*, ou cette aigrette

dont nous avons parlé et qui surmonte l'ovaire (pl. XL, fig.
b) : c'est un canal de longueur variable, destiné à transmettre
le pollen fécondant à l'ovaire. Ce canal est quelquefois si court,
qu'on a de la peine à le voir (lb. fig. 4 a), tandis que dans
certaines fleurs, comme le lis, le safran, etc., il a plusieurs
pouces de longueur (pl. XLI, fig. e 8).

Le style est toujours terminé par un petit évasement, que l'on
appelle *stigmate* (e). Cette troisième partie du pistil, qui n'est
point essentiellement distincte de son support, est destinée à
recevoir le pollen, et à le faire passer, par le moyen du style,
jusqu'au germe de l'ovaire.

2° *De l'étamine.* Dans l'immense majorité des fleurs, on voit
s'élever à côté ou autour du pistil un ou plusieurs filaments
déliés, qui forment comme une espèce de couronne autour de
lui (pl. XXXVIII, fig. 1, 2, 3 a, 4 a), ce sont des *étamines.*

Toute étamine se compose de deux parties : d'un *filet* ou support, qui est plus ou moins long ; et d'une *anthère*, espèce de
poche membraneuse qui renferme le *pollen*, ou poussière fécon-
dante.

La manière dont les étamines naissent du réceptacle par
rapport au pistil et au périgone, se nomme leur *insertion*, et
cette insertion peut se faire de trois manières différentes : elle
est *hypogynique*, quand ces organes naissent de dessous l'o-
vaire, comme dans l'aloès, la moutarde, l'œillet, la mélisse,
etc.; on la reconnaît aisément en ce qu'on peut enlever le périgone sans toucher aux étamines. L'insertion est *périgynique*,
lorsque les étamines sont attachées au calice, autour du pistil,
comme dans le rosier, le palmier, le colchique d'automne ou
safran bâtard, etc.; enfin elle est *épigynique* toutes les fois
que les étamines naissent de l'ovaire, qui dès lors est nécessairement infère (la giroflée, le romarin, la pomme de terre,
la douce-amère).

La connaissance de l'insertion des étamines est extrêmement
importante, en ce qu'elle sert de base à la classification des
plantes.

§ II. — *Du périgone ou périanthe.*

Quoique les organes sexuels soient la partie vraiment essentielle de la fleur, ce serait une erreur de croire que le *périgone*
est absolument inutile : cette enveloppe est si nécessaire, ou du
moins si utile, qu'il n'est presque pas de plantes qui en soient

entièrement dépourvues. Sans doute elle n'a pas dans toutes les fleurs cette légèreté et cet éclat que nous admirons dans la rose, la tulipe, le camélia, la reine-marguerite, etc. ; mais dans presque toutes, les organes de la fructification sont protégés par un périanthe plus ou moins développé et souvent multiple.

Le *périgone* est tantôt entier et composé d'une seule pièce ; il est dit *monophylle*, comme dans la campanule, la belle de nuit, etc. ; tantôt au contraire il est formé de plusieurs pièces, et par conséquent *polyphylle*, comme nous le voyons dans la renoncule, le pavot, etc.

Cette partie de la fleur varie presque dans chaque plante. Elle est quelquefois simple et unique, comme dans la tulipe, le lis ; elle porte alors le nom de *calice* ; mais le plus souvent elle est double et, dans ce cas, la partie extérieure s'appelle *calice*, et l'intérieure *corolle*. Dans quelques végétaux la nature a même ajouté une troisième partie, que l'on appelle *involucre*, quand elle forme une espèce de collerette autour de la fleur, comme dans la carotte, et *spathe*, lorsqu'elle enveloppe la fleur dans sa totalité, comme dans le narcisse, le dattier (pl. XLI, fig. 4).

1° *Du calice.* Quoique le *calice* soit quelquefois orné des plus riches couleurs et du plus brillant éclat, surtout lorsqu'il est en contact immédiat avec les organes sexuels, comme dans la tulipe et le lis, le plus souvent néanmoins, principalement lorsque le périgone est double, il est privé de ces agréments qui charment nos regards. Aussi est-il regardé moins comme un ornement que comme une enveloppe protectrice pour les organes de la fructification. Sa structure membraneuse et résistante, la place qu'il occupe à la partie la plus extérieure de la fleur, tout annonce en lui cette destination. Ce qui la confirme, c'est que le *calice* se fane et tombe, dès que ces organes ont été remplacés par le fruit : il n'y a que peu d'exceptions à cette loi.

Pour remplir ce but de la nature, cette enveloppe est ordinairement composée de plusieurs *sépales* ou feuilles qui se repliant avec facilité les unes sur les autres, forment au pistil et aux étamines un rempart impénétrable aux injures de l'air ; et lorsqu'il est tout d'une pièce, on remarque que sa partie supérieure est découpée en *lobes* ou lambeaux qui se croisent et se recouvrent comme dans le cas précédent, tandis que l'inférieure forme un tube serré, également propre à remplir le même objet (pl. XLI, fig. 3).

On distingue ordinairement trois parties dans le *calice*, (pl. XLI, fig. 2 c) : le *tube*, ou portion rétrécie (c), qui s'étend depuis son origine jusqu'à la partie évasée ; le *limbe* ou portion évasée (aaaa) et l'*orifice* ou *gorge* (b) qui sépare le limbe du tube.

Les lobes du limbe sont en nombre variable dans la plupart des plantes. Lorsque les découpures ne vont pas jusqu'au réceptacle, le calice est dit *monosépale* (la menthe, le jasmin), et quand elles y parviennent, on l'appelle *polysépale* (le pavot, la renoncule). D'après le nombre des feuilles ou des divisions du calice, celui-ci est *disépale*, *trisépale*, *tétrasépale*, *pentasépale*, etc., ou *bifide*, *trifide*, *quadrifide*, *quinquifide*, etc.

Chaque sépale du calice est composée d'une *lame* et d'un *onglet*. L'onglet est cette partie plus ou moins rétrécie, par laquelle la feuille adhère au réceptacle; il forme le tube du calice par son union avec ceux des sépales adjacents. La *lame* est la portion large et étalée qui le termine supérieurement.

Par rapport à la manière dont le calice s'insère au réceptacle, on dit qu'il est *infère*, quand il s'attache au-dessous de l'ovaire, comme dans le lis, et *supère*, quand il s'insère au-dessus, comme dans le narcisse.

2. *De la corolle.* Le nom de *corolle* vient de *corona*, et lui a été donné, parce qu'elle forme autour du pistil et des étamines une couronne qui embellit et protége la fleur. Destinée à être en contact immédiat avec les frêles organes de la fructification, son tissu devait être plus fin et plus délicat que celui du calice. Cependant elle n'est pas dénuée d'un certain degré de force ; aussi la nature semble-t-elle avoir cherché, en la formant, à montrer jusqu'à quel point elle était capable d'allier la délicatesse à la solidité. Et avec quel succès ne l'a-t-elle pas prouvé? La grâce du port, la légèreté des formes, la richesse et la variété des couleurs, la suavité des parfums, la délicatesse et la force du tissu; telles sont les qualités qu'elle a réunies dans l'enveloppe coronale. Comme le calice, la *corolle* peut être composée d'une ou de plusieurs pièces appelées *pétales* ; dans le premier cas, elle est *monopétale*, et dans le second, *polypétale* ; car chacune de ces pièces se nomme *pétale*.

La corolle monopétale est *bifide*, *trifide*, *quadrifide*, ou *quinquifide*, selon que son limbe est partagé en deux, trois, quatre ou cinq parties. La polypétale est dite *dipétale*, *tripétale*, *tétrapétale*, *pentapétale*, d'après le nombre de ses feuilles. Il faut remarquer que l'on peut rendre quelquefois les *pétales* d'une fleur plus nombreux qu'ils ne le sont naturellement ; c'est ce qui a lieu pour les fleurs doubles, dans lesquelles les étamines se trouvent transformées en pétales. Dans ce cas il ne faut pas compter les pétales additionnels, on ne doit avoir égard qu'à ceux que la fleur a naturellement. On distingue les fleurs doubles des fleurs naturelles, en ce que celles-ci ont des étamines, tandis que les autres en sont privées, ou en ont moins qu'elles ne doivent en avoir.

La forme des fleurs et leur disposition sur la tige, ont donné lieu à d'importantes divisions de cet organe.

A. On dit qu'une corolle est *régulière*, lorsque tous ses pétales sont semblables ou que toutes ses divisions sont égales, comme dans le lis, la rose ; dans le cas contraire, elle est *irrégulière*, comme dans la gueule de loup, la sauge, etc. Lorsque la corolle régulière a la forme d'une clochette ou d'un entonnoir, elle est *campanulée* ou *infundibuliforme*. Imite-t-elle les rayons d'une roue? on l'appelle *rotacée*, si elle est monopétale, et *rosacée*, si elle est composée de plusieurs pièces. On la nomme encore *cruciforme*, quand elle est formée de quatre pétales opposés en croix, comme dans la girofiée, la moutarde, et *caryophyllée*, lorsqu'elle est pentapétale et munie d'un long tube, comme dans l'œillet. La corolle irrégulière peut être *labée*, *personnée* ou *papilionacée*. La première est partagée transversalement en deux divisions ou *lèvres*, l'une supérieure et l'autre inférieure, comme dans la mélisse. Dans la corolle *personnée*, la division supérieure forme une espèce de capuchon, comme dans la gueule de loup. Quant à la *papilionacée* (pl. XXXVIII, fig. 6), elle se compose de cinq pétales ; l'un supérieur, large et étalé sur les quatre autres, qui s'appelle *étendard* (A) ; deux moyens nommés *ailes* (B) ; et deux inférieurs réunis et renfermant les organes reproducteurs ; c'est la *carène* (C) (le genêt, le pois de senteur).

B. On donne le nom d'*inflorescence* à la disposition des fleurs sur leur tige ; rien n'est plus variable que cette disposition. Elles sont verticillées, lorsqu'elles forment autour du pédoncule une espèce de couronne. Si elles y sont éparses sans ordre, elles forment une *panicule* ou une *grappe*, selon que le pédoncule particulier de chaque fleur est plus ou moins long ; dans le marronnier d'Inde c'est une grappe, dans le maïs c'est une panicule. La panicule et la grappe prennent le nom particulier de *chaton*, lorsqu'ils ne portent que des fleurs écailleuses et unisexuées (le noisetier, le noyer, etc.) ; d'*épi*, lors-

que les fleurs sont complètes (le plantain, le blé, le maïs, etc.);
et de *spadice*, lorsqu'elle est entourée d'une spathe (l'arum).
Enfin on appelle *ombelle* cette disposition des fleurs qui, partant d'un même point de la tige, s'élèvent à la même hauteur,
de manière à imiter une ombrelle. Les plantes qui présentent
cette sorte d'inflorescence sont dites *ombellifères*, telles sont
la carotte, le cerfeuil, etc.

§ III.—*Des nectaires*.

Le nom de *nectaires* ne fut d'abord donné qu'aux glandes
qui, dans beaucoup de fleurs, distillent une liqueur mielleuse
comparée au nectar. Dans la suite, Linné étendit ce nom à tous
les organes floraux, autres que ceux que nous venons de décrire; tels sont la *couronne* du narcisse, l'*éperon* du pied d'a-
louette et de la capucine, les *cornets* de l'ancolie, et quelques
autres parties analogues qui ne peuvent être regardées comme
sépales, pétales, étamines ou pistils. Les naturalistes modernes,
cherchant à ramener le mot *nectaire* à sa signification primitive,
ne l'appliquent plus qu'aux amas de glandes nectarifères, qui se
font remarquer sur le réceptale de certaines plantes. Ils pensent
avec raison que les autres parties auxquelles on donnait le nom
de nectaires, ne sont que des appendices de certains organes ou
des organes entiers, mais arrêtés dans leur développement.

CHAPITRE V.

DE LA REPRODUCTION.

Cette importante fonction se compose de quatre actes principaux : la *déhiscence*, la *fécondation*, la *fructification* et la *germination*.

1° La *déhiscence*. Tant que l'hiver dure encore, le bouton
floral reste engourdi; mais dès que les premières chaleurs du
printemps lui ont fait sentir leur action vivifiante, le suc séveux entre en mouvement et va ranimer la vie dans tous les
organes de la plante. Le bouton, partie éminemment tendre
et délicate, est le premier à sentir son influence; il grossit, se
développe et découvre à l'œil enchanté ces riches pétales auparavant cachés sous l'enveloppe calicinale. La *déhiscence* ou
épanouissement de la fleur n'a pas lieu à la même époque pour
toutes les plantes; quoiqu'on puisse dire en général qu'elle se
fait dans le cours du printemps ou au commencement de l'été,
elle offre néanmoins assez d'exceptions, pour qu'on ait pu,
d'après l'époque de la floraison, composer le *Calendrier de*

Flore, c'est-à-dire la distinction des mois de l'année marquée par l'épanouissement des fleurs. Quant à l'heure du jour où la déhiscence a lieu, on peut la placer, pour l'immense majorité des végétaux, vers le lever du soleil; cependant il existe assez d'exceptions, pour qu'on ait pu faire aussi l'*Horloge de Flore*, ou la distinction des heures du jour marquée par l'épanouissement de certaines fleurs.

Il ne faudrait pourtant pas ajouter trop de foi à ce calendrier ni à cette horloge; tant de circonstances peuvent hâter ou retarder l'épanouissement des fleurs, qu'on serait très-souvent induit en erreur.

2e *Fécondation.* Dès que, par la floraison, le pistil et les étamines ont acquis le développement nécessaire, l'anthère s'ouvre et laisse échapper le pollen qui va féconder l'ovaire. Cette fécondation n'a pas besoin, pour avoir lieu, que l'étamine soit placée à côté du pistil; le pollen peut se transmettre par les courans d'air ou d'eau, à des distances de deux cents lieues et même davantage; au point qu'on serait tenté de révoquer en doute la vérité du fait, s'il n'était attesté par les observations les plus exactes. On peut même l'opérer artificiellement, comme cela se pratique en Arabie pour les dattiers, plantes dioïques dont on féconde les ovaires en suspendant au sommet des plus hauts, un bouquet de fleurs chargées de pollen, que le vent disperse sur toutes les fleurs femelles.

Un autre phénomène non moins curieux de la fécondation, c'est la manière dont elle a lieu pour les plantes qui vivent sous l'eau. Comme le pollen, substance huileuse, ne peut se mêler à ce liquide ni par conséquent se porter de l'anthère à l'ovaire, les végétaux aquatiques s'élèvent, à l'époque de la fécondation, à la surface de l'eau, où ils restent jusqu'à l'accomplissement de cette fonction, et se replongent ensuite dans leur élément pour y mûrir le fruit. Dans la vallisnère, par exemple, plante qui vit au fond de l'eau, le pédoncule des fleurs femelles, qui est ordinairement roulé en spirale, s'allonge jusqu'à ce que les corolles soient hors de l'eau, où elles demeurent jusqu'à ce que la fécondation soit opérée. Immédiatement après, la spirale se reforme et la fleur redescend au fond du liquide, où les fruits parviennent à une parfaite maturité.

3e *Fructification.* Après la fécondation de la fleur, les pétales se fanent et tombent; l'ovaire, au contraire, prend plus de vigueur, se gonfle, se remplit d'une matière liquide d'abord, mais qui acquiert ensuite plus de consistance, jusqu'à ce qu'enfin elle se trouve changée en *fruit.*

Du fruit (pl. XXXVII ter.).

Tout fruit se compose essentiellement de deux parties : le *péricarpe*, qui n'est autre chose que la paroi de l'ovaire, ou, si l'on aime mieux, l'enveloppe de la graine, et la *graine* elle-même, qui contient le germe de la nouvelle plante.

Mais il faut remarquer à l'égard du *péricarpe*, qu'il est quelquefois si mince qu'on ne peut pas le distinguer de la graine; c'est ce qui a lieu dans le blé, la carotte, la lavande, etc. D'autres fois, au contraire, il est extrêmement épais, comme la pêche, la prune, etc. Cependant on peut presque toujours y distinguer trois parties, une membrane ou enveloppe extérieure nommée *épicarpe*, une autre membrane interne, qui est en contact avec la graine et qu'on appelle *endocarpe*, et enfin une partie parenchymateuse placée entre ces deux enveloppes, dite *sarcocarpe* ou *mésocarpe*. Ces parties sont on ne peut plus distinctes, dans la pêche, la cerise, etc. Ainsi la peau veloutée qui recouvre la première est son *épicarpe*, la portion charnue que l'on mange est le *sarcocarpe* ou *mésocarpe*, et enfin la coque ligneuse qui entoure l'amande est l'*endocarpe*.

La cavité du *péricarpe* peut être simple ou multiple ; le fruit peut donc être, comme l'ovaire, uniloculaire ou multiloculaire, et, d'après le nombre de ces cavités, biloculaire, triloculaire, quadriloculaire, quinquiloculaire, etc.

Cette cavité ou *loge*, ou chacune de ces loges, peuvent contenir un nombre de graines fixe ou indéterminé ; elles peuvent donc être *monospermes*, *dispermes*, *trispermes*, *tétraspermes* ou *polyspermes*, selon qu'elles contiennent une, deux, trois, quatre ou plusieurs graines.

Quant à la *graine* elle-même, elle tient toujours au péricarpe par le moyen d'un appendice plus ou moins long, appelé *placenta* ou mieux *trophosperme*, mot grec qui veut dire *nourricier de la graine*. On distingue constamment deux parties dans la *graine*, une enveloppe extérieure l'*épisperme* et l'*amande* qui comprend en même temps l'*embryon* ou germe, et le *périsperme* ou *endosperme*, qui doit être la première nourriture de l'embryon. L'amande est tantôt simple, comme dans le blé, et tantôt divisée en deux parties appelées *cotylédons*, comme dans le haricot ; dans le premier cas la graine et l'embryon sont *monocotylédonés*, et dans le second ils sont *dicotylédonés*. L'embryon lui-même est composé de deux parties : la *tigelle* ou germe de la tige, et la *radicule* ou germe de la racine.

On distingue trois sortes de fruits : les *fruits simples*, les *fruits multiples* et les *fruits composés*. On appelle *fruits sim-*

ples ceux qui proviennent d'un seul ovaire et d'une seule fleur
(la pêche, la cerise, la poire, etc.); *fruits multiples* ceux qui
proviennent de plusieurs ovaires renfermés dans une même
fleur (les fruits de la clématite, de la renoncule, etc.); et *fruits
composés* ceux qui proviennent de plusieurs ovaires et de plusieurs fleurs distinctes (la mûre, l'ananas, le cône du pin, etc.).

Du reste, à quelque catégorie que se rapportent les fruits,
ils peuvent être *secs*, tels que le blé, le gland, la gousse, ou
charnus, comme la prune, l'amande, le melon, etc. Il y en
a aussi de *déhiscents*, qui s'ouvrent naturellement sans déchi-
rure du péricarpe, tels que les fruits du haricot, du pavot, etc.,
et d'*indéhiscents*, qui ne peuvent s'ouvrir qu'en déchirant leur
péricarpe; enfin ils peuvent aussi être *monospermes*, *dispermes*, *trispermes*, *tétraspermes*, *pentaspermes* et *polyspermes*,
selon qu'ils renferment une, deux, trois, quatre, cinq ou plusieurs graines.

La section des fruits simples est de beaucoup la plus nombreuse, et a dû être divisée en fruits secs et en fruits charnus;
et les fruits secs eux-mêmes ont été subdivisés en fruits capsulaires ou déhiscents, et en fruits indéhiscents. De-là, la division
générale des fruits en cinq catégories : 1° *fruits secs déhiscents
ou capsulaires*, 2° *fruits indéhiscents*, 3° *fruits charnus*, 4°
fruits multiples, 5° *fruits composés*.

FRUITS CAPSULAIRES. —Les principales espèces des fruits secs
et déhiscents sont la *silique* (fig. 5 b), qui est composée de deux
valves allongées, dont les deux bords sont garnis de graines ; la
silicule (fig. 5 c), qui est une silique à-peu-près aussi large que
longue ; la *gousse* (fig. 5 a), qui ne diffère de la silique, qu'en ce
que ses valves ne portent de graines que d'un seul côté; la *pyxide*
ou *boîte à savonnette*, qui est ordinairement globuleuse, et qui
s'ouvre par une scissure circulaire, et deux valves hémisphéri-
ques superposées ; la *capsule*, qui désigne collectivement toutes
les autres espèces de fruits secs déhiscents.

FRUITS INDÉHISCENTS. —Les principales espèces de fruits indéhiscents sont la *caryopse*, dont le péricarpe est intimement
uni avec la graine, comme dans le blé; l'*akène*, dans laquelle
la graine est bien distincte du péricarpe, comme dans le soleil ; la *samare*, qui est coriace, très-comprimée, ayant d'une à
cinq loges, et offrant des prolongements latéraux, comme dans
l'orme, l'érable, etc. ; et le *gland*, qui est généralement plus
gros que l'akène, et qui de plus est renfermé en totalité ou en
partie dans une enveloppe formée par le calice ou le réceptacle
de la fleur, comme dans le gland, la noisette, etc. (fig. 5 d).

FRUITS CHARNUS.—Parmi les fruits charnus nous distinguerons la *drupe*, qui renferme un seul noyau intérieur (la prune, la pêche) ; la *noix* qui ne diffère de la précédente que parce que la portion charnue est moins épaisse et n'est pas bonne à manger (l'amande) ; la *péponide*, qui est propre aux citrouilles, melons et autres fruits analogues ; la *baie*, qui comprend les fruits charnus à plusieurs noyaux, appelés pepins, disséminés dans sa substance (le raisin, la groseille, les tomates).

FRUITS MULTIPLES.—Sous ce nom on désigne tous les fruits qui résultent de la réunion de plusieurs pistils renfermés dans une même fleur : à cette section se rapportent la *mélonide* ou fruit charnu, renfermant plusieurs graines, et terminé par une petite couronne formée par les sépales, comme la poire, la nèfle, etc.; et le *syncarpe*, qui désigne collectivement tous les fruits multiples.

FRUITS COMPOSÉS.—Ce sont ceux qui sont formés par la réunion de pistils appartenant à des fleurs différentes. De ce nombre est le *cône* ou *strobile*, qui résulte de l'agglomération de plusieurs syncarpes secs, disposés en forme de cône, comme dans le pin, le sapin, etc.

Dès que le fruit est parvenu à sa maturité, il s'ouvre pour laisser sortir les graines qu'il renferme ; quelquefois même les valves élastiques dont il est composé, les lancent avec force à des distances assez considérables. Dans tous les cas, elles sont disséminées par les vents et par les eaux.

C'est ici le lieu de parler de la prodigieuse fécondité de certains végétaux. On aurait peine à croire, si le fait n'était pas prouvé, qu'un seul pied de pavot puisse porter jusqu'à trente-deux mille graines, et un pied de tabac trois cent soixante mille. On conçoit que, si la plupart de ces graines n'étaient détruites, soit par les animaux, soit par le défaut de terre végétale, une seule de ces plantes aurait bientôt envahi toute la surface de la terre.

4° *Germination*. Dès que la graine est tombée en terre, elle est bientôt recouverte, soit par les pluies, soit par les vents ; et si elle se trouve dans des conditions favorables, c'est-à-dire exposée à l'eau et à une chaleur de dix à cinquante degrés, et soustraite à l'influence de la lumière, elle s'imbibe et se gonfle peu à peu. Bientôt le péricarpe se rompt : la radicule et la tigelle prennent de l'accroissement, et laissent voir à la surface du sol deux petites feuilles appelées *séminales*, ordinairement différentes de celles qui se montreront plus tard. Le terme moyen de cet apparition est de sept ou huit jours ; mais il est certaines plantes qui germent bien plus vite, comme le blé, qui

n'a besoin que de trente-six heures, tandis que le rosier, le pêcher, etc., demandent jusqu'à deux ans. Il paraît qu'une dissolution de chlore dans l'eau hâte beaucoup la germination. Des
graines arrosées avec ce liquide ont germé dans quelques heures.

CHAPITRE VI.

CLASSIFICATION DES PLANTES.

La multitude des plantes, dont le nombre s'élève à plus de
soixante mille, et la simplicité de leur organisation, rend la
classification de ces êtres encore plus difficile que celles des animaux. Pour établir entre elles des différences caractéristiques,
il a fallu en analyser toutes les parties, en étudier tous les organes ; et, en combinant les rapports de ces organes et de
ces parties, on est parvenu à des résultats beaucoup plus satisfaisants que ceux qu'on avait obtenus, en basant la division
des végétaux que sur un seul organe ou une seule partie.

Tournefort, français, qui vivait à la fin du XVII⁰ siècle, fut
le premier qui chercha à classer méthodiquement les plantes,
en prenant pour base de leur division la consistance herbacée
ou ligneuse de leur tige, et la forme ou l'absence de leur corolle,
ou plutôt du périgone. D'après cette simple considération, il
distribua toutes les plantes connues de son temps en vingt-deux
classes dont voici le tableau :

Système de Tournefort.

Tige	Division	Corolle	Pétales	Régularité	Forme	Famille
Herbes à fleurs	pétalées	simples (Corolle)	monopétale	régulière	en cloche...	Campaniformes.
					en entonnoir...	Infundibuliformes.
				irrégulière	en masque...	Personnées.
					à deux lèvres...	Labiées.
			polypétale	régulière	cruciforme...	Crucifères.
					en roue...	Rotacées.
					en ombelle...	Ombellifères.
					tubulée et en roue...	Caryophyllées.
					à 6 divisions...	Liliacées.
				irrégulière	papilionacée	Légumineuses.
					anomale ou indéterminée...	Anomales.
		composées			des demi-fleurons...	Demi-flosculeuses.
					des fleurons...	Flosculeuses.
					des fleurons et demi-fleurons...	Radiées.
					avec organes sexuels...	A pétales à étamine.
	apétales	sans organes sexuels			avec feuilles...	Apétales avec feuilles sans étamines.
					sans feuilles...	A pétales sans feuilles ni étamines.
Arbres à fleurs	apétales				non disposées en chaton...	A pétales vraies.
					disposées en chaton...	Amentacées.
					monopétales...	Monopétales.
	pétalées	polypétales			régulières...	Rosacées.
					irrégulières...	Papilionacées.

Cette classification, toute imparfaite qu'elle est, a pourtant servi à former un grand nombre de groupes bien naturels ; les labiées, les crucifères, les liliacées, les ombellifères, les papilionacées, etc., ne renferment que des plantes parfaitement semblables, et que personne ne songera jamais à séparer ; cependant, comme toutes ces réunions ne sont pas également heureuses, plusieurs botanistes cherchèrent depuis à trouver une autre division ; mais leurs efforts furent inutiles jusqu'à ce que Linné, naturaliste suédois, qui vivait du temps de Buffon, établit son système sur la présence, l'absence, le nombre des étamines et des pistils. Il forma ainsi vingt-quatre classes.

Les plantes sans organes sexuels constituent sa vingt-quatrième classe, qu'il appelle *cryptogamie*; tels sont les champignons, les mousses.

Toutes les autres ont des pistils et des étamines distincts; mais les unes sont hermaphrodites, et les autres unisexuées.

Les plantes unisexuées se divisent en trois classes qui sont la vingt-et-unième, la vingt-deuxième, et la vingt-troisième. La *monoécie* comprend les plantes monoïques (le melon, le noyer); la *dioécie*, les dioïques (le chanvre); et la *polygamie*, celles qui ont des fleurs unisexuées et hermaphrodites en même temps (le frêne, la pariétaire).

Les plantes hermaphrodites ont les étamines parfaitement libres, ou soudées soit avec le pistil, soit entre elles ; celles qui ont leurs étamines soudées avec le pistil, constituent la vingtième classe, la *gynandrie*, à laquelle appartiennent l'orchis, le cypripède, etc.

Quand les étamines sont soudées entre elles, elles le sont par leurs anthères ou par leurs filets; quand elles le sont par leurs anthères, les plantes sont dites *syngénèses* et forment la dix-neuvième classe, la *syngénésie* (la violette); si elles ont les étamines soudées par leurs filets, elles forment trois classes, la seizième, la dix-septième et la dix-huitième, appelées *monadelphie*, *diadelphie*, *polyadelphie*. Dans la *monadelphie*, les filets sont unis en un seul paquet, comme dans la mauve, la guimauve, etc.; dans la *diadelphie*, ils forment deux paquets, comme dans l'acacia et la plupart des légumineuses; dans la *polyadelphie*, ils en forment trois et même davantage, comme dans l'oranger.

Les plantes hermaphrodites à étamines libres ont été subdivisées d'après la grandeur relative des étamines, qui peuvent être égales ou inégales. Quand les étamines sont inégales et qu'il y en a six, deux plus petites et quatre plus grandes, les plantes sont *tétradynames*, telles sont la moutarde, la giroflée, et tous les crucifères qui composent la quinzième classe ou *tétradynamie*; quand, au contraire, il ne s'en trouve que quatre, deux grandes et deux petites, les plantes sont *didynames*; telles sont la mélisse, la digitale, et toutes les labiées qui forment la quatorzième classe ou *didynamie*.

Les plantes hermaphrodites à étamines égales ont plus ou moins de onze étamines. Quand il y en a de vingt à cent avec insertion hypogynique, c'est la treizième classe ou *polyandrie*; tels sont la renoncule, l'anémone, le pavot, etc. S'il y en a plus de vingt à insertion périgynique ou épigynique, c'est la douzième classe ou *icosandrie*, comme dans le prunier, le pêcher, le myrte, etc. Quand il s'en trouve de onze à vingt, comme dans le réséda, la joubarbe, c'est la onzième classe ou la *dodécandrie*, etc.

Quant au dix premières classes, elles sont caractérisées par le nombre de leurs étamines; il y en a une dans la première, deux dans la seconde, trois dans la troisième, etc. On les appelle la première : *monandrie* (balisier, gingembre)); la deuxième, *diandrie* (le jasmin, la sauge); la troisième, *triandrie* (l'iris, le blé); la quatrième, *tétrandrie* (la garance, la scabieuse); la cinquième, *pentandrie* (la pomme de terre, la ciguë); la sixième, *hexandrie* (le lis, la tulipe); la septième, *heptandrie* (le marronier d'Inde); la huitième, *octandrie* (la patience, le blé sarrasin); la neuvième, *ennéandrie* (le laurier, la rhubarbe), et la dixième, *décandrie* (l'œillet, la rue).

Voici le tableau analytique et comparatif de ces 24 classes :

Système de Linné.

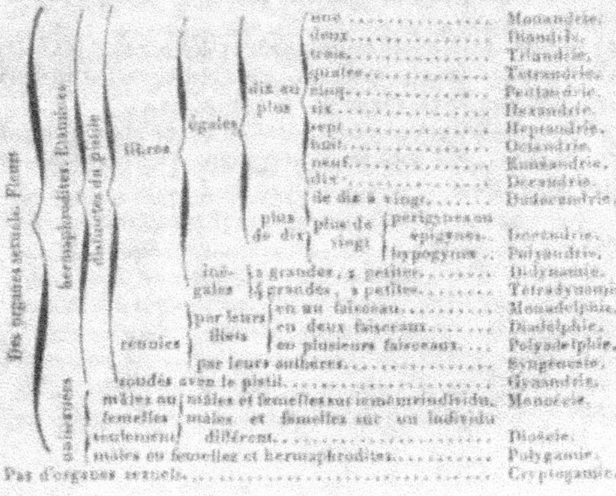

une				Monandrie.
deux				Diandrie.
trois				Triandrie.
quatre				Tétrandrie.
cinq				Pentandrie.
six				Hexandrie.
sept				Heptandrie.
huit				Octandrie.
neuf				Ennéandrie.
dix				Décandrie.
de dix à vingt				Dodécandrie.
plus de vingt	périgynes ou épigynes			Icosandrie.
	hypogynes			Polyandrie.
2 grandes, 2 petites				Didynamie.
4 grandes, 2 petites				Tétradynamie.
par leurs filets	en un faisceau			Monadelphie.
	en deux faisceaux			Diadelphie.
	en plusieurs faisceaux			Polyadelphie.
par leurs anthères				Syngénésie.
soudés avec le pistil				Gynandrie.
mâles et femelles sur un même individu				Monoécie.
mâles et femelles sur un individu seulement différent				Dioécie.
mâles ou femelles et hermaphrodites				Polygamie.
Pas d'organes sexuels				Cryptogamie.

Cette classification, extrêmement simple et facile à retenir, a été pendant long-temps la seule suivie ; elle est même encore en vogue dans beaucoup de pays, surtout en Allemagne, en Angleterre, et en général dans tout le nord de l'Europe ; mais on lui reproche avec raison de réunir souvent, dans un même groupe, des plantes disparates, et de placer dans des groupes différents des espèces très-ressemblantes. De plus, il arrive souvent que l'avortement ou la perte de quelques étamines rend la place de certains végétaux incertaine. Ces considérations engagèrent un naturaliste français du dernier siècle, *Laurent de Jussieu*, à chercher une nouvelle méthode. Pour la rendre aussi parfaite que possible, il ne se contenta pas de comparer un seul organe de la plante ; il les examina tous, la racine, la tige, le fruit, la corolle, le calice, l'étamine, le pistil ; il n'oublia rien ; et, à force de travaux et d'essais, il jeta les fondements de la meilleure classification que l'on connaisse, en ce qu'elle rapproche les plantes semblables et sépare celles qui n'ont point de rapports. Comme c'est la méthode que nous suivons ici, à quelques légères modifications près, il n'est pas nécessaire que nous la développions davantage ; elle s'expliquera naturellement par les détails dans lesquels nous allons entrer.

On divise d'abord les plantes en trois embranchements : les *dicotylédones*, les *monocotylédones* et les *acotylédones*.

1° Les *dicotylédones* se reconnaissent en ce qu'elles ont constamment des organes sexuels et la graine divisible en deux parties ou cotylédon ; tels sont le haricot, l'oranger, la citrouille, etc.

2° Les *monocotylédones* ont également des organes sexuels ; mais leur graine forme un tout homogène et indivisible en deux parties ; tels sont le blé, le maïs, le dattier, etc.

3° Les *acotylédones* se distinguent en ce qu'elles n'ont ni fleurs, ni fruits ; tels sont les champignons, les mousses, et les fougères, etc.

PLANTES DICOTYLÉDONES.

Quoique la graine des *dicotylédones* soit généralement formée de deux parties ou cotylédons, il arrive assez souvent qu'on y en trouve un plus grand nombre, deux, trois, quatre et jusqu'à dix. Mais ce n'est pas seulement par la structure composée de cette partie et par la présence constante d'organes sexuels, que les *dicotylédones* se distinguent des autres végétaux, toute leur organisation est différente ; leurs fleurs, leurs feuilles, leurs racines et surtout leur tige offrent des particularités qui n'appartiennent qu'aux plantes de cet embranchement. Leur périgone est ordinairement à cinq divisions, leurs étamines au nombre de cinq, dix, quinze, etc. Leurs feuilles ont pour base une côte centrale, à nervures latérales entrecroisées dans tous les sens en forme de réseau. Leurs racines ont presque toujours un corps distinct garni d'un chevelu généralement abondant. Mais c'est surtout dans leur tige que résident les caractères les plus différentiels. C'est toujours un *tronc* de forme conique, le plus souvent ramifié à une certaine hauteur et présentant une structure particulière. Il est constamment formé de plusieurs couches concentriques, semblables à des cônes ou cornets emboîtés les uns dans les autres et plus ou moins intimement soudés ensemble (pl. 37 ter. fig. 6, a).

On y distingue trois parties parfaitement distinctes : le *canal médullaire*, les *couches ligneuses* et l'*écorce*.

Le *canal médullaire* est une espèce d'étui central formé par les couches les plus intérieures du bois, et renfermant la *moelle* ou cette substance légère et spongieuse si remarquable dans le sureau, l'osier, le saule, etc. On ne connaît pas positivement quels sont les usages de cette matière, mais on pense qu'elle sert au développement et à l'accroissement du végétal.

Les *couches ligneuses*, avons-nous dit, sont formées par des cônes emboîtés les uns dans les autres et soudés ensemble de manière à former un tout solide. Le nombre de ces cônes est d'autant plus nombreux que le végétal est plus vieux ; et, comme il s'en forme un tous les ans, on peut, par la seule inspection de la tige, déterminer l'âge d'une plante ligneuse. Il faut remarquer que la dureté des couches ligneuses est d'autant plus considérable qu'elles sont plus intérieures; par conséquent celles qui forment les parois du canal médullaire sont les plus dures, et celles qui avoisinent l'écorce sont au contraire les plus tendres; celles-ci portent le nom d'*aubier*, tandis que les plus centrales constituent le *bois*. Mais il faut observer, à cet égard, que le passage de l'une à l'autre de ces substances étant graduel, rien n'est plus difficile à déterminer que la ligne de démarcation entre le bois et l'aubier.

L'*écorce* est formée, comme le bois et l'aubier, de plusieurs couches superposées qui ne diffèrent des leurs que par une consistance moindre; encore faut-il observer que les couches intérieures de l'écorce, que l'on nomme *liber*, sont à peu près aussi dures que celles de l'aubier; les plus superficielles sont seules évidemment inférieures en consistance. La *cuticule* qui, ainsi que nous l'avons dit, remplace l'épiderme des animaux, recouvre le tout pour le garantir du contact de l'air atmosphérique, C'est une membrane extrêmement mince, transparente et inextensible qui se fendille par l'effet de la croissance végétale, et qui tombe et se régénère avec la plus grande facilité. Comme toutes les matières que la plante secrète ne peuvent se faire jour au dehors qu'en traversant la cuticule, celle-ci est criblée de pores qui leur livrent passage, en même temps qu'ils servent à l'absorption et à l'introduction des substances nutritives.

Le mode d'accroissement des *dicotylédones* présente aussi des particularités qui ne se rencontrent pas dans les végétaux des deux embranchements suivants, et qui expliquent très-bien leur structure. C'est le *latex* qui opère ce développement. Ce fluide, en circulant dans les diverses parties de la plante, de la même manière que le sang circule dans l'intérieur des animaux, arrive dans l'intervalle qui sépare les couches ligneuses de l'écorce, c'est-à-dire entre l'*aubier* et le *liber*, et s'y dépose, selon quelques auteurs, en couches minces dont le principe fluide s'évapore, pour ne laisser que le principe solide, qui ne tarde pas à devenir partie aubier, partie liber. Selon d'autres botanistes plus modernes, ce sont l'aubier et le liber qui, s'emparant des matériaux contenus dans le cambium, en forment chacun une couche particulière qui se joint aux couches ligneuses et corticales déjà existantes. Quelle que soit celle de ces deux explications que l'on adopte, l'une et l'autre rendent parfaitement raison de l'accroissement du végétal en grosseur, mais n'expliquent pas l'accroissement en hauteur. Ce dernier s'opère par le développement du bourgeon terminal, qui grossit et s'allonge par suite de l'afflux de la sève dans les vaisseaux qui le composent.

L'embranchement des *dicotylédones* est le plus nombreux de la phytologie ; il comprend lui seul les cinq sixièmes des plantes connues, et se divise en quatre grandes classes : les *thalamiflores*, les *caliciflores*, les *corolliflores* et les *monochlamydées*.

1° La classe des *thalamiflores* se reconnaît à son périgone double et polyphylle, et à l'insertion de ses étamines, qui sont hypogynes, attachées au réceptacle, et sans adhérence avec l'enveloppe florale ni avec l'ovaire (la renoncule, le pavot).

2° Les *caliciflores* ont, comme les précédentes, le périgone double ; mais elles s'en distinguent en ce que les pièces du périgone sont à leur base plus ou moins soudées soit entre elles, soit avec les étamines ou avec l'ovaire (la campanule, le rosier).

3° Les *corolliflores* ont encore le périgone double ; mais il est monophylle, et les étamines naissent de la corolle, sur le tube de laquelle on aperçoit la trace de leurs filets (la bourrache, la primevère).

4° Chez les *monochlamydées*, le périgone est simple.

THALAMIFLORES.

Cette classe est une des plus intéressantes de la botanique, d'abord en ce qu'elle est une des plus nombreuses, et ensuite parce qu'elle renferme les plantes les plus remarquables par la beauté de leurs fleurs ; c'est à elle que le fleuriste et l'horticulteur empruntent celles qui font le plus bel ornement de leurs parterres. Nous y trouvons ces magnifiques magnoliers dont les corolles rivalisent, pour la grandeur, avec celles de nos soleils qu'elles surpassent en éclat et en variété ; nous lui devons ces élégants orangers dont les fleurs, moins riches en couleurs que les précédentes, l'emportent de beaucoup sur elles par la suavité de leur parfum. C'est aussi à elle qu'appartiennent ces hôtes des lacs et des étangs, les superbes nénuphars, qui étalent avec tant de grâce, à la surface de l'eau, leurs larges feuilles glacées et leurs pétales d'or, de lait ou d'azur. Les géraniums, les œillets, les anémones, les violettes, les roses-trémières avec leurs innombrables variétés, sont encore des ornements que lui ont empruntés nos jardins.

Mais si la nature s'est plu à orner ces végétaux d'une parure éclatante, elle ne leur a pas donné les propriétés utiles. A l'exception du lin, du coton, du raisin et du cacao, qu'elles fournissent à l'économie domestique, et du pavot, de la guimauve et d'un petit nombre d'autres plantes que la médecine leur doit, elles ne sont, pour ainsi dire, d'aucune utilité pour l'homme. Bien plus, un grand nombre d'entre elles produisent de violents poisons; l'aconit, la rue, le pavot et la plupart des renoncules sont aussi dangereuses pour la santé que les plantes les plus redoutables, par les principes délétères qu'elles contiennent.

Cette classe comprend environ cinquante familles dont quelques-unes sont très-peu considérables, et parmi lesquelles nous citerons les suivantes : les *renonculacées*, les *nymphéacées*, les *papavéracées*, les *crucifères*, les *caryophyllées*, les *malvacées*, les *hespéridées* et les *ampélidées*.

Iᵉ *Famille.* — Renonculacées (pl. XXXVIII).

Cette grande famille se compose de plantes herbacées ou d'arbrisseaux grimpants, dont les feuilles, le plus souvent découpées sur leurs bords, sont constamment alternes, excepté dans le genre clématite. Leur périgone, toujours régulier et polyphylle, entoure des étamines libres et indéfinies (en nombre indéterminé), et des ovaires nombreux auxquels succède un fruit sec et composé, tantôt monosperme, tantôt polysperme.

Les fleurs des *renonculacées* sont généralement régulières, et recherchées des jardiniers par la beauté de leur coloris ; souvent même elles offrent des appendices singuliers, qui masquent la forme de la fleur et la font paraître irrégulière, sans cependant lui rien ôter de sa beauté ; tels sont les cornets de l'ancolie, et l'éperon de la dauphinelle ou pied d'alouette.

Toutes ces plantes contiennent un principe âcre qui réside dans toutes leurs parties, mais principalement dans la racine ; elles sont par conséquent dangereuses ; aussi, malgré la beauté de leurs corolles, la nature a répandu sur leurs feuilles une teinte noirâtre et une odeur nauséabonde, qui nous engagent à nous en défier. Cependant on peut leur ôter leur poison, en les faisant cuire dans l'eau ; le principe vénéneux qu'elles renferment étant soluble dans ce liquide, leur est enlevé par la cuisson.

Parmi les genres nombreux qui forment la famille des *renonculacées*, nous citerons, comme plantes d'agrément, les *anémones*, les *pivoines*, les *adonides*, les *dauphinelles* ou *pieds-d'alouette*, les *ancolies*, les *renoncules* (fig. 1), dont le *bouton d'or* des champs est une espèce, les *clématites*, dont les tiges grimpantes couvrent de si jolis berceaux, etc.

Parmi les *renonculacées*, que leurs poisons rendent dangereuses, nous pouvons nommer la *clématite brûlante*, qui a été surnommée l'*herbe aux gueux*, parce que les mendiants s'en servent pour faire venir des plaies aux jambes, ou pour donner un aspect plus repoussant à celles qu'ils y ont déjà. La *renoncule scélérate* n'est pas moins caustique, puisqu'on s'en sert quelquefois pour établir des vésicatoires. L'*aconit* est si vénéneux, qu'on en a surnommé une espèce *tue-loup*, à cause de l'activité de son poison ; enfin l'*hellébore*, si célèbre autrefois par la propriété qu'on lui attribuait de guérir la folie, appartient encore à cette famille.

II* *Famille.* — Nymphéacées.

Les *nymphéacées* ont, comme les précédentes, les étamines et les ovaires nombreux ; mais leur périgone est toujours composé d'un plus grand nombre de pièces, tandis que les renonculacées n'ont jamais plus de six pétales, ceux-ci forment autour des organes sexuels des plantes dont nous parlons, plusieurs verticilles concentriques. D'ailleurs, les renonculacées sont toujours terrestres, quelquefois même recherchent les lieux secs, tandis que les *nymphéacées* ne croissent qu'au sein des eaux, le plus souvent profondes, à la surface desquelles elles viennent étaler leurs larges feuilles arrondies ou découpées en forme de cœur, ainsi que leurs corolles bleues, roses, jaunes ou blanches. Quand on voit ces fleurs magnifiques dans tout leur éclat, on n'ose plus blâmer la folie des anciens Egyptiens, qui en avaient fait un des objets de leur culte.

Cette famille peu nombreuse pourrait ne faire qu'un seul genre, qu'on a cependant divisé en trois : le *nélombo*, le *nymphéa* et le *nénuphar*. Le premier, qui est très-abondant sur le Nil, est remarquable par la grosseur de ses racines charnues, qui fournissent une espèce de farine assez nourrissante, et qu'on vend journellement sur les marchés de Damiette.

III* *Famille.* — Papavéracées (pl. XXXVIII).

Les *papavéracées* ont les étamines généralement nombreuses ; mais elles n'ont qu'un seul ovaire. Leurs pétales sont toujours en nombre pair et peu considérable, tandis qu'ils sont ordinairement impairs chez les renonculacées et très-nombreux chez les nymphéacées ; leur calice n'est composé que de deux sépales, qui tombent dès que la fleur s'épanouit, tandis qu'il est persistant dans les deux familles précédentes.

Ce sont des plantes herbacées ou de petits arbrisseaux à feuilles alternes et découpées, dont toutes les parties contiennent un suc laiteux, jaune ou rouge, susceptible de se condenser par son exposition à l'air, et jouissant de propriétés plus ou moins narcotiques. Leur fruit est une capsule ou boîte sèche, de forme ovale ou allongée, comme celui du pois ou haricot, et renfermant une très-grande quantité de graines.

Le genre le plus intéressant de la famille des *papavéracées* est le Pavot (*papaver*) (*fig.* 2), qui lui a donné son nom, et dont une espèce (le *pavot somnifère*) est fort cultivée dans le Levant, où l'on fait un usage immodéré du suc qu'elle produit et qu'on appelle *opium*. Comme la loi de Mahomet interdit aux Turcs l'usage des liqueurs spiritueuses, ils y suppléent par des décoctions de cette substance, qui leur procure une douce ivresse et une aimable gaîté, tandis qu'elle est pour nous un poison violent, dont quelques grains suffisent pour nous donner la mort.

Malgré cela, l'*opium* est un des médicaments les plus précieux; donné à propos et à une dose convenable, il calme les douleurs et procure aux malades un sommeil réparateur. Le meilleur *opium* est celui qu'on recueille en Orient par l'incision des capsules du pavot; celui qu'on obtient, en pressant les diverses parties de la plante, est bien inférieur en qualité.

On cultive également en France le *pavot somnifère*; mais, quoiqu'on l'emploie comme calmant, il est beaucoup moins usité pour cet usage que celui du Levant. Son principal produit est sa graine, qui, bien loin de partager les qualités narcotiques des autres parties de la plante, peut être employée comme aliment, ainsi que le prouvent les épithètes de *cereale* (consacré à Cérès) et de *escum* (nourrissant) que Virgile donne au pavot. Mais ce n'est pas pour ses propriétés nutritives que l'on sème le pavot en France; c'est pour retirer de ses graines une huile très-connue dans le commerce, sous le nom d'*huile d'œillet* ou *d'aillette*, et fort usitée pour l'éclairage. Outre cette espèce, le genre *pavot* renferme encore le *coquelicot*, cette belle fleur rouge, si commune dans nos blés.

La Sanguinaire, dont le suc rouge sert aux sauvages d'Amérique pour se tatouer, et la Chélidoine ou l'*éclaire*, plante vénéneuse, fort commune le long des murs et dans les lieux abandonnés, appartiennent aussi à la famille des *papavéracées*.

IVe Famille. — CRUCIFÈRES (pl. XXXVIII).

La famille des *crucifères* est une de celles que la nature a distinguées par des caractères tellement saillants, qu'il est impossible de la confondre avec aucune autre; un périgone double, à quatre divisions opposées en croix, six étamines tétradynames (quatre plus grandes, deux plus petites), un ovaire supérieur et un fruit siliqueux (fig. 3), forment des caractères botaniques parfaitement tranchés, et que l'on ne trouve dans aucune autre famille végétale. Si on ajoute à cela une grande ressemblance dans les propriétés des plantes qui les composent, on verra que ce groupe est un des plus naturels, en même temps que c'est un des plus nombreux et des plus importants de la classe des thalamiflores.

Ce sont des végétaux herbacés, ou très-rarement de petits arbrisseaux à feuilles alternes et à fleurs petites, disposées en grappes, qui pour la plupart habitent les régions tempérées ou froides de l'ancien continent, surtout son côté occidental. Ils jouissent tous d'une saveur amère, astringente et excitante : propriétés qui les font employer fréquemment en médecine, à laquelle ils fournissent, entre autres médicaments, le vin et le sirop antiscorbutiques.

Quoique ces plantes aient les fleurs en général très-petites et peu agréables à l'œil, quand elles sont isolées, elles ne laissent pas de former quelquefois par leur réunion des bouquets assez jolis, et même des touffes d'un très-bel effet dans les plates-bandes ; telles sont la GIROFLÉE (*cheiranthus*), avec ses nombreuses espèces et variétés ; la JULIENNE (*hesperis*), avec ses belles panicules blanches ou lilas ; la CORBEILLE d'or (*alyssum*), ainsi nommée à cause de ses grosses touffes jaunes. Le *thlaspi* ou *taraspic*, la *lunaire* ou *monnaie du pape*, la *tourette*, etc., sont aussi des plantes d'agrément qui font l'ornement de nos jardins et de nos parterres.

Parmi les *crucifères* utiles à l'économie domestique, nous citerons la MOUTARDE (*sinapis*) (fig. 3), dont la graine fournit une farine si employée, soit comme assaisonnement, soit comme médicament ; les RAVES (*raphanus*), dont les *radis* ne sont que des variétés ; le CRESSON (*sysimbrium*), dont les feuilles et les tiges tendres sont si fréquemment mangées en salade.

C'est encore d'une plante de cette famille, le PASTEL (*isatis*), que la peinture retire le *guède* ou le *pastel*, couleur bleue d'un usage journalier.

Mais de tous ces végétaux, il n'en est aucun que l'on puisse comparer au CHOU (*brassica*), sous le rapport de l'utilité ; ce genre nombreux fournit cinq espèces à l'économie domestique : 1° le *chou cultivé*, dont les principales variétés sont le *chou pommé* et le *chou rouge* ; 2° le *chou-fleur*, dont le *brocoli* ou *chou de Bruxelles* est une variété ; 3° le *chou navet*, dont la racine charnue est si employée dans les cuisines ; 4° la *roquette* qu'on mange en salade; 3° le *colza*, auquel nous devons l'huile de ce nom.

Ire *Famille.* — CARYOPHYLÉES (pl. XXXVIII).

Les *caryophyllées*, sans être aussi faciles à caractériser que les crucifères, ont cependant un ensemble de caractères qui ne permet pas de les confondre avec aucune autre famille de la classe. Ce sont des plantes toutes herbacées, excepté quelquefois à leur base, dont la tige est noueuse et les feuilles opposées, entières et engaînantes. Leurs fleurs, toujours élégantes et quelquefois remarquables par leur beauté, se composent d'un calice à quatre ou cinq sépales, et d'une corolle aussi formée de quatre ou cinq divisions, comme le calice; les étamines sont en général en nombre égal ou double, et l'ovaire est unique, mais toujours surmonté de plusieurs styles. Quant au fruit, c'est presque toujours une capsule renfermant un grand nombre de petites graines.

Aucune *caryophyllée* ne se fait remarquer par des propriétés utiles ou nuisibles; la saponaire est la seule espèce dont on se serve quelquefois, pour nettoyer les tissus tachés par la graisse; encore ses qualités sont-elles si peu énergiques pour ôter les taches, qu'on a presque entièrement renoncé à son usage.

Cette famille est très-nombreuse en genres, et a été divisée en deux tribus : les *dianthées* et les *alsinées*.

Ire *Tribu.* — Dianthées.

Cette première tribu a pour type le genre *œillet*, appelé en latin *dianthus*; elle se distingue de la suivante en ce que ses fleurs sont toujours *tubulées*, c'est-à-dire qu'elles sont rétrécies à leur base et étalées à leur extrémité. C'est à cette tribu que se rapportent un grand nombre de plantes que les jardiniers cultivent pour l'ornement des parterres; tels sont l'OEILLET (*dianthus*) (fig. 4), dont les espèces et les variétés sont innombrables; le LYCHNIS (*lychnis*), dont l'espèce, appelée *croix de Jérusalem*, est si remarquable par l'éclat de ses fleurs écarlates; la COQUELOURDE (*agrostemme*), dont le nom scientifique est la traduction littérale de *couronne champêtre*, qui est son nom vulgaire; la SAPONAIRE (*saponaria*), dont nous avons parlé comme ayant les qualités du savon, etc.

II° Tribu. — Alsinées.

Dans cette tribu la corolle n'est jamais tubuleuse ; les pétales
en sont étalés et sans onglet. Les fleurs sont généralement plus
petites qu'aux espèces précédentes, mais elles ne sont ni moins
élégantes, ni moins bien colorées ; placées parmi les herbes des
champs, leurs tiges grêles et flexibles se perdent au milieu des
autres plantes, tandis que leurs corolles blanches, bleues, purpurines ou rosées, supportées sur un pédoncule aussi mince
qu'un fil, se détachent si bien de la verdure qui les environne,
qu'elles semblent comme suspendues dans les airs.

Les principales espèces de ce groupe sont : la STELLAIRE (*stel-
laria*), que ses cinq pétales étalés ont fait comparer à une étoile ;
la SABLINE (*arenaria*), qui tire son nom du séjour qu'elle fréquente de préférence, et dont nous avons près de trente espèces
en France ; l'ALSINE (*alsine*), jolie petite fleur des champs,
commune dans les blés, etc.

VI° Famille. — MALVACÉES (pl. XXXVIII).

Deux particularités principales caractérisent la famille des
malvacées, qui tire son nom du genre le plus anciennement
connu qu'elle renferme ; ce sont 1° des étamines nombreuses,
à filets réunis en un seul faisceau et à anthères uniloculaires ; et
2° des ovaires également nombreux auxquels succèdent des
fruits toujours verticillés ou disposés en couronne autour d'un
axe central. Quant au périgone, il est généralement pentaphylle, et rarement triphylle, et présente le plus souvent des couleurs agréables et toujours de formes régulières.

Les *malvacées* sont des végétaux tantôt herbacés, tantôt ligneux, à feuilles alternes et munies de deux stipules à leur
base. Aucune d'elle ne jouit de propriétés énergiques ; les sucs
qu'elles renferment sont généralement aqueux et mucilagineux :
ce qui les fait fréquemment employer en médecine comme adoucissantes.

Les principaux genres de cette famille sont la *mauve* et le
cotonnier.

Le genre MAUVE (*malva*) se compose de plantes herbacées,
qui ont un double calice dont l'extérieur est à trois divisions,
ce qui les sépare des guimauves, qui ont cet organe à six ou à
neuf découpures. C'est au reste la seule différence qui distin-

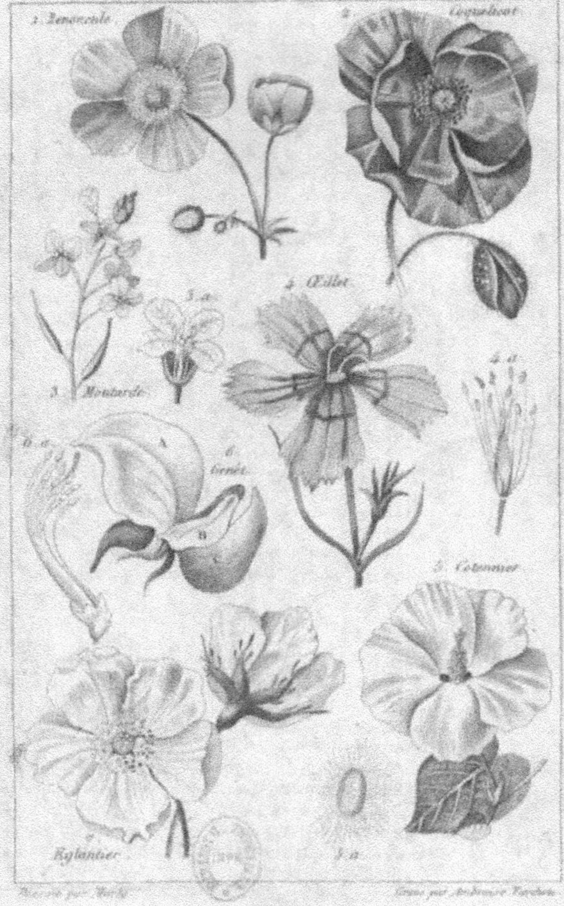

Dessiné par Maréchal.   Gravé par Ambroise Tardieu.

gue ces deux genres, dont les propriétés émollientes sont absolument semblables, et qu'on emploie assez indistinctement en
médecine dans toutes les maladies inflammatoires.

Une espèce de ce genre, dont certains auteurs font un genre
particulier, est souvent employée comme plante d'ornement, et
produit un très-bel effet dans les parterres, d'où elle élève à
une très-grande hauteur, sa tige couronnée de belles fleurs
rouges, jaunes, blanches ou panachées, dont la forme rappelle
celle de la rose ; ce qui a fait appeler ces plantes *roses-trémières ou passe-roses.*

Les Coronniers (*Gossypium*) (fig. 5) sont des herbes ou
des arbrisseaux très-analogues aux mauves par tous les caractères botaniques, et n'en diffèrent qu'en ce que leurs graines
sont enveloppées d'un duvet laineux fort épais, auquel on
donne le nom de *coton.* Les espèces qui fournissent cette substance, qui fait l'objet d'un commerce important, sont extrêmement nombreuses et répandues dans toutes les contrées méridionales de l'Asie et de l'Amérique. On en cultive aussi beaucoup en Grèce et dans l'Asie-Mineure. On a même essayé de
les acclimater en France ; mais soit défaut de précautions, soit
délicatesse de la plante, les efforts qu'on a faits sont demeurés
sans succès jusqu'ici, quoiqu'on n'ait pas entièrement renoncé
à cette tentative. A ces deux genres il faut joindre les Lava-
tères (*lavatera*), qui sont très-analogues aux mauves, mais
qui croissent plus au midi, et les Ketmies (*hibiscus*), dont une
espèce se cultive comme plante d'agrément.

VIIe Famille. — Hespéridées.

Les *hespéridées* ou *orangers* sont des arbres ou des arbrisseaux, à feuilles alternes et persistantes, qui contiennent un
grand nombre de petites glandes, remplies d'une huile volatile
très-inflammable. Leur périgone en forme de coupe, se compose d'un calice monosépale à trois ou cinq divisions et d'une
corolle polypétale, dont les feuilles sont en même nombre que
les divisions du calice. Les étamines sont très-variables ; quelquefois elles sont en nombre égal à celui des divisions du périgone, mais le plus souvent c'est le multiple de ce nombre ; si,
par exemple, il y a cinq pétales à la corolle, les étamines peuvent être au nombre de cinq, dix, quinze, vingt, etc. Quant
au fruit, il est généralement connu de tout le monde ; on sait

qu'il est charnu, abondamment rempli d'un suc limpide ou coloré, plus ou moins acide, et d'un usage très-répandu.

Tous ces arbres sont originaires des Indes-Orientales et de quelques îles de la mer du Sud, où ils reçoivent à grands flots les torrents de lumière, auxquels ils doivent le parfum suave, qui donne un si grand prix à leurs fleurs. C'est en effet par la distillation de leurs corolles que l'on obtient l'*eau de la fleur d'oranger*, dont l'emploi est si fréquent en médecine et dans l'économie domestique.

On élève depuis très-long-temps ces végétaux dans toutes les contrées méridionales de l'Europe, tant pour leurs fleurs que pour leurs fruits, qui font les unes et les autres, l'objet d'un commerce considérable ; l'Espagne, l'Italie, et tout le midi de la France en sont couverts. Dans le nord, ils ne peuvent venir que dans des serres, dites *orangeries*, et demeurent ordinairement petits.

Cette famille ne renferme que le genre CITRONNIER (*citrus*) que l'on a subdivisé en plusieurs sous-genres ; entre autres le *limonier*, l'*oranger* et le *pampelmoussier*, dont il est tant parlé dans le roman de *Paul et Virginie*.

VIIIe *Famille.* — AMPÉLIDÉES.

Les *ampélidées* ou *vignes* sont des arbrisseaux sarmenteux et flexibles, qui grimpent le long des troncs solides, en les embrassant au moyen de longues *vrilles* dont ils sont armés. Ces vrilles sont placées vis-à-vis des feuilles qui sont alternes et profondément échancrées. Les fleurs de ces végétaux sont toujours très-petites et sans éclat ; leur calice, comme leur corolle, est toujours à cinq divisions et protège cinq étamines libres et opposées aux pétales. Le fruit est tellement connu qu'il est inutile d'en parler ; chacun sait que c'est une baie globuleuse, très-pulpeuse, qui renferme une, deux, trois ou quatre graines ; jamais davantage.

Cette famille se compose de deux genres principaux les CISSUS (*cissus*), dont une espèce, la *vigne vierge*, est fréquemment employée pour couvrir les murs, sur lesquels elle forme une abondante et belle verdure ; et les VIGNES (*vitis*), dont l'espèce la plus intéressante est celle qui produit le vin.

C'est un arbrisseau ayant ordinairement deux ou trois pieds de haut, mais qui, en se soutenant sur quelque arbre élevé, peut atteindre à une hauteur de vingt-cinq et même trente pieds. Dans ce cas, son tronc devient très-souvent plus gros que la cuisse et aussi gros que le corps. Un seul peut produire plus de trois cents livres de raisins.

Ce fruit mangé frais, est un des meilleurs qui viennent naturellement en France ; écrasé, il fournit un jus abondant qui se transforme, par la fermentation, en *vin* ; et celui-ci distillé, forme les diverses espèces d'*eaux-de-vie* et l'*alcool* ou *esprit-de-vin*, dont les usages sont si répandus ; le dépôt qu'il laisse, soit dans les tonneaux où on le conserve, soit dans les alambics où on le distille, constitue le *tartre*, qu'on emploie fréquemment en médecine.

CALICIFLORES.

Cette classe, quoique extrêmement nombreuse, est très-facile à caractériser par son calice monoséphale, par son ovaire infère et par la soudure qui existe constamment entre les étamines et le périgone, tandis que les thalamiflores ont toutes les parties de la fleur distinctes et l'ovaire supère.

Dans la classe précédente, nous avons trouvé un grand nombre de plantes d'ornement, avec quelques espèces employées en médecine ou dans l'économie domestique. Dans celle des *caliciflores*, nous remarquerons un plus grand nombre d'espèces utiles à toutes les branches de l'industrie humaine. La médecine, la peinture, l'économie domestique, l'horticulture, la nautique, l'architecture, et presque tous les arts en retirent d'immenses avantages. La médecine leur doit les baumes de copahu, du Pérou et du Tolu, le quinquina, l'anis, la ciguë, la réglisse, etc. Le teinturier lui emprunte l'indigo, la garance, le campêche, le bois de Brésil, etc. Elle renferme un grand nombre d'arbres pour les constructions ordinaires et navales. Que dirons-nous des végétaux qu'elle produit pour notre usage et celui de nos bestiaux, et surtout pour la décoration de nos jardins et l'embellissement de nos parterres ? le pois, le haricot, la fève, la lentille, les jujubes, le café, tous les fruits à noyaux, les pommes, les poires, les fraises, les framboises, les groseilles, etc., sont autant de produits de cette intéressante classe. Quant aux plantes d'agrément, elles sont bien plus nombreuses dans ce groupe ; il comprend les campanules, les acacias, les pois de senteur, les haricots d'Espagne, le faux acacia, l'arbre de Judée, les myrtes odorants, les magnifiques cactiers, la scabieuse et surtout la rose, surnommée à si juste titre la *reine des fleurs*.

L'étendue de cette classe a forcé les naturalistes à la diviser en autant de familles que la précédente ; mais comme il serait trop long de les faire connaître toutes, et que d'ailleurs elles ne sont pas toutes également importantes, nous nous contenterons de citer les principales.

Iʳᵉ *Famille.* — TÉRÉBINTHACÉES.

La famille des *térébinthacées* ne renferme aucune plante indigène ; elle ne se compose que d'arbres ou d'arbrisseaux, à feuilles alternes et composées, qui croissent principalement dans les régions intertropicales et rarement dans les pays tempérés. On les reconnaît assez facilement à leur périgone régulier et triphylle ou pentaphylle, à leurs étamines périgyniques et en nombre égal ou double des divisions du calice, et à leur fruit quelquefois capsulaire et plus souvent drupacé.

Les végétaux compris dans cette famille attirent rarement les regards par la beauté ou par l'éclat de leurs fleurs, qui sont généralement petites et peu variées en couleurs, quoiquele plus souvent réunies en grappes ; mais la plupart d'entre eux sont remarquables par la nature résineuse ou balsamique des sucs qui découlent de leur écorce, et qu'on emploie fréquemment dans les arts et dans la médecine. D'autres, sans produire des résines, fournissent des produits à l'économie domestique ou des fruits d'un très-bon goût.

Les principaux genres des térébinthacées sont l'*anacardier* et le *pistachier.*

Les Anacardiers (*anacardium*) sont des arbres de l'Amérique Méridionale ou des Indes-Orientales, où ils se font admirer par la majesté de leur port et par l'élévation de leur taille, ainsi que par la beauté de leurs fleurs qui s'échappent en grappes de l'extrémité de leurs rameaux. On connaît trois espèces de ce genre : deux de l'ancien continent, dont les fruits en forme de cœur sont nommés *noix de marais,* et fournissent un vernis très-recherché à la Chine, et une du nouveau, qui est assez commune au Brésil. Cette dernière, qu'on appelle ordinairement *acajou,* est un arbre de moyenne grandeur qui joint à la beauté les qualités les plus utiles ; son bois blanc est employé pour la menuiserie et la charpente ; son écorce, quand on la fend, laisse exsuder une espèce de gomme roussâtre qui, mêlée à un peu d'eau, forme un vernis excellent pour enduire les meubles ; il leur donne un plus beau lustre, et les garantit en même temps des insectes et de l'humidité. Mais c'est surtout sa noix qui est utile ; elle produit une huile très-caustique qui sert, soit à marquer le linge, soit à détruire les excroissances de la peau, comme le font les acides concentrés ; un suc qui, dissous dans l'eau, lui communique un petit goût piquant et la transforme en une boisson agréable ; une amande qui est très-bonne à manger, mais qu'on ne peut extraire qu'en brûlant l'enveloppe.

Les Pistachiers (*pistacia*) sont tous des arbres étrangers, mais dont on a acclimaté trois espèces dans le midi de l'Europe, moins à cause de leur beauté que pour leurs qualités utiles. La première de ces espèces est le *pistachier franc* ou *cultivé* qui produit ces amandes vertes et embaumées, les *pistaches*, dont les usages sont si fréquents, soit dans l'art culinaire, soit dans celui du distillateur. La seconde espèce, le *térébinthe*, qu'on trouve plus au midi et surtout en Grèce et en Espagne, est plus utile que la précédente ; elle fournit, outre l'amande qui est aussi agréable que la pistache, une espèce de galle dont la teinture tire une belle couleur écarlate, et surtout une résine suave dont les Turcs font une grande consommation. Après l'avoir recueillie par des incisions faites sur l'écorce de l'arbre, on la purifie de toutes les matières étrangères et on la fait ensuite cuire. Elle porte le nom de *térébenthine de Chio* ou de *Venise*. Mâchée, elle rend l'haleine plus douce, nettoie et blanchit les dents, excite l'appétit, etc. Quant à la troisième espèce, le *lentisque*, elle produit, comme la précédente, une résine analogue qu'on appelle *mastic*. Elle est d'un usage continuel dans le sérail du Grand-Seigneur.

Outre ces deux genres, nous trouvons encore dans la famille des *térébinthacées* le Manguier (*mangifera*), arbre des Indes, dont les fruits sont délicieux ; le Sumac (*rhus*), dont les espèces très-nombreuses produisent le *sumac des corroyeurs*, qui sert à maroquiner les peaux de moutons, le *fustet*, qui donne une couleur orangée, le *vernis du Japon*, etc.; le Balsamier (*amyris*), qui fournit la *gomme élémi*, la *myrrhe* et le *baume de Judée* ; la Bosquellie (*boswellia*), d'où découle l'encens.

IIe Famille. — LÉGUMINEUSES (pl. XXXVIII)

La famille des *légumineuses* est une des plus naturelles de la classe des caliciflores ; une corolle généralement papilionacée, des étamines presque toujours au nombre de dix et réunies en faisceau par leurs filets, enfin une gousse pour fruit, tels sont les caractères qui distinguent ces végétaux, et auxquels on peut ajouter des feuilles alternes, le plus souvent composées, et garnies de stipules à leur base.

La forme de la fleur est tellement caractéristique qu'elle suffirait pour séparer cette famille de toutes les autres (fig. 6); elle se compose toujours de cinq pétales, dont le supérieur (A), appelé *étendard*, est étalé au-dessus des quatre autres qu'il est destiné à protéger; au-dessous et sur les côtés se trouvent les *ailes* (B) qui garantissent les deux pétales inférieurs (C); ceux-ci sont soudés en une espèce de tube, la *carène*, contenant les organes reproducteurs de la plante, qui sont ainsi défendus par un triple rempart.

A cette fleur succède une *gousse*, c'est-à-dire un fruit sec à deux valves, dans lequel les graines sont disposées longitudinalement sur la suture des valves. Les feuilles de tous ces végétaux présentent en général ces mouvements que l'on désigne sous le nom de *sommeil des plantes*, c'est-à-dire qu'elles changent de position, selon qu'elles sont exposées à la lumière solaire ou soustraites à son influence; la *sensitive* est surtout célèbre sous ce rapport.

Cette famille est, après celles des graminées et des rosacées, une des plus importantes et des plus utiles; elle renferme une immense quantité de plantes que leurs produits mettent au premier rang, parmi les espèces végétales nécessaires à l'homme. Elle en contient aussi un grand nombre, que les jardiniers fleuristes et paysagers recherchent pour la beauté de leurs fleurs, pour l'élégance de leur port ou pour la douceur de leur parfum.

On divise les légumineuses en deux tribus : les *papilionacées* et les *mimosées*.

Ire *Tribu*. — Papilionacées.

Dans cette tribu, la fleur est réellement *papilionacée*, c'est-à-dire que son aspect général rappelle la forme de l'insecte ailé de ce nom. Elle se compose de plantes presque toujours herbacées et annuelles, dont le fruit farineux sert de nourriture à l'homme et aux animaux domestiques. Quelques espèces vivaces ont cependant le fruit sec et ne contiennent rien de nutritif. Cette seule tribu comprend plus de soixante dix genres : le GENÊT (*genista*), dont certaines espèces ont été transplantées des plaines arides et incultes où elles croissent naturellement, jusque dans nos parcs et nos jardins, où leurs fleurs jaunes nous plaisent autant par leur beauté que par leur parfum;

le Cytise (*cytisus*), dont Virgile nous parle comme d'une plante recherchée par les chèvres :

> *Florentem cytisum et salices carpetis amaras;*

le Lupin (*lupinus*), dont les anciens faisaient usage comme aliment, mais dont on ne se sert aujourd'hui que comme médicament; la Bugrane (*ononis*), dont les racines sont assez fortes pour empêcher les bœufs de tracer leurs sillons dans les champs, ce qui leur a fait donner le nom d'*arrête-bœufs*; le Mélilot (*melilotus*), dont les fleurs adoucissantes sont fréquemment employées contre les inflammations des yeux; le Trèfle (*trifolium*), si connu comme fourrage; la Luzerne (*medicago*), qui n'est pas moins célèbre sous le même rapport; le Haricot (*phaseolus*), dont les espèces et les variétés fraîches ou sèches fournissent à l'homme un aliment très-usité; les Robiniers (*robinia*), arbrisseaux, qui sous le nom de *faux-acacias*, font l'ornement de nos bosquets; l'Astragale (*astragalus*), auquel nous devons la *gomme adragant*; la Réglisse (*glycyrrhiza*), qui fournit cette racine douce et sucrée qui porte son nom; le Pois (*pisum*), dont certaines espèces servent de nourriture, et les autres sont des plantes d'agrément; la Vesce (*vicia*), qu'on mêle quelquefois au blé pour augmenter la quantité du pain, mais qui sert plus souvent de fourrage; la Fève (*faba*) et la Lentille (*ervum*), qui sont d'un usage journalier; l'Indigotier (*indigotifera*), sur lequel nous allons donner quelques détails. C'est une plante, tantôt ligneuse, tantôt herbacée, qui croît naturellement dans les Indes-Orientales, et que l'on a transplantée en Amérique et surtout aux Antilles, à cause de l'*indigo*, qu'elle produit. Cette substance, d'un beau bleu, s'obtient par la macération et la fermentation des feuilles de la plante dans l'eau. On en distingue de deux sortes : l'une plus belle, c'est l'*indigo*, et l'autre plus commune, qu'on nomme *inde*.

IIe Tribu. — Mimosées.

Les mimosées tirent leur nom de *mimosa*, sensitive, qui est le genre le plus célèbre de cette tribu ; son caractère distinctif consiste dans la disposition de la fleur qui n'est jamais papilionacée, et affecte ordinairement une forme régulière. Ce groupe est beaucoup moins nombreux que le précédent.

Les principaux genres qu'il comprend sont d'abord la Sensitive (*mimosa*). C'est un des végétaux les plus curieux que l'on connaisse. Originaire des contrées intertropicales, on a cherché à l'acclimater en Europe, moins à cause de ses fleurs, qui, sans être désagréables, sont cependant loin d'être belles, que pour les mouvements qu'elle exécute sous l'influence des moindres causes. Un brin de paille que le vent agite, l'électricité de l'atmosphère, un nuage ou une ombre qui passe, suffisent pour lui faire fermer ses feuilles étalées; et elles restent ainsi closes jusqu'à ce que la cause qui a déterminé leur fermeture vienne se dissiper. Le *cachou*, substance médicamenteuse assez usitée, est un produit d'une espèce de mimosa, le *mimosa catechu*. Le second genre que nous citerons de la tribu des mimosées, c'est l'Acacia (*acacia*). C'est un des plus beaux arbres de la famille; son port élégant, ses fleurs parfumées, ses feuilles composées, l'ont fait admettre dans nos bosquets et dans nos allées. Dans les pays chauds où il croît naturellement, il atteint assez souvent une élévation qui permet de l'employer dans les constructions. Outre ce service l'*acacia* en rend encore un autre par la grande quantité de gomme qu'il fournit; elle est très-usitée en médecine sous le nom de *gomme arabique*; mais les Arabes en font un bien plus fréquent usage que nous, puisqu'elle leur sert de nourriture. Nous citerons encore de cette tribu la Casse (*cassia*), qui fournit à la médecine la substance de ce nom, ainsi que le séné; le Tamarinier (*tamarindus*), dont les gousses fournissent une pulpe légèrement laxative que l'on appelle *tamarin*; le Ben (*moringa*), plante indienne dont les graines contiennent une huile qui ne rancit pas en vieillissant; le Campêche (*hœmatoxylum*), grand arbre d'Amérique dont le bois sert à teindre en violet, en rouge, etc.

IIIᵉ Famille. — Rosacées (pl. XXXVIII).

C'est encore une de ces familles qui méritent l'attention du naturaliste autant par leur étendue et par la grande ressemblance des plantes qu'elles comprennent, que par la quantité des produits qu'elles nous fournissent. Les *rosacées* sont l'ornement de nos jardins et les délices de nos tables. C'est à cette famille que nous devons la reine des fleurs et les plus beaux fruits de nos vergers. Leurs caractères distinctifs (fig. 7) sont les suivants : un calice monosépale à cinq divisions, et quelquefois accompagné d'un involucre; une corolle étalée, pentapétale et rarement tétrapétale ou nulle; des étamines nombreuses, et plusieurs ovaires soudés entre eux ou avec le calice.

Ce sont des plantes herbacées ou ligneuses, dont les feuilles simples ou composées sont constamment alternes et garnies de stipules à leur base. On les divise en quatre tribus principales : les *amygdalées*, les *fragariées*, les *rosées*, et les *pomacées*.

Ire *Tribu*. — Amygdalées.

Honneur de nos jardins et de nos tables, les *amygdalées* fournissent le plus bel ornement de nos desserts : la pêche, la cerise, la prune, l'abricot, l'amande, en un mot tous les fruits à noyau.

Elles tirent leur nom d'*amygdalus*, amandier, qui en est le genre principal. On les reconnaît en ce qu'elles n'ont qu'un seul ovaire, auquel succède un fruit charnu à un seul noyau dur et ligneux. Les genres qu'elle comprend sont l'*amandier*, le *prunier* et le *cerisier*.

Le genre AMANDIER (*amygdalus*) se distingue en ce qu'il a le noyau profondément sillonné ou criblé de pores. Il renferme deux espèces principales, l'*amandier* et le *pêcher*. Le premier est un des plus beaux arbres de la tribu ; il joint à une taille élevée un port élégant et un excellent fruit ; il nous fournit les *amandes douces*, dont l'huile est si usitée dans la parfumerie et dans la pharmacie, et qui font la base des loochs, du sirop d'orgeat, de plusieurs pâtisseries, tandis que les *amandes amères* contiennent de l'acide prussique, le poison le plus violent que l'on connaisse, et dont quelques gouttes suffisent pour donner instantanément la mort. Quant au *pêcher*, il est assez joli, quoiqu'il ne soit jamais aussi grand que le précédent. Ce qui le fait rechercher, ce sont la beauté et la bonté de son fruit, qui est un des plus recherchés pour la table. On prétend qu'il est originaire de Perse, d'où il a été transporté dans nos pays depuis un temps immémorial.

Le genre PRUNIER (*prunus*) se reconnaît en ce qu'il a le noyau aplati et à peu près lisse ; tels sont le *prunier* et l'*abricotier*. Le premier est extrêmement répandu dans toute l'Europe, où l'on en cultive plusieurs variétés, dont les plus estimées sont la *prune de monsieur*, la *reine-claude*, le *damas violet*. On les mange fraîches, ou sèches sous le nom de *pruneaux*. Quant à l'*abricotier*, il est plus sensible au froid et ne produit pas d'aussi beaux fruits au nord qu'au midi.

Les Cerisiers (*cerasus*) ont pour caractère distinctif un noyau globuleux à surface unie, comme dans les pruniers. C'est le genre le plus nombreux de la tribu; il comprend près de trente espèces, dont les principales sont le *cerisier commun* et le *cerisier des oiseaux*. Le premier n'est pas seulement utile par son fruit, mais encore par son bois, qui, sous le nom de *merisier*, sert à faire de jolis meubles. Ses principales variétés sont l'*anglaise*, la *griotte*, ou *courte-queue*, la *guigne*, le *bigarreau* et la *merise*. Cette dernière n'est pas bonne à manger; mais elle sert à faire deux liqueurs très-célèbres, le *kirsch-wasser* et le *marasquin*. Le *cerisier des oiseaux* ne produit pas de fruits comestibles; mais il s'emploie pour orner les jardins; ses belles grappes rouges font l'effet le plus agréable parmi ses feuilles vertes et serrées.

IIe Tribu. — Fragariées.

Cette tribu, qui a pour type le *fraisier*, diffère de la précédente, en ce qu'elle a plusieurs ovaires qui se réunissent en mûrissant, pour former un seul tout; tels sont la *ronce* et le *fraisier*.

Les Ronces (*rubus*) sont des plantes à tiges flexibles, qui croissent partout dans nos contrées et qui deviennent souvent importunes, par la facilité et la rapidité avec lesquelles elles se multiplient dans les champs cultivés; dommage qu'elles ne compensent pas par leurs fruits, qui sont peu recherchés, excepté cependant ceux du *framboisier*, qui, par la suavité de leur parfum, s'emploient fréquemment pour aromatiser les sirops, les confitures, les glaces, etc.

Le Fraisier (*fragaria*) croît aussi partout, et surtout dans les bois, où son fruit se décèle au loin par l'odeur pénétrante et suave qu'il répand autour de lui. Nous en avons en France plusieurs variétés, entre autres la *fraise des jardins*, la *fraise des bois*, la *fraise ananas*.

IIIe Tribu. — Les Rosées.

Cette tribu ne se compose que du genre Rosier (*rosa*), dont le fruit n'a aucune propriété, mais dont on cultive presque toutes les espèces à cause de la beauté de leurs fleurs. Mais il

ne faut pas croire que toutes les roses soient également remarquables par la richesse de leur corolle et par la suavité de leur
parfum; il y en a peu qui, à l'état sauvage, se fassent remarquer
par leur éclat ou par leur élégance. Ce n'est que par la culture
qu'on parvient à leur procurer cette beauté, qui leur a mérité
à si juste titre le nom de *reine des fleurs*. Les principales variétés sont : la *rose à cent feuilles*, la *rose de Hollande*, la *rose
mousseuse*, la *rose pompon*, la *rose musquée*, etc.; la *rose de
chien*, l'*églantier*, la *rose de Provins*, la *rose des champs*, etc.,
sont quatre espèces de ce genre qui croissent spontanément en
France. En distillant la feuille de ces différentes espèces de
roses, on obtient une eau odorante fort usitée en parfumerie.

IVe Tribu. — Pomacées.

Dans cette tribu, la fleur n'a qu'un seul ovaire, comme dans
celle des amygdalées; mais le fruit, qui est toujours charnu,
contient plusieurs graines et présente à son sommet un *ombilic*,
espèce de couronne formée par le calice. Toutes ces plantes
produisent des fruits qui, sans avoir le même degré de bonté
que ceux de la première tribu, sont cependant très-estimés, et
sont même plus utiles, parce que leur abondance permet de les
employer à la fabrication d'une boisson agréable et très-pré-
cieuse, dans les pays où le raisin ne peut pas mûrir.

Les principaux genres de ce groupe sont le *pommier* et le
poirier. Le Pommier (*malus*) est un des arbres fruitiers les
plus utiles; outre que son fruit est très-bon à manger, et qu'il
peut se conserver très-long-temps, puisque l'on en garde pendant toute l'année, il sert à faire une liqueur fermentée, appelée *cidre*, qui remplace le vin dans plusieurs contrées de la
France et surtout dans la Normandie. On en fait aussi des mar-
melades, des gelées, et autres confitures qui se conservent très-
long-temps. Les principales variétés du *pommier commun* sont:
la *reinette*, la *calville*, la *P. de Canada*, la *P. d'api*, etc.

Le Poirier (*pyrus*) nous présente dans son fruit la même
qualité que le pommier. Si ce dernier nous offre dans le cidre
une boisson plus utile que le *poiré*, qu'on retire de la poire,
celle-ci a une saveur généralement plus agréable que celle de
la pomme : la *cresanne*, le *beurré*, le *Saint-Germain*, etc., sont
surtout recherchés pour le dessert. Celles qui sont moins bonnes
crues, se font cuire avec du vin doux pour faire du *rezina*, ou
se font sécher pour pouvoir être conservées plus long-temps;

on les appelle alors *poires tapées*. Elles servent à faire une boisson douce et sucrée, et se mangent cuites comme les pruneaux,
avec lesquels on les mêle ordinairement.

La même tribu renferme encore le Cognassier (*cydonia*),
dont les fruits ne se mangent pas crus, mais servent à faire de
très-bonnes confitures ; le Sorbier (*sorbus*), qui a les fruits
médiocres, mais qui forme d'assez beaux arbres pour orner
les jardins : l'Alisier (*cratægus*), qui fournit au jardinier
paysager *l'aubépine blanche*, *l'aubépine rose*, *l'alaisdier*,
l'azerolier et le *buisson ardent*; le Néflier (*mespilus*), dont
le fruit, quoique un peu acerbe, est assez bon quand il est
bien mûr.

IVe Famille. — CUCURBITACÉES (pl. XL).

La famille des *cucurbitacées* se compose de plantes exclusivement herbacées, dont les fleurs sont presque toujours unisexuées et la tige grimpante ; leur calice est monosépale à
cinq divisions ; leur corolle aussi quinquifide est soudée dans
ses deux tiers inférieurs avec le calice ; leurs anthères, au nombre de cinq, sont libres ou soudées par leurs filets ; leur ovaire
est surmonté de trois ou cinq stigmates, et est remplacé par
un fruit charnu, ordinairement très-gros et sans proportion
avec la grandeur de la plante. Toutes les espèces qui se trouvent dans ce cas rampent à la surface du sol, parce que leur
tige ne pourrait soutenir le poids d'un pareil fruit: les espèces
seules qui ont le fruit proportionné à la force de leur tige,
grimpent le long des troncs d'arbres auxquels elles s'attachent
par des vrilles.

La plupart de ces plantes sont originaires des pays chauds,
surtout des Indes-Orientales ; un petit nombre d'espèces seulement croissent naturellement en France. Malgré cela, aucune
d'elles n'est odorante ; quelques-unes contiennent un suc âcre
et très-purgatif ; d'autres au contraire sont extrêmement douces et fades, et leurs semences sont employées en médecine
comme calmantes. Cette famille comprend un assez grand nombre de genres dont les principaux sont : la *bryone*, le *concombre* et la *courge*.

Les Bryones (*bryona*) sont des plantes très-communes dans
les haies et dans les buissons, auxquels elles s'attachent par
leur tige grimpante et sur la verdure desquels leur fruit, de
couleur rouge, forme un contraste agréable. L'odeur que ré-

pandent les fleurs et les baies de cette plante est nauséabonde, parce qu'elles contiennent un suc âcre et amer, qui forme un purgatif très-violent, et même un poison assez actif. Les enfants, trompés par la ressemblance que ces baies offrent avec les groseilles, sont sujets à s'empoisonner, surtout dans les campagnes. Une particularité bien digne de remarque dans cette plante, c'est que sa racine, qui est énorme, et qui jouit de propriétés extrêmement délétères quand elle est fraîche, produit, par la dessiccation, une fécule nutritive analogue à celle de la pomme de terre.

Les Concombres (*cucumis*) sont des plantes fort intéressantes, en ce que les unes produisent un fruit très-agréable, tandis que les autres renferment un poison violent. Nous avons dans notre pays trois espèces de ce genre : le *melon*, le *concombre* et la *coloquinte*. Le premier ne croît naturellement que dans les contrées méridionales, et ne vient aux environs de Paris qu'autant qu'on les garantit des intempéries de l'air, au moyen de châssis vitrés qui concentrent autour de lui la chaleur, qui seule peut lui donner son parfum. On en distingue deux variétés principales : les *cantalous*, qui sont les meilleurs, et les *maraîchers*, qui sont beaucoup moins estimés.

Le *concombre* diffère du melon par son fruit plus allongé et à surface plus unie ; sa saveur est d'ailleurs beaucoup plus fade et a besoin d'être relevée par un assaisonnement convenable. Cueilli avant sa maturité et confit dans le vinaigre avec différents aromates, il devient lui-même un bon condiment, et est d'un grand usage sous le nom de *cornichon*.

La *coloquinte* est aussi remarquable par l'amertume excessive de ses fruits, que les précédents par la saveur sucrée ou fade des leurs ; il suffit de porter à la bouche la main imprégnée de son suc pour éprouver un dégoût insurmontable ; aussi a-t-on coutume d'en frotter les doigts des enfants, pour leur faire perdre l'habitude qu'ils ont souvent de les sucer.

Les Courges (*cucurbita*) se rapprochent beaucoup des précédents ; mais leur fruit est lisse, ce qui les distingue des melons, et très-gros, ce qui empêche de les confondre avec les concombres. Ces végétaux sont originaires des climats brûlants de l'Afrique et des Indes, d'où on les a transplantés en Europe, à cause de leur utilité. Nous en avons cinq espèces principales en France, la *calebasse* ou *courge-bouteille*, dont la peau est assez consistante pour pouvoir servir de vase ; le *potiron*, qui est si remarquable par sa grosseur et dont on connaît plus de dix variétés ; la *citrouille*, dont le *giraumont* est une variété remarquable par une saveur plus sucrée et plus aromatique que les autres ; la *pastèque* ou *melon d'eau*, dont le fruit sphéroïdal ou légèrement allongé se mange cuit ou cru, selon les variétés.

Ve *Famille.* — Cactées.

Les *cactées* sont des plantes étrangères, toutes remarquables par leur tige grosse et charnue, sans feuilles, et par leurs fleurs, dont les couleurs vives et éclatantes contrastent avec le vert pâle et cendré du reste de la plante. Elles offrent presque toujours des reflets métalliques qui se fondent admirablement avec le jaune ou le rouge qui domine sur leurs pétales.

Les caractères distinctifs de cette famille, qui ne se compose que du genre *cactus*, consiste en un calice monosépale, adhérent à l'ovaire qui est infère, en des pétales très-nombreux et disposés sur plusieurs rangs, et en des étamines indéfinies.

Tous les cactus appartiennent exclusivement aux contrées arides de l'Amérique méridionale, d'où on en a transporté plusieurs espèces en Europe, entre autres le *cactus nopal*, sur lequel vit la cochenille, le *cactus vulgaire*, dont le fruit est connu sous le nom de *figue d'Inde*, le *cactus speciosissimus*, d'un rouge éclatant, présentant des reflets légèrement azurés.

VIe *Famille.* — Ombellifères.

Cette famille est une des plus naturelles et des plus nombreuses du règne végétal ; elle comprend des plantes herbacées ou très-rarement ligneuses, dont la tige est d'ordinaire creuse intérieurement, et garnie à sa surface de feuilles alternes, engaînantes et généralement décomposées en un grand nombre de folioles. Leurs fleurs, toujours petites et de couleur blanche ou jaune, sont disposées en ombelles, c'est-à-dire qu'elles partent du même point de la tige et forment par leur rapprochement une tête dont la forme rappelle une ombrelle. Chaque fleur se compose d'un calice adhérent avec l'ovaire, d'une corolle formée de cinq pétales étalés ; de cinq étamines épigynes et d'un seul ovaire à deux loges, auquel succède un fruit capsulaire.

Cette famille est une des plus importantes par les produits

nombreux qu'elle fournit aux arts et à l'économie domestique : c'est à des plantes de ce groupe que sont dues la plupart des substances aromatiques qu'emploient la pharmacie et la parfumerie : telles sont l'*anis*, la *coriandre*, le *fenouil*, le *cerfeuil*, l'*angélique*, etc.

On y trouve aussi des plantes économiques, telles que la *carotte*, le *panais*, le *céleri*, le *persil*. Mais à côté de ces plantes utiles se trouvent des espèces vénéneuses, telles que la *ciguë*, le *phellandre* et l'*œthuse* ou *petite ciguë*. Les *férules*, qui produisent la résine appelée *galbanum*, et l'*assa-fœtida* appartiennent aussi à cette famille.

VII° Famille. — RUBIACÉES (pl. XXXIX).

On trouve dans cette famille des herbes, des arbrisseaux et des arbres très-élevés, à feuilles verticillées, entières, dont le calice monosépale adhère par sa base avec l'ovaire, et dont la corolle également monopétale à quatre ou cinq lobes, enveloppe le même nombre d'étamines et un ovaire central surmonté d'un style à plusieurs stigmates (fig. 1, 1 a).

La plupart des plantes de cette famille sont originaires des pays chauds, et nous offrent par leurs fruits, leur racine ou leur écorce, des produits précieux qui font l'objet d'un commerce considérable. Mais aucune d'elles ne se fait remarquer par la beauté de ses fleurs, et n'est admise dans les parterres comme plante d'ornement.

Nous trouvons dans ce groupe, entre autres genres utiles, la *garance*, le *caféyer* et le *quinquina*.

La GARANCE (*rubia*) tire son nom d'un mot latin qui veut dire *rouge*, et qui lui a été donné parce que ses racines présentent cette teinte. Cette couleur est tellement foncée qu'elle se communique aux urines, au lait, à la bile et même aux os des animaux qui en font usage. Les teinturiers n'ont pas manqué de tirer parti de cette propriété de la *garance* : en la fixant au moyen d'un mordant, ils l'emploient à teindre les laines, et depuis quelques années on en fait en France une grande consommation, pour la teinture des pantalons de nos soldats.

Aussi, la culture de cette plante a-t-elle pris une extension considérable, et avec d'autant plus de raison qu'elle fournit, outre la matière colorante de sa racine, un fourrage très-bon pour les bestiaux et surtout pour les vaches, parce que la couleur rouge qu'il communique au lait de ces dernières ne lui ôte rien de ses qualités nutritives et bienfaisantes.

Les Caféyers (*coffea*) (fig. 1) sont des arbres ou arbrisseaux originaires des contrées méridionales de l'ancien continent, remarquables par leur fruit qui ressemble à une cerise pour la grosseur et pour la couleur, et qui renferme deux graines aplaties et collées l'une contre l'autre (fig. 1 b). La principale espèce de ce genre est le *caféyer ordinaire*, qui croît naturellement en Arabie, d'où il a été transplanté aux Indes, en Amérique et aux Antilles, où il s'est parfaitement acclimaté. C'est un arbrisseau d'environ vingt pieds de haut, dont les graines torréfiées et moulues donnent, par infusion, cette liqueur connue sous le nom de *café*. On a dit que le *café* était nuisible : il est vrai que certaines personnes irritables n'en font pas impunément usage ; mais je crois qu'il y en a un plus grand nombre qui s'en trouvent bien. Le meilleur *café* est celui d'Arabie, aussi dit de *Moka*, parce que nous le recevons par la voie de cette dernière ville. Viennent ensuite ceux de Bourbon et de la Martinique, qui lui sont peu inférieurs en qualité ; le plus médiocre est celui de Saint-Domingue.

Les Quinquinas (*cinchona*) sont de beaux arbres d'Amérique, plus connus par l'écorce fébrifuge qu'ils produisent que par leurs fleurs et leur bois. Cette substance, si usitée en médecine pour la guérison des fièvres intermittentes, est douée d'une amertume insupportable, qui faisait que les malades ne le prenaient autrefois qu'avec répugnance. Mais depuis qu'un chimiste français est parvenu à extraire de cette écorce le principe actif et fébrifuge qu'elle contient (la *quinine*), il suffit, pour guérir une fièvre, d'une petite quantité que l'on peut avaler sans presque s'en apercevoir. On connaît plusieurs espèces de ce genre, qui jouissent toutes de propriétés fébrifuges plus ou moins énergiques ; les plus estimées sont le *quinquina rouge* et le *quinquina jaune*.

Outre ces genres importants, la famille des *rubiacées* renferme le genre *psychotria*, qui fournit l'*ipécacuanha*, substance purgative très-usitée en médecine; le *génipayer*, dont les fruits sont comestibles ; le *siderodendrum* ou *bois de fer*, que sa dureté fait employer par les sauvages d'Amérique pour la fabrication de leurs flèches.

Ve Famille. — COMPOSÉES (pl. XXXIX).

On a donné à ces plantes le nom de *composées* ou de *synanthérées*, parce que leurs fleurs toujours terminales, se trouvent tellement rapprochées, qu'elles sont enveloppées en assez grand

nombre dans le même calice, et semblent n'en former qu'une
seule ; c'est ce qu'on peut voir dans le *bleuet*, la *laitue*, le *soleil*,
dont chaque feuille est une fleur entière. Si en effet on arrache
à une de ces fleurs ou à toute autre semblable une de leurs
feuilles, on voit que ce n'est pas une simple pétale, mais un
petit tube plus ou moins long, dans lequel on trouve un pistil
et quatre ou cinq étamines. La forme de ces fleurs partielles
varie selon les genres ; tantôt c'est un tube complet à cinq divisions régulières : on l'appelle alors *fleuron* (fig. 2, 2 a, 2 b);
tantôt, au contraire, c'est un tube dont un des côtés aurait été
enlevé et qu'on nomme *languette* ou *demi-fleuron* (fig. 3 a).
Mais dans toutes la corolle est insérée au sommet de l'ovaire et
soudée avec les étamines par sa base. Dans la plupart des *composées*, on trouve les fleurons et les demi-fleurons réunis, et formant ensemble une espèce de tête *calathide* ou *capitule* semblable à une belle fleur. Aussi la plupart des espèces de cette famille ont-elles été transplantées des lieux où elles croissent naturellement, dans nos jardins et nos parterres, dont elles font un
des plus beaux ornements. Mais là ne se bornent pas les services des *synanthérées* ; nous mangeons les feuilles des laitues
et des chicorées, crues ou cuites ; le réceptacle de l'artichaut
n'est pas moins estimé ; les racines de la scorsonère et des salsifis sont dans le même cas. Un grand nombre sont utiles à la
médecine par leurs propriétés amères et stomachiques ; d'autres sont vermifuges, etc.

Toutes ces plantes se multiplient avec beaucoup de rapidité;
comme leurs graines sont nombreuses et le plus souvent garnies d'un duvet fin (fig. 2 a, 2 b.) sur lequel le vent a beaucoup de prise, elles sont transportées par les courants d'air à
des distances incroyables. Il est peu de personnes qui n'aient
eu occasion de voir quelques-unes de ces graines voyageant
dans l'atmosphère. De cette manière elles sont disséminées dans
toutes les parties du globe ; et c'est pour cela qu'il est peu de
pays où l'on n'en trouve un grand nombre d'espèces, différentes
en cela des autres plantes, dont la plupart sont bornées à certaines régions particulières.

Cette famille est la plus nombreuse de toute la botanique :
elle ne comprend pas moins de six mille espèces, que l'on a
rapportées à trois tribus : les *cynarocéphales* ou *flosculeuses*, les
chicoracées ou *semi-flosculeuses* et les *corymbifères* ou *radiées*,

Ire Tribu. — Cynarocéphales (fig. 2, 2 a, 2 b).

Dans cette tribu, les capitules ou fleurs composées sont formées exclusivement de fleurons, et ne renferment pas de demi-fleurons ; leur réceptacle est garni de poils nombreux, et leur style est pareillement muni de poils au-dessous du stigmate. En général ces fleurs ne sont pas aussi élégantes que celles des deux autres tribus ; leurs pétales ne s'étalent point avec grâce, et sont privés de ces vives couleurs qu'on aime à trouver dans les plantes d'agrément ; plusieurs sont même hérissées de piquants qui empêchent de les toucher sans se blesser, et répandent une odeur forte et nauséabonde, qui incommode beaucoup de personnes. En compensation, c'est dans cette tribu que nous trouvons le plus d'espèces utiles.

Parmi les genres nombreux que nous offre ce groupe, nous citerons le CHARDON (*carduus*) dont les espèces sont répandues partout, le long des chemins, dans les champs, dans les prairies ; l'ARTICHAUT (*cynara*), dont on mange le réceptacle, et les pétioles des feuilles sous le nom de *cardons* ; le CARTHAME (*carthamus*), dont une espèce a dans ses fleurs des principes colorans jaune et rouge employés pour teindre les bonbons, et dont l'autre a été long-temps célèbre sous le nom de *chardon bénit*, par ses propriétés contre la fièvre et contre les vers ; la CENTAURÉE (*centaurea*), dont nous avons en France plus de quarante espèces, parmi lesquelles nous distinguerons la *grande centaurée*, le *bluet*, la *chausse-trape* ou *chardon étoilé* ; l'ARMOISE (*artemisia*), à laquelle se rapporte comme espèces, l'*estragon*, l'*absinthe*, l'*armoise commune*, et l'*aurone* ou *citronelle*, toutes usuelles ; les GNAPHALES (*gnaphalium*), dont les feuilles écailleuses sont si connues sous le nom d'*immortelles* ; la BARDANE (*arctium*), à laquelle on attribue des vertus médicinales, qui sont très-problématiques, etc.

IIe Tribu. — Chicoracées (fig. 3 et 3 a).

Cette tribu, qui est la moins considérable de la famille, se compose de toutes les synanthérées dont les *capitules* ne renferment que des languettes ou demi-fleurons, ce qui les a fait aussi appeler *semi-flosculeuses*. Ce sont encore des plantes peu remarquables par la beauté de leurs corolles, et que les fleuristes écartent de leur parterres, moins pour le défaut d'élégance et d'éclat, que pour l'odeur désagréable qu'elles répandent ; mais presque toutes sont utiles à l'économie domestique. Nous citerons, entre autres genres les SALSIFIS (*tragopogon*), dont une espèce commune dans les prairies est bonne crue, à cause de son goût sucré, et dont une autre espèce fournit la racine qui porte ce nom ; la SCORSONÈRE (*scorsonera*), dont on mange les racines comme celles des salsifis ; le PISSENLIT (*taraxacum*), dont les feuilles tendres et amères se mangent en salade ; le LAITRON (*sonchus*), qui ressemble beaucoup au précédent pour la forme et les propriétés ; la LAITUE (*lactuca*), qui nous fournit la *romaine*, la *laitue commune*, et la *laitue crépue* ; la CHICORÉE (*chicorium*), à laquelle nous devons, outre la *chicorée sauvage*, l'*endive*, l'*escarole*, la *barbe de capucin*.

IIIe Tribu. — Corymbifères (fig. 4, 2 a, 2 b, 3 a).

Cette troisième tribu, qui est la plus riche en espèces, comprend toutes les composées, dont les *capitules* réunissent des fleurons et des demi-fleurons en même temps ; les premiers sont placés au centre et les seconds à la circonférence.

C'est de ce groupe nombreux que le fleuriste tire la plupart de ces plantes magnifiques, dont les fleurs en étoiles s'élèvent majestueusement au-dessus des autres ; tels sont ces brillants asters ou reines-marguerites, et ces superbes soleils que nous ne pourrions nous lasser d'admirer, si, au lieu de venir sans aucun soin dans nos jardins, ils ne pouvaient se développer que dans une serre chaude, et surtout s'il fallait aller au Pérou, leur patrie, pour les contempler dans toute leur beauté. D'autres espèces pour être plus modestes, n'en sont pas moins charmantes ; telle est cette humble paquerette, qui se cache parmi l'herbe des prairies, où la blancheur purpurine de sa corolle peut seule la faire apercevoir. Mais celles que nous devons le plus aimer, sont sans contredit celles qui, joignant l'utile à l'agréable, font l'ornement de nos jardins, en même temps qu'elles ont des propriétés économiques ou médicinales ; tels sont le *chrysanthème*, l'*anthemis* ou *camomille*, la *matricaire*, etc.

Nous ne citerons pas toutes les plantes utiles ou agréables de cette tribu : nous ne nommerons que les plus communes en France : les *soucis*, les *œillets-d'Inde*, les *dahlia*, les *coréopsis*, les *verges d'or*, les *séneçons*, les *aunées*, les *doronic*, les *arnica*, les *topinambours*, etc., etc.

COROLLIFLORES.

Cette classe, moins étendue que les deux précédentes, se distingue d'abord des thalamiflores en ce qu'elle a la corolle monopétale et soudée avec les étamines, qui sont à peu près constamment définies, et généralement au nombre de cinq. Elle diffère ensuite des caliciflores en ce qu'elle a l'ovaire toujours libre ou supère et sans adhérence avec les organes qui l'entourent.

Considérés sous d'autres rapports, les *corolliflores* sont peu utiles à l'homme ; l'huile d'olive et la pomme de terre sont à peu près les seuls produits qu'elles nous fournissent. Mais un grand nombre d'entre elles méritent toute notre attention par leurs propriétés ; car, à côté d'espèces douées de vertus héroïques et bienfaisantes dans certaines affections, sont placées d'autres qui renferment des poisons violents. C'est ainsi que dans la famille des solanées, nous trouvons, avec la pomme de terre, plante éminemment nutritive, la belladone et la jusquiame, qui contiennent un suc dont une faible quantité suffit pour nous donner la mort. La connaissance de ces diverses propriétés est d'autant plus importante, que nous pouvons les faire tourner au profit de l'humanité souffrante, en les employant à propos.

Cette classe comprend environ trente familles, dont les plus importantes sont les *jasminées*, les *apocynées*, les *boraginées*, les *solanées*, les *labiées* et les *personnées*.

Ire *Famille.* — Jasminées (pl. XXXIX).

Les *jasminées* sont faciles à reconnaître à leur périgone à quatre divisions régulières, et à leurs étamines au nombre de deux seulement. Leur ovaire est unique et ne produit qu'un fruit renfermant quatre graines au plus.

Cette famille ne comprend que des arbres ou des arbrisseaux à feuilles entières et opposées, presque tous exotiques, mais

cultivés depuis long-temps en Europe, les uns à cause de leur
utilité, les autres comme plantes d'agrément; et presque tous
les genres nous offrent des espèces remarquables sous l'un ou
l'autre de ces rapports.

Le Lilas (*syringa*), qui, par son odeur, embaume nos jardins et nos bosquets, dont il est l'ornement par l'élégance de
son port, est un arbrisseau originaire de la Perse et du Japon,
qu'on est parvenu à acclimater dans la plupart des états de
l'Europe; ses fleurs blanches et légèrement rosées forment de
belles grappes aussi élégantes que parfumées.

On distingue deux espèces de lilas: le *lilas commun* et le
lilas perse.

Les Jasmins (*jasminum*) sont de petits arbrisseaux à tige
ordinairement grêle et flexible, très-propres à former des
berceaux au milieu de nos jardins; mais on peut aussi, en les
taillant à propos, les transformer en arbustes, qui font un très-
bel effet le long des allées et au milieu des plates-bandes des
parterres. Leurs fleurs, réunies en petits bouquets, d'une odeur
des plus suaves, ont cela de particulier qu'elles commencent à
s'épanouir de bonne heure et ne cessent que fort tard. Pendant
toute la belle saison elles se succèdent mutuellement, de manière à nous embaumer continuellement de leurs parfums.
Nous avons plusieurs espèces de ce genre, entre autres le *jasmin commun*, le *jasmin d'Espagne*, le *jasmin cytise* et le *jasmin jonquille*. On extrait des fleurs de tous ces *jasmins* des
huiles essentielles qui, unies à des huiles fixes, surtout à celle
de ben, sont d'un grand usage dans la parfumerie.

L'Olivier (*olea*) (fig. 5) est un des arbres les plus utiles.
Originaire des pays chauds de l'Asie, il a été introduit en Europe
depuis un temps si reculé, qu'on en attribue la découverte à
Minerve. C'est pour cela qu'il fut consacré à cette déesse, et
qu'il devint l'emblème de la paix chez presque tous les peuples
de l'antiquité. La Grèce est le premier pays de l'Europe où on
le cultiva, et ce fut de là que les Phocéens l'apportèrent en
France, en venant fonder Marseille. Quoi qu'il en soit de cette
origine un peu fabuleuse, l'*olivier* est si ancien dans nos pays
qu'il porte le nom spécifique d'*olivier d'Europe*. Il y croît en
effet avec facilité et y porte des fruits en abondance. Ces fruits,
qui sont généralement connus sous le nom d'*olives*, se mangent
confits; mais leur principal mérite est de fournir l'huile qui
porte leur nom. La meilleure est celle qu'on obtient sans pression du brou qu'on a préalablement fendu. Celle qu'on ex-

retire en le soumettant au pressoir est encore excellente ; c'est
l'*huile vierge*. Les qualités inférieures s'obtiennent en mêlant le
brou déjà pressé avec une certaine quantité d'eau bouillante,
avant de le soumettre de nouveau au pressoir.

C'est au mois de novembre que se fait la récolte des *olives*,
tantôt en les abattant avec de longues gaules, tantôt en les
ramassant une à une à la main. Ce dernier procédé est bien
supérieur au premier, mais il est peu usité à cause du temps
qu'il exige.

Les FRÊNES (*fraxinus*), sans être aussi utiles que les oliviers,
ne laissent pas de rendre d'importants services aux arts ; leur
bois, qui jouit d'une grande dureté et qui est susceptible d'un
beau poli, est très-employé dans le charronnage et dans l'ébénisterie ; ses feuilles fournissent une couleur bleue usitée en
teinture, et il découle naturellement de ses feuilles ou de son
écorce une liqueur sucrée qui, en se desséchant à l'air, devient
solide et porte le nom de *manne*, substance journellement
employée en médecine. C'est particulièrement en Italie et en
Sicile qu'on récolte cette matière purgative, en pratiquant des
incisions sur l'écorce des arbres, et en recevant le suc qui en
découle dans des vases placés convenablement.

En France, le *frêne* produit si peu de *manne* que l'on ne la
recueille même pas ; peut-être cette circonstance tient-elle
à ce que les feuilles de cet arbre sont dévorées chez nous par
des essaims de cantharides.

Cette famille comprend encore le genre TROÈNE (*ligustrum*),
plante qui croît naturellement en France, et qu'on y cultive
parce que ses baies servent à colorer le vin, son bois à faire du
charbon pour la fabrication de la poudre, etc.

II° *Famille.* — APOCYNÉS (pl. XXXIX).

La famille des *apocynées* a la corolle monopétale régulière
des jasminées ; mais, outre que les divisions de la fleur sont obliques et au nombre de cinq, tandis que dans la famille précédente elles sont droites et au nombre de quatre seulement, on
trouve dans les *apocynées* cinq étamines alternes, avec les divisions du périgone, et leur fruit est tantôt une capsule folli-
culeuse ou foliacée, et tantôt une baie ne renfermant que deux
graines.

Ce sont des plantes herbacées ou ligneuses, à surface glabre,
et pour la plupart exotiques, dont les feuilles sont alternes et

entières, et dont les fleurs naissent, soit dans l'aisselle des feuilles, soit à l'extrémité des rameaux. Presque toutes contiennent un suc laiteux d'une nature vireuse, qui chez quelques espèces devient un des plus violents poisons.

Les genres les plus intéressants de cette famille sont la *pervenche*, le *laurier-rose*, l'*asclépiade* et le *strychnos*.

La PERVENCHE (*vinca*) (fig. 5) est un de ces végétaux marqués au coin du charlatanisme: on lui attribuait autrefois la vertu de rendre le lait aux nourrices qui l'avaient perdu, et d'en arrêter la sécrétion au moment du sevrage ; on disait aussi qu'elle éclaircissait le vin troublé. Maintenant qu'on sait à quoi s'en tenir sur les propriétés de cette plante, on en a à-peu-près abandonné l'usage, parce qu'on en a d'autres qui les possèdent à un plus haut degré ; mais elle sert toujours à orner nos parterres de ces belles fleurs purpurines ou bleues.

Les LAURIERS-ROSES (*nerium*) sont des arbres étrangers, de grande taille, qui, transportés dans nos contrées et renfermés dans des serres étroites, deviennent de petits arbrisseaux. Mais tout petits qu'ils sont, nous aimons à contempler leur feuillage toujours vert et leurs belles corolles blanches ou roses, qui font un si agréable contraste sur leur verdure foncée.

L'ASCLÉPIADE (*asclepias*) était jadis si célèbre comme contre-poison, qu'on l'appelait *dompte-venin*. Cette croyance était d'autant moins fondée que la plante est au contraire un poison assez violent ; aussi, quoique l'*asclépiade* ne soit pas dépourvue d'agrément, on ne s'est pas donné la peine de la transporter dans nos jardins ; elle reste toujours reléguée au milieu des bois, où elle se multiplie d'autant plus à son aise, qu'aucun animal ne la touche. Les grains de cette plante sont hérissés d'un duvet cotonneux, dont on a cherché à tirer partie pour la fabrication de tissus analogues à ceux du coton ; mais il ne paraît pas que les tentatives qu'on a faites à cet égard aient été heureuses, bien que cependant on n'y ait pas entièrement renoncé.

Les STRYCHNOS sont des arbrisseaux des régions intertropicales, tous redoutables par la violence de leur poison. Trois espèces se font surtout remarquer sous ce rapport ; ce sont le *tieuté*, la *noix vomique*, et la *fève Saint-Ignace*. Le premier est une des substances les plus délétères que l'on connaisse ; la plus petite quantité suffit pour donner la mort ; c'est pour cela que les sauvages s'en servent pour empoisonner leurs flèches, bien sûrs de faire périr l'ennemi qu'ils en frapperont. La *noix vo-*

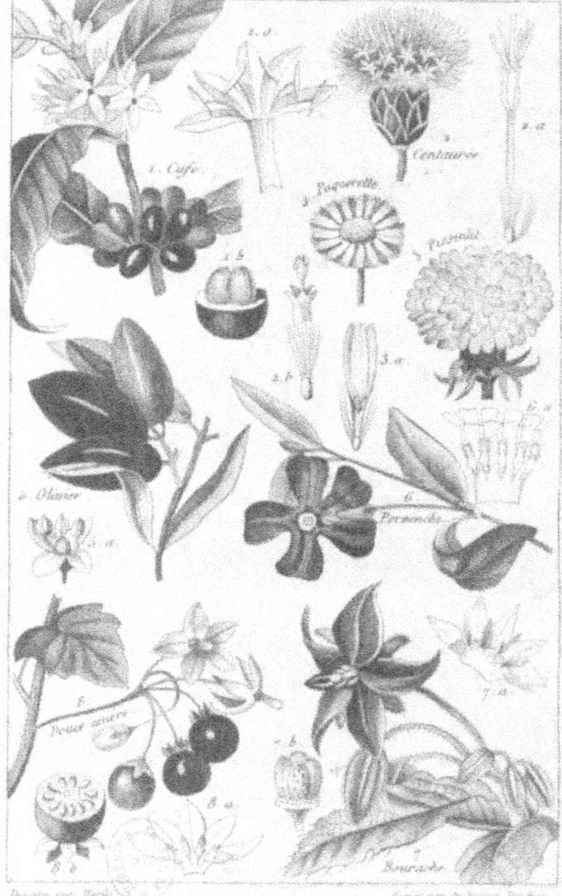

1. Café.
1. a
1. b
2. Paquerette.
2. a
3. Centaurée.
3. Prenoit.
3. a
4. b
5. Olivier.
5. a
6. Pervenche.
6. a
Pomme amère.
8. a
8. b
7. a
7. Bourache.
Dessiné par Maril.
Ecrit par Andrieux Turpin.

mique, quoiqu'un peu moins active, n'est guère moins à craindre : elle fait mourir très-rapidement tous les mammifères de la race canine; aussi l'emploie-t-on fréquemment pour empoisonner les chiens, les loups et les renards. Il suffit de mettre quelques pincées de poudre de cette substance dans les entailles que l'on fait à une charogne, pour que ces animaux s'empoisonnent. Malgré son énergie, quelques médecins ont tenté de l'ordonner à leurs malades, mais il faut s'en servir avec une extrême circonspection. Quant à la *fève Saint-Ignace*, elle a à-peu-près les mêmes propriétés que la précédente, s'emploie aux mêmes usages, et exige la même prudence.

IIIe Famille. — BORAGINÉES (pl. XXXIX.)

Les *boraginées* sont des herbes ou arbrisseaux à feuilles alternes ou velues, dont le périgone, quinquifide et régulier, est garni à sa gorge de petites écailles, et renferme cinq étamines alternes avec les divisions de la fleur, et un ovaire auquel succède un fruit bacciforme ou capsulaire, à deux ou quatre graines seulement (fig. 7 a, 7 b).

Malgré les rapports botaniques qui unissent cette famille à la précédente, nous trouvons d'énormes différences dans leurs propriétés respectives. Toutes les apocynées sont vénéneuses ou du moins très-suspectes, et leurs couleurs sombres, ainsi que leur odeur nauséabonde, semblent annoncer à l'œil le danger qu'il y aurait à s'en servir. Les *boraginées* au contraire ne contiennent que des sucs mucilagineux et émollients, dont la médecine fait fréquemment usage, et inspirent la confiance et la gaîté par leur verdure tendre et par les couleurs agréables de leurs corolles, dont les écailles forment ordinairement une couronne d'une teinte différente à l'entrée du tube floral.

Cette famille est extrêmement nombreuse ; elle nous offre la Cossoure (*symphytum*), plante autrefois fort vantée dans le traitement des fractures dont elle hâtait la consolidation, à ce que l'on croyait, mais qu'on n'emploie plus que dans certaines affections anciennes du canal intestinal; la Bourrache (*borrago*) (fig. 7), qui a donné son nom à la famille et qui jouit de propriétés analogues; la Buglosse (*anchusa*), dont les vertus sont encore à-peu-près semblables; la Cynoglosse (*cynoglossum*), dont l'efficacité contre la maladie pédiculaire est aujourd'hui aussi problématique qu'elle paraissait autrefois

certaine; la PULMONAIRE (*pulmonaria*), à laquelle le charlatanisme et la crédulité attribuaient la propriété de guérir les
abcès du poumon, d'après une ressemblance que l'on avait cru
trouver entre les taches livides que présentent les feuilles de
cette plante et celles qui se forment sur un poumon malade;
l'ORCANETTE (*onosma*), dont les racines fournissent une matière rouge qui sert à colorer les liqueurs et les bonbons; l'Hé-
LIOTROPE (*heliotropium*), dont le nom rappelle la jalousie de
Clytie et la vengeance d'Apollon; le MÉLINET (*cerinthe*) dont
les abeilles retirent beaucoup de miel et de cire; le SÉBESTIER
(*cordia*), arbre indien dont les fruits (les *sébestes*) sont employés comme adoucissants dans les maladies de poitrine.

*IV*ᵉ *Famille.*—SOLANÉES (pl. XXXIX).

Les *solanées* ont beaucoup de rapports avec les boraginées
par leurs feuilles simples et alternes, par leur corolle régulière
à cinq divisions, par le nombre ou la disposition de leurs étamines et par leur fruit capsulaire ou bacciforme. Mais ce dernier renferme toujours un grand nombre de graines chez les
solanées (8 b), tandis que dans la précédente, il n'en contient
que deux ou quatre (fig. 7 b).

Cette famille est une des plus importantes de la classe des
corolliflores, d'abord parce qu'elle est répandue dans toutes les
latitudes, excepté dans les climats glacés des régions polaires,
ou sur la cime des montagnes couvertes de glace ou de neiges
éternelles; ensuite parce qu'elle présente un grand nombre de
plantes utiles, soit comme aliment, soit comme médicament.
Toutes les *solanées* ont en elles un principe narcotique qui de-
viendrait facilement un poison, mais qui données par une
main prudente, sert à calmer la douleur et à soulager la souffrance; c'est même à cette propriété que ces plantes doivent
leur nom de *solanées*, tiré du latin *solari*, consoler.

Nous citerons de cette famille les genres *molène*, *tabac*,
morelle et *jusquiame*.

La MOLÈNE (*verbascum*) ne contient pas de principe narcotique, ou elle en contient si peu qu'il ne peut jamais devenir
funeste. Mais comme elle est très-mucilagineuse, on l'emploie
fréquemment comme émolliente dans les maladies inflammatoires; on se sert surtout de l'espèce appelée vulgairement
bouillon blanc, qu'on trouve très-abondamment sur les bords
des chemins et dans les terrains maigres et sablonneux.

Le Tabac (*nicotiana*) est une plante d'Amérique, qu'on cultive maintenant en Europe pour ses feuilles, dont il se fait une consommation immense, soit pour priser, soit pour fumer. Quoique le tabac ne soit pas un violent poison, quand on le prend à petite dose, on doit cependant dire que l'usage en est plutôt dangereux que bienfaisant ; on peut s'en convaincre en observant la santé de ceux qui le préparent ; ils sont maigres, pâles, sujets aux maux de tête, aux vertiges et aux tremblements. On sait aussi que, pris en infusion, il peut causer la mort, et une espèce d'huile qu'on retire de ses feuilles par la distillation est si virulente, qu'une seule goutte placée sur la langue d'un chien suffit pour le faire périr en quelques minutes. On cite deux jeunes gens qui, s'étant défiés à qui fumerait le plus, périrent, l'un à la dix-septième, l'autre à la dix-huitième pipe. Outre ces dangers, le *tabac* a l'inconvénient d'affaiblir la finesse de l'odorat, d'émousser le goût, et même, à ce qu'on assure, de nuire au développement de l'intelligence, surtout quand on en prend avec excès.

Le genre Morelle (*solanum*) (fig. 8) est le plus nombreux de la famille ; il comprend plus de deux cents espèces, qui toutes sont plus ou moins suspectes, mais dont quelques-unes perdent leurs propriétés malfaisantes par la cuisson ou le séchage. Les principales espèces sont la *morelle noire*, dont les feuilles sont fréquemment employées en médecine pour faire des décoctions calmantes ; la *douce-amère*, qui tire son nom de sa saveur d'abord douce et ensuite amère, et qui est moins dangereuse que la plupart des autres solanées ; l'*aubergine*, dont les baies violettes, jaunes ou blanches, ressemblent à un œuf pour la forme et pour la grosseur, et se mangent en certains pays ; la *pomme de terre*, dont les racines charnues sont si utiles. Il est incroyable combien l'usage de cette dernière espèce a eu de la peine à s'introduire, tandis que celui du tabac s'est propagé presque comme un éclair. Ce n'est que depuis le commencement de ce siècle qu'on en mange sans crainte. Jusqu'à cette époque, un préjugé bien naturel contre toutes les solanées en avait empêché l'introduction. Maintenant, avec cette racine précieuse dont la multiplication est très-facile, la disette n'est plus à craindre.

Le nom de Jusquiame (*hyosciamus*) se tire de deux mots grecs, qui signifient *fève de porc*, parce qu'il paraît que ce mammifère recherche les fruits de cette plante ; d'autres disent, au contraire, que c'est parce qu'il est pris de tremble-

ments quand il en a mangé. Quoi qu'il en soit, c'est un végétal
herbacé, dont toutes les parties sont dangereuses par le principe narcotique qu'elles contiennent, et dont la violence est
telle, qu'il suffit de s'arrêter long-temps dans son voisinage,
pour éprouver de la stupeur, des vertiges, du délire, etc. Mais
c'est surtout quand on l'avale que les accidents sont terribles ;
la pupille se dilate, la face se tuméfie, le pouls devient dur, le
sommeil profond, la déglutition difficile ou même impossible. Toutefois, malgré l'énergie de son poison, la médecine
fait assez souvent usage de ce végétal dans les maladies nerveuses sur lesquelles il produit un bon effet. On en use surtout
dans les affections des yeux. Nous avons vu que les cochons en
mangent impunément, et les maquignons en mêlent la graine
à l'avoine qu'ils donnent à leurs chevaux, parce qu'on prétend
qu'elle excite leur appétit, les fait dormir plus long-temps, les
engraisse et leur donne un plus beau poil. Mais elle est mortelle pour les poissons, les rats, les oiseaux et surtout les poules,
et c'est pour cela qu'en certains pays on appelle la jusquiame
hanebane, nom anglais qui veut dire tue-poule. On compte trois
espèces principales de ce genre : la *jusquiame blanche*, la *jusquiame noire* et la *jusquiame dorée*.

Outre ces genres, la famille des solanées contient encore la
STRAMOINE (*datura*), dont les fleurs magnifiques seraient un des
plus beaux ornements de nos jardins, si leur odeur et leur
principe narcotique ne les en excluaient ; l'ATROPE (*atropa*),
dont une espèce (la *belladone*) sert à composer du fard très-
usité en Italie, et la *mandragore*, célèbre dans le moyen-âge
par les fourberies des charlatans; les TOMATES (*lycopersicum*),
dont les fruits d'un rouge vif sont d'un usage si fréquent dans
les cuisines ; le PIMENT (*capsicum*), dont les baies se confisent
comme les cornichons ; le COQUERET (*physalis*), dont une espèce (l'*alkékenge*) produit des baies globuleuses d'un rouge
très-vif, renfermées dans une vessie membraneuse, qui n'est
autre chose que le calice desséché.

Ve Famille. — LABIÉES (pl. XL).

Toutes les corolliflores dont nous venons de parler ont le
périgone régulier ou à-peu-près; celles dont il nous reste à nous
occuper l'ont au contraire très-régulier; chez les *labiées*, par
exemple, il est divisé en deux lèvres ou lobes inégaux, disposition qui a fait donner à la famille le nom qu'elle porte; de
plus, chaque lèvre est ordinairement découpée en deux ou trois

tubes secondaires de forme variable, à l'aide desquels on est parvenu à caractériser certains genres de cette famille nombreuse et difficile à étudier. Leurs étamines sont généralement au nombre de quatre, deux grandes et deux petites (fig. 2, *a*); mais il arrive souvent que deux de ces organes avortent, et alors la plante a le même nombre d'étamines que les jasminées. Mais dans ce cas on a, pour distinguer les *labiées*, outre l'irrégularité de la corolle, la forme de l'ovaire qui est constamment divisé en quatre loges distinctes et monospermes (fig. 2, *b*).

Toutes les *labiées* sont des herbes ou de petits arbrisseaux à tige carrée et à feuilles opposées, qui croissent dans les lieux secs et arides des régions chaudes ou tempérées de toutes les parties du monde. Elles contiennent toutes une huile essentielle et un principe amer, auxquels elles doivent un parfum pénétrant et des propriétés toniques, qui les font rechercher en médecine et en parfumerie ; on s'en sert aussi dans l'économie domestique, pour aromatiser les viandes et les substances fades, dont nous faisons usage pour notre nourriture.

Cette famille comprend environ cinquante genres, dont les uns n'ont que deux étamines et les autres quatre. Parmi les genres à deux étamines, nous ne citerons que le LYCOPE (*lycopus*), dont deux espèces se trouvent en France, et qu'on distingue à leur corolle à quatre divisions presque égales ; le ROMARIN (*rosmarinus*), dont une espèce, qui se trouve en France, est employée en médecine et dans l'art culinaire ; la SAUGE (*salvia*), genre nombreux qui comprend une dizaine d'espèces européennes, reconnaissables à leur lèvre supérieure courbée en faucille.

Parmi les genres à quatre étamines didynames, nous trouvons d'abord la GERMANDRÉE (*teucrium*) et la BUGLE (*ajuga*), dont la corolle est à cinq divisions presque égales. Viennent ensuite les véritables labiées (fig. 2), c'est-à-dire celles qui ont réellement deux lèvres inégales et quatre étamines : ce sont la sariette, l'hyssope, la *cataire* ou *herbe aux chats*, la *lavande*, la menthe, le *lierre terrestre*, la *bétoine*, le *thym*, la *mélisse*, le *basilic*, etc., etc.

VIe *Famille*. — PERSONNÉES.

Les *personnées*, qui tirent ce nom de la forme de leur fleur qu'on compare à la gueule d'un animal, sont aussi appelées *scrophulaires*, du nom du genre le plus nombreux en espèces européennes que comprend cette famille. On les reconnaît à leur corolle divisée en deux lèvres inégales, dont la supérieure forme une espèce de capuchon au-dessus de l'inférieure, à leurs étamines au nombre de deux ou de quatre didynames; deux caractères qui les rapprochent des labiées; mais elles s'en distinguent par leur ovaire, qui n'est qu'à deux loges polyspermes.

Du reste ce sont, comme les précédentes, des herbes ou des arbustes à feuilles généralement opposées, et dont les propriétés les plus remarquables sont l'âcreté et l'amertume. Elles n'ont jamais cette odeur agréable qui fait rechercher les labiées dans un grand nombre de circonstances, ce qui tient probablement à ce qu'elles ne se trouvent que dans les terres grasses et dans les endroits humides ou ombragés. Peu de *scrophulaires* sont utiles, excepté la *digitale*, que l'on emploie assez souvent en médecine comme un sédatif dans les palpitations de cœur. Quelques-unes servent d'ornement à nos parterres.

Les principaux genres de cette famille sont la *scrophulaire*, la *digitale*, le *muflier* et la *véronique*.

Le nom de SCROPHULAIRES (*scrophularia*) se tire de scrophules ou écrouelles, parce qu'on attribuait autrefois à une espèce de ce genre la vertu de guérir cette cruelle maladie. Des expériences récentes ne permettent plus de croire à ce spécifique; toutefois comme ces plantes jouissent toutes d'une certaine amertume, il ne faut pas absolument les rejeter de la matière médicale; elles peuvent être utiles dans certaines circonstances, et notamment dans la maladie scrophuleuse, qui tient, comme on sait, à une grande faiblesse de l'économie animale. Toutes les *scrophulaires* ont un feuillage sombre, une odeur vireuse, une saveur amère et des fleurs petites, sans éclat; ce qui leur donne en somme un aspect peu agréable; aussi sont-elles exclues de nos jardins.

La DIGITALE (*digitalis*) est très-remarquable par la forme de sa fleur, que l'on a comparée à un bout de doigt de gants; ce qui lui a fait donner son nom, ainsi que celui de *doigtier*, de *gantelée*, de *gant de Notre-Dame*, etc., qu'elle porte en quelques endroits. L'espèce que l'on appelle *digitale pourprée* est une plante élégante, dont la tige est recouverte à son extrémité d'un grand nombre de fleurs purpurines, et dans le reste de son étendue de feuilles grandes, ovales, et disposées alternativement de chaque côté. Aussi la place-t-on ordinairement dans nos parterres, où elle produit un très-bel effet, surtout lorsqu'on a soin de la mettre à côté de plantes plus petites et parmi des fleurs de couleur différente des siennes. À cet avantage la *digitale pourprée* unit des propriétés énergiques, qui la font souvent employer en médecine, pour combattre les anévrismes, les palpitations, l'hydropisie, les scrophules, etc.

Le MUFLIER (*antirhinum*) nous présente dans ses fleurs deux lèvres grosses et rapprochées qui semblent faire la grimace, ce qui leur a fait donner le nom de *fleurs en masque*. Si on presse ces deux lèvres latéralement, elles s'ouvrent comme la gueule d'un animal, et ce qui rend l'illusion plus complète, c'est que l'intérieur de la corolle, de couleur plus foncée que le dehors, imite le palais de la bouche, tandis que la lèvre inférieure saillante tient lieu de menton. C'est pour cela qu'on leur donne vulgairement le nom de *fleurs en gueule*, et de *muflier*, dont celui d'*antirhinum* est à peu près la traduction.

La plupart des *mufliers* se tiennent dans les bois ou sur les montagnes, d'où on en a transplanté plusieurs espèces dans nos jardins ; mais là se bornent toute leur utilité ; aucune n'est employée dans les arts ni dans l'économie domestique.

On trouve en France cinq espèces de ce genre, dont le *muflier gueule-de-lion*, et le M. *tête-de-lion* sont les principales.

Le genre VÉRONIQUE (*veronica*) est les plus nombreux de la famille ; il renferme plus de vingt espèces qui croissent toutes en France. Elles sont répandues partout ; elles se montrent dans les champs avec les premiers beaux jours du printemps ; elles égaient et embellissent les vallons et les prairies ; elles gagnent les montagnes, pénètrent dans les forêts, se cachent dans les bois, se montrent le long des chemins, et partout elles se font remarquer par la couleur azurée de leurs fleurs, et par les épis élégants que celles-ci forment par leur réunion. Quelques-unes sont employées en médecine ; mais en général leurs propriétés sont peu énergiques, et si on s'en sert quelquefois, c'est parce qu'on peut se les procurer aisément en tous lieux. Les principales espèces de ce genre sont la *véronique beccabunga*, la *véronique officinale* et la *véronique petit-chêne*, qui sont les plus usitées en médecine.

MONOCHLAMYDÉES.

Cette quatrième classe se compose de toutes les plantes dicotylédones dont le périgone est simple, et qui par conséquent n'ont les organes sexuels protégés que par un calice, et manquent de corolle : telle est l'idée qu'exprime le mot grec *monochlamydées*, qui veut dire *un seul manteau* ou enveloppe.

Ce sont des plantes que l'on appelle encore *apétales*, parce que n'ayant que le calice, elles sont réellement privées de pétales, qui sont les feuilles de la corolle.

Il ne faudrait pourtant pas croire, d'après le nom de *calice*, que l'on a imposé à l'enveloppe florale de ces végétaux, que cette partie soit toujours de couleur verte ou sombre, comme cela a lieu ordinairement pour ceux à périgone double ; il arrive assez souvent qu'elle présente des teintes assez vives, pour que certains naturalistes aient cru devoir lui donner le nom de *corolle*. C'est ainsi que les amaranthes l'ont d'une belle couleur rouge, que les belles de nuit l'ont agréablement panachée de blanc pur et de pourpre.

Malgré cela, on peut dire en général que les plantes *monochlamydées* ont des fleurs moins belles que les autres dicotylédones, et que peu d'entre elles sont admises à figurer dans nos jardins ou dans nos bosquets, à moins qu'elles ne méritent cet honneur par l'élégance de leur port ou par la beauté de leur feuillage.

Mais si les *monochlamydées* ne se font pas remarquer comme plantes d'agrément, elles se font rechercher comme plantes utiles ; non qu'elles nous fournissent beaucoup d'aliments agréables ou sains, mais parce qu'elles nous offrent dans leurs troncs le meilleur bois dont nous puissions faire usage pour le chauffage et pour la construction de nos édifices et de nos vaisseaux.

Cette classe, moins nombreuse que les trois précédentes, renferme environ vingt-cinq familles, dont les principales sont :

les *polygonées*, les *laurinées*, les *euphorbiacées*, les *urticées*, les *juglandées*, les amentacées et les *conifères*.

Iʳᵉ Famille. — POLYGONÉES.

Cette première famille se compose uniquement de plantes herbacées, dont les feuilles alternes embrassent la tige par leur base, et dont les fleurs, petites et sans couleurs vives, nous offrent un ovaire unique surmonté de plusieurs styles, et auquel succède une graine à péricarpe dur et généralement triangulaire. Quant à leurs *étamines*, elles varient pour le nombre depuis quatre jusqu'à neuf, et sont insérées au fond du périgone.

L'aspect des *polygonées* est en général peu agréable ; mais si la beauté leur manque, ce désavantage est bien compensé par les services qu'elles nous rendent ; leurs graines farineuses servent d'aliment à la plupart des animaux domestiques, et même à l'homme. C'est ainsi que le blé sarrazin fait la base de la nourriture de certains peuples, dont le pays aride ne peut pas produire du blé, du riz ou du maïs ; leurs feuilles tendres et succulentes, convenablement apprêtées, nous offrent un aliment sinon bien nourrissant, du moins sain et agréable ; enfin la plupart de leurs racines, douées de propriétés toniques ou purgatives, sont d'un usage assez fréquent en médecine. Les principaux genres de cette famille sont : les *renouées*, les *patiences* et les *rhubarbes*.

Les RENOUÉES (*polygonum*) forment le genre le plus intéressant de cette famille par leurs qualités alimentaires et par le nombre de leurs espèces. Nous en cultivons plusieurs dans nos jardins potagers ; nous semons les autres dans nos champs ; quelques-unes ont été admises dans nos parterres. Il leur faut à toutes des terrains ombragés et humides, parce qu'elles craignent la sécheresse et la chaleur ; aussi n'en existe-t-il pas dans les contrées méridionales. Les principales espèces de ce genre sont : la *bistorte*, qui vient dans les prairies humides et fournit un bon fourrage ; le *poivre d'eau*, qui croît dans les marécages et qui se distingue par une saveur très-piquante ; la *grande persicaire*, qu'on cultive quelquefois dans les jardins, et surtout le *blé sarrazin* ou *blé noir*, plante originaire de la Perse, d'où elle a été transportée en Égypte, puis en Espagne et dans le reste de l'Europe par les Sarrazins ou Maures d'Espagne. Cette renouée a le double avantage de nous fournir dans sa graine une farine dont on peut faire du pain, et dans ses fleurs une nourriture abondante pour les abeilles.

Les Patiences (*rumex*) ou *oseilles* ont encore moins d'éclat que les renouées, quoiqu'elles s'en rapprochent beaucoup, non-seulement par leur extérieur, mais encore par leurs propriétés intrinsèques. Ce sont, en général, des touffes de feuilles qui partent directement du collet de la racine, et du centre desquelles s'élève ensuite une tige branchue avec des fleurs vertes ou rougeâtres, et peu de feuilles. Ce genre comprend, entre autres espèces, la *patience*, dont la racine était jadis très-préconisée dans les affections de la peau, sur lesquelles elle agissait cependant avec beaucoup de lenteur, puisqu'on lui donna le nom de *patience*, comme pour annoncer aux malades qu'ils devaient en faire long-temps usage sans se décourager. Une seconde espèce beaucoup plus utile est l'*oseille*, dont les feuilles aigrelettes sont d'un usage si général comme aliment, ou plutôt comme assaisonnement.

Le genre Rhubarbe (*rheum*) ne renferme aucune espèce européenne bien authentique, quoique certains naturalistes voyageurs prétendent en avoir trouvé une sur les Alpes. Toutes paraissent appartenir exclusivement aux contrées orientales et septentrionales de l'Asie, à la Chine, à la Tartarie, à la Sibérie, etc. Ce sont du reste des plantes tout-à-fait semblables à nos patiences par leur port et par leurs vertus ; la seule différence qu'il y ait entre les *rhubarbes* et les *patiences*, c'est que les premières sont plus grandes et ont des vertus plus énergiques, ce qui les fait employer de préférence par les médecins. Deux espèces sont surtout célèbres par leur propriété purgative ; ce sont la *rhubarbe palmée* et la *rhubarbe rapontique*, qui nous viennent de la Chine par la Russie ; ce qui fait qu'on les désigne souvent dans le commerce sous le nom de *rhubarbes de Moscovie*.

IIe *Famille*. — Laurinées (pl. XL).

En quittant l'humble famille des polygonées, plantes herbacées, inodores et propres aux pays froids ou tempérés, on doit être surpris de trouver à la suite celle des *laurinées*, qui ne se compose que d'arbres ou de grands arbrisseaux élégants, à feuilles glabres, entières et alternes, qui croissent principalement dans les contrées méridionales, et qui répandent tous une odeur assez forte. Aussi, toutes les laurinées nous fournissentelles de précieux aromates, qui font l'objet d'un commerce très-étendu entre les nations voisines de l'équateur et les peuples de l'Europe.

Quel est donc le motif qui a engagé les botanistes à placer cette famille à côté de la précédente? C'est que les laurinées ont, comme cette dernière, un périgone simple à trois ou six divisions, et des étamines insérées au calice autour de l'ovaire. Le seul caractère de la fleur qui les distingue, c'est que leur fruit est une baie charnue, tandis que celui des polygonées est une akène ou fruit sec.

Quoique toutes les parties de ces végétaux jouissent à un certain degré de propriétés stimulantes, c'est surtout dans l'écorce que l'on trouve ces qualités à un degré plus éminent, et c'est aussi cette partie que l'on recherche le plus comme aromate.

Deux genres importants composent cette famille : ce sont les *lauriers* et les *muscadiers*.

Le genre LAURIER (*laurus*) est le plus nombreux et le plus intéressant de la famille; il comprend près de quarante espèces toutes exotiques, à l'exception du *laurier d'Apollon*, arbre remarquable par la beauté de son port et par son feuillage toujours vert. C'était celui qui ornait autrefois le front des poètes et des généraux victorieux; du reste, ses usages sont peu importants. Il n'en est pas de même du *camphrier*, autre espèce du même genre. Cet arbre, originaire du Japon et des Indes-Orientales où il croît abondamment, fournit le *camphre*, substance fortement aromatique qui fait l'objet d'un commerce très-étendu. On l'emploie surtout en médecine pour calmer les irritations et les affections nerveuses. On le retire des branches et des tiges du *camphrier*, que l'on fait bouillir dans des vases à moitié remplis d'eau, et qui laissent échapper une matière volatile et blanche qui s'attache à leurs parois supérieures. La troisième espèce de laurier est le *cannelier*, arbre de quinze à vingt pieds de hauteur qui croît dans l'île de Ceylan. Outre son écorce (la *cannelle*), dont l'usage est très-répandu comme aromate, il fournit encore une huile stomachique et fortifiante très-usitée dans les Indes, du camphre de beaucoup préférable à celui du camphrier, et la *cire de cannelle* qu'on retire de ses fruits, et qui sert à fabriquer des bougies qui embaument l'appartement qu'elles éclairent. La quatrième et dernière espèce de ce genre est le *sassafras*, laurier d'Amérique, qu'on cultive

en France à cause de son écorce, qui fournit une couleur jaune
orangée et a des propriétés excitantes et toniques.

Après le laurier vient le MUSCADIER (*myristica*) (fig. 3) genre
bien moins nombreux en espèces, mais non moins intéressant
que le précédent. La principale est un arbre élégant, d'environ
trente pieds de hauteur, qui vient naturellement dans les îles
Moluques. On le cultive aussi dans presque toutes les colonies
européennes. Le fruit en est la partie la plus importante; c'est
une espèce de noix de la grosseur du poing, enveloppée par
une écorce blanchâtre et charnue qu'on appelle *brou*; au-dessous se trouve le *macis*, membrane épaisse, d'un rouge écarlate, qui jaunit en vieillissant; vient ensuite une troisième
enveloppe noire et dure qui recouvre l'amande appelée *muscade* (fig. 3, a). On peut manger cette dernière confite au sucre;
mais le plus ordinairement elle sert à aromatiser les aliments.

IIIe *Famille*. — EUPHORBIACÉES (pl. XL).

Il en est des *euphorbiacées* comme des solanées; elles sont
d'autant plus importantes à connaître, qu'elles nous présentent
des aliments et plusieurs produits utiles, à côtés des poisons
dangereux. Mais on doit en général se défier de toutes les espèces; elles sont plus ou moins suspectes, à cause du suc blanc
et laiteux qu'elles recèlent dans toutes leurs parties, et qui agit
très-énergiquement sur l'organisation des animaux et sur celle
de l'homme; seulement il en est quelques-unes qui perdent
leurs propriétés vénéneuses par la dessiccation ou par la chaleur; et alors elles peuvent nous rendre quelques petits services.

Ce sont des herbes, des arbustes ou de grands arbres, à
feuilles alternes ou rarement opposées, qui croissent en général dans toutes les régions du globe, mais qui semblent se multiplier de préférence dans les régions intertropicales des deux
continents.

Quoique leur périgone soit toujours simple, il arrive quelquefois que les pièces qui le composent forment deux ou même
plusieurs rangs; mais on n'y distingue jamais une corolle et un
calice. Leurs fleurs sont constamment unisexuées; les mâles
contiennent généralement un assez grand nombre d'étamines,
qui peuvent cependant être quelquefois définies; les femelles
renferment un ovaire unique surmonté de trois stigmates ordinairement sessiles; leur fruit est sec, légèrement charnu et

à trois loges monospermes ou dispermes, qui s'ouvrent souvent comme par ressort.

On trouve parmi les *euphorbiacées* plusieurs genres intéressants : la MERCURIALE (*mercurialis*), dont une espèce qui croît en France s'emploie quelquefois comme purgatif; le BUIS (*buxus*), remarquable par la dureté et la finesse de son bois; l'HÉVÉA (*hevea*), dont une espèce de la Guiane donne par incision la *gomme élastique*, qui a des usages si variés; l'EUPHORBE (*euphorbia* (fig. 4), dont nous avons plus de quarante espèces en France, toutes imprégnées d'un poison plus ou moins violent, et que l'on emploie cependant quelquefois en médecine; le *croton*, le *ricin* et le *jatropa* ou *manioc*, sur lesquels nous allons donner quelques détails.

Les CROTONS (*croton*) forment un genre nombreux, comprenant plus de quatre-vingt dix espèces toutes exotiques à l'exception du *tournesol*, qu'on cultive en certaines provinces de la France, et surtout dans le Languedoc. C'est une plante cotonneuse, à tiges grêles ou rameuses, dont les fleurs n'ont aucun éclat, et dont le fruit est pendant et couvert de petites aspérités. C'est ce dernier qui produit cette liqueur, d'abord verte et qui devient ensuite bleue, à laquelle on donne le nom de *tournesol*, substance très-employée en chimie pour démasquer les acides, qui changent sa couleur bleue en rouge. Parmi les espèces étrangères on remarque l'*arbre à suif*, dont les fruits contiennent une matière grasse qui, mêlée à la cire, sert à faire des bougies très-blanches et très-utiles, le *croton laccifère*, qui produit la *gomme laque*, substance transparente d'un rouge foncé, qu'on emploie fréquemment pour composer les vernis et la cire à cacheter; la *cascarille*, dont l'écorce, analogue à celle du quinquina, supplée cette dernière dans le traitement des fièvres intermittentes peu violentes.

Le genre RICIN (*ricinus*) a pour espèce principale, le *ricin* ou *palma-christi*, arbrisseau à tige creuse qui croît dans la Barbarie et en Amérique, dont il est originaire, et qui y parvient à sept ou huit mètres d'élévation, tandis que dans nos climats ce n'est qu'une plante annuelle, qui n'a jamais plus de cinq à six pieds de hauteur. On le cultive en France à cause de ses graines qui, pour la forme ressemblent un peu au haricot; mais leur peau est beaucoup plus dure et d'une consistance analogue à celle de la corne. Ce sont elles qui fournissent cette huile purgative, douce tant qu'elle est fraîche, mais qui devient âcre en vieillissant, et qui est si usitée en médecine (l'*huile de ricin*).

Le genre Manioc (*jatropa*) comprend plus de vingt espèces, toutes exotiques, et dont une est surtout intéressante ; c'est le *manioc* proprement dit, arbrisseau de six à sept pieds de haut, dont le port n'a rien de remarquable, mais dont la racine grosse et très-charnue renferme une grande quantité de substance farineuse. Fraîchement cueillie, elle contient un poison très-subtil ; mais quand on l'en a débarrassée par la dessiccation, elle fournit une fécule abondante, avec laquelle on fait un pain très-nourrissant et très-utile en Amérique, où cette plante croît naturellement.

IVe Famille. — URTICÉES (pl. XL).

Les trois familles que nous venons d'étudier nous ont toutes présenté quelques plantes utiles ; mais aucune ne nous a offert de ces produits qui sont faits pour enrichir un pays ; nous allons trouver dans les *urticées* quelques plantes de cette espèce. Le *chanvre*, le *mûrier*, etc., sont pour les contrées qui s'adonnent à leur culture une source inépuisable de richesses, par la toile et la soie qu'ils produisent ou font produire.

Toutes les plantes de cette famille, herbes, arbustes ou arbres, sont ordinairement velues et garnies de feuilles alternes, le plus souvent stipulées à leur base ; leurs fleurs unisexuées ou très-rarement hermaphrodites, sont dépourvues de tout éclat, lors même qu'elles sont réunies en grappes ou en chatons. Dans les mâles on trouve quatre ou cinq étamines, nombre égal aux divisions du périgone ; dans les femelles il n'y a qu'un seul ovaire surmonté d'un ou de deux stigmates seulement (fig. 5). Quant au fruit, il est quelquefois charnu, mais le plus souvent capsulaire.

La famille des *urticées* est extrêmement étendue ; mais elle n'est pas très-naturelle, et se divise aisément en quatre tribus, qui pourraient former quatre familles.

Ire Tribu. — Pipéritées.

La tribu des *pipéritées* ne se compose que du genre Poivre (*piper*), dont les caractères botaniques consistent à avoir des fleurs hermaphrodites, réunies en chaton et enveloppées d'une spathe, et le fruit charnu et toujours simple.

Les espèces de *poivres* sont extrêmement nombreuses ; les contrées orientales de l'Asie et le midi de l'Amérique en produisent près de cent cinquante, qui se font toutes remarquer par leurs tiges minces et flexibles, et par la saveur âcre et piquante de leurs fruits, qui font la base de notre épicerie, et qui sont employés comme astringents dans le traitement de certaines affections. Les principales espèces de ce genre sont le *poivre noir*, dont le *poivre blanc* ne diffère qu'en ce qu'il est dépouillé de son écorce; le *poivre cubèbe*, dont on fait un assez grand usage en médecine, et le *poivre bétel*, que les peuples d'origine malaise mangent continuellement, pour rendre leur haleine plus douce.

IIe Tribu.—Urticées propres.

Ce groupe est le plus étendu de la famille; il comprend un grand nombre de plantes herbacées sans beauté dans leurs fleurs, sans élégance dans leur port, et qui répandent de toutes leurs parties une odeur vireuse et nauséabonde quand elles sont en vie, mais qu'elles perdent par la dessiccation ou par la cuisson. Leur caractère distinctif se tire de leurs fleurs, qui sont toujours unisexuées, et de leurs fruits, qui ne se soudent jamais ensemble.

Les principaux genres de cette tribu sont l'*ortie*, le *houblon* et le *chanvre*.

L'ORTIE (*urtica*) est connue de tout le monde par les piqûres brûlantes qu'elle fait à ceux qui la touchent, et qui lui font donner son nom, dérivé du latin *ura tacta*, je brûle par le contact; mais ce qu'on ne sait pas ordinairement, c'est que plusieurs peuples du Nord la cultivent en grand, à cause de son écorce filamenteuse qui sert à fabriquer des cordes, des filets et des tissus grossiers. Les Suédois la cultivent de même, parce que fanée elle offre aux bestiaux une nourriture saine et agréable. En certains pays même on la mange comme les épinards et l'oseille; et tout le monde sait que c'était une plante alimentaire chez les anciens.

Nous en avons cinq espèces en France, qui se ressemblent beaucoup par leur port et par leurs propriétés.

Le HOUBLON (*humulus*) (fig. 3) est une plante sarmenteuse à tige longue et grimpante, dont la culture est très répandue en Angleterre, en Belgique, et en général dans tous les pays où le vin ne vient pas. On en forme de vastes plants qui exigent des soins analogues à ceux de la vigne. Ses cônes ou fleurs femelles sont extrêmement précieux pour la fabrication de la bière, qui lui doit ce goût franc et cette amertume, qui rendent cette boisson si agréable et si salutaire en même temps. Leur récolte a lieu vers la fin de l'été; ou les fait sécher et on les conserve pour l'usage. Les jeunes pousses du *houblon* se mangent au printemps comme nos asperges, et s'emploient en médecine, à cause de leurs propriétés toniques. Presque tous les animaux recherchent les feuilles de cette plante, qui est unique dans son genre.

On ne connaît également qu'une seule espèce de Chanvre (*cannabis*), plante d'une utilité générale par sa tige et par son fruit; aussi, malgré l'odeur virense et narcotique qu'elle exhale et les accidents qu'éprouvent les ouvriers qui la manient, cette plante est une de celles dont la culture est la plus étendue. Ses graines (le *chénaris*) servent à nourrir les volailles et fournissent une huile très-bonne à brûler; mais sa principale qualité réside dans son écorce filamenteuse (la *filasse*), qui sert à former des tissus dont la finesse dépend du terrain où le chanvre a été cultivé, et des soins qu'on a donnés à sa préparation. Elle est d'un usage si général, qu'il serait inutile de détailler les emplois qu'on en fait. Pour séparer les fils de la partie ligneuse, on fait d'abord rouir la plante par un long séjour dans l'eau (six mois); ensuite on la fait sécher et on la brise avec un instrument destiné à cet usage.

Outre ces trois genres, la tribu des urticées comprend la Pariétaire (*parietaria*), dont une espèce commune en France le long des murs, s'emploie en médecine comme sudorifique.

*III*ᵉ *Tribu.* — Artocarpées.

Cette tribu ne renferme que des arbres, souvent très-élevés, dont les graines, toujours réunies en grande quantité par une substance tendre et succulente, donnent naissance à un fruit composé, doué d'une saveur agréable, souvent délicieuse, et de propriétés éminemment nutritives, ce qui a fait donner à ce groupe le nom d'*artocarpées*, qui veut dire *fruit pain*, *fruit nourrissant*. On trouve, en effet, dans cette tribu une plante dont le fruit fait le principal et presque unique aliment de certains peuples des îles de la mer du Sud.

Le caractère distinctif des végétaux de ce groupe se tire de la nature de leurs fruits, qui sont charnus et réunis en très-grand nombre. Les principaux genres de cette tribu sont : le *figuier*, le *mûrier* et l'*artocarpe*.

Les Figuiers (*ficus*) sont des plantes exotiques, originaires du Levant, d'où ils ont été transportés en Europe depuis plus de deux mille ans; ils se sont très-bien acclimatés dans le Midi, et y produisent des fruits en abondance; mais leur taille y est moins élevée que dans leur pays natal. Leurs fruits, qui sont charnus et sucrés, forment à l'état frais une nourriture agréable et salubre; on en mange beaucoup dans les pays méridionaux, où l'on en retire encore du vin par la fermentation, et de l'eau-de-vie par la distillation; desséchés, ils sont l'objet d'un commerce étendu dans le Nord, à cause de leurs propriétés adoucissantes. Dans les endroits où l'on cultive ces arbres en grand, on hâte la maturation du fruit par la *caprification*, procédé dont nous avons parlé en traitant du cynips du figuier.

On connaît plus de cent espèces de ce genre, pour la plupart asiatiques. On en trouve cependant quelques-unes en Afrique, en Amérique et à la Nouvelle-Hollande.

Les MURIERS (*morus*) sont des arbres de la Chine et autres pays de l'Orient, dont la culture fut introduite en France sous le règne de Charles VII. On en distingue plusieurs espèces : le *mûrier noir*, dont le fruit sucré et acidule sert à faire un sirop utile contre les maux de gorge; il s'est très-bien acclimaté en France; le *mûrier blanc*, moins estimé à cause de ses fruits, analogues à ceux du précédent, que pour ses feuilles, qui font la nourriture des vers-à-soie. Cette espèce est très-répandue dans la Provence, où elle donne deux récoltes de feuilles, l'une au commencement du printemps et la seconde dans le courant de l'été. Sa culture n'exige presque pas de soins : on peut même la cultiver dans toutes les parties de la France; elle vient très-bien aux environs de Paris, où on élève déjà des vers-à-soie. Une troisième espèce de ce genre fournit au Japon une écorce filandreuse, dont on fait des étoffes de différentes sortes, et qui, moyennant certaines préparations, sert de papier dans plusieurs îles de la mer du Sud.

Les ARTOCARPES (*artocarpus*), appelés plus communément *arbres à pains*, sont originaires des îles Moluques et de la Sonde. Leurs fruits, gros comme nos melons, servent d'aliment, en même temps que leur écorce fournit une espèce de fil propre à confectionner divers tissus, quelquefois très-fins.

On en compte cinq espèces, dont les principales sont le *jaquier* et le *lima*; leur pulpe sert à faire une pâte très-agréable et très-nourrissante, qui remplace, pour les habitants des îles où croissent ces arbres, le pain de froment des Européens, ou les bouillies de riz des Chinois et des Japonais.

IIe Tribu. — Ulmacées.

Cette tribu, que ses caractères botaniques rapprochent de la famille des amentacées, dans laquelle la placent beaucoup de naturalistes, ne se compose que de deux genres peu nombreux, l'ORME et le MICOCOULIER, arbres élevés dont le tronc est employé dans la charpente et surtout dans le charronnage. On reconnaît les *ulmacées* à leurs fleurs hermaphrodites disposées en chatons, et à leur fruit sec et capsulaire. Nous avons en France deux espèces du premier genre, *l'orme commun* et *l'orme étalé*. Pour le *micocoulier*, on n'en trouve qu'une seule espèce dans nos provinces méridionales.

Ve Famille. — JUGLANDÉES.

Cette famille ne comprend qu'un seul genre, le NOYER (*juglans*), dont le nom scientifique est formé par corruption du latin *Jovis glans*, gland de Jupiter, parce que les anciens donnaient le nom de gland à tous les fruits à amande dont l'enveloppe était dure.

On reconnaît aisément les *juglandées* à leurs fleurs monoïques, dont le périgone écailleux protège une vingtaine d'étamines très-courtes ou un ovaire surmonté de deux stigmates. Le fruit que tout le monde a vu est un drupe uniloculaire.

Les *noyers* sont des arbres d'une taille élevée et d'un port majestueux, qui étalent au loin leurs rameaux et leurs feuilles nombreuses et d'un vert foncé. Ils sont tous originaires des pays chauds et surtout de l'Amérique-Méridionale ; sur douze espèces, dix appartiennent au nouveau continent. Aucune ne croît spontanément en Europe ; mais l'espèce que l'on y cultive y a été transplantée depuis si long-temps, que l'époque de son introduction se perd dans l'obscurité des siècles. Les plus anciens auteurs parlent des *noix*, soit comme de joujoux de l'enfance, soit comme de fruits propres à donner de l'huile. Cette huile, quoique bien inférieure à celle de l'olivier, est cependant employée en certains pays, en place de beurre ou de graisse, pour assaisonner les aliments trop maigres par eux-mêmes. On fait aussi avec le *brou de noix*, c'est-à-dire avec la première écorce, une espèce de liqueur qui passe pour tonique et fortifiante.

VIe *Famille*. — AMENTACÉES (pl. XL).

Cette famille est de beaucoup la plus importante de la classe par le nombre des espèces utiles qu'elle contient ; on peut même dire que toutes celles qui s'y trouvent comprises rendent des services plus ou moins importants à l'homme. C'est à elles qu'appartiennent tous les grands arbres de nos forêts et les petits arbustes de nos taillis ; nous lui devons par conséquent presque tout notre bois de chauffage et de construction.

Les caractères botaniques des *amentacées* sont assez faciles à saisir ; leurs fleurs, toujours unisexuées, sont constamment dépourvues de périgone, et ne consistent, du moins les mâles, qu'en un nombre très-variable d'étamines disposées en chaton, comme dans le noyer ; les fleurs femelles ont seules une enveloppe écailleuse pour protéger l'ovaire qui reste toujours libre. Leurs feuilles alternes sont tantôt entières, tantôt dentées.

Ces végétaux semblent craindre les trop grandes chaleurs ; on n'en trouve qu'un très-petit nombre dans les régions voisines des tropiques, tandis qu'ils forment d'immenses forêts dans toutes les contrées septentrionales ou tempérées des deux continents. C'est là que leurs troncs parviennent à des hauteurs où l'œil peut à peine distinguer leur cime, et acquièrent cette grosseur et cette force qui les rendent si utiles dans la construction de nos édifices. Leur âge n'a pas de durée fixe ; il est des individus dont la naissance se perd dans la nuit des temps, et qui peut-être sont aussi anciens que la dernière catastrophe qui a bouleversé notre planète.

Vu son étendue et son importance, et surtout la différence des caractères botaniques qu'elle nous présente, la famille des *amentacées* a été divisée en trois tribus principales : les *salicinées*, les *bétulinées*, et les *cupulifères* ou *quercinées*.

Ire *Tribu*. — Salicinées.

Cette tribu ne se compose que des deux genres *saule* et *peuplier*. Ce sont des arbres à feuilles simples et entières, munies à leur base de stipules caduques ; leurs fleurs ne présentent rien de remarquable, si ce n'est qu'elles sont dioïques, les mâles sur un individu et les femelles sur un autre ; mais leur fruit, qui renferme plusieurs graines enveloppées de longs poils soyeux, leur forme un caractère distinctif parfaitement tranché. Tous ces arbres recherchent les endroits humides et surtout les bords des ruisseaux ou des rivières, où ils poussent avec rapidité. Leur bois, généralement blanc et tendre, est peu propre à la construction des édifices; mais, comme il est facile à tailler, on s'en sert pour fabriquer de petits ouvrages délicats, des chapeaux, des paniers, etc.

Les Saules (*salix*) ne sont jamais de ces arbres qui occupent le premier rang dans nos forêts; les plus grandes espèces s'élèvent à peine à la hauteur de nos arbres fruitiers, et d'autres passent, par une dégradation insensible, à l'état d'arbustes, n'ayant que quelques pouces de haut. Placés sur le bord des ruisseaux et dans les lieux humides, leurs racines entrelacées fixent la terre, empêchent les éboulements et opposent une digue aux ravages des crues subites des eaux. On ne compte pas moins de cent vingt espèces de ce genre, dont plus des trois quarts croissent naturellement en Europe. Les plus communes sont le *saule blanc*, au feuillage argenté; le *saule osier*, dont les branches longues et déliées sont si employées dans les campagnes pour lier la vigne, les espaliers, pour faire des fagots; le *saule pleureur*, que son port triste et ses longs rameaux fléchis vers la terre semblent destinés à couvrir les tombeaux, et à dérober aux regards indiscrets l'infortuné qui pleure la mort d'une personne chérie.

Les Peupliers (*populus*) sont de beaux arbres bien supérieurs aux saules par leur force et par leur grandeur, quoiqu'ils croissent de préférence, comme ces derniers, sur le bord des rivières et dans les lieux humides. Néanmoins il faut observer que ces amentacées ne craignent pas la sécheresse; il n'est pas rare d'en trouver dans les forêts profondes, loin de toute espèce de courant. Le bois de ces arbres, peu employé dans les bonnes constructions, est d'un usage journalier dans la menuiserie, surtout pour la fabrication d'objets qui exigent peu de solidité. Ce genre, bien moins nombreux que le précédent, ne renferme que seize espèces, dont cinq seulement viennent spontanément en France; ce sont le *peuplier blanc* aux rameaux étalés, qui s'élève jusqu'à cinquante pieds, et dont le bois est le plus employé; le *tremble*, qui est à-peu-près de la même taille, mais dont le bois, trop mou pour la menuiserie, sert à fabriquer de petits objets légers; le *peuplier noir*, dont les bourgeons résineux entrent dans la préparation de l'onguent *populéum*; le *peuplier pyramidal* ou *d'Italie*, qui s'élève comme un pain de sucre jusqu'à quatre-vingts pieds de hauteur (1); et le *peuplier blanchâtre*, qui est plus petit que les précédents.

II° Tribu. — Bétulinées.

Cette tribu tire son nom de *betula*, bouleau, qui en forme le principal genre. Elle ne comprend que des arbres ou arbustes à fleurs monoïques, à chatons allongés et cylindriques, à fruit conique et écailleux. Elle ne se compose que des genres *aune* et *bouleau*.

Les Aunes (*alnus*) sont des arbres élevés, dont le bois est recherché, à cause de son inaltérabilité à l'eau, pour faire les pilotis, ainsi que pour la fabrication des aqueducs. Les tourneurs et les ébénistes en font aussi usage, parce qu'il est susceptible d'un assez beau poli, et qu'il prend assez bien le noir pour imiter l'ébène. Son écorce est employée dans la teinture en noir. On ne connaît que six espèces de ce genre, dont deux sont assez connues en France; ce sont l'*aune commun* et l'*aune blanchâtre*.

Les Bouleaux (*betula*) sont plus nombreux que les aunes; on en compte environ seize espèces, dont trois seulement croissent en France. Leur taille varie beaucoup, selon les températures; dans le Nord, qui paraît être sa patrie primitive, il parvient à la hauteur de nos chênes et y forme d'immenses forêts; dans les climats chauds, c'est un petit arbuste qui n'atteint qu'un, deux ou trois pieds d'élévation. Son bois est excellent pour faire le charbon de forge et la poudre à canon. Son écorce, presque inaltérable, sert dans le Nord à couvrir les maisons, et son tronc creusé devient canot ou pirogue. Au moyen d'incisions, on retire de ces arbres une liqueur agréable qui, mêlée au houblon, imite assez bien la bière, et qui se convertit par la fermentation en une liqueur vineuse, qui mousse comme le vin de Champagne.

III° Tribu. — Cupulifères ou Quercinées (pl. XL).

Cette tribu, beaucoup plus nombreuse en genres que les précédentes réunies, se reconnaît à la nature de son fruit, qui est un *gland* (fig. 6), toujours accompagné d'une *cupule* (2),

(1) Ce qu'il y a de singulier dans cet arbre, c'est que nous en ignorons la patrie, et que nous n'avons en Europe que des individus mâles.

qui l'enveloppe quelquefois complètement comme dans la châtaigne. Quant aux fleurs elles sont constamment unisexuées, presque toujours monoïques et réunies en chaton ou en petites grappes.

Les genres de ce groupe sont : le *charme*, le *coudrier*, le *chêne*, le *châtaignier* et le *hêtre*.

Le CHARME (*carpinus*) est assez commun : sa dureté le fait employer pour faire des poulies, des dents de roues et autres objets qui demandent de la solidité. On en fait aussi un grand usage pour les charrues ; c'est encore un des meilleurs bois de chauffage. On en distingue cinq espèces dont une seule croît en France.

Le NOISETIER ou COUDRIER (*corylus*) est un arbrisseau tout-à-fait champêtre ; ses tiges sont trop minces pour servir à fabriquer de grands ouvrages ; mais les tonneliers en font de bons cerceaux, et les vanniers en tirent la charpente de leurs corbeilles ; son fruit est d'un goût très agréable, surtout dans le Midi.

Le CHÊNE (*quercus*) (fig. 8) est le roi des arbres de nos forêts. Son port est noble, son feuillage majestueux, sa taille quelquefois gigantesque. Son tronc est le plus solide que l'on puisse employer pour les charpentes ; c'est après le noyer, le meilleur de nos arbres pour fabriquer des meubles qui, s'ils n'ont pas l'élégance de ceux d'acajou, ont une solidité qui compense bien cette qualité. Son écorce, amère et astringente, est très-employée dans le tannage des cuirs. Celle du *chêne-liège* est plus épaisse, plus souple et plus légère ; elle sert à faire des bouchons et le noir d'Espagne. Le fruit du *chêne*, qui fait les délices du cochon, fut, nous disent les poètes, la première nourriture de l'homme sur la terre. Cela pourrait être vrai pour le chêne-hêtre, dont le fruit, analogue à la châtaigne, se mange encore en Espagne ; mais cet arbre, originaire d'Amérique, ne pouvait être connu des anciens. Le chêne fournit encore la *noix de galle*, excroissance que ses feuilles produisent par la piqûre d'un cynips. Cette noix sert à faire la meilleure encre à écrire et de belles couleurs noires.

Le HÊTRE (*fagus*) est un grand arbre dont le bois ne sert guère qu'à brûler et à faire du charbon. Il est excellent sous ces deux rapports ; mais on ne peut en faire ni charpentes ni meubles, parce qu'il est sujet à travailler et à être dévoré par les vers. Ses fruits, connus sous le nom de *faînes*, sont recherchés par les cochons, les dindons et autres animaux. Ils four-

PLANTES.
DICOTYLÉDONES.

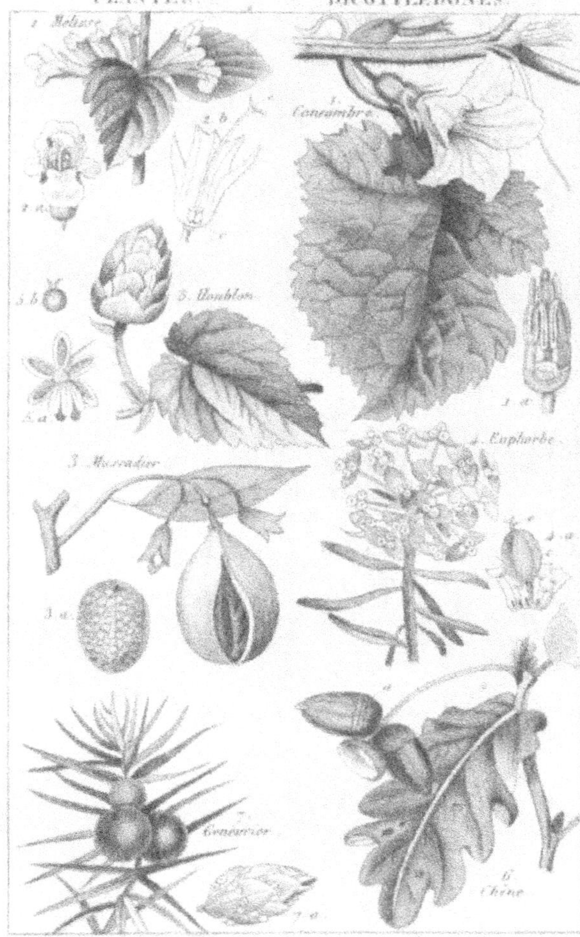

COROLLIFLORES.
PL. XI.
MONOCHLAMYDÉES.

nisent aussi une huile qui, bien différente des autres, que le temps détériore, acquiert en vieillissant un goût de noisette très-agréable, et ne perd aucune de ses bonnes qualités. On en connaît trois espèces, une d'Europe et deux d'Amérique.

Le Châtaignier (*castanea*) a beaucoup d'analogie avec le hêtre, sans cependant avoir la beauté de son port ; mais en revanche, il le surpasse en utilité. Son bois est, après celui du chêne, le meilleur pour les constructions ; il dure plusieurs siècles sans éprouver d'altération. Il est aussi excellent pour le chauffage ; mais il pétille beaucoup, et lance des étincelles qui peuvent incendier les édifices où on le brûle. Son fruit est assez connu pour nous dispenser d'en parler ; nous ferons seulement observer que le *marron* n'est qu'une variété de la *châtaigne commune*.

Le genre Platane (*platanus*), qui appartient à la famille des *amentacées*, mais qui ne se rapporte bien à aucune des tribus précédentes, est un arbre originaire d'Orient, que nous avons naturalisé en Europe à cause de la beauté de son port, de la verdure de son feuillage et de la rapidité avec laquelle il parvient à son développement. Il sert à former de belles allées et à orner le bord des routes ; mais son bois est peu employé dans nos pays ; il peut néanmoins servir à différents ouvrages de charronnage, de menuiserie et même d'ébénisterie.

VIIe *Famille.* — Conifères (pl. XL).

Nous voici parvenus à la dernière famille du premier embranchement de la phytologie ; elle n'est pas la moins intéressante. Analogue à la précédente par la grandeur des arbres qui la composent, et par les bois qu'elle fournit à l'art du charpentier, du menuisier, etc., elle l'emporte de beaucoup sur elle par l'étendue de ses services. La forme pyramidale de leur tronc qui est presque toujours droit et sans branches, la hauteur à laquelle ils s'élancent, et la nature résineuse de leur bois, permettent d'employer les *conifères* pour les constructions navales, et surtout pour la fabrication de ces immenses quilles qui sont la base d'un vaisseau, dont elles occupent la partie inférieure, et de ces énormes mâts dont la cime se perd dans les airs. La *résine* dont toutes leurs parties sont fortement imprégnées, fournit une quantité considérable de produits utiles aux arts et à l'industrie ; leur feuillage, qui est toujours vert et ne tombe jamais complétement, les fait rechercher pour l'ornement des bosquets ; quoique leur verdure soit un peu sombre, on aime à les voir, pendant les froids de l'hiver, étaler leur parure telle qu'ils l'ont eue durant les beaux jours.

Les caractères botaniques de cette famille se tirent d'abord de la nature de ses feuilles linéaires, persistantes et réunies en faisceaux de deux à six, de la forme de ses fleurs qui sont coniques ou en chaton (fig. 7, *a*), et de la nature de son fruit, qui se compose d'un grand nombre d'écailles ligneuses, à la base desquelles on remarque une graine divisible en deux, trois, quatre et même dix cotylédons. Quelquefois cependant les écailles du fruit, au lieu d'être ligneuses, sont charnues et se soudent ensemble de manière à former une véritable baie, comme dans le genévrier (fig. 7).

Quoiqu'on trouve des *conifères* dans toutes les parties du globe, et que la Californie nourrisse, dit-on, une espèce de pin qui atteint jusqu'à deux cent trente pieds de haut, il n'est pas moins vrai que ces dicotylédones préfèrent les contrées du Nord, et les pays des montagnes ; et on dirait que la nature les a véritablement créés pour peupler ces régions glaciales et orageuses. La résine qu'ils contiennent les rend insensibles au froid et à l'humidité, et leur feuillage court, fin et linéaire, laisse passer facilement, sans en être ébranlé, ces courants d'air impétueux qui renverseraient les chênes, les noyers et autres arbres à larges feuilles, qui croissent dans les pays de plaine.

Cette famille comprend environ dix genres dont les plus importants sont l'*if*, le *genévrier*, le *pin*, le *sapin* et le *mélèze*.

L'IF (*taxus*) est un arbre qui ne parvient jamais à une hauteur considérable ; on le recherche cependant pour l'ornement des bosquets à cause de sa verdure perpétuelle. Son bois est très-estimé des tourneurs, tant à cause de sa solidité que de la beauté de sa couleur jaune, parsemée de taches brunes, et du poli qu'il est susceptible d'acquérir sous la main de l'ouvrier. Il sert à faire les arcs les plus solides et les plus élastiques, divers instruments de musique et des essieux de charrettes qui durent fort long-temps.

Le GENÉVRIER (*juniperus*) (fig. 7.) est un arbrisseau que ses feuilles fines et aiguës, et son fruit bacciforme, distinguent aisément de tous les autres conifères. Malgré sa petitesse, il rend de nombreux services à l'homme ; son bois moelleux et léger sert à fabriquer les crayons ; ses baies, de la grosseur d'un pois, forment par leur réduction en extrait la *thériaque des paysans*, fournissent par leur infusion dans l'eau une espèce de bierre assez agréable, et donnent par la distillation une liqueur alcoolique analogue à l'eau-de-vie. Son écorce laisse exsuder une résine blanche appelée *sandaraque*, laquelle dissoute dans l'alcool fournit un vernis très-usité en peinture ; ses tiges donnent par la distillation un produit très-fétide, nommé *huile de cade*, que les vétérinaires emploient contre les maladies cutanées des animaux domestiques, etc.

L'aspect d'un Cyprès (*cupressus*) suffit pour réveiller en nous un sentiment de tristesse et des idées de mort, parce que les anciens en voyant le port triste et pour ainsi dire silencieux de cet arbre funèbre, l'avaient consacré à la déesse implacable qui nivelle tout, et frappe également le pauvre en sa cabane et le monarque en son palais. Son nom seul, en nous rappelant la métamorphose de Cyparisse, produit dans notre âme une douce mélancolie, et nous intéresse au sort de cet infortuné jeune homme.

Nous n'avons en France qu'une seule espèce de ce genre ; mais les pays étrangers en produisent six ou sept autres qui diffèrent peu de la nôtre.

Le genre Pin (*pinus*) comprend plus de vingt espèces dont six croissent naturellement en France, et se font toutes remarquer par la beauté de leur port et par les nombreux services qu'elles nous rendent ; leur verdure toujours fraîche et la beauté de leur port les ont fait employer à la décoration des jardins ; leurs fruits (les *pignons doux*) renferment des graines comestibles d'un goût assez agréable ; leurs cônes sont également bons à manger ; leur bois, peu propre à la menuiserie et au chauffage, à cause de l'odeur forte qu'il répand, est excellent pour toutes sortes de constructions. L'écorce de plusieurs espèces laisse exsuder diverses matières résineuses nommées *térébenthines*, qu'on emploie à mille usages différents ; liquides on les distille pour en obtenir l'essence si usitée en peinture. On les purifie en les faisant fondre, et en les passant à travers un lit de paille ; on obtient alors la *poix de Bourgogne*, qui est jaune ou blanche. La combustion du lit de paille, ainsi que du bois de sapin fournit la *poix noire*, qui est moins pure que celle de Bourgogne. Le *goudron* est encore plus impur ; on l'obtient en faisant brûler le tronc et les branches des arbres résineux, qui ne peuvent plus fournir de térébenthine. Le *brai sec*, qui est le résidu de l'essence de térébenthine, donne, par la combustion dans des vases fermés, une espèce de charbon qui, réduit en poudre fine, constitue le *noir de fumée*, dont on fait une grande consommation pour la peinture et l'imprimerie.

Le SAPIN (*abies*) est un des plus beaux et des plus grands arbres que nous possédions. La rectitude de sa tige le fait rechercher pour la mâture des vaisseaux et pour la charpente des maisons. Son écorce, comme celle du pin, laisse couler une résine que l'on confond souvent avec celle de ce dernier : c'est la *térébenthine de Strasbourg*, qu'on emploie particulièrement en médecine. Une espèce de ce genre, le *sapin baumier*, fournit le *baume de Canada*, employé en médecine, à cause de ses propriétés vulnéraires. Ses bourgeons forment par la fermentation une liqueur très-agréable à boire, lorsqu'elle a été édulcorée.

Le MÉLÈZE (*larix*) ne le cède pas en grandeur au sapin ; son bois est plus dur et plus incorruptible : il découle de ses feuilles une sorte de résine nommée *manne de Briançon*, qui peut remplacer celle de Calabre. Son incision donne aussi la *térébenthine de Venise*. C'est à ce genre qu'appartiennent les CÈDRES, si célèbres dans les Écritures saintes. On en a vu qui offraient jusqu'à cent vingt pieds de longueur sur deux d'équarrissage. On les emploie aux mêmes usages que le sapin.

PLANTES MONOCOTYLÉDONES.

Nous voici arrivés au second embranchement des végétaux, qui va nous offrir un type nouveau et des formes toutes différentes. Nous y trouverons encore des organes sexuels bien développés, quelquefois même de riches et éclatantes corolles ; mais nous n'y rencontrerons presque plus d'arbres, et ceux que nous y observerons se feront remarquer par la forme de leur tige. Ce sera un *stipe* élancé, simple, cylindrique, et terminé à son extrémité supérieure par un magnifique bouquet de feuilles étalées ou pendantes en forme de dôme majestueux. Cette tige ne sera plus composée, comme celle des dicotylédones, par l'emboîtement de cônes concentriques ; elle sera formée d'une multitude innombrable de fibres qui se portent de la base au sommet, en s'entre-croisant de diverses manières. Nous n'y distinguerons pas ces différentes parties, que nous avons remarquées dans les dicotylédones, la moelle centrale, le bois, l'aubier, l'écorce, etc.; elle nous présentera une masse à-peu-près homogène, dans laquelle la moelle se trouve uniformément répandue (pl. 37 ter, fig. 6, b). Enfin ce ne sera plus au centre, mais à la circonférence, que nous trouverons la partie la plus solide de la tige ; leurs fleurs auront toujours un périgone simple, assez souvent enveloppé d'une spathe, mais dans lequel nous admirerons quelquefois l'élégance de la forme et la richesse des couleurs. Ce périgone ne sera jamais divisé en cinq parties ou en un nombre multiple de celui-là, ce sera le nombre trois ou ses composés qui prédomineront, et comme les étamines sont en général en même nombre que les divisions périgonales, il s'ensuit que nous en trouverons ordinairement trois, six, neuf, etc. De plus, leurs feuilles seront généralement alternes, engaînantes, linéaires, et ne présenteront que des nervures parallèles qui les traverseront dans toute leur longueur ; presque jamais nous n'y rencontrerons cet entre-croisement de nervures et de veines qui forment le réseau, base des feuilles des dycotilédones. Enfin leurs racines ne nous offriront pas de véritables corps; elles ne se composeront que d'un chevelu délié qui partira du collet et se répandra dans la terre environnante.

Si la plante, au lieu d'être en arbre, est herbacée, nous y trouverons à-peu-près les mêmes caractères, sauf la dureté; et de plus, elle nous offrira dans son port et dans son aspect général quelque chose de particulier, qui ne permettra jamais de les confondre avec les végétaux de l'embranchement précédent. Le lis et le froment nous donneront une idée assez exacte de ses caractères extérieurs.

Le mode d'accroissement propre aux *monocotylédones* est aussi bien différent de celui des dicotylédones, et explique en grande partie les différences de structure que nous remarquons dans les deux embranchements. Quand on sème la graine d'une monocotylédone, on en voit sortir un faisceau de feuilles qui persistent durant toute l'année : le printemps suivant il part du centre du faisceau un nouveau bouquet qui repousse les feuilles du précédent pour s'élever au-dessus d'elles. Alors le limbe des premières se fane et tombe, tandis que leurs bases, se soudant ensemble, forment un cylindre solide qui fera la base du stipe. L'année suivante, il se formera un nouveau cylindre qui se superposera au premier, et ainsi de suite tant que le végétal vivra.

On voit d'après cela que les *monocotylédones* se développent par leur centre, tandis que c'est par la circonférence que les dicotylédones prennent leur accroissement. Ce fait explique pourquoi le stipe cylindrique est également gros dans toute son étendue, et offre plus de dureté à la circonférence qu'au centre. En effet, les parties extérieures de cette tige, ne devant pas livrer passage aux sucs nutritifs, et se trouvant comprimées par ces derniers au moment de leur passage, se rapprochent de plus en plus, et prennent une solidité d'autant plus grande qu'elles sont plus inférieures, tandis que les parties centrales, devant laisser passer la sève, doivent conserver des vides intérieurs plus ou moins considérables, et rester par conséquent toujours tendres. Il est aussi bien évident que, dès que le bois de la circonférence aura pris toute sa dureté, il ne pourra plus céder, malgré les efforts expansifs de la sève, et que la tige ne prendra plus de développement en grosseur, ce qui explique l'uniformité de cette dimension sur toute l'étendue du stipe.

Le second embranchement de la botanique est beaucoup moins considérable que le précédent; il forme tout au plus le quart de la végétation ; mais il parait que la proportion des *monocotylédones* varie dans les différentes régions ; il est tel pays où l'on ne trouve que deux fois plus de dicotylédones, tandis que d'autres en produisent cinq et même six fois plus. Il parait que cette différence dépend beaucoup du climat, et l'on a observé que le nombre des dicotylédones, comparé à celui des *monocotylédones*, augmente à mesure que l'on se rapproche de l'équateur. Mais malgré le petit nombre de plantes du second embranchement, on a dû, d'après les différences de structure qu'ils présentent, les diviser en trois petites classes, caractérisées par le mode d'insertion des étamines relativement au pistil et au périgone.

1° La première comprend les plantes *monoépigynes*, c'est-à-dire celles qui ont des étamines insérées sur le pistil, et l'ovaire adhérent ou infère : tels sont la *vanille*, le *bananier*, l'*iris*, etc.

2° La seconde, celle des *monopérigynes*, se compose des monocotylédones chez lesquelles les étamines adhèrent au calice, de sorte qu'on les enlève en enlevant les sépales : tels sont le *lis*, le *palmier*, l'*asperge*, etc.

3° Enfin on appelle *monohypogynes* celles qui ont l'ovaire libre et supère, et par conséquent les étamines hypogynes : tels sont le *gouet*, le *blé*, le *maïs*, etc.

MONOÉPIGYNES.

Dans cette classe, le nombre des étamines est variable depuis une jusqu'à treize, quoique en général il soit de trois ou six; de plus, elles sont constamment insérées sur l'ovaire, ce qui forme leur caractère botanique.

Ce sont des plantes herbacées, dont la plupart se font remarquer par l'éclat de leur corolle, et quelques-unes par l'excellence de leur fruit. Leurs racines filamenteuses partent presque toujours d'une bulbe ou oignon, qui jouit de quelques propriétés alimentaires ou excitantes, et qu'on emploie comme assaisonnement ou comme nourriture; mais, en général, on peut dire que les plantes *monoépigynes* sont peu importantes pour l'homme.

On divise cette classe en dix familles, dont les plus intéressantes sont les *orchidées*, les *musacées* et les *iridées*.

Ire Famille. — ORCHIDÉES (pl. XLI).

Cette famille se distingue à l'irrégularité de son périgone, qui se compose de six sépales, dont l'inférieur, tout différent des autres, porte le nom particulier de *labelle* ou *tablier*, et présente ordinairement à sa base un prolongement en forme d'éperon (fig. 1); au nombre de ses étamines, qui n'est que de deux, par suite de l'avortement d'une troisième; à leur racine, qui part ordinairement d'un ou de deux tubercules bulbiformes.

Cette famille, toute composée de plantes herbacées, est l'une des plus naturelles et des plus utiles de la classe; elle fournit à nos jardins plusieurs espèces agréables, entre autres l'élégant *cypripède*, que la beauté et la forme de sa fleur a fait surnommer le *sabot de Vénus*. Mais ce qui la recommande surtout à notre attention, ce sont les produits que nous trouvons dans certains genres, et en particulier dans l'*orchis* et dans la *vanille*.

Les premiers, qui ont donné leur nom à la famille, sont des plantes ordinairement agréables à la vue, dont le labelle est garni d'un éperon à sa base, et dont la racine présente, outre le chevelu dont elle est formée, deux tubercules charnus qui contiennent une provision de nourriture pour la plante. C'est cette substance éminemment alimentaire qui, convenablement préparée, fournit cette fécule aromatique nommée *salep*, dont on fait une grande consommation en Orient et dont l'usage s'est propagé jusqu'en Europe. Une once de cette substance, avec une quantité égale de gelée animale, suffit, dit-on, pour la nourriture journalière d'un homme ; par conséquent, il ne faudrait que soixante-douze ou soixante-quinze livres de ces deux aliments pour le nourrir pendant un an. Quoique plusieurs espèces d'*orchis* puissent donner du salep, c'est de l'espèce *mâle* qu'on le retire spécialement.

La VANILLE (*vanilla*) (fig. 1) est une plante sarmenteuse qui croît en Amérique et au Japon, et qui fournit au commerce l'aromate qui porte son nom. C'est le fruit de l'espèce que l'on appelle *aromatique*, parce qu'il se fait remarquer par la force de son parfum ; il est de forme allongée, cylindrique, et assez semblable à la gousse d'une légumineuse (fig. 1, 2). On en fait un grand usage dans la parfumerie et dans l'art culinaire.

II° Famille. — MUSACÉES.

Cette famille est peu importante quant à son étendue ; mais elle comprend un genre, celui des BANANIERS (*musa*), qui suffit pour lui mériter une mention spéciale. Ce sont des plantes d'Afrique ou des Indes qui, bien qu'herbacées et annuelles, parviennent cependant à une hauteur de douze ou quinze pieds. « Le *bananier*, dit Bernardin de Saint-Pierre, aurait pu suffire seul à toutes les nécessités du premier homme ; il produit le plus salutaire des aliments, dans ses fruits, du diamètre de la bouche et groupés comme les doigts d'une main. Une seule de ses grappes fait la charge d'un homme ; il présente un magnifique parasol dans sa cime étendue et peu élevée, et d'agréables ceintures dans ses feuilles d'un beau vert, longues, larges et satinées. Comme elles sont fort souples dans leur fraîcheur, les Indiens en font toutes sortes de vases pour mettre de l'eau et des aliments ; ils en couvrent leurs cases, et ils tirent un paquet de fil de la tige en la faisant sécher. Deux de ces feuilles peuvent couvrir un homme de la tête aux pieds, par devant et par derrière. » Pour augmenter encore le prix de cette plante, il faut savoir qu'une étendue de terrain, planté en *bananiers*, rend en un an cent vingt fois plus de substance nutritive que s'il était planté en blé.

Une famille voisine de la précédente est celle des *amomées*, à laquelle nous devons le *gingembre*, dont l'usage était autrefois si fréquent comme aromate, et le *maranta*, dont la racine fournit cette belle fécule blanche, connue sous le nom d'*arrow-root*.

IIIe Famille. — IRIDÉES (pl. XLI).

La famille des *iridées* se compose de plantes presque toutes remarquables par la beauté de leurs fleurs et faciles à distinguer des précédentes à leur périgone tantôt régulier et tantôt irrégulier, mais toujours hexaphylle, à leurs trois étamines, à leurs trois stigmates simples ou dentés (fig. 2, 2, c), ainsi qu'à leurs racines charnues.

Plusieurs de ces végétaux sont employés pour l'ornement des parterres ; ils font surtout un bel effet le long des allées et sur les bords des eaux. Quelquefois ils forment des groupes de verdure au milieu de laquelle se font apercevoir, par leurs couleurs tranchantes, leurs corolles bleues, blanches, violettes, ou même panachées de différentes teintes.

Les Iris (*iris*) surtout, dont le nom rappelle les riantes couleurs de l'arc-en-ciel, se font remarquer sous ce rapport : mais ce qui les rend plus remarquables encore, c'est la forme de l'enveloppe florale. C'est un tube de longueur variable, dont le limbe est divisé en six pièces inégales, dont trois sont dressées et trois rabattues. Par cette conformation, les étamines se trouvent exposées à toutes les intempéries de l'air ; mais le stigmate qui est divisé en trois lobes larges, s'étend au-dessus de ces organes et leur forme une enveloppe protectrice, qui les garantit de toute influence dangereuse. Nous avons en France une douzaine d'espèces de ce genre, dont l'une, l'*iris de Florence*, a, dans sa racine, une odeur de violette qui la fait rechercher pour faire des *pois à cautère*.

Un second genre de cette famille est le SAFRAN (*crocus*) (fig. 2 et 2, a), qui se distingue facilement des iris par sa corolle régulière ; c'est le groupe le plus important de la famille. Il unit à une fleur agréable un produit très-employé en médecine, en peinture et dans l'économie domestique ; ce produit, qui porte le nom de la plante elle-même, n'est autre chose que les longs stigmates de la fleur, que l'on fait sécher et que l'on conserve pour l'usage. On compte un assez grand nombre d'espèces de ce genre, dont la plus commune est le *safran cultivé*.

Après les iridées, nous devons citer les *narcissées*, plantes à racine bulbeuse et à tige herbacée, qui diffèrent de la famille précédente par leurs étamines qui sont toujours au nombre de six. Les principaux genres de cette famille sont les *amaryllis*, les *narcisses* et les *galanthines*, dont la fleur précoce se montre quelquefois, lorsque la neige couvre encore nos campagnes.

MONOPÉRIGYNES.

Il y a si peu de différence entre les étamines périgyniques et épigyniques, que l'on est souvent embarrassé pour classer certaines plantes qui offrent ces modes d'insertion ; aussi trouve-t-on, dans la seconde classe des monocotylédones, certaines familles que quelques naturalistes placent dans la précédente ; mais cette incertitude offre peu d'inconvénients, en ce que les plantes des deux divisions présentent de nombreux rapports d'organisation et de propriétés. Nous remarquerons en effet, dans les *monopérigynes*, de belles fleurs, des fruits agréables et des produits utiles, comme nous en avons trouvé dans la classe que nous venons d'étudier.

Les familles les plus importantes de ce groupe sont : les *liliacées*, les *asperginées*, les *alismariées* et les *palmiers*.

Ire *Famille.* — Liliacées (pl. XLI).

Cette petite famille, qui tire son nom de *lilium*, lis, a pour caractères botaniques, un calice régulier à six divisions ordinairement pétaloïdes, six étamines soudées par la base avec les divisions calicinales, un ovaire libre à trois loges polyspermes et surmonté de trois stigmates ou d'un seul triangulaire (fig. 3, 3, a, 3, b).

Ce sont des plantes bulbeuses, dont les feuilles, rassemblées en faisceau au collet de la racine, laissent échapper de leur centre une hampe plus ou moins longue, sur laquelle les fleurs sont ordinairement réunies en capitule et quelquefois éparses sans ordre.

Les *liliacées* habitent principalement les régions tempérées, et semblent craindre les chaleurs et les froids excessifs. Malgré cela, presque toutes se font remarquer par leur parfum délicieux et par l'éclat de leur périanthe, qui rivalise avec celui des plus belles dicotylédones. Aussi est-il peu de ces plantes que les jardiniers n'aient introduites dans leurs parterres, dont elles sont un des plus beaux ornements.

Mais ce n'est pas seulement sous ce rapport que cette famille mérite notre intérêt; les avantages que nous procurent plusieurs des espèces qu'elle comprend, ne sont pas moins dignes de notre attention. Nous lui devons un assez grand nombre de plantes potagères, telles que l'oignon, l'échalotte, le poireau; des plantes médicinales, comme l'aloès, la scille; des plantes économiques, comme l'ananas aux fruits délicieux, le phormium ou lin de la Nouvelle-Zélande, l'yucca qui fournit une espèce de fil grossier.

Parmi les genres nombreux qu'on pourrait citer dans cette famille, nous choisirons la *fritillaire*, l'*aloès*, le *phormium* et l'*ananas*.

Les FRITILLAIRES (*fritillaria*) se font admirer parmi les liliacées même, par la beauté de leurs fleurs campanulées, et ordinairement panachées de diverses couleurs. Tantôt réunies en couronne autour de la hampe, tantôt isolées et pendantes à son extrémité, elles attirent toujours nos regards par leur grandeur, leur éclat et la variété de leurs couleurs. De plus, elles nous présentent un exemple frappant de cet *instinct végétal*, que nous avons vu se manifester dans les feuilles privées de lumière et dans les racines placées dans une terre ingrate. Le pistil étant beaucoup plus long que les étamines, et le pollen se trouvant agglutiné en petites masses épaisses que le vent ne pourrait transporter à travers l'atmosphère, la fleur demeure pendante jusqu'à ce que la fécondation des graines soit opérée. Cet acte accompli, le pédoncule se redresse et reste dans cette position jusqu'à ce que la graine soit mûre. Le genre *fritillaire* se compose de six espèces dont deux croissent en France; ce sont la *couronne impériale*, qui a les fleurs verticillées, et la *fritillaire peintade*, qui les a solitaires à l'extrémité de la tige.

Autant les liliacées de nos pays sont élégantes et légères, autant les ALOÈS (*aloe*) (fig. 3) se font remarquer par la lourdeur de leur port et par la grosseur de leurs feuilles; et malgré le rapport qui unit leurs fleurs à celles des autres genres de la même famille, on serait tenté de les en séparer, si on ne s'expliquait cette différence d'organisation par celle de leur habitation. Les aloès croissent presque tous au cap de Bonne-Espérance, pays continuellement ravagé par les tempêtes ou brûlé par la chaleur. Si, par conséquent, ces plantes étaient organisées comme celles des régions tempérées, les vents les auraient détruites en peu de temps ou la chaleur les aurait desséchées, tandis qu'avec leur structure particulière elles résistent à l'impétuosité des ouragans, et trouvent dans leurs feuilles grasses des provisions d'eau pour les temps où elles n'en reçoivent pas du ciel. C'est de ces végétaux que le commerce retire l'*aloès*, substance employée en médecine comme purgatif, et surtout dans la marine comme préservatif; on en fait un enduit avec lequel on frotte les vaisseaux et le bois qui doivent séjourner dans l'eau, pour les garantir des ravages du taret naval.

Le nom de *lin de la Nouvelle-Zélande*, que les voyageurs ont donné au PHORMIUM (*phormium*), indique en même temps le lieu de sa naissance et le produit qu'on en retire. Les fibres qui entrent dans la structure de ses feuilles, sont d'une ténacité supérieure à celle du chanvre et du lin, et peuvent être employées à la fabrication de câbles, de cordes et même de tissus aussi fins que nos toiles. La forme et la structure de cette plante, unique dans son genre, sont analogues à celles des aloès. Habitant comme ces derniers une contrée exposée aux orages, elle a comme eux une tige robuste et des feuilles résistantes; mais comme elle cherche les endroits marécageux où l'eau ne lui manque jamais, ses feuilles n'ont pas besoin d'avoir l'épaisseur de celles des aloès. Depuis quelque temps on a essayé de naturaliser le *phormium* en France, et il paraît que les essais ont été assez heureux; espérons qu'on finira par l'y acclimater.

L'ANANAS (*bromelia*) est une plante aussi remarquable par la grâce de son port que par l'excellence de son fruit. Comme la plupart des liliacées, il présente à sa base un bouquet de feuilles longues, au milieu desquelles s'élève la tige chargée de fleurs violettes, serrées les unes contre les autres. Lorsqu'après la fécondation les ovaires grossissent, ils se rapprochent tellement les uns des autres, qu'ils finissent par se souder et par former un fruit composé, semblable à une grosse pomme de pin et relevé d'une odeur exquise. C'est ce fruit que l'on mange seul ou avec du sucre, comme la pêche, et qui sert aussi à faire des confitures. L'*ananas* est originaire de l'Amérique méridionale; mais depuis environ un siècle, on en élève en serres dans la plupart des contrées de l'Europe.

Outre ces quatre genres, la famille des liliacées nous offre encore la TULIPE (*tulipa*), qui fit faire tant de folies lors de son introduction en Europe; le LIS (*lilium*) au port majestueux; l'ASPHODÈLE (*asphodelus*), que les anciens plaçaient autour des tombeaux, parce qu'ils croyaient que les mânes se nourrissaient de ses racines tubéreuses ; l'HÉMÉROCALLE (*hemerocallis*), que ses belles fleurs ont fait long-temps regarder comme un lis; la SCILLE (*scillia*), que ses propriétés sudorifiques font souvent employer en médecine ; l'AIL (*allium*), si détesté de certains peuples et tant aimé des autres, et dont l'*ognon*, le *poireau*, l'*échalotte*, etc., sont des espèces ; la JACINTHE (*hyacinthus*), aux fleurs campanulées et réunies en grappes ; la TUBÉREUSE (*polyanthes*), si recherchée pour son odeur suave, etc.

IIe *Famille.* — ASPARAGINÉES.

Cette famille, quoique moins nombreuse que la précédente, est bien loin d'être aussi naturelle ; elle comprend des genres si différents dans leur ensemble, qu'on serait étonné de les voir réunis, si on n'en connaissait la fleur et le fruit, qui se ressemblent parfaitement ; et comme ces deux parties du végétal sont les plus importantes, cette seule considération a suffi pour déterminer leur réunion en une seule famille. Leurs fleurs, hermaphrodites ou unisexuées, sont à six ou huit divisions plus ou moins profondes, avec un nombre égal d'étamines, un ovaire libre et biloculaire, et un style tantôt triple, tantôt surmonté de trois stigmates. Quant au fruit, c'est le plus souvent une baie globuleuse, ou plus rarement une capsule à trois loges. Pour les autres organes, les *asparaginées* ont beaucoup moins de rapports ; elles peuvent être herbacées, vivaces ou frutescentes. Leurs feuilles sont alternes, opposées ou verticillées ; mais toutes ont les racines fibreuses.

L'habitation de ces plantes n'est point circonscrite dans tel ou tel pays ; elles sont répandues partout ; on en trouve en Suède et en Sibérie comme sous les tropiques, et partout leurs racines et leurs tiges ont des propriétés diurétiques.

Le genre le plus important de cette famille est l'ASPERGE (*asparagus*), qui lui a donné son nom. Tout le monde connaît ses jeunes pousses, tendres et savoureuses, dont on fait une si grande consommation dans tous les pays. Mais pour être bonnes, elles doivent être cueillies de bonne heure ; plus tard elles deviennent dures, fibreuses, et perdent toute leur saveur. Si, au lieu de les couper ainsi pour les usages domestiques, on les laisse se développer et produire des fleurs et des fruits, elles s'étalent en rameaux d'un beau vert, ornés de feuilles déliées, et plus tard se couvrent de baies, vertes d'abord, mais qui acquièrent en mûrissant une belle couleur rouge.

On compte en France quatre ou cinq espèces d'*asperges*; la plus importante est l'*asperge commune*, dont la culture est si répandue. La même racine donne pendant trois ans; à cette époque elle est remplacée par une nouvelle qui dure le même temps. Ce remplacement se renouvelle jusqu'au moment où la racine, qui s'élève toujours vers la surface du sol, se trouve exposée au contact de l'air et périt. C'est pour cela qu'on plante ordinairement les *asperges* dans un bon terrain et à une grande profondeur. Cette plante a deux ennemis redoutables dans la larve du hanneton et dans la courtilière taupe-grillon.

Outre ce genre, nous trouvons encore parmi les *asparaginées* le DRACENA (*dracœna*), dont une espèce fournit le *sang-dragon*; le MUGUET (*convallaria*), dont les fleurs en clochette sont aussi agréables à la vue qu'à l'odorat; le FRAGON (*ruscus*), petit arbrisseau élégant dont les feuilles persistantes et toujours vertes sont hérissées de piquants, et portent les fleurs à leur surface inférieure; la SALSEPAREILLE (*smilax*), qui est d'un usage si fréquent en médecine, à cause de ses propriétés sudorifiques, quoique le charlatanisme les ait considérablement exagérées; la PARISETTE (*paris*), dont les quatre feuilles, terminales et disposées en croix, donnent tant d'élégance à son port, etc.

III⁰ *Famille.* — ALISMACÉES.

Parmi les monocotylédones dont nous venons de parler, nous en avons vu un petit nombre rechercher les lieux humides et l'ombre des forêts profondes. Nous allons voir maintenant les *alismacées* s'élever sur les bords des eaux, s'enfoncer même dans leur profondeur, et y former, par la variété de leur couleur, cette décoration magnifique qui donne tant de charmes au voisinage des ruisseaux et des lacs paisibles. Leurs fleurs, à six divisions placées sur deux rangs, dont l'intérieur pétaloïde peut être regardé comme la corolle, tandis que l'extérieur, généralement vert, en forme de calice, se réunissent en un bouquet élégant que le vent ou les ondes agitent sans cesse avec grâce. Telle est l'enveloppe destinée à protéger les étamines, dont le nombre est égal à celui des divisions périgonales, et les ovaires qui sont aussi en nombre ternaire ou indéfini.

Ces plantes toutes herbacées, ne pouvant vivre loin des eaux,
n'ont pu, malgré leur élégance, être introduites dans les jardins ; quelquefois cependant elles poussent d'elles-mêmes autour des réservoirs et des bassins ; mais la culture n'y entre
pour rien ; elles naissent, croissent et périssent, sans que
l'homme ait aucune influence sur leur existence. Du reste,
n'ayant aucune propriété qui puisse les rendre utiles, on aurait peu d'intérêt à les enlever, pour les cultiver, de leur terre
natale, où elles servent à améliorer la nature du sol, en le pri-
vant de son humidité par l'addition continuelle de leurs débris
annuels.

Les principaux genres de cette famille sont le FLUTEAU (*alis-
ma*), qui lui a donné son nom ; le JONC-FLEURY (*butomus*), si
remarquable par ses belles fleurs roses disposées en ombelles ;
la SAGETTE (*sagittaria*), dont les feuilles lancéolées ressemblent
à autant de flèches sorties du sein de la terre, etc.

IVe *Famille.* — PALMIERS (pl. XLI).

Les *palmiers* sont pour les monocotylédones ce que les amentacées et les conifères sont pour les dicotylédones ; leur taille
s'élève autant parmi les végétaux de leur embranchement, que
celle des sapins et des chênes au milieu des herbes et des arbrisseaux de l'embranchement qui précède ; leur stipe cylindrique
s'élance comme une flèche dans les airs jusqu'à une hauteur de
cent, cent cinquante et même deux cents pieds, portant à son
extrémité un vaste faisceau de feuilles étalées, du milieu desquelles s'échappe d'abord un superbe bouquet de fleurs disposées en panicule et enveloppées d'un spathe, et plus tard un
régime de fruits nombreux aussi agréables à la vue qu'au palais
(fig. 5).

Ces arbres, si remarquables par leur taille et surtout par
leur forme, quand on les compare à celles des arbres de nos
forêts, sont tous exotiques, à l'exception d'un seul qui croît
dans les contrées méridionales de l'Europe. Ils sont surtout
extrêmement nombreux dans les régions intertropicales, où ils
forment de vastes forêts peuplées par les quadrumanes, qui
trouvent dans leurs fruits la nourriture la plus convenable pour
eux. Mais ce ne sont pas les animaux seuls qui profitent de leurs
produits ; l'homme mange les cocos, les dattes, le bourgeon
terminal du chou palmiste ; il emploie à différents usages leurs

tiges et leurs feuilles ; il retire de plusieurs espèces des fécules, des liqueurs spiritueuses, de l'huile, etc.

Parmi les genres de cette famille, nous citerons le *dattier* et le *cocotier*.

Au milieu des déserts sablonneux de l'Afrique, c'est un spectacle bien doux pour le voyageur, que la vue d'une belle forêt de Dattiers (*phœnix*) (fig. 4), dont les fruits ne sont pas moins agréables aux palais altérés, que leur ombrage aux membres épuisés de fatigue. C'est là qu'au milieu de vastes plaines arides, on voit ces palmiers étaler dans les airs leurs dômes majestueux, et les énormes grappes de fleurs et de fruits dont ils sont chargés. Un seul arbre porte jusqu'à deux et même trois cents livres de *dattes* par an. Ce sont des drupes analogues aux olives, mais un peu plus longs, d'une saveur sucrée et d'un arôme délicieux, qu'on mange sans aucune préparation, et qui servent aussi à fabriquer un sirop fort employé pour assaisonner le riz. On les fait aussi sécher pour les réduire en une farine, que les Arabes emportent pour se nourrir à travers les déserts stériles, dans lesquels ils voyagent avec leurs chameaux.

Le *dattier* se cultive principalement en Arabie ; on en fait d'immenses forêts dans lesquelles on a soin de ne planter que des arbres femelles, les mâles ne portant pas de fruits. On n'élève de ces derniers qu'autant qu'il en faut pour féconder les premiers et pour se procurer des boissons. Pour féconder les *dattiers* femelles, on suspend sur la cime du plus haut individu de la forêt, un bouquet de fleurs mâles dont le vent disperse le pollen sur tous les autres individus. Pour se procurer des boissons, on incise les *palmiers* mâles, et de cette incision il découle une liqueur laiteuse, qui produit le *vin de palmier* par la fermentation, et l'*eau-de-vie de palmier* par la distillation. Quoique tous les palmiers, les femelles comme les mâles, produisent de cette liqueur, on n'en retire que de ces derniers, parce que sa soustraction épuise l'arbre et entraîne sa perte.

Le Cocotier (*cocos*) (*fig.* 5) ressemble beaucoup au dattier et par sa forme et par son utilité ; il est pour les Indes et pour l'Amérique-Méridionale, ce que ce dernier est pour les Africains. Tous les voyageurs en font un éloge pompeux. Son fruit (le *coco*) est beaucoup plus considérable que la datte ; il a souvent la grosseur d'un melon de moyenne grandeur. C'est une coque remplie d'une chair blanche ayant la consistance d'une

PÉRIGYNES.   Pl. XLI.   HYPOGYNES

crème épaisse et le goût le plus suave. A son centre se trouve placée, lorsque le fruit n'est pas encore mûr, une liqueur laiteuse, rafraîchissante et très-agréable à boire, mais qui s'épaissit et finit par disparaître à mesure que le coco vieillit. Mais lors même que ce dernier n'est plus bon à manger, on en retire par la pression une huile précieuse, qui est d'un usage général dans les Indes-Orientales.

A ces deux genres il faut ajouter l'Arec (*areca*), dont l'amande, combinée avec de la chaux et du poivre, fournit le *bétel* si estimé des Malais, et dont le bourgeon terminal, appelé *chou-palmiste*, se mange comme notre artichaux; le Sagou (*sagus*) qui fournit la fécule de ce nom; le Chamærops (*chamærops*), dont l'Europe produit une espèce, la seule de la famille qui y croisse spontanément, etc.

MONOHYPOGYNES.

Dans les deux classes que nous venons d'étudier, nous avons encore trouvé des fleurs complètes, de riches corolles, ou des calices pétaloïdes, qui ne cédaient pas en éclat aux plus belles corolles des plantes dicotylédones. Il n'en est pas de même de la classe dont nous parlons; leurs fleurs ne sont jamais belles, il est même rare qu'elles aient un calice coloré. Ce sont pour la plupart d'humbles végétaux qui se contentent d'être utiles, sans chercher à s'attirer les regards de l'homme, par le brillant de leurs couleurs ou par l'élégance de leurs formes. C'est même une chose remarquable dans leur histoire, que, si quelques-unes se font remarquer sous le rapport de leur taille ou de leur beauté, ce sont les espèces les moins utiles. Hâtons-nous cependant de dire que ces plantes sont rares dans la *monohy-pogynie*; la plupart d'entre elles rendent à l'homme des services immenses, soit en lui procurant des aliments, soit en lui fournissant du fourrage pour les animaux domestiques; et celles dont nous ne retirons aucun profit vivent reléguées dans les terrains incultes et marécageux qu'elles tendent à améliorer, ou dans un sol sablonneux que leurs racines fibreuses empêchent le vent de disperser, et dans lequel leurs débris forment un peu de matière végétale, pour le rendre propre à nourrir des plantes plus utiles.

Cette classe ne comprend que six ou sept familles, dont les plus intéressantes sont les *graminées*, les *aroïdées* et les *naïades*.

Iᵉ Famille. — GRAMINÉES (pl. XLI).

La famille des *graminées* se compose de plantes herbacées, rarement frutescentes, d'un port particulier et caractéristique, dont on peut se faire aisément une idée, quand on a vu un pied de blé ou de maïs. Leur tige est un chaume généralement percé d'un canal qui règne sur toute sa longueur, entrecoupé de

distance en distance par des cloisons horizontales, et marqué
au dehors par des *nœuds* ou saillies plus ou moins considérables, de chacun desquels part une feuille longue, étroite, en-
gaînante à sa base, et placée alternativement de chaque côté
de la tige. Leurs fleurs, disposées tantôt en épis, tantôt en panicules rameuses, sont ordinairement réunies en petits groupes
appelés *épillets*. Chacune de ces fleurs se compose de deux
écailles formant une *glume*, et le plus souvent de trois étamines à filets déliés, à anthères grosses (fig. 6 a). Leur fruit est
toujours sec et rempli d'une substance farineuse.

Cette famille, l'une des plus naturelles et des plus nombreuses de la phytologie, est en même temps une de celles qui rendent le plus de services à l'homme ; elle fournit le blé à l'Euro-
ropéen, le riz à l'Asiatique, la canne à sucre à l'Indien, le maïs
à l'Américain, sans parler des services innombrables qu'elle
leur rend à tous, en leur fournissant la nourriture nécessaire
à leurs animaux domestiques. C'est surtout dans cette famille
que nous trouverons la preuve de cette vérité, que le Créateur
a d'autant plus prodigué les objets sur la terre, qu'ils étaient
plus nécessaires à l'homme, tandis qu'il a borné à certains
pays ceux qui lui sont inutiles ou d'une utilité secondaire.
Comme il n'est point de lieux où les *graminées* ne soient indispensables, il n'en est point aussi où elles n'aient pénétré. Les
régions glaciales du pôle, comme les brûlantes contrées de la
zone torride, le sommet aride des montagnes comme la terre
féconde des vallées, tout est embelli et enrichi par leur présence;
et c'est probablement cette propriété qu'elles ont de se propager partout, en se transportant d'un lieu à un autre, qui
leur a fait donner le nom de *graminées*, formé du latin *gradi*,
marcher, s'avancer.

Cette famille comprend à elle seule plus de trois mille espèces
que l'on a divisées en trois tribus, selon qu'elles sont monoïques, ou qu'étant hermaphrodites elles ont les fleurs en épi ou
en panicules.

Ire *Tribu.* — Graminées monoïques.

Cette première tribu, la moins nombreuse des trois, ne
comprend que quelques genres dont le plus intéressant est le
Maïs (*zea*). C'est une des plus belles graminées que nous
ayons en France ; elle s'élève ordinairement jusqu'à huit ou
neuf pieds de haut, et cela dans un espace de temps très-peu

considérable. Au sommet de sa tige flotte une belle panicule d'épis mâles, dont le pollen se répand sur les fleurs femelles, qui sont placées plus bas dans l'aisselle d'une feuille. La fécondation opérée, l'épi femelle se développe et grossit, au point de former, à l'époque de la maturité, un cône de trois à quatre pouces de circonférence, et de six ou sept de long. Cette plante est, après le blé et le riz, une des plus utiles et des plus nécessaires à l'homme. Ses tiges et ses feuilles, tendres et sucrées, forment un fourrage dont toutes les bêtes à cornes et les chevaux sont très-friands. Leurs graines qu'on appelle ordinairement *blé de Turquie*, et *mil* dans le midi de la France, nous fournissent un aliment sain et agréable, en même temps qu'elles servent à engraisser nos volailles, nos cochons, etc., dont la viande est alors plus ferme et plus délicate. Le *maïs* est originaire d'Amérique, où il formait autrefois la base de la nourriture des indigènes. Il s'introduisit en Europe lors de la découverte du *Nouveau-Monde*, et s'y acclimata si bien, qu'il est peu de pays où l'on ne le cultive pas maintenant.

Outre ce genre, nous trouvons dans cette tribu la Houque (*holcus*), plante orientale depuis long-temps cultivée dans le midi de l'Europe, et dont les graines, appelées *sorgho*, servent aux mêmes usages que celles du maïs.

IIᵉ *Tribu.*—Graminées en épi (*fig.* 6).

Cette vaste tribu comprend, entre autres genres, le Blé (*triticum*) dont l'utilité est si générale; l'Ivraie (*lolium*), qui nuit beaucoup à la culture du précédent; le Seigle (*secale*), qui remplace le blé dans certains pays, où ce dernier ne vient pas facilement; l'Orge (*hordeum*), dont la graine sert à faire le gruau et la bierre; le Vulpin (*alopecurus*), la Fléole (*phleum*), la Flouve (*anthoxanthum*), toutes communes dans nos prairies et servant à former le *foin*. Mais de tous ces genres aucun n'a l'importance de la Canamelle (*saccharum*).

C'est une jolie plante, à laquelle sa haute taille et ses fleurs blanches et satinées assureraient un rang distingué parmi les graminées, indépendamment de la substance précieuse qu'elle produit.

Sa tige a ordinairement de huit à dix pieds de long et renferme une liqueur sucrée, que l'homme à force d'essais est parvenu à faire cristalliser, sans lui faire perdre aucune de ses propriétés. C'est dans les Indes-Orientales et surtout dans les

colonies qu'on élève ce précieux végétal, dont la culture occupe une immense quantité d'ouvriers, et surtout de nègres.

Quand la *canne* est parvenue à sa maturité, c'est-à-dire à
l'âge d'environ six mois, on la coupe et on la dépouille de ses
feuilles avant de la soumettre au pressoir. Le miel qu'on exprime par la pression est reçu dans de grandes chaudières où
on le fait bouillir, tant pour l'écumer que pour lui donner plus
de consistance. Lorsque celle-ci est devenue siropeuse, on
verse la liqueur dans des moules de terre, où on la laisse pendant vingt-quatre heures pour lui donner le temps de se figer.
Ce temps passé, on retire la mélasse ou la partie qui ne s'est
point solidifiée; le reste est ce qu'on appelle *sucre brut*.

Pour purifier celui-ci, on le couvre d'abord d'une couche
d'argile ou de terre glaise fortement détrempée d'eau, qui, en
s'écoulant, entraîne une partie des matières étrangères qui le
souillent; ensuite on la traite par le blanc d'œuf ou par le sang
de bœuf, et l'on obtient le *sucre raffiné*.

Mais le sucre n'est pas le seul produit de la *canamelle*; son
miel fournit, par la fermentation, une liqueur spiritueuse analogue à l'hydromel, et, par la distillation, une espèce d'eau-
de-vie fort connue sous le nom de *rhum*.

IIIe *Tribu*.—Graminées à panicules.

Cette tribu, à peu près aussi considérable que la précédente, nous présente deux genres très-intéressants: le *riz* et le
roseau.

Le Riz (*oryza*) est pour les Indiens et les Chinois ce que le
froment est pour les Européens. Il fait la nourriture ordinaire
des habitants de ces vastes contrées, où il est cultivé de temps
immémorial, et c'est peut-être à lui que la Chine doit la civi-
lisation à laquelle elle est parvenue depuis si long temps. Cette
plante, de trois à quatre pieds de haut, recherche les lieux bas
et inondés; aussi le voisinage des *rizières* est-il en général dangereux par les exhalaisons malfaisantes qui en émanent, ce qui
les a fait prohiber dans la plupart des contrées de l'Europe.
Le Piémont et l'Espagne sont les seuls pays de cette partie du
monde où on les ait conservées: mais elles y sont la cause de
fréquentes fièvres intermittentes et d'autres maladies sérieu-
ses. Il faut observer qu'à la Chine et aux Indes, patrie des
rizières, ces inconvénients n'existent pas, ce qu'il faut probablement attribuer à l'écoulement facile des eaux qui les en-

tretiennent. Outre ses usages domestiques, qui sont généralement connus, le riz peut, ainsi que toutes les céréales, fournir par la distillation une espèce d'eau-de-vie aussi forte que celle du raisin.

Le Roseau (*arundo*) rivalise avec la canne à sucre par l'élégance de son port et par la beauté de son bouquet floral, et il la surpasse de beaucoup par l'élévation de sa taille, puisque, dans les pays chauds, il atteint la hauteur des plus grands arbres de nos forêts. Trois espèces de ce genre méritent une mention particulière; ce sont le *roseau à quenouille*, le *roseau à balai* et le *bambou*. Les deux premiers, qui croissent en France, ont beaucoup de rapports entre eux; mais ils diffèrent par leur taille, qui est plus élevée dans le *roseau à quenouille* que dans la seconde espèce. Ces graminées ont, dans l'économie domestique, des usages peu brillants, il est vrai, mais si nombreux et si journaliers qu'elles sont réellement très-précieuses. On fait avec leur tige des échalas, des treillages, de petits instruments de musique, des anches de hautbois, des balais, etc.; leurs feuilles servent de litière et de nourriture aux bestiaux. Dans l'économie de la nature elles sont encore plus importantes; croissant dans des terrains marécageux ou arénacés, elles contribuent au desséchement de la terre trop humide et à la fixation des sables, et, par leur multiplication rapide, servent, ainsi que les autres plantes analogues, à produire les tourbières auxquelles beaucoup de pays doivent leur combustible habituel. Quant au *bambou*, la majesté de son port et l'élévation de sa taille sembleraient devoir l'exclure de la modeste famille des graminées, si le caractère de ses fleurs, la forme de sa tige et toute son organisation n'y avaient évidemment fixé sa place. Il atteint souvent dans l'Inde, sa patrie, la hauteur des plus beaux palmiers. Ses usages sont très-nombreux; jeune il renferme dans son chaume une moelle sucrée dont les Indiens sont avides. Parvenu à sa maturité, sa tige sert de charpente dans la construction des maisons, et ses feuilles s'emploient pour les couvrir. Son bois joint à la souplesse, à l'élasticité et à la force, la propriété de n'être pas endommagé par l'action de l'air, ni pénétré par l'humidité. Aussi l'emploie-t-on de préférence dans la construction des barques et des coffres qu'on remplit de terre végétale pour y semer du riz. Enfin la pellicule qui tient lieu d'écorce sert de papier à la Chine, et c'est sur elle que sont imprimés la plupart des livres qui nous arrivent de ce pays.

Outre ces genres, la tribu des *graminées à panicules* comprend l'Avoine (*avena*) dont la paille et le grain sont si recherchés des bestiaux ; la Festuque (*festuca*), le Paturin (*poa*), etc., qui forment un très-bon foin.

IIe *Famille.* — Aroïdées.

Les *aroïdées* sont des plantes vivaces, à racines ordinairement tuburenses et à fleurs disposées en spadice sur une belle hampe, et le plus souvent renfermées dans une envelope commune ou *spathe*. Elles sont beaucoup plus répandues dans les pays méridionaux et dans les pays marécageux, que dans les contrées septentrionales ou dans les lieux secs et arides ; néanmoins on en trouve quelques espèces qui montent jusqu'au 64e degré de latitude, au nord de la Suède, et d'autres qui se répandent dans des terrains pierreux, dont elles servent à cacher la nudité.

Les *aroïdées* sont en général peu utiles ; quelques-unes sont même dangereuses pour le suc âcre dont elles sont chargées ; mais comme elles peuvent être privées du principe vénéneux qu'elles contiennent, on est parvenu à tirer de leurs racines charnues, une espèce de fécule nourrissante qui, dans certaines circonstances, a été d'un grand secours. On cite une famille qui, pendant la terreur de la révolution française de 1789, ne dut son salut qu'à l'usage des racines d'une plante de ce groupe.

Cette famille peu considérable, ne renferme que deux genres européens ; ce sont le *gouet* et le *calla*.

Les Gouets (*arum*) ont un port analogue à celui des iris, en ce qu'ils n'ont qu'une seule tige avec un bouquet de belles feuilles de forme allongée et d'une belle couleur verte. Mais leurs fleurs et leurs fruits sont totalement différents ; les premières sont comme entassées autour de leur tige et enveloppées dans une spathe, qui ressemble à un cornet ou à une oreille d'âne. A ces fleurs succèdent des baies d'un rouge éclatant qui, étant fortement serrées, forment le plus bel épi.

Nous avons en France quatre ou cinq espèces de ce genre, dont la plus répandue est le *gouet commun ou pied de veau*, qui croît abondamment dans tout le Nord de l'Europe. Sa grosse racine charnue, dépouillée par la dessiccation de son principe dangereux, sert de nourriture aux cochons, et même à l'homme en cas de disette. Une seconde espèce, le *gouet ser-*

pentaire, a sa hampe marbrée ou tachetée comme le corps d'un serpent, et répand une odeur fétide.

Le genre CALLA (*calla*) est beaucoup moins nombreux que le précédent ; il ne se compose que de trois espèces, dont une seule se trouve naturellement en France.

IIIe Famille. — NAYADES.

Le nom de *nayades* rappelle ces divinités fabuleuses qui présidaient aux fontaines, et suffit pour indiquer le séjour aquatique de ces végétaux qui peuplent nos lacs, nos étangs et nos ruisseaux. Les uns, placés au fond des eaux, vivent et meurent sans paraître à leur surface, excepté à l'époque de la floraison, tandis que les autres moins timides ne quittent pas cette surface, où elles servent d'aliment aux animaux aquatiques, auxquels elles offrent aussi un abri contre les ardeurs du soleil. Mais ni les unes ni les autres n'ont de fleurs agréables ; un périanthe très petit, avec une seule étamine pour les fleurs mâles et un seul pistil pour les femelles, telle est leur unique parure.

Cette famille comprend six genres peu importants, parmi lesquels nous citerons les *lentilles d'eau* (*lemna*), plantes très-communes à la surface des eaux stagnantes, où elles forment d'agréables tapis de verdure par leurs feuilles lentiformes, serrées les unes contre les autres. Ces feuilles sont la seule partie visible de la plante ; mais lorsqu'on cherche à les arracher, on s'aperçoit qu'elles tiennent par un pétiole délié à des racines longues et flottantes au sein des eaux. Les *lentilles d'eau* se multiplient avec une grande rapidité, parce qu'elles ont un double moyen de propagation, les fleurs et les graines d'abord, et ensuite la section mécanique ; car on a observé qu'une feuille détachée de la plante ne tarde pas à en produire de nouvelles, qui la rendent bientôt aussi grande que la plante-mère.

Cette nayade, et les autres de la même famille, ne sont pas utiles à l'homme ; mais elles sont extrêmement propres à dessécher les marais. Leurs débris, en s'accumulant au fond des eaux, en exhaussent le lit, rendent celles-ci moins profondes, et à force de temps finissent par changer en prairies fertiles, un lac qui couvrait auparavant sans fruit un terrain précieux.

ACOTYLEDONES.

Si dans les deux embranchements qui précèdent nous avons trouvé, parmi des plantes remarquables par la richesse et la magnificence de leur périanthe, des fleurs dépourvues de tout charme extérieur, du moins nous avons trouvé, dans tous les organes essentiels à la fructification, le pistil et les étamines. Dans les *acotylédones*, nous ne verrons plus aucune des parties constituantes de la fleur ; plus de calice, de corolle, d'étamine ni de pistil ; quelquefois nous ne trouverons pas même de feuilles. Bien plus, leur structure intime sera toute différente ; leur substance, au lieu d'être formée par la réunion de vaisseaux, de trachées, de glandes, etc., ne nous offrira souvent qu'un tissu cellulaire presque homogène, sans aucun organe particulier pour la nutrition et la reproduction. On peut donc regarder les végétaux de ce troisième embranchement comme analogues aux animaux du quatrième embranchement de la zoologie, chez lesquels l'organisation ne consiste qu'en une masse de tissu cellulaire, dans laquelle on ne trouve ni nerfs, ni muscles, ni vaisseaux.

Ce n'est pas cependant que les *acotylédones* ne puissent pas accomplir leurs fonctions nutritives et reproductives ; elles vivent et se propagent comme les végétaux les plus parfaits ; seulement la manière dont elles remplissent ces deux fonctions est totalement différente de celle de ces derniers, et ne peut s'expliquer par ce que nous en avons dit précédemment.

Toutefois nous pouvons ordinairement reconnaître dans toutes les plantes *acotylédones* deux parties bien distinctes : une racine cachée, par laquelle elles adhèrent au corps sur lequel elles sont nées, et une tige, partie généralement extérieure qui les constitue véritablement. C'est sur cette dernière que nous trouvons, soit à sa surface, soit dans son intérieur, les organes reproducteurs du végétal, organes qui ne ressemblent en rien aux étamines ou au pistil, et qui se réduisent à une ou plusieurs boîtes appelées *sporanges* (1), et à un certain nombre

____

(1) Sporange, en grec, veut dire boîte ou vase à graines.

de corpuscules nommées *spores* ou *séminules*, qui sont analogues aux grains, mais qui en diffèrent en ce qu'ils forment un tout homogène, dont chaque partie peut devenir indistinctement la racine ou la tige, tandis que dans les premiers on trouve une tigelle et une radicule, qui ne peuvent jamais remplir la fonction l'une de l'autre. D'ailleurs on n'a pu s'assurer jusqu'ici qu'il fallût que les *spores*, pour être propres à reproduire la plante, reçussent l'influence d'un corps semblable au pollen ; on n'a même jamais pu trouver dans les *acotylédones* aucun organe que l'on pût regarder avec certitude comme analogue à l'étamine.

Cet embranchement nous offre peu de végétaux utiles aux arts ou à l'économie domestique ; à l'exception de quelques champignons et de quelques lichens dont l'homme fait quelquefois sa nourriture, et de quelques autres espèces qu'il emploie dans les arts, tout le reste semble avoir été destiné par la nature à cacher l'aridité des rochers et des terres ingrates, qui ne peuvent produire de végétaux plus utiles, ou à peupler les eaux et les marais que ces plantes tendent à dessécher par l'accumulation de leurs débris.

L'étude des *acotylédones* est extrêmement difficile quand on veut l'approfondir ; mais on peut assez facilement se faire une idée des principales familles, sans avoir besoin de pénétrer trop avant dans leur organisation intérieure. On divise d'abord cet embranchement en deux classes, celle des *cryptogames* et celle des *amphigames*.

1° Dans les *cryptogames*, on trouve sur la tige des appendices analogues aux feuilles et des organes reproducteurs bien distincts.

2° Dans les *amphigames*, les spores sont peu distincts du reste du végétal, et d'ailleurs on ne leur trouve jamais ni tige, ni feuilles, ni aucun organe qui en approche.

CRYPTOGAMES.

Quoique les *cryptogames* appartiennent certainement à l'embranchement des acotylédones, puisqu'elles manquent évidemment de pistil et d'étamines, elles ont une organisation plus compliquée que les plantes de la classe des amphigames; car on leur trouve, du moins lorsqu'elles sont bien développées, des trachées et des vaisseaux que ne nous offrent jamais celles-ci; en outre, leur port se rapproche beaucoup de celui des monocotylédones, en ce qu'on remarque constamment en elles une racine plus ou moins développée qui sert de soutien à la première, et une tige ou *fronde* souvent divisée, et portant des feuilles analogues à celles de ces derniers par leur couleur verte et par la forme de leur limbe. Leurs organes reproducteurs sont constamment placés à la surface ou à l'aisselle des feuilles, et consistent en des *sporanges* qui s'ouvrent quelquefois avec élasticité, comme le péricarpe de quelques dicotylédones, et en un certain nombre de séminules qui sont quelquefois lancées, au moment de la dissémination, à une distance considérable.

Parmi les *cryptogames*, les unes croissent dans les eaux ou dans les endroits marécageux, tandis que les autres recherchent les lieux incultes et stériles, ou s'étendent en parasites sur les tiges des arbres; mais différentes en cela des animaux parasites qui épuisent les sucs de l'être organisé sur lequel ils vivent, bien loin de nuire à leur développement, elles les garantissent des intempéries des saisons, en les préservant du froid et de l'humidité. On voit, d'après le séjour qu'elles habitent, que ces plantes ne sont jamais nuisibles; quelques espèces mêmes qui se multiplient en abondance dans les contrées arides, servent à les amender, en fournissant les matériaux auxquels on met le feu, et dont la cendre forme un engrais excellent.

Cette classe se divise en six familles, dont les principales sont : les *équisétacées*, les *fougères*, les *mousses* et les *hépatiques*.

Ire Famille. — Equisétacées.

Cette première famille ne comprend qu'un seul genre, celui
des Prêles (*equisetum*), végétaux demi-aquatiques qui ne se
plaisent que sur le bord des eaux ou au milieu des marais, d'où
ils élèvent dans les airs une tige fistuleuse et articulée, qui ressemble en petit à celle de certains conifères. Ce sont les seules
cryptogames dans lesquelles on trouve quelque chose qui ressemble encore à une fleur. A l'extrémité de leur tige, on aperçoit un épi composé d'écailles épaisses, analogues aux fleurs
mâles de plusieurs conifères et surtout de l'if, excepté qu'elles
n'enveloppent jamais d'étamines. C'est à la face inférieure de
ces écailles qu'on trouve les capsules remplies de spores reproducteurs.

Les *prêles* présentent, à certaines époques, un phénomène
très-curieux ; les écailles florales se roulent en spirale et embrassent les corps globuleux qu'elles entourent, et que certains
auteurs regardent comme le pistil ; et, l'étreignant avec force,
le détachent de son réceptacle, se déroulent ensuite avec élasticité et s'élancent avec lui à une hauteur considérable. Ce
phénomène remarquable, qui se répète plusieurs fois en une
minute, peut être observé à l'œil nu.

Le nom de *prêle* ou presle est formé par corruption de l'ita-
lien *asparello* (rude) ; il a été donné à cette plante, à cause des
inégalités qui hérissent sa tige, et qui paraissent être de petits
grains de sable que la plante ramasse dans la terre. Ces inégalités sont tellement dures, que les tourneurs sur bois et les
menuisiers emploient les *prêles* pour polir leurs ouvrages. Mais
il faut pour cela choisir les vieilles tiges ; car les jeunes sont
au contraire recherchées pour les bestiaux, et se mangent
même en Italie en guise d'asperges.

IIe Famille. — Fougères (pl. XLII).

Les *fougères* ressemblent autant que les prêles aux plantes
cotylédonées par leur port, et surtout par leur tige et par leurs
feuilles ; mais leurs organes reproducteurs, au lieu d'être placés
sur la tige, dans l'aisselle des feuilles, se remarquent à la face
inférieure de ces dernières (fig. 1), et consistent en un anneau
élastique, qui se rompt quand la séminule est mûre, et laisse
échapper celle-ci ou la lance à distance (1 a).

Dans nos contrées, les *fougères* sont des plantes vivaces,

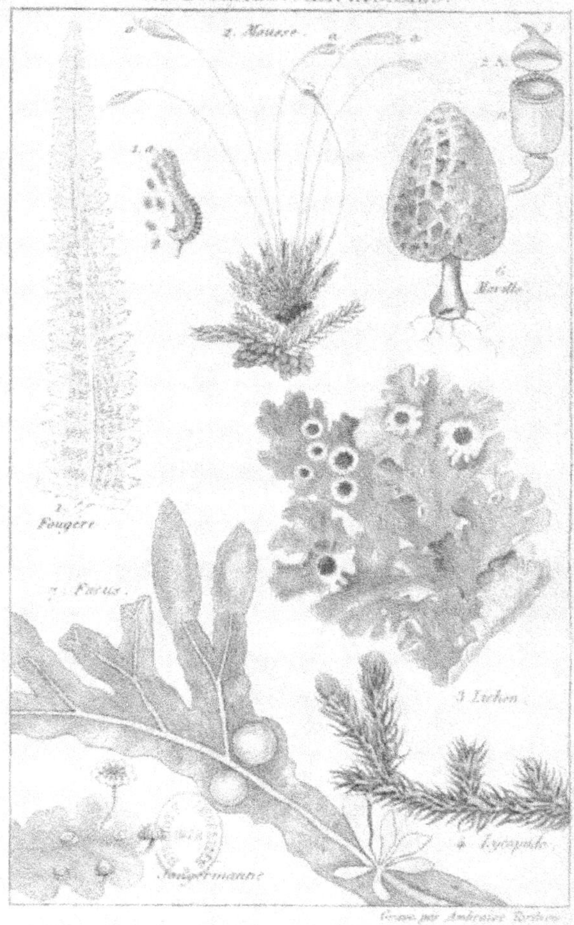

PLANTES   Pl. XLII   ACOTYLÉDONES.

mais herbacées, dont la hauteur ne dépasse presque jamais un mètre. Mais dans les contrées intertropicales, ce sont de véritables arbres qui parviennent jusqu'à vingt et même vingt-cinq pieds d'élévation, et qui rivalisent avec les palmiers par leur taille et par leur port. Cependant, quoique celles de nos pays ne puissent pas aller de pair avec ces fières rivales, elles ne laissent pas d'avoir leur mérite et leur utilité. On voit toujours avec plaisir la découpure délicate de leurs feuilles, ces organes roulés en crosse avant de s'étaler horizontalement, la verdure de leurs rameaux qui contraste si agréablement avec le sol aride où elles croissent, et surtout la disposition tantôt régulière, tantôt bizarre, mais toujours élégante, de leurs organes fructificateurs. On jouit surtout avec reconnaissance des services que leurs cendres rendent à l'art du verrier, auquel elles fournissent une excellente potasse, et à l'agriculture, pour laquelle elles servent d'engrais.

Quoique toutes les *fougères* aient un port analogue, on a pu cependant les diviser en une vingtaine de genres, d'après la forme et la disposition de leurs organes reproducteurs. Les principaux sont : l'ADIANTHE (*adianthum*), dont une espèce, la *capillaire*, est employée en médecine comme adoucissante ; la DORADILLE (*asplenium*), dont une espèce fut surnommée par les anciens *sauve-la-vie*, à cause des propriétés médicinales qu'ils lui supposaient ; le POLYPODE (*polypodium*), dont la *fougère mâle* est une espèce renommée par ses propriétés anthelmintiques (contre les vers intestinaux) ; le PTÉRIS, dont l'*aigle impériale* est une espèce qui a été ainsi surnommée, parce que sa tige coupée en travers présente des traits qui rappellent la figure d'un aigle à deux têtes, etc.

IIIe *Famille*. — MOUSSES (pl. XLII).

Considérées en masses serrées, comme elles se trouvent naturellement, les *mousses* forment des touffes épaisses, dans lesquelles on ne distingue aucune figure bien déterminée. Mais quand on les examine séparément, on voit que chacune d'elles est une petite plante garnie de rameaux et de feuilles, qui nous présentent en miniature toutes les parties d'un végétal plus parfait, à l'exception des fleurs (fig. 2). Leurs organes de la fructification consistent en des capsules ou *urnes* (a, a, a) portées sur une longue soie, et s'ouvrant au sommet, par la séparation d'une calotte ou *coiffe* circulaire (fig. 2 a), qui ressemble à un couvercle de boîte à savonnette. C'est par cette ouverture que s'échappent les séminules reproductrices.

Toutes les *mousses* recherchent les lieux bas et humides et l'ombre des forêts ; c'est là que, serrées les unes contre les autres, elles forment ces beaux tapis de verdure qui remplacent, dans les bois, ceux que les graminées forment au milieu des prairies. Certaines espèces couvrent les vieux arbres et les grosses branches d'un manteau protecteur, qui les préserve des vicissitudes atmosphériques. D'autres envahissent les marais, et, par l'accumulation de leurs débris, soulèvent peu à peu le sol et finissent par former les tourbières, dépôts précieux de combustibles pour certains pays privés de bois. Ces plantes nous rendent donc trois services importants, d'abord en garantissant nos arbres de l'action des froids trop rigoureux ; ensuite en desséchant les marais, qu'elles rendent ainsi propres à la culture, et enfin en nous procurant une substance combustible qui remplace le bois et le charbon de terre, dans les pays qui en sont dépourvus. Nous ne parlons pas de l'emploi qu'on en fait pour emballer les objets fragiles et pour garnir les matelas, parce que ces usages sont trop peu importants, si on les compare aux trois autres.

On connaît plus de mille espèces de *mousses*, qu'on trouve répandues dans toutes les parties du monde, mais surtout dans les régions septentrionales, dont elles forment la principale végétation. On les a divisées en une cinquantaine de genres, dont les principaux sont les SPHAGNES (*sphagnum*) qui peuplent les marais ; les BRYES (*bryum*), qui forment de si belles pelouses à l'ombre des forêts ; les MNIES (*mnium*), qui cachent l'aridité des rochers ; les FONTINALES (*fontinalis*), dont une espèce, commune dans toute l'Europe, a été surnommée *incombustible*, parce qu'on dit qu'elle empêche la communication du feu ; les HYPNES (*hypnum*), très-répandues partout et toutes remarquables par leurs formes élégantes.

En parlant des *mousses*, nous ne devons pas passer sans silence le LYCOPODE (*lycopodium*) (fig. 4), qui a tant d'analogie avec elles, quoiqu'on le place dans une famille différente à laquelle il a donné son nom. Il habite les mêmes lieux que les véritables mousses, les terrains humides et ombragés, les pays de montagnes et surtout les Alpes. Une des espèces de ce genre, le *sélago*, était autrefois célèbre dans les cérémonies superstitieuses des Druides, qui ne le cueillaient que furtivement, et l'enveloppaient, aussitôt après l'avoir détaché, dans un mor-

ceau de toile neuve ; car, sans cette précaution, le *sélago* per-
dait ses admirables propriétés, entre autres celle d'empêcher
l'effet d'un maléfice. Une seconde espèce, le *lycopode en
massue*, n'a pas cette vertu surnaturelle, mais il en a de plus
réelles ; la poudre jaune contenue dans ses urnes reproductrices, qui s'enflamme avec rapidité en répandant un éclat
très-vif, est d'un grand usage sur les théâtres pour imiter les
incendies, et pour former les torches dont on arme les esprits
infernaux, parce qu'elle a l'avantage de ne pas communiquer
le feu aux objets qu'elle touche. On s'en sert encore beaucoup
pour saupoudrer les pilules g'uantes, ainsi que les plaies qui
se forment si facilement aux aines de petits enfants nouveau-
nés ; aussi se fait-il en Suisse un commerce considerable de
cette substance.

IVe *Famille*.—HÉPATIQUES (pl. XLII).

La famille des *Hépatiques* est intermédiaire entre les mousses
et les lichens, et semble destinée à lier les cryptogames aux
amphigames ; nous trouvons dans ces plantes tantôt de simples
expansions foliacées, comme dans les lichens, tantôt une
tige avec des rameaux et des feuilles comme dans les mousses ;
leurs organes reproducteurs sont placés à la surface ou dans
l'aisselle des feuilles. Du reste elles sont extrêmement variables
et difficiles à décrire ; c'est pour cela que nous nous abstien-
drons d'en parler.

Les principaux genres de cette famille sont les MARCHANTIA
et les JONGERMANNES (fig. 5).

AMPHIGAMES.

Les cryptogames nous offrent encore quelque analogie avec les plantes ordinaires ; on y trouve une tige, des feuilles, des racines et même des organes reproducteurs, quoique ces derniers soient essentiellement différents des fleurs véritables ; enfin ils ont, du moins à un certain âge, des trachées et des vaisseaux. Au contraire, dans les végétaux de la dernière classe, nous ne trouvons plus rien qui rappelle la forme des espèces cotylédonées ; ils ne nous présentent plus qu'une masse homogène diversement découpée, quelquefois même arrangée avec une certaine symétrie, mais jamais aucune partie qu'on puisse comparer à une tige, à une feuille ou à une fleur. On sait, il est vrai, qu'ils ont des organes reproducteurs, et l'on est même parvenu à en multiplier artificiellement certaines espèces ; mais les séminules et les sporanges sont si peu distincts du reste de la substance du végétal, qu'il est quelquefois difficile de les apercevoir. Quand on les distingue bien, on les trouve placés tantôt à la surface, tantôt dans l'intérieur de la plante. Enfin on ne leur a jamais pu découvrir jusqu'ici aucune trace de vaisseaux ni de trachées ; aussi la plupart d'entre eux peuvent-ils se reproduire par section comme les polypes ; c'est même à cette circonstance qu'ils doivent leur nom d'*amphigames*, qui veut dire *reproduction double*, car ils ont, outre ce mode de propagation, la reproduction ordinaire, commune à toutes les acotylédones.

Cette classe peu nombreuse se compose de trois familles, les *lichénées*, les *fungarées* et les *algues*.

Ire *Famille.*—LICHÉNÉES (pl. XLII).

Les *lichénées* composent une famille nombreuse et difficile à caractériser à cause de la diversité de leurs formes, de leur consistance et de leur structure ; le plus souvent ce sont des expansions membraneuses imitant assez bien des feuilles, ex-

repté qu'elles sont plus coriaces et ornées de couleurs différentes, quelquefois très-vives (fig. 3); plus rarement ce sont
des filaments simples ou ramifiés, qui ont des rapports avec
le polypier de certains zoophytes, et surtout du corail. Quelquefois enfin ce sont de simples grains pulvérulents qui n'ont aucune forme déterminée. Leur reproduction s'opère assez souvent par division ; mais le plus ordinairement il existe pour
cette fonction des organes particuliers, dont les uns servent
simplement d'enveloppe, et les autres sont de véritables séminules. Il faut cependant observer qu'il a été jusqu'ici impossible de découvrir ces organes dans un assez grand nombre
d'espèces.

La plupart des *lichénées* croissent sur des rochers arides,
sur les murs et sur les pierres nues, sur lesquels leurs débris
forment une légère couche de terre végétale, qui permet à d'autres plantes d'un ordre plus élevé de venir s'y établir. Il est
évident que ces espèces ne peuvent vivre qu'aux dépens des
particules organiques répandues dans l'atmosphère. Il pourrait
n'en être pas de même de celles qui naissent sur l'écorce des
arbres; mais comme on a observé que leur présence, bien loin
de nuire au développement de ces derniers, leur était au contraire
favorable, on en a conclu que les espèces parasites se nourrissent comme les autres, des matières que l'atmosphère leur apporte continuellement; aussi il faut bien se garder d'arracher en
grande quantité les *lichénées* qui croissent sur les plantes ; leur
ablation nuirait à ces dernières et pourrait même leur devenir
funeste. Il paraît que ces amphigames, en absorbant l'humidité surabondante de l'atmosphère, empêchent qu'elle n'exerce
une influence pernicieuse sur le végétal cotylédoné ; car on
remarque que tous les *lichens* sont très-avides d'eau et redoutent la sécheresse ; la première leur donne constamment une
couleur verte, que la seconde leur fait perdre en peu de temps.
Jamais ils ne végètent mieux que pendant l'automne et dans
les contrées septentrionales; ce sont même les seules plantes
qui se trouvent dans le voisinage des régions polaires, où elles
rendent d'immenses services à leurs malheureux habitants. En
effet, les *lichénées* contiennent une certaine quantité de matière nutritive, qui devient pour eux et pour leurs animaux
domestiques une ressource inappréciable. Tout le monde sait
que le renne des Lapons se nourrit presque exclusivement
d'une espèce de cette famille, surtout pendant l'hiver ; et cette
nourriture lui est si favorable, qu'il engraisse considérablement

pendant cette saison. Que dire du *lichen d'Islande*, dont les propriétés pectorales, si généralement préconisées, ne sont rien en comparaison de son utilité comme plante économique? Il fournit à la teinture une couleur estimée, à la brasserie un principe amer qui remplace le houblon dans la fabrication de la bière, au bétail et surtout aux chevaux un aliment réparateur, qui leur rend promptement les forces et l'embonpoint qu'ils avaient perdus. L'homme lui-même s'en nourrit; il ne faut, pour le rendre propre à cet usage, que lui ôter un peu de son amertume, par des lavages et des décoctions répétées; on en fait ensuite une farine qui, mêlée au lait ou avec tout autre liquide, fournit une bouillie fort nourrissante.

Mais ce n'est pas seulement dans le Nord que les lichens rendent des services : en France nous avons sur les rochers volcaniques de l'Auvergne le *lichen parelle*, et sur les côtes arides de l'Océan le *lichen roccelle*, qui sont d'un usage journalier dans la teinture en violet, sous le nom d'*orseille d'Auvergne* et d'*orseille des Canaries*.

IIe *Famille.* — FUNGACÉES (pl. XLII).

Sous le nom de *fungacées*, on comprend une multitude innombrable (plus de trois mille) de plantes amphigames, que l'on désigne vulgairement sous le nom de *champignons*, appelés en latin *fungus*. Les espèces de cette famille ne varient pas moins que celles de la précédente, en forme, en consistance, en structure. Véritables protées de la botanique, ces végétaux nous présentent quelquefois la forme d'un chapeau, d'une coupe, d'une mitre, avec une consistance charnue et des couleurs brillantes. Presque toutes ces espèces sont enveloppées, au moment de leur sortie de terre, d'une espèce de coiffe ou *volva* qui ne tarde pas à se déchirer, quand elles sont exposées à l'air. D'autres fois ce sont des masses informes, sans figure déterminée et d'une consistance analogue à celle du liège. Dans quelques espèces, nous ne trouvons qu'une matière homogène, noire, presque liquide, ou bien une certaine quantité de filaments plus ou moins longs, sans aucune solidité. Leur fructification consiste en une poussière très fine composée de spores microscopiques, tantôt placés à la surface du *champignon*, tantôt renfermés dans des capsules particulières et dans la substance même du végétal.

On voit par là que certaines amphigames de cette famille se

rapprochent de celles de la précédente ; mais il est un caractère qui les distinguera toujours, c'est que les *champignons* ne deviennent jamais verts dans quelques circonstances qu'ils se trouvent, tandis que les lichens prennent cette couleur toutes les fois qu'ils sont exposés à l'humidité ; d'ailleurs les premiers sont d'une consistance généralement moindre que les seconds et ont les formes plus épaisses.

Les *champignons* sont des végétaux généralement éphémères, dont la croissance est aussi rapide que l'existence est courte ; souvent quelques heures suffisent au développement d'individus assez gros. Ils naissent de préférence dans les lieux bas et humides, et surtout à l'ombre ; ils abondent également sur les troncs d'arbres abattus, et sur les matières végétales et animales en putréfaction. C'est en automne et au printemps qu'on les voit pulluler de tous côtés ; ces deux saisons, ordinairement pluvieuses, sont on ne peut pas plus favorables à leur multiplication. C'est alors qu'on recueille dans les campagnes les espèces comestibles, soit pour les manger sur-le-champ, soit pour les faire sécher et les conserver pour les saisons suivantes.

Mais il faut être très-circonspect dans le choix de ces végétaux : de deux espèces à peine différentes en apparence, il arrive souvent que l'une est un mets agréable et l'autre un violent poison ; il n'y a que l'habitude qui puisse apprendre à faire cette distinction. On peut cependant en général regarder comme dangereux : 1° tous ceux qui changent de couleur quand on les coupe ; 2° ceux qui contiennent un suc laiteux ; 3° ceux qui en vieillissant se fondent en eau noire ; 4° ceux qui ont une consistance subéreuse ou coriace, ou une saveur âcre et styptique.

Pour peu qu'on ait d'incertitude sur la qualité d'un *champignon*, il faut le rejeter, d'autant plus qu'il est facile de s'en procurer de parfaitement sains et bons, par le moyen des couches. Il suffit pour cela de faire des assises alternatives de fumier de cheval et de terre, et de les entrelarder de *blanc de champignon*, qui n'est autre chose que des séminules de ce végétal. Par ce procédé, on en obtient autant qu'on veut et de bonne qualité ; malheureusement on ne peut faire venir ainsi qu'une seule espèce, le *champignon de couche* ; mais c'est une des plus agréables au goût après la truffe.

Il est extrêmement difficile de diviser les champignons en genres ; cependant des naturalistes infatigables sont parvenus à rapporter à soixante groupes assez bien caractérisés, les trois mille espèces connues de cette famille. Nous allons en citer quelques-uns des plus importants.

Les Morilles (*morchella*) (fig. 6) sont faciles à reconnaître en ce qu'elles ont un chapeau de forme conique et couvert de rides et de crevasses, supporté par un pédicule. Toutes les espèces de ce genre sont bonnes à manger, et ont cet avantage qu'elles ne peuvent être confondues avec aucune espèce vénéneuse. La principale est la *morille comestible*, qui croît abondamment dans les champs, dans les vignes, etc.

Les Bolets (*boletus*) forment un genre nombreux et facile à distinguer, en ce qu'il a comme le précédent un chapeau et un pédicule, dont le premier est constamment garni à sa face inférieure de tubes qui contiennent les séminules reproductrices. C'est à ce groupe que se rapportent les plus grosses espèces de champignons; il y en a dont le chapeau a plus de dix pouces de diamètre. Tels sont le *bolet amadouvier*, le *bolet engalé*, qui servent à fabriquer l'amadou, le *bolet comestible*, le *cèpe noir*, etc., dont la chair blanche est excellente à manger.

Les Agarics (*agaricus*) ne diffèrent des bolets qu'en ce que leur chapeau est garni inférieurement de feuillets rayonnés, au lieu de tubes. Du reste ce genre est excessivement nombreux et comprend plus de mille espèces, qui croissent toutes à terre, à l'exception d'un petit nombre qui viennent sur le bois mort. Ces champignons sont importants à connaître, en ce que, parmi quelques espèces délicieuses, il s'en trouve beaucoup de vénéneuses qui en diffèrent très-peu; les principales espèces sont : l'*agaric délicieux*, dont le goût est aussi délicat que l'odeur suave; l'*agaric meurtrier*, très-analogue au précédent pour la forme et non pour les propriétés : l'*agaric comestible*, qui est l'espèce qu'on cultive sur couche, l'*oronge* qui est très-estimée, mais que l'on redoute à cause de sa similitude avec la *fausse oronge*, qui est vénéneuse, etc.

Au contraire des autres champignons qui cherchent la lumière, la Truffe (*tuber*) ne vit qu'au sein de la terre, où rien n'indiquerait sa présence sans le parfum qui la trahit. Comme elle n'est située qu'à quelques pouces de la surface du sol, les personnes qui ont l'habitude de la chercher, la flairent fort bien sans remuer la terre; les cochons, qui en sont friands, sont aussi très-habiles à la déterrer, et on les emploie en beaucoup de pays pour fouiller la terre où elle se trouve. On connaît trois espèces de ce genre qui sont également bonnes : la *noire*, la *grise* et la *violette*; c'est à la première que les gourmets donnent la préférence; aussi les marchands de Paris ontils l'habitude de les teindre toutes de cette couleur. C'est du reste un aliment peu nutritif, et qui est même en général fort indigeste.

Les Urèdo (*uredo*) sont de petits champignons parasites qui naissent sous la cuticule des végétaux, surtout sur les espèces herbacées, auxquelles elles causent une véritable maladie, qui ne tarde pas à les épuiser et à les faire périr. Les principales espèces sont : le *charbon*, qui attaque la glume du blé et des autres graminées, la *rouille*, qui se développe dans l'intérieur du grain du froment; l'*urèdo du maïs*, qui produit sur cette plante d'énormes bourses de poussière noire, etc.

Les Moisissures (*mucedo*), sont des végétations qui naissent sous la forme de filets plus ou moins épais, sur toutes les matières végétales ou animales en décomposition; sur les confitures, par exemple.

Enfin les Byssus (*byssus*) se développent dans tous les lieux humides, sur les planches mouillées, etc., sous la forme de flocons blancs que l'on trouve partout.

IIIe Famille. — ALGUES (pl. XLII).

Sous le nom d'*algues*, et mieux d'*hydrophytes*, on désigne un nombre très-considérable de plantes aquatiques, dans lesquelles il est impossible de distinguer quelque chose qui ressemble à une fleur et même qui rappelle une plante; ce sont en général des filaments, tantôt minces, déliés et sans aucune consistance, tantôt gros, arrondis, aplatis et souvent ramifiés de la manière la plus bizarre. Leur couleur est généralement verte et leur consistance herbacée; mais on en trouve aussi de coriaces et de cornées, sur lesquelles on voit briller des couleurs éclatantes. Comme elles sont destinées à flotter dans les eaux, leurs frondes sont toujours garnies de cellules intérieures, qu'elles peuvent remplir d'air ou de tout autre gaz, afin de pouvoir se soutenir plus aisément dans leur sein. Pour descendre au fond, il leur suffit de chasser le fluide des vésicules aériennes; leur corps, devenu moins volumineux, se précipite sur-le-champ par son propre poids à une profondeur d'autant plus considérable, que le vide a été plus complet.

Toutes ces plantes jouissent de la propriété de se ranimer, lorsqu'après avoir été desséchées par une trop longue exposition à l'air, elles sont de nouveau mises en contact avec l'eau. Tout le monde sait que ce qu'on nomme *limon*, qui n'est autre chose qu'un amas de petits individus de cette famille, après avoir passé plusieurs mois sur le bord des mares dont on l'a retiré, reprend sa couleur verte naturelle, lorsqu'il reçoit quelques ondées de pluies. Il en est de même de presque toutes les espèces d'*algues*.

La reproduction de ces amphigames s'opère généralement par la division mécanique des filaments qui les composent, et dont chaque fragment devient absolument semblable au tout; de plus, elles se propagent par des séminules renfermées dans des sporanges; mais il est inutile de dire qu'il s'en faut de beaucoup que ces organes aient été observés dans toutes les espèces de la famille. On voit par là que, sous le rapport de la reproduction, ces êtres se rapprochent beaucoup de certains zoophytes.

Les *algues* se divisent très-bien en deux tribus, les *confervées* et les *thalassiophytes*.

Ire Tribu. — Confervées.

On appelle ainsi toutes les espèces d'algues qui vivent dans les eaux douces, qui croissent sur la terre par les temps pluvieux, ou qui viennent dans les endroits très-humides. Elles se composent en général d'une multitude infinie de filaments déliés, simples ou bifurqués, qui, s'entrelaçant de mille manières, constituent un feutre épais. On en distingue deux genres principaux : les *conferves* et les *trémelles*.

On donne une origine assez singulière au mot CONFERVE (*conferva*). Un homme, étant tombé du haut d'un arbre qu'il émondait, s'était fracturé presque tous les os : il fut guéri très-promptement par le soin qu'on prit de lui envelopper tout le corps de *conferve*, ayant l'attention de l'humecter à mesure qu'elle se séchait. Ce fut d'après cette miraculeuse guérison que la plante fut appelée *conferve*, du latin *conferruminare*, qui veut dire souder.

Quoi qu'il en soit de l'étymologie, ces plantes sont extrêmement communes dans toutes les eaux douces, tantôt couvrant le fond du bassin, tantôt flottant dans leur sein, et formant toujours par leur accumulation des tapis de verdure semblables à ceux dont les mousses et les graminées embellissent les forêts et les prairies.

Les *conferves* présentent aux changements de temps un

phénomène curieux, dont on peut être facilement témoin, quand on a à sa portée une mare tranquille. Lorsque l'air est sec et serein, elles restent au fond de l'eau; mais si le temps tourne à la pluie, on les voit s'élever à sa surface, et y demeurer jusqu'à ce que le mauvais temps cesse. On peut regarder ce phénomène comme un indice des variations atmosphériques, aussi sûr pour le moins que les meilleurs baromètres.

Les Trémelles (*tremella*) ou *nostochs* sont beaucoup plus curieuses qu'utiles. Ce sont de grandes vessies, minces et transparentes, dont l'intérieur est traversé, en différents sens, par les filaments allongés et fistuleux. On trouve ces végétations sur les bords des chemins, dans les allées des jardins, etc.; mais elles ne sont visibles que pendant les temps pluvieux. Elles se montrent alors sous la forme des masses gélatineuses et tremblantes, forme à laquelle elles doivent leur nom de *trémelles*. Dès que la pluie cesse et que le soleil reparaît, l'eau qui les avait pénétrées s'évapore, et il ne reste plus qu'une membrane ridée, que l'on distingue à peine sur la terre ou dans l'herbe. Aussi les anciens, persuadés que l'existence de ces plantes avait quelque chose de surnaturel, les avaient nommées *émanations du ciel*. Mais l'examen attentif de leur structure suffit pour expliquer leurs changements; les vésicules dont elles sont composées, absorbant l'eau pluviale à mesure qu'elle tombe, lui donnent cette forme gélatineuse qu'elles ont par les temps humides; et lorsque la pluie cesse, la chaleur atmosphérique leur enlève toute leur humidité, et les rend ainsi à peu près invisibles.

IIe *Tribu*. — Thalassiophytes.

Les *thalassiophytes*, ainsi que l'annonce leur nom qui veut dire *plantes marines*, indiquent suffisamment la nature de leur séjour. Elles se composent d'un tissu cellulaire homogène, qui prend toutes sortes de formes, mais qui est le plus souvent disposé en frondes simples ou rameuses, dont la longueur va souvent jusqu'à cinq cents et même quinze cents pieds; et des tiges aussi développées ne tiennent à la terre ou plutôt aux rochers que par quelques radicules déliées appelées *crampons*, qui adhèrent tellement que, lorsqu'on cherche à les arracher, il n'est pas rare d'enlever en même temps des portions de rocher assez considérables. Réunis en masses énormes, ces algues ont quelquefois assez de force pour empêcher la navigation en certains parages. Ce fut la rencontre d'un de ces bancs herbacés qui faillit jeter le découragement parmi les compagnons de Christophe-Colomb, et qui aurait empêché la découverte du Nouveau-Monde, sans l'ascendant que cet habile navigateur avait su prendre sur son équipage.

Le genre le plus important de cette tribu nombreuse est celui des Varecs (*fucus*) ou *algues marines*. C'est à lui qu'appartiennent les espèces les plus grandes, ces *goëmons* gigantesques, dont les *crampons* ou racines sont insérés dans les fentes des rochers qui garnissent les côtes, tandis que leurs frondes immenses flottent au sein des eaux, à une distance de plusieurs centaines de pieds du rivage. Ces plantes ont été de tout temps célèbres par leur grande taille, et par la disproportion qui existe entre leur base, qui n'a que quelques lignes de diamètre, et leur extrémité qui est aussi grosse que la tête d'un homme. Mais ce qui les fait le plus remarquer, ce sont les usages variés auxquels nous pouvons les employer ; la médecine emploie le *fucus helminthocorton* comme vermifuge, sous le nom de *mousse de Corse*. Les *varecs sucrés*, *comestible*, *deiglé*, *bulbeux*, et quelques autres espèces, renferment une substance sucrée et mucilagineuse, qui les fait rechercher comme aliments en certains pays. En Écosse, en Irlande, et dans les pays septentrionaux, le peuple se nourrit en grande partie de ces plantes. Mais les produits les plus importants que l'homme retire de ces thalassiophytes, sont la soude et l'iode. La première qui s'obtient par l'incinération de ces végétaux, préalablement desséchés, est d'un usage général, soit pour amender les terres, soit pour fabriquer les savons, ou pour blanchir le linge. Quant à l'*iode*, il se retire par des procédés chimiques de la cendre des *varecs*; il est fréquemment employé en médecine pour dissiper les tumeurs indolentes.

On se procure des *varecs* lorsque la marée est basse ; il suffit pour cela d'en aller couper la quantité dont on a besoin; quand ensuite le flux arrive, il les soulève et les amène au rivage.

RÈGNE
INORGANIQUE.

Nous avons vu, dans les considérations générales sur les corps terrestres, que les *minéraux* sont privés de ces organes qui servent aux animaux et aux végétaux, à remplir les différentes fonctions que la nature leur a confiées ; qu'ils sont dépourvus de toute espèce d'activité, et par cela même soustraits à la loi commune, qui assujétit tous les corps organisés à la mort. Nous avons ensuite fait l'histoire des animaux et des végétaux ; il nous reste maintenant à parler des minéraux, dont l'ensemble constitue le *règne inorganique*.

Une distance immense sépare ce règne du précédent. Les corps qu'il renferme, entièrement soumis aux lois de la physique générale, n'ont en eux-mêmes aucune force intérieure pour résister à ces lois ; rien ne peut les soustraire à l'action de la pesanteur, de la lumière, de la chaleur, etc. Tandis que les animaux et les végétaux peuvent, en vertu de leur activité propre, s'éloigner du centre de la terre, malgré la force qui y attire tous les corps terrestres, les *minéraux* gravitent toujours vers ce point avec d'autant plus de force, que leur densité est plus considérable. Exposés à l'action de la chaleur, celle-ci les pénètre et s'accumule dans leur intérieur en quantité indéfinie ; les corps organisés, au contraire, par le seul fait de leur organisation, repoussent l'excès de ce fluide comme celui du froid, et se maintiennent dans une température à peu près constante, au milieu des glaces du pôle et sous le ciel brûlant de la zone torride. Ils doivent cette faculté à leur activité organique, qui se manifeste avec d'autant plus d'énergie, que l'existence du corps vivant se trouve plus compromise. Ainsi, par exemple, quand notre corps est exposé à un froid trop intense, la circulation s'accélère, les battements du cœur se font sentir avec plus de force et de vitesse, la respiration devient plus fréquente, en un mot il se développe en nous une plus grande quantité de chaleur. Dans le cas contraire, quand c'est la chaleur qui est trop intense, des sueurs abondantes qui s'exhalent de notre corps empêchent son accumulation dans nos organes, et maintiennent ainsi l'équilibre indispensable à l'exercice des fonctions vitales. Les minéraux n'offrent rien de semblable ; ils se laissent pénétrer indifféremment par le froid et par la chaleur, sans pouvoir modérer les effets de l'un ou de l'autre, parce qu'ils sont dépourvus de ces appareils organiques, qui, dans les corps vivants, sont chargés de veiller à la conservation de l'être.

Ce second règne comprend deux parties bien distinctes : l'une traite individuellement des corps qui entrent dans la composition de la terre, cherche à les distinguer au moyen de leurs propriétés, et les classe selon leurs rapports ou leur analogie ; c'est la *minéralogie* ; l'autre s'occupe de la conformation générale de notre planète et des différentes couches minérales qui la composent ; c'est la *géologie*.

Mais avant de commencer l'histoire particulière des minéraux, nous allons donner une idée de la manière dont on les extrait de leur *gîte*, ou du milieu des couches dans lesquelles ils se trouvent. L'ensemble des travaux qui servent à cette exploitation, porte le nom de *mines*, lesquelles se composent d'un nombre plus ou moins considérable de *galeries* horizontales, et de *puits* perpendiculaires, qui sont autant de chemins destinés à conduire les ouvriers au gîte, et à ramener le *minerai* ou matière extraite de la mine, du sein de la terre à la surface du sol.

Dès qu'on a reconnu l'existence d'un minéral utile dans l'intérieur de la terre, connaissant ce qui s'obtient, soit par le sondage du terrain, soit par l'analyse des matières que les torrents en ont arrachées, soit enfin par l'examen des substances que tiennent en dissolution les eaux qui en sortent, on commence par pratiquer une ou plusieurs galeries sur le flanc de la montagne où se trouve le gîte. Les galeries terminées on creuse des puits qui ne diffèrent des précédentes, que par leur direction verticale ou du moins très-oblique. Que si la mine à exploiter se trouve placée sous une plaine ou dans une montagne excessivement large, on ne peut pas percer de galeries ; alors on pratique des puits que l'on creuse jusqu'à la partie la plus basse du gîte. Quatre choses peuvent embarrasser dans l'exécution de ce premier travail ; la dureté ou le défaut de consistance des terrains qui recouvrent le gîte, l'affluence de l'eau on le manque d'air. On a deux moyens pour vaincre la dureté du roc, le fer et la poudre. Dans le premier cas, on se sert d'une espèce de marteau pointu, que les mineurs nomment *pointrolle*; les ouvriers circonscrivent avec cet instrument les quartiers de roc qu'ils veulent enlever, et, après les avoir taillés jusqu'à une certaine profondeur, ils enfoncent des coins dans l'entaille, et parviennent à faire sauter des blocs assez considérables; mais cette méthode est très-longue et très coûteuse; on préfère se servir de la poudre. Pour cela, on se contente de pratiquer avec un fleuret, ou avec un ciseau, un trou de quelques pouces de profondeur, dans lequel on met ensuite une cartouche. Ce moyen est beaucoup plus expéditif que le précédent; mais il ne peut pas être mis en usage, lorsque le minéral est précieux, ou que le roc est rempli de cavernes, ou enfin quand l'explosion est capable de produire des ébranlements nuisibles.

Le second obstacle à l'extraction des minéraux est, avons-nous dit, le défaut de consistance du terrain. De là naissent, lorsqu'on y pratique des excavations, ces éboulements qui embarrassent la place que les ouvriers ont nettoyée, et les contraignent à recommencer sans cesse le même travail. On a deux moyens de parer à cet inconvénient : le *boisage* et le *muraillement*.

Quand on veut boiser une galerie, on place de chaque côté des piliers un peu inclinés les uns vers les autres; on les fait ensuite communiquer ensemble par une traverse entaillée, de manière à empêcher les piliers de se rapprocher. Lorsque le terrain est par trop meuble, on est obligé d'ajouter des madriers, et de former un plancher qui retienne les plus petites pierres. Quelquefois même le terrain est si friable, que les mineurs sont obligés d'enfoncer d'abord, à coup de massues, des planches épaisses et pointues pour former les parois de la galerie qu'on veut faire.

Lorsqu'il s'agit de boiser un puits, celui-ci doit toujours être carré; et, pour empêcher l'éboulement de ses côtés, on place, à mesure que l'on descend, des cadres en charpente qui s'arc-boutent contre ses parois.

Tel est le moyen en usage pour empêcher l'éboulement des terres, lorsque les mines ne doivent servir que peu de temps; mais lorsqu'elles sont destinées à être long-temps ouvertes, au lieu de boisage, on a recours au *muraillement* qui consiste à bâtir en pierres les parois des galeries et des puits que l'on pratique.

Le troisième embarras des mineurs c'est l'affluence des eaux. On rencontre quelquefois dans les mines des sources si abondantes, qu'elles inondent tous les travaux, et empêcheraient les ouvriers de continuer leur ouvrage, si l'on n'avait plusieurs moyens de s'en débarrasser. Le premier est le *cuvelage*, qui se fait au moyen de madriers serrés les uns contre les autres, à la manière des douves d'une cuve, que l'on applique sur l'endroit d'où sort l'eau, et que l'on maintient par le moyen de poutres qui font l'office d'arcs-boutants. Lorsque ce moyen est insuffisant, on a recours aux *puisards*, qui sont de profondes cavités où l'on fait rassembler les eaux, et d'où on les retire par le moyen des pompes. Le troisième enfin, et le plus sûr de tous, c'est l'ouverture d'une *galerie d'écoulement*; il consiste à ouvrir un passage artificiel à l'eau et à la conduire dans la vallée la plus prochaine; mais malheureusement ce moyen n'est applicable qu'aux mines qui se trouvent dans l'intérieur des montagnes. Du reste, l'utilité de ces *galeries d'écoulement* est tellement sentie, que l'on n'a pas craint en certains endroits, d'en pratiquer qui ont plusieurs lieues d'étendue.

Le quatrième et dernier inconvénient qui se présente dans l'ouverture des mines, c'est le manque d'air et de lumière. Lorsque les puits ont acquis une certaine profondeur, l'air n'y circulant pas ou presque pas, il ne peut manquer de se vicier. Alors le puits devient inhabitable, les lumières s'y éteignent, les ouvriers n'y peuvent plus respirer. Pour remédier à cet inconvénient, il faut ouvrir une nouvelle galerie qui puisse établir un courant d'air avec celle qui existe déjà. Pour cela, il faut que son ouverture extérieure ne soit pas au même niveau que celle de la première. Mais pour ouvrir cette nouvelle galerie, il faut de l'air aux ouvriers; on a alors recours à un *ventilateur*, dont le mouvement chasse l'air corrompu et fait place à celui qui vient du dehors.

Comme la lumière qui pénètre dans les souterrains est à-peu-près nulle ou du moins insuffisante pour éclairer les mineurs, il faut qu'ils se munissent de lumières artificielles; tantôt c'est un chandelier pointu qu'ils peuvent enfoncer dans les fentes des rochers, ou qu'ils attachent à leurs chapeaux pour avoir les mains libres, en descendant dans les mines et en travaillant; tantôt ce sont des lampes de fer, fermées de manière à ne pas permettre à l'huile de tomber, quelle que soit la position qu'on lui donne.

Mais on ne peut pas employer ce mode d'éclairage, lorsque

la mine renferme du gaz hydrogène, qui détonne par le contact du feu. Alors on a recours à une roue que l'on fait tourner rapidement sur un caillou ; le frottement qui en résulte produit une lumière suffisante, sans communiquer le feu au gaz.

Tous les travaux dont nous venons de parler ne sont que préparatoires et ne servent qu'à conduire au gîte. Reste maintenant à l'exploiter ; cette opération se compose de l'extraction du minéral et de son tirage hors de la mine.

L'extraction se fait en enlevant par tranches des quartiers plus ou moins considérables, et en donnant au sol sur lequel on travaille l'aspect d'un escalier à marches très larges ; c'est ce qui s'appelle l'*ouvrage à gradins*. On préfère cette forme à toute autre, parce qu'elle partage le terrain en plusieurs portions, sur chacune desquelles un ou deux ouvriers peuvent travailler avec facilité et sans s'embarrasser mutuellement.

Le minéral extrait, il s'agit de le tirer du fond de la mine. On commence par le transporter dans le fond des puits, qui ont une ouverture à la surface du sol. On se sert pour ce transport de *chiens* ou caisses portées sur quatre roues, dont les antérieures sont plus petites que les postérieures. Cette disposition rend sa marche plus expéditive et moins fatigante pour les mineurs ; pour la rendre encore plus facile, on pratique souvent des ornières en bois et même en fonte, en sorte qu'un seul ouvrier peut rouler dans huit heures plus de six cents quintaux de minéral.

Quand la galerie est étroite, comme le choc des *chiens* contre les parois pourraient causer des éboulements, on a coutume, pour empêcher les déviations du chariot, de pratiquer au milieu de la galerie une rainure, dans laquelle s'enfonce une tige de fer fixée au milieu du chariot, et qu'on appelle *clou de conduite* ; mais ce moyen ne s'emploie que lorsqu'il est indispensable, parce qu'il retarde beaucoup la rapidité du transport. Lorsque les mines sont très vastes, comme celles de Wieliska, en Pologne, on y introduit des chevaux pour faire ce transport. Dans d'autres, on creuse des canaux sur lesquels on transporte le minéral avec des nacelles ; telles sont celles de Worsley en Angleterre.

Quand le minéral se trouve au fond du puits, on l'en retire au moyen de différentes machines placées à l'ouverture supérieure de ce dernier, et mises en mouvement par la vapeur, l'eau, les chevaux, etc.

Le minéral, ainsi extrait, n'est pas encore propre aux usages auxquels on destine le métal qu'il renferme. Il a encore plusieurs préparations à subir avant de passer entre les mains de l'ouvrier qui doit le mettre en œuvre. La première, qui se nomme *triage*, consiste à séparer le bon minerai du mauvais; ensuite on le *bocarde* pour le séparer de la *gangue*, c'est-à-dire des matières terreuses et pierreuses qui l'enveloppent. Pour cela on le broie avec un *mouton* semblable à celui avec lequel on enfonce les pilotis; on le lave à plusieurs eaux, et enfin on le fond pour le purifier entièrement.

Tels sont les procédés qu'on emploie pour se procurer les *minéraux*. Il s'agit maintenant de les étudier pour en connaître les propriétés.

MINÉRALOGIE.

Pour parvenir à la distinction des minéraux, on a recours à deux sortes de propriétés ; les unes *physiques*, qui s'obtiennent sans altérer la nature du corps, et les autres *chimiques*, auxquelles on arrive en mettant ce dernier en contact avec certains agents, qui en font connaître la nature intime.

§ I. — *Propriétés chimiques des minéraux.*

Les principaux agents chimiques dont on fait usage en minéralogie, sont le *feu* et plusieurs *réactifs* solides ou liquides, dont les plus généralement employés sont l'acide nitrique ou l'eau-forte, l'acide sulfurique ou huile de vitriel, l'ammoniaque ou alcali volatil, la potasse, la soude, etc.

1° Au moyen du *feu*, on connaît si un minéral est fusible, s'il est susceptible d'être réduit en vapeur, et à quel degré de chaleur il peut être fondu ou volatilisé.

2° Les acides nitrique et sulfurique attaquent certains corps et n'ont aucune prise sur d'autres. Avec le premier, par exemple, on reconnaît très-bien l'or, parce qu'il est le seul des métaux de sa couleur qui ne soit pas altéré par son action. De même, l'acide sulfurique nous fera distinguer la *pierre à plâtre* de la *pierre à chaux*, parce que, lorsqu'il touche cette dernière, il produit à sa surface une espèce d'effervescence ou de bouillonnement, tandis qu'il n'a point d'action sur la première.

C'est surtout dans l'étude des minéraux composés de plusieurs sortes de substances que les réactifs sont utiles ; ils s'unissent avec l'une d'elles et séparent la seconde. C'est ainsi qu'en mettant du mercure en contact avec du sulfure d'argent (composé de soufre et d'argent), celui-ci se sépare du corps avec lequel il est combiné, pour s'unir au mercure. Il suffit ensuite de chauffer l'*amalgame* (composé d'argent et de mercure) pour que ce dernier s'évapore, et que l'autre reste seul dans le vase où on l'a fait chauffer. Un autre agent qu'on emploie souvent pour reconnaître les corps inorganiques, c'est *l'eau distillée*; les uns, en effet, y sont solubles ou s'y fondent, le *sel commun*, par exemple; les autres, au contraire, y sont insolubles, comme le *carbonate de chaux* ou *pierre à chaux*, et ils se *précipitent* au fond du vase qui contient le liquide, sous la forme d'un dépôt de couleur variable.

Il arrive quelquefois qu'un corps qui n'est pas soluble dans l'eau pure, s'y dissout très-bien quand on y a ajouté une certaine quantité d'acide ou d'alcali, tandis que d'autres ne se dissolvent ni dans l'eau simple, ni dans l'eau acidulée ou alcaline.

§ II. — *Propriétés physiques* (pl. XLIII).

Mais comme l'étude des propriétés chimiques entraîne des difficultés, exige une grande habitude et altère plus ou moins les corps qu'on examine, on cherche autant que possible à caractériser les minéraux au moyen des propriétés physiques. Ces dernières sont très-nombreuses : elles se tirent de la forme du corps, de sa densité, de sa dureté, de sa ténacité, etc.

1° La *forme* des minéraux n'a pas la même importance que celle des corps organisés. Cependant lorsque cette forme est régulière, c'est-à-dire qu'elle constitue un *cristal* dont les faces les arêtes et les angles (1) sont bien réguliers, elle offre un moyen d'autant plus propre à distinguer le corps, qu'elle lui appartient quelquefois exclusivement. Ainsi les minéralogistes ont-ils fait une étude spéciale des formes cristallines des différents corps inorganiques. Ces formes sont extrêmement variées ; mais en les analysant avec soin, on voit qu'elles se rapportent à six principales, qu'on a appelées *fondamentales*. Ce sont le *cube*, qui a six faces carrées et égales, et huit angles droits et égaux (c'est le *dé à jouer*) (fig. 1); le *rhomboèdre*, qui a aussi six faces égales, mais pas les angles droits (fig. 10); le *prisme droit à base carrée* (fig. 15), qui a, comme le cube, huit angles droits, sans avoir ses six faces égales; le *prisme droit à base rectangle*, qui ne diffère du précédent que parce que les deux bases ont leurs angles égaux, sans que les deux côtés le soient; le *pris-*

(1) Dans les figures régulières, on appelle *faces* les plans qui déterminent leur forme ; *arêtes* les lignes droites qui déterminent les faces, et *angles* des saillies formées par la réunion de trois ou plusieurs faces; ainsi (pl. XLIII, fig. 1) les plans a, a, a, sont des faces; les saillies b, b, b, sont des angles, et les lignes c, d, e, sont des arêtes.

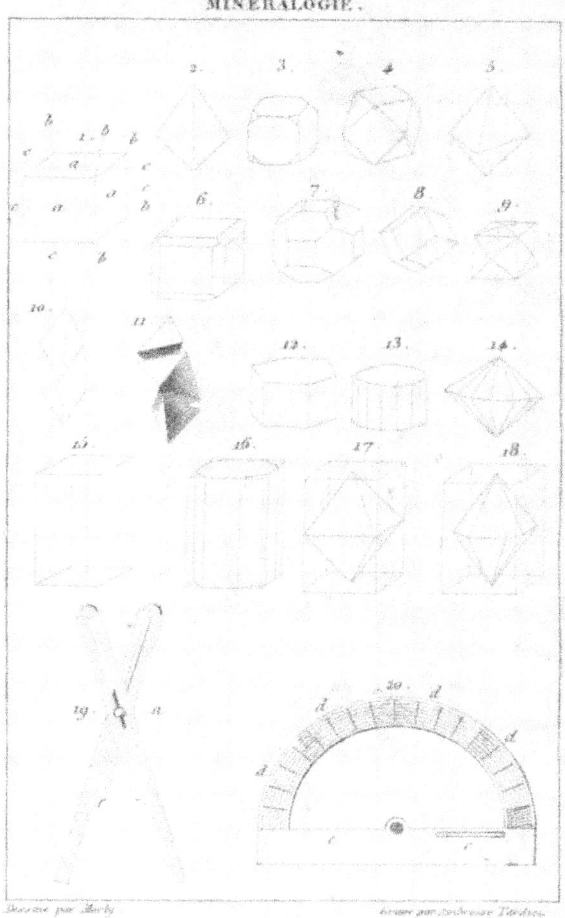

Dessiné par Borly.   Gravé par Ambroise Tardieu.

Pl. XLIII.

me *oblique à base rectangle*, qui au lieu d'avoir les bases perpendiculaires, les a obliques, et le *prisme oblique à base parallélogramme*, dont les bases sont aussi obliques, et dont les arêtes latérales ne sont égales que deux à deux. Ces six formes, en perdant leurs angles et leurs arêtes, donnent naissance à une multitude innombrable d'autres figures toutes différentes. C'est ainsi que le cube (fig. 1) produit les figures 2, 3, 4, 5, 6, 7, 8, 9, et un nombre infini d'autres. De même le *rhomboèdre* (fig. 10) engendre les figures 11, 12, 13, 14, etc. Pareillement le *prisme droit à base carrée* (fig. 15) donne naissance aux figures 16, 17, 18, etc. Il en est de même pour les quatre autres formes fondamentales.

Pour montrer la grandeur des angles d'un cristal, on se sert d'un instrument appelé *goniomètre*. Cet instrument se compose d'un *demi-cercle* (fig. 20) divisé en degrés, et de deux *alidades* ou branches (fig. 19), qui se croisent comme celles d'une paire de ciseaux, et qui sont réunies par une vis de pression (a) mobile dans deux rainures. En plaçant un angle de cristal que l'on veut connaître entre les deux alidades, on obtient une ouverture dont la mesure est ensuite déterminée, en portant l'instrument sur le demi-cercle, de manière que le sommet de l'angle se trouve au centre du cercle, et qu'une des deux alidades s'applique exactement sur la corde du demi-cercle (c c). Des chiffres marqués sur le limbe de ce dernier (d, d, d,), indiquent exactement la mesure cherchée.

Mais les formes du minéral ne sont pas toujours régulières, et alors elles sont moins constantes et plus difficiles à apprécier. Cependant il en est quelques-unes qui n'appartiennent qu'à certains minéraux et qu'on peut déterminer assez aisément. Ainsi elles sont dites *globuleuses*, *ovoïdes*, *lenticulaires*, *bacillaires*, *aciculaires* ou *arborisées*, selon qu'elles rappellent la forme d'une boule, d'un œuf, d'une lentille, d'une aiguille ou d'une branche d'arbre.

2° La *densité* est cette propriété qu'on appelle *pesanteur spécifique*, et qui exprime le rapport qui existe entre le volume d'un corps et son poids. Plus un corps est dense, plus il est pesant.

3° On appelle *ductilité* cette propriété qu'ont les minéraux de se laisser étendre sous le choc du marteau ou à la pression du cylindre; tels sont l'or, le fer, etc. Elle est opposée à la *friabilité*, qu'on trouve dans l'arsenic, le sel commun, etc.

4° La *ténacité* accompagne généralement la *ductilité*; elle consiste dans la propriété que les métaux réduits en fils minces, ont de supporter un certain poids sans se rompre. Le fer est un des métaux les plus tenaces.

5° On appelle *fusibilité* le plus ou moins de facilité que les minéraux ont à se liquéfier par l'effet de la chaleur.

Nous ne parlerons pas des autres propriétés des minéraux ; chacun comprend ce qu'on entend par la *dureté*, la *saveur*, l'*odeur*, le *son*, la *couleur*, la *transparence*, etc.

Tels sont les principaux caractères à l'aide desquels on peut distinguer les corps inorganiques et les diviser en classes, ordres, familles, etc. Mais nous ferons observer que le nombre des espèces minérales connues étant peu considérable, si on les compare à celles des corps organisés, on n'a pas eu besoin d'établir dans la minéralogie autant de subdivisions que dans le règne organique.

On a d'abord partagé les minéraux en trois classes : les *gazolytes*, les *leucolytes* et les *chroicolytes*.

1° Les *gazolytes* sont gazeux ou solides ; mais dans tous les cas ils peuvent, en s'unissant avec l'oxigène, l'hydrogène ou phthore, donner naissance à des composés gazeux.

2° Les *leucolytes* sont tous solides ou liquides, et ne peuvent jamais former de gaz, avec quelque corps qu'on les combine ; ils sont faciles à fondre, et quand on les dissout dans un acide incolore, ils forment des composés aussi incolores ou à peine colorés.

3° Les *chroicolytes* sont tous solides ; ils ne peuvent jamais former de gaz en se combinant à d'autres corps ; mais ils sont moins fusibles que les précédents, et de plus ils forment avec les acides des composés colorés.

GAZOLYTES.

Le nombre des gazolytes simples s'élève à quinze, qui tous ont été découverts depuis peu, excepté le soufre, le carbone et l'arsenic; encore ces deux derniers n'étaient-ils qu'imparfaitement connus. Mais il ne faut pas croire que tous ces corps se trouvent naturellement dans la terre à l'état de pureté; ils sont presque tous combinés avec un ou plusieurs autres, qui les dénaturent au point de les rendre méconnaissables. Nous ne parlerons d'abord que de ceux qu'on rencontre purs; nous traiterons des autres à mesure qu'ils se présenteront unis avec des corps déjà étudiés.

La classe des *gazolytes* se divise en deux familles bien faciles à distinguer; la première renferme les gazolytes qu'on trouve naturellement à l'état de gaz dans l'intérieur ou à la surface de la terre; la seconde comprend ceux qui y sont à l'état solide.

Ire Famille. — GAZOLYTES AÉRIFORMES.

Elle comprend sept corps, quatre simples et trois composés (1) : ce sont l'*oxigène*, l'*hydrogène*, l'*eau*, l'*azote*, l'*air*, l'*ammoniaque* et le *chlore*.

§ I. L'OXIGÈNE (*oxigenes*) est un des corps simples les plus répandus; il fait la base de l'air atmosphérique et de l'eau, et entre dans la composition de presque tous les autres minéraux, tels que le fer, la chaux, le grès, et de tous les corps organisés sans exception.

On reconnaît facilement ce gaz en ce qu'il est incolore, qu'il fait brûler avec rapidité tous les corps en ignition, sans en excepter le fer, et qu'il est le seul de tous les gaz qui soit pro-

(1) On appelle corps simples ceux dans lesquels on n'a découvert jusqu'ici qu'une seule espèce de matière; et l'on nomme composés ceux dans lesquels se trouve deux ou plusieurs sortes de matières, douées de propriétés différentes.

pre à la respiration des animaux , ce qui lui avait fait donner autrefois le nom d'*air vital*.

C'est, sans contredit, le corps les plus important de la minéralogie ; sans lui, nul être organisé ne saurait subsister, et l'homme ne pourrait avoir de feu, car l'oxigène seul peut l'entretenir. Il se combine avec presque tous les autres corps simples de la nature, et forme avec eux des composés que l'on appelle *oxides* ou *acides* selon qu'il ne rougissent pas ou qu'ils rougissent l'infusion bleue de tournesol (1).

§ II. L'Hydrogène (*hydrogenes*) n'est guère moins abondant ni moins utile que le précédent , car il fait partie de tous les corps organisés , de l'eau et de plusieurs autres corps. Ses propriétés distinctives sont d'être transparent, quatorze fois plus léger que l'air, et de prendre feu dès qu'il est en contact avec les corps en ignition ; en s'enflammant il produit toujours une détonation d'autant plus forte, qu'il est en plus grande quantité.

La légèreté spécifique de ce gaz le fait fréquemment employer pour la confection des ballons ; il suffit pour cela d'en remplir une vessie de soie gommée. Comme celle-ci est incomparablement plus légère que l'air, elle s'élève rapidement dans l'atmosphère, et ne s'arrête qu'au point où l'air se trouve aussi léger qu'elle. Il paraît , à la facilité avec laquelle l'*hydrogène* s'enflamme, que ce gaz est un de ceux qui sont les plus propres à la combustion ; non-seulement il brûle avec facilité toutes les fois qu'il est pur, il communique même cette propriété aux corps avec lesquels il s'unit , et ces derniers semblent brûler avec d'autant plus de rapidité , qu'ils contiennent une plus grande quantité d'*hydrogène* ; le bois, le charbon, la houille, l'huile , la graisse, etc., qui sont les corps que l'on emploie le plus souvent pour le chauffage et l'éclairage, contiennent tous une très-grande proportion de ce gaz.

La facilité avec laquelle l'*hydrogène* s'enflamme , l'a fait employer depuis quelques années à l'éclairage , de préférence même à l'huile, parce qu'il répand une lumière très-vive et éclatante. Les seuls inconvénients que présente son usage, c'est de répandre une odeur désagréable , et d'être susceptible de faire éclater les tuyaux qui le contiennent ; mais on évite l'un

(1) On ne peut parler exactement, selon qu'ils servent de base ou de radical dans les combinaisons salines.

et l'autre en préparant convenablement le gaz, et en le tenant
renfermé dans des tubes bien clos.

On trouve rarement l'*hydrogène* pur dans la nature ; les
seuls endroits où il s'en forme ordinairement sont les fosses
d'aisance, les marais et autres lieux où l'eau est stagnante,
quelquefois dans l'intérieur des mines de houille ou de charbon de terre, et surtout dans les volcans en activité ; encore
est-il ordinairement mêlé avec une certaine quantité de carbone. Dans tous les cas, il est dangereux quand il se trouve
renfermé et fortement comprimé ; en s'enflammant, il fait éclater avec violence les parois du bassin dans lequel il est em-
prisonné, et cause de graves accidents ; c'est surtout dans les
mines qu'on est exposé à ce danger. La même chose peut arriver en laissant tomber un corps en ignition dans une fosse
d'aisance qui en contient.

§ III. C'est une remarque générale que plus les corps sont
utiles, plus ils sont abondants dans la nature ; nous en avons
vu une preuve dans l'oxigène ; nous en trouvons une seconde
dans l'Eau (*aqua*). A l'état de vapeur elle entre dans l'atmosphère ; sous la forme de glace ou de neige, elle recouvre les
pôles de la terre et le sommet des hautes montagnes ; liquide
elle s'étend sur plus des trois quarts de la surface du globe, et
constitue dans l'intérieur de la terre d'immenses réservoirs,
d'où elle s'échappe peu à peu pour donner naissance aux différentes sources, qui forment nos ruisseaux, nos rivières et nos
fleuves.

C'est probablement à cause de cette abondance de l'eau que
les anciens en avaient fait un de leurs quatre éléments ; mais
elle n'est point un corps simple ; des expériences chimiques
prouvent qu'elle est composée d'oxigène et d'hydrogène, lors
même qu'elle est aussi pure que possible ; et, de plus, elle contient ordinairement une plus ou moins grande quantité de sels.

Il n'est pas nécessaire que nous nous étendions sur l'utilité
de l'eau ; il suffit de dire qu'elle fait la base de tous les corps
vivants ; qu'elle sert de boisson à tous les animaux ; qu'elle est
un des moyens de transport les plus rapides. Elle fait mouvoir
la plupart de nos machines, soit à l'état liquide, soit sous celui
de vapeur, etc.

§ IV. L'Azote (*nitrogenes*) est un gaz incolore comme l'oxigène et l'hydrogène ; mais il diffère de l'un et de l'autre en ce

médecine. Il entre dans la composition de la poudre à canon et de l'acide sulfurique; il sert à former de très-belles empreintes pour les graveurs, à sceller les métaux dans la pierre, à soufrer les allumettes, etc. En médecine, il est fréquemment employé, surtout pour le traitement des maladies de la peau.

Un autre usage moins connu, mais non moins utile, c'est celui d'éteindre le feu dans les cheminées. Il suffit d'en jeter quelques poignées (deux ou trois) sur un brasier pour l'éteindre subitement, pourvu qu'on ait la précaution d'empêcher l'air d'entrer dans la cheminée, en étendant un drap au-devant. Uni à l'hydrogène, ce corps est très-répandu; il s'échappe des volcans, des latrines, des œufs pourris; il existe aussi dans toutes les eaux minérales sulfureuses.

Combiné avec l'oxigène il forme l'acide sulfureux et l'acide sulfurique, qui sont l'un et l'autre très-usités, le premier pour blanchir les laines, le second pour une foule d'usages. Quoiqu'on trouve ces deux corps dans la nature, ils sont trop peu abondants pour qu'on les exploite; aussi n'emploie-t-on dans les arts que celui qu'on fait artificiellement.

§ II. Le Phosphore (*phosphorus*) n'existe pas pur dans la nature, et s'y trouve rare à l'état de combinaison; nous en parlons cependant ici, parce que l'usage en est assez général et parce que ses propriétés sont intéressantes. Son nom, qui veut dire *porte-lumière*, lui a été donné parce qu'il s'enflamme dès qu'il est en contact avec l'air, et c'est pour ce motif qu'on ne le trouve jamais à l'état de pureté. Pour l'obtenir tel, il faut le faire artificiellement, et le conserver dans des vases pleins d'huile et bien bouchés. C'est alors un corps assez tendre pour pouvoir être rayé avec l'ongle. Il répand une légère odeur analogue à celle de l'ail, et a une couleur blanche un peu sale quand il est nouvellement préparé; mais le contact de la lumière ne tarde pas à lui communiquer une teinte d'abord jaune et ensuite rougeâtre. Tout le monde sait que cette substance est très-employée pour la fabrication des *briquets* dits *phosphoriques*.

§ III. Le Carbone (*carbo*) est au moins aussi commun que le soufre, du moins à l'état de combinaison avec d'autres corps; il fait partie de tous les êtres organiques; de l'acide carbonique, de la houille, du succin, etc. Mais il n'en est pas de même quand il est pur; dans ce dernier cas il constitue le *diamant*, dont tout le monde connaît la rareté et le prix. Nous allons parler successivement des principaux corps qu'il forme naturellement, en commençant par le *diamant*.

1° Ce dernier est le minéral le plus dur que l'on connaisse; il entame tous les autres et n'est entamé par aucun; ce n'est qu'avec sa propre poussière qu'on peut le polir; aussi les anciens, qui ne connaissaient pas ce secret, ne l'estimaient qu'à cause de sa dureté. C'est ainsi que Virgile nous parle de *chaînes de diamant* pour dires des chaînes indestructibles. A cette dureté, ce minéral unit un éclat et une infusibilité supérieurs à ceux de tous les autres corps de la nature, ce qui le fait rechercher de tout le monde comme un objet de parure et d'ornement. Les plus beaux *diamants* sont ceux qui sont parfaitement transparents; viennent ensuite les roses, les orangés, les jaunes, les verts, les bleus et les noirs. On les trouve au Brésil et dans certains pays des Indes-Orientales, et toujours en petites masses. Le *régent*, qui fait partie de la couronne de France, et qu'on évalue à plus de quatre millions, n'est pas plus gros qu'un œuf de pigeon.

Outre l'usage du *diamant* comme bijou, on s'en sert aussi pour couper le verre, et pour polir et percer les autres pierres précieuses.

2° Quand on compare le *diamant* avec la *houille*, on est fort surpris de trouver ces deux corps l'un à côté de l'autre; et cependant ce dernier est presque entièrement composé de carbone uni à l'hydrogène, et quelquefois à un peu de fer ou d'oxygène, et ce sont ces substances étrangères qui altèrent la nature du carbone, au point de changer la transparence de ce dernier en une couleur noire et opaque, et de le rendre *tendre* et *friable*, de dur et résistant qu'il était auparavant. Ce sont encore elles qui donnent à la *houille*, cet aspect gras et luisant qui la rend si propre à la combustion.

On trouve la *houille* en masses immenses, qui sont d'une ressource inappréciable partout, et principalement dans les endroits où les forêts sont rares. Elle doit son origine à l'entassement de végétaux, qui ont été engloutis dans le sein de la terre, pendant les catastrophes qui ont bouleversé la surface de notre globe. Mais l'on remarque que cette substance change de nature, selon qu'elle a séjourné plus ou moins long-temps au milieu des masses minérales, et c'est ce qui en a fait distinguer plusieurs sortes. Ainsi on appelle *graphite*, l'espèce qui est située le plus profondément dans l'intérieur du globe; elle n'est pas combustible et ne sert qu'à fabriquer des crayons à écrire ; ce qui lui a fait donner son nom qui veut dire substance propre à écrire. L'espèce qui vient après est l'*anthracite*, qui brûle moins difficilement, mais qui ne peut cependant s'employer comme combustible, qu'autant qu'on la mêle avec de la bonne houille. La troisième espèce est la *houille* proprement dite, qui est grosse et s'enflamme très-aisément ; elle est d'un usage journalier pour les forges et les usines. Le *lignite*, quatrième espèce de houille, est du bois un peu moins altéré que le précédent et qui brûle également bien. Enfin la *tourbe* est tellement peu altérée, qu'on y distingue encore facilement la nature des végétaux qui lui ont donné naissance. Toutes ces substances, à l'exception de la première, s'emploient comme combustibles dans tous les pays où elles se trouvent ; elles sont surtout très-recherchées pour les usines, les forges, etc. Quelques espèces de *lignites*, qui ont plus de dureté et d'éclat que les autres, servent aussi à fabriquer des bijoux communs et des objets de deuil.

3° Le *bitume* est un corps liquide, ou facile à fondre par la chaleur s'il est solide, dont la pesanteur est inférieure à celle l'eau, et qui brûle aisément en répandant une fumée noire et épaisse. Ses usages sont très-variés ; mais le principal est de servir au pavage et au dallage, à l'éclairage, après avoir été purifié.

On trouve le *bitume* dans le sein de la terre, d'où il s'échappe souvent par l'effet de la chaleur pour venir former des sources à la surface du sol.

On distingue plusieurs sortes de bitumes ; parmi ceux qui sont solides, nous citerons le *succin* ou *ambre jaune*, qui brûle en répandant une odeur suave, et qu'on emploie soit comme médicament, soit comme ornement de toilette ; l'*asphalte*, qui tire son nom du lac *Asphaltite* ou *mer Morte*, parce que, sortant du sein de la terre au-dessous de lui, il vient à sa surface former des masses plus ou moins considérables ; la *malthe* ou *poix minérale*, qui tient le milieu par sa consistance entre l'*asphalte* et la *naphte*. Cette dernière est tout-à-fait liquide, et, selon qu'elle coule plus ou moins facilement, elle prend le nom de *naphte* propre et de *pétrole*. Ces deux dernières espèces sont les bitumes dont l'usage est le plus fréquent.

4° On trouve encore le *carbone* uni à l'oxigène, et, à cet état de combinaison, il constitue un gaz, l'*acide carbonique*, qui est très-répandu dans la nature, quoiqu'il s'y trouve en petite quantité. Il fait partie de l'atmosphère, dans la composition de laquelle il entre pour la centième partie. Il s'en dégage de certains terrains, à la surface desquels il forme une couche plus ou moins épaisse ; telle est la fameuse *grotte du chien*, près de Naples. Il s'en forme aussi tous les jours par l'effet de la respiration animale et par la fermentation des substances végétales. C'est ce gaz qui fait pétiller le vin de Champagne, l'eau de Seltz et la plupart des eaux gazeuses, et qui leur communique ce goût piquant, qui rend tous ces liquides si agréables à boire.

Pour distinguer l'*acide carbonique* de tous les autres gaz incolores comme lui, il suffit d'en mettre dans de l'eau de chaux ; il se forme sur-le-champ dans celle-ci des nuages blancs, qui ne tardent pas à se précipiter au fond du vase, et qui ne sont autre chose que du *carbonate de chaux* (substance composée d'acide carbonique et de chaux).

§ IV. L'Arsenic (*arsenicum*) est sans contredit le minéral le plus pernicieux que l'on connaisse. Dans quelque combinaison qu'il entre, sous quelque forme qu'il se présente, il produit toujours, quand il est introduit dans le corps d'un animal, des accidents funestes, et même la mort, s'il est pris à une certaine dose. Il n'est pas de contre-poison qui puisse en neutraliser les effets ; son expulsion du corps est le seul moyen qui puisse l'empêcher de nuire. Il est donc très-important de l'étudier avec soin. Heureusement il est facile à reconnaître partout où il se trouve ; il communique une saveur amère à tous les aliments avec lesquels on le mêle, ce qui est un premier avertissement pour en faire soupçonner la présence ; et l'on peut facilement changer ce soupçon en certitude, en en mettant une certaine quantité sur des charbons ardents ; des vapeurs blanches et une odeur d'ail qu'il répand alors trahissent toujours sa présence dangereuse.

On trouve ce gazolyte dans la nature, soit à l'état de pureté, soit à celui de combinaison avec l'oxigène, le soufre et quelques autres métaux. Malgré les dangers auxquels sont exposés les ouvriers qui travaillent à son exploitation, on en extrait continuellement du sein de la terre pour les besoins du commerce, car les usages en sont assez variés. On s'en sert pour fondre le platine ; il entre dans un alliage appelé *métal blanc*, avec lequel on fait des boutons, des chandeliers et différents petits meubles, en évitant d'en exécuter des vases destinés à la préparation des aliments ou à contenir les boissons. La médecine l'emploie aussi quelquefois, mais avec une extrême circonspection. C'est dans la teinture et dans l'art vétérinaire qu'on s'en sert principalement : dans le premier cas, comme d'un mordant pour fixer les couleurs ; dans le second, comme caustique pour détruire les chairs et rendre les plaies plus belles, et pour en hâter la guérison.

§ V. Le BORE (*borax*) est un corps peu important, non seulement à cause de sa rareté, mais encore à cause de son peu d'utilité. Il ne se trouve jamais pur dans la nature, mais seulement à l'état de combinaison avec l'oxigène, et alors il forme *l'acide borique*. C'est une substance solide, d'un aspect nacré et onctueuse au toucher, dont on se sert quelquefois en médecine, et qui communique à l'alcool en ignition une belle couleur verte, ce qui le fait employer pour la préparation de l'esprit-de-vin, qu'on met dans les vases destinés à entourer les catafalques dans les cérémonies funèbres.

§ VI. La SILICE (*silicium*) tire son nom de *silex*, caillou ; elle forme en effet la base de ce corps et de tous ceux qui lui ressemblent pour la composition, tels que le sable, le cristal de roche, etc. Son caractère le plus remarquable réside dans sa dureté et dans son infusibilité. Elle raie le verre et fait feu par le choc du briquet ; elle est inattaquable par les réactifs les plus énergiques ; l'acide nitrique, l'acide sulfurique, etc., n'exercent aucune action sur elle. Le feu de forge le plus actif ne peut la faire fondre quand elle est pure ; si on veut en obtenir la fusion, il faut la mélanger avec une certaine quantité de soude ou de potasse, et alors elle se transforme en *verre*. C'est même sur cette propriété qu'est fondé l'art du verrier.

Cette substance est une des plus répandues dans la nature ; elle fait près du tiers de la masse totale de la partie solide du globe terrestre. On la trouve avec d'autant plus d'abondance, que l'on pénètre plus profondément dans l'intérieur de la terre, où elle forme des amas immenses.

La *silice* est d'un usage général : elle s'emploie comme pierre à bâtir, sert au pavage, entre dans la composition du mortier et du verre, forme les meules à moulins, se taille en bijoux, etc.

Nous diviserons ce genre en deux sous-genres : dans le premier on comprend les espèces où elle est à-peu-près pure ; tels sont le *quartz*, le *silex* et l'*opale*.

1° Le *quartz* est facile à reconnaître en ce qu'il est bien transparent, et s'il est coloré, en ce qu'il ne perd pas ses couleurs au feu. Dans le premier cas, il constitue le *cristal de roche*, qui était autrefois très-employé pour la fabrication de vases d'une grande valeur ; car quoiqu'il se trouve assez abondamment dans certaines montagnes, la quantité qu'on en retirait ne suffisait pas pour permettre de fabriquer de ces objets à bas prix. Mais maintenant le cristal est moins recherché, parce qu'on a trouvé le moyen de l'imiter par une espèce de verre très-limpide et très-dur. Les variétés du *quartz* coloré en jaune, en rose, en bleu, en violet, etc., sont désignées sous le nom de topaze, de rubis, de saphir, d'améthyste, etc., et sont souvent employés dans la petite bijouterie, pour imiter les pierres précieuses correspondantes.

2° On appelle *silex* toutes les espèces de silice qui blanchissent au feu et ne contiennent pas d'eau. Cette espèce se trouve en masses bien plus considérables que la précédente, et n'est pas en général aussi précieuse. Néanmoins on distingue plusieurs variétés, légèrement transparentes et ornées d'assez vives couleurs, que l'on recherche comme objets d'ornements ; telles sont les *agathes*, les *calcédoines*, les *sardoines* et les *cornalines* ; on en fait des cachets, des bracelets ; on les emploie aussi pour faire des camées et même des mosaïques. Les *agathes* sont surtout estimées, lorsqu'elles renferment quelque insecte ou quelque figure arborisée. Parmi les variétés de *silex* qui sont moins précieuses, mais beaucoup plus utiles, nous citerons le *silex pyromaque* ou *pierre à fusil*, le *silex molaire* ou *pierre meulière*, avec laquelle on fait les meules, et le *silex grenu* ou *grès*, qu'on emploie pour la bâtisse, le pavage, etc.

3° Les *opales* sont généralement plus transparentes que les silex, et ont ordinairement une couleur laiteuse qu'elles doivent probablement à une certaine quantité d'eau qu'elles contiennent. Cette particularité jointe à leur peu de dureté, qui fait qu'elles étincellent difficilement par le choc du briquet, suffit pour les distinguer des deux espèces précédentes.

Ces pierres sont peu communes et d'un prix assez élevé ; celles qui présentent de belles teintes avec des reflets brillants, sont surtout très-recherchées dans le commerce de la joaillerie.

Le second sous-genre de *silice* renferme les espèces où le quartz est avec de l'alumine, tels sont le *grenat*, l'*asbeste*, le *feldspath*, le *mica* et le *talc*.

4° Le *grenat* est un minéral remarquable par sa dureté qui est supérieure à celle du quartz, et par sa couleur plus ou moins rouge. Quoiqu'il n'ait jamais la transparence du verre, il conserve cependant toujours un peu de l'éclat de ce dernier. Lorsque cette pierre est d'une belle eau et présente de vives couleurs, elle est assez estimée dans le commerce de la bijouterie; elle sert à faire des colliers. Mais ce qui lui donne le plus de valeur, c'est lorsqu'elle unit à ces deux qualités un volume considérable ; elle sert alors à fabriquer des vases qui sont hors de prix. Les anciens surtout, recherchaient beaucoup le *grenat* pour cet usage, ainsi que pour la gravure. Ils l'appelaient *escarboucle* ou *pyrope*. Mais autant de belles espèces ont de prix, autant celles qui sont opaques et ternes sont dédaignées. En Allemagne, par exemple, on les jette dans les fourneaux, pour faciliter la fusion du minerai du fer, ou on les broie en poudre fine pour polir les métaux.

2° L'*asbeste* est une des substances les plus singulières du règne minéral. Tous ses caractères extérieurs la feraient prendre au premier aspect, pour une matière d'origine végétale, si son éclat ne décelait sa nature ; et malgré son brillant, ce n'est pas sans peine qu'on persuaderait à certaines personnes qu'elle appartient au règne inorganique. Mais il est un caractère qui confondra toujours les plus incrédules, c'est son inaltérabilité au feu, épreuve à laquelle ne pourra jamais résister aucune matière végétale; et cette inaltérabilité, jointe à son tissu fibreux et à sa couleur argentine, la distinguera aisément des autres minéraux.

On connaît plusieurs variétés d'asbestes ; la plus recherchée est l'*amiante* ; elle est composée de fils longs, soyeux et comme satinés. Elle a assez de souplesse pour pouvoir être filée, et pour servir à faire des tissus, comme le lin et le chanvre. Quelquefois cependant on est obligé, pour parvenir à la filer, de la mêler avec une certaine quantité de coton ; mais, de quelque manière qu'ils soient préparés, ces tissus sont extrêmement précieux, en ce qu'ils peuvent résister au feu. C'est pour cela que les anciens les recherchaient tant, pour envelopper les morts qu'ils brûlaient, et dont ils voulaient conserver les cendres. On possède à Rome, à la bibliothèque du Vatican, un suaire de cette substance, qui contient encore des cendres et des os.

Aujourd'hui qu'on n'emploie plus l'*amiante* à cet usage, on s'en sert principalement pour faire des mèches incombustibles, qu'on nettoie en les jetant au feu. On en fait aussi du papier et des dentelles très-fines et d'un prix très-élevé.

3° Le *feldspath* est presque aussi dur que le quartz et raie facilement le verre ; de même que le grenat, il se fond aisément à une forte chaleur ; mais, au lieu de donner naissance à un émail noir, comme ce dernier, il en forme un qui a la blancheur de la porcelaine. D'ailleurs sa dureté et sa légèreté sont moindres que celles du grenat ; celui-ci le raie aisément et pèse près de la moitié moins. On emploie le *feldspath*, quand il est bien transparent ou qu'il offre de belles nuances, aux mêmes usages que le grenat ; cependant il a moins de prix, parce qu'il est plus commun et plus altérable à l'air. Mais, s'il est moins précieux, le *feldspath* est beaucoup plus utile ; quand il se décompose dans l'intérieur du globe, il donne naissance à une espèce de terre fine appelée *kaolin*, laquelle est susceptible de se transformer en pâte et sert à la fabrication de la porcelaine.

4° Le *mica* n'a pas, à beaucoup près, la dureté des espèces précédentes ; bien loin de rayer les autres pierres dures, il est rayé par toutes et même par l'ongle. Cette mollesse, son éclat doré, argentin ou bronzé, sa douceur au toucher, et surtout sa texture lamelleuse, font le caractère distinctif de cette espèce, qui est assez répandue, mais peu utile. Cependant il paraît qu'on en peut tirer parti, quand il est composé de grandes lames ; en Sibérie, on en trouve quelquefois qui ont près de deux aunes carrées. Comme elles sont transparentes, elles peuvent remplacer le verre pour le vitrage des croisées, des chassis, etc. Elles sont surtout très-employées dans la marine russe, parce que, étant très-flexibles et très-élastiques, elles ne se cassent pas par les détonations de l'artillerie ; mais elles ont le grave inconvénient de retenir la poussière, de sorte qu'elles ne tardent pas à perdre leur transparence.

Quand le *mica*, au lieu de former ainsi de grandes lames, se trouve en petites paillettes d'une belle couleur jaune d'or ou d'argent, les artistes s'en servent pour brillanter divers ouvrages d'agrément et de peu de valeur ; il est d'autant plus propre à cet usage, que ces lames acquièrent quelquefois une ténuité incroyable ; plusieurs milliers superposées n'auraient pas un pouce d'épaisseur. Si le *mica* est en paillettes trop petites pour cet usage, on le réduit en poussière fine, et il constitue alors ce que les marchands de fournitures de bureau appellent *poudre d'or*, poudre dont on fait un usage journalier pour boire l'encre superflue, et pour l'empêcher de tacher.

5° Le *talc* est encore plus onctueux au toucher que le mica, dont il a du reste la mollesse, l'éclat et quelquefois la transparence et la texture ; mais il en diffère, en ce qu'il est infusible ou à peu près. On en distingue quatre variétés principales; la *pierre ollaire* est assez tendre pour pouvoir être travaillée au tour, comme la terre glaise, et pour servir à la fabrication de diverses espèces de poteries; c'est surtout en Italie et en Allemagne qu'elle est employée à cet usage; la *serpentine* est ordinairement d'un vert poireau, et a quelquefois une dureté un peu plus grande que les trois autres espèces; elle sert à faire des socles, des colonnes et autres objets d'ornement; la *stéatite* a l'aspect et la mollesse du savon, mais elle prend de la dureté par la cuisson. Réduite en poudre fine, elle sert à adoucir le frottement des rouages de bois, et à faire glisser les bottes. Les tailleurs s'en servent aussi pour tracer sur le drap la coupe de leurs habillements; dans ce cas, on l'appelle *craie de Briançon*. Certains voyageurs prétendent que les habitants de la nouvelle Océanie en avalent pour tromper la faim pendant quelque temps; il est possible qu'ils en mêlent à de la farine de riz, et qu'ils en fassent ainsi une espèce de pâte. Enfin le *talc* est employé comme cosmétique, quand il est d'un blanc pur; on dit qu'il a la propriété d'assouplir la peau et de la rendre luisante. On le transforme en fard, en y incorporant une petite quantité de teinture de carthame.

LEUCOLYTES.

Le mot *leucolytes* est formé de deux mots grecs qui signifient *dissolution blanche*; il s'applique à certains minéraux qui, étant dissous ou fondus dans les acides, ne leur communiquent point de couleur, ou, s'ils leur en communiquent, ce n'est jamais qu'une couleur blanche. Leurs combinaisons avec les autres corps ne sont jamais gazeuses, comme celles que forment les gazolytes avec l'oxigène, l'hydrogène et le phthore.

Cette classe se divise en trois familles, les *leucolytes terreux*, les *leucolytes alcalins* et les *leucolytes métalliques*.

Ire Famille. — LEUCOLYTES TERREUX.

Ces minéraux sont aussi quelquefois désignés sous le nom collectif de *terres*; mais il ne faut pas prendre ce mot dans le sens où on l'entend ordinairement. En minéralogie on l'applique à certains corps, tels que la brique, l'ardoise, etc., qui n'ont jamais l'éclat des métaux et qui ne sont pas solubles dans l'eau.

On ne trouve jamais les terres à l'état de pureté; elles ont tant d'affinité pour l'oxigène, qu'il est presque impossible de le leur enlever; et quand on y est parvenu il faut les garantir avec un soin extrême du contact de l'air et des autres corps qui en contiennent; sans cette précaution ils décomposeraient ces derniers et leur enlèveraient ce gaz. Cette facilité à s'unir avec l'oxigène, jointe à l'impossibilité de se dissoudre dans l'eau, forme le caractère distinctif de toutes les *terres*, dont les principales sont la *zircone*, l'*alumine* et la *magnésie*.

§ I. La ZIRCONE (*zircon*) est un corps très-rare dans la nature et qui ne s'y trouve qu'uni avec la silice; elle forme alors une pierre assez dure pour rayer légèrement le quartz, et assez belle pour être employé dans la bijouterie. On la distingue dans le commerce sous le nom d'*hyacinthe* ou de *jargon*, selon qu'elle est plus ou moins transparente; sa dureté, jointe à son aspect gras et à la facilité avec laquelle elle se décolore par l'action d'une forte chaleur, forme le caractère distinctif de cette substance. On en distingue de toutes couleurs ; mais elle a généralement peu d'éclat ; la plus estimée est celle qui est d'un beau rouge.

On trouve la *zircone* en petits cristaux dans toutes les parties du monde ; les lieux où elle est la plus commune sont les États-Unis, l'île de Ceylan et certaines mines de la Norwège ; on en rencontre aussi quelques cristaux en France, aux environs du Puy.

§ II. L'ALUMINE (*alumen*) tire son nom de l'alun dont elle fait la base. Cette substance est extrêmement commune partout, et constitue assez souvent des masses considérables ; mais elle est rarement pure. Dans ce cas elle forme des cristaux dont la transparence et la dureté ne le cèdent qu'à celles du diamant. Mélangée avec d'autres substances minérales, elle forme un grand nombre de composés, qui presque tous se font remarquer par leur inaltérabilité au feu ; c'est même cette propriété qui forme son caractère distinctif le plus tranché.

Ce genre comprend deux sous-genres. Dans le premier nous comprendrons toutes les espèces qui sont composées d'alumine presque pure ; tel est le *corindon*.

Au second nous rapporterons celles qui contiennent de l'alumine unie à la silice ; tels sont le *spinelle*, la *lazulite* et l'*alun*.

1° Le *corindon* est une substance rare dans la nature, et très-recherchée tant dans le commerce de la bijouterie que pour le polissage des pierres précieuses. Lorsqu'il est bien transparent et orné de couleurs éclatantes, il forme les bijoux les plus estimés, après le diamant, et lorsqu'il est d'une belle eau, il rivalise de près avec ce dernier. Les plus beaux et les plus chers sont les variétés incolore (*saphir blanc*), bleu (*saphir*), rouge (*rubis*), jaune (*topaze*), violet (*améthyste*), vert (*émeraude*), etc. Les autres sont d'autant moins recherchés qu'ils sont plus opaques. Dans ce dernier cas ils constituent le *spath adamantin*, qui n'a de prix qu'en raison de sa dureté ; réduit en poudre fine, il s'emploie, sous le nom d'*émeril*, pour polir toutes les pierres précieuses, à l'exception du diamant.

Les beaux *corindons* viennent de l'Inde, et c'est pour cela que les pierres qu'ils forment sont dites *orientales*, quoiqu'on en trouve aussi en Europe ; mais celles-ci sont inférieures à celles d'Orient pour l'éclat et la transparence ; néanmoins elles sont très-utiles pour faire de l'*émeril.* A cet effet on les broie le plus que l'on peut avec des moulins d'acier ; ensuite en jette cette poudre dans l'eau , qui retient les particules les plus déliées, tandis que les plus grossières tombent au fond du vase ; on enlève ces dernières , et on laisse les autres se déposer à loisir. En enlevant successivement les dépôts formés , on obtient en dernier lieu une poussière d'une ténuité extrême. C'est alors qu'elle sert à polir les pierres précieuses. L'émeril qu'on prépare à Jersey, en Saxe et celui du Thibet , sont les plus renommés pour leur dureté et leur finesse.

2° Quoique les *spinelles* ne soient pas exclusivement composés d'alumine comme le corindon, et que ce dernier ne doive sa dureté qu'à la présence de cette substance , ils ne laissent pas d'être durs à un très-haut degré ; ils attaquent tous les minéraux connus, à l'exception du diamant et du corindon ; ils doivent cette propriété à la prédominance que l'alumine a sur les matières étrangères qu'ils contiennent, car elle entre pour plus des trois quarts dans leur composition.

La dureté de cette pierre la fait rechercher des lapidaires. Quand elle est d'un rouge vif, elle est d'un prix très-élevé , et rivalise avec le rubis oriental lui-même ; mais elle a moins de valeur, lorsqu'elle n'est que rose ; on l'appelle alors *rubis balais.*

On conçoit que ces pierres doivent être rares dans la nature, sans cela elles n'auraient pas de prix. On n'en trouve que dans l'Inde et surtout dans l'île de Ceylan, pays le plus riche en minéraux précieux.

La *lazulite* ou *pierre d'azur* n'a pas, à beaucoup près, la dureté des pierres précédentes ; c'est tout au plus si elle peut rayer le quartz ; ce qui tient à ce que l'alumine n'entre guère que pour un tiers dans sa composition; c'est pour cela qu'elle n'est pas employée dans la joaillerie; mais aussi, comme elle se trouve en plus grandes masses que les précédentes, on la taille pour faire des vases et autres objets d'ornement, qui sont d'un très-haut prix, surtout quand ils sont d'un beau bleu. Cette couleur, qui est la plus dominante de ce minéral , qui lui doit son nom, le rend très-précieux pour la peinture ; c'est lui qui fournit ce bleu magnifique qu'on appelle *outremer.* Pour le préparer, on réduit la pierre en poudre grossière, et après l'avoir fortement chauffée, on y verse du vinaigre qui fait avec elle une espèce de pâte ; ensuite on la fait sécher, et on la brole une seconde fois pour la réduire en poudre impalpable. Après quelques autres préparations qui sont très-minutieuses, on obtient un bleu magnifique qui est d'un prix très-élevé. Cette couleur étant minérale a l'avantage immense de ne pas être altérée par le contact de l'air, tandis que toutes les couleurs végétales perdent de leur fraîcheur avec le temps ; aussi remarque-t-on, dans les tableaux des anciens, où l'on a fait usage de l'*outremer*, un défaut d'harmonie entre cette couleur et les autres, défaut qui n'existait pas quand l'ouvrage sortait des mains de l'artiste.

4° L'*alun* diffère beaucoup de tous les minéraux précédents par la facilité avec laquelle il se fond dans l'eau, propriété qu'il doit à l'acide sulfurique et à la potasse, avec lesquels l'alumine se trouve unie. Cette propriété, jointe à sa saveur astringente, à sa légèreté et à sa couleur blanche, empêchera toujours de le confondre avec aucune autre substance alumineuse.

L'*alun* est rare dans la nature ; on ne le trouve que dans un petit nombre de terrains qui en contiennent les principes, et dans lesquels il se forme journellement. Mais comme il est d'un grand usage dans les arts, on a cherché à le fabriquer de toutes pièces, et on y est si bien parvenu, qu'on ne trouve pas de différence sensible entre l'alun naturel et l'alun artificiel.

L'art auquel cette substance rend le plus de services est sans comparaison la teinture ; il sert comme mordant pour fixer les couleurs aux étoffes. On l'emploie aussi dans la papeterie, pour empêcher le papier de boire l'encre. On s'en sert également pour brûler les chairs des plaies qui prennent un mauvais aspect, et pour arrêter les hémorrhagies. Il paraît aussi que le bois, trempé dans une dissolution d'*alun*, brûle moins, ce qui fait employer ce procédé toutes les fois qu'il s'agit de bâtir quelque édifice où le feu est à craindre.

§ III. La Magnésie (*magnesia*) est une substance peu abondante dans la nature ; encore ne la trouve-t-on jamais autrement qu'à l'état de combinaison, principalement avec l'acide sulfurique. Dans ce dernier cas, elle forme un sel d'une saveur amère, soluble dans l'eau, et d'un brillant qui se ternit dès qu'il est exposé au contact de l'air. C'est à cette substance que la plupart des eaux minérales purgatives doivent leurs propriétés ; celles d'Epsum et de Sedlitz, etc., sont dans ce cas, et c'est pour cela qu'elles sont très-usitées en médecine. L'eau de la mer contient aussi beaucoup de ce sel, à la présence duquel elle doit son amertume.

IIe *Famille.* — LEUCOLYTES ALCALINS.

Cette famille comprend des minéraux qui ont entre eux les rapports les plus intimes, et qu'on désigne sous le nom d'*alcalis*; leurs propriétés les plus remarquables consistent dans leur solubilité dans l'eau et dans leur saveur âcre et caustique. Ils communiquent tous une couleur verte au sirop de violettes, et ramènent au bleu le tournesol rougi par un acide. Tous sont susceptibles de s'unir avec les huiles fixes et avec les corps gras, pour former des savons solides ou liquides.

Ils ont tant d'affinité pour les acides, avec lesquels ils forment des sels, qu'on ne les rencontre jamais purs dans la nature; ils sont toujours combinés, soit entre eux, soit avec d'autres substances. À l'état de sel, ils sont tellement abondants qu'ils forment la majeure partie du globe terrestre.

On compte six alcalis, dont les principaux sont la *chaux*, la *potasse* et la *soude*.

§ I. La CHAUX (*calx*) tire son nom de *calcare*, fouler aux pieds. Les anciens l'avaient ainsi nommée à cause de son abondance dans la nature. Cependant elle n'y existe pas pure; pour peu que dans cet état elle reste exposée au contact de l'air, elle se combine avec l'acide carbonique qui s'y trouve mêlé, et forme un sel appelé *carbonate de chaux*. Du reste, la chaux pure se reconnaît à sa blancheur, à son infusibilité, et à la difficulté qu'elle a de se fondre dans l'eau; une once de ce liquide n'en dissout pas un grain. D'un autre côté elle absorbe l'humidité avec beaucoup de promptitude, et c'est pour cela qu'on s'en sert dans la fabrication des ciments et des diverses espèces de mortiers à bâtir.

On compte un assez grand nombre d'espèces de ce genre; les principales sont : le *calcaire* ou *pierre à chaux*, et le *gypse* ou *pierre à plâtre*.

1° Le *calcaire* est une combinaison de la chaux avec l'acide carbonique, que l'on reconnaît facilement à son peu de dureté, qui permet de le rayer avec une pointe de fer, et aux vapeurs d'acide carbonique qu'il répand, quand on verse sur lui de l'acide sulfurique, ou qu'on le brûle fortement. Dans ce dernier cas on obtient en outre de la chaux pure, et c'est sur l'observation de ce fait qu'est fondé l'art du chaufournier. Tout le monde sait que pour faire la chaux, on dispose dans un four des assises alternatives de *carbonate de chaux* et de charbon de terre, auquel on met ensuite le feu. Après que ces matières ont brûlé pendant quelques jours, le charbon de terre se trouve consumé, et il ne reste dans le four que de la chaux privée d'acide carbonique.

On distingue plusieurs variétés de calcaire, dont les plus utiles sont le *marbre*, dont les couleurs sont si variées ; l'*albâtre calcaire*, qui se fait remarquer par sa légère transparence et par sa couleur grise ou jaune ; la *pierre de Gais*, à laquelle on donne un aussi beau poli qu'au marbre même ; la *pierre à bâtir*, la *pierre à chaux*, la *craie*, etc. Nommer ces diverses espèces de *calcaire*, c'est en faire connaître les usages ; aussi peut-on regarder ce minéral comme l'un des plus utiles aux arts et à l'industrie.

2° Le *gypse* est plus généralement connu sous le nom de *pierre à plâtre* ; c'est un composé de chaux et d'acide sulfurique (*sulfate de chaux*), qu'on distingue de l'espèce précédente, parce qu'il n'est pas attaqué par l'acide sulfurique, et parce que la calcination ne produit sur lui d'autre effet, que celui de lui faire perdre l'eau qu'il contient naturellement, et de le transformer en plâtre propre à la bâtisse et à la moulure. Ainsi desséché et mêlé avec un dixième environ de calcaire, il constitue une poudre qui, en se combinant avec de l'eau, forme un mortier d'un emploi facile, et qui acquiert par le séchage une dureté très-considérable.

Outre l'usage qu'on fait du *plâtre* dans le bâtiment et dans la fabrication des moules et des figures, on l'emploie encore pour engraisser et amender les terres, et pour former le *stuc* ; ce dernier n'est autre chose qu'un mélange de cette substance avec une dissolution de colle-forte. Quand ce mélange est bien sec, il est aussi dur que le marbre et susceptible d'être poli comme lui.

On compte plusieurs variétés de gypse. Le *gypse spéculaire*, qui est transparent et qu'on nomme ordinairement *miroir d'âne*, servait de vitres aux anciens, qui ne connaissaient pas celles de verre. Ils l'appelaient *phengite*, et Pline rapporte que les Romains avaient bâti, avec cette pierre, un temple à la Fortune, qui ne recevait le jour par aucune ouverture ; la transparence du *gypse* était suffisante pour laisser pénétrer la lumière qui, au rapport du naturaliste latin, paraissait plutôt naître de l'intérieur de l'édifice que venir du dehors. La seconde variété de gypse est le *gypse compacte*, ou *albâtre*, qui forme de si belles stalactites dans certaines cavernes. C'est une substance légèrement transparente et d'une blancheur qui est passée en proverbe. On s'en sert pour faire beaucoup de vases qui sont d'une rare beauté, mais qui, malheureusement, n'ont pas assez de solidité pour résister à l'action de l'air. La troisième variété est le *gypse commun* ou *pierre à plâtre*, dont on se sert pour la fabrication de ce dernier.

Quoique le *gypse* soit moins abondant que le calcaire, il ne laisse pas d'être répandu dans la nature; il forme des masses énormes dans l'intérieur de la terre, et l'on remarque que les eaux qui passent à travers ces masses, s'en chargent plus ou moins, et deviennent crues et de difficile digestion; c'est pour cela que les eaux des puits de Paris ne peuvent être pris en boisson.

§ II. La Potasse (*potassa*) est un alcali beaucoup moins abondant que la chaux, mais qui ne laisse pas d'être fort utile dans les arts. Elle est blanche quand elle est pure, de même que la chaux; mais, outre qu'elle se dissout plus facilement dans l'eau, elle se fond par l'action de la chaleur.

A l'état de pureté, la potasse est un des réactifs chimiques des plus usités; elle entre dans la composition du savon noir, et la médecine l'emploie sous le nom de *pierre à cautère*, pour établir des exutoires sur les personnes qui en ont besoin. Mais la nature ne nous fournit pas de potasse pure; pour l'avoir telle, il faut la séparer des divers corps avec lesquels elle est unie, et surtout de l'acide nitrique; cette combinaison est désignée sous le nom de *salpêtre* ou de *nitre* ou mieux de *nitrate de potasse* : elle est facile à reconnaître à sa couleur blanche, à sa saveur fraîche et amère, et à la décrépitation qu'elle fait entendre, quand on la répand sur des charbons ardents.

Ce sel se forme journellement sur les murs des étables, bergeries, écuries, basses-cours, et en général dans tous les endroits où se trouvent des matières animales en putréfaction. Il paraît même que certaines terres en produisent naturellement. Mais il est partout en trop petite quantité pour pouvoir suffire aux usages auxquels l'homme l'emploie; aussi est-on obligé d'en faire artificiellement. Pour cela, on entasse des plâtras que l'on a soin de remuer de temps en temps et d'arroser avec de l'urine, du sang, etc. Au bout d'un certain temps,

il s'y trouve formée une certaine quantité de *nitre*, qu'il suffit
de purifier.

Cette substance sert à deux usages principaux ; elle s'emploie dans la fabrication de l'acide nitrique , et entre avec le
soufre et le charbon dans la composition de la poudre à tirer.
On s'en sert aussi comme médicament.

§ III. La Soude (*soda*) ressemble tellement à la potasse,
que ce n'est que depuis quelques années qu'on a pu distinguer
ces deux alcalis. Ils sont l'un et l'autre également blancs, fusibles et solubles dans l'eau ; la seule différence qui les sépare,
c'est qu'en mettant du chlorure de platine dans la dissolution
de potasse, il se forme un *précipité* ou dépôt de matière jaune,
tandis qu'en mettant le même réactif dans celle de *soude*, il ne
se forme pas de précipité. Du reste, cette dernière , de même
que la précédente, ne se trouve point dans la nature à l'état de
pureté ; elle y est toujours combinée avec le chlore ou avec les
acides borique et carbonique.

1° Le premier, que les chimistes appellent *chlorure de soude*
et qu'on nomme communément *sel marin*, *sel gemme*, *sel commun*, est une des substances les plus répandues dans la nature.
On en trouve dans le sein de la terre des masses énormes, qui
ont plusieurs lieues de circonférence avec une épaisseur très-considérable ; et les eaux de la mer, comme tout le monde le
sait, en contiennent une grande quantité, qu'on obtient en les
faisant évaporer. C'est de cette manière qu'on se procure, dans
presque tous les pays , la plus grande partie du sel dont on a
besoin pour les arts et les usages domestiques. Pour cela on
ouvre des *marais salants*, dans lesquels on fait arriver l'eau de
la mer ; celle-ci en s'évaporant laisse dans le réservoir une
certaine quantité de sel, qu'il faut seulement purifier pour le
livrer au commerce.

Mais il est des contrées où l'on retire le sel de la terre. Pour
cela on pratique des mines ou des galeries souterraines, qui
ne diffèrent pas de nos carrières. Les plus célèbres que l'on
connaisse sont celles de Wielizka, près de Cracovie, en Pologne. Elles forment d'immenses souterrains, dont la voûte est
soutenue de distance en distance par d'énormes piliers, qu'on
a eu la précaution de laisser pour empêcher l'affaissement du
sol. On emploie pour séparer le sel de la masse, les leviers, les
coins et même la poudre à canon.

Il y a environ douze cents ouvriers et quarante chevaux continuellement occupés à cette exploitation, qui fournit annuellement sept cent cinquante mille quintaux de sel. Et cependant, telle est la fécondité de la mine que, depuis six cents ans qu'elle est ouverte, elle ne paraît pas s'épuiser. Une chose remarquable, c'est que les chevaux qui travaillent dans ces souterrains perdent la vue peu de temps après y avoir été descendus ; du reste, ils n'y éprouvent pas d'autre incommodité jusqu'à leur mort, qui a lieu après environ six ou sept ans de services.

Les usages du sel sont aussi variés qu'importants : il sert d'assaisonnement, de préservatif pour la viande qu'on veut garder long-temps, d'engrais pour les terres et pour les animaux à cornes. Dissous dans l'eau, il rend le bois plus difficile à brûler et moins attaquable aux larves d'insectes ; c'est enfin lui qui fournit le chlore, si employé en chimie et dans les arts, et la soude du commerce qu'on emploie dans la fabrication du verre, du savon, etc.

2° La combinaison de la soude avec l'acide borique, que les chimistes nomment *borate de soude* et le commerce *borax*, est beaucoup moins répandue que le sel commun. On ne le trouve que dans certains lacs des Indes-Orientales, de la Chine, etc.; c'était seulement de là que le commerce recevait tout celui dont on avait besoin pour les arts ; aujourd'hui on en fabrique en combinant l'acide borique, qu'on trouve dans certains lacs d'Italie, avec de la soude. Dans tous les cas, on reconnaît cette substance à sa couleur blanche, à l'aspect farineux qu'elle prend quand elle reste exposée à l'air, et surtout à l'action qu'elle éprouve de la part du feu. Dès qu'on la chauffe, elle se boursoufle d'abord, prend un aspect spongieux et se change ensuite en une matière vitreuse.

Ce n'est guère qu'en chimie et en orfèvrerie qu'on emploie le borax ; il sert à faciliter la fusion des métaux que l'on veut souder ensemble ou que l'on veut essayer.

3° La combinaison de la soude avec l'acide carbonique est connue dans le commerce sous le nom de *natron* ou simplement de *soude*, et en chimie sous celui de *carbonate de soude.*

Ce minéral a beaucoup de ressemblance avec le borax ; il a un aspect farineux et une saveur analogue à celle du savon ; mais il s'en distingue, ainsi que du sel commun, en ce qu'il fait effervescence avec l'acide nitrique.

On trouve le *natron*, comme le nitre sur les parois des murailles, à la surface de certaines terres, dans quelques lacs et surtout dans plusieurs végétaux, tels que les salsolas, les varecs, etc. , qui croissent sur la mer ou sur ses rivages. C'est même uniquement de ces derniers que l'on retire presque toute la soude du commerce ; il suffit pour l'obtenir de réduire ces plantes en cendres.

Le *carbonate de soude* a deux usages très-importants ; uni à à la graisse ou à l'huile, il constitue les différentes espèces de savon ; fondu avec le sable, il forme le verre le plus durable et le plus beau. Il paraît que les anciens Egyptiens le faisaient aussi entrer dans leur embaumements.

IIIe *Famille.* — LEUCOLYTES MÉTALLIQUES

Quoique les deux familles précédentes soient, à rigoureusement parler , aussi métalliques que celles-ci, puisqu'en séparant les corps qu'elles renferment des combinaisons qui les altèrent, on leur trouve toutes les propriétés qui caractérisent un métal , il est si difficile de les obtenir, et surtout de les conserver à l'état de pureté, qu'on peut à peine en connaître les caractères ; les *leucolytes* dont nous parlons, au contraire, tout en ayant de l'affinité pour l'oxigène, se conservent pendant un certain temps à l'air sans s'unir avec ce gaz, et peuvent être étudiés et employés à différents usages. Quelques-uns même se trouvent naturellement purs dans le sein de la terre. Ce caractère, joint à la nature des solutions que forment leurs combinaisons avec l'oxigène, l'hydrogène et le phlhore, solutions qui sont toujours incolores ou blanches, suffit pour distinguer les *leucolytes métalliques* de tous les autres corps de la nature.

On compte sept genres dans cette famille ; ce sont l'*antimoine*, l'*étain*, le *zinc*, le *plomb*, le *bismuth*, le *mercure*, et l'*argent*.

§ I. Tous les minéraux dans lesquels il entre de l'ANTIMOINE (*stibium*), se reconnaissent en ce qu'ils donnent par la calcination des vapeurs blanches, qui se condensent par le refroidissement, et qui ne sont autre chose qu'un oxide d'antimoine. Quant au métal lui-même, il est d'un blanc d'étain très-éclatant, le choc du marteau le brise au lieu de l'étendre ; quand on le frotte il répand une odeur légère, mais très-sensible, qui n'appartient qu'à lui ; enfin, lorsqu'il est fondu , il se forme à sa surface, par le refroidissement , une espèce d'étoile qui ressemble à une feuille de fougère.

Ce métal est un de ceux que les alchimistes ont le plus tourmenté, pour le transformer en or ou en argent. Sa couleur presque argentine et l'étoile mystérieuse qu'il présentait après avoir été fondu, leur faisaient croire facilement à cette métamorphose. Mais si leurs travaux n'ont pas obtenu le résultat qu'ils en attendaient, ils ont du moins fait découvrir plusieurs combinaisons de ce minéral, utiles aux arts et surtout à la médecine. L'une des préparations les plus importantes et les plus usitées dans l'art de guérir est l'*émétique*, qui n'est qu'une composition d'*antimoine*, d'acide sulfurique et de potasse; il fait aussi partie du *kermès minéral*, entre dans la composition des caractères d'imprimerie, sert à fabriquer des couverts, de petits vases, etc.

On trouve l'antimoine à l'*état natif*, c'est-à-dire pur, et combiné avec l'oxigène et avec le soufre. C'est même de cette dernière combinaison qu'on tire presque tout le métal nécessaire aux besoins des arts. Nous en avons en France plusieurs mines très-abondantes, entre autres à Mussiac, département du Cantal.

§ II. L'ÉTAIN (*stannum*) était connu des anciens sous le nom de *plomb blanc*, expression fausse sans doute, car l'étain ne saurait être du plomb, mais qui donne une idée assez juste de ce métal. L'*étain*, en effet, a peu de dureté, se fond facilement sans se volatiliser, se réduit en lame par le choc du marteau; mais ce qui le caractérise surtout, c'est son éclat presque argenté et le bruit qu'il fait entendre quand on le ploie, et qu'on désigne sous le nom de *cri de l'étain*.

Les usages de ce métal sont très-importants; il sert à fabriquer beaucoup d'ustensiles de ménage, à étamer les vases de cuivre, qui sans cela se chargeraient de *vert-de-gris*, et causeraient de funestes accidents; on en recouvre également des lames de fer, pour faire le *fer-blanc*. Il entre dans une multitude de composés, tels que le bronze, l'airain, la soudure des ferblantiers, plusieurs émaux, etc. Tant d'usages rendraient l'*étain* inappréciable, s'il avait un peu plus de consistance, et s'il conservait plus long-temps son éclat; mais malheureusement les vases, les couverts, etc., qu'on en fabrique sont très-sujets à se déformer, et surtout à perdre leur brillant naturel.

Quoique ce métal soit assez abondant, on n'en trouve pour ainsi dire, qu'une seule combinaison dans la nature; c'est l'*oxide d'étain*; celle qu'il forme avec le soufre est extrêmement rare. Les mines d'*étain* les plus fécondes et les plus célèbres sont celles de Malaca, dans l'Inde, et celles de Cornwailles en Angleterre. La France n'en possède pas qui vaillent la peine d'être exploitées.

§ III. Le Zinc (*zincum*) n'est connu que depuis environ trois siècles, quoique les anciens se servissent beaucoup du laiton, qui est un alliage de ce métal avec le cuivre. Pendant long-temps son emploi se borna à nous fournir ce composé ; mais depuis quelques années qu'on est parvenu à l'obtenir pur et à le laminer, ainsi préparé il sert aux mêmes usages que le plomb ; on en fait des baignoires, des tuyaux pour la conduite des eaux, des plaques pour recouvrir les toits, des terrasses, etc.

Les propriétés de ce métal sont par conséquent analogues à celles du plomb et de l'étain ; mais, outre qu'il est plus dur qu'eux, il brûle avec une flamme blanche tellement vive, que l'œil peut à peine en soutenir l'éclat. Une autre propriété qui n'appartient qu'à lui, c'est de devenir plus fragile à mesure qu'il s'échauffe ; ce qui est l'inverse des autres métaux, dont la la chaleur augmente constamment la ductilité. On a tiré parti de cette particularité pour réduire le zinc en poudre et l'employer dans les feux d'artifice. C'est à la combustion de ce métal par le nitre, que sont dues ces belles flammes, dont la blancheur nous étonne dans ces sortes de spectacles.

On ne trouve pas le *zinc* pur dans la nature ; ses combinaisons les plus abondantes sont la *calamine* et la *blende* ; dans la première, il est uni à l'oxigène et dans la seconde au soufre. Les mines les plus fécondes que l'on connaisse sont celles d'Allemagne. C'est de là que nous vient presque tout le *laiton* ou *cuivre jaune*, lequel n'est qu'un alliage de cuivre et de zinc ; ce qui lui a fait donner le nom d'*or d'Allemagne* ou de *Manheim*. On emploie cet alliage préférablement au cuivre, parce qu'il est un peu moins altérable à l'air.

Outre ces divers usages qui font du zinc l'objet d'un commerce étendu, la chimie et la médecine retirent de ce métal plusieurs services importants ; il entre, par exemple, dans la construction de la pile électrique.

§ IV. Les anciens confondaient le Plomb (*plumbum*) avec l'étain ; les épithètes de noir et de blanc servaient seules à les distinguer. Ils l'avaient consacré à Saturne, dont le nom est souvent donné par les alchimistes au métal même, et nous disons encore ordinairement *extrait de Saturne* pour désigner la combinaison artificielle de ce minéral avec l'acide acétique ou vinaigre, qui est fort usité en médecine.

Le *plomb* est connu de tout le monde comme un métal mou, très-fusible et lourd (11 fois plus pesant que l'eau). En le coupant avec un instrument tranchant, il devient assez brillant, mais son éclat se ternit avec rapidité.

Les usages du *plomb* sont extrêmement variés; mais comme il s'altère facilement à l'air, on ne peut l'employer à la confection d'aucun objet délicat. En revanche, il est très-utile pour fabriquer des tuyaux, pour doubler les réservoirs d'eau, pour couvrir les toits, les terrasses, etc. On s'en sert également pour faire les balles et le menu plomb. Uni à l'oxygène, soit naturellement, soit par des procédés chimiques, il constitue, suivant la quantité de gaz avec lequel il est allié, le *blanc de plomb* ou *céruse*, le *massicot*, la *litharge*, le *minium*, toutes substances employées dans les arts et surtout en peinture; mais il faut user de précaution en les préparant, car elles dégagent des vapeurs qui produisent cette cruelle maladie, si connue sous le nom de *colique des peintres* ou *de plomb*.

La médecine emploie aussi quelques préparations de *plomb*, entre autres la *litharge* et l'*extrait de Saturne*.

Le *plomb* se trouve très-rarement à l'état de pureté dans la nature; le plus souvent il est uni au soufre, combinaison que les chimistes nomment *sulfure de plomb*, et que les mineurs appellent *galène*. Autant le *plomb* pur est rare, autant celle-ci est commune; la France seule en possède huit mines très-abondantes, et on n'en trouve pas moins en Allemagne, en Angleterre, en Espagne, etc.

Cette substance est très-employée par les potiers sous le nom d'*alquifoux*. Après l'avoir réduite en poudre, ils la délaient dans l'eau, et plongent ensuite leurs vases dans ce mélange qui s'attache à leur surface, et qui prend par la cuisson un aspect vitreux et une teinte jaunâtre.

Mais le principal usage de la *galène* est de fournir le plomb du commerce; pour cela on la grille plusieurs fois, soit seule, soit avec du charbon; le soufre s'échappe en vapeur et laisse le *plomb* seul ou uni à une petite quantité d'argent.

§ V. Au contraire de tous les leucolytes dont nous avons parlé jusqu'ici, le Bismuth (*bismutum*) se trouve plus commun à l'état natif qu'à celui de combinaison; il a été par conséquent facile d'en constater les propriétés. On le reconnaît à son éclat métallique, à sa couleur blanche et un peu rougeâtre, à sa fusibilité et à sa dureté peu inférieures à celle du cuivre; en un mot il a beaucoup d'analogie avec l'étain et le plomb; il est seulement plus dur et plus cassant.

Quoique ce métal se trouve à l'état de pureté dans la nature, il n'était pas connu des anciens ; son existence ne fut signalée qu'au commencement du xvie siècle.

Les usages du *bismuth* sont assez variés, quoique d'une importance secondaire. Uni à l'étain, il donne plus de dureté à ce dernier ; combiné avec le même métal et avec le plomb, il fait des alliages très-fusibles et très-utiles pour prendre des empreintes de médailles ; son oxide constitue le *blanc de fard*; sa dissolution dans l'acide nitrique forme une *encre sympathique*, que l'*hydrogène sulfuré* (odeur d'œufs pourris et de fosses d'aisance) rend visible, et entre dans la confection d'une pommade propre à teindre les cheveux en noir.

§ VI. Le Mercure (*hydrargyrum*) est le seul métal qui soit liquide à la température ordinaire, et cette particularité est d'autant plus remarquable qu'il est en même temps très-lourd, puisqu'il surpasse en pesanteur tous les minéraux connus, excepté l'or et le platine. Sa fluidité est telle qu'il passe à travers une peau de chamois, et que la moindre impulsion le met en mouvement, ce qui joint à sa blancheur éclatante, lui fait donner le nom vulgaire de *vif-argent*. Malgré cela, on est parvenu à le solidifier, en l'exposant à un froid de 39° au-dessous de zéro. En prenant ainsi de la solidité, le *mercure* devient ductile et s'aplatit sous le choc du marteau comme le fer, le cuivre, etc.

C'est encore un de ces métaux que les alchimistes du moyen-age soumettaient continuellement à leurs expériences, pour arriver à la découverte de la *pierre philosophale*. La couleur et l'éclat dont il est doué leur faisaient espérer qu'il serait facile de le métamorphoser en argent. Mais s'ils ne purent arriver à leur but, du moins leurs recherches firent découvrir des composés précieux, dont les arts et la science ont profité pour leur perfectionnement.

Le *mercure* existe dans la nature à l'état de pureté ou de combinaison. Dans le premier cas, il est sous la forme de petits globules très-coulants, qui filtrent à travers les moindres pores dont la terre est criblée, et qui viennent quelquefois à la surface du sol former des espèces de sources de ce métal. On

trouve des mines de ce genre à Idria en Carniole, à Almaden
en Espagne ; mais la plus riche que l'on connaisse est celle de
Guancavélica au Pérou.

Parmi les combinaisons naturelles de ce métal, nous ne citerons que celles qu'il forme avec le soufre, et qu'on désigne
sous le nom de *cinabre.* C'est une substance solide, d'un rouge
vif quand elle est pure, mais qui varie de cette couleur au
brun, quand elle est altérée par des mélanges. Elle se distingue
de tous les autres minéraux qui présentent cette couleur rouge,
en ce qu'elle se volatilise entièrement par la chaleur, sans répandre d'odeur alliacée. Cette combinaison est la plus abondante de celles que forme le *mercure*, et accompagne presque
toujours le métal natif ; c'est elle qui fournit presque tout le
mercure du commerce.

Les usages de ce métal sont aussi variés qu'importants. A
cause de son affinité pour l'or et pour l'argent, on l'emploie
pour séparer ces deux métaux de leurs différentes combinaisons. La chimie et la physique s'en servent pour la construction de la cuve pneumatique, du thermomètre et du baromè-
tre ; la peinture fait un usage continuel du *vermillon*, qui n'est
qu'un cinabre artificiel ; les fabricants de glaces l'allient à
l'étain pour étamer le verre ; les doreurs en font aussi un usage
journalier ; la médecine et la chirurgie y ont recours dans une
multitude de circonstances ; les artificiers composent également
avec le mercure, l'acide nitrique et l'alcool, une poudre fulminante qui s'emploie pour les amorces des fusils à piston.

Mais autant le *mercure* est utile dans les arts, autant il est
funeste à ceux qui le mettent en œuvre : les émanations qu'il
répand leur occasionnent, malgré les précautions qu'ils prennent pour se soustraire à leur influence, des tremblements de
membres et des maladies nerveuses, auxquelles ils succombent
ordinairement, bien avant le terme ordinaire de la vie.

§ VII. L'ARGENT (*argentum*) fut connu de toute l'antiquité ;
ou du moins l'époque de sa découverte ne nous est pas parvenue. Les Grecs lui donnèrent son nom, qui vient d'ἀργός
(blanc), parce que c'est en effet le plus blanc de tous les métaux ; ce fut aussi sa blancheur, dont l'éclat est comparé à
celui de la lune, qui le fit consacrer à *Diane*, et qui le fit désigner sous ce dernier nom par les alchimistes.

L'*argent* se reconnaît facilement aux propriétés suivantes :
sa légèreté et son éclat le distinguent de l'étain et du platine,

qui sont blancs comme lui, et sa blancheur empêche de le confondre avec aucun autre métal; il rend d'ailleurs, quand il est frappé, un son qui n'appartient qu'à lui et qu'on appelle *son argentin*.

Les mines d'*argent* sont communes dans les quatre parties du monde; mais les meilleures sont celles d'Amérique. Le Pérou en renferme plus de sept-cents, et le Mexique en fournit annuellement pour plus de cinquante millions. Viennent ensuite celles de Suède et d'Allemagne; on a retiré d'une de ces dernières un bloc pesant quatre cents quintaux. Nous en avons aussi en France, à Sainte-Marie, dans le département des Vosges, dont on extrait assez souvent des masses de cinquante à soixante livres. Toutes ces mines fournissent de l'*argent* pur; mais on le trouve également combiné avec d'autres substances, telles que l'antimoine qui le rend cassant, le soufre qui le ramollit assez pour qu'on puisse le couper au couteau, etc.

Les usages de l'argent sont extrêmement variés; le principal est de servir à la fabrication des monnaies et de la vaisselle plate; dans ce cas, il a besoin d'être allié avec un peu de cuivre (environ un dixième), afin qu'il ait la consistance nécessaire pour conserver les empreintes qu'on lui donne. Sa ductilité le rend susceptible d'être réduit en feuilles très-minces, avec lesquelles on couvre différents objets auxquels on veut donner de l'éclat, sans en porter la valeur trop haut; mais comme il est plus altérable que l'or, il s'emploie moins que ce dernier sous cette forme.

La médecine emploie fréquemment le *nitrate d'argent* ou *pierre infernale* comme caustique, pour empêcher le développement des chairs baveuses qui se forment sur les plaies, et pour hâter la cicatrisation de ces dernières. C'est avec de l'*argent*, de l'acide nitrique et de l'alcool qu'on prépare la *poudre d'Howard*, qui est encore plus fulminante que celle de mercure; le moindre frottement suffit pour la faire éclater.

CHROÏCOLYTES.

Les corps de cette classe se distinguent de ceux des deux précédentes à deux caractères principaux, qui se tirent de la fixité (1) des minéraux qu'elle comprend, et de la nature des solutions qu'ils forment avec les acides ; solutions qui sont toujours colorées en vert, en bleu, en jaune, en rouge, etc.

Tous les *chroïcolytes* se trouvent dans la nature à l'état de pureté, ou du moins peuvent y être facilement amenés par des procédés chimiques. Aussi le meilleur moyen de les connaître consiste-t-il à les séparer des matières étrangères qui leur sont unies.

On divise cette classe en deux familles, dont l'une comprend les métaux ductiles et malléables, et l'autre ceux qui sont naturellement cassants ou du moins très-peu extensibles à la filière et sous le choc du marteau.

Ire *Famille.* — CHROÏCOLYTES DUCTILES.

Cette famille comprend les métaux les plus anciennement connus et les plus utiles à l'homme. Doués d'un éclat considérable, ils ont dû frapper promptement ses regards, qui se fixent volontiers sur tout ce qui brille. Susceptibles de prendre toutes sortes de formes sous le choc du marteau, ils ont été employés à la fabrication de toutes les espèces d'instruments nécessaires à nos besoins ou à nos plaisirs.

Mais l'étendue et le nombre de leurs usages ont été subordonnés à leur abondance dans la nature, à leur dureté, à leur altérabilité, en un mot aux qualités qu'on avait en vue en les employant. Le fer et le cuivre, qui sont si répandus et si utiles en même temps, ont été observés les premiers; est venu ensuite l'or que recommandaient son inaltérabilité, son éclat, sa rareté. Ce n'est que depuis quelques années que l'on a étudié quelques autres métaux analogues, tels que le platine et le nickel, qui

(1) On appelle corps fixes ceux qui ne peuvent être réduits en gaz.

sont en petite quantité dans la nature, ou qui sont inférieurs en qualité à ceux que l'on connaissait déjà.

Nous allons parler successivement du *platine*, de l'or, du *fer*, du *cuivre* et du *nickel*.

§ I. Le Platine (*platina*) n'a été connu en Europe que dans le milieu du siècle dernier, quoique les Espagnols, établis en Amérique, le connussent depuis assez long-temps. Il était regardé comme un alliage d'argent avec quelque autre métal, et avait reçu à cause de cette opinion, le nom de *platine*, diminutif de l'espagnol *plata*, qui veut dire argent. Le *platine* présente en effet quelques rapports avec ce dernier : il est d'un gris blanc, très-ductile et inaltérable à l'air ; mais il se distingue aisément de l'argent et de tous les autres métaux qui lui ressemblent extérieurement, par sa pesanteur qui surpasse celle de tous les autres minéraux, et qui est vingt-une fois plus considérable que celle de l'eau ; par son infusibilité à la température la plus forte que puisse produire nos fourneaux, et par la résistance qu'il oppose à tous les acides, excepté à l'eau régale.

Ces deux dernières propriétés rendent le *platine* très-utile à la chimie et aux arts. Après l'avoir fondu par l'addition de quelque substance qui en rende la fusion possible, et dont on puisse le débarrasser ensuite, on peut lui donner telle forme que l'on veut, et l'employer à la fabrication des pointes de paratonnerres, des lumières de fusil, des creusets pour fondre certains métaux, des chaudières et des alambics pour chauffer et distiller les acides qui attaquent les autres métaux, etc. On s'en sert aussi pour recouvrir la porcelaine, à laquelle il donne l'apparence de la vaisselle plate.

Jusqu'ici le *platine* n'a été trouvé qu'en Amérique et dans les monts Ourals, et toujours accompagnant les mines d'or ; il est sous la forme de petits grains dont la grosseur excède rarement celle d'un pois, mais peut quelquefois aller jusqu'à celle d'un œuf de pigeon et même de poule ; mais les masses de cette force, qu'on appelle *pépites*, sont excessivement rares. Le prix de ce métal est environ quatre fois plus fort que celui de l'argent et quatre fois moindre que celui de l'or. Il vaut à-peu-près 24 francs l'once, quand il est bien pur. On l'appelle *or blanc* dans le commerce.

Outre les usages auxquels le *platine* est employé, à cause de son infusibilité et de son inaltérabilité, on s'en sert encore pour faire des miroirs de télescopes, qui ont l'avantage de ne pas se ternir comme ceux des autres métaux, ni de rendre l'image des objets double, comme le font ceux de glace. On en a aussi fabriqué l'étalon du mètre, qu'on conserve à l'Observatoire de Paris, parce qu'il n'est pas susceptible de se dilater par la chaleur ni de se contracter par le froid, ce qui arrive à tous les autres métaux.

§ II. L'Or (*aurum*) paraît avoir été connu de toute antiquité. Les anciens, frappés des propriétés précieuses de ce minéral, le regardèrent comme le roi des métaux, et lui donnèrent le nom d'*aurum*, du latin *aura* (l'air ou Jupiter); et les alchimistes, comparant sa belle couleur jaune à celle de l'astre du jour, le désignèrent dans leurs écrits sous le nom du *soleil*.

L'*or* est, après le platine, le plus pesant de tous le minéraux; pur, il est dix-neuf fois plus lourd que l'eau. Il surpasse tous les autres métaux en ductilité; un grain peut être aplati au point de former une feuille d'une toise carrée; sa dureté est peu considérable et inférieure à celle du cuivre et de l'argent.

Mais ce qui le rend surtout précieux, c'est son inaltérabilité: l'air et l'eau n'ont pas d'action sur lui, et parmi les acides, l'eau régale est le seul qui l'attaque; aussi, pour distinguer ce métal de tous les autres minéraux qui lui ressemblent par la couleur, il suffit de le soumettre à l'épreuve de l'eau-forte ou acide nitrique; celle-ci ne tache pas l'or, et tache toutes les autres substances métalliques.

L'or n'existe pas à l'état de pureté dans la nature; le plus souvent il est allié à l'argent dans des proportions qui varient depuis un quart jusqu'à un douzième seulement. Cet alliage se trouve en paillettes, en petits cristaux, ou en petites masses qu'on désigne sous le nom de *pépites*. Il est ordinairement mêlé avec divers autres minéraux et surtout avec les sables des rivières; pour l'en séparer, on broie les fragments trop considérables, et on lave la poudre qui en résulte dans un courant d'eau assez rapide; toutes les matières terreuses ou salines sont ainsi enlevées, et il ne reste au fond que l'alliage d'or et d'argent. Pour séparer ces deux derniers, il suffit de les mettre en contact avec l'acide nitrique, qui dissout l'argent et laisse l'or à nu.

On retire aussi de l'*or* de divers autres minerais, dans lesquels il entre pour une très-petite proportion: la blende et la galène, dont nous avons déjà parlé, les pyrites dont nous parlerons plus tard, en contiennent toujours une certaine quantité, qu'on en extrait lorsqu'on exploite ces substances. Les principales exploitations de ce métal se font en Amérique, qui en livre annuellement au commerce environ 35,000 livres, tandis que toutes les autres parties du monde réunies n'en fournissent pas plus de 9 à 10 mille livres.

L'or a une multitude d'usages très-variés. Il sert d'abord à la fabrication des monnaies; mais, comme l'argent, il a besoin d'être uni à un dixième de cuivre, sans lequel il serait trop mou. L'orfèvrerie et la bijouterie font également une assez grande consommation de ce métal; la médecine en emploie quelques préparations; enfin la dorure en tire aussi un grand parti. Pour cela on le réduit en feuilles, et sa ductilité est telle qu'on peut en faire des lames si minces, que trente mille superposées n'ont pas plus d'une ligne d'épaisseur. En recouvrant le bois et les autres métaux de ces lames d'or, on leur communique jusqu'à un certain point les qualités de ce métal. Il y a aussi un autre moyen de dorer; il consiste à combiner l'or avec le mercure, et à recouvrir les objets à dorer d'une couche de cet amalgame. En les faisant ensuite chauffer, le mercure s'échappe et l'or demeure fixé à leur surface.

§ III. Autant le Fer (*ferrum*) est utile, autant il est répandu dans toutes les parties du monde; partout on a trouvé des mines abondantes de ce métal précieux. Mais il ne faut pas croire qu'il se présente toujours avec les caractères que nous lui connaissons. Des matières d'une nature différente l'altèrent au point de le rendre tout-à-fait méconnaissable, et de lui donner des propriétés tout opposées à celles qu'il a naturellement.

Mais, quel que soit l'aspect sous lequel il se cache, on peut toujours le démasquer par deux moyens. S'il se trouve à l'état de pureté, l'aimant l'attire; s'il est combiné, on le dissout dans l'acide nitrique, et un sel appelé hydrocyanate de potasse ferrugineux, le bleuit très-fortement et le transforme en bleu de Prusse.

Malgré son abondance dans la nature, le fer ne paraît pas avoir été connu de toute antiquité; ce qui s'explique très-bien par l'extrême difficulté que présente sa *métallurgie*, c'est-à-dire son extraction de la terre et sa purification. Cette difficulté est si grande, que plusieurs peuples chez lesquels il est commun à l'état de combinaison, n'ont pas encore pu s'en procurer de pur, malgré le besoin qu'ils en auraient pour une foule d'usages.

Mais à quelque époque que remonte sa découverte, il est certain que dès qu'il fut connu, on l'employa, à cause de sa dureté, qui surpasse celle de tous les métaux, à la fabrication d'instruments tranchants, ce qui le fit consacrer au dieu des combats ; aussi les alchimistes ne le désignent-ils que sous le nom de Mars. Quant au nom de *fer* qui lui fut donné par les Latins, il vient de *ferre*, porter. C'est en effet le plus tenace de tous les métaux. Un fil d'une ligne de diamètre peut supporter sans se rompre un poids de 450 livres.

Si l'on voulait énumérer les différents usages auxquels on emploie ce métal, il faudrait parler de tous les états et métiers qui s'exercent dans la société, car il n'en est pas un qui n'en ait besoin. Ainsi nous ne dirons rien des instruments tranchants ou aratoires, ni des outils, machines, tuyaux, mortiers, boulets, etc., qu'on en fabrique ; nous n'en citerons que les usages les moins connus.

La ductilité du *fer* est si grande qu'on a pu le réduire en fils assez minces et assez ténus, pour en confectionner des perruques, qu'il n'est pas facile de distinguer des perruques en cheveux. Sa souplesse permet de le réduire en lames minces qui, étamées des deux côtés, constituent le *fer-blanc*. Son éclat, qui est supérieur à celui de l'or et de l'argent, le fait employer à la fabrication de bijoux, qui ne le cèdent pas en beauté à ceux des métaux les plus précieux, mais qui ont le défaut de s'altérer par leur exposition à l'air. La propriété qu'il a d'être attiré par l'aimant le fait employer dans la construction de la boussole. La peinture en retire aussi une multitude de couleurs, tels que le noir, le bleu, le vert, le jaune, le rouge, le rose ; c'est lui qui donne leurs riches teintes à la plupart des pierres précieuses. Il sert à faire de l'encre à écrire et celle d'impression ; il fournit à la médecine plusieurs préparations très-usitées, etc.

Le *fer* se trouve dans la nature à l'état natif ; mais jusqu'ici on ne l'a vu tel que dans les *aérolithes* ou pierres tombées du ciel et dans le voisinage des volcans, de sorte qu'on ne s'en est jamais servi ; aussi retire-t-on tout le fer du commerce, des combinaisons qu'il forme avec l'oxigène et surtout avec le soufre. Dans ce dernier cas, il constitue la *pyrite martiale* ou *ferrugineuse*, substance d'un jaune d'or ou de bronze, assez dure pour étinceler sous le choc du briquet, et répandant, quand on la brûle, une odeur sulfureuse très-marquée.

Pour débarrasser le *fer* du soufre auquel il est uni, on commence par griller le minéral, et ensuite on le fond dans un vaste fourneau, dans lequel on place alternativement une couche de pyrite et de charbon de bois. Dans la combustion qui s'opère, le *fer* tombe au fond du fourneau, d'où on le fait sortir sous la forme liquide pour le recevoir dans un sillon. Il prend alors le nom de *gueuse*. Mais il n'est pas encore pur; il faut le séparer d'une certaine quantité de carbone et de silice qu'il contient et qui le rend cassant; c'est ce qu'on fait en le fondant une seconde fois.

Outre la *pyrite* et l'*oxide de fer*, on connaît encore le *fer aimanté*, autrement dit *aimant*, et qui donne d'excellent fer; le *fer azuré*, le *fer carbonaté vert*, etc., qui servent à fabriquer le bleu de Prusse et d'autres belles couleurs.

Pour terminer cet article, il nous reste à dire quelques mots sur l'*acier*; ce n'est que du fer uni à une petite quantité de carbone, qui le rend plus brillant, plus dur et plus cassant; l'acier sert à fabriquer tous les instruments tranchants et beaucoup de bijoux.

§ IV. Le Cuivre (*cuprum*) tire son nom du grec κύπρις (Vénus), parce qu'il était consacré à cette déesse, dont les alchimistes lui donnaient aussi le nom. On pense que cette préférence avait pour cause l'abondance de ce métal dans l'île de Chypre, où Vénus était spécialement honorée.

Le *cuivre* a plusieurs propriétés qui le rendent très-utile aux arts et à l'économie domestique. Il a une dureté assez grande, un éclat assez vif et beaucoup de ductilité; il s'allie facilement à d'autres métaux, dont il augmente la dureté ou la sonoréité. Aussi s'en sert-on dans une multitude de circonstances. Par, il sert à faire des vases de cuisine, des tuyaux, des baignoires, des chaudières, des plaques pour doubler les vaisseaux, etc. Mais comme il est très-sujet à s'altérer et à former avec l'oxigène du *vert-de-gris*, qui est un poison des plus violents, il vaut mieux le bannir des cuisines; car, quoique l'étamage remédie un peu à cet inconvénient, il n'empêche jamais entièrement la formation du vert-de-gris. Allié à l'or et à l'argent, il leur donne plus de consistance; uni à l'étain, il constitue le *bronze*, avec lequel on fait les cloches, les canons, les statues, etc. Combiné avec le zinc, il forme le *laiton* ou *similor*, avec lesquels on fabrique les rouages d'horlogerie, les épingles, le clinquant, etc. Dissous par l'acide sulfurique, il donne la *couperose bleue*, qu'on emploie fréquemment pour teindre les plumes des panaches. Avec l'acide acétique ou vinaigre radical, il forme un sel de couleur verte, avec lequel on peint les portes, les fenêtres, les treillages, etc. La médecine s'en sert aussi quelquefois à l'extérieur pour certaines maladies de la peau.

Le cuivre est extrêmement répandu dans la nature. A l'état natif, on en trouve des mines très-riches en Suède, en Sibérie, au Japon, au Mexique, au Brésil, etc. Mais malgré son abondance, il ne suffit pas aux besoins de l'homme. Il faut s'en procurer en exploitant les minerais qui le contiennent, combiné avec l'oxigène ou avec le soufre. Le premier n'exige d'autre préparation que le grillage avec du charbon; mais il n'est pas très répandu. Le second, qui constitue la *pyrite cuivreuse*, est bien plus abondant; mais son exploitation est plus coûteuse. Il faut, pour le débarrasser du soufre, le griller jusqu'à dix ou douze fois de suite, et ensuite le soumettre à plusieurs fontes successives.

§ V. Le Nickel (*niccolum*) est un métal peu important, d'abord parce qu'il n'est pas abondant, et ensuite parce que les usages en sont bornés. Il se distingue à sa couleur blanche nuancée d'un peu de gris, à l'action que l'aimant exerce sur lui, et à la couleur vert-olive qu'il prend, lorsqu'il s'unit à l'oxigène.

Bien que ce métal soit très malléable et facile à fondre, on ne l'a pas encore employé pur dans les arts; mais on le fait entrer dans plusieurs combinaisons assez usitées. Allié au cuivre, au zinc et au fer, il constitue le *maillechort*, composé avec lequel on fait des couverts et des vases qui imitent l'argenterie. Uni à l'oxigène, il fournit une substance verte qui colore certaines pierres précieuses, et qu'on pourrait employer dans la peinture sur porcelaine.

Le *nickel* ne se trouve dans la nature qu'à l'état de combinaison avec l'arsenic, avec l'oxigène ou avec le soufre.

IIe *Famille.* — CHROÏCOLYTES CASSANTS.

Cette seconde famille, beaucoup moins nombreuse et moins intéressante que celle qui précède, s'en distingue par la nature fragile des métaux qu'elle comprend. Les belles nuances que

présentent les combinaisons naturelles d'un grand nombre de
pierres dures et précieuses, ne sont dues le plus souvent qu'à
la présence d'une petite quantité de ces *chroïolytes*; et l'art,
imitant la nature, s'en est servi pour colorer le verre, la porcelaine, la faïence, etc.

Tous ces minéraux ont été découverts depuis que la chimie
a perfectionné ses méthodes d'analyse; et leur découverte, sans
avoir l'importance qu'a eue celle des métaux anciennement
connus, n'a pas été sans influence sur certaines branches de
l'industrie; la peinture et la fabrication du verre en ont surtout
tiré un parti très avantageux.

Cette famille renferme une dizaine de métaux, dont les principaux sont : le *manganèse*, le *cobalt* et le *chrôme*.

1° Le Manganèse (*manganesia*) était connu long-temps avant
qu'on en eût déterminé la nature. On le regardait comme une
espèce de fer de mauvaise qualité; et on s'en servait dans les
manufactures de verre blanc et de glaces, pour décolorer les
matières qui entrent dans leur composition, et pour leur donner
plus de transparence; aussi l'appelait-on le *savon du verre* ou
des verriers. Mais ce prétendu fer n'était autre chose que le
métal dont nous parlons, uni à l'oxigène, ainsi que l'ont démontré les analyses chimiques; et l'on a vu que les propriétés
du manganèse étaient analogues à la *gueuse* ou fonte de fer
blanche, c'est-à-dire qu'il est blanc, cassant, privé d'odeur et
de saveur, très-difficile à fondre. Exposé au contact de l'air, on
le voit passer successivement du blanc au rose, du rose au
pourpre, au violet, au brun, à mesure qu'il absorbe une plus
grande quantité d'oxigène.

Le *manganèse* métallique est sans usage dans les arts; mais
ses combinaisons avec l'oxigène, et surtout celle qu'on nomme
pyrolusite, sont extrêmement usitées. En chimie, on s'en sert
pour se procurer de l'oxigène pur; et dans les arts, pour la
fabrication du chlore et de l'eau de javelle, ainsi que pour le
blanchiment et la coloration du verre; car il faut remarquer
que si le *pyrolusite* blanchit le verre, c'est lorsqu'il est en proportions convenables. En augmentant la dose, il lui communique une couleur violette ou pourpre.

On trouve le *manganèse* en assez grande quantité dans la
nature, mais jamais pur; il est toujours altéré par son union
avec le soufre, avec l'acide phosphorique, et surtout avec l'oxigène; mais partout on le reconnait en le faisant fondre avec
du carbonate de soude ou avec du borax : dans le premier cas,

il forme un composé soluble dans l'eau et la colorant en vert; et dans le second, un verre violet ou incolore.

§ II. Il en est du Cobalt (*cobaltium*) comme du manganèse; on s'en servit long-temps avant de le connaître. Les verriers l'employaient depuis plusieurs siècles pour colorer le verre en bleu, lorsque les chimistes en firent l'analyse. C'est un métal d'un gris blanc, cassant, et légèrement magnétique comme le fer. Mais il ne s'en trouve pas de tel dans la nature, qui nous l'offre toujours combiné avec l'oxigène, avec l'acide sulfurique, et surtout avec l'arsenic; c'est même à cause de ce dernier alliage que les mineurs allemands lui donnèrent le nom de *cobalt*, qui signifie *être malfaisant*, parce qu'en l'exploitant ils se trouvent souvent incommodés par les vapeurs d'arsenic que répand le minerai. Toutes les combinaisons dont ce métal fait partie se reconnaissent à la belle couleur bleue qu'elles prennent, lorsqu'on les fond avec du borax.

Les usages du *cobalt* sont bornés à la peinture; fondu avec du sable fin bien pur, il forme un verre bien connu sous le nom de *smalt*, que l'on pulvérise ensuite pour les besoins du commerce. Cette poudre fournit, après l'outremer, le plus beau bleu que l'on connaisse; elle est surtout très-employée pour peindre à fresque, et pour colorer le verre avec lequel on imite les fausses pierres précieuses. La peinture sur porcelaine et sur faïence en fait un usage très-fréquent; mêlée à l'amidon, elle constitue l'*empois bleu*. Dissoute dans l'eau régale, elle forme une encre sympathique, dont les caractères tracés sur le papier restent invisibles, à moins qu'on n'approche ce dernier du feu; dans ce cas, au contraire, ils prennent une belle couleur verte; et ce qu'il y a de singulier, c'est qu'on peut faire paraître et disparaître ces caractères plusieurs fois, en approchant et en éloignant alternativement le papier du feu.

Les principales mines de *cobalt* se trouvent en Allemagne; mais nous en avons aussi en France, et surtout à Sainte-Marie et à Allemont.

§ III. La Chrôme (*chroma*) est un corps nouvellement découvert, très-remarquable par sa légèreté, et principalement par les belles couleurs que ses composés fournissent aux arts. Ce métal est grisâtre, très-dur et tout-à-fait infusible; uni à l'oxigène, soit naturellement, soit par des procédés chimiques, il prend une belle couleur verte ou rouge, qui est d'un grand usage en peinture; il s'allie également au plomb, et donne ainsi un composé employé dans les arts.

GÉOLOGIE.

La *géologie* est cette science qui apprend à connaître l'intérieur de la terre, et la disposition qu'y présentent les grandes masses minérales qui la composent.

La terre, considérée dans son ensemble, et à l'extérieur seulement, se présente à nos yeux comme une sphère légèrement aplatie vers les pôles, configuration remarquable en ce qu'elle est telle qu'elle serait, si elle avait été primitivement fluide; car on observe que tout globe liquide qui tourne rapidement autour d'un axe, perd en diamètre dans le sens de ce dernier, et gagne au contraire dans le sens opposé, c'est-à-dire dans le sens perpendiculaire à cet axe. La distance de sa surface au centre est de 1500 lieues; son diamètre est par conséquent de de deux fois cette distance, et sa circonférence d'environ 9000 lieues : car la circonférence d'une sphère ou d'un cercle quelconque est environ le triple de son diamètre, ou d'une ligne droite qui se porte d'un point de la circonférence à un point opposé, en passant par le centre.

La matière dont elle est formée n'est point homogène dans toutes ses parties; car on remarque que son poids est incomparablement plus fort, que si elle était uniquement composée d'eau ou des matières minérales que nous connaissons. D'où l'on a conclu avec raison que ses parties centrales sont plus denses et plus pesantes que celles qui sont situées à sa surface : conclusion qui s'accorde parfaitement avec les lois de la gravitation.

Le globe se divise naturellement en trois masses distinctes; l'une solide, qui constitue la *terre proprement dite*, l'autre liquide (l'*eau*), qui occupe plus des trois quarts de la surface de cette dernière, et la troisième aëriforme ou gazeuze, qui recouvre les deux précédentes; c'est l'*atmosphère*.

§1. — De l'atmosphère.

On donne ce nom à une couche de gaz et de vapeurs qui enveloppe le globe terrestre de toutes parts, et qui s'élève jusqu'à une hauteur indéterminée, mais qu'on présume être de dix-huit à vingt lieues. Cette partie du globe, quoique paraissant en quelque sorte en être distincte et séparée, n'en est pas moins d'une utilité indispensable pour tous les êtres organisés qui peuplent la terre, en ce qu'elle leur fournit à tous l'élément nécessaire à la respiration, ainsi que nous l'avons dit en parlant de cette fonction commune aux plantes et aux animaux.

En second lieu, l'atmosphère est un réservoir pour la vapeur d'eau que la chaleur enlève journellement à la surface de la terre; et après qu'elle y a séjourné quelque temps, elle nous revient sous la forme de pluie ou de glace, débarrassée de toutes les impuretés dont elle était souillée. La cause de ce phénomène réside dans les variations du temps. Quand la température est élevée, l'eau, réduite en vapeur, se répand dans l'atmosphère, et, en vertu de sa légèreté qui est inférieure à celle de l'air, elle en gagne les hautes régions. Mais comme la chaleur atmosphérique diminue en raison de la distance de la surface du sol, et que d'ailleurs la température change à chaque instant, la vapeur ne tarde pas à se condenser, et, devenue trop lourde pour pouvoir être soutenue dans l'atmosphère, elle retombe sur la terre en brouillard, pluie, neige, grêle, etc.

Mais ce n'est pas seulement sous ces deux rapports que l'atmosphère est indispensable à tous les êtres qui vivent sur la terre. Quoique les gaz et les vapeurs qui la composent soient d'une légèreté très-grande, quand on en considère de petits volumes, et qu'on les compare avec les corps solides ou liquides que nous voyons journellement, ils ne laissent pas de former par leur réunion une masse totale, dont le poids est incroyable ou plutôt effrayant : car on a calculé qu'il équivalait à celui d'une masse d'eau de onze mètres d'épaisseur qui envelopperait la terre de toutes parts, ou à une couche de plomb fondu d'environ trois pieds qui serait répandue également sur toute sa surface ; poids immense, sans lequel la plupart des liquides seraient immédiatement réduits en vapeur (l'alcool, par exemple), et plusieurs solides seraient liquéfiés ou rendus liquides. C'est au point que l'on a calculé que la quantité d'air qui pèse sur un homme de moyenne taille, n'est pas moindre de quinze mille livres.

C'est également dans l'atmosphère que se passent tous les phénomènes que l'on désigne en physique sous le nom de météores : tels sont les *vents*, le *tonnerre*, les *éclairs*, les *trombes* et les *aérolithes*.

1° On désigne sous le nom de *vents* tous les déplacements plus ou moins rapides des gaz atmosphériques. A mesure que la chaleur dilate certaines parties de l'atmosphère, les gaz qui s'y trouvent deviennent plus légers et s'élèvent dans les régions supérieures, en laissant un vide à leur place. Aussitôt l'air voisin, qui n'est point échauffé, s'y précipite, laissant, comme le premier, un vide derrière lui ; vide qui est occupé par de nouveau gaz ; de sorte qu'il s'établit un courant d'air d'autant plus rapide que le déplacement est plus fréquent et plus prompt. Telle est l'origine des *vents*. Comme la chaleur ne se fait pas sentir partout aux mêmes époques, les mouvements de l'air et par conséquent les *vents* doivent être généralement *irréguliers*. Cependant comme il est aussi certains pays où cette cause agit d'une manière périodique, il existe aussi des *vents réguliers*, qui viennent à des époques fixes et déterminées ; tels sont les *vents alisés* que l'on attribue ordinairement aux chaleurs qui règnent dans les contrées intertropicales ; les *moussons*, et en général la plupart des *vents de mer*.

On dit vulgairement, pour donner une idée de la rapidité du mouvement d'un animal, qu'il est *léger comme le vent* : on pourrait croire, d'après cela, que l'air est ce qui se meut avec le plus de vitesse ; il n'en est pourtant pas ainsi, car on a remarqué que dans les ouragans les plus impétueux, ce fluide ne parcourt pas plus de sept lieues à l'heure, tandis qu'un boulet, lancé par un canon, franchit cette distance en moins d'une minute. Presque tous les oiseaux et même certains chevaux sont, à la lettre, aussi légers que le vent.

2° Pour comprendre la cause du *tonnerre*, des *éclairs* et des *trombes*, il faudrait avoir quelques notions de physique : nous nous contenterons de dire ici que ces trois phénomènes sont occasionés par l'électricité, telle qu'on la voit se produire sur une machine électrique. On sait, en effet, que lorsqu'on dégage de l'électricité, il se forme un bruit plus ou moins fort, selon la quantité de ce fluide, et qu'une étincelle accompagne toujours ce bruit : l'éclair et le tonnerre ne sont autre chose que cette étincelle et ce bruit produits par une grande quantité d'électricité accumulée.

Quant à la *trombe*, c'est une colonne d'air électrisé qui marche rapidement à la surface de la terre ou de la mer, en détruisant avec fracas tout ce qu'elle rencontre sur son passage. Sur mer, elle engloutit les vaisseaux, et fait jaillir l'eau à des distances énormes; sur terre, elle renverse les arbres et les maisons, en disperse les matériaux de tous côtés, et les transporte à plusieurs centaines de pas du lieu où ils étaient d'abord placés. La violence de ce phénomène est telle que rien ne peut lui résister; il consume tout sur son passage, et les lieux qu'il traverse semblent avoir été dévorés par un vaste incendie.

5° On appelle *aérolithes* certains corps inorganiques qui tombent de temps en temps du sein de l'atmosphère sur la terre. On a long-temps nié la vérité de ces chutes; mais des faits positifs, observés par les savants les plus distingués de tous les pays, ne permettent plus de la révoquer en doute. Mais si le fait est constant, la cause ne l'est pas : car certains physiciens et astronomes prétendent que ces aérolithes ne sont autre chose que des laves formées par les volcans de la lune, tandis que d'autres sont persuadés qu'ils se forment de toutes pièces dans le sein de l'atmosphère, par l'influence de l'électricité ou de tout autre agent.

§ II.—De l'eau.

Nous avons fait remarquer en parlant de la famille des graminées, et nous aurions pu faire souvent cette remarque, que l'abondance des corps terrestres est toujours proportionnée à leur utilité. Nous trouvons ici une nouvelle preuve de cette vérité : l'air atmosphérique est indispensable à tous les êtres organisés, dans tous les temps et dans tous les lieux; il n'est point d'endroit où ils n'en soient tous environnés de toutes parts; l'eau est également nécessaire; mais cette nécessité n'est pas continuelle; aussi le Créateur l'a-t-il répandue avec abondance sans doute, mais avec moins de profusion. En effet elle ne couvre guère que les trois quarts de la surface du globe, où elle constitue la mer, les lacs, les courants et les glaciers.

1° *De la mer.* Les anciens donnaient ce nom, ainsi que celui d'*océan*, à tous les amas d'eau un peu considérables. Aujourd'hui ces deux mots ne servent qu'à désigner la totalité de ce liquide, qui recouvre sans discontinuité plus des deux tiers de la croûte solide de la terre, et qui environne les continents de toutes parts : c'est donc improprement qu'on dit encore la *mer Caspienne*, la *mer Morte*; ces amas d'eau, n'ayant aucune communication avec la mer proprement dite , ne sont que de lacs d'une étendue considérable.

La masse des eaux marines est immense, d'après les observations de tous les navigateurs, car on a calculé que la profondeur moyenne de l'*Océan* est d'environ mille mètres ou de plus de trois mille pieds ; de sorte que si les inégalités des continents venaient à s'effacer, la surface de la terre se trouverait enveloppée de toutes parts d'une couche d'eau de plus de deux mille pieds d'épaisseur ; résultat important, qui prouve d'une manière évidente la possibilité d'un déluge universel, possibilité que les philosophes du dernier siècle, Voltaire entre autres, ont voulu nier, afin de révoquer en doute la véracité des livres saints.

On a remarqué que le niveau de la mer, par rapport à ses rivages, est sujet à varier; ce qui a fait croire à quelques physiciens que la hauteur des eaux marines augmente continuellement, tandis que d'autres ont pensé au contraire qu'elle était soumise à une diminution progressive. Cette différence d'opinion dépend de celle des lieux où les observations ont été faites: ainsi tels pays qui se trouvaient autrefois sur les bords de la mer (Aigues-Mortes, Fréjus, Damiette, par exemple), en sont maintenant à une distance considérable ; ce qui semblerait annoncer que le niveau des eaux s'y est abaissé. D'un autre côté, certains endroits, qui étaient naguère loin de l'Océan, en sont aujourd'hui submergés; les murs d'un temple de Sérapis, dont on a découvert les ruines près de Pouzzoles, en Italie, sont maintenant couverts par l'eau, et les pierres qui les forment sont criblées de trous faits par les pholades ; fait qui pourrait faire croire que la totalité des eaux de la mer est devenue plus considérable, qu'elle n'était à l'époque où ce monument fut construit. Que conclure de ces observations opposées? C'est que, tandis que l'Océan abandonne certains parages qu'il recouvrait, il empiète sur d'autres, sur lesquels il reporte les eaux qui lui viennent du côté opposé. Quant à la cause de ces déplacements, on peut la trouver soit dans les dépôts que la mer enlève de certains rivages pour les rejeter sur d'autres, soit dans les soulèvements que la terre éprouve quelquefois en certains endroits par l'effet d'une force expansive intérieure, et dans des affaissements auxquels elle est sujette dans d'autres contrées. Nous prouverons plus tard l'existence de ces deux dernières causes, qui peuvent au premier abord paraître extraordinaires.

La mer, de même que l'atmosphère, présente plusieurs phénomènes curieux, dont les plus intéressants à connaître sont la *marée*, les *courants*, la *phosphorescence*.

La *marée* est un mouvement périodique et journalier, qui élève et abaisse alternativement le niveau de la mer par rapport à ses côtes; elle dure environ douze heures et demie; elle en emploie six à monter, c'est son *flux*, et autant à descendre, c'est son *reflux*; le reste du temps elle demeure stationnaire. Ce phénomène dépend de l'attraction combinée, que le soleil et la lune exercent sur la masse des eaux marines; aussi n'est-il jamais marqué qu'à la pleine et à la nouvelle lune. Mais la *marée* n'est pas la même partout; en certains endroits elle s'élève de plusieurs toises, tandis qu'elle n'éprouve presque pas de déplacement dans d'autres. En général, elle est très-faible dans les mers intérieures, telle que la Méditerranée.

On désigne sous le nom de *courants* certains mouvements qui ont lieu régulièrement dans quelques parties de la mer. Le plus remarquable d'entre eux est celui que l'on nomme *équatorial* ou *équinoxial*; il ressemble à un vaste fleuve qui traverse la mer d'Orient en Occident. Sa marche est directe tant qu'il ne trouve point d'obstacle; et, quand il en rencontre, il donne naissance à des courants particuliers, qui règnent périodiquement dans les mers voisines de celles qu'il parcourt. Comme ce courant et tous ceux qui en dépendent ont un mouvement progressif, bien loin de nuire à la navigation, ils peuvent la favoriser, si l'on sait profiter de leur direction. Il fait un trajet d'environ quatre mille lieues dans l'espace de trois ans; on l'attribue aux vents alisés qui suivent la même direction que lui. Mais tous les courants ne sont pas aussi réguliers; il y en a qui forment des tournants d'eau très-dangereux, en attirant les vaisseaux qui entrent dans leur sphère d'attraction; tel est le fameux *malstrom* qu'on rencontre dans la mer qui baigne les côtes de la Suède; il est si rapide et si impétueux, qu'il engloutit les bâtiments qui en passent à une distance de plusieurs centaines de toises.

Nous avons parlé de la *phosphorescence* de la mer, lorsqu'il a été question des zoophytes; on se rappelle qu'elle consiste dans des traînées de lumière que l'on aperçoit, pendant la nuit, à la surface des eaux lorsque le temps est sec et chaud; elle est surtout visible dans le sillage des vaisseaux. Ce phénomène dépend du phosphore que les animaux marins et les substances animales en putréfaction dégagent continuellement.

Maintenant que nous connaissons la mer, jetons un coup

d'œil sur ses rivages ; ce qui nous y frappe le plus, c'est cette série d'enfoncements et de saillies qui forment sur les côtes ces accidents de terrains, que l'on désigne sous les noms de *cap* ou *promontoire*, de *golfe*, de *baie*, etc. Ces inégalités sont dues à de véritables montagnes séparées par des vallées, lesquelles, au lieu de s'arrêter brusquement sur le bord des eaux, s'enfoncent au-dessous d'elles ; de sorte que le lit de la mer se trouve traversé comme la surface de la terre ferme, par des chaînes de montagnes qui vont même quelquefois sortir sur les continents opposés qui en forment le bassin.

2° *Des eaux dormantes.* On peut désigner sous le nom de *lacs* toutes les eaux dormantes autres que l'Océan. On en trouve des amas immenses qui ont une profondeur assez considérable pour mériter le nom de *mer*; telles sont la mer Caspienne et la mer Morte. Mais le plus souvent ils sont moins étendus : tels sont le lac de Genève, le lac de Constance, etc. Quand ces *lacs* ne donnent naissance à aucun courant, ils sont presque toujours salés; tandis qu'ils ont les eaux douces, quand il en sort quelque fleuve ou quelque rivière. Les *marais* ne diffèrent des lacs qu'en ce que leurs eaux sont moins profondes; mais ils sont quelquefois si étendus qu'ils donnent naissance à de grands fleuves: la Dwina, le Niémen et le Borysthène tirent leur origine d'un vaste pays marécageux qui couvre la Lithuanie.

3° *Des courants.* Toutes les *eaux courantes* qui traversent des continents sont douces et proviennent primitivement de l'atmosphère, puisqu'elles sont toutes pluviales; mais les courants ne sont pas tous formés de la même manière. On appelle *torrents* ceux qui sont rapides et impétueux, et qui doivent leur naissance à la chute d'une grande quantité d'eau, ou à la fonte subite des neiges ou des glaces: ils sont en général destructeurs; mais leurs ravages sont passagers comme leur durée. Néanmoins ils creusent quelquefois des ravins extrêmement profonds. Les *ruisseaux*, les *rivières* et les *fleuves* ne diffèrent que par leur grandeur et par le bassin dans lequel ils versent leurs eaux ; du reste, ils doivent tous leur naissance à des *sources* plus ou moins considérables, dont nous allons faire connaître l'origine. L'eau tombée de l'atmosphère en trop petite quantité pour former un torrent, pénètre dans le sein de la terre, filtre au travers de ses interstices, et, après un trajet plus ou moins long, va se perdre dans la mer ou reparaître à la surface de la terre, où elle forme une *source*. Je suppose, par exemple, que l'eau tombe au point *d* (pl. XLIV) et que la terre soit perméable jusqu'aux couches *t*, *t*, *t*, *t*; le liquide s'accumulera dans la couche *i*, *i*, *i*, jusqu'à ce qu'il vienne regorger au point *e*, où il formera une source. De même, si l'eau tombe au point *d'*, elle ira, par des filtrations successives, se montrer au dehors au point *e'*, où elle donnera lieu au même phénomène que dans le cas précédent.

La sortie des *sources* présente des phénomènes assez curieux ; tantôt elle est lente et continue, c'est le cas du plus grand nombre : tantôt, au contraire, elle est impétueuse et forme un *jet* au-dessus du niveau du sol ; tel est le fameux Geyser d'Islande, qui pousse ses eaux jusqu'à cent soixante-dix pieds de haut. D'autres fois, au lieu de couler continuellement, la source est *intermittente*, c'est-à-dire qu'après avoir coulé pendant un certain temps, elle s'arrête pour couler de nouveau et s'arrêter encore. Telle est celle qu'on voit près de Skalhot, qui offre un jaillissement de deux à dix minutes, et un repos de huit minutes à une demi-heure. Nous en avons plusieurs en France, entre autres une à Uzès en Languedoc, et une autre dans le parc de Saint-Cloud, près de Paris.

Certaines *sources* présentent une particularité remarquable dans la chaleur de leurs eaux, appelées pour cela *thermales* ou *chaudes*. On en voit beaucoup en Auvergne, entre autres celle de Saies-la-Source, qui sont à peu près bouillantes, et dont les habitants se servent pour chauffer leurs appartements pendant l'hiver. La cause de ce phénomène n'est pas connue d'une manière positive ; mais tout porte à croire qu'il est dû à la chaleur dont le centre de la terre recèle un foyer inépuisable ; ce qui le fait présumer, c'est que toutes les eaux thermales viennent d'une profondeur plus considérable que les autres sources.

Lorsque les eaux sont sorties de la terre, elles forment les *ruisseaux* qui portent de toute part la fécondité et l'abondance, et, recevant dans leur trajet celle d'autres sources, se transforment en rivières et en fleuves. Leur cours présente certains phénomènes remarquables : d'abord leur rapidité, qui dépend toujours du plus ou du moins d'inclinaison de leur lit ; mais celle-ci n'a pas besoin d'être considérable, pour que le cours des eaux soit rapide. Le Rhin, qui n'a pas plus d'un mètre d'inclinaison par mille, est un fleuve assez rapide : l'Amazone n'a guère plus d'une ligne de pente par lieue, et cependant il est loin d'être lent. Mais la rapidité n'est pas la même partout le courant ; l'eau qui avoisine les bords coule plus lentement que celle de la surface ; les couches inférieures

du milieu du courant sont assez souvent dans un état de stagnation, ou même éprouvent un mouvement rétrograde connu
sous le nom de *remous* ; mouvement que l'on observe soigneusement dans certains fleuves rapides, afin d'en profiter pour
les remonter.

Quand l'inclinaison du terrain est uniforme, le mouvement
des eaux l'est également ; mais beaucoup de courants ont le lit
inégal ; alors ils présentent des accidents qu'on nomme *cascades*
dans les ruisseaux, et *cataractes* dans les fleuves ; ces dernières,
lorsqu'elles sont petites, nuisent plus ou moins à la navigation, surtout quand l'eau est basse ; et si elles sont considérables, elles l'empêchent totalement ; telles sont celles du Rhin,
près de Schaffouse, qui a quatre vingt-quinze pieds d'élévation,
et celle du fleuve Saint-Laurent dite du Niagara, où l'eau
tombe de cent cinquante pieds de haut.

Une seconde particularité que nous devons signaler dans les
courants, c'est leur disparition sous la terre. Elle a lieu toutes
les fois qu'ils rencontrent sur leur passage quelque montagne
caverneuse, ou un terrain meuble et spongieux. La plus remarquable de ces disparitions est celle du Rhône, qui, arrive
près du fort de l'Écluse, s'enfonce dans une fente de cinq à six
mètres de large, et disparaît dans une étendue d'environ cent
mètres. Un troisième phénomène propre aux courants est celui
qu'on connaît sous le nom de *barre* ; il consiste dans le mouvement rétrograde qu'ils éprouvent, soit à leur confluent, soit
à leur embouchure. Il est quelquefois peu marqué ; mais dans
d'autres cas il est violent et terrible ; tel est le *mascaret* de la
Dordogne, qui entraîne dans ce mouvement de reflux les barques et même les maisons qu'il rencontre sur son passage.

Mais toute l'eau qui tombe de l'atmosphère et qui s'infiltre
dans le sein de la terre ne revient pas toujours à la surface
pour y former une source ; il arrive quelquefois qu'elle s'engage dans un cul-de-sac sans issue ; elle s'accumule alors en
un immense réservoir, dans lequel elle reste jusqu'à ce qu'un
accident vienne lui ouvrir un passage au dehors. Supposez,
par exemple, qu'elle pénètre par le point *a* dans les couches
e e e, qui sont meubles, tandis que les couches *i i i* sont imperméables ; elle suivra les ondulations de cette dernière et
remplira toute l'étendue des couches *e e e*. Si dans cet état de
réplétion des couches *e e e*, on pratique au point C une ouverture qui arrive jusqu'au réservoir, l'eau s'y portera naturellement de tous côtés, et l'on aura un *puits ordinaire* ; mais
si on faisait l'ouverture au point F, l'eau en jaillirait avec force

et s'éleverait jusqu'à une hauteur égale à celle de son plus grand niveau dans le réservoir.

C'est sur la connaissance de ce dernier fait qu'est basé le forage des *puits artésiens* (1) ou *fontaines jaillissantes.* Quand il existe au-dessous d'une contrée un réservoir qui a quelque partie de son niveau plus haute que la surface du sol, ce qui a lieu ordinairement toutes les fois que la contrée se trouve au même niveau que la mer ou même un peu plus élevée, il suffit de percer la terre jusqu'à ce réservoir, et dès qu'on y est parvenu, l'eau en sort avec une force quelquefois incroyable. Une de ces fontaines jaillissantes, située près de Perpignan, fournit deux mille litres d'eau par minute.

Remarquez qu'il n'est pas nécessaire, pour qu'on puisse établir un *puits artésien*, qu'il y ait des montagnes dans le voisinage ; l'eau se porte, par des voies souterraines, à des distances incroyables du point où elle s'infiltre. Un puits de cette nature, percé sur les côtes de l'Océan, pourrait être entretenu par de l'eau descendue du sommet des Alpes ; et en général on peut essayer le forage en tous pays, pourvu qu'il existe sur le continent où il se trouve quelque grande chaîne de montagnes plus élevées que l'endroit où l'on veut établir le puits.

4° *Des glaciers et des neiges perpétuelles.* Mais l'eau n'est pas toujours à l'état liquide sur la terre ; condensée en glace ou en neige, elle forme quelquefois des amas énormes qui recouvrent le sommet des plus grandes élévations du globe. C'est ainsi que les cimes des Alpes et de toutes les chaînes de montagnes sont couronnées de *glaciers et de neiges éternelles*, dont la quantité ne diminue jamais d'une manière sensible. La formation de ces amas d'eau concentrée s'explique facilement, d'abord par l'attraction que le sommet des monts exerce sur les nuages, et ensuite par le froid qui règne continuellement sur toutes les hauteurs considérables. Lorsque, cédant à l'attraction, un nuage fortement chargé de vapeurs aqueuses s'approche du sommet d'une de ces élévations, cette vapeur, se trouvant soumise à un froid plus intense, se condense rapidement, et, selon qu'elle tombe en flocons ou en eau, elle contribue à la formation d'un glacier ou d'un amas de neige.

On peut ici se demander quel a été le but de la nature en établissant au sommet des montagnes cette immense accumu-

---

(1) Ce nom d'artésiens a été donné à ces puits, parce que c'est dans l'Ariège qu'ils ont été pratiqués pour la première fois.

lation d'eau solide. Il n'est pas difficile de répondre à cette question. L'eau douce est un des premiers besoins de tous les êtres organisés ; il faut par conséquent qu'ils en aient toujours à leur disposition, sans quoi leur existence se trouverait compromise. Or, il peut arriver que, par suite de chaleurs long-temps continuées, il ne tombe pas de pluie en certains pays durant un temps considérable, de sorte que l'eau y manquerait infailliblement, par suite de l'épuisement de tous les réservoirs qui s'y trouvent. Mais la neige et la glace des montagnes, soumises durant cet intervalle à une température plus élevée, se fondent en plus grande quantité que d'ordinaire, et alimentent plus abondamment les fleuves qu'ils sont destinés à entretenir. Les *glaciers* sont donc d'immenses réservoirs qui suppléent l'atmosphère, lorsque des chaleurs long-temps soutenues l'empêchent de nous fournir l'eau nécessaire à nos besoins ; et on remarque que ces réservoirs atteignent d'autant mieux ce but, que les fontaines entretenues par eux ne coulent jamais plus abondamment que pendant les grandes sécheresses, parce qu'alors la chaleur fait fondre la neige et la glace en plus grande quantité. C'est à de pareils glaciers que tous les grands fleuves du monde doivent leur origine ; car ces derniers prennent tous leur source au pied de quelque montagne très-élevée, et couverte de glaces ou de neiges perpétuelles.

§ III. — *De la terre ferme.*

En parcourant la surface de la terre, on ne peut s'empêcher d'abord de remarquer les inégalités qu'elle présente : ici se trouvent des collines isolées qui s'élèvent au milieu d'une plaine immense ; là sont d'énormes chaînes de montagnes qui s'étendent sur la plus grande partie du continent tout entier, et dont le sommet est si étendu, qu'il forme un vaste plateau qui domine de plusieurs milliers de toises le niveau de la mer ; ailleurs on rencontre des vallées plus ou moins profondes, au milieu desquelles serpentent des fleuves majestueux, se précipitent de rapides torrents, murmurent des ruisseaux limpides ; plus loin, des plaines unies s'étendent à perte de vue, sans qu'aucune éminence vienne interrompre la régularité du cercle formé par l'horizon.

Sans doute ces inégalités ne sont pas considérables, si on les compare à la masse totale du globe, car les plus hautes montagnes n'ont pas plus de huit mille mètres d'élévation, et les plus grands abîmes de l'Océan n'ont pas la moitié de cette profondeur ; ce qui ne donne pas tout-à-fait douze mille mètres pour les plus grandes inégalités de notre planète; or, si l'on fait attention à la grandeur du diamètre de la terre, on verra que ces inégalités ne sont pas aussi fortes, par rapport à elle, que les plus petites saillies de l'orange la plus fine, par rapport à ce fruit. Mais lorsqu'on réfléchit à l'importance dont elles sont pour l'homme, et surtout lorsqu'on cherche la cause qui a pu les produire, on trouve que, toutes petites qu'elles sont, elles n'en sont pas moins dignes de toute notre attention et de notre intérêt. Sans parler des avantages que l'agriculture et la métallurgie peuvent retirer de leur connaissance, qui ignore l'influence qu'elles exercent sur le climat, et par conséquent sur tous les êtres organisés qui vivent dans le voisinage? Telle plante croît dans les prairies, telle autre recherche les montagnes; certains animaux se plaisent dans les contrées froides ou tempérées; d'autres ne peuvent vivre que dans des lieux soumis à de fortes chaleurs; or, toutes les différences de températures du globe dépendent tellement des irrégularités de sa surface, qu'il est sous la zone torride des montagnes couvertes de neiges perpétuelles.

Mais l'homme ne s'est pas borné à la connaissance de la superficie de la terre, il a voulu en connaître l'intérieur, du moins autant qu'il lui a été donné d'y pénétrer. Néanmoins ses notions sur sa structure sont bien peu étendues; les plus grandes profondeurs auxquelles nous soyons parvenus ne dépassent pas quatre cents mètres, ce qui n'est rien quand on songe que la distance de la surface de la terre à son centre est de quinze cents lieues. Cependant les résultats obtenus par la seule considération de cette fraction minime, ont suffi pour tirer des conséquences très-importantes, et pour déduire d'une manière assez plausible un système de *géogénie* satisfaisant pour notre intelligence, et parfaitement d'accord avec le récit des livres saints, résultat d'autant plus remarquable, qu'à l'époque où ces livres furent écrits on n'avait encore aucune connaissance directe sur la structure de la terre.

Quand on ouvre une mine dans un pays de plaines (pl. XLIV, F B S), au lieu de trouver une masse homogène et parfaitement compacte, on rencontre constamment, après la terre végétale qui a été formée par des débris organiques mêlés à ceux de certains minéraux, une série de couches *stratifiées*, c'est-à-dire placées par assises horizontales et disposées avec régularité les unes au-dessus des autres; c'est même à cette diversité des couches qu'est due la diversité des minéraux que l'on retire du sein de la terre. Mais lorsqu'on pénètre à une grande profondeur, la distinction des couches devient de plus en plus difficile, et enfin on arrive à un point (1, 2, 3), où on n'en trouve plus aucune trace ; c'est partout une masse homogène, dont l'épaisseur s'étend vers le centre de la terre jusqu'à une profondeur indéfinie.

Que si au lieu de fouiller dans une plaine, on fait ses recherches dans un pays de montagnes ou du moins incliné en pente (1, K), on trouve la même stratification ; mais les couches, au lieu d'être horizontales, sont presque toujours obliques, quelquefois même perpendiculaires (i i, t t). Bien plus, au-dessus de ces bancs obliques ou verticaux, on voit quelquefois s'étendre (a a, b b) d'autres bancs placés horizontalement ; souvent une couche (c c c, t t t) change de direction, et après avoir été oblique, devient horizontale ou oblique dans un sens opposé, de sorte qu'elle forme une série d'ondulations. Dans quelques cas même une couche se trouve brusquement rompue en un point (V), et les deux faces qui ont été primitivement affrontées sont maintenant séparées par une vallée intermédiaire.

Il arrive souvent que l'intervalle ainsi formé par la rupture d'une couche est rempli de minéraux tout différents de ceux qui constituent cette dernière, substances qui n'ont pu y être déposées qu'après le brisement de la couche, et à plus forte raison après sa formation. Ces minéraux ainsi intercalés dans les couches (4, 4, 6, 6) ont été appelés *filons* quand ils sont très-longs et peu épais (4, 4), et *amas* quand ils sont à peu près égaux dans toutes leurs dimensions (6, 6).

Enfin, si, au lieu de fouiller dans une plaine ou sur les flancs de quelque colline peu considérable, on s'élève au sommet des grandes chaînes de montagnes (O, O, O), on n'y trouve aucune espèce de stratification ni de distinction de couches ; tout leur intérieur offre une masse homogène absolument semblable à celle sur laquelle reposent, dans les pays de plaines et sur les petites collines, les couches stratifiées que nous y avons remarquées (1, 1).

D'après cette observation, on a divisé la masse solide qui compose la terre de deux sortes de terrains : les uns *stratifiés* ou composés de couches superposées, les autres *massifs*, dans lesquels on ne distingue aucune trace de stratification, et dont toutes les parties sont parfaitement homogènes.

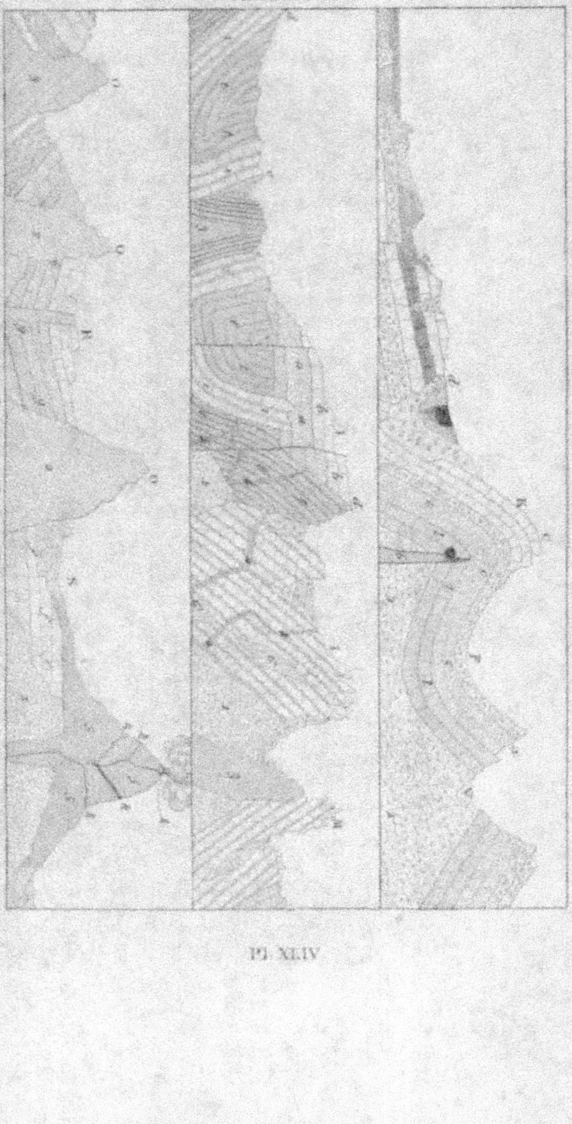

Pl. XLIV

TERRAINS STRATIFIÉS.

Cette classe de terrains est la plus intéressante à connaître, non-seulement à cause de cette superposition régulière des couches qui les composent, et de la grande quantité de minéraux qu'elle fournit aux arts et à l'industrie, mais encore parce qu'elle nous donne la preuve incontestable d'un fait de la plus haute importance : c'est que la mer a autrefois couvert toutes les plaines du globe, et s'est même élevée jusqu'au sommet de très-hautes montagnes. Quelle autre cause en effet aurait pu produire cette série de couches si régulièrement superposées, si ce n'est un liquide qui en tenait les matériaux en suspension ? L'eau a donc occupé ces contrées où s'élèvent maintenant des cités populeuses et florissantes ; elle y a même séjourné à plusieurs reprises, car on ne saurait expliquer autrement la diversité des minéraux dont sont formées les couches, et la séparation si marquée qui les distingue entre elles. Si en effet ces matériaux avaient été déposés en même temps et par le même liquide, les couches seraient complétement homogènes et confondues pêle mêle.

On trouve d'ailleurs une autre preuve de ce fait dans la nature même de ces couches : les unes sont formées de matières qui ont été tenues en dissolution dans l'eau douce, tandis que les autres doivent leur origine à la mer. En examinant avec soin ces différents terrains, on trouve dans presque tous des débris d'être organisés, que les eaux, de quelque nature qu'on les suppose, ont engloutis dans leur sein, et qu'elles ont déposés ensuite avec les substances organiques qu'elles contenaient ; or, parmi ces corps organisés il en est qui n'ont pu vivre que dans les eaux douces, et d'autres qui ne pouvaient habiter que la mer ; et ces corps ne se trouvent jamais confondus ensemble ; ils sont constamment enfouis dans des couches différentes, alternant les uns avec les autres, et cela plusieurs fois de suite. Il faut donc admettre que, non-seulement la mer a séjourné dans tous les endroits, où nous trouvons des couches d'origine différente ainsi superposées, mais qu'elle y a séjourné à différentes époques, et que, dans l'intervalle pendant lequel elle s'est retirée, elle y a été remplacée par d'immenses lacs d'eau douce, qui y ont laissé leurs dépôts, comme la mer y avait laissé les siens.

On doit conclure de tous ces faits que notre planète a été plusieurs fois en proie à d'effroyables catastrophes; qu'elle a été bouleversée par des révolutions épouvantables, qui ont anéanti ou plutôt englouti dans le sein de la terre, la plupart des végétaux qui croissaient à sa surface et des animaux qui l'habitaient.

Il résulte de ces observations sur la stratification des couches et sur la nature des êtres organisés qui s'y trouvent dispersés, un fait de la plus haute importance, et qui détruit pleinement l'objection de quelques philosophes, qui ont prétendu trouver, dans la géologie, de l'incompatibilité avec le récit que Moïse fait, dans la Genèse, de la création de la terre et de l'homme. Cette objection est d'autant moins fondée que tout dans l'intérieur du globe, au contraire, est en harmonie parfaite avec l'historien sacré. En effet, selon la Bible, Dieu créa d'abord le ciel et la terre; ensuite il sépara les eaux supérieures des inférieures, en interposant entre elles le firmament (1); en troisième lieu, il réunit les eaux inférieures en un même lieu, mit la terre à nu, et produisit les plantes et les arbres; quatrièmement, il jeta dans l'espace le soleil et la lune; en cinquième lieu, il créa les poissons (2), les reptiles et les oiseaux; et enfin, il fit les grands quadrupèdes, les *bêtes* et l'homme. Or, dans les fouilles que l'on a faites, on trouve dans les couches supérieures et superficielles des ossements de bêtes fauves et de grands quadrupèdes; des ours, des hyènes, des loups, etc., ainsi que des éléphants, des rhinocéros, des mastodontes, etc. (3). Au-dessous sont placés les plus grands reptiles, tels que les crocodiles, les mégalosaures, les mososaures, les ptérodactyles, etc. Dans des couches plus éloignées se présentent les mollusques, quelquefois entassés en bancs immenses; plus bas encore, toute trace d'animaux disparaît, et l'on n'observe plus que des débris de végétaux, au-

(1) Le firmament n'est autre chose que l'atmosphère, qui sert, en effet, de soutien ou de réceptacle à la vapeur aqueuse, que l'Écriture appelle les eaux supérieures.

(2) Par *poissons* il faut entendre tous les habitants des eaux, tels que les mollusques et les crustacés que le vulgaire désigne encore souvent sous ce nom.

(3) Les ornithoilithes ou ossements d'oiseaux fossiles sont rares, et se trouvent du reste dans les couches supérieures.

delà desquels on ne rencontre rien qui paraisse avoir joui de la vie.

Quant à l'homme, on n'en trouve aucun débris dans le sein de la terre; mais cette absence d'anthropolithes s'explique très-bien par l'époque où l'homme fut créé; car ce ne fut qu'après tous les autres animaux qu'il reçut le jour; et comme, depuis cette époque, il n'est survenu qu'une seule révolution générale, et qu'il n'y a eu qu'un seul déplacement de la mer (le déluge historique), on peut présumer que ces débris se trouvent enfouis dans la terre qui forme le lit de nos mers actuelles, où on ne pourra les découvrir que lorsqu'une nouvelle catastrophe les aura déplacées pour mettre ce lit à nu.

Il est donc bien évident que les eaux ont plusieurs fois changé la face de notre planète; mais les changements qu'elles y ont faits ne se sont pas toujours opérés de la même manière; les uns ont été lents et graduels, et les autres brusques et inopinés. Ce qui le prouve, c'est que certaines couches sont horizontales, en ligne continue et sans rupture (*fff*); les débris organiques s'y sont conservés tellement intacts, qu'on les y trouve encore avec leurs parties les plus déliées, avec leurs pointes les plus effilées, avec leur saillies les plus fines et les plus délicates; on dirait qu'une main soigneuse les y a déposées avec les précautions les plus minutieuses; la couche qui les contient a donc dû se déposer avec lenteur et petit à petit.

D'autres fois, au contraire, ces couches sont obliques ou verticales, rompues en plusieurs endroits (*ti*, *li*,) et remplies dans leurs fentes de matières toutes différentes de celles qui composent la couche (6 6, 4 4); les débris organiques qu'on trouve dans la terre sont souvent fracturés avec violence. Bien plus, on a rencontré dans les pays du Nord, des cadavres de grands quadrupèdes que la glace a saisis, et qui se sont conservés jusqu'à nos jours avec leur peau, leur poil et leur chair. Comment expliquer ces faits autrement qu'en supposant que les ossements, roulés par des eaux impétueuses, se sont froissés et brisés contre les corps durs qu'ils ont rencontrés, et que les animaux que nous trouvons si bien conservés, ont été saisis par la glace qui les a gelés, avant qu'ils aient eu le temps de se décomposer après leur mort ?

Mais l'eau n'est pas le seul agent qui ait contribué à la formation des masses minérales; on trouve parmi les couches dont l'origine est évidemment aqueuse, des amas considérables et nombreux qui n'ont pu être formés dans l'eau, et que leur

état vitreux annonce avoir été tenus en fusion par l'action de
la chaleur; et ces amas d'origine *ignée* sont d'autant plus
abondants dans les terrains stratifiés, que ces derniers sont plus
inférieurs ; ce sont eux qui forment presque toutes les montagnes isolées qui ne font pas partie de quelque grande chaîne.
Toute l'Auvergne, par exemple, est couverte de montagnes de
cette espèce.

L'eau et le feu se sont donc autrefois réunis pour bouleverser
notre planète et en faire périr les malheureux habitants. Mais
il faut observer que toutes les révolutions n'ont pas englouti
des corps organisés, et surtout des animaux. En examinant
les couches minérales, nous ne trouvons des débris d'êtres animés que dans les plus superficielles ; celles qui sont au-dessous
contiennent encore des traces d'organisation, mais seulement
de plantes, et les plus inférieures sont complétement dépourvues de toute espèce de *fossiles*. De là la division des terrains
stratifiés en deux ordres : les *terrains fossilifères* et les *terrains
sans fossiles*.

Ier *Ordre.* — TERRAINS FOSSILIFÈRES.

En comparant entre eux les *terrains fossilifères*, et surtout
en examinant les débris organiques qu'ils renferment, on n'a
pas tardé à se convaincre qu'il avaient été déposés à des époques
différentes ; les uns, supérieurs à tous les autres, ne contiennent que des êtres organiques actuellement existants, et ont
été formés non-seulement depuis la création de l'homme, mais
encore depuis le dernier déluge dans lequel celui-ci a péri.
Ce sont les *terrains modernes* qui sont les moins abondants de
tous, quoiqu'ils soient d'une grande importance pour nous,
sous ce rapport qu'ils forment la terre végétale qui nourrit
tous les êtres vivants à la surface du globe.

Au-dessous se trouvent les *terrains tertiaires*, ne renfermant
que des débris de plantes et d'animaux qui ont péri dans une
catastrophe antérieure au déluge, et dont la plupart ont entièrement disparu de la surface de la terre : mais ces débris
appartiennent évidemment à des espèces analogues à celles qui
vivent encore sur la terre.

Viennent en troisième lieu les *terrains secondaires* ou *ammonéens*, qui ont reçu ce dernier nom, parce qu'on y trouve
en quantités immenses les coquilles que l'on appelle *ammonites
ou cornes d'Ammon*. De plus, ils renferment aussi des débris

d'animaux vertébrés, mais qui sont totalement différents de ceux qui peuplent actuellement la terre ; c'est là qu'on trouve ces reptiles énormes et surtout ces monstrueux ptérodactyles, dont nous avons parlé dans l'herpétologie.

Enfin au-dessous de tous les précédents, dans les *terrains de transition*, nous ne rencontrons plus de débris d'animaux ; ils sont remplacés par d'immenses amas de *houille*, qui doivent leur origine à l'accumulation des débris de végétaux, dénaturés par leur séjour prolongé dans le sein de la terre.

§ I. — *Terrains modernes.*

C'est une remarque générale que l'atmosphère, la mer, les courants et même les eaux dormantes, agissent constamment sur les corps même les plus durs, avec lesquels ils se trouvent en contact, de manière à en détacher des fragments plus ou moins considérables, et à les transporter dans les endroits les plus bas ; c'est là qu'ils s'entassent en quantités proportionnées à la rapidité de la pente sur laquelle ils roulent, à la force de l'action qui les entraîne, et à la résistance que le corps oppose à cette action destructrice. Il n'est pas rare de voir ces débris s'accumuler dans le fond des vallées en amas si considérables, qu'ils ont quelquefois plus de trente pieds d'épaisseur ; et ce sont ces débris qui, mêlés avec une certaine quantité de *terreau* ou de matières organiques décomposées, constituent la *terre végétale*, sans laquelle le sol ne pourrait pas produire la plupart des plantes destinées à la nourriture de l'homme et des animaux.

L'*atmosphère*, en balayant sans cesse le sommet rocailleux des montagnes, leur enlève de petites parcelles ; elle arrondit la pointe des rochers qui le composent, et, secondée par l'action de la chaleur, de l'eau et de l'électricité, les use avec lenteur il est vrai, mais avec constance et sans interruption. Mais là où elle agit avec plus d'intensité, c'est dans les sables qui bordent la mer et qui couvrent les déserts arides ; elle les pousse continuellement devant elle et tend à les répandre au loin. C'est ainsi que les *dunes* et les *landes* empiètent sans cesse sur les terrains qui avoisinent la mer, et les rendent par là impropres à la culture.

Un seconde cause qui tend à augmenter la quantité des terrains modernes, ce sont les débris que les zoophytes, surtout les madrépores et les végétaux inférieurs, déposent dans la mer et dans les tourbières : ces êtres organisés forment des dépôts qui ne tardent pas à devenir immenses, par l'accumulation de nouvelles plantes et de nouveaux polypiers.

Mais ces deux causes ne sont pas à comparer, par leur intensité ni par leurs effets, avec l'action des eaux dormantes ou courantes. Ces dernières surtout agissent avec d'autant plus d'énergie, qu'elles sont douées d'un mouvement plus rapide ; les *torrents* enlèvent des quartiers de rochers et les transportent à des distances de plusieurs lieues ; les *fleuves*, même les plus paisibles, entraînent sur leurs bords de grandes quantités de terre, qu'ils déposent à leur embouchure dont elle exhausse le niveau, et où elle forme quelquefois des îles considérables. Et il ne faut pas croire que leur action se borne à déplacer la terre meuble ; elle corrode les rochers les plus durs, tels que le marbre, le grès et le granit. Les *lacs* eux-mêmes et la *pluie* qui filtre à travers la terre, exercent une action destructive qui, pour être lente, n'en est pas moins réelle. Il arrive quelquefois que les premiers venant à miner leurs bords, s'échappent tout à coup avec violence de leur prison, et agissent à la manière des torrents les plus impétueux.

L'*eau pluviale* en filtrant à travers la terre et les fentes des rochers, ne détruit que lentement, quand elle est seule ; mais lorsqu'elle est favorisée par la gelée, elle sépare d'énormes quartiers de terre ou de pierre, qui roulent avec fracas du haut des monts jusqu'au fond des vallées, entraînant d'ordinaire, dans leur chute, d'autres rochers moins considérables qu'ils rencontrent sur leur passage. Telle est l'origine de ces *éboulements* et de ces *avalanches* qui engloutissent fréquemment les villages situés dans le voisinage de grandes montagnes.

Mais si l'eau, en si petites masses, peut produire de semblables effets, quels doivent être les résultats de l'action de la mer ? Celle-ci corrode continuellement ses rivages, les change en falaises, dont elle mine ensuite la base et dont elle détermine l'éboulement. Quelquefois, après avoir ainsi miné ses digues, elle se répand tout-à-coup sur les terres basses qui l'avoisinent, et les transforme en un bras de mer : telle fut, dans le commencement du XIIIᵉ siècle, l'origine de la mer de Zuyderzée en Hollande, et deux cents ans plus tard, celle de Bies-Boos, près du Dordrecht.

Une autre cause qui contribue à la dégradation des rochers, c'est la propriété dissolvante de l'eau. Ce liquide, en passant dans l'intérieur de la terre, à travers les masses minérales de nature saline, en dissout des quantités plus ou moins considérables, et y forme des vides qui, à la longue, se trouvent transformés en cavernes. Mais l'eau ne conserve pas toujours le sel qu'elle a dissous ; lorsqu'elle s'évapore, elle le laisse dans le bassin où elle se trouve au moment de son évaporation ; et ces dépôts forment quelquefois des masses très-étendues, que l'on nomme *travertin*. Il faut remarquer qu'on trouve assez souvent dans ces sortes de dépôts des débris organiques que l'on pourrait prendre pour des *fossiles*, mais qui, dans la réalité, ne sont que des *pétrifications* : tel est le squelette humain que l'on découvrit, il y a quelques années, à la Guadeloupe, et qu'on voulait d'abord faire passer pour un *anthropolithe*.

Nous allons terminer ce que nous avions à dire sur les *terrains modernes*, par quelques réflexions sur leur utilité. Ce sont eux qui forment la terre végétale ; ils nous fournissent aussi quelques *paillettes d'or* et des pierres précieuses, que l'on tire du sable que roulent certains courants de l'ancien et du nouveau continent. Nous y trouvons également les *tourbières*, ces mines précieuses de combustibles pour les pays qui n'ont pas de forêts ni de mines de houille. Enfin ils nous offrent leurs *forêts sous-marines*, amas immenses de végétaux, dont les uns sont altérés au point d'être méconnaissables, tandis que les autres sont si bien conservés qu'on a pu s'en servir pour former la charpente de certaines constructions. On en rencontre beaucoup sur les côtes occidentales de la France, et principalement en Normandie, où on les voit s'enfoncer sous l'Océan et se diriger vers l'Angleterre, où l'on en trouve également qui ne sont, selon toute apparence, que la continuation des nôtres.

§ II. — *Terrains tertiaires.*

Tandis que les terrains modernes, formés par l'accumulation des débris d'anciens terrains que les éléments ont détruits, occupent les parties les plus basses de la terre et gisent aux pieds des montagnes et au milieu des vallées, les *terrains tertiaires* sont répandus à la surface de plaines immenses, où ils forment plusieurs couches successives, dont les unes sont dues à l'eau douce, et le plus grand nombre à la mer. Les couches qui les forment sont généralement dans une position horizontale ou à peine inclinée (fff, g g): dans ce dernier cas, elles constituent de petites collines peu considérables à sommet arrondi; mais jamais elles ne s'élèvent sur de hautes montagnes.

C'est dans ces terrains que nous trouvons ces immenses *amas de coquilles*, dont quelques-uns ont plusieurs lieues d'étendue ; ces *cailloux roulés*, que les eaux fluviales ont long-temps ballotés dans leur sein avant de les déposer ; ces énormes *blocs erratiques* qui, s'étant détachés des montagnes voisines, ont roulé à des distances plus ou moins considérables du rocher dont ils se sont séparés ; ces *brèches et cavernes à ossements*, qui nous offrent des débris d'animaux dont les espèces existent encore aujourd'hui, tels que les ours, les hyènes, les cerfs, les chiens, etc. Nous y trouvons aussi, mais dans des couches inférieures, ces mastodontes, qui ont tant de rapport avec nos pachydermes actuels.

Les principaux minéraux que nous exploitons dans cette sorte de terrain, sont d'abord l'*argile* ou *terre glaise*, dont les usages sont si variés, et dont on se sert pour garantir les fentes des réservoirs d'eau et des aquéducs, et surtout pour fabriquer des briques, des tuiles et de la poterie grossière. Viennent ensuite ces *grès* ou *pierres meulières*, dont les unes sont employées pour la construction des murailles exposées à l'humidité ; les autres servent à la fabrication des meules de moulin ; la plus grande partie au pavage des grandes routes et des rues. On en retire aussi des *marnes* pour amander la terre, du *gypse*, dont une espèce fournit la *pierre à plâtre*, et l'autre se réduit, par la calcination, en poussière de plâtre ; du *calcaire*, qui est tantôt friable, et utile seulement pour améliorer les terres, et tantôt assez dur pour pouvoir être employé comme pierre à bâtir, et même pour être poli aussi bien que le marbre. Mais il ne paraît pas que les terrains tertiaires renferment aucun métal en masses considérables. Néanmoins on y trouve quelques fragments d'or, de platine, d'étain, et même des diamants et d'autres pierres précieuses.

§ III. — *Terrains secondaires.*

Au contraire des terrains précédents, dont les couches sont presque toujours horizontales, les *secondaires* ont souvent une stratification oblique et même sinueuse (*i, l, l ; c, c, c*) : ils s'élèvent quelquefois à des hauteurs considérables et s'enfoncent à de grandes profondeurs ; il est par conséquent inutile

de dire qu'ils ne sont pas toujours recouverts par les terrains
précédents ; ils forment souvent la partie la plus superficielle de
la terre (c), qui est alors aride et impropre à la végétation : la
Champagne pouilleuse, par exemple. Mais ce n'est pas à ce
caractère vague qu'on pourrait reconnaître les terrains dont
nous parlons ; ce qui les caractérise, c'est la présence de monstrueux reptiles, tels que les ichthyosaures, les plésiosaures,
les ptérodactyles, etc., et surtout de ces énormes bancs de blé-
mites et d'ammonites, qui ont fait appeler ces terrains *ammonéens* ; ils doivent être évidemment plus étendus qu'aucun des
terrains précédents, puisqu'ils leur servent partout de lit, et
qu'en plusieurs endroits ils n'en sont pas recouverts ; les couches qui les forment sont généralement très-épaisses, au point
qu'on pourrait croire en certains endroits que ce sont des terrains massifs, si l'existence de débris organiques ne rendait
cette croyance impossible. Les roches qui dominent dans les
terrains secondaires sont la *craie*, le *grès*, et le *calcaire*, toutes substances qu'on emploie presque partout, à cause de leur
utilité pour la bâtisse. Le dernier fournit de plus le *calcaire
lithographique*, si remarquable par la finesse de son grain,
et devenu si célèbre depuis quelques années dans le commerce
de l'imprimerie.

Ces terrains sont peu riches en filons métalliques ; cependant on y rencontre çà et là quelques mines de fer, de galène
et de céruse. Il paraît même que les couches les plus inférieures contiennent aussi quelques indices de minerai de cuivre.

§ IV. — *Terrains de transition.*

Le nom de *terrains de transition*, qu'on a appliqué à l'ensemble des roches qui constituent ce groupe géologique, leur
a été donné parce qu'ils forment le passage des terrains fossilifères aux terrains stratifiés dépourvus de débris fossiles ; on
les distingue en ce que leurs couches sont ordinairement très-
inclinées et quelquefois verticales (*t, t, t ; t, t, t*); ils s'élèvent
à une hauteur considérable sur les flancs des montagnes primitives, et en forment à eux seuls d'assez considérables (*d*). Les
débris organiques qu'ils renferment sont des coquilles en
grande quantité, très-peu ou point d'ossements d'animaux
vertébrés et d'immenses amas de végétaux minéralisés.

Ces terrains sont encore plus étendus que les précédents, et c'est même une remarque générale que nous aurions dû faire, que les couches géologiques occupent un espace d'autant plus grand qu'elles sont plus inférieures ; en fouillant jusqu'à une profondeur assez considérable, on les rencontre toujours, excepté sur les montagnes primitives. Les rochers qui forment la majeure partie de ces terrains sont supérieurement le *terrain houiller*, ainsi nommé à cause de l'immense quantité de ce combustible qu'ils renferment ; l'*anthracite*, les *ardoises*, et une espèce de *calcaire* plus compacte que les espèces supérieures et qui forme de très-beaux marbres. Il faut y ajouter un assez grand nombre de couches et de filons métalliques que l'on exploite dans tous les pays. On y trouve des mines abondantes de plomb et de calamine, ainsi que des pyrites cuivreuses et martiales, de l'argent, du manganèse, de l'antimoine, du cobalt, et même des pierres gemmes, telles que le grenat, la tourmaline, la zircone, etc.

IIe *Ordre.* — TERRAINS STRATIFIÉS SANS FOSSILES.

Les terrains stratifiés dont il est ici question sont les plus anciens dépôts que l'eau ait laissés ; la terre n'avait point encore d'habitants lorsqu'ils furent formés ; elle n'offrait même à sa surface aucune trace de végétation ; du moins les couches plus ou moins régulières qui composent ces terrains, ne nous ont présenté aucuns débris semblables à ceux que nous avons rencontrés dans tous les terrains précédents.

La stratification de ces masses est généralement plus irrégulière que celle des couches supérieures ; on conçoit, en effet, qu'ayant été formées dans les premiers temps, et ayant par conséquent subi toutes les révolutions qui ont agité notre planète, elles ont dû être redressées, brisées, fracturées dans tous les sens ; aussi les voyons-nous s'élever presque toujours au sommet des plus hautes montagnes et s'enfoncer à d'immenses profondeurs. Les couches qu'elles forment ont quelquefois une telle épaisseur qu'elles ne semblent pas stratifiées ; ce qui rend très-souvent difficile la distinction de ces terrains et de ceux de la deuxième classe, qui ne le sont pas du tout. Néanmoins on trouve en général dans les roches stratifiées des débris de roches précédentes qui ne peuvent jamais se rencontrer dans les roches primitives.

Ces terrains sont remarquables en ce qu'ils nous présentent, parmi des roches sédimentaires ou formées par des dépôts, des roches cristallines qui doivent leur naissance à une véritable cristallisation ; ils nous fournissent, entre autres substances, le *cristal de roche*, le *calcaire saccaroïde*, que sa blancheur, sa dureté et sa finesse font rechercher par les sculpteurs, et qui est si célèbre sous le nom de *marbre de Carrare*.

Mais ce qui rend ces terrains précieux, c'est la présence des gîtes métalliques qu'ils renferment ; on y trouve les plus riches mines d'étain, d'argent, de platine et d'or, que l'on connaisse ; c'est de là que nous tirons presque tout l'or et l'argent du commerce ; une seule, celle de Guanaxuato à la Nouvelle-Espagne, fournit annuellement plus de 556,000 marcs d'argent.

TERRAINS MASSIFS.

Quoique les *terrains massifs*, les premiers que la nature ait formés, soient en général recouverts par les autres auxquels ils servent de base, il arrive très-souvent qu'ils s'élèvent au-dessus des terrains stratifiés (O, O, O). Ce sont ces terrains qui forment toutes les grandes chaînes de montagnes qui traversent le globe terrestre : c'est même en étudiant ces dernières que l'on est parvenu à avoir une connaissance assez exacte des terrains de cette classe, que nous n'eussions probablement jamais bien connus sans cette circonstance, parce que la profondeur à laquelle ils se trouvent dans les pays de plaine, les aurait dérobés pour toujours à nos recherches. Les roches qui constituent les terrains massifs ont eu évidemment une origine différente de ceux qui précèdent ; l'eau n'a pas eu part à leur formation, et c'est à l'action du feu qu'ils doivent leur naissance.

Cette origine exclut la posibilité de l'existence de débris fossiles dans ces sortes de terrains ; car il n'est pas d'être organisé qui puisse vivre dans une température assez élevée, pour fondre les roches qui les constituent. Aussi ne nous en offrent-ils aucune trace. On y rencontre également peu de filons métallifères ; l'étain paraît être le seul métal qu'on y trouve en assez grande quantité, pour pouvoir être exploité avec avantage.

Mais si les métaux y manquent, on en retire des matériaux très-précieux pour la construction de nos édifices et surtout pour l'érection des monuments destinés à transmettre de grands événements à la postérité. Comme les roches qui entrent dans la composition de ces terrains sont en général d'une dureté remarquable et qu'elles sont en très grands fragments, on s'en sert pour faire des colonnes, des monolithes et des arcs de triomphe.

On peut diviser cette classe en deux ordres, les *terrains d'épanchement* et les *terrains pyrogènes.*

Iᵉ Ordre. — TERRAINS D'ÉPANCHEMENT.

Ce sont les seuls terrains qui méritent véritablement le nom de *primitifs*, que certains géologistes ont étendu aux terrains stratifiés non fossilifères, dont nous venons de parler, et aux terrains pyrogènes dont nous parlerons plus tard; ce sont, en effet, ceux qui se sont solidifiés les premiers, qui pénètrent à la plus grande profondeur, et qu'on rencontre partout pourvu qu'on pousse assez loin ses recherches (1, 1, 1). Ils ont par conséquent été les témoins de toutes les catastrophes qui ont bouleversé la terre; bien plus, l'action qui les a produites a dû se faire sentir d'abord à eux avant de parvenir aux couches supérieures. Ce sont eux aussi qui l'ont ressentie avec le plus de violence; chargés de contenir la masse incandescente qui cherchait à rompre sa prison, ils ont été déchirés, quand la cause expansive a été supérieure à leur résistance; et quand ils se sont trouvés plus forts qu'elle, ils ont été soulevés avec violence et portés bien au-dessus de toutes les autres élévations; ce sont par conséquent eux qui forment les montagnes les plus élevées du globe, les Alpes, les monts Ourals, les Himalaya, les Cordillières, l'Épine du monde, etc.

Les roches qui dominent dans ce terrain, on pourrait presque dire qui le constituent exclusivement, sont le *granit* et le *porphyre*, substances que leur grain fin et serré fait rechercher pour la sculpture et pour l'architecture. La plupart des colonnes antiques, des statues égyptiennes, l'obélisque de Luxor, et en général presque tous les monolithes, sont en porphyre ou en granit.

Les gîtes métallifères sont rares et peu abondants dans les terrains dont nous parlons; on y trouve de l'étain, de l'arsenic et du manganèse, en assez grande quantité; l'or, le cuivre, le mercure et quelques autres moins connus y sont épars en quantités moins considérables.

IIᵉ Ordre. — TERRAINS PYROGÈNES.

Le mot *pyrogène*, qui veut dire *produit par le feu*, ne convient pas plus aux terrains dont nous parlons qu'à ceux qui précèdent, puisque les uns et les autres doivent leur origine à l'action de la chaleur. Mais comme les premiers ont été évidemment formés par des éruptions volcaniques, dont le feu est un des phénomènes concomitants les plus ordinaires, on n'a pas hésité dès le principe à en rapporter la formation à l'influence de cet agent , tandis que , pour les terrains d'épanchement , l'origine ignée a été long-temps un sujet de doute et de controverse parmi les géologistes.

On sent que les terrains pyrogènes et ceux d'épanchement , ayant une même origine, doivent avoir de grands rapports de structure; ils ont en effet cela de commun, qu'ils paraissent évidemment avoir été primitivement en état de fusion opérée par la chaleur. Mais tandis que ces derniers ont une texture grenue , les premiers sont comme vitrifiés, criblés de cellules semblables à ces scories (le *machefer*), qui se produisent dans les forges, où l'on brûle de la houille pour chauffer ou liquéfier les métaux. De plus, au lieu de s'étendre partout au-dessus des autres terrains postérieurs, ils ne forment que des masses en général peu considérables , si on les compare à celles que forment les précédents. Enfin, bien loin de servir de base à tous les autres terrains, ils sont également répandus partout : dans les terrains d'épanchement, dans les terrains de transition, et jusqu'au-dessus des terrains modernes (5,5,5). Non-seulement ils paraissent être répandus à la surface de tous les autres, à mesure qu'ils ont été formés, on voit qu'ils ont fait des brèches dans leur masse, et qu'ils s'y sont infiltrés tantôt de bas en haut, tantôt horizontalement et même de haut en bas (4, 4, 5, 5, 5). Par conséquent ils n'ont pas tous été produits en même temps ; et selon qu'ils sont plus ou moins nouveaux, ils conservent plus ou moins des caractères qui appartiennent aux matières volcaniques ou laves. C'est sous ce rapport qu'on distingue plusieurs sortes de roches pyrogènes ; tels sont les *trachytes* , les *basaltes*, etc.

C'est parmi les terrains de cette nature qu'on trouve la *pierre ponce*, l'*obsidienne* et quelques autres pierres dures ; il paraît même que c'est dans des trachytes que sont ouvertes certaines mines d'or, d'argent et de mercure, qu'on exploite en Hongrie et au Mexique.

Nous allons terminer cette exposition des fait géologiques par quelques considérations sur les *volcans* , sur les *tremblements de terre* et sur la *géogénie*, c'est-à-dire sur l'origine de la terre.

§ I. — *Des volcans.*

Les *volcans* sont des ouvertures appelées *cratères* (*h*, *h*, *h*), qui lancent de temps en temps des matières brûlantes et fondues, qu'on désigne sous le nom de *laves*. La sortie de ces matières est accompagnée de phénomènes aussi terribles qu'admirables. C'est d'abord un bruit souterrain, sourd et profond, à la suite duquel on voit sortir un nuage de fumée épaisse. Bientôt le bruit acquiert plus d'intensité, et devient semblable à celui du tonnerre ou d'une batterie composée de plusieurs pièces d'artillerie de fort calibre. En même temps la terre se met à trembler, la fumée devient plus épaisse, le ciel s'obscurcit, et tout-à-coup on voit s'élancer du cratère une colonne de cendre ou de sable enflammée, dont la lueur sinistre fait un contraste effrayant avec les ténèbres de l'atmosphère.

Cependant le bruit et les secousses intérieures redoublent encore ; l'effort expansif des matières comprimées, et cherchant à se faire jour au dehors, pousse devant lui les obstacles qui s'opposent à son passage, et rejette avec violence des pierres et des quartiers de roches, qu'il lance à des distances incroyables. Enfin les laves rompent leurs prisons avec fracas, et se répandent sur les bords du cratère, autour duquel elles s'accumulent et forment par leur refroidissement un cône renversé.

Les phénomènes volcaniques ne sont pas continus ; quand les matières ont été vomies en grande quantité, le calme intérieur se rétablit, et le volcan reste dans l'inaction pendant un temps plus ou moins considérable. Le Vésuve s'était reposé pendant plus de quinze cents ans, lorsque vers la fin du siècle dernier, il fit une éruption plus terrible que toutes celles dont l'histoire fait mention.

La rapidité avec laquelle les laves s'écoulent sur les flancs de la montagne volcanique est très-variable, mais toujours proportionnée à la rapidité de leur pente ; il faut que cette dernière soit extrêmement forte pour que les laves franchissent une lieue à l'heure ; le plus souvent elles coulent avec beaucoup de lenteur, et ne parcourent que quelques mètres durant cet intervalle ; mais dans ce cas elles coulent long-temps ; il n'est pas rare d'en voir marcher pendant des années entières ; on en a même vu qui coulaient encore dix ans après leur éruption. On juge bien, d'après la durée de leur marche, qu'elles doivent parcourir de grandes distances ; aussi en rencontre-t-on fréquemment à plusieurs lieues du cratère.

On sent que la réitération des phénomènes volcaniques et la superposition des laves doivent nécessairement former à la longue des élévations considérables ; aussi tous les volcans sont-ils placés sur des montagnes entièrement formées de laves. Presque toutes celles de l'Auvergne sont dans ce cas ; il en est de même de celles du Vivarais et des Cévennes. La plus haute des Cordillères (l'Antisana) est entièrement volcanique ; et qu'on ne s'imagine pas qu'il faille beaucoup de temps à un volcan pour donner naissance à de semblables élévations. L'île de Santorin, qui a près de huit lieues carrées de surface, s'est formée en quelques années par les éruptions d'un volcan sous-marin.

On connaît environ deux cents volcans en activité ; mais il paraît qu'ils étaient autrefois en bien plus grand nombre, si l'on en juge par la quantité de montagnes volcaniques que l'on rencontre partout, et dont l'origine est d'autant moins douteuse, qu'on distingue soit à leur sommet, soit sur leurs flancs, les cratères par lesquels sont sorties les laves qui les ont formés. C'est à ces cratères, inactifs depuis un temps immémorial, qu'on donne le nom de *volcans éteints*, quoiqu'on ne puisse pas dire qu'ils ne reprendront pas leur activité, puisque le Vésuve a repris la sienne après quinze siècles de calme.

§ II. — *Des tremblements de terre.*

Les *tremblements de terre* ont des effets encore plus marqués que les volcans ; comme ils se font sentir à des distances immenses, et que par conséquent ils agissent simultanément sur une grande surface, ils déterminent des soulèvements de terrains qui deviennent des montagnes ; d'autrefois ils produisent des affaissements ou des ruptures énormes à la surface du sol. Lors du tremblement de terre qui détruisit Lisbonne, deux montagnes se crevassèrent en Afrique ; celui de Lima, en 1746, produisit une fente d'une lieue de long et de cinq pieds de large. Vers la fin du dix-septième siècle, il y en eut un à la Jamaïque, qui engloutit la plus haute montagne de l'île et la remplaça par un lac de la même étendue.

Les déchirements produits dans l'intérieur de la terre par ces phénomènes effrayants expliquent très-bien le dessèchement subit des fontaines, la disparition des fleuves, etc. ; et si l'on se rappelle la théorie que nous avons donnée de la formation des puits et des fontaines, on concevra facilement comment il se forme par contre-coup des sources et des courants, là où il n'y en avait pas auparavant.

On a long-temps cherché la cause des volcans et des tremblements de terre ; on s'accorde assez généralement aujourd'hui à les regarder comme les effets de la force expansive des matières fondues qui constituent la partie centrale du globe, et qui, cherchant à se faire jour à la surface du sol, produisent des *tremblements de terre* quand ils y trouvent trop de résistance, et des *volcans* lorsqu'ils triomphent des obstacles qui s'opposaient à leur sortie.

§ III.—*Géogénie ou Théorie de la terre.*

Cette manière d'envisager les volcans et les tremblements de terre explique assez bien pourquoi ces derniers sont si étendus, tandis que les premiers ne se font sentir qu'à des distances peu considérables; elle est d'ailleurs parfaitement d'accord avec les faits, qui tous tendent à prouver que l'intérieur de la terre est une grande masse en ignition, et que toute cette planète a été primitivement en état d'incandescence et de liquéfaction. Voici les principales preuves de cette hypothèse : 1° La terre a la forme qu'elle aurait, si elle avait été d'abord liquide; 2° sa masse centrale est plus de cinq fois plus lourde que si elle avait été composée de substances qui forment sa croûte solide; 3° la chaleur des sources qui viennent d'une profondeur très-considérable; 4° enfin l'augmentation progressive de la chaleur, à mesure qu'on pénètre plus profondément dans l'intérieur de la terre. Comme cette dernière preuve est la plus directe, nous allons entrer dans quelques développements.

Tout le monde sait que la chaleur solaire ne se fait sentir dans le sein de la terre qu'à une petite distance de sa surface; les caves un peu profondes, par exemple, ne changent pas sensiblement de température, soit durant les chaleurs de l'été, soit pendant les froids de l'hiver; ces changements sont encore moins marqués dans les souterrains et surtout dans les mines. Dans quelques-unes de ces dernières même, la température est si élevée, que les ouvriers n'y peuvent travailler qu'absolument nus. Or, il est bien évident que la chaleur qu'ils y éprouvent ne peut pas provenir du soleil ni de la surface de la terre : car s'il en était ainsi, cette chaleur devrait être plus forte à mesure qu'on s'approcherait de cette surface; il faut donc qu'elle vienne du centre du globe.

Des savants voulant s'assurer encore d'avantage du fait, ont comparé la température de différentes mines, et ils ont constamment remarqué que cette température est d'autant plus élevée, que la mine est plus profonde : ils ont même observé que la chaleur augmentait d'un degré environ, pour une profondeur de soixante-quinze pieds ; et d'après cette observation, qui a toujours fourni le même résultat, ils ont calculé qu'à environ deux milles de profondeur, la température serait assez élevée pour y tenir l'eau dans un état continuel d'ébullition, et qu'à quelques lieues plus bas, la chaleur serait assez forte pour fondre tous les métaux que nous connaissons.

Cette théorie de la chaleur centrale, et des phénomènes qui accompagnent les tremblements de terre, explique d'une manière très-suffisante la formation des inégalités qu'on remarque à la surface de la terre, et surtout celle des grandes chaînes de montagnes qui traversent tous les continents et la plupart des grandes îles.

En effet, la terre ayant été créée dans un état de fusion et d'incandescence, le froid qui régnait dans l'espace ne tarda pas à en solidifier la surface, et cette croûte solide devint une enveloppe pour le reste. Mais toute la masse fluide ne fut pas ainsi emprisonnée : les gaz et les vapeurs restèrent au dehors, et formèrent autour de la croûte solide une atmosphère immense.

Cette dernière resta par conséquent exposée à l'action du froid qui régnait dans l'espace, et les vapeurs qu'elle contenait s'étant condensées, tombèrent à la surface de la terre qu'elles environnèrent d'une grande nappe d'eau.

Cependant la masse incandescente, trop resserrée dans sa prison, faisait des efforts pour s'échapper ; et comme la croûte était légère, elle parvenait toujours à se faire jour au dehors et à se répandre sur la surface extérieure, où elle se solidifiait à son tour, en augmentant l'épaisseur de l'enveloppe solide.

Celle-ci prenait donc peu à peu plus de force ; et bientôt elle opposa plus de résistance à l'action expansive du liquide intérieur ; elle ne se laissa plus toujours briser comme elle l'avait fait jusqu'à ce moment ; elle cédait souvent sans se rompre, et s'élevait en voûtes immenses qui donnèrent naissance à des montagnes d'autant plus grandes, que la force intérieure était plus puissante, et celle de résistance plus faible. Il y eut dès lors à la surface de la terre des parties élevées et des parties basses, dont les unes restèrent couvertes d'eau, tandis que les autres furent mises à nu. Telle fut l'origine de ces immenses chaînes de montagnes dites *primitives*, dont la cime domine encore les parties les plus élevées du globe, et de cet immense océan, auquel nous allons voir jouer un si grand rôle dans la formation de notre planète. En effet, les eaux en se déplaçant,

entraînèrent avec elles beaucoup de débris qu'elles avaient enlevés à la portion solide qui leur avait servi de bassin ; et lorsqu'elles se furent mises en équilibre dans leur nouveau lit, elles
les y déposèrent en formant une couche proportionnée à la
quantité des débris qu'elles avaient emportés.

De nouveaux tremblements de terre, ou si l'on aime mieux,
de nouveaux efforts faits par la masse interne pour sortir de
sa prison, amenèrent de nouveaux déplacements des eaux ; de
nouvelles montagnes se formèrent, en soulevant avec elles une
partie de la couche que les eaux venaient de déposer à leur
surface. Plusieurs de ces bouleversements s'étaient déjà opérés,
sans que la terre présentât encore aucune trace de végétation.
Mais elle ne tarda pas à produire des plantes qui s'y dévelop-
pèrent avec d'autant plus de vigueur, que l'humidité était alors
plus abondante et la température plus élevée.

Mais la masse interne ne demeura pas tranquille dans sa
prison, parce que la surface du globe était couverte de végétaux. Des catastrophes, sans cesse renaissantes, changeaient
continuellement le bassin des mers, et les eaux, en se portant
ainsi d'un endroit à l'autre, en formaient toujours de nouveaux
dépôts, et ensevelissaient sous ces derniers les plantes qui végé-
taient dans les bassins qu'elles envahissaient en sortant de leur
ancien lit.

Cependant les mollusques, les crustacés et les poissons furent créés, et des révolutions dues à la même cause venaient
les engloutir au milieu des couches que les eaux, en se déplaçant, déposaient dans leurs nouveaux bassins. Telle fut l'origine de ces immenses bancs de coquilles que l'on trouve dans
la plupart des couches souterraines, et dont les unes, plus
anciennes, ont complètement disparu de la surface de la terre,
tandis que d'autres, plus récemment enfouies, ont encore leurs
analogues parmi les espèces vivantes.

De semblables accidents engloutirent les reptiles, les oiseaux
et les mammifères, dont les débris, que nous découvrons tous
les jours dans le sein de la terre, rendent hautement témoi-
gnage de ces bouleversements et de ces catastrophes.

Mais à mesure que la croûte solide prenait de l'épaisseur, la
masse interne en éprouvait plus de résistance dans les efforts
qu'elle faisait pour se faire jour au dehors ; les volcans devin-
rent par conséquent plus rares ; et tout prouve que dans les
premiers temps de l'existence de notre planète, ces terribles
accidents étaient presque continuels ; car une grande partie de

la terre est couverte de leurs laves qui, non-seulement se sont répandues à la surface des couches, mais qui se sont encore infiltrées dans les brèches que leurs efforts y avaient opérées.

Ce ne fut que lorsque la croûte fut suffisamment solidifiée, et que tout eut été préparé pour le recevoir, que l'homme fut mis sur la terre; et il y vécut long-temps paisible, et sans être témoin ou du moins victime de catastrophes analogues aux précédentes : car on ne trouve dans l'intérieur du globe aucun de ses ossements, qui puisse faire présumer qu'il ait péri, comme l'ont fait tant d'animaux dont la terre recèle les débris. Mais une dernière révolution que tous les monuments historiques et toutes les observations géologiques, d'accord avec les livres saints, font remonter à quatre mille et quelques années, vint troubler cette tranquillité ; le *déluge*, si célèbre dans les annales de tous les peuples et dans les récits de tous les poëtes, envahit toute la surface de la terre, et fit périr tous les êtres animés, à l'exception d'un petit nombre qui échappèrent à cette destruction générale.

FIN DU SECOND ET DERNIER VOLUME.

TABLE DES MATIÈRES

CONTENUES DANS CET OUVRAGE.

C.

H.

I.

M.

O.

S.

T.

FIN DE LA TABLE.